CÁLCULO NUMÉRICO

CÁLCULO
NUMÉRICO

CÁLCULO NUMÉRICO

Neide Bertoldi Franco

Pearson

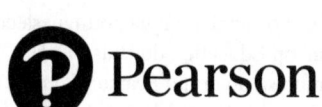

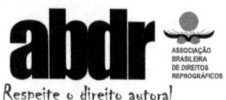

©2007 by Neide Bertoldi Franco
Todos os direitos reservados. Nenhuma parte desta publicação poderá ser reproduzida
ou transmitida de qualquer modo ou por qualquer outro meio, eletrônico ou mecânico,
incluindo fotocópia, gravação ou qualquer outro tipo de sistema de armazenamento
e transmissão de informação, sem prévia autorização, por escrito, da Pearson Education do Brasil.

Gerente editorial: Roger Trimer
Editora sênior: Sabrina Cairo
Editor de desenvolvimento: Marco Pace
Revisão: Maria Luíza Favret
Capa: Alexandre Mieda
Composição e diagramação em LaTeX: Figurativa Arte e Projeto Editorial

---

Dados Internacionais de Catalogação na Publicação (CIP)
(Câmara Brasileira do Livro, SP, Brasil)

Franco, Neide Bertoldi
    Cálculo numérico / Neide Bertoldi Franco. —
São Paulo: Pearson Prentice Hall, 2006.

    Bibliografia.
    ISBN 978-85-7605-087-2

    1. Cálculo numérico 2. Cálculo numérico –
Problemas, exercícios etc. I. Título.

06-7907   CDD-511.07

Índices para catálogo sistemático:
1. Cálculo numérico : Estudo e ensino   511.07

Direitos exclusivos para a língua portuguesa cedidos à
Pearson Education do Brasil Ltda.,
uma empresa do grupo Pearson Education
Avenida Santa Marina, 1193
CEP 05036-001 - São Paulo - SP - Brasil
Fone: 11 3821-3542
vendas@pearson.com

*Para Wilson, meu esposo, testemunha diária de toda dedicação
e paixão pela minha profissão e por este trabalho.*

*Aos meus filhos Juliana, Renata e Fábio, pelo amor,
carinho e compreensão de todos os dias.*

Sumário

Prefácio   xi

1 Conceitos Básicos   1
   1.1 Introdução 1
   1.2 Espaço Vetorial 2
   1.3 Espaço Vetorial Euclidiano 6
   1.4 Espaço Vetorial Normado 12
   1.5 Processo de Gram-Schmidt 17
   1.6 Projeção Ortogonal 21
   1.7 Autovalores e Autovetores 25
   1.8 Exercícios Complementares 34

2 Análise de Arredondamento em Ponto Flutuante   36
   2.1 Introdução 36
   2.2 Sistemas de Números no Computador 36
   2.3 Representação de Números no Sistema $F(\beta,t,m,M)$ 42
   2.4 Operações Aritméticas em Ponto Flutuante 45
   2.5 Efeitos Numéricos 47
      2.5.1 Cancelamento 48
      2.5.2 Propagação do Erro 49
      2.5.3 Instabilidade Numérica 52
      2.5.4 Mal Condicionamento 54
   2.6 Exercícios Complementares 58

3 Equações Não Lineares   62
   3.1 Introdução 62
   3.2 Método da Bissecção 66
   3.3 Iteração Linear 69
   3.4 Método de Newton 76
   3.5 Método das Secantes 80
   3.6 Método Regula Falsi 83
   3.7 Sistemas de Equações Não Lineares 85
      3.7.1 Iteração Linear 86
      3.7.2 Método de Newton 88

   3.8 Equações Polinomiais 92
         3.8.1 Determinação de Raízes Reais 92
         3.8.2 Determinação de Raízes Complexas 96
         3.8.3 Algoritmo Quociente-Diferença 101
   3.9 Exercícios Complementares 104
   3.10 Problemas Aplicados e Projetos 107

4 Sistemas Lineares: Métodos Exatos   118
   4.1 Introdução 118
   4.2 Classificação de um Sistema Linear 119
   4.3 Solução de Sistemas Lineares Triangulares 122
   4.4 Decomposição LU 123
   4.5 Método de Eliminação de Gauss 129
   4.6 Método de Gauss-Compacto 137
   4.7 Método de Cholesky 141
   4.8 Método de Eliminação de Gauss com Pivotamento Parcial . . . 145
   4.9 Refinamento da Solução 147
   4.10 Mal Condicionamento 151
   4.11 Cálculo da Matriz Inversa 155
   4.12 Exercícios Complementares 157
   4.13 Problemas Aplicados e Projetos 161

5 Sistemas Lineares: Métodos Iterativos   168
   5.1 Introdução 168
   5.2 Processos Estacionários 168
         5.2.1 Método de Jacobi-Richardson 171
         5.2.2 Método de Gauss-Seidel 175
   5.3 Processos de Relaxação 181
         5.3.1 Princípios Básicos do Processo de Relaxação 184
         5.3.2 Método dos Gradientes 185
         5.3.3 Método dos Gradientes Conjugados 188
   5.4 Exercícios Complementares 193
   5.5 Problemas Aplicados e Projetos 196

6 Autovalores e Autovetores   203
   6.1 Introdução 203
   6.2 Método de Leverrier 205
   6.3 Método de Leverrier-Faddeev 207
   6.4 Método das Potências 213
         6.4.1 Método da Potência Inversa 217
         6.4.2 Método das Potências *com Deslocamento* 219
   6.5 Autovalores de Matrizes Simétricas 223
         6.5.1 Rotação de Jacobi 224
         6.5.2 Método Clássico de Jacobi 226
   6.6 Cálculo dos Autovetores 228
   6.7 Método de Rutishauser (ou Método LR) 234
   6.8 Método de Francis (ou Método QR) 236
   6.9 Exercícios Complementares 240
   6.10 Problemas Aplicados e Projetos 242

7 Método dos Mínimos Quadrados 247
7.1 Introdução 247
7.2 Aproximação Polinomial 248
7.2.1 Caso Contínuo 248
7.2.2 Caso Discreto 254
7.2.3 Erro de Truncamento 257
7.3 Aproximação Trigonométrica 258
7.3.1 Caso Contínuo 258
7.3.2 Caso Discreto 261
7.4 Outros Tipos de Aproximação 264
7.5 Sistemas Lineares Incompatíveis 272
7.6 Exercícios Complementares 274
7.7 Problemas Aplicados e Projetos 277

8 Métodos de Interpolação Polinomial 287
8.1 Introdução 287
8.2 Polinômio de Interpolação 287
8.3 Fórmula de Lagrange 290
8.4 Erro na Interpolação 295
8.5 Interpolação Linear 298
8.6 Lagrange para Pontos Igualmente Espaçados . . 300
8.7 Outras Formas do Polinômio de Interpolação . . 304
8.7.1 Fórmula de Newton 307
8.7.2 Fórmula de Newton-Gregory 314
8.8 Exercícios Complementares 318
8.9 Problemas Aplicados e Projetos 321

9 Integração Numérica 327
9.1 Introdução 327
9.2 Fórmulas de Quadratura Interpolatória 328
9.2.1 Fórmulas de Newton-Cotes 331
9.2.2 Erro nas Fórmulas de Newton-Cotes 340
9.3 Polinômios Ortogonais 345
9.3.1 Principais Polinômios Ortogonais 347
9.4 Fórmulas de Quadratura de Gauss 351
9.4.1 Fórmula de Gauss-Legendre 354
9.4.2 Fórmula de Gauss-Tchebyshev 356
9.4.3 Fórmula de Gauss-Laguerre 358
9.4.4 Fórmula de Gauss-Hermite 360
9.4.5 Erro nas Fórmulas de Gauss 360
9.5 Exercícios Complementares 364
9.6 Problemas Aplicados e Projetos 369

10 Solução Numérica de Equações Diferenciais Ordinárias 382
10.1 Introdução 382
10.2 Método de Taylor de Ordem q 383
10.3 Métodos Lineares de Passo Múltiplo 387
10.3.1 Obtidos do Desenvolvimento de Taylor . . 387
10.3.2 Obtidos de Integração Numérica 389

10.4 Métodos do Tipo Previsor-Corretor 401
10.5 Método Geral Explícito de 1-passo 404
    10.5.1 Métodos de Runge-Kutta 406
10.6 Sistemas de Equações e Equações de Ordem Elevada 416
    10.6.1 Sistemas de Equações Diferenciais 416
    10.6.2 Equações Diferenciais de Ordem Elevada 421
10.7 Exercícios Complementares 423
10.8 Problemas Aplicados e Projetos 425

11 Equações Diferenciais Parciais   431

11.1 Introdução 431
11.2 Equações Parabólicas 432
    11.2.1 Métodos de Diferenças Finitas 436
    11.2.2 Problemas Não Lineares 457
    11.2.3 Equações Parabólicas em Duas Dimensões 461
11.3 Equações Elípticas 469
    11.3.1 Métodos de Diferenças Finitas 470
    11.3.2 Condições de Fronteira em Domínios Gerais 481
    11.3.3 Condição de Fronteira de Neumann 487
11.4 Exercícios Complementares 489
11.5 Problemas Aplicados e Projetos 490

Referências Bibliográficas   **495**

Índice Remissivo   **499**

Prefácio

O avanço do poder de cálculo dos atuais computadores permite que muitos problemas em ciências aplicadas possam ser simulados computacionalmente. A simulação desses problemas requer sua modelagem matemática, a implementação das equações resultantes e a posterior análise dos resultados produzidos pelo computador. Essa possibilidade trouxe a necessidade de um maior treinamento dos estudantes das áreas de ciências exatas nas disciplinas de modelagem matemática e cálculo numérico. O objetivo principal deste livro é a apresentação dos conceitos matemáticos envolvidos nos métodos numéricos, com o rigor necessário, ilustrando-os através de gráficos e exemplos resolvidos, além da aplicabilidade dos mesmos em problemas práticos, de forma que o estudante tenha consciência que a compreensão dos conceitos é mais importante do que a simples memorização de fórmulas. Dentro dessa filosofia, tentamos organizar o material de forma que os conceitos sejam mais valorizados do que a sua implementação computacional, visto que hoje existem vários softwares que contêm os métodos numéricos abordados neste trabalho. Uma outra motivação para a realização deste trabalho é permitir que o aluno tenha acesso irrestrito ao conteúdo ministrado em sala de aula, de forma a facilitar o estudo individual e trabalhos extraclasse. Além disso, acreditamos que o conteúdo deste livro pode auxiliar profissionais da área de ciências aplicadas na resolução e compreensão dos resultados obtidos em seus projetos de trabalho, bem como alunos de pós-graduação que necessitem de suporte numérico.

As disciplinas de cálculo numérico variam muito de um curso para outro, e também de uma instituição para outra, em termos dos tópicos abordados, bem como dos métodos estudados sobre cada assunto. Assim, o professor deve escolher quais tópicos e dentre estes quais métodos abordar para cobrir as exigências e interesses do seu curso.

Este livro é composto de onze capítulos e teve como subsídio o conteúdo das disciplinas de cálculo numérico oferecido aos alunos dos vários cursos do Campus da USP de São Carlos. No primeiro capítulo apresentamos alguns conceitos básicos que irão facilitar a compreensão dos métodos numéricos que compõem este livro. O segundo capítulo é dedicado à análise de arredondamento em ponto flutuante, cujo intuito é alertar o leitor para as dificuldades que possam surgir durante a resolução de um problema, bem como dar subsídios para evitá-los e propiciar uma melhor interpretação dos resultados obtidos. Os demais capítulos são constituídos de métodos numéricos que geralmente compõem as ementas das disciplinas de cálculo numérico dos cursos de graduação nas áreas de exatas e engenharias. Apresentamos alguns exercícios ao final de cada seção, cuja finalidade é a simples aplicação do método exposto anteriormente; uma lista de exercícios complementares ao final de cada capítulo, cujo objetivo é induzir o aluno a pensar em todo o capítulo estudado, e não apenas em uma seção específica e problemas aplicados e projetos (ver tópicos finais dos capítulos: 3 a 11), cuja finalidade é mostrar a aplicabilidade de tais métodos bem como conscientizar os alunos que o cálculo numérico pode ser aplicado em qualquer área das ciências aplicadas.

Agradeço ao Prof. Dr. José Alberto Cuminato, (Professor Titular em Análise Numérica e Pesquisador em Equações Diferenciais Parciais, do Departamento de Matemática Aplicada e Estatística do ICMC-USP, São Carlos), pela elaboração do Capítulo 11 e pelas sugestões apresentadas no decorrer da confecção deste trabalho.

Capítulo 1

Conceitos Básicos

1.1 Introdução

Pretendemos neste capítulo relembrar alguns conceitos básicos que irão facilitar a compreensão dos métodos numéricos que compõem este livro. A maioria dos conceitos aqui apresentados são de álgebra linear, e isso se deve ao fato de que os resultados da álgebra linear, em geral, e da teoria dos espaços vetoriais, em particular, na análise numérica, são tão grandes que estudo pormenorizado desses assuntos cada vez mais se justifica. Assim, maiores detalhes sobre os assuntos aqui abordados podem ser encontrados em livros de álgebra linear.

Para iniciar vamos examinar dois conjuntos que certamente já são conhecidos do leitor. O primeiro é o conjunto dos vetores da geometria, definidos através de segmentos orientados; o segundo é o conjunto das matrizes reais $m \times n$. À primeira vista, pode parecer que tais conjuntos não possuem nada em comum; mas não é bem assim, conforme mostraremos a seguir.

No conjunto dos vetores está definida uma operação de adição dotada das propriedades comutativa, associativa, além da existência do elemento neutro (vetor nulo) e do oposto. Além disso, podemos multiplicar um vetor por um número real. Essa multiplicação tem as seguintes propriedades:

a) $\alpha(u + v) = \alpha u + \alpha v$,
b) $(\alpha + \beta)u = \alpha u + \beta u$,
c) $(\alpha \beta)u = (\alpha \beta u)$,
d) $1 \cdot u = u$,

onde u, v são vetores e α, β são escalares quaisquer.

No conjunto das matrizes também está definida uma operação de adição dotada das propriedades associativa, comutativa, admite elemento neutro (matriz nula) e toda matriz tem uma oposta. Como vemos, o comportamento do conjunto dos vetores e o das matrizes com relação à operação de adição é o mesmo. Mas não param por aí as coincidências. Podemos também multiplicar uma matriz por um número real. Essa multiplicação apresenta as mesmas propriedades que as destacadas para o caso de vetor, ou seja, valem as seguintes igualdades:

a) $\alpha(A+B) = \alpha A + \alpha B$,
b) $(\alpha + \beta)A = \alpha A + \beta A$,
c) $(\alpha\beta)A = (\alpha\beta A)$,
d) $1 \cdot A = A$,

onde A, B são matrizes e α, β são escalares quaisquer.

Logo, o conjunto dos vetores e o das matrizes apresentam uma certa coincidência estrutural no que se refere a um par importante de operações definidas sobre eles. Nada então mais lógico do que estudar simultaneamente o conjunto dos vetores, das matrizes e todos os conjuntos que apresentem a mesma estrutura anteriormente apontada.

1.2 Espaço Vetorial

Sejam E um conjunto e K um corpo. Vamos supor que em E esteja definida uma operação de adição:

$$(x,y) \in E \times E \to x+y \in E,$$

e que esteja definida uma operação entre os elementos de K e os elementos de E (chamada multiplicação por escalar):

$$(\alpha, x) \in K \times E \to \alpha x \in E.$$

Então, E é um **K-espaço vetorial**, em relação a essas operações, se as seguintes condições estiverem satisfeitas:

A_1) $x+y = y+x$, $\forall x, y \in E$,
A_2) $(x+y)+z = x+(y+z)$, $\forall x,y,z \in E$,
A_3) $\exists\, \theta$ (vetor nulo) $\in E \,/\, x+\theta = \theta+x = x$, $\forall x \in E$,
A_4) $\forall x \in E$, $\exists -x \in E \,/\, x+(-x) = 0$,
M_1) $\alpha(x+y) = \alpha x + \alpha y$, $\forall \alpha \in K$, $\forall x,y \in E$,
M_2) $(\alpha+\beta)x = \alpha x + \beta x$, $\forall \alpha, \beta \in K$, $\forall x,y \in E$,
M_3) $(\alpha\beta)x = (\alpha\beta x)$, $\forall\, \alpha, \beta \in K$, $\forall x \in E$,
M_4) $1 \cdot x = x$, $\forall\, x \in E$.

Lembre-se sempre que, na definição anterior, não se especifica nem a natureza dos vetores nem das operações. Assim, qualquer conjunto que satisfaça as oito condições especificadas acima será um espaço vetorial.

Definição 1.1
Seja E um K-espaço vetorial. Sejam $v_1, v_2, \ldots, v_n$, n vetores de E. Dizemos que o vetor $v \in E$ é **combinação linear** de $v_1, v_2, \ldots, v_n$, se existem escalares $\alpha_1, \alpha_2, \ldots, \alpha_n \in K$, tais que:

$$v = \alpha_1 v_1 + \alpha_2 v_2 + \ldots + \alpha_n v_n = \sum_{i=1}^{n} \alpha_i v_i.$$

Os escalares α_i, $i = 0, 1, \ldots, n$ são os **coeficientes** da combinação linear.

Definição 1.2
Seja E um K-espaço vetorial. Os vetores $v_1, v_2, \ldots, v_k \in E$ são **linearmente dependentes** (L.D.) sobre K, se existem escalares $\alpha_1, \alpha_2, \ldots, \alpha_k \in K$, nem todos nulos, tais que:

$$\alpha_1 v_1 + \alpha_2 v_2 + \ldots + \alpha_k v_k = \theta \ (vetor\ nulo).$$

Observamos que essa relação é sempre válida se os α_i, $i = 1, 2, \ldots, k$ são todos iguais a zero. Neste caso, dizemos que os vetores são **linearmente independentes** (L.I.).

Definição 1.3
Um K-espaço vetorial tem **dimensão n** se:

    a) existem **n** vetores linearmente independentes;

    b) (n+1) vetores são sempre linearmente dependentes.

Definição 1.4
Qualquer conjunto de n vetores linearmente independentes é chamado **base** de um K-espaço vetorial de dimensão **n**.

Assim, todo espaço vetorial tem mais de uma base. Além disso, qualquer vetor do espaço pode ser representado como combinação linear dos vetores da base. Uma pergunta que surge naturalmente é: conhecidas as coordenadas de um vetor $v \in E$ numa base B_1, como determinar as coordenadas de v numa outra base B'_1? A resposta é dada por **mudança de base**, que apresentamos agora.

Estudaremos inicialmente mudança de base em um espaço vetorial bidimensional e, a seguir, em um espaço de dimensão n.

1.2.1 Mudança de Base em um K-espaço Vetorial E Bidimensional

Seja $E = \mathbb{R}^2$. Sejam $B_1 = \{e_1, e_2\}$ uma base de E e $v \in E$, como mostrados na Figura 1.1.

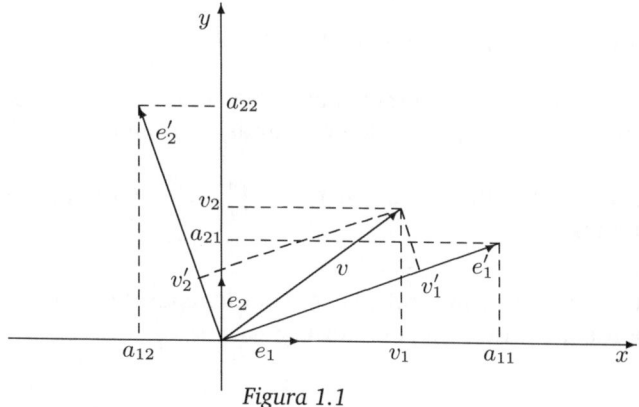

Figura 1.1

Então, v se exprime de maneira única como combinação linear dos elementos de B_1, isto é, existem escalares v_1, v_2 (elementos de K), tais que:

$$v = v_1 e_1 + v_2 e_2, \tag{1.1}$$

onde os escalares v_1, v_2 são as coordenadas de v na base B_1.

Seja $B_1' = \{e_1', e_2'\}$, como mostrado na Figura 1.1, uma outra base de E. Analogamente, podemos escrever:

$$v = v_1' e_1' + v_2' e_2'. \tag{1.2}$$

Desejamos saber como, dadas as coordenadas de v na base B_1 (aqui denominada **base antiga**), podemos determinar as coordenadas de v na base B_1' (aqui denominada **base nova**). Sendo e_1', e_2' elementos de E podemos, em particular, escrever cada um deles como combinação linear dos elementos da base B_1. Assim:

$$\begin{aligned} e_1' &= a_{11} e_1 + a_{21} e_2, \\ e_2' &= a_{12} e_1 + a_{22} e_2, \end{aligned} \tag{1.3}$$

isto é, cada vetor da base nova se exprime de maneira única como combinação linear dos vetores da base antiga.

Assim, em virtude de (1.1), (1.2) e (1.3), temos:

$$\begin{aligned} v &= v_1 e_1 + v_2 e_2 = v_1' e_1' + v_2' e_2' \\ &= v_1' (a_{11} e_1 + a_{21} e_2) + v_2' (a_{12} e_1 + a_{22} e_2) \\ &= (v_1' a_{11} + v_2' a_{12}) e_1 + (v_1' a_{21} + v_2' a_{22}) e_2. \end{aligned}$$

Como as coordenadas de um vetor em relação a uma determinada base são únicas, podemos igualar os coeficientes. Logo, obtemos o sistema linear:

$$\begin{cases} v_1 = v_1' a_{11} + v_2' a_{12} \\ v_2 = v_1' a_{21} + v_2' a_{22} \end{cases}$$

ou na forma matricial:

$$\begin{pmatrix} v_1 \\ v_2 \end{pmatrix} = \begin{pmatrix} a_{11} & a_{12} \\ a_{21} & a_{22} \end{pmatrix} \begin{pmatrix} v_1' \\ v_2' \end{pmatrix}, \tag{1.4}$$

ou ainda:

$$v = A v'. \tag{1.5}$$

O sistema linear (1.4) possui sempre uma e uma só solução v_1', v_2', pelo fato de B_1 e B_1' serem bases de E.

Então, conhecidas na base antiga, as coordenadas v_1, v_2 de v, bem como as coordenadas de cada um dos vetores e_1', e_2', podemos determinar as coordenadas v_1', v_2' de v na base nova, usando (1.4).

Sendo A não singular, $(det(A) \neq 0)$, existe a inversa A^{-1} de A. Assim, pré-multiplicando (1.5) por A^{-1}, obtemos:

$$v' = A^{-1} v. \tag{1.6}$$

A equação matricial (1.6) mostra como calcular as coordenadas de v na base antiga quando conhecidas as coordenadas de v na base nova.

Exemplo 1.1

Seja $v = (2, 4)^t$ na base $\{(1, 2)^t, (2, 3)^t\}$. Calcular as coordenadas de v na base $\{(1, 3)^t, (1, 4)^t\}$.

Solução: De (1.3), temos:

$$\begin{aligned} (1, 3)^t &= a_{11} (1, 2)^t + a_{21} (2, 3)^t, \\ (1, 4)^t &= a_{12} (1, 2)^t + a_{22} (2, 3)^t. \end{aligned}$$

Da primeira equação, obtemos o sistema linear:

$$\begin{cases} a_{11} + 2a_{21} = 1 \\ 2a_{11} + 3a_{21} = 3 \end{cases}$$

cuja solução é: $a_{11} = 3$, $a_{21} = -1$. De maneira análoga, da segunda equação, obtemos:

$$\begin{cases} a_{12} + 2a_{22} = 1 \\ 2a_{12} + 3a_{22} = 4 \end{cases}$$

cuja solução é: $a_{12} = 5$, $a_{22} = -2$. Substituindo os valores conhecidos em (1.4), segue que:

$$\begin{pmatrix} 2 \\ 4 \end{pmatrix} = \begin{pmatrix} 3 & 5 \\ -1 & -2 \end{pmatrix} \begin{pmatrix} v'_1 \\ v'_2 \end{pmatrix},$$

cuja solução é: $v'_1 = 24$, $v'_2 = -14$. Assim, $v = (24, -14)^t$ na base $\{(1,3)^t, (1,4)^t\}$.

1.2.2 Mudança de base em um K-espaço vetorial E de dimensão n

Seja $E = \mathbb{R}^n$. Sejam $\{e_1, e_2, \ldots, e_n\}$, $\{e'_1, e'_2, \ldots, e'_n\}$ bases de E e $v \in E$. Então, podemos escrever:

$$v = \sum_{i=1}^{n} v_i e_i = \sum_{j=1}^{n} v'_j e'_j.$$

Mas, $e'_1, e'_2, \ldots, e'_n$ são elementos de E, e portanto podem ser expressos em relação à base $\{e_1, e_2, \ldots, e_n\}$. Logo:

$$e'_j = \sum_{i=1}^{n} a_{ij} e_i, \quad j = 1, 2, \ldots, n.$$

Então:

$$v = \sum_{i=1}^{n} v_i e_i = \sum_{j=1}^{n} v'_j e'_j$$

$$= \sum_{j=1}^{n} v'_j \left(\sum_{i=1}^{n} a_{ij} e_i \right) = \sum_{i=1}^{n} \left(\sum_{j=1}^{n} a_{ij} v'_j \right) e_i \Rightarrow v_i = \sum_{j=1}^{n} a_{ij} v'_j.$$

Assim, na forma matricial, podemos escrever:

$$\begin{pmatrix} v_1 \\ v_2 \\ \vdots \\ v_n \end{pmatrix} = \begin{pmatrix} a_{11} & a_{12} & \cdots & a_{1n} \\ a_{21} & a_{22} & \cdots & a_{2n} \\ \vdots & \vdots & & \vdots \\ a_{n1} & a_{n2} & \cdots & a_{nn} \end{pmatrix} \begin{pmatrix} v'_1 \\ v'_2 \\ \vdots \\ v'_n \end{pmatrix},$$

ou

$$v = Av' \quad \text{e} \quad v' = A^{-1}v.$$

Exercícios

1.1 Apresenta-se a seguir conjuntos, juntamente com as operações de adição e multiplicação por escalar. Determinar os conjuntos que são espaços vetoriais sob as operações indicadas. Em relação aos que não forem espaços vetoriais, relacionar todos os axiomas que não se verificam.

a) O conjunto de todos os pares de números reais do tipo $(x, 0)^t$ com as operações usuais do $I\!R^2$.

b) O conjunto de todas as ternas de números reais $(x, y, z)^t$ com as operações:
$$(x, y, z)^t + (x', y', z')^t = (x + x', y + y', z + z')^t \quad \text{e} \quad k(x, y, z)^t = (kx, y, z)^t.$$

1.2 Verificar se o vetor $w = (4, 2, 6)^t$ é combinação linear dos vetores:
$$u = (1, -1, 3)^t \quad \text{e} \quad v = (2, 4, 0)^t.$$

1.3 Verificar se $L(x) = x^2 - 5x + 6$ se escreve como combinação linear dos polinômios:
$$P(x) = 2 + x + 4x^2, \quad Q(x) = 1 - x + 3x^2 \quad \text{e} \quad R(x) = 3 + 2x + 5x^2.$$

1.4 Verificar quais dos seguintes conjuntos são L.I. ou L.D.

a) $v_1 = (1, 2)^t$, $v_2 = (-3, 6)^t$, onde $E = I\!R^2$.

b) $v_1 = (2, -1, 4)^t$, $v_2 = (3, 6, 2)^t$, $v_3 = (2, 10, -4)^t$, onde $E = I\!R^3$.

1.5 Seja $v = (2, 3, 4)^t$ na *base canônica* do $I\!R^3$, isto é, na base:
$$\{(1, 0, 0)^t, (0, 1, 0)^t, (0, 0, 1)^t\}.$$

Calcular as coordenadas de v na base:
$$\{(1, 1, 1)^t, (1, 1, 0)^t, (1, 0, 0)^t\}.$$

1.6 Seja $v = 3b_1 + 4b_2 + 2b_3$, onde:
$$b_1 = (1, 1, 0)^t, \; b_2 = (-1, 1, 0)^t, \; b_3 = (0, 1, 1)^t.$$

Calcular as coordenadas de v na base:
$$f_1 = (1, 1, 1)^t, \; f_2 = (1, 1, 0)^t, \; f_3 = (1, 0, 0)^t.$$

1.7 Seja $E = K_3(x) = \{P_r(x) \,/\, r \leq 3\}$ o espaço vetorial de todos os polinômios de grau ≤ 3. A *base canônica* de $K_3(x)$ é $\{1, x, x^2, x^3\}$. Sejam:
$$P_3(x) = 3 + 4x^2 + 2x^3 \quad \text{e} \quad B_1 = \{5, x - 1, x^2 - 5x + 3, x^3 - 4\},$$
uma outra base de $K_3(x)$. Calcular as coordenadas de $P_3(x)$ em relação à base B_1.

1.3 Espaço Vetorial Euclidiano

Vamos definir aqui importantes noções de produto escalar e de ortogonalidade, visando introduzir, entre outros, os conceitos de comprimento e distância.

Definição 1.5
Seja E um espaço vetorial real. Sejam x, y elementos de E. Chama-se **produto escalar** (ou **produto interno**) de x por y — em símbolo, (x, y) — qualquer função definida em $E \times E$ com valores em $I\!R$, satisfazendo as seguintes propriedades:

P_1) $(x, y) = (y, x)$, $\forall x, y \in E$,
P_2) $(x + y, z) = (x, z) + (y, z)$, $\forall x, y, z \in E$,
P_3) $(\lambda x, y) = \lambda(x, y)$, $\forall \lambda \in \mathbb{R}$, $\forall x, y \in E$,
P_4) $(x, x) \geq 0$ e $(x, x) = 0$ se e somente se $x = \theta$ (vetor nulo).

Um espaço vetorial real E onde está definido um produto escalar é chamado **espaço vetorial euclidiano real**.

Daremos a seguir alguns exemplos de produto escalar.

Exemplo 1.2

Seja $E = \mathbb{R}^2$. Sejam $x = (x_1, x_2)^t$ e $y = (y_1, y_2)^t$. Mostrar que definindo:

$$(x, y) = x_1 y_1 + x_2 y_2, \quad (1.7)$$

o $\mathbb{R}^2$ torna-se um espaço euclidiano real.

Solução: Devemos mostrar que as condições P_1, P_2, P_3 e P_4 estão satisfeitas, isto é, que (1.7) é um produto escalar bem definido no $\mathbb{R}^2$. De fato:

P_1) $(x, y) = x_1 y_1 + x_2 y_2 = y_1 x_1 + y_2 x_2 = (y, x)$.
P_2) $(x + y, z) = (x_1 + y_1) z_1 + (x_2 + y_2) z_2 = x_1 z_1 + y_1 z_1 + x_2 z_2 + y_2 z_2$.
$\qquad = (x_1 z_1 + x_2 z_2) + (y_1 z_1 + y_2 z_2) = (x, z) + (y, z)$.
P_3) $(\lambda x, y) = \lambda x_1 y_1 + \lambda x_2 y_2 = \lambda(x_1 y_1 + x_2 y_2) = \lambda(x, y)$.
P_4) $(x, x) = x_1^2 + x_2^2 \geq 0$ (*evidente*).
$\qquad (x, x) = x_1^2 + x_2^2 = 0 \Leftrightarrow x_i^2 = 0 \Leftrightarrow x_i = 0, \forall i \Leftrightarrow x = \theta$.

Logo, (1.7) é uma boa definição de produto escalar.

Nos próximos exemplos, a verificação de que as condições P_1, P_2, P_3 e P_4 são satisfeitas fica como exercício.

Exemplo 1.3

Seja $E = \mathbb{R}^n$. Sejam $x = (x_1, x_2, \ldots, x_n)^t$ e $y = (y_1, y_2, \ldots, y_n)^t$. Definimos:

$$(x, y) = \sum_{i=1}^{n} x_i y_i, \quad (1.8)$$

como um produto escalar no $\mathbb{R}^n$. (1.8) é chamado de *produto escalar usual no* $\mathbb{R}^n$. Também,

$$(x, y) = \sum_{i=1}^{n} w_i x_i y_i, \quad (1.9)$$

com w_i fixados e positivos, define no $\mathbb{R}^n$ um produto escalar. Assim, tanto (1.8) como (1.9) transformam o $\mathbb{R}^n$ num espaço euclidiano real.

Exemplo 1.4

Seja $E = C[a,b]$ o espaço vetorial das funções contínuas reais definidas sobre o intervalo limitado fechado $[a,b]$. Se, para $f, g \in C[a,b]$, definimos:

$$(f, g) = \int_a^b f(x)\, g(x)\, dx, \tag{1.10}$$

tal espaço torna-se um espaço euclidiano real. (1.10) é chamado de *produto escalar usual em* $C[a,b]$. Também,

$$(f, g) = \int_a^b \omega(x)\, f(x)\, g(x)\, dx, \tag{1.11}$$

com $\omega(x) \geq 0$ e contínua em $[a,b]$, define em $C[a,b]$ um produto escalar. A função $\omega(x)$ é chamada de *função peso*.

Em particular, se $f(x) = P_k(x)$ e $g(x) = P_j(x)$, com $k, j \leq n$, são polinômios de grau $\leq n$, a equação (1.10) define um produto escalar em $K_n = \{P_r(x)\ /\ r \leq n\}$ (espaço vetorial dos polinômios de grau $\leq n$).

Exemplo 1.5

Seja $E = K_n(x)$. Sejam $a \leq x_0 < x_1 < \ldots < x_m \leq b$, $m+1$ pontos distintos, com $m \geq n$. Definimos:

$$(P_i(x), P_j(x)) = \sum_{k=0}^{m} P_i(x_k)\, P_j(x_k), \tag{1.12}$$

como um produto escalar em K_n.

Esse último exemplo mostra uma outra maneira de se transformar $K_n(x)$ num espaço euclidiano real, maneira esta que será útil em problemas de aproximação de funções pelo método dos mínimos quadrados, no caso discreto.

Definição 1.6

Seja E um espaço euclidiano real. Sejam x, y elementos de E. Dizemos que x é **ortogonal** a y — em símbolo, $x \perp y$ — se e somente se $(x, y) = 0$.

Observe que $(x, \theta) = (\theta, x) = 0$ qualquer que seja x, onde θ é o vetor nulo.

Exemplo 1.6

No espaço $E = C[-\pi, \pi]$, com $(f, g) = \int_{-\pi}^{\pi} f(x)\, g(x)\, dx$, verificar se $sen\ x$ e $cos\ x$ são ortogonais.

Solução: Temos:

$$(sen\ x, cos\ x) = \int_{-\pi}^{\pi} sen\ x\, cos\ x\, dx = \left. \frac{sen^2 x}{2} \right]_{-\pi}^{\pi} = 0.$$

Assim, $sen\ x$ e $cos\ x$ são ortogonais em E.

Exemplo 1.7

Em $E = \mathbb{R}^3$, com o produto escalar usual, verificar se os vetores:

$$f_1 = \left(\frac{1}{\sqrt{3}}, \frac{1}{\sqrt{3}}, \frac{1}{\sqrt{3}}\right)^t \quad \text{e} \quad f_2 = \left(\frac{1}{\sqrt{2}}, -\frac{1}{\sqrt{2}}, 0\right)^t,$$

são ortogonais.

Solução: Temos:

$$(f_1, f_2) = \left(\frac{1}{\sqrt{3}}\right)\left(\frac{1}{\sqrt{2}}\right) + \left(\frac{1}{\sqrt{3}}\right)\left(-\frac{1}{\sqrt{2}}\right) + \left(\frac{1}{\sqrt{3}}\right)(0) = \frac{1}{\sqrt{6}} - \frac{1}{\sqrt{6}} + 0 = 0.$$

Logo, f_1 e f_2 são ortogonais em E.

Teorema 1.1

Os vetores $v_1, v_2, \ldots, v_m$, tais que:

a) $v_i \neq \theta$, $i = 1, 2, \ldots, m$,
b) $(v_i, v_j) = 0$, para $i \neq j$,

são sempre linearmente independentes.

Dito de outro modo: *os vetores não nulos $v_1, v_2, \ldots, v_m$, dois a dois ortogonais, são sempre linearmente independentes.*

Prova: Devemos provar que:

$$\alpha_1 v_1 + \alpha_2 v_2 + \ldots + \alpha_m v_m = \theta \quad \Rightarrow \quad \alpha_1 = \alpha_2 = \ldots = \alpha_m = 0. \tag{1.13}$$

Em virtude de (1.13) podemos escrever, sucessivamente, para cada $i = 1, 2, \ldots, m$:

$$(v_i, \alpha_1 v_1 + \alpha_2 v_2 + \ldots + \alpha_i v_i + \ldots + \alpha_m v_m) = (v_i, \theta) = 0,$$

ou seja:

$$\alpha_1 (v_i, v_1) + \alpha_2 (v_i, v_2) + \ldots + \alpha_i (v_i, v_i) + \ldots + \alpha_m (v_i, v_m) = 0,$$

onde aplicamos P_2 e P_3. Mas $(v_i, v_j) = 0$, $i \neq j$. Daí, a igualdade acima se reduz a:

$$\alpha_i (v_i, v_i) = 0.$$

Sendo $v_i \neq \theta$ temos, usando P_4, que $(v_i, v_i) \neq 0$, para $i = 1, 2, \ldots, m$. Portanto, da última igualdade concluímos que:

$$\alpha_i = 0, \, i = 1, 2, \ldots, m.$$

Logo, os vetores $v_1, v_2, \ldots, v_m$ são linearmente independentes.

Definição 1.7

Seja E um espaço euclidiano de dimensão n. Se $f_1, f_2, \ldots, f_n$ são dois a dois ortogonais, ou seja, se $(f_i, f_j) = 0$, $i \neq j$, eles constituem uma base de E, que será chamada de **base ortogonal**.

Teorema 1.2
A condição necessária e suficiente para que um vetor $v \in E$ seja ortogonal a um sub-espaço $E' \subset E$ é que v seja ortogonal a cada vetor $e_1, e_2, \ldots, e_n$ de uma base de E'.

Prova: A condição é evidentemente necessária. Provemos a suficiência. Seja x um vetor qualquer de E'. Temos então:

$$x = \alpha_1 e_1 + \alpha_2 e_2 + \ldots + \alpha_n e_n,$$

pois $e_1, e_2, \ldots, e_n$ é uma base de E'. Devemos mostrar que $v \perp x$. Assim:

$$\begin{aligned}(v,x) &= (v, \alpha_1 e_1 + \alpha_2 e_2 + \ldots + \alpha_n e_n) \\ &= \alpha_1(v, e_1) + \alpha_2(v, e_2) + \ldots + \alpha_n(v, e_n) = 0,\end{aligned}$$

desde que, por hipótese, $v \perp \{e_1, e_2, \ldots, e_n\}$. Logo, v é ortogonal a E'.

Teorema 1.3
Num espaço euclidiano real E, quaisquer que sejam $x, y \in E$, temos:

$$(x,y)^2 \leq (x,x)(y,y), \tag{1.14}$$

com igualdade válida se e somente se x e y são linearmente dependentes.

A desigualdade (1.14) é chamada **desigualdade de Schwarz**.

Prova: Tomemos o vetor $v = x + \lambda y$, onde λ é um número real qualquer. De P_4 resulta:

$$(x + \lambda y, x + \lambda y) \geq 0,$$

e usando P_2 e P_3, obtemos:

$$\lambda^2 (y,y) + 2\lambda(x,y) + (x,x) \geq 0.$$

Para que o trinômio seja sempre ≥ 0, é necessário que $\Delta \leq 0$. Assim:

$$\begin{aligned}\Delta &= 4(x,y)^2 - 4(x,x)(y,y) \leq 0, \\ \Rightarrow (x,y)^2 &\leq (x,x)(y,y).\end{aligned}$$

Mostremos agora que a igualdade é válida se e somente se x e y são linearmente dependentes. Seja $x = \lambda y$. Então:

$$\begin{aligned}(x,y)^2 &= (\lambda y, y)^2 = [\lambda(y,y)]^2 = \lambda^2 (y,y)^2 \\ &= \lambda^2(y,y)(y,y) = (\lambda y, \lambda y)(y,y) = (x,x)(y,y),\end{aligned}$$

isto é, x e y linearmente dependentes $\Longrightarrow (x,y)^2 = (x,x)(y,y)$.

Suponhamos agora que a igualdade seja válida em (1.14). O caso $y = \theta$ é trivial. Tomemos então, $y \neq \theta$. Temos:

$$(x,y)^2 = (x,x)(y,y),$$

é equivalente a:

$$(x + \lambda y, x + \lambda y) = 0 \text{ com } \lambda = -\frac{(x,y)}{(y,y)}.$$

Assim, de P_4, concluímos que $x + \lambda y = 0$, ou seja, $x = \dfrac{(x,y)}{(y,y)} y$, e isto quer dizer que x e y são linearmente dependentes.

Exercícios

1.8 Em relação ao produto escalar usual do $I\!R^3$, calcule (x, y) nos seguintes casos:

    a) $x = (1/2,\ 2,\ 1)^t$ e $y = (4,\ 1,\ -3)^t$,

    b) $x = (2,\ 1,\ 0)^t$ e $y = (4,\ 0,\ 2)^t$.

1.9 Determinar:
$$(f, g) = \int_0^1 f(t)\, g(t)\, dt,$$
para cada um dos seguintes pares de vetores de $K_2(t)$:

    a) $f(t) = t$ e $g(t) = 1 - t^2$,

    b) $f(t) = t - \dfrac{1}{2}$ e $g(t) = \dfrac{1}{2} - \left(t - \dfrac{1}{2}\right)$.

1.10 Sejam $x = (x_1, x_2)^t$ e $y = (y_1, y_2)^t$ dois vetores quaisquer do $I\!R^2$. Mostre que:
$$(x, y) = \frac{x_1 x_2}{a^2} + \frac{y_1 y_2}{b^2},$$
com $a, b \in I\!R$ fixos e não nulos, define um produto escalar sobre o $I\!R^2$.

1.11 Considere no espaço vetorial $I\!R^2$ o produto escalar dado por:
$$(x, y) = x_1 y_1 + 2 x_2 y_2,$$
para todo par de vetores $x = (x_1,\ x_2)^t$ e $y = (y_1,\ y_2)^t$. Verificar se x e y são ortogonais em relação a este produto escalar, nos seguintes casos:

    a) $x = (1,\ 1)^t$ e $y = (2,\ -1)^t$,

    b) $x = (2,\ 1)^t$ e $y = (-1,\ 1)^t$,

    c) $x = (3,\ 2)^t$ e $y = (2,\ -1)^t$.

1.12 Determine m de modo que os vetores: $x = (m + 1,\ 2)^t$ e $y = (-1,\ 4)^t$ sejam ortogonais em relação ao produto escalar usual do $I\!R^2$.

1.13 Considere no $I\!R^3$ o seguinte produto escalar:
$$(x, y) = x_1 y_1 + 2 x_2 y_2 + 3 x_3 y_3.$$

Determine $m \in I\!R$, de tal modo que os vetores:
$$u = (1,\ m + 1,\ m)^t, \quad \text{e} \quad v = (m - 1,\ m,\ m + 1)^t,$$
sejam ortogonais.

1.14 Determinar $f(x) \in K_2(x)$ que seja ortogonal a $g(x) = 1$ e $h(x) = x$, em relação ao produto escalar dado por:
$$(f, g) = \int_{-1}^1 f(x)\, g(x)\, dx.$$

1.15 Sejam $f(x) = x$, $g(x) = mx^2 - 1$ e considere o produto escalar usual em $C[0, 1]$. Determine o valor de m, para que $f(x)$ e $g(x)$ sejam ortogonais.

1.4 Espaço Vetorial Normado

Vamos definir agora importantes definições de norma de vetor e de matriz. Com isso estaremos aptos a definir, quando oportuno, as noções de limite de uma seqüência de vetores ou de matrizes, de grande utilidade, entre outros, no estudo de convergência de métodos iterativos de solução de sistemas lineares e do problema de erros de arredondamento nos processos de cálculo onde intervêm matrizes ou vetores.

Definição 1.8
Chama-se **norma** de um vetor x — em símbolo, $\| x \|$ — qualquer função definida num espaço vetorial E, com valores em $I\!R$, satisfazendo as seguintes condições:

N_1) $\| x \| \geq 0$ e $\| x \| = 0$ se, e somente se, $x = \theta$ (vetor nulo),

N_2) $\| \lambda x \| = |\lambda| \, \| x \|$ para todo escalar λ,

N_3) $\| x + y \| \leq \| x \| + \| y \|$ (desigualdade triangular).

Um espaço vetorial E onde está definida uma norma é chamado **espaço vetorial normado**.

Daremos a seguir alguns exemplos de norma no $I\!R^n$.

Exemplo 1.8
Seja $E = I\!R^n$ e $x = (x_1, x_2, \ldots, x_n)^t$. Mostrar que, definindo:

$$\| x \|_E = \sqrt{\sum_{i=1}^{n} x_i^2}, \qquad (1.15)$$

o $I\!R^n$ torna-se um espaço vetorial normado.

Solução: Vamos mostrar que as condições N_1, N_2 e N_3 estão satisfeitas, isto é, que (1.15) é uma norma bem definida no $I\!R^n$. De fato:

N_1) $\| x \|_E = \sqrt{\sum_{i=1}^{n} x_i^2} \geq 0 \; (evidente).$

$\| x \|_E = \sqrt{\sum_{i=1}^{n} x_i^2} = 0 \Leftrightarrow \sum_{i=1}^{n} x_i^2 = 0 \Leftrightarrow x_i = 0, \forall_i \Leftrightarrow x = \theta.$

N_2) $\| \lambda x \|_E = \sqrt{\sum_{i=1}^{n} \lambda^2 x_i^2} = \sqrt{\lambda^2 \sum_{i=1}^{n} x_i^2} = |\lambda| \sqrt{\sum_{i=1}^{n} x_i^2} = |\lambda| \, \| x \|_E .$

N_3)
$$\begin{aligned}
\| x+y \|_E^2 &= \sum_{i=1}^{n} (x_i+y_i)^2 = (x_1+y_1)^2 + (x_2+y_2)^2 + \ldots + (x_n+y_n)^2 \\
&= x_1^2 + 2x_1y_1 + y_1^2 + x_2^2 + 2x_2y_2 + y_2^2 + \ldots + x_n^2 + 2x_ny_n + y_n^2 \\
&= \sum_{i=1}^{n} x_i^2 + 2\sum_{i=1}^{n} x_iy_i + \sum_{i=1}^{n} y_i^2 \\
&\leq \sum_{i=1}^{n} x_i^2 + 2\sqrt{\sum_{i=1}^{n} x_i^2}\sqrt{\sum_{i=1}^{n} y_i^2} + \sum_{i=1}^{n} y_i^2,
\end{aligned}$$

onde usamos a desigualdade de Schwarz, isto é:

$$\sum_{i=1}^{n} x_iy_i \leq \sqrt{\sum_{i=1}^{n} x_i^2}\sqrt{\sum_{i=1}^{n} y_i^2}.$$

Portanto,

$$\begin{aligned}
\| x+y \|_E^2 &\leq \| x \|_E^2 + 2\| x \|_E \| y \|_E + \| y \|_E^2 \\
&= (\| x \|_E + \| y \|_E)^2.
\end{aligned}$$

Assim:
$$\| x+y \|_E^2 \leq (\| x \|_E + \| y \|_E)^2.$$

Extraindo a raiz quadrada de ambos os membros, temos:

$$\| x+y \|_E \leq \| x \|_E + \| y \|_E.$$

Logo, (1.15) é uma boa definição de norma.

No próximo exemplo, a verificação de que as condições N_1, N_2 e N_3 são satisfeitas fica como exercício.

Exemplo 1.9

Sejam $E = \mathbb{R}^n$ e $x = (x_1, x_2, \ldots x_n)^t$. Definimos como normas no $\mathbb{R}^n$:

a) $\| x \|_\infty = \max_{1 \leq i \leq n} |x_i|$,

b) $\| x \|_1 = \sum_{i=1}^{n} |x_i|$,

c) $\| x \| = \sqrt{(x,x)}$.

Observações:

1) $\| x \| = \sqrt{(x,x)}$ corresponde à noção intuitiva de **comprimento** ou **módulo de um vetor**.

2) Se usarmos a definição usual de produto escalar no $\mathbb{R}^n$, isto é, se usarmos (1.8), então: $\| x \| = \sqrt{(x,x)} = \sqrt{\sum_{i=1}^{n} x_i^2} = \| x \|_E$.

Exemplo 1.10
Seja $x = (-1, 10, 3, 4, -20)^t$. Calcular $\| x \|_E$, $\| x \|_\infty$ e $\| x \|_1$.

Solução: Aplicando a definição de cada uma das normas, obtemos:

$$\| x \|_E = \sqrt{(-1)^2 + (10)^2 + 3^2 + 4^2 + (-20)^2} \simeq 22.93,$$
$$\| x \|_\infty = max(|-1|, |10|, |3|, |4|, |-20|) = 20,$$
$$\| x \|_1 = |-1| + |10| + |3| + |4| + |-20| = 38.$$

Como você pode observar, a aplicação de cada uma das normas definidas anteriormente fornece um resultado diferente. Entretanto, no $\mathbb{R}^n$, todas as normas são equivalentes.

Definição 1.9
Duas normas $\| \cdot \|_a$ e $\| \cdot \|_b$ são **equivalentes** se existem constantes k_1 e k_2 tais que:

$$k_1 \| x \|_a \leq \| x \|_b \leq k_2 \| x \|_a, \quad \forall x \in E. \qquad (1.16)$$

Exemplo 1.11
Como exemplos de normas equivalentes no $\mathbb{R}^n$, temos:

a) $\| x \|_\infty \leq \| x \|_1 \leq n \| x \|_\infty$,
b) $\| x \|_\infty \leq \| x \|_E \leq \sqrt{n} \| x \|_\infty$,
c) $\dfrac{1}{n} \| x \|_1 \leq \| x \|_E \leq \sqrt{n} \| x \|_1$.

Vamos verificar que o item **a)** é verdadeiro; a verificação dos demais fica como exercício.

Solução: Temos:

$$\| x \|_\infty = \max_{1 \leq i \leq n} |x_i| = \max\{|x_1|, |x_2|, \ldots, |x_n|\}$$
$$= |x_k| \leq |x_k| + \sum_{i=1}^{k-1} |x_i| + \sum_{i=k+1}^{n} |x_i| = \sum_{i=1}^{n} |x_i| = \| x \|_1$$
$$= |x_1| + |x_2| + \ldots + |x_n| \leq \underbrace{\{|x_k| + |x_k| + \ldots + |x_k|\}}_{n \text{ vezes}}$$
$$= n|x_k| = n \max_{1 \leq i \leq n} |x_i| = n \| x \|_\infty .$$

Teorema 1.4
A desigualdade de Schwarz (1.14) pode ser escrita como:

$$|(x,y)| \leq \| x \| \| y \| . \qquad (1.17)$$

Prova: A prova deste teorema fica como exercício.

Um vetor x, de E, é **unitário** se seu comprimento é igual a 1, isto é, se $\| x \| = 1$.

Definição 1.10
Seja E um espaço euclidiano de dimensão n. Os vetores $f_1, f_2, \ldots, f_n$ formam uma **base ortonormal** de E se eles forem vetores ortonormais, ou seja, se:

$$(f_i, f_j) = \delta_{ij} = \begin{cases} 1 & \text{se } i = j, \\ 0 & \text{se } i \neq j. \end{cases}$$

Assim, uma seqüência de vetores é ortonormal se cada um dos seus elementos tem norma 1 e dois quaisquer distintos dentre eles são ortogonais.

Teorema 1.5
Num espaço euclidiano, um conjunto ortonormal de vetores é sempre linearmente independente.
Prova: Análoga à do Teorema 1.1.

Definição 1.11
Seja E um espaço euclidiano. Dados os vetores x e $y \in E$, definimos **distância** entre x e y, — em símbolo, $d(x,y)$ — o comprimento do vetor $x - y$, isto é:

$$d(x,y) = \| x - y \| \rightarrow d(x,y) = \sqrt{(x-y, x-y)}.$$

Temos assim uma aplicação $d : E \times E \rightarrow \mathbb{R}$ que satisfaz as seguintes condições:

D_1) $d(x,y) \geq 0$ e $d(x,y) = 0$ se e somente se $x = y$,
D_2) $d(x,y) = d(y,x)$, $\forall x, y \in E$,
D_3) $d(x,y) \leq d(x,z) + d(z,y)$, $\forall x, y, z \in E$.

Como já dissemos anteriormente, o conjunto das matrizes $(n \times n)$, com as operações de soma de matrizes e produto de um escalar por uma matriz, forma um espaço vetorial E de dimensão n^2. Podemos então falar em norma de uma matriz $A \in E$. Observe que, no caso de matrizes, vale a mesma definição de norma de vetor.

Definição 1.12
Chama-se **norma** de uma matriz A — em símbolo, $\| A \|$ — qualquer função definida no espaço vetorial das matrizes $n \times n$, com valores em $\mathbb{R}$, satisfazendo as seguintes condições:

M_1) $\| A \| \geq 0$ e $\| A \| = 0$ se e somente se $A = \Theta$ (matriz nula),
M_2) $\| \lambda A \| = |\lambda| \| A \|$ para todo escalar λ,
M_3) $\| A + B \| \leq \| A \| + \| B \|$ (desigualdade triangular).

Daremos a seguir alguns exemplos de norma de matrizes. A verificação de que são normas bem definidas no espaço vetorial das matrizes $n \times n$ fica como exercício.

Exemplo 1.12

Seja A uma matriz $(n \times n)$. Definimos:

a) $\| A \|_\infty = \max_{1 \leq i \leq n} \sum_{j=1}^{n} |a_{ij}|$ (norma linha),

b) $\| A \|_1 = \max_{1 \leq j \leq n} \sum_{i=1}^{n} |a_{ij}|$ (norma coluna),

c) $\| A \|_E = \sqrt{\sum_{i,j=1}^{n} a_{ij}^2}$ (norma euclidiana).

Para essas normas vale: $\| AB \| \leq \| A \| \| B \|$. Prove que a desigualdade é verdadeira.

Exemplo 1.13

Seja:
$$A = \begin{pmatrix} 3 & 2 & -1 \\ 6 & 3 & 4 \\ -1 & 2 & 1 \end{pmatrix}.$$

Calcular $\| A \|_\infty, \| A \|_1, \| A \|_E$.

Solução: Usando cada uma das definições dadas anteriormente, obtemos:

$$\begin{aligned} \| A \|_\infty &= |6| + |3| + |4| = 13. \\ \| A \|_1 &= |3| + |6| + |-1| = 10. \\ \| A \|_E &= (9 + 4 + 1 + 36 + 9 + 16 + 1 + 4 + 1)^{1/2} = 9. \end{aligned}$$

Como no caso de vetor, as normas de matrizes também são equivalentes, isto é, satisfazem uma relação do tipo (1.16), com o vetor x substituído pela matriz A. A verificação das desigualdades, no próximo exemplo, fica como exercício.

Exemplo 1.14

Como exemplos de normas equivalentes, no espaço vetorial das matrizes de ordem n, temos:

a) $\dfrac{1}{n} \| A \|_\infty \leq \| A \|_E \leq \sqrt{n} \ \| A \|_\infty$,

b) $\dfrac{1}{n} \| A \|_1 \leq \| x \|_E \leq \sqrt{n} \ \| x \|_1$,

c) $\| A \|_\infty \leq n \ \| A \|_1$,

d) $\| A \|_1 \leq n \ \| A \|_\infty$.

Definição 1.13

Dada uma norma de vetor, podemos definir uma norma de matriz, que será chamada de **subordinada** a ela, do seguinte modo:

$$\| A \| = \sup_{\| x \| = 1} \| Ax \|.$$

Observe que a norma de matriz assim definida pode ser interpretada como sendo o comprimento do maior vetor no conjunto imagem $\{Ax\}$ da esfera unitária $\{x \ / \ \| x \| = 1\}$ pela transformação $x \to Ax$.

Definição 1.14
Se uma norma de matriz e uma norma de vetor estão relacionadas de tal modo que a desigualdade:
$$\| Ax \| \leq \| A \| \| x \|,$$
é satisfeita para qualquer x, então dizemos que as duas normas são **consistentes**.

Note que existe um vetor x_0 tal que: $\| Ax \| = \| A \| \| x \|$. Nestas condições: $\| A \| = \min k$, tal que $\| Ax \| \leq k \| x \|$.

Exercícios

1.16 Considere os vetores do $I\!R^6$:
$$x = (1, \ 2, \ 0, \ -1, \ 2, \ -10)^t \quad \text{e} \quad y = (3, \ 1, \ -4, \ 12, \ 3, \ 1)^t.$$
Calcule a norma de cada um destes vetores usando as normas definidas no Exemplo 1.9.

1.17 No espaço vetorial $I\!R^4$, munido do produto escalar usual, sejam:
$$x = (1, \ 2, \ 0, \ 1)^t \quad \text{e} \quad y = (3, \ 1, \ 4, \ 2)^t.$$
Determine: $(x, y), \| x \|, \| y \|, d(x, y)$ e $\dfrac{x + y}{\| x + y \|}$.

1.18 Prove que num espaço euclidiano normado:

a) $\| x + y \|^2 + \| x - y \|^2 = 2(\| x \|^2 + \| y \|^2)$.

b) $| \| x \| - \| y \| | \leq \| x - y \|$.

1.19 Sejam u e v vetores de um espaço euclidiano tais que: $\| u \| = 1, \| v \| = 1$ e $\| u - v \| = 2$. Determine (u, v).

1.20 Considere as seguintes matrizes:
$$A = \begin{pmatrix} 2 & 1 \\ 3 & 2 \end{pmatrix}; \quad B = \begin{pmatrix} 3 & 2 & 1 \\ 2 & 2 & 1 \\ 3 & 3 & 2 \end{pmatrix} \quad \text{e} \quad C = \begin{pmatrix} 2 & 1 & 3 & -1 \\ 4 & 3 & 8 & 2 \\ 6 & 7 & 10 & 1 \\ 3 & -1 & 0 & 1 \end{pmatrix}.$$
Calcule a norma de cada uma delas usando as normas definidas no Exemplo 1.12.

1.5 Processo de Gram-Schmidt

Em diversos problemas relacionados com espaço vetorial, a escolha de uma base para o espaço vetorial fica a critério da pessoa que se propôs a resolver o problema. É claro que sempre a melhor estratégia será escolher uma base que melhor simplifique os cálculos. Em espaços euclidianos, tem-se muitas vezes o caso em que a melhor escolha da base é aquela onde todos os seus vetores são mutuamente ortogonais ou ortonormais.

Vimos anteriormente que uma seqüência ortonormal de vetores é sempre linearmente independente. Vamos agora mostrar que é sempre possível construir, a partir de uma seqüência de vetores linearmente independentes $\{f_1, f_2, \ldots, f_n\}$, uma seqüência ortogonal $\{e_1, e_2, \ldots, e_n\}$.

Para obtermos uma seqüência ortonormal $\{e_1^*, e_2^*, \ldots, e_n^*\}$, basta fazer:

$$e_i^* = \frac{e_i}{\|e_i\|}, \quad i = 1, 2, \ldots, n.$$

Teorema 1.6
Todo espaço euclidiano n dimensional tem uma base ortogonal e uma base ortonormal.

Prova: Todo espaço euclidiano E é um espaço vetorial e, portanto, tem uma base. Seja $f_1, f_2, \ldots, f_n$ uma base desse espaço euclidiano. Vamos construir, a partir de $f_1, f_2, \ldots, f_n$, uma base ortogonal de E. Seja $\{e_1, e_2, \ldots, e_n\}$, a base procurada.

Tomamos e_1 como sendo igual ao primeiro elemento da seqüência dada, isto é:

$$e_1 = f_1.$$

O elemento e_2 será tomado como combinação linear do segundo elemento da seqüência dada e e_1, ou seja:

$$e_2 = f_2 + \alpha_1 e_1,$$

onde α_1 é escolhido de tal maneira que e_2 seja ortogonal a e_1.

Assim: $(e_2, e_1) = 0 \to (f_2 + \alpha_1 e_1, e_1) = 0$. Portanto, segue que:

$$\alpha_1 = -\frac{(f_2, e_1)}{(e_1, e_1)}.$$

Vamos supor que já temos construído os vetores: $e_1, e_2, \ldots, e_{k-1}$, dois a dois ortogonais. O elemento e_k será tomado como combinação linear do k-ésimo elemento da seqüência dada e todos os e_i já calculados, isto é:

$$e_k = f_k + \alpha_{k-1} e_{k-1} + \alpha_{k-2} e_{k-2} + \ldots + \alpha_1 e_1,$$

onde os α_i, $i = 1, 2, \ldots, k-1$, são determinados de tal maneira que e_k seja ortogonal a todos os e_i já calculados. Assim, devemos ter: $(e_k, e_i) = 0$, $i = 1, 2, \ldots, k-1$, ou seja:

$$\begin{aligned}
(e_k, e_1) &= (f_k + \alpha_{k-1} e_{k-1} + \ldots + \alpha_1 e_1, e_1) = 0, \\
(e_k, e_2) &= (f_k + \alpha_{k-1} e_{k-1} + \ldots + \alpha_1 e_1, e_2) = 0, \\
&\vdots \\
(e_k, e_{k-1}) &= (f_k + \alpha_{k-1} e_{k-1} + \ldots + \alpha_1 e_1, e_{k-1}) = 0.
\end{aligned}$$

Desde que os vetores $e_1, e_2, \ldots, e_{k-1}$ foram construídos dois a dois ortogonais, obtemos:

$$\begin{aligned}
(f_k, e_1) + \alpha_1 (e_1, e_1) &= 0, \\
(f_k, e_2) + \alpha_2 (e_2, e_2) &= 0, \\
&\vdots \\
(f_k, e_{k-1}) + \alpha_{k-1} (e_{k-1}, e_{k-1}) &= 0.
\end{aligned}$$

Portanto, segue que:

$$\begin{aligned}
\alpha_1 &= -\frac{(f_k, e_1)}{(e_1, e_1)}, \\
\alpha_2 &= -\frac{(f_k, e_2)}{(e_2, e_2)}, \\
&\vdots \\
\alpha_{k-1} &= -\frac{(f_k, e_{k-1})}{(e_{k-1}, e_{k-1})}.
\end{aligned}$$

Mostremos agora que $e_k \neq \theta$. De fato, temos que e_k é combinação linear dos vetores $e_1, e_2, \ldots, e_{k-1}, f_k$. Mas e_{k-1} pode ser escrito como combinação linear dos vetores $e_1, e_2, \ldots, e_{k-2}, f_{k-1}$ e assim por diante. Então, substituindo, teremos:

$$e_k = a_1 f_1 + a_2 f_2 + \ldots + a_{k-1} f_{k-1} + f_k,$$

e como $f_1, f_2, \ldots, f_k$ são linearmente independentes, temos que $e_k \neq \theta$, qualquer que seja k. Assim, usando $e_1, e_2, \ldots, e_{k-1}$ e f_k construímos e_k.

Analogamente, com $e_1, e_2, \ldots, e_k$ e f_{k+1} construímos e_{k+1}. Continuando o processo, construímos os n vetores dois a dois ortogonais. Assim, esses vetores formam uma base ortogonal de E. Tomando:

$$e_i^* = \frac{e_i}{\| e_i \|}, \quad i = 1, 2, \ldots, n,$$

teremos uma base ortonormal de E.

Chama-se **processo de Gram-Schmidt** a construção passo a passo (descrita na prova do Teorema 1.6) para converter uma base arbitrária em base ortogonal.

Exemplo 1.15

A partir de: $f_1 = (1, -2, 0)^t$, $f_2 = (0, 1, 1)^t$, $f_3 = (1, 0, -1)^t$, construir uma seqüência de vetores ortonormais e_1^*, e_2^*, e_3^*, relativamente ao produto escalar usual do $I\!R^3$, usando o processo de Gram-Schmidt.

Solução: Temos:

$$e_1 = f_1 = (1, -2, 0)^t.$$
$$e_2 = f_2 + \alpha_1 e_1,$$

onde: $\alpha_1 = -\dfrac{(f_2, e_1)}{(e_1, e_1)} = -\dfrac{-2}{5} = \dfrac{2}{5},$

$$\Rightarrow e_2 = (0, 1, 1)^t + \frac{2}{5}(1, -2, 0)^t \Rightarrow e_2 = \left(\frac{2}{5}, \frac{1}{5}, 1\right)^t.$$

$$e_3 = f_3 + \alpha_2 e_2 + \alpha_1 e_1,$$

onde: $\alpha_2 = -\dfrac{(f_3, e_2)}{(e_2, e_2)} = -\dfrac{-3/5}{6/5} = \dfrac{1}{2},$

$\alpha_1 = -\dfrac{(f_3, e_1)}{(e_1, e_1)} = -\dfrac{1}{5},$

$$\Rightarrow e_3 = (1, 0, -1)^t + \frac{1}{2}\left(\frac{2}{5}, \frac{1}{5}, 1\right)^t - \frac{1}{5}(1, -2, 0)^t \Rightarrow e_3 = \left(1, \frac{1}{2}, -\frac{1}{2}\right)^t.$$

Assim, e_1, e_2, e_3 são dois a dois ortogonais. Para obtermos a seqüência ortonormal e_1^*, e_2^*, e_3^*, fazemos:

$$e_1^* = \frac{e_1}{\|e_1\|} = \frac{e_1}{\sqrt{(e_1, e_1)}} = \frac{(1, -2, 0)^t}{\sqrt{1^2 + (-2)^2 + 0^2}} \Rightarrow e_1^* = \frac{(1, -2, 0)^t}{\sqrt{5}}$$

$$\Rightarrow e_1^* = \left(\frac{1}{\sqrt{5}}, \frac{-2}{\sqrt{5}}, 0\right)^t,$$

$$e_2^* = \frac{e_2}{\|e_2\|} = \frac{e_2}{\sqrt{(e_2, e_2)}} = \frac{(2/5, 1/5, 1)^t}{\sqrt{(2/5)^2 + (1/5)^2 + 1^2}} \Rightarrow e_2^* = \frac{(2/5, 1/5, 1)^t}{\sqrt{6/5}}$$

$$\Rightarrow e_2^* = \sqrt{\frac{5}{6}}\left(\frac{2}{5}, \frac{1}{5}, 1\right)^t,$$

$$e_3^* = \frac{e_3}{\|e_3\|} = \frac{e_3}{\sqrt{(e_3, e_3)}} = \frac{(1, 1/2, -1/2)^t}{\sqrt{(1)^2 + (1/2)^2 + (-1/2)^2}} \Rightarrow e_3^* = \frac{(1, 1/2, -1/2)^t}{\sqrt{3/2}}$$

$$\Rightarrow e_3^* = \sqrt{\frac{2}{3}}\left(1, \frac{1}{2}, \frac{-1}{2}\right)^t.$$

Exemplo 1.16

Dada a seqüência de polinômios independentes $\{1, x, x^2\}$ obter, no intervalo $[-1, 1]$, uma seqüência ortogonal de polinômios $\{P_0(x), P_1(x), P_2(x)\}$ relativamente ao produto escalar $(f, g) = \int_{-1}^{1} f(x)\, g(x)\, dx$.

Solução: Temos:

$$P_0(x) = 1,$$
$$P_1(x) = x + \alpha_0 P_0(x),$$

onde: $\alpha_0 = -\dfrac{(x, P_0(x))}{(P_0(x), P_0(x))} = -\dfrac{\int_{-1}^{1} x\, dx}{\int_{-1}^{1} dx} = \left.\dfrac{x^2/2}{x}\right]_{-1}^{1} = 0,$

$$\Rightarrow P_1(x) = x + 0 \times 1 = x.$$
$$P_2(x) = x^2 + \alpha_1 P_1(x) + \alpha_0 P_0(x),$$

onde: $\alpha_1 = -\dfrac{(x^2, P_1(x))}{(P_1(x), P_1(x))} = -\dfrac{\int_{-1}^{1} x^3\, dx}{\int_{-1}^{1} x^2\, dx} = \left.\dfrac{x^4/4}{x^3/3}\right]_{-1}^{1} = 0,$

$\alpha_0 = -\dfrac{(x^2, P_0(x))}{(P_0(x), P_0(x))} = -\dfrac{\int_{-1}^{1} x^2\, dx}{\int_{-1}^{1} dx} = -\left.\dfrac{x^3/3}{x}\right]_{-1}^{1} = -\dfrac{2/3}{2} = -\dfrac{1}{3},$

$$\Rightarrow P_2(x) = x^2 + 0 \times x - \frac{1}{3} \times 1 = x^2 - \frac{1}{3}.$$

Assim, $P_0(x), P_1(x), P_2(x)$ são dois a dois ortogonais.

Observe que, sempre que desejarmos obter uma seqüência de polinômios ortogonais sobre um determinado intervalo, podemos tomar a seqüência $1, x, x^2, \ldots$ como sendo a seqüência original e ortogonalizá-la.

Exercícios

1.21 Usando o processo de Gram-Schmidt e o produto escalar usual do $I\!R^3$, ortonormalizar a base:
$$e_1 = (1,\ 1,\ 1)^t,\ e_2 = (1,\ -1,\ 1)^t,\ e_3 = (-1,\ 0,\ 1)^t.$$

1.22 Os vetores $\{(0,\ 2,\ 1,\ 0)^t,\ (1,\ -1,\ 0,\ 0)^t,\ (1,\ 2,\ 0,\ -1)^t,\ (1,\ 0,\ 0,\ 1)^t\}$ constituem uma base não ortonormal do $I\!R^4$. Construir, a partir destes vetores, uma base ortonormal para o $I\!R^4$, usando o processo de Gram-Schmidt.

1.23 Ortonormalize a seqüência de polinômios obtida no Exemplo 1.16.

1.24 Usando o produto escalar usual em $C[1, 2]$ e o processo de Gram-Schmidt, construa uma seqüência de polinômios ortonormais.

1.6 Projeção Ortogonal

Veremos nesta seção a projeção ortogonal de um vetor sobre outro, bem como a projeção ortogonal de um vetor sobre um sub-espaço. Este último será utilizado no estudo de aproximações de funções pelo método dos mínimos quadrados.

Para analisar a projeção ortogonal de um vetor sobre outro, consideremos que x e y sejam vetores não nulos. Escolhemos um número real λ tal que λy seja ortogonal a $x - \lambda y$, como sugere a Figura 1.2, no caso em que $E = I\!R^2$.

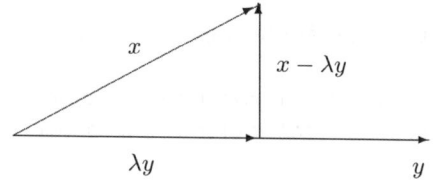

Figura 1.2

De $\lambda y \perp (x - \lambda y)$, concluímos que $(\lambda y, x - \lambda y) = 0$. Portanto, aplicando P_3, segue que:

$$\lambda(y, x) - \lambda^2(y, y) = 0 \rightarrow \lambda = \frac{(x, y)}{(y, y)}.$$

Assim, obtemos a seguinte definição:

Definição 1.15
Num espaço euclidiano real, chama-se **projeção ortogonal** de x sobre y, $y \neq \theta$, o vetor z definido por:

$$z = \text{(projeção de } x \text{ sobre } y) = \frac{(x, y)}{(y, y)}\, y.$$

Se $\|y\| = 1$, então a projeção de x sobre y é dada por $(x, y)y$.

Para analisar a projeção ortogonal de um vetor sobre um sub-espaço, consideremos que E seja um espaço euclidiano e que E', de dimensão finita n, seja um sub-espaço de E.

Seja v um vetor de E não pertencente a E'.

O problema que desejamos resolver agora é o de obter um vetor $v_0 \in E'$ tal que $v - v_0$ seja ortogonal a todo vetor de E'. (A Figura 1.3 ilustra o problema, para o caso em que $E = {\rm I\!R}^3$ e $E' = {\rm I\!R}^2$.)

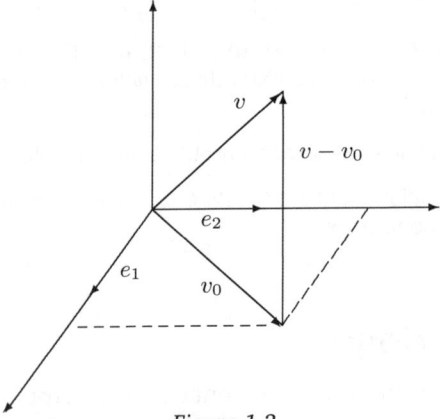

Figura 1.3

Seja $\{e_1, e_2, \ldots, e_n\}$ uma base de E'. Como $v_0 \in E'$, v_0 pode ser escrito como combinação linear dos vetores da base de E', isto é:

$$v_0 = \gamma_1 e_1 + \gamma_2 e_2 + \ldots + \gamma_n e_n. \tag{1.18}$$

Nosso problema consiste em determinar, caso possível, as coordenadas $\gamma_1, \gamma_2, \ldots, \gamma_n$ de v_0.

Sabemos que se $v - v_0$ deve ser ortogonal a todo vetor de E', então é necessário e suficiente que $v - v_0$ seja ortogonal a todo vetor de uma base de E' (Teorema 1.2). Então, devemos ter:

$(v - v_0, e_j) = 0$ para $j = 1, 2, \ldots, n$; ou seja:
$(v - (\gamma_1 e_1 + \gamma_2 e_2 + \ldots + \gamma_n e_n), e_j) = 0$, $j = 1, 2, \ldots, n$.

A aplicação de P_2 e P_3 fornece:

$$\gamma_1 (e_1, e_j) + \gamma_2 (e_2, e_j) + \ldots + \gamma_n (e_n, e_j) = (v, e_j), \quad j = 1, \ldots, n.$$

Tais equações são conhecidas por **equações normais**.

Assim, para obtermos as coordenadas de v_0 na base $\{e_1, e_2, \ldots, e_n\}$, devemos resolver o sistema de equações lineares:

$$\begin{pmatrix} (e_1, e_1) & (e_2, e_1) & \ldots & (e_n, e_1) \\ (e_1, e_2) & (e_2, e_2) & \ldots & (e_n, e_2) \\ \ldots & & & \\ (e_1, e_n) & (e_2, e_n) & \ldots & (e_n, e_n) \end{pmatrix} \begin{pmatrix} \gamma_1 \\ \gamma_2 \\ \vdots \\ \gamma_n \end{pmatrix} = \begin{pmatrix} (v, e_1) \\ (v, e_2) \\ \vdots \\ (v, e_n) \end{pmatrix}, \tag{1.19}$$

cuja matriz dos coeficientes é simétrica. O sistema (1.19) é chamado de **sistema linear normal**.

Mostremos agora que o sistema (1.19) tem uma e uma só solução, isto é, que o problema de determinação do vetor $v_0 \in E'$, tal que $v - v_0$ seja ortogonal a todo vetor de E', tem solução única.

O vetor v_0 é denominado **projeção ortogonal** de v sobre o sub-espaço E'.

Vamos supor que nossa base de partida fosse uma base $\{e'_1, e'_2, \ldots, e'_n\}$ ortonormal. Esta não seria uma hipótese restritiva, uma vez que é sempre possível passar de uma dada base para uma base ortonormal (ver processo de Gram-Schmidt). Em termos da base ortonormal considerada, o vetor v_0 se exprimiria como:

$$v_0 = \gamma'_1 e'_1 + \gamma'_2 e'_2 + \ldots + \gamma'_n e'_n.$$

O sistema linear normal (1.19) se reduziria a:

$$\begin{pmatrix} 1 & & & \bigcirc \\ & 1 & & \\ & & \ddots & \\ \bigcirc & & & 1 \end{pmatrix} \begin{pmatrix} \gamma'_1 \\ \gamma'_2 \\ \vdots \\ \gamma'_n \end{pmatrix} = \begin{pmatrix} (v, e'_1) \\ (v, e'_2) \\ \vdots \\ (v, e'_n) \end{pmatrix},$$

ou simplesmente a:

$$\gamma'_j = (v, e'_j), \quad j = 1, 2, \ldots, n \quad (1.20)$$

e, portanto, os γ'_j seriam univocamente determinados.

Sabemos que, conhecidas as coordenandas de um vetor numa base, suas coordenadas em outra qualquer base são também univocamente determinadas. Assim, o sistema linear (1.19) tem uma única solução $(\gamma_1, \gamma_2, \ldots, \gamma_n)^t$ e a matriz do sistema linear em apreço é sempre não singular. A projeção ortogonal v_0 de v sobre E' é, portanto, única.

Exemplo 1.17

Seja $E = C[-1, 1]$, com $(f, g) = \int_{-1}^{1} f(x) g(x) \, dx$. Seja $K_2(x)$ o sub-espaço dos polinômios de grau ≤ 2. O conjunto $\{L_0(x) = 1, L_1(x) = x, L_2(x) = x^2\}$ constitui uma base de $K_2(x)$. Determinar a projeção ortogonal de $f(x) = \dfrac{1}{x+4}$ sobre $K_2(x)$.

Solução: De (1.18) temos: $f_0(x) = \gamma_0 L_0(x) + \gamma_1 L_1(x) + \gamma_2 L_2(x)$. Assim, devemos determinar $\gamma_0, \gamma_1, \gamma_2$. Para tanto, montamos o sistema linear (1.19):

$$\begin{pmatrix} (L_0, L_0) & (L_1, L_0) & (L_2, L_0) \\ (L_0, L_1) & (L_1, L_1) & (L_2, L_1) \\ (L_0, L_2) & (L_1, L_2) & (L_2, L_2) \end{pmatrix} \begin{pmatrix} \gamma_0 \\ \gamma_1 \\ \gamma_2 \end{pmatrix} = \begin{pmatrix} (f, L_0) \\ (f, L_1) \\ (f, L_2) \end{pmatrix},$$

onde:

$$(L_0, L_0) = \int_{-1}^{1} dx = x \Big]_{-1}^{1} = 2,$$

$$(L_1, L_0) = (L_0, L_1) = \int_{-1}^{1} x \, dx = \frac{x^2}{2} \Big]_{-1}^{1} = 0,$$

$$(L_2, L_0) = (L_0, L_2) = \int_{-1}^{1} x^2 \, dx = \frac{x^3}{3} \Big]_{-1}^{1} = \frac{2}{3},$$

$$\begin{aligned}
(L_1, L_1) &= \int_{-1}^{1} x^2 dx = \frac{2}{3}, \\
(L_2, L_1) &= (L_1, L_2) = \int_{-1}^{1} x^3 \, dx = \left.\frac{x^4}{4}\right]_{-1}^{1} = 0, \\
(L_2, L_2) &= \int_{-1}^{1} x^4 \, dx = \left.\frac{x^5}{5}\right]_{-1}^{1} = \frac{2}{5}, \\
(f, L_0) &= \int_{-1}^{1} \frac{1}{x+4} \, dx = \left.(ln\,(x+4))\right]_{-1}^{1} = 0.51083, \\
(f, L_1) &= \int_{-1}^{1} \frac{x}{x+4} \, dx = \int_{-1}^{1} \left(1 - \frac{4}{x+4}\right) dx = \left.(x - 4\,ln\,(x+4))\right]_{-1}^{1} \\
&= -0.04332, \\
(f, L_2) &= \int_{-1}^{1} \frac{x^2}{x+4} dx = \int_{-1}^{1} \left(x - 4 + \frac{16}{x+4}\right) dx = \left.\left(\frac{x^2}{2} - 4x + 16\,ln\,(x+4)\right)\right]_{-1}^{1} \\
&= 0.17328.
\end{aligned}$$

Assim, obtemos o sistema linear:

$$\begin{pmatrix} 2 & 0 & 2/3 \\ 0 & 2/3 & 0 \\ 2/3 & 0 & 2/5 \end{pmatrix} \begin{pmatrix} \gamma_0 \\ \gamma_1 \\ \gamma_2 \end{pmatrix} = \begin{pmatrix} 0.51083 \\ -0.04332 \\ 0.17328 \end{pmatrix},$$

cuja solução é: $\gamma_0 = 0.24979$; $\gamma_1 = -0.06498$; $\gamma_2 = 0.01688$. Então, a projeção ortogonal de $f(x) = \dfrac{1}{x+4}$ sobre $K_2(x)$ é:

$$\begin{aligned}
f_0(x) &= 0.24979\,L_0(x) \;-\; 0.06498\,L_1(x) \;+\; 0.01688\,L_2(x) \\
&= 0.24979 \;-\; 0.06498\,x \;+\; 0.01688\,x^2.
\end{aligned}$$

Teorema 1.7 (Teorema da Melhor Aproximação)
Seja E' um sub-espaço de dimensão finita de um espaço euclidiano E. Se v for um vetor pertencente a E, então v_0, a projeção ortogonal de v sobre E', será a **melhor aproximação** para v no sentido de que

$$\| v - v_0 \| < \| v - y \|, \qquad (1.21)$$

para qualquer que seja $y \in E'$, tal que $y \neq v_0$.

Prova: Devemos mostrar que a menor distância de v ao sub-espaço E' é a distância entre v e o pé da perpendicular traçada da extremidade de v sobre E'. (A Figura 1.4 ilustra o problema para o caso em que $E = {I\!\!R}^3$ e $E' = {I\!\!R}^2$.)

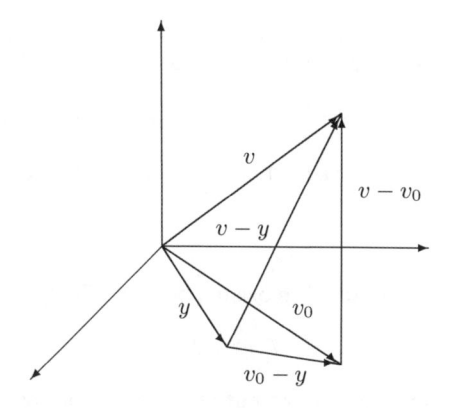

Figura 1.4

Como y, $v_0 \in E'$ também $v_0 - y \in E'$ e é portanto ortogonal a $v - v_0$. Assim, obtemos, sucessivamente:

$$(v - y, v - y) = (v - y + v_0 - v_0, v - y + v_0 - v_0)$$
$$= (v - v_0, v - v_0) + 2(v - v_0, v_0 - y) + (v_0 - y, v_0 - y).$$

Portanto:

$$\| v - y \|^2 = \| v - v_0 \|^2 + \| v_0 - y \|^2. \qquad (1.22)$$

Como, por hipótese, $y \neq v_0$, concluímos que $\| v_0 - y \| > 0$. Daí, e da igualdade (1.22), obtemos, finalmente:

$$\| v - y \| > \| v - v_0 \|.$$

A desigualdade (1.21) mostra que a projeção ortogonal v_0 de v sobre E' é tal que a menor distância de v sobre E' é a distância de v a v_0.

Exercícios

1.25 Seja $x = (1, 7, 10)^t$ um vetor do $\mathbb{R}^3$ em relação à base canônica. Considere o sub-espaço E' do $\mathbb{R}^3$, gerado pelos vetores $f_1 = (1, 1, 0)^t$ e $f_2 = (0, 1, 1)^t$. Determine a projeção ortogonal de x sobre E'.

1.26 Seja $E = C[0,1]$, com $(f, g) = \int_0^1 f(x)\, g(x)\, dx$. Seja $K_2(x)$ o sub-espaço dos polinômios de grau ≤ 2. O conjunto $\{Q_0(x) = 3,\ Q_1(x) = x - 3,\ Q_2(x) = x^2 - x\}$ constitui uma base de $K_2(x)$. Determinar a projeção ortogonal de $f(x) = x^4$ sobre $K_2(x)$.

1.7 Autovalores e Autovetores

Nesta seção, investigaremos a teoria de um operador linear T num K-espaço vetorial V de dimensão finita. Também associaremos um polinômio ao operador T: seu polinômio característico. Este polinômio e suas raízes desempenham papel proeminente na investigação de T. Apresentaremos também alguns conceitos que serão de grande utilidade na obtenção de métodos para determinação numérica de autovalores e autovetores de matrizes.

Definição 1.16
Uma **transformação linear** T de um K-espaço vetorial V em um K-espaço vetorial U, $T : V \to U$, é uma correspondência que associa a cada vetor x de V um vetor $T(x)$ em U de modo que:

$$T(\alpha x + \beta y) = \alpha T(x) + \beta T(y), \ \forall x, y \in V, \ \forall \alpha, \beta \in K.$$

Em particular, se $U = V$, então dizemos que T é um **operador linear** num K-espaço vetorial V.

Definição 1.17
Um escalar $\lambda \in K$ é um **autovalor** de T se existe um vetor **não nulo** $v \in V$ tal que:

$$T(v) = \lambda v.$$

Todo vetor v satisfazendo esta relação é um **autovetor** de T correspondente ao autovalor λ.

Observações:

a) Se λ é um autovalor de T, então o operador linear pode apenas variar o módulo e o sentido do vetor, nunca sua direção.

b) Os termos 'valor característico' e 'vetor característico' (ou 'valor próprio' e 'vetor próprio') são freqüentemente usados, em vez de autovalor e autovetor.

c) Se v é autovetor associado a λ, então qualquer vetor paralelo a v também é autovetor associado a λ.

   Prova: Se v é autovetor de T correspondente a λ, então $Tv = \lambda v$. Agora, se w é um vetor paralelo a v, então $w = \alpha v$, com $\alpha \neq 0$. Devemos mostrar que $Tw = \lambda w$. De fato:
   $$Tw = T(\alpha v) = \alpha T(v) = \alpha(\lambda v) = \lambda(\alpha v) = \lambda w.$$

Daremos a seguir alguns exemplos.

Exemplo 1.18

Seja $I : V \to V$ o operador identidade, onde $V = \mathbb{R}^n$. Determinar seus autovalores e autovetores.

Solução: Para cada $v \in V$, temos:

$$I(v) = v = 1 \cdot v.$$

Portanto, **1** é autovalor de I, e todo vetor não nulo em V é um autovetor correspondente ao autovalor **1**.

Exemplo 1.19

Seja $D : V \to V$ o operador diferencial, onde V é o espaço vetorial das funções diferenciáveis. Determinar um autovalor de D e seu correspondente autovetor.

Solução: Temos que $e^{kt} \in V$ e sabemos que:

$$D\left(e^{kt}\right) = k e^{kt}.$$

Logo, k é um autovalor de D, e e^{kt} é autovetor de D correspondente ao autovalor k.

Exemplo 1.20

Seja $T : \mathbb{R}^2 \to \mathbb{R}^2$ o operador linear que gira cada vetor $v \in \mathbb{R}^2$ de um ângulo ψ. Determinar os autovalores e correspondentes autovetores nos seguintes casos:

a) $\psi = 2n\pi$, **b)** $\psi = (2n+1)\pi$, **c)** $\psi = \left(\dfrac{2n+1}{2}\right)\pi$.

Solução: O operador linear que gira cada vetor de um ângulo ψ é dado por uma matriz chamada **matriz de rotação**. No caso em que $V = \mathbb{R}^2$, essa matriz é dada por:

$$T = \begin{pmatrix} \cos\psi & sen\,\psi \\ -sen\,\psi & \cos\psi \end{pmatrix}.$$

Seja $v \in \mathbb{R}^2$, então $v = (v_1, v_2)^t$. Podemos considerar, nos três casos, $n = 1$, visto que para valores maiores que n teremos apenas um número maior de rotações. Assim, para:

a) $\psi = 2\pi$, temos:

$$\begin{pmatrix} \cos 2\pi & sen\,2\pi \\ -sen\,2\pi & \cos 2\pi \end{pmatrix} \begin{pmatrix} v_1 \\ v_2 \end{pmatrix} = \begin{pmatrix} v_1 \\ v_2 \end{pmatrix} = 1 \begin{pmatrix} v_1 \\ v_2 \end{pmatrix},$$

b) $\psi = 3\pi$, temos:

$$\begin{pmatrix} \cos 3\pi & sen\,3\pi \\ -sen\,3\pi & \cos 3\pi \end{pmatrix} \begin{pmatrix} v_1 \\ v_2 \end{pmatrix} = \begin{pmatrix} -v_1 \\ -v_2 \end{pmatrix} = -1 \begin{pmatrix} v_1 \\ v_2 \end{pmatrix},$$

c) $\psi = \dfrac{3\pi}{2}$, temos:

$$\begin{pmatrix} \cos\dfrac{3\pi}{2} & sen\,\dfrac{3\pi}{2} \\ -sen\,\dfrac{3\pi}{2} & \cos\dfrac{3\pi}{2} \end{pmatrix} \begin{pmatrix} v_1 \\ v_2 \end{pmatrix} = \begin{pmatrix} -v_2 \\ v_1 \end{pmatrix} \neq \lambda \begin{pmatrix} v_1 \\ v_2 \end{pmatrix}.$$

Logo, os autovalores de T são:

$$\mathbf{1}\ \text{se}\ \psi = 2n\pi, \quad \mathbf{-1}\ \text{se}\ \psi = (2n+1)\pi,$$

e em ambos os casos todo vetor não nulo do $\mathbb{R}^2$ é autovetor de T. Se $\psi = (\dfrac{2n+1}{2})\pi$, T não tem autovalores e, portanto, não tem autovetores. Observe que, neste caso, o operador linear está variando a direção do vetor.

Se A é uma matriz quadrada $n \times n$ sobre K, então um autovalor de A significa um autovalor de A encarado como operador em K^n. Isto é, $\lambda \in K$ é um autovalor de A se, para algum vetor (coluna) não nulo $v \in K^n$, $Av = \lambda v$. Nesse caso, v é um autovetor de A correspondente a λ.

Exemplo 1.21
Seja:
$$A = \begin{pmatrix} 3 & 4 \\ 2 & 1 \end{pmatrix}.$$
Determinar os autovalores e correspondentes autovetores de A.

Solução: Procuramos um escalar λ e um vetor não nulo $v = (v_1, v_2)^t$, tais que $Av = \lambda v$. Assim:
$$\begin{pmatrix} 3 & 4 \\ 2 & 1 \end{pmatrix} \begin{pmatrix} v_1 \\ v_2 \end{pmatrix} = \lambda \begin{pmatrix} v_1 \\ v_2 \end{pmatrix}.$$
Esta equação matricial é equivalente ao sistema linear homogêneo:

$$\begin{cases} 3v_1 + 4v_2 = \lambda v_1 \\ 2v_1 + v_2 = \lambda v_2 \end{cases} \text{ ou } \begin{cases} (3-\lambda)v_1 + 4v_2 = 0 \\ 2v_1 + (1-\lambda)v_2 = 0 \end{cases} \qquad (1.23)$$

Para que o sistema linear homogêneo tenha solução não nula, o determinante da matriz dos coeficientes deve ser igual a zero. Logo:

$$\begin{vmatrix} (3-\lambda) & 4 \\ 2 & (1-\lambda) \end{vmatrix} = \lambda^2 - 4\lambda - 5 = (\lambda-5)(\lambda+1) = 0.$$

Assim, λ é um autovalor de A se e somente se $\lambda = 5$ ou $\lambda = -1$.
Fazendo $\lambda = 5$ em (1.23), obtemos:

$$\begin{cases} -2v_1 + 4v_2 = 0 \\ 2v_1 - 4v_2 = 0 \end{cases}$$

ou simplesmente, $v_1 - 2v_2 = 0 \Rightarrow v_1 = 2v_2$. Assim, $v = (v_1, v_2)^t = (2, 1)^t$ é um autovetor correspondente ao autovalor $\lambda = 5$. Qualquer outro autovetor correspondente a $\lambda = 5$ é um múltiplo de v.
Fazendo $\lambda = -1$ em (1.23), obtemos:

$$\begin{cases} 4v_1 + 4v_2 = 0 \\ 2v_1 + 2v_2 = 0 \end{cases}$$

ou simplesmente, $v_1 + v_2 = 0 \Rightarrow v_1 = -v_2$. Assim, $v = (v_1, v_2)^t = (1, -1)^t$ é um autovetor correspondente ao autovalor $\lambda = -1$ e, novamente, qualquer outro autovetor correspondente a $\lambda = -1$ é um múltiplo de v.

Definição 1.18
Dada uma matriz quadrada $A, n \times n$, a matriz:

$$A - \lambda I = \begin{pmatrix} a_{11} - \lambda & a_{12} & \cdots & a_{1n} \\ a_{21} & a_{22} - \lambda & \cdots & a_{2n} \\ \cdots & \cdots & \cdots & \cdots \\ a_{n1} & a_{n2} & \cdots & a_{nn} - \lambda \end{pmatrix},$$

onde I é a matriz identidade de ordem n e λ é um parâmetro, é chamada **matriz característica** de A. Seu determinante, $|A - \lambda I|$, é um polinômio de grau n em λ chamado **polinômio característico** de A.

Exemplo 1.22

Seja $A = \begin{pmatrix} 1 & 2 \\ 3 & 4 \end{pmatrix}$. Determinar seu polinômio característico.

Solução: Para calcular o polinômio característico de A, basta calcular o determinante de $A - \lambda I$. Assim:

$$|A - \lambda I| = \begin{vmatrix} 1-\lambda & 2 \\ 3 & 4-\lambda \end{vmatrix} = \underbrace{\lambda^2 - 5\lambda - 2}_{\text{polinômio característico}}.$$

Exercícios

1.27 Prove que os autovalores de A são os zeros do polinômio característico.

1.28 Prove que: se $\lambda_1, \lambda_2, \ldots, \lambda_n$ são autovalores de A então $\lambda_1^k, \lambda_2^k, \ldots, \lambda_n^k$ são autovalores de A^k.

Como já dissemos anteriormente, estudaremos no Capítulo 6 métodos numéricos para determinação de autovalores e autovetores de matrizes. Tais métodos, para serem obtidos dependem de alguns conceitos, os quais passamos a discutir agora.

Definição 1.19
Seja:

$$P(t) = a_0 t^n + a_1 t^{n-1} + \ldots + a_{n-1} t + a_n,$$

um polinômio de grau n, onde os a_i, $i = 1, 2, \ldots, n$ são reais. Se A é uma matriz quadrada real, então definimos:

$$P(A) = a_0 A^n + a_1 A^{n-1} + \ldots + a_{n-1} A + a_n I,$$

como sendo o **polinômio da matriz A**. Nesta expressão, I é a matriz identidade. Em particular, se $P(A) = \Theta$ (matriz nula), dizemos que A é um zero de $P(t)$.

Exemplo 1.23

Seja $A = \begin{pmatrix} 1 & 2 \\ 3 & 4 \end{pmatrix}$. Calcular $P(A)$ e $Q(A)$, sabendo que:
$P(t) = 2t^3 - 3t + 7$ e $Q(t) = t^2 - 5t - 2$.

Solução: Temos:

$$P(A) = 2 \begin{pmatrix} 1 & 2 \\ 3 & 4 \end{pmatrix}^3 - 3 \begin{pmatrix} 1 & 2 \\ 3 & 4 \end{pmatrix} + 7 \begin{pmatrix} 1 & 0 \\ 0 & 1 \end{pmatrix} = \begin{pmatrix} 18 & 14 \\ 21 & 39 \end{pmatrix},$$

e

$$Q(A) = \begin{pmatrix} 1 & 2 \\ 3 & 4 \end{pmatrix}^2 - 5 \begin{pmatrix} 1 & 2 \\ 3 & 4 \end{pmatrix} - 2 \begin{pmatrix} 1 & 0 \\ 0 & 1 \end{pmatrix} = \begin{pmatrix} 0 & 0 \\ 0 & 0 \end{pmatrix}.$$

Assim, A é um zero de $Q(t)$. Note que $Q(t)$ é o polinômio característico de A.

Teorema 1.8 (Teorema de Cayley-Hamilton)
Toda matriz é um zero do seu polinômio característico, isto é, se

$$P(\lambda) = a_n\lambda^n + a_{n-1}\lambda^{n-1} + \ldots + a_0$$

é o polinômio característico de A então $P(A) = \Theta$.

Prova: A prova deste teorema pode ser encontrada em [Barnett, 1990].

Existem métodos numéricos que determinam todos os autovalores de uma matriz sem determinar a expressão do polinômio característico. Tais métodos são obtidos usando-se transformações de similaridade.

Definição 1.20
Uma matriz B é **similar** (ou **semelhante**) a uma matriz A se $\exists$ uma matriz C não singular tal que:

$$B = C^{-1}AC,$$

e dizemos que B foi obtida de A por transformação de semelhança.

Teorema 1.9
Sejam A e B matrizes similares. Então:

  a) A e B possuem os mesmos autovalores.
  b) Se v é autovetor de A associado a λ, então $C^{-1}v$ é autovetor de $B = C^{-1}AC$ associado a λ.

Prova: Seja $B = C^{-1}AC$. Suponha que λ é autovalor de A e v seu correspondente autovetor. Então, $det(A - \lambda I)$ é o polinômio característico de A.

  a) Temos:
$$\begin{aligned} det(B - \lambda I) &= det(C^{-1}AC - \lambda I) = det(C^{-1}(A - \lambda I)C) \\ &= detC^{-1} \, det(A - \lambda I) \, detC = det(A - \lambda I) \, det(\underbrace{C^{-1}C}_{=I}) \\ &= det(A - \lambda I). \end{aligned}$$

  Portanto, A e B possuem o mesmo polinômio característico. Logo, λ é autovalor de B.

  b) Temos:
  $Av = \lambda v$, e desde que $B = C^{-1}AC \Rightarrow A = CBC^{-1}$. Logo, $CBC^{-1}v = \lambda v$. Assim:
$$BC^{-1}v = C^{-1}\lambda v = \lambda C^{-1}v.$$
  Portanto, $B(C^{-1}v) = \lambda(C^{-1}v)$. Assim, $C^{-1}v$ é autovetor de B associado ao autovalor λ.

Lema 1.1
Seja A uma matriz de ordem n com autovalores λ_i e correspondentes autovetores v_i, os quais vamos supor sejam linearmente independentes, e seja

$$D = \begin{pmatrix} \lambda_1 & & & & \bigcirc \\ & \lambda_2 & & & \\ & & \lambda_3 & & \\ & & & \ddots & \\ \bigcirc & & & & \lambda_n \end{pmatrix}.$$

Então $D = V^{-1}AV$ se e somente a i-ésima coluna de V é v_i.

Autovalores e Autovetores   31

Prova: Se a i-ésima coluna de V é denotada por v_i, então as i-ésimas colunas de AV e VD são, Av_i e $\lambda_i v_i$, respectivamente. Portanto, os vetores v_i são os autovetores de A se e somente se $AV = VD$. Esta equação pode ser escrita como: $D = V^{-1}AV$ desde que V seja inversível, e este é o caso, pois as colunas de V são linearmente independentes.

Alguns métodos numéricos são obtidos usando-se matrizes que possuem características especiais. Passamos a descrever agora tais matrizes.

No $\mathbb{R}^2$, as matrizes:

$$\begin{pmatrix} cos\ \varphi & sen\ \varphi \\ -sen\ \varphi & cos\ \varphi \end{pmatrix} \quad \text{e} \quad \begin{pmatrix} cos\ \varphi & -sen\ \varphi \\ sen\ \varphi & cos\ \varphi \end{pmatrix},$$

rotacionam cada vetor do $\mathbb{R}^2$, no sentido horário e anti-horário, respectivamente, de um ângulo φ, e por este motivo são chamadas de **matrizes de rotação**.

No $\mathbb{R}^3$, a matriz:

$$\begin{pmatrix} cos\ \varphi & 0 & sen\ \varphi \\ 0 & 1 & 0 \\ -sen\ \varphi & 0 & cos\ \varphi \end{pmatrix},$$

é uma matriz de rotação, no sentido horário, de um ângulo φ no plano xz.

No $\mathbb{R}^n$, a matriz:

$$U = \begin{pmatrix} 1 & & & & & & & & & \\ & \ddots & & & & & & & & \\ & & 1 & & & & & & & \\ & & & cos\ \varphi & 0 & \ldots & 0 & sen\ \varphi & & \\ & & & & 1 & & & & & \\ & & & \vdots & & \ddots & & & & \\ & & & & & & 1 & & & \\ & & & -sen\ \varphi & 0 & \ldots & 0 & cos\ \varphi & & \\ & & & & & & & & \ddots & \\ & & & & & & & & & 1 \end{pmatrix}, \quad (1.24)$$

onde:

$$\begin{cases} u_{pp} = u_{qq} = cos\ \varphi, \\ u_{pg} = -u_{qp} = sen\ \varphi, \\ u_{ij} = 1, i \neq p, i \neq q, \\ uij = 0, \text{ no resto.} \end{cases}$$

é uma matriz de rotação de um ângulo φ no plano dos eixos p e q.

Definição 1.21
Uma **matriz ortogonal** U é caracterizada por:

$$U^t U = U U^t = I,$$

onde I: matriz identidade.

Observe que matrizes ortogonais satisfazem: $U^t = U^{-1}$. Além disso, matrizes de rotação são matrizes ortogonais.

É fácil verificar que matrizes ortogonais possuem as seguintes propriedades:

1) As linhas de U satisfazem:

$$\sum_{j=1}^{n} (u_{ij})^2 = 1 \text{ (produto de uma linha por ela mesma)},$$

$$\sum_{\substack{j=1 \\ i \neq k}}^{n} u_{ij}\, u_{kj} = 0 \text{ (produto de duas linhas distintas)}.$$

2) $||Ux|| = ||x||$, $\forall x \in \mathbb{R}^n$.

3) A transformação ortogonal não muda os ângulos entre dois vetores. Portanto, uma transformação ortogonal ou é uma rotação, ou é uma reflexão.

4) Os autovalores são: 1 ou -1.

5) O determinante é: 1 ou -1.

Para finalizar esta seção, daremos um teorema que nos permite ter uma idéia da localização dos autovalores de uma matriz, seja ela simétrica ou não. Os autovalores de matrizes não simétricas podem, é lógico, ser complexos, e nestes casos o teorema fornece a localização desses números no plano complexo. Existem situações onde não é necessário obter os autovalores com muita precisão, isto é, o que desejamos é saber se os autovalores são positivos ou então se estão contidos no círculo unitário. O teorema a seguir pode ser usado para responder a estas perguntas sem a necessidade de cálculos detalhados.

Teorema 1.10 (Teoremas de Gerschgorin)

a) Primeiro Teorema de Gerschgorin — Os autovalores de uma matriz $A = (a_{ij})$ estão na reunião dos círculos de centro a_{ii} e raio

$$r_i = \sum_{\substack{j=1 \\ j \neq i}}^{n} |a_{ij}|, \quad i = 1, 2, \ldots, n,$$

no plano complexo.

b) Segundo Teorema de Gerschgorin — Se a união de q desses círculos forma uma região conectada, isolada dos círculos restantes, então existem q autovalores nessa região.

Prova: A prova deste teorema pode ser encontrada em [Wilkison, 1965].

Exemplo 1.24

Localizar, usando o teorema de Gerschgorin, os autovalores de:

$$A = \begin{pmatrix} 4 & -1 & 1 \\ 1 & 1 & 1 \\ -2 & 0 & -6 \end{pmatrix} \quad \text{e} \quad B = \begin{pmatrix} 3 & 1 & 0 \\ 1 & 2 & -1 \\ 0 & -1 & 0 \end{pmatrix}.$$

Solução: Os círculos de Gerschgorin associados com a matriz A são dados por:

Círculo	Centro	Raio
C_1	$a_{11} = 4$	$r_1 = |-1| + |1| = 2$
C_2	$a_{22} = 1$	$r_2 = |1| + |1| = 2$
C_3	$a_{33} = -6$	$r_3 = |-2| + |0| = 2$

Assim, para a matriz A, obtemos os círculos ilustrados na Figura 1.5.

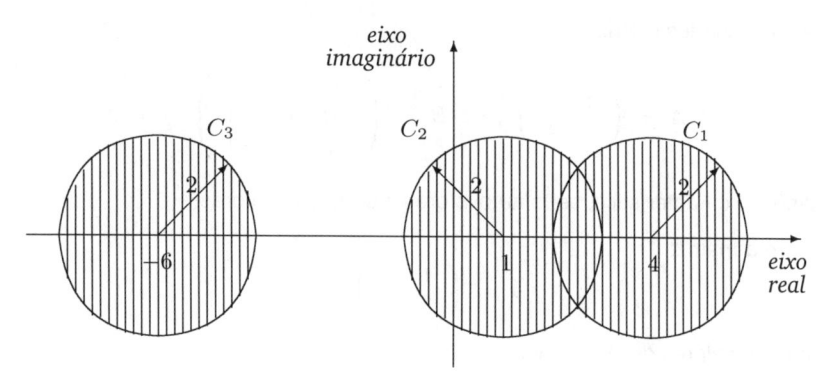

Figura 1.5

O primeiro Teorema de Gerschgorin indica que os autovalores de A estão inseridos nas regiões hachuradas da Figura 1.5. Além disso, desde que $C_1 \bigcup C_2$ não intercepta C_3, pelo segundo Teorema de Gerschgorin, dois destes autovalores estão em $C_1 \bigcup C_2$, e os restantes dos autovalores em C_3.

Para a matriz B, temos que os círculos de Gerschgorin, associados com esta matriz, são dados por:

Círculo	Centro	Raio
C_1	$b_{11} = 3$	$r_1 = \|1\| + \|0\| = 1$
C_2	$b_{22} = 2$	$r_2 = \|1\| + \|-1\| = 2$
C_3	$b_{33} = 0$	$r_3 = \|0\| + \|-1\| = 1$

os quais estão ilustrados na Figura 1.6.

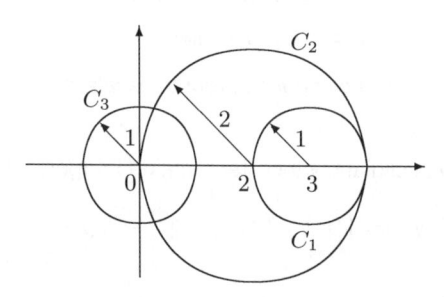

Figura 1.6

Podemos afirmar, neste caso, usando os teoremas de Gerschgorin, que os autovalores da matriz B estão no intervalo $[-1, 4]$, pois a matriz é real e simétrica.

Exercícios

1.29 Dadas as seguintes matrizes:

$$A = \begin{pmatrix} 1 & 2 \\ 3 & 4 \end{pmatrix} \quad \text{e} \quad B = \begin{pmatrix} 1 & 2 & -1 \\ -1 & 0 & 1 \\ 2 & 1 & -1 \end{pmatrix},$$

calcule o polinômio característico, seus autovalores e seus autovetores.

1.30 Considere a matriz:

$$A = \begin{pmatrix} 1 & 2 \\ 3 & 2 \end{pmatrix}.$$

Calcule os autovalores de A, A^2, A^3.

1.31 Dada a matriz:

$$A = \begin{pmatrix} 1 & 2 \\ 2 & -1 \end{pmatrix},$$

calcule $P(A)$ e $Q(A)$, sabendo que: $P(t) = 2t^2 - 3t + 7$ e $Q(t) = t^2 - 5$.

1.8 Exercícios Complementares

1.32 Dado o polinômio $P_3(x) = 20x^3 + 8x^2 - 14x + 28$, exprimi-lo como combinação linear dos polinômios da seqüência:

$$Q_3(x) = 5x^3 - 7x + 12,$$
$$Q_2(x) = -4x^2 + 8x,$$
$$Q_1(x) = 6x - 1,$$
$$Q_0(x) = 5.$$

1.33 Sejam $B_1 = \{5,\ x-1,\ x^2-3x\}$ e $B_2 = \{8,\ 3x+2, 5x^2-3x\}$ bases de $K_2(x)$. Seja $P_2(x) = 8\{5\} + 4\{x-1\} + 3\{x^2 - 3x\}$. Calcular as coordenadas de $P_2(x)$ em relação à base B_2.

1.34 Se $x = (1,\ 2,\ 3,\ 4)^t$ e $y = (0,\ 3,\ -2,\ 1)^t$, calcule:

a) (x, y) (usando a definição usual de produto escalar);

b) $\| x \|$ e $\| y \|$.

1.35 Mostre que num espaço euclidiano vale o Teorema de Pitágoras, isto é:

$$x \perp y \implies \| x + y \|^2 = \| x \|^2 + \| y \|^2.$$

1.36 Sejam $x = (x_1,\ x_2)^t$ e $y = (y_1, y_2)^t$ vetores do $\mathbb{R}^2$.

a) Prove que:

$$(x, y) = x_1 y_1 - 2\, x_1 y_2 - 2\, x_2 y_1 + 5\, x_2 y_2,$$

define um produto escalar no $\mathbb{R}^2$.

b) Determine a norma de $x = (1,\ 2)^t \in \mathbb{R}^2$, em relação ao produto escalar do item a).

1.37 Prove que: se uma norma de matrizes é subordinada a uma norma do $\mathbb{R}^n$, elas são consistentes.

1.38 Os vetores:
$$\{(1,\ 1,\ 0)^t,\ (0,\ 1,\ 1)^t,\ (1,\ 0,\ 1)^t\}$$
constituem uma base não ortonormal do $I\!R^3$. Construir, a partir destes vetores, uma base ortonormal para o $I\!R^3$, usando o processo de Gram-Schmidt.

1.39 Obter, no intervalo $[0,1]$, uma seqüência ortonormal de polinômios, relativamente ao produto escalar:
$$(f,g) = \int_0^1 f(x)\ g(x)\ dx.$$

1.40 Considere o espaço dos polinômios de grau ≤ 2 com o produto escalar:
$$(P_i, P_j) = \int_0^1 P_i(x)\ P_j(x)\ dx.$$

Dada nesse espaço a base $\{3,\ x-3,\ x^2-x\}$, obtenha a partir dela uma base ortogonal, usando o processo de Gram-Schmidt.

1.41 Sejam e_1, e_2, e_3 a base canônica do $I\!R^3$, e seja $v=(1,\ 1,\ 2)^t$. Determinar a projeção ortogonal de v sobre o plano $\{e_1,\ e_2\}$.

1.42 Seja $E = C[1,2]$, com
$$(f,g) = \int_1^2 f(x)\ g(x)\ dx.$$

Seja $K_1(x)$ o sub-espaço dos polinômios de grau ≤ 1. O conjunto $\{1,\ x\}$ constitui uma base de $K_1(x)$. Determinar a projeção ortogonal de $f(x) = e^x$ sobre $K_1(x)$.

1.43 Resolva o exercício 1.26, usando para o sub-espaço a base ortogonal obtida no exercício 1.40. Compare os resultados.

1.44 Para cada uma das matrizes:
$$A = \begin{pmatrix} -2 & 5 \\ 1 & -3 \end{pmatrix} \quad \text{e} \quad B = \begin{pmatrix} 1 & 4 & 3 \\ 0 & 3 & 1 \\ 0 & 2 & -1 \end{pmatrix},$$
encontre um polinômio que tenha a matriz como raiz.

1.45 Seja A uma matriz quadrada de ordem n, e sejam $\lambda_1, \lambda_2, \cdots, \lambda_n$ seus autovalores. Quais são os autovalores de $A - qI$ onde q é uma constante e I é a matriz identidade?

1.46 Mostre que se v é autovetor de A e de B então v é autovetor de $\alpha A + \beta B$, onde α e β são escalares quaisquer.

1.47 Mostre que uma matriz A e sua transposta A^t possuem o mesmo polinômio característico.

1.48 Usando o Teorema 1.10, localizar os autovalores das seguintes matrizes:
$$A = \begin{pmatrix} 2 & -1 & 0 \\ -1 & 2 & -1 \\ 0 & -1 & 1 \end{pmatrix}, \quad B = \begin{pmatrix} 4 & 0 & 1 \\ -2 & 1 & 0 \\ -2 & 0 & 1 \end{pmatrix},$$
$$C = \begin{pmatrix} 1 & 0 & 2 \\ 0 & 3 & 1 \\ 2 & 1 & 2 \end{pmatrix}, \quad D = \begin{pmatrix} 3 & 1 & 0 \\ 1 & 2 & 1 \\ 0 & -1 & 0 \end{pmatrix}.$$

Capítulo 2

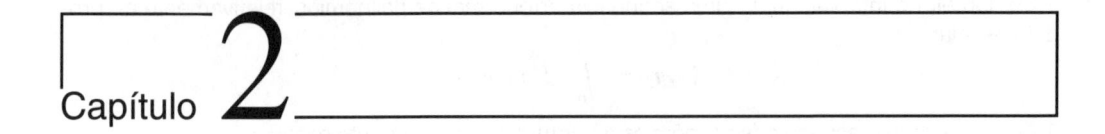

Análise de Arredondamento em Ponto Flutuante

2.1 Introdução

Neste capítulo, chamamos atenção para o fato de que o conjunto dos números representáveis em qualquer máquina é finito, e portanto *discreto*, ou seja, não é possível representar em uma máquina todos os números de um dado intervalo $[a, b]$. A implicação imediata desse fato é que o resultado de uma simples operação aritmética ou o cálculo de uma função, realizadas com esses números, podem conter erros. A menos que medidas apropriadas sejam tomadas, essas imprecisões causadas, por exemplo, por simplificação no modelo matemático (algumas vezes necessárias para se obter um modelo matemático solúvel); erro de truncamento (troca de uma série infinita por uma finita); erro de arredondamento (devido à própria estrutura da máquina); erro nos dados (dados imprecisos obtidos de experimentos, ou arredondados na entrada) etc. podem diminuir, e algumas vezes destruir, a precisão dos resultados, mesmo em precisão dupla.

Assim, nosso objetivo aqui será o de alertar o leitor para os problemas que possam surgir durante a resolução de um problema, bem como dar subsídios para evitá-los e para uma melhor interpretação dos resultados obtidos.

2.2 Sistemas de Números no Computador

Inicialmente, descreveremos como os números são representados num computador.

2.2.1 Representação de um Número Inteiro

Em princípio, a representação de um **número inteiro** no computador não apresenta nenhuma dificuldade. Qualquer computador trabalha internamente com uma base fixa β, onde β é um inteiro ≥ 2, e é escolhido como uma potência de 2.

Assim, dado um número inteiro $n \neq 0$, ele possui uma única representação:

$$n = \pm(n_{-k}n_{-k+1}\ldots n_{-1}n_0) = \pm(n_0\beta^0 + n_{-1}\beta^1 + \ldots n_{-k}\beta^k),$$

onde os n_i, $i = 0, -1, \ldots, -k$ são inteiros satisfazendo $0 \leq n_i < \beta$ e $n_{-k} \neq 0$.

Por exemplo, na base $\beta = 10$, o número 1997 é representado por:

$$1997 = 7 \times 10^0 + 9 \times 10^1 + 9 \times 10^2 + 1 \times 10^3$$

e é armazenado como $n_{-3}n_{-2}n_{-1}n_0$.

2.2.2 Representação de um Número Real

A representação de um **número real** no computador pode ser feita de duas maneiras:

a) Representação em Ponto Fixo

Este foi o sistema usado, no passado, em muitos computadores. Assim, dado um número real, $x \neq 0$, ele será representado em **ponto fixo** por:

$$x = \pm \sum_{i=k}^{n} x_i \, \beta^{-i},$$

onde k e n são inteiros satisfazendo $k < n$ e, usualmente, $k \leq 0$ e $n > 0$ e os x_i são inteiros satisfazendo $0 \leq x_i < \beta$.

Por exemplo, na base $\beta = 10$, o número 1997.16 é representado por:

$$\begin{aligned}
1997.16 &= \sum_{i=-3}^{2} x_i \beta^{-i} \\
&= 1 \times 10^3 + 9 \times 10^2 + 9 \times 10^1 + 7 \times 10^0 + 1 \times 10^{-1} + 6 \times 10^{-2} \\
&= 1 \times 1000 + 9 \times 100 + 9 \times 10 + 7 \times 1 + 1 \times 0.1 + 6 \times 0.01
\end{aligned}$$

e é armazenado como $x_{-3}x_{-2}x_{-1}x_0.x_1x_2$.

b) Representação em Ponto Flutuante

Esta representação, que é mais flexível que a representação em ponto fixo, é universalmente utilizada nos dias atuais. Dado um número real, $x \neq 0$, ele será representado em **ponto flutuante** por:

$$x = \pm d \times \beta^e,$$

onde β é a base do sistema de numeração, d é a mantissa e e é o expoente. A mantissa é um número em ponto fixo, isto é:

$$d = \sum_{i=k}^{n} d_i \, \beta^{-i},$$

onde, freqüentemente, nos grandes computadores, $k = 1$, tal que se $x \neq 0$, então $d_1 \neq 0$; $0 \leq d_i < \beta$, $i = 1, 2, \ldots t$, com t a quantidade de dígitos significativos ou precisão do sistema, $\beta^{-1} \leq d < 1$ e $-m \leq e \leq M$.

Observações:

1) $d_1 \neq 0$ caracteriza o sistema de números em ponto flutuante **normalizado**.
2) O número **zero** pertence a qualquer sistema e é representado com mantissa igual a zero e $e = -m$.

Exemplo 2.1

Escrever os números:

$$x_1 = 0.35, \quad x_2 = -5.172, \quad x_3 = 0.0123, \quad x_4 = 5391.3 \quad \text{e} \quad x_5 = 0.0003,$$

onde todos estão na base $\beta = 10$, em ponto flutuante na forma normalizada.

Solução: Temos:

$$
\begin{aligned}
0.35 &= (3 \times 10^{-1} + 5 \times 10^{-2}) \times 10^0 = 0.35 \times 10^0, \\
-5.172 &= -(5 \times 10^{-1} + 1 \times 10^{-2} + 7 \times 10^{-3} + 2 \times 10^{-4}) \times 10^1 = -0.5172 \times 10^1, \\
0.0123 &= (1 \times 10^{-1} + 2 \times 10^{-2} + 3 \times 10^{-3}) \times 10^{-1} = 0.123 \times 10^{-1}, \\
5391.3 &= (5 \times 10^{-1} + 3 \times 10^{-2} + 9 \times 10^{-3} + 1 \times 10^{-4} + 3 \times 10^{-5}) \times 10^4 \\
&= 0.53913 \times 10^4, \\
0.0003 &= (3 \times 10^{-1}) \times 10^{-3} = 0.3 \times 10^{-3}.
\end{aligned}
$$

Agora, para representarmos um sistema de números em ponto flutuante normalizado, na base β, com t dígitos significativos e com limites dos expoentes m e M, usaremos a notação: $\mathbf{F}(\beta, \mathbf{t}, \mathbf{m}, \mathbf{M})$.

Assim, um número em $F(\beta, t, m, M)$ será representado por:

$$\pm 0 \, . \, d_1 d_2 \ldots d_t \times \beta^e,$$

onde $d_1 \neq 0$ e $-m \leq e \leq M$.

Exemplo 2.2

Considere o sistema $F(10, 3, 2, 2)$. Represente neste sistema os números do Exemplo 2.1.

Solução: Neste sistema, um número será representado por:

$$\pm 0 \, . \, d_1 d_2 d_3 \times 10^e,$$

onde $-2 \leq e \leq 2$. Assim:

$$
\begin{aligned}
0.35 &= 0.350 \times 10^0, \\
-5.172 &= -0.517 \times 10^1, \\
0.0123 &= 0.123 \times 10^{-1},
\end{aligned}
$$

Observe que os números 5391.3 e 0.0003 não podem ser representados no sistema. De fato, o número $5391.3 = 0.539 \times 10^4$ e, portanto, o expoente é maior que 2, causando *overflow*; por outro lado, $0.0003 = 0.300 \times 10^{-3}$ e, assim, o expoente é menor que -2, causando *underflow*.

Podemos então definir formalmente dígitos significativos de um número.

Definição 2.1

Seja β a base do sistema de números em ponto flutuante. **Dígitos significativos** de um número x, são todos os algarismos de 0 a $\beta - 1$, desde que x esteja representado na forma normalizada.

Para exemplificar as limitações da máquina, consideremos agora o seguinte exemplo.

Exemplo 2.3

Seja $f(x)$ uma função contínua real definida no intervalo $[a, b]$, $a < b$, e sejam $f(a) < 0$ e $f(b) > 0$. Então, de acordo com o teorema do valor intermediário (Teorema 3.1), existe x, $a < x < b$, tal que $f(x) = 0$. Seja $f(x) = x^3 - 3$. Determinar x tal que $f(x) = 0$.

Solução: Para a função dada, consideremos $t = 10$ e $\beta = 10$. Obtemos então:

$$f(0.1442249570 \times 10^1) = -0.2 \times 10^{-8};$$
$$f(0.1442249571 \times 10^1) = 0.4 \times 10^{-8}.$$

Observe que entre 0.1442249570×10^1 e 0.1442249571×10^1 não existe nenhum número que possa ser representado no sistema dado e que a função f muda de sinal nos extremos deste intervalo. Assim, esta máquina não contém o número x tal que $f(x) = 0$ e, portanto, a equação dada não possui solução.

Exercícios

2.1 Considere o sistema $F(10, 4, 4, 4)$. Represente neste sistema os números:

$x_1 = 4.321.24$, $x_2 = -0.0013523$, $x_3 = 125.64$, $x_4 = 57.481.23$ e $x_5 = 0.00034$.

2.2 Represente no sistema $F(10, 3, 1, 3)$ os números do exercício 2.1.

2.2.3 Mudança de Base

Como já dissemos anteriormente, a maioria dos computadores trabalha na base β, onde β é um inteiro ≥ 2, e é normalmente escolhido como uma potência de 2. Assim, um mesmo número pode ser representado em mais de uma base. Além disso, sabemos que, através de uma **mudança de base**, é sempre possível determinar a representação em uma nova base. Veremos então, através de exemplos, como se faz mudança de base.

Exemplo 2.4

Mudar a representação dos números:

    a) **1101** da base 2 para a base 10,

    b) **0.110** da base 2 para a base 10,

    c) **13** da base 10 para a base 2,

    d) **0.75** da base 10 para a base 2,

    e) **3.8** da base 10 para a base 2.

Solução: Para cada número, daremos qual o procedimento a ser seguido. Assim:

    a) **1101** que está na base 2, para a base 10.

Neste caso, o procedimento é multiplicar cada algarismo do número na base 2 por potências crescentes de 2, da direita para a esquerda, e somar todas as parcelas. Assim:

$$1101 = 1 \times 2^0 + 0 \times 2^1 + 1 \times 2^2 + 1 \times 2^3 = 1 + 0 + 4 + 8 = 13.$$

Logo: $(1101)_2 = (13)_{10}$.

b) 0.110 que está na base 2, para a base 10.

Neste caso, o procedimento é multiplicar cada algarismo do número na base 2, após o ponto, por potências decrescentes de 2, da esquerda para a direita, e somar todas as parcelas. Assim:

$$0.110 = 1 \times 2^{-1} + 1 \times 2^{-2} + 0 \times 2^{-3} = \frac{1}{2} + \frac{1}{4} + 0 = 0.75.$$

Logo: $(0.110)_2 = (0.75)_{10}$.

c) 13 que está na base 10, para a base 2.

Neste caso, o procedimento é dividir o número por 2. A seguir, continuar dividindo o quociente por 2, até que o último quociente seja igual a 1. O número na base 2 será então obtido tomando-se o último quociente e todos os restos das divisões anteriores. Assim:

```
13 | 2
 1   6 | 2
     0   3 | 2
         1   1
```

Logo: $(13)_{10} = (1101)_2$.

d) 0.75 que está na base 10, para a base 2.

Neste caso, o procedimento é multiplicar a parte decimal por 2. A seguir, continuar multiplicando a parte decimal do resultado obtido por 2. O número na base 2 será então obtido tomando-se a parte inteira do resultado de cada multiplicação. Assim:

$$0.75 \times 2 = 1.50$$
$$0.50 \times 2 = 1.00$$
$$0.00 \times 2 = 0.00$$

Logo: $(0.75)_{10} = (0.110)_2$.

e) 3.8 que está na base 10, para a base 2.

Neste caso, o procedimento é transformar a parte inteira seguindo o item **c)** o que nos fornece $(3)_{10} = (11)_2$, e a parte decimal seguindo o item **d)**. Assim, obtemos:

$$0.8 \times 2 = 1.6$$
$$0.6 \times 2 = 1.2$$
$$0.2 \times 2 = 0.4$$
$$0.4 \times 2 = 0.8$$
$$0.8 \times 2 = \ldots$$

Logo: $(3.8)_{10} = (11.11001100\ldots)_2$. Portanto, o número $(3.8)_{10}$ não tem representação exata na base 2. Este exemplo ilustra também o caso de erro de arredondamento nos dados.

No Exemplo 2.4, mudamos a representação de números na base 10 para a base 2 e vice-versa. O mesmo procedimento pode ser utilizado para mudar da base 10 para outra base qualquer e vice-versa. A pergunta que surge naturalmente é: qual o procedimento para representar um número que está numa dada base β_1 em uma outra base β_2, onde $\beta_1 \neq \beta_2 \neq 10$? Neste caso, devemos seguir o seguinte procedimento: inicialmente, representamos o número que está na base β_1, na base 10 e, a seguir, o número obtido na base 10, na base β_2.

Exemplo 2.5

Dado o número **12.20** que está na base 4, representá-lo na base 3.

Solução: Assim, usando os procedimentos dados no Exemplo 2.4, obtemos:

$$12 = 2 \times 4^0 + 1 \times 4^1 = 6,$$
$$0.20 = 2 \times 4^{-1} + 0 \times 4^{-2} = \frac{2}{4} = 0.5.$$

Portanto: $(12.20)_4 = (6.5)_{10}$. Agora:

```
6 | 3
0   2
```

$$0.5 \times 3 = 1.5$$
$$0.5 \times 3 = 1.5$$
$$\vdots$$

Assim: $(6.5)_{10} = (20.11\ldots)_3$. Logo: $(12.20)_4 = (20.111\ldots)_3$. Observe que o número dado na base 4 tem representação exata na base 10, mas não na base 3.

Exercícios

2.3 Considere os seguintes números: $x_1 = 34$, $x_2 = 0.125$ e $x_3 = 33.023$ que estão na base 10. Escreva-os na base 2.

2.4 Considere os seguintes números: $x_1 = 110111$, $x_2 = 0.01011$ e $x_3 = 11.0101$ que estão na base 2. Escreva-os na base 10.

2.5 Considere os seguintes números: $x_1 = 33$, $x_2 = 0.132$ e $x_3 = 32.013$ que estão na base 4. Escreva-os na base 5.

2.3 Representação de Números no Sistema F(β,t,m,M)

Sabemos que os números reais podem ser representados por uma reta contínua. Entretanto, em ponto flutuante, podemos representar apenas pontos discretos na reta real.

Para ilustrar este fato, consideremos o seguinte exemplo.

Exemplo 2.6

Considere o sistema $F(2,3,1,2)$. Quantos e quais números podem ser representados neste sistema?

Solução: Temos que $\beta = 2$, então, os dígitos podem ser 0 ou 1; $m = 1$ e $M = 2$, então, $-1 \leq e \leq 2$ e $t = 3$. Assim, os números são da forma:

$$\pm 0 . d_1 d_2 d_3 \times \beta^e.$$

Logo, temos: duas possibilidades para o sinal, uma possibilidade para d_1, duas para d_2, duas para d_3 e quatro para as formas de β^e. Fazendo o produto $2 \times 1 \times 2 \times 2 \times 4$, obtemos 32. Assim, neste sistema podemos representar 33 números, visto que o zero faz parte de qualquer sistema.

Para responder quais são os números, notemos que as formas da mantissa são: 0.100, 0.101, 0.110 e 0.111, e as formas de β^e são: 2^{-1}, 2^0, 2^1, 2^2. Assim, obtemos os seguintes números:

$$0.100 \times \begin{cases} 2^{-1} & = & (0.25)_{10} \\ 2^0 & = & (0.5)_{10} \\ 2^1 & = & (1.0)_{10} \\ 2^2 & = & (2.0)_{10}, \end{cases}$$

desde que $(0.100)_2 = (0.5)_{10}$;

$$0.101 \times \begin{cases} 2^{-1} & = & (0.3125)_{10} \\ 2^0 & = & (0.625)_{10} \\ 2^1 & = & (1.25)_{10} \\ 2^2 & = & (2.5)_{10}, \end{cases}$$

desde que $(0.101)_2 = (0.625)_{10}$;

$$0.110 \times \begin{cases} 2^{-1} & = & (0.375)_{10} \\ 2^0 & = & (0.75)_{10} \\ 2^1 & = & (1.5)_{10} \\ 2^2 & = & (3.0)_{10}, \end{cases}$$

desde que $(0.110)_2 = (0.75)_{10}$;

$$0.111 \times \begin{cases} 2^{-1} & = & (0.4375)_{10} \\ 2^0 & = & (0.875)_{10} \\ 2^1 & = & (1.75)_{10} \\ 2^2 & = & (3.5)_{10}, \end{cases}$$

desde que $(0.111)_2 = (0.875)_{10}$.

Exemplo 2.7

Considerando o mesmo sistema do Exemplo 2.6, represente os números: $x_1 = 0.38$, $x_2 = 5.3$ e $x_3 = 0.15$ dados na base 10.

Solução: Fazendo os cálculos, obtemos: $(0.38)_{10} = 0.110 \times 2^{-1}$, $(5.3)_{10} = 0.101 \times 2^3$ e $(0.15)_{10} = 0.100 \times 2^{-2}$. Assim, apenas o primeiro número pode ser representado no sistema, pois para o segundo teremos *overflow* e, para o terceiro, *underflow*.

Observe que o número $(0.38)_{10}$ tem, no sistema dado, a mesma representação que o número $(0.375)_{10}$.

Exercícios

2.6 Considere o sistema $F(3, 3, 2, 1)$.

  a) Quantos e quais números podemos representar neste sistema?

  b) Represente no sistema os números: $x_1 = (0.40)_{10}$ e $x_2 = (2.8)_{10}$.

2.7 Considere o sistema $F(2, 5, 3, 1)$.

  a) Quantos números podemos representar neste sistema?

  b) Qual o maior número na base 10 que podemos representar neste sistema (sem fazer arredondamento)?

Todas as operações num computador são *arredondadas*. Para ilustrar este fato, consideremos o seguinte exemplo.

Exemplo 2.8

Calcular o quociente entre 15 e 7.

Solução: Temos três representações alternativas:

$$x_1 = \frac{15}{7}, \quad x_2 = 2\frac{1}{7}, \quad x_3 = 2.142857.$$

Note que x_1 e x_2 são representações exatas, e x_3 é uma aproximação do quociente. Suponha agora que só dispomos de quatro dígitos para representar o quociente entre 15 e 7. Daí, $\frac{15}{7} = 2.142$. Mas não seria melhor aproximarmos $\frac{15}{7}$ por 2.143? A resposta é sim, e isto significa que o número foi arredondado. Mas o que significa arredondar um número?

2.3.1 Arredondamento em Ponto Flutuante

Definição 2.2

Arredondar um número x, por outro com um número menor de dígitos significativos, consiste em encontrar um número $\bar{x}$, pertencente ao sistema de numeração, tal que $|\bar{x} - x|$ seja o menor possível.

Assim, para o exemplo dado: $|2.142 - x_3| = 0.000857$ e $|2.143 - x_3| = 0.000143$. Logo, 2.143 representa a melhor aproximação para $\frac{15}{7}$, usando quatro dígitos significativos.

Daremos a seguir a regra de como arredondar um número.

Dado x, seja $\bar{x}$ sua representação em $F(\beta, t, m, M)$ adotando arredondamento. Se $x = 0$, então $\bar{x} = 0$. Se $x \neq 0$, então escolhemos s e e tais que:

$$|x| = s \times \beta^e, \quad \text{onde} \quad \beta^{-1}\left(1 - \frac{1}{2}\beta^{-t}\right) \leq s < 1 - \frac{1}{2}\beta^{-t}. \tag{2.1}$$

Se e está fora do intervalo $[-m, M]$ não temos condições de representar o número no sistema. Se $e \in [-m, M]$ então calculamos:

$$s + \frac{1}{2}\beta^{-t} = 0 \, . \, d_1 d_2 \ldots d_t d_{t+1} \ldots$$

e truncamos em t dígitos. Assim, o número arredondado será:

$$\bar{x} = (sinal\ x)(0 \, . \, d_1 d_2 \ldots d_t) \times \beta^e.$$

Exemplo 2.9

Considere o sistema $F(10, 3, 5, 5)$. Represente neste sistema os números: $x_1 = 1234.56$, $x_2 = -0.00054962$, $x_3 = 0.9995$, $x_4 = 123456.7$ e $x_5 = -0.0000001$.

Solução: Primeiramente, analisemos quais os valores permitidos para s. Desde que $\beta = 10$ e $t = 3$, usando (2.1), segue que:

$$10^{-1}\left(1 - \frac{1}{2}10^{-3}\right) \leq s < 1 - \frac{1}{2}10^{-3},$$

e fazendo os cálculos, obtemos:

$$0.09995 \leq s < 0.9995.$$

Podemos agora tentar representar os números no sistema dado. Assim:

    a) Para $x_1 = 1234.56$, obtemos:

$$|x_1| = 0.123456 \times 10^4,$$
$$s + \frac{1}{2}10^{-3} = 0.123456 + 0.0005 = 0.123956,$$
$$\bar{x}_1 = 0.123 \times 10^4;$$

    b) para $x_2 = -0.00054962$, obtemos:

$$|x_2| = 0.54962 \times 10^{-3},$$
$$s + \frac{1}{2}10^{-3} = 0.54962 + 0.0005 = 0.55012,$$
$$\bar{x}_2 = -0.550 \times 10^{-3};$$

    c) para $x_3 = 0.9995$, observe que não podemos considerar $|x_3| = 0.9995 \times 10^0$, pois neste caso s não pertence ao seu intervalo, e o número arredondado não estaria escrito na forma dos elementos do sistema. Assim, neste caso, consideramos:

$$|x_3| = 0.09995 \times 10^1,$$
$$s + \frac{1}{2}10^{-3} = 0.09995 + 0.0005 = 0.10045,$$
$$\bar{x}_3 = 0.100 \times 10^1;$$

d) para $x_4 = 123456.7$, obtemos:

$$|x_4| = 0.1234567 \times 10^6;$$

e) para $x_5 = -0.0000001$, obtemos:

$$|x_5| = 0.1 \times 10^{-6}.$$

Observe que tanto em **d)** como em **e)** não podemos representar o número no sistema dado, pois em **d)** teremos *overflow* e em **e)**, *underflow*.

Assim, em linhas gerais, para arredondar um número na base 10, devemos apenas observar o primeiro dígito a ser descartado. Se este dígito é menor que 5 deixamos os dígitos inalterados; e se é maior ou igual a 5 devemos somar 1 ao último dígito remanescente.

Exercício

2.8 Considere o sistema $F(10, 4, 4, 4)$.

    a) Qual o intervalo para s neste caso?
    b) Represente os números do Exemplo 2.9 neste sistema.

2.4 Operações Aritméticas em Ponto Flutuante

Considere uma máquina qualquer e uma série de operações aritméticas. Pelo fato do arredondamento ser feito após cada operação, temos, ao contrário do que é válido para números reais, que as operações aritméticas (adição, subtração, divisão e multiplicação) não são nem associativas e nem distributivas. Ilustraremos este fato através de exemplos.

Nos exemplos desta seção, considere o sistema com base $\beta = 10$ e três dígitos significativos.

Exemplo 2.10

Efetue as operações indicadas:

    a) $(11.4 + 3.18) + 5.05$ e $11.4 + (3.18 + 5.05)$,

    b) $\dfrac{3.18 \times 11.4}{5.05}$ e $\left(\dfrac{3.18}{5.05}\right) \times 11.4$,

    c) $3.18 \times (5.05 + 11.4)$ e $3.18 \times 5.05 + 3.18 \times 11.4$.

Solução: Para cada item, fazendo o arredondamento após cada uma das operações efetuada, segue que:

a) $(11.4 + 3.18) + 5.05 = 14.6 + 5.05 = 19.7$,
enquanto
$11.4 + (3.18 + 5.05) = 11.4 + 8.23 = 19.6$.

b) $\dfrac{3.18 \times 11.4}{5.05} = \dfrac{36.3}{5.05} = 7.19$,
enquanto
$\left(\dfrac{3.18}{5.05}\right) \times 11.4 = 0.630 \times 11.4 = 7.18$.

c) $3.18 \times (5.05 + 11.4) = 3.18 \times 16.5 = 52.3$,
enquanto
$3.18 \times 5.05 + 3.18 \times 11.4 = 16.1 + 36.3 = 52.4$.

Exemplo 2.11

Somar $\frac{1}{3}$ dez vezes consecutivas, usando arredondamento.

Solução: Temos:
$$\underbrace{0.333 + 0.333 + \ldots + 0.333}_{10 \text{ vezes}} = 3.31.$$
Entretanto, podemos obter um resultado melhor se multiplicarmos 0.333 por 10, obtendo assim 3.33.

Exemplo 2.12

Avaliar o polinômio:
$$P(x) = x^3 - 6x^2 + 4x - 0.1$$
no ponto 5.24 e comparar com o resultado *exato*.

Solução: Para calcular o valor *exato* consideremos todos os dígitos de uma máquina, sem usar arredondamento a cada operação. Assim:

$P(5.24) = 143.8777824 - 164.7456 + 20.96 - 0.1 = -0.00776$ (valor exato).

Agora, usando arredondamento a cada operação efetuada, obtemos:

$$\begin{aligned}
P(5.24) &= 5.24 \times 27.5 - 6 \times 27.5 + 4 \times 5.24 - 0.1 \\
&= 144. - 165. + 21.0 - 0.1 \\
&= -0.10 \quad \text{(somando da esquerda para a direita)} \\
&= 0.00 \quad \text{(somando da direita para a esquerda)}.
\end{aligned}$$

Entretanto, observe que $P(x)$ pode ser escrito como:
$$P(x) = x\,(x\,(x - 6) + 4) - 0.1.$$

Assim:

$$\begin{aligned}P(5.24) &= 5.24\,(5.24\,(5.24 - 6) + 4) - 0.1\\ &= 5.24\,(-3.98 + 4) - 0.1\\ &= 5.24\,(0.02) - 0.1\\ &= 0.105 - 0.1\\ &= 0.005 \quad \text{(sinal errado)}.\end{aligned}$$

Observando os três últimos exemplos, vemos que erros consideráveis podem ocorrer durante a execução de um algoritmo. Isto se deve ao fato de que existem limitações da máquina e também porque os erros de arredondamento são introduzidos a cada operação efetuada. Em conseqüência, podemos obter resultados diferentes mesmo utilizando métodos numéricos matematicamente equivalentes.

Assim, devemos ser capazes de conseguir desenvolver um algoritmo tal que os efeitos da aritmética discreta do computador permaneçam inofensivos quando um grande número de operações são executadas.

Exercícios

2.9 Considere o sistema $F(10, 3, 5, 5)$. Efetue as operações indicadas:

a) $(1.386 - 0.987) + 7.6485$ e $1.386 - (0.987 - 7.6485)$,

b) $\dfrac{1.338 - 2.038}{4.577}$ e $\left(\dfrac{1.338}{4.577}\right) - \left(\dfrac{2.038}{4.577}\right)$.

2.10 Seja:

$$x = \frac{17.678}{3.471} + \frac{(9.617)^2}{3.716 \times 1.85}.$$

a) Calcule x com todos os algarismos da sua calculadora, sem efetuar arredondamento.

b) Calcule x considerando o sistema $F(10, 3, 4, 3)$. Faça arredondamento a cada operação efetuada.

2.11 Seja $P(x) = 2.3\,x^3 - 0.6\,x^2 + 1.8\,x - 2.2$. Deseja-se obter o valor de $P(x)$ para $x = 1.61$.

a) Calcule $P(1.61)$ com todos os algarismos da sua calculadora, sem efetuar arredondamento.

b) Calcule $P(1.61)$ considerando o sistema $F(10, 3, 4, 3)$. Faça arredondamento a cada operação efetuada.

2.5 Efeitos Numéricos

Além dos problemas dos erros causados pelas operações aritméticas, das fontes de erros citadas no início deste capítulo, existem certos efeitos numéricos que contribuem para que o resultado obtido não tenha crédito. Alguns dos mais freqüentes são:

- Cancelamento
- Propagação do erro

- Instabilidade numérica
- Mal condicionamento

2.5.1 Cancelamento

O **cancelamento** ocorre na subtração de dois números quase iguais. Vamos supor que estamos operando com aritmética de ponto flutuante. Sejam x e y dois números com expoente e. Quando formamos a diferença $x - y$, ela também terá o expoente e. Se normalizarmos o número obtido, veremos que devemos mover os dígitos para a esquerda de tal forma que o primeiro seja diferente de zero. Assim, uma quantidade de dígitos iguais a zero aparece no final da mantissa do número normalizado. Estes zeros não possuem significado algum.

Veremos este fato através de exemplos, onde iremos considerar que estamos trabalhando com o sistema $F(10, 10, 10, 10)$.

Exemplo 2.13
Calcular:
$$\sqrt{9.876} - \sqrt{9.875}.$$

Solução: Temos que:
$$\sqrt{9.876} = 0.9937806599 \times 10^2 \quad \text{e} \quad \sqrt{9.875} = 0.9937303457 \times 10^2.$$

Portanto:
$$\sqrt{9876} - \sqrt{9875} = 0.0000503142 \times 10^2.$$

A normalização muda este resultado para: $0.5031420000 \times 10^{-4}$. Assim, os quatro zeros no final da mantissa não têm significado e assim perdemos quatro casas decimais. A pergunta que surge naturalmente é: podemos obter um resultado mais preciso? Neste caso, a resposta é sim. Basta considerarmos a identidade:
$$\sqrt{x} - \sqrt{y} = \frac{x-y}{\sqrt{x}+\sqrt{y}}$$

e assim, no nosso caso, obtemos:
$$\sqrt{9876} - \sqrt{9875} = \frac{1}{\sqrt{9876}+\sqrt{9875}} = 0.5031418679 \times 10^{-4}.$$

que é um resultado com todos os dígitos corretos.

Exemplo 2.14
Resolver a equação:
$$x^2 - 1634x + 2 = 0.$$

Solução: Temos:

$$x = \frac{1634 \pm \sqrt{(1634)^2 - 4(2)}}{2}$$
$$= 817 \pm \sqrt{667487}.$$

Assim:

$$x_1 = 817 + 816.9987760 = 0.1633998776 \times 10^3,$$
$$x_2 = 817 - 816.9987760 = 0.1224000000 \times 10^{-2}.$$

Os seis zeros da mantissa de x_2 são resultado do cancelamento e, portanto, não têm significado algum. Uma pergunta que surge naturalmente é: podemos obter um resultado mais preciso? Neste caso, a resposta é sim. Basta lembrar que o produto das raízes é igual ao termo independente da equação, ou seja:

$$x_1 \times x_2 = 2 \rightarrow x_2 = \frac{2}{x_1}.$$

Logo: $x_2 = 0.1223991125 \times 10^{-2}$, onde agora todos os dígitos estão corretos.

Nos exemplos dados, foi razoavelmente fácil resolver o problema do cancelamento. Entretanto, cabe salientar que nem sempre existe uma maneira trivial de resolver problemas ocasionados pelo cancelamento.

2.5.2 Propagação do Erro

O cancelamento não ocorre somente quando dois números quase iguais são subtraídos diretamente um do outro. Ele também ocorre no cálculo de uma soma, quando uma soma parcial é muito grande se comparada com o resultado final. Para exemplificar, consideremos que:

$$s = \sum_{k=1}^{n} a_k,$$

seja a soma a ser calculada, onde os a_k podem ser positivos ou negativos. Vamos supor que o cálculo seja feito através de uma seqüência de somas parciais, da seguinte forma:

$$s_1 = a_1, \quad s_k = s_{k-1} + a_k, \quad k = 2, 3, \ldots, n,$$

tal que $s = s_n$.

Se a soma é calculada em aritmética de ponto fixo, então cada a_k está afetado de algum erro, os quais são limitados por algum ϵ para todo k. Se nenhum *overflow* ocorre, o erro na soma final s será de no máximo $n\epsilon$. Agora, devido ao fato de nem todos os a_k terem o mesmo sinal, então o erro será menor do que $n\epsilon$.

Mas se a soma é calculada em aritmética de ponto flutuante, um novo fenômeno pode ocorrer. Vamos supor que uma das somas intermediárias s_k é consideravelmente grande em relação à soma final s, no sentido que o expoente de s_k excede o expoente de s em, digamos, p unidades. É claro que isso só pode ocorrer se nem todos os a_k possuem o mesmo sinal. Se simularmos tal soma em aritmética de ponto fixo (usando para todas as somas parciais o mesmo expoente de s), então devemos trocar os últimos p dígitos de

s_k por zeros. Estes dígitos influenciam os últimos dígitos de s e como, em geral, estão errados, não podemos falar que o erro final será pequeno.

A perda de algarismos significativos devido a uma soma intermediária grande é chamada de **propagação do erro**. Veremos este fato através de exemplos.

Exemplo 2.15

Calcular $e^{-5.25}$ utilizando cinco dígitos significativos em todas as operações.

Solução: O seguinte resultado matemático é bem conhecido: para todo número real x,

$$e^{-x} = \sum_{k=0}^{\infty} (-1)^k \frac{x^k}{k!}.$$

Se e^{-x} é calculado usando esta fórmula, a série deve ser truncada. Assim, já estaremos introduzindo um erro de truncamento.

Vamos considerar os primeiros vinte termos da série anterior para avaliar $e^{-5.25}$. Temos então:

$$\begin{aligned} e^{-5.25} &= (0.10000 - 0.52500)10^1 + (0.13781 - 0.24117 + 0.31654 - 0.33236 \\ &+ 0.29082 - 0.21811 + 0.14314)10^2 + (-0.83497 + 0.43836 - 0.20922)10^1 \\ &+ (0.91532 - 0.36965 + 0.13862)10^0 + (-0.48516 + 0.15919)10^{-1} \\ &+ (-0.49164 + 0.14339)10^{-2} + (-0.39620 + 0.10401)10^{-3} \\ &+ (-0.26003)10^{-4} + (0.62050 - 0.14163)10^{-5} + (0.30982)10^{-6}. \end{aligned}$$

Efetuando os cálculos, obtemos: $e^{-5.25} = 0.65974 \times 10^{-2}$. Observe que, usando uma calculadora, o resultado de $e^{-5.25}$ é 0.52475×10^{-2}. Essa diferença entre os valores obtidos ocorreu porque, na expressão anterior, temos parcelas da ordem de 10^2 que desprezam toda grandeza inferior a 10^{-3} (ver Tabela 2.1), enquanto que o resultado real de $e^{-5.25}$ é constituído quase que exclusivamente de grandezas desta ordem. A pergunta que surge naturalmente é: podemos obter um resultado mais preciso? A resposta é sim. Basta lembrar que $e^{-5.25} = \dfrac{1}{e^{5.25}}$ e que:

$$e^x = \sum_{k=0}^{\infty} \frac{x^k}{k!},$$

para todo número real x. Somando todas as parcelas da expressão de $e^{5.25}$ (desde que as expansões de e^x e e^{-x} diferem apenas em termos de sinal), obtemos: $e^{5.25} = 0.19057 \times 10^3$, e assim $e^{-5.25} = \dfrac{1}{e^{5.25}} = \dfrac{1}{0.19057 \times 10^3} = 0.52475 \times 10^{-2}$.

Na Tabela 2.1, apresentamos os cálculos de $e^{-5.25}$, $e^{5.25}$ e $\dfrac{1}{e^{5.25}}$, considerando a expansão até o termo de ordem 10^k, $k = 1, 0, -1, \ldots, -6$.

Tabela 2.1

10^k	$e^{-5.25}$	$e^{5.25}$	$\dfrac{1}{e^{5.25}}$
10^1	$0.64130(10^0)$	$0.18907(10^3)$	$0.52890(10^{-2})$
10^0	$0.42990(10^{-1})$	$0.19049(10^3)$	$0.52496(10^{-2})$
10^{-1}	$0.10393(10^{-1})$	$0.19056(10^3)$	$0.52477(10^{-2})$
10^{-2}	$0.69105(10^{-2})$	$0.19056(10^3)$	$0.52477(10^{-2})$
10^{-3}	$0.66183(10^{-2})$	$0.19057(10^3)$	$0.52475(10^{-2})$
10^{-4}	$0.65929(10^{-2})$	$0.19057(10^3)$	$0.52475(10^{-2})$
10^{-5}	$0.65971(10^{-2})$	$0.19057(10^3)$	$0.52475(10^{-2})$
10^{-6}	$0.65974(10^{-2})$	$0.19057(10^3)$	$0.52475(10^{-2})$

Exemplo 2.16

Deseja-se determinar numericamente o valor exato da integral:

$$y_n = \int_0^1 \frac{x^n}{x+a}\, dx,$$

para um valor fixo de $a \gg 1$ e, $n = 0, 1, \ldots, 10$.

Solução: Sabemos que os números y_n são positivos. Além disso, como para $0 < x < 1$, $x^{n+1} < x^n$, os números y_n formam uma seqüência monotonicamente decrescente, e ainda:

$$\int_0^1 \frac{x^n}{1+a}\, dx < y_n < \int_0^1 \frac{x^n}{a}\, dx,$$

e, portanto, podemos afirmar que:

$$\frac{1}{(n+1)(1+a)} < y_n < \frac{1}{(n+1)a}.$$

Assim, para $a = 10$ e $n = 10$, temos que:

$$0.0082645 < y_{10} < 0.0090909. \tag{2.2}$$

Para calcular numericamente o valor da integral dada, podemos primeiro expressar o integrando usando o Teorema Binomial, isto é:

$$x^n = [(x+a) - a]^n = \sum_{k=0}^n (-1)^k \binom{n}{k} (x+a)^{n-k} a^k.$$

Substituindo x^n na expressão para y_n, obtemos:

$$y_n = \int_0^1 \sum_{k=0}^{n}(-1)^k \binom{n}{k}(x+a)^{n-k-1} a^k\, dx$$

$$= \sum_{k=0}^{n}(-1)^k a^k \binom{n}{k} \int_0^1 (x+a)^{n-k-1}\, dx$$

$$= \sum_{k=0}^{n-1}(-1)^k a^k \binom{n}{k} \int_0^1 (x+a)^{n-k-1}\, dx$$

$$+ (-1)^n a^n \binom{n}{n} \int_0^1 (x+a)^{-1}\, dx,$$

e assim:

$$y_n = \sum_{k=0}^{n-1}(-1)^k a^k \binom{n}{k} \left[\frac{1}{n-k}((1+a)^{n-k} - a^{n-k})\right]$$

$$+ (-a)^n \ln\frac{1+a}{a}. \qquad (2.3)$$

Para $a = 10$ e $n = 10$, utilizando (2.3) para calcular y_n, obtemos $y_n = -2.000000$, que comparado com (2.2), está totalmente errado. A razão para isso é uma extrema propagação de erro. Para $n = 10$, o termo correspondente a $k = 5$ na soma (2.3) é igual a:

$$(-1)^5 a^5 \binom{10}{5} \left[\frac{1}{5}((1+a)^5 - a^5)\right] = -3.13 \times 10^{11}.$$

Assim, para uma calculadora com dez dígitos na mantissa, no mínimo dois dígitos antes do ponto decimal do resultado são não confiáveis, bem como os dígitos depois do ponto decimal.

2.5.3 Instabilidade Numérica

Se um resultado intermediário de um cálculo é contaminado por um erro de arredondamento, este erro pode influenciar todos os resultados subseqüentes que dependem deste resultado intermediário. Os erros de arredondamento podem propagar-se mesmo que todos os cálculos subseqüentes sejam feitos com precisão dupla. Na realidade, cada novo resultado intermediário introduz um novo erro de arredondamento. É de se esperar, portanto, que todos esses erros influenciem o resultado final. Numa situação simples como o caso de uma soma, o erro final pode ser igual à soma de todos os erros intermediários.

Entretanto, os erros intermediários podem, algumas vezes, cancelar-se uns com os outros no mínimo parcialmente. Em outros casos (tal como em processos iterativos), os erros intermediários podem ter um efeito desprezível no resultado final. Algoritmos com essa propriedade são chamados **estáveis**.

A **instabilidade numérica** ocorre se os erros intermediários têm uma influência muito grande no resultado final. Veremos este fato através do seguinte exemplo.

Exemplo 2.17
Resolver a integral:
$$I_n = e^{-1} \int_0^1 x^n e^x \, dx.$$

Solução: Vamos tentar encontrar uma fórmula de recorrência para I_n. Integrando por partes, segue que:

$$\begin{aligned} I_n &= e^{-1} \left\{ [x^n e^x]_0^1 - \int_0^1 n\, x^{n-1} e^x \, dx \right\} \\ &= 1 - n\, e^{-1} \int_0^1 x^{n-1} e^x \, dx \\ &= 1 - n\, I_{n-1}. \end{aligned}$$

Assim, obtemos uma fórmula de recorrência para I_n, isto é:

$$I_n = 1 - n\, I_{n-1}, \quad n = 1, 2, \ldots, \tag{2.4}$$

e desde que:

$$I_0 = e^{-1} \int_0^1 e^x \, dx = e^{-1}(e - 1) = 0.6321,$$

é conhecido, podemos, teoricamente, calcular I_n usando (2.4). Fazendo os cálculos, obtemos:

$$\begin{aligned} I_0 &= 0.6321, & I_1 &= 0.3679, & I_2 &= 0.2642, & I_3 &= 0.2074, \\ I_4 &= 0.1704, & I_5 &= 0.1480, & I_6 &= 0.1120, & I_7 &= 0.216. \end{aligned}$$

O resultado obtido para I_7 está claramente errado, desde que:

$$I_7 < e^{-1} \max_{0 \leq x \leq 1}(e^x) \int_0^1 x^n \, dx < \frac{1}{n+1},$$

isto é, $I_7 < \frac{1}{8} = 0.1250$. Além disso, a seqüência I_n é uma seqüencia decrescente. Para ver que a instabilidade existe, vamos supor que o valor de I_0 esteja afetado de um erro ϵ_0. Vamos supor ainda que todas as operações aritméticas subseqüentes são calculadas exatamente. Denotando por I_n o valor exato da integral, e por $\tilde{I}_n$ o valor calculado, assumindo que só existe erro no valor inicial, obtemos:

$$\tilde{I}_0 = I_0 + \epsilon_0$$

e assim:

$$\tilde{I}_n = 1 - n\, \tilde{I}_{n-1}, \quad n = 1, 2, \ldots \tag{2.5}$$

Seja r_n o erro, isto é:

$$r_n = \tilde{I}_n - I_n.$$

Subtraindo (2.4) de (2.5), segue que:

$$r_n = -n\, r_{n-1}, \quad n = 1, 2, \ldots$$

Aplicando esta fórmula repetidamente, obtemos:

$$r_n = -nr_{n-1} = (-n)^2 r_{n-2} = \ldots = (-n)^n r_0$$

e portanto:

$$r_n = (-n)^n \epsilon_0,$$

desde que $r_0 = \epsilon_0$. Assim, a cada passo do cálculo, o erro cresce do fator n. Surge então a pergunta: como encontrar o valor exato de I_n? Para este caso em particular, observe que *uma relação de recorrência ser instável na direção crescente de n não impede de ser estável na direção decrescente de n*. Assim, resolvendo (2.4), para I_{n-1}, obtemos:

$$I_{n-1} = \frac{(1 - I_n)}{n}. \tag{2.6}$$

Se usada nesta forma, a relação também precisa de um valor inicial. Entretanto, não é fácil encontrar este valor, pois todo I_n, onde $n > 0$ é desconhecido. Mas sabemos que $I_n \to 0$ quando $n \to \infty$. Assim, tomando $I_{20} = 0$ e usando (2.6) para $n = 20, 19, 18, \ldots$, obtemos: $I_7 = 0.1123835$, onde agora todos os dígitos estão corretos. É interessante notar que, começando com $I_7 = 0$, obtemos $I_0 = 0.6320$. Isto ocorre porque, neste caso, o erro está sendo reduzido substancialmente a cada passo, isto é, a cada passo o erro decresce do fator $\frac{1}{n}$.

2.5.4 Mal Condicionamento

A maioria dos processos numéricos segue a seguinte linha geral:

- Dados são fornecidos.
- Os dados são processados de acordo com um plano pré-estabelecido (algoritmo).
- Resultados são produzidos.

Analisaremos a seguir problemas onde os resultados dependem continuamente dos dados. Este tipo de problema é chamado de **problema bem posto**. Um problema que não depende continuamente dos dados é chamado de **problema mal posto**.

Vamos então analisar como perturbações nos dados podem ou não influenciar os resultados.

Exemplo 2.18

Resolver o sistema linear:

$$\begin{cases} x + y = 2 \\ x + 1.01y = 2.01 \end{cases}$$

Solução: A solução deste sistema linear pode ser facilmente obtida, por exemplo, por substituição. Fazendo isto, obtemos: x = y = 1. Se o número 2.01 da segunda equação é mudado para 2.02, obtemos que a solução do sistema linear é agora: $x = 0$ e $y = 2$. Portanto, uma pequena mudança nos dados produz uma grande mudança no resultado.

Vamos então interpretar geometricamente o resultado. A solução do sistema linear é o ponto de interseção das duas retas: $y = 2 - x$ e $y = (2.01 - x)/1.01$. Estas retas estão desenhadas na Figura 2.1. É claro que o ponto de interseção é muito sensível a pequenas perturbações em cada uma dessas retas, desde que elas são praticamente paralelas. De fato, se o coeficiente de y na segunda equação é 1.00, as duas retas são exatamente paralelas e o sistema linear não tem solução. Isto é típico de problemas **mal condicionados**. Eles são também chamados de problemas **críticos**, pois ou possuem infinitas soluções ou não possuem nenhuma.

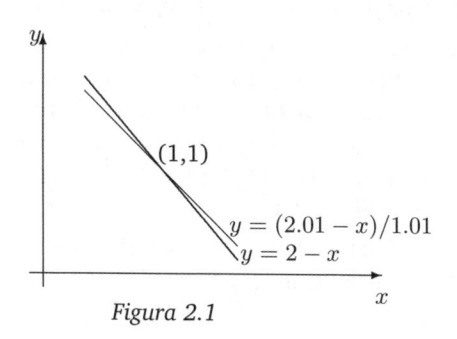

Figura 2.1

Exemplo 2.19

Determinar a solução do problema de valor inicial:

$$\begin{cases} y'' = y \\ y(0) = a \\ y'(0) = b \end{cases}$$

onde a e b são dados.

Solução: A solução teórica deste problema de valor inicial é:

$$y(x) = C_1 e^x + C_2 e^{-x}, \qquad (2.7)$$

onde C_1 e C_2 dependem de a e b. Assim, se tomarmos $a = 1$ e $b = -1$, então, desde que $y'(x) = C_1 e^x - C_2 e^{-x}$, obtemos o sistema linear:

$$\begin{cases} y(0) = C_1 + C_2 = 1 \\ y'(0) = C_1 - C_2 = -1 \end{cases}$$

cuja solução é: $C_1 = 0$ e $C_2 = 1$. Substituindo estes valores em (2.7), obtemos: $y(x) = e^{-x}$. Logo, quando $x \to \infty$ a solução decresce rapidamente para zero. Mas se tomarmos $a = 1$ e $b = -1 + \delta$, onde $|\delta|$ pode ser arbitrariamente pequeno, então, como anteriormente, obtemos o sistema linear:

$$\begin{cases} C_1 + C_2 = 1 \\ C_1 - C_2 = -1 + \delta \end{cases}$$

cuja solução é: $C_1 = \frac{\delta}{2}$ e $C_2 = 1 - \frac{\delta}{2}$. Assim, a solução do novo problema de valor inicial é:

$$y(x) = \frac{\delta}{2}e^x + (1 - \frac{\delta}{2})e^{-x} = e^{-x} + \frac{\delta}{2}(e^x - e^{-x}) = e^{-x} + \delta\ senh\ x.$$

Portanto, a solução difere da solução do problema anterior de $\delta\ senh\ x$. Assim, a característica matemática da solução foi mudada completamente, pois enquanto no primeiro resultado a solução $\to 0$ quando $x \to \infty$, ela agora $\to \infty$ quando $x \to \infty$. Tudo isso ocorreu apesar da dependência de $y(x)$ sobre os dados a e b ser claramente contínua.

Torna-se então necessário introduzir uma medida para o grau de continuidade de um problema. Tal medida é essencial em muitas definições de continuidade.

Seja X o espaço dos dados, os elementos x de X podem ser números, pontos de um espaço euclidiano, vetores, matrizes, funções etc. Podemos então falar em continuidade se pudermos ser capazes de medir a distância entre os elementos de X. Suponhamos que o espaço X está dotado com uma função distância $d(x, y)$ que mede a distância entre os elementos x e y de X. Se, por exemplo, X é o espaço dos números reais, a função distância é definida por: $d(x, y) = |x - y|$. Para $X = I\!R^n$, veja Definição 1.11.

Seja P o processo no qual os dados x são transformados no resultado y, isto é: $y = P(x)$. Se o processo P é contínuo num ponto x, então a definição de continuidade (matemática) exige que para cada $\epsilon > 0$, $\exists\ \delta(\epsilon) > 0$, tais que:

$$|P(\tilde{x}) - P(x)| < \epsilon \quad \text{sempre que} \quad |\tilde{x} - x| < \delta(\epsilon).$$

Quanto maior a função $\delta(\epsilon)$ pode ser escolhida, mais contínuo é o processo P. No caso em que grandes mudanças nos dados produzem somente pequenas mudanças nos resultados, ou se $\delta(\epsilon)$ pode ser escolhida grande, a condição do problema é boa, e o problema é chamado **bem condicionado**. Por outro lado, se pequenas mudanças nos dados produzem grandes mudanças nos resultados, ou se $\delta(\epsilon)$ deve ser escolhida pequena, a condição do problema é má, e o problema é chamado **mal condicionado**.

Exemplo 2.20

Analisar o problema de valor inicial do Exemplo 2.19.

Solução: Se queremos que a solução $y(x)$ num ponto x seja mudada por não mais que uma quantidade ϵ, então a condição inicial $y'(0) = -1$ deve ser mudada por não mais que:

$$\delta(\epsilon) = \frac{\epsilon}{senh\ x},$$

o qual pode ser feito arbitrariamente pequeno escolhendo x grande. Por exemplo, para $x = 10$, obtemos:

$$\delta(\epsilon) = 0.9 \times 10^{-4}\epsilon.$$

Assim, temos um problema mal condicionado.

Podemos também verificar se um problema é ou não mal condicionado analisando o **número de condição** do problema. O problema será bem condicionado se o número de condição for pequeno, e será mal condicionado se o número de condição for grande. Entretanto, a definição de número de condição depende do problema.

Seja $y = P(x)$, com P diferenciável. Então a mudança em y causada pela mudança em x pode ser aproximada (no sentido do cálculo diferencial) pelo diferencial de y, isto é: $dy = P'(x)dx$. Assim, o comprimento de $|P'(x)|$ do operador linear $P(x)$ representa o número de condição do problema num ponto x.

O número de condição relativa é definido por:

$$c_r = \frac{|P'(x)|}{|P(x)|}.$$

Assim, se $c_r \leq 1$ dizemos que o problema é relativamente bem condicionado.

Exemplo 2.21

Analisar o problema de calcular:

$$f(x) = \left(\ln\frac{1}{x}\right)^{-\frac{1}{8}}$$

num ponto x qualquer.

Solução: Desde que f é diferenciável, o número de condição é simplesmente $|f'(x)|$. Assim:

$$f'(x) = -\frac{1}{8}\left(\ln\frac{1}{x}\right)^{-\frac{9}{8}}\frac{-1/x^2}{1/x}$$

$$= \frac{1}{8x}\left(\ln\frac{1}{x}\right)^{-\frac{9}{8}}$$

e o número de condição relativa é dado por:

$$c_r = \left|\frac{f'(x)}{f(x)}\right| = \frac{1}{8x \ln\frac{1}{x}}.$$

Para $x = 0$ e $x = 1$, tanto o número de condição como o número de condição relativa são infinitos, e assim nestes pontos o problema é extremamente mal condicionado.

Para aproximadamente $0.1537 \leq x \leq 0.5360$, $c_r \leq 1$. Portanto, neste intervalo o problema de calcular f é bem condicionado.

O problema de resolver um sistema linear, como vimos, é um outro exemplo de problema onde pequenas perturbações nos dados podem alterar de modo significativo o resultado. A análise do problema de mal condicionamento de sistemas lineares encontra-se no Capítulo 4.

Teoricamente, o termo 'mal condicionado' é usado somente para modelos matemáticos ou problemas, e o termo 'instabilidade' somente para algoritmos. Entretanto, na prática, os dois termos são usados sem distinção.

O leitor interessado em maiores detalhes sobre os tópicos apresentados neste capítulo deve consultar, por exemplo, [Forsythe, 1967] e [Henrice, 1982].

Exercícios

2.12 Considere a integral do Exemplo 2.16, com $a = 10$.

a) Calcule y_0 usando a integral.

b) Mostre que uma relação de recorrência para y_n é dada por:

$$y_n = \frac{1}{n} - a\, y_{n-1}. \tag{2.8}$$

c) Calcule y_n, $n = 1, 2 \ldots, 10$, usando a relação de recorrência 2.8. Os valores obtidos são confiáveis?

2.13 Considere agora a relação de recorrência do exercício 2.12 escrita na forma:

$$y_{n-1} = \frac{1}{a}\left(\frac{1}{n} - y_n\right). \tag{2.9}$$

Considere ainda que $y_{20} = 0$. Usando este dado e a relação de recorrência 2.9, obtenha os valores de $y_{10}, y_9, \ldots, y_1$. Os resultados agora são melhores? Como você explica isso?

2.6 Exercícios Complementares

2.14 Considere os seguintes números: $x_1 = 27$, $x_2 = 0.138$ e $x_3 = 45.128$ que estão na base 10. Escreva-os na base 2.

2.15 Considere os seguintes números: $x_1 = 111011$, $x_2 = 0.01001$ e $x_3 = 10.0111$ que estão na base 2. Escreva-os na base 10.

2.16 Considere os seguintes números: $x_1 = 13$, $x_2 = 0.143$ e $x_3 = 23.314$ que estão na base 5. Escreva-os na base 2.

2.17 Dados os números $(13.44)_5$, $(122.35)_6$ e $(31.202)_4$. Existe algum com representação exata no sistema $F(2, 10, 10, 10)$?

2.18 Considere o sistema $F(2, 8, 4, 4)$ e os números: $x_1 = 0.10110011 \times 2^2$ e $x_2 = 0.10110010 \times 2^2$. Qual dos dois números representa melhor $(2.8)_{10}$?

2.19 Considere o sistema $F(2, 2, 2, 3)$.

a) Exiba todos os números representáveis neste sistema e coloque-os sobre um eixo ordenado.

b) Qual o maior número na base 10 que pode ser representado neste sistema sem fazer arredondamento?

c) Qual o menor número positivo na base 10 que pode ser representado neste sistema sem fazer arredondamento?

2.20 Considere o sistema $F(2, 8, 10, 10)$. Represente no sistema os números: $x_1 = \sqrt{8}$, $x_2 = e^2$, $x_3 = 3.57$, onde todos estão na base 10. Existe algum com representação exata neste sistema?

2.21 Mostre que se x é um número no sistema $F(\beta, t, m, M)$, então $\bar{x} = x(1 + \delta)$, onde $|\delta| \leq \frac{1}{2}\beta^{1-t}$.

2.22 Mostre que $\frac{1}{2}\beta^{1-t}$ é o melhor limitante para $|\delta|$.

2.23 Efetue as operações indicadas, utilizando aritmética de ponto flutuante com três algarismos significativos.

a) $(19.3 - 1.07) - 10.3$ e $19.3 - (1.07 + 10.3)$,

b) $27.2 \times 1.3 - 327.0 \times 0.00251$,

c) $\dfrac{10.1 - 3.1 \times 8.2}{14.1 + 7.09 \times 3.2^2}$,

d) $(367.0 + 0.6) + 0.5$ e $367.0 + (0.6 + 0.5)$,

e) $\sum_{i=1}^{100} 0.11$. (Compare seu resultado com 100×0.11.)

2.24 Deseja-se calcular:
$$S = \sum_{k=1}^{10} \frac{2}{k^2}$$
no sistema $F(10, 3, 5, 4)$, usando arredondamento em todas as operações. Assim, efetue a soma:

    a) da direita para a esquerda,

    b) da esquerda para a direita.

Os valores obtidos em **a)** e **b)** são iguais?

2.25 Usando arredondamento para quatro dígitos significativos, efetue as operações indicadas e escreva o resultado na forma normalizada.

    a) $0.5971 \times 10^3 + 0.4268 \times 10^0$,

    b) $0.5971 \times 10^{-1} - 0.5956 \times 10^{-2}$,

    c) $\dfrac{0.5971 \times 10^3}{0.4268 \times 10^{-1}}$,

    d) $(0.5971 \times 10^3) \times (0.4268 \times 10^0)$.

2.26 Usando arredondamento a cada operação efetuada, calcule:
$$\sum_{i=1}^{n} i^2 - \sum_{i=2}^{n} i^2 = 1,$$
somando os termos em:

    a) ordem crescente,

    b) ordem decrescente.

Considere $n = 100$. Os valores obtidos são iguais?

2.27 Considere o sistema $F(3, 3, 2, 2)$. Dizer quais das seguintes afirmações são verdadeiras. Para as que forem falsas, dizer como seria o correto.

    a) No sistema dado, podemos representar 181 números.

    b) A representação de $(0.342)_{10}$ no sistema dado é 0.101×3^0.

    c) A representação de $(15.342)_{10}$ no sistema dado é 0.120×3^3.

    d) O maior número positivo deste sistema é: 0.111×3^2.

    e) O menor número positivo deste sistema é: 0.100×3^{-2}.

    f) O número $(38)_{10}$ não pode ser representado no sistema dado.

2.28 Deseja-se calcular $e^{-0.15}$.

    a) Obtenha, usando uma calculadora, o valor *exato* de $e^{-0.15}$.

    b) Considere o sistema $F(10, 5, 10, 10)$ e a série truncada em 25 termos. Calcule:
$$e^{-0.15} \quad \text{e} \quad \frac{1}{e^{0.15}}$$

    e compare os resultados.

2.29 Seja:
$$S = \sum_{i=1}^{n} i = \frac{n(n+1)}{2}.$$
Calcule S, considerando $n = 1000$ e efetuando a soma dos termos em:

    a) ordem crescente,

    b) ordem decrescente.

2.30 Se a, b e c são reais e $a \neq 0$, então a equação:
$$ax^2 + bx + c = 0$$
é satisfeita para exatamente dois valores de x:
$$(I) \begin{cases} x_1 = \dfrac{-b + \sqrt{b^2 - 4ac}}{2a} \\ x_2 = \dfrac{-b - \sqrt{b^2 - 4ac}}{2a} \end{cases}$$

Entretanto, desde que $ax^2 + bx + c = a(x - x_1)(x - x_2)$, obtemos que: $ax_1x_2 = c$ e, assim, podemos reescrever (I) na seguinte forma:
$$(II) \begin{cases} x_1 = -\dfrac{b + \text{sinal de } (b)\sqrt{b^2 - 4ac}}{2a} \\ x_2 = \dfrac{c}{ax_1} \end{cases}$$

Temos ainda que x_1 e x_2 podem ser escritos como:
$$(III) \begin{cases} x_1 = \dfrac{-2c}{b + \sqrt{b^2 - 4ac}} \\ x_2 = \dfrac{c}{ax_1} \end{cases}$$

Utilizando (I), (II) e (III) calcule as raízes das equações para os valores de a, b e c dados a seguir:

    a) $a = 1$; $b = -10^5$; $c = 1$,

    b) $a = 1$; $b = -4$; $c = 3.9999999$,

    c) $a = 6$; $b = 5$; $c = -4$.

2.31 Calcule:
$$\sqrt{701} - \sqrt{700}$$
usando seis algarismos significativos em todas as operações. O resultado que você obtem possui seis algarismos significativos corretos? Você saberia obter o resultado com o máximo de algarismos significativos corretos?

2.32 Calcule as raízes da equação:
$$x^2 - 60x + 1 = 0$$
usando quatro algarismos significativos em todas as operações. O resultado das raízes que você obtem possui quatro algarismos significativos corretos? Você saberia o que fazer para obtê-las com o máximo de algarismos significativos?

2.33 Para valores de x próximo de 4, considere o cálculo de:
$$\frac{\dfrac{1}{\sqrt{x}} - \dfrac{1}{2}}{x - 4}.$$

Calcule a expressão para $x = 3.9$, com três algarismos significativos corretos.

2.34 A função de Bessel satisfaz a seguinte relação de recorrência:

$$J_{n+1}(x) - \frac{2n}{x} J_n(x) + J_{n-1}(x) = 0.$$

Se $x = 1$, $J_0(1) = 0.7652$ e $J_1(1) = 0.4401$, calcule $J_n(1)$ para $n = 2, 3, \ldots, 10$. Refaça os cálculos começando com valores mais precisos, isto é, faça: $J_0(1) = 0.76519769$ e $J_1(1) = 0.44005059$. Como você explica seus resultados com o fato de que $J_n(1) \to 0$ quando n cresce?

2.35 Faça $J_{10}(1) = 0$ e $J_9(1) = \mu$. Use a fórmula do exercício 2.34 na forma:

$$J_{n-1}(1) = 2nJ_n(1) - J_{n+1}(1)$$

e calcule $J_8(1), J_7(1), \ldots$ Encontre μ através da identidade:

$$J_0(x) + 2J_2(x) + 2J_4(x) + 2J_6(x) + \ldots = 1$$

e calcule $J_9(1), J_8(1), \ldots, J_0(1)$. Como esses resultados se comparam com os valores exatos?

Capítulo 3

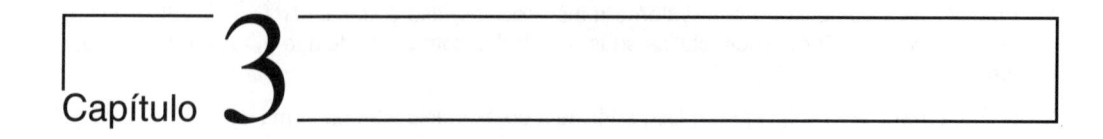

Equações Não Lineares

3.1 Introdução

Um dos problemas que ocorrem mais freqüentemente em trabalhos científicos é calcular as raízes de equações da forma:

$$f(x) = 0,$$

onde $f(x)$ pode ser um polinômio em x ou uma função transcendente.

Em raros casos é possível obter as raízes exatas de $f(x) = 0$, como ocorre, por exemplo, supondo-se $f(x)$ um polinômio fatorável.

Através de técnicas numéricas, é possível obter uma solução aproximada, em alguns casos, tão próxima da solução exata, quanto se deseja. A maioria dos procedimentos numéricos fornecem uma seqüência de aproximações, cada uma das quais mais precisa que a anterior, de tal modo que a repetição do procedimento fornece uma aproximação a qual difere do valor verdadeiro por alguma tolerância pré-fixada. Estes procedimentos são, portanto, muito semelhantes ao conceito de limite da análise matemática.

Vamos considerar vários **métodos iterativos** para a determinação de aproximações para raízes isoladas de $f(x) = 0$.

Será dada uma atenção especial às equações polinomiais em virtude da importância que as mesmas gozam em aplicações práticas.

Teorema 3.1
Se uma função contínua $f(x)$ assume valores de sinais opostos nos pontos extremos do intervalo $[a, b]$, isto é, se $f(a) \times f(b) < 0$, então existe pelo menos um ponto $\bar{x} \in [a, b]$, tal que $f(\bar{x}) = 0$.

Prova: A prova deste teorema pode ser encontrada em [Guidorizzi, 2001].

Definição 3.1
Se $f : [a, b] \to \mathbb{R}$ é uma função dada, um ponto $\bar{x} \in [a, b]$ é um zero (ou raiz) de f se $f(\bar{x}) = 0$.

Ilustraremos graficamente estes conceitos nos exemplos a seguir.

Exemplo 3.1

Seja $f : (0, \infty) \to \mathbb{R}$. Determinar as raízes de $f(x) = \ln x$.

Solução: O gráfico de $\ln x$ é dado na Figura 3.1.

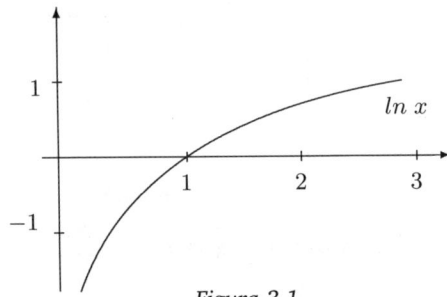

Figura 3.1

Neste caso, vemos que $f(0.5) \times f(1.5) < 0$. Portanto, existe uma raiz de $f(x)$ no intervalo $(0.5, 1.5)$. Além disso, a curva intercepta o eixo dos x num único ponto, pois se trata de uma função crescente. Então $\bar{x} = 1$ é a única raiz de $f(x) = 0$.

Exemplo 3.2

Seja $f : (0, \infty) \to \mathbb{R}$. Determinar as raízes de $f(x) = e^x$.

Solução: O gráfico de e^x é dado na Figura 3.2. Neste caso, vemos que a curva não intercepta o eixo dos x. Logo, não existe $\bar{x}$ tal que $f(\bar{x}) = 0$.

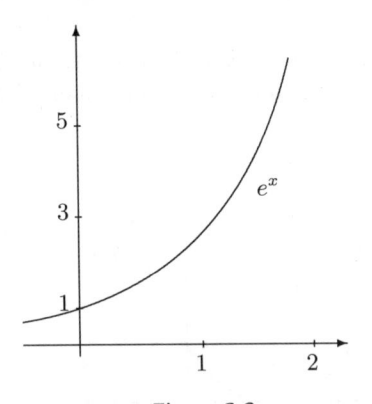

Figura 3.2

Exemplo 3.3

Seja $f : [0, 2\pi] \to \mathbb{R}$. Determinar as raízes de $f(x) = \cos x$.

Solução: O gráfico de $\cos x$ é dado na Figura 3.3.

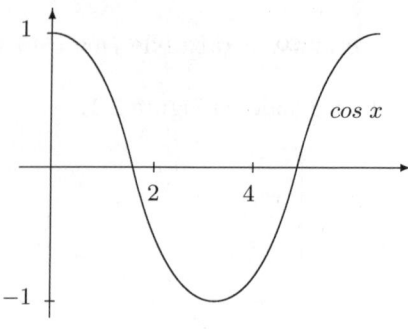

Figura 3.3

Neste caso, vemos que: $f(1) \times f(2) < 0$ e $f(4) \times f(5) < 0$, ou seja, a curva intercepta o eixo dos x em dois pontos. Assim, temos uma raiz $\bar{x}$ no intervalo $(1,2)$ e outra no intervalo $(4,5)$. Sabemos da trigonometria que: $\bar{x} = \frac{\pi}{2} \simeq 1.5708$ e $\bar{x} = \frac{3\pi}{2} \simeq 4.7124$ são raízes de $f(x) = 0$.

Definição 3.2
Um ponto $\bar{x} \in [a,b]$ é uma raiz de multiplicidade m da equação $f(x) = 0$ se $f(x) = (x-\bar{x})^m\, g(x)$, com $g(\bar{x}) \neq 0$ em $[a,b]$.

Exemplo 3.4
Seja $f: \mathbb{R} \to \mathbb{R}$. Determinar as raízes da equação:

$$f(x) = x^2 + 2x + 1 = (x+1)^2 = 0.$$

Solução: O gráfico de $f(x)$ é dado na Figura 3.4. Neste caso, vemos que a curva apenas toca o eixo dos x. Assim, $\bar{x} = -1$ é raiz de multiplicidade 2 de $f(x) = 0$.

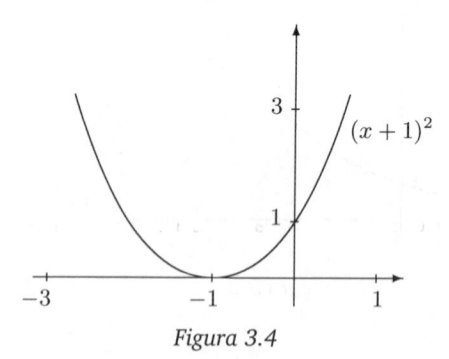

Figura 3.4

Como vimos nos exemplos anteriores, podemos obter o número exato de raízes e sua localização exata ou aproximada traçando o gráfico da função e encontrando o ponto onde a curva intercepta o eixo dos x. Entretanto, algumas vezes é mais conveniente rearranjar a equação dada como $y_1(x) = y_2(x)$, para duas funções y_1 e y_2, cujos gráficos são mais fáceis de serem traçados do que o de f. As raízes da equação original são dadas então pelos pontos onde o gráfico de y_1 intercepta o de y_2. Ilustraremos este fato no próximo exemplo.

Exemplo 3.5

Seja $f : \mathbb{R} \to \mathbb{R}$. Determinar as raízes da equação:

$$f(x) = (x+1)^2 \, e^{(x^2-2)} - 1 = 0.$$

Solução: Podemos rearranjar a equação dada, por exemplo, como:

$$(x+1)^2 = e^{(2-x^2)}.$$

Fazendo $y_1 = (x+1)^2$, $y_2 = e^{(2-x^2)}$ e colocando as duas curvas no mesmo gráfico, obtemos a Figura 3.5.

É claro, observando-se a Figura 3.5, que as duas curvas se interceptam apenas duas vezes. Portanto, a equação dada tem precisamente duas raízes. Uma raiz $\bar{x}$ no intervalo $(-2, -1)$ e outra no intervalo $(0, 1)$.

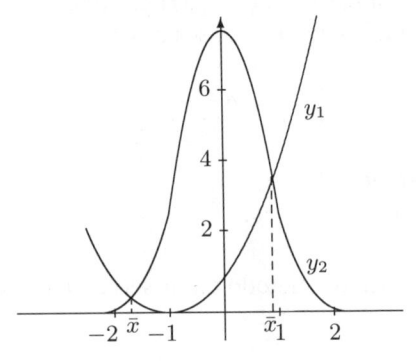

Figura 3.5

Este último exemplo ilustra bem a razão da utilização de métodos numéricos para determinar a solução de equações não lineares. Ao contrário dos exemplos anteriores, onde foi razoavelmente fácil determinar as raízes da função dada, aqui fica difícil dizer com exatidão qual é o valor de $\bar{x}$ tal que $f(\bar{x}) = 0$.

Para descrevermos um método numérico extremamente simples e de fácil compreensão, suponha que $f(x)$ seja uma função contínua em $[a, b]$. Pelo Teorema 3.1, temos que se $f(x)$ em $x = a$ e $x = b$ tem sinais opostos, então $f(x)$ tem no mínimo um zero em $[a, b]$. Este resultado fornece um caminho simples, mas efetivo, para encontrar a localização aproximada dos zeros de f. Considere novamente a equação do Exemplo 3.5, isto é, $f(x) = (x+1)^2 \, e^{(x^2-2)} - 1$. Valores de $f(x)$ para $x = -3, -2, \ldots, 3$ estão contidos na tabela a seguir:

x	-3	-2	-1	0	1	2	3
$f(x)$	4385.5	6.4	-1.0	-0.9	0.5	65.5	17545.1

A função, portanto, possui zeros no intervalo $[-2,-1]$ e $[0,1]$. (Note que o mesmo resultado foi obtido graficamente.) Estamos agora em condições de descrever um método numérico, conhecido como **Método da Bissecção**, o qual reduz o comprimento do intervalo que contém a raiz, de maneira sistemática.

3.2 Método da Bissecção

Considere o intervalo $[a,b]$ para o qual $f(a) \times f(b) < 0$. No método da bissecção calculamos o valor da função $f(x)$ no ponto médio: $x_1 = \dfrac{a+b}{2}$. Portanto, existem três possibilidades.

Primeiramente, ficaríamos felizes (embora seja quase impossível) se o valor da função calculado no ponto x_1 fosse nulo, isto é: $f(x_1) = 0$. Neste caso, x_1 é o zero de f e não precisamos fazer mais nada.

Em segundo lugar, se $f(a) \times f(x_1) < 0$, então f tem um zero entre a e x_1. O processo pode ser repetido sobre o novo intervalo $[a, x_1]$.

Finalmente, se $f(a) \times f(x_1) > 0$, segue que $f(b) \times f(x_1) < 0$, desde que é conhecido que $f(a)$ e $f(b)$ têm sinais opostos. Portanto, f tem um zero entre x_1 e b, e o processo pode ser repetido com $[x_1, b]$.

A repetição do método é chamado *iteração* e as aproximações sucessivas são os *termos iterados*. Assim, o **Método da Bissecção** pode ser descrito como:

Para $k = 1, 2, \ldots$, faça:
$$x_k = \frac{a+b}{2}.$$

Se $f(a) \times f(x_k) \begin{cases} < 0 & \text{então} \quad b = x_k, \\ > 0 & \text{então} \quad a = x_k. \end{cases}$

Uma interpretação geométrica do método da bissecção é dada na Figura 3.6.

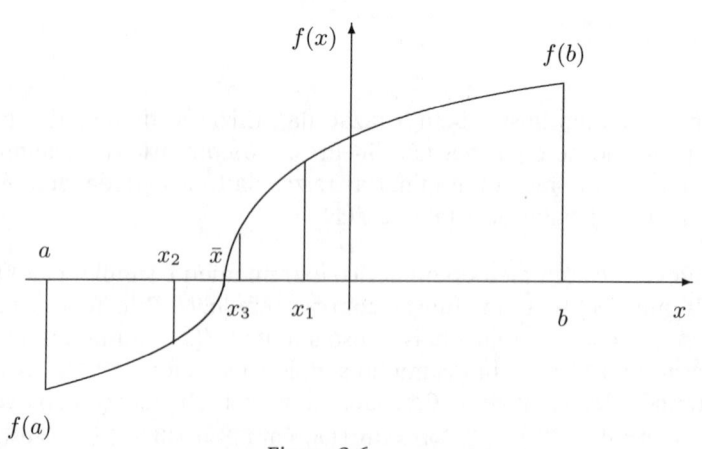

Figura 3.6

Para ilustrar o método da bissecção, considere que desejamos calcular a raiz positiva da equação do Exemplo 3.5, iniciando com o intervalo $[0, 1]$. Para essa equação, temos que, $f(0) < 0$ e $f(1) > 0$. O ponto médio é $x_1 = 0.5$, com $f(x_1) = -0.6090086$. Desde que $f(0) \times f(0.5) > 0$, deduzimos que a raiz da equação está em $[0.5, 1]$. Os primeiros passos do método da bissecção, para essa equação, estão mostrados na Tabela 3.1.

Tabela 3.1

k	a	b	x_k	$f(x_k)$
1	0	1	0.5	−0.609009
2	0.5	1	0.75	−0.272592
3	0.75	1	0.875	0.023105
4	0.75	0.875	0.8125	−0.139662
5	0.8125	0.875	0.84375	−0.062448
6	0.84375	0.875	0.859375	−0.020775
⋮				

Continuando o processo, obteremos: $x_{16} = 0.866868$ e $x_{17} = 0.866876$. Isso significa que o intervalo inicial $[0, 1]$ foi reduzido ao intervalo $[0.866868, 0.866876]$ e, portanto, a raiz positiva da equação dada é aproximadamente: $\bar{x} = 0.86687$. Note que até agora não falamos como devemos proceder para obter o resultado com uma quantidade de casas decimais corretas. Isso será discutido mais adiante.

Exercícios

3.1 Dadas as funções:

    a) $x^3 + 3x - 1 = 0$,

    b) $x^2 - sen\, x = 0$,

pesquisar a existência de raízes reais e isolá-las em intervalos.

3.2 Justifique que a função:

$$f(x) = \cos \frac{\pi(x+1)}{8} + 0.148x - 0.9062 = 0$$

possui uma raiz no intervalo $(-1, 0)$ e outra no intervalo $(0, 1)$.

Existem vários métodos numéricos para determinação (aproximada) das raízes da equação $f(x) = 0$, mais eficientes que o método da bissecção. Descreveremos a seguir alguns desses métodos, discutindo suas vantagens e desvantagens. Antes, porém, daremos um procedimento que deve ser seguido na aplicação de qualquer método numérico para determinar um zero de $f(x) = 0$, com uma precisão pré-fixada.

3.2.1 Processo de Parada

1) Para aplicar qualquer método numérico deveremos ter sempre uma idéia sobre a localização da raiz a ser determinada. Essa localização é obtida, em geral, através de gráfico. (Podemos também localizar o intervalo que

contém a raiz fazendo uso do Teorema 3.1.) A partir da localização da raiz, escolhemos então x_0 como uma aproximação inicial para a raiz $\bar{x}$ de $f(x) = 0$. Com essa aproximação inicial e um método numérico *refinamos* a solução até obtê-la com uma determinada precisão (número de casas decimais corretas).

2) Para obtermos uma raiz com uma determinada precisão ϵ devemos, durante o processo iterativo, efetuar o seguinte teste: Se

$$\frac{|x_{k+1} - x_k|}{|x_{k+1}|} < \epsilon, \text{ (erro relativo)},$$

onde ϵ é uma precisão pré-fixada; x_k e x_{k+1} são duas aproximações consecutivas para $\bar{x}$, então x_{k+1} é a raiz procurada, isto é, tomamos $\bar{x} = x_{k+1}$.

Observações:

a) Em relação à precisão pré-fixada, normalmente, tomamos $\epsilon = 10^{-m}$, onde m é o número de casas decimais que queremos corretas no resultado.

b) Apesar de alguns autores considerarem como teste de parada o fato de $|f(x_{k+1})| < \epsilon$, é preciso ter muito cuidado, pois, a menos que se tenha uma idéia muito clara do comportamento da função, o fato deste teste ser satisfeito não implica necessariamente que x_{k+1} esteja próximo da raiz procurada, como pode ser observado no seguinte exemplo: considere $f(x) = x^{-3} \ln x = 0$, onde a única raiz é $\bar{x} = 1$. Calculando $f(x)$ para $x = 2, 4, 8, 16, 32, \ldots$ obtemos, respectivamente: 0.0866, 0.0217, 0.00406, 0.0006769, 0.0001058, ..., isto é, quanto mais longe estamos de $\bar{x}$, menor é o valor de $f(x)$.

c) Alguns autores consideram como teste de parada o fato de $|x_{k+1} - x_k| < \epsilon$, chamado de **erro absoluto**. Entretanto, se esses números forem muito grandes e ϵ for muito pequeno, pode não ser possível calcular a raiz com uma precisão tão exigente. Como exemplo, resolva a equação: $f(x) = (x - 1)(x - 2000) = 0$ com $\epsilon = 10^{-4}$ usando os critérios de erro relativo e erro absoluto. Você irá verificar que o número de iterações é muito maior para o critério do erro absoluto. Isso ocorre porque a raiz que estamos procurando tem módulo grande e, portanto, é muito mais difícil tornar o erro absoluto menor do que ϵ.

d) Quando fazemos um programa computacional, devemos considerar o erro relativo escrito na seguinte forma:

$$|x_{k+1} - x_k| < \epsilon * \max\{1, |x_{k+1}|\}, \tag{3.1}$$

pois se $|x_{k+1}|$ estiver próximo de zero, o processo não estaciona. Além do teste do erro relativo, devemos colocar um número máximo de iterações pois se o programa não estiver bem, ou se o método não se aplicar ao problema que se está resolvendo, o programa entrará em *looping*.

3.3 Iteração Linear

A fim de introduzir o método de iteração linear para o cálculo de uma raiz da equação:

$$f(x) = 0, \qquad (3.2)$$

onde $f(x)$ é uma função contínua num intervalo que contenha a raiz procurada, expressamos, inicialmente, a equação (3.2) na forma:

$$x = \psi(x), \qquad (3.3)$$

de maneira que qualquer solução de (3.3) seja, também, solução de (3.2). Para qualquer função ψ, qualquer solução de (3.3) é chamada de **ponto fixo** de $\psi(x)$. Assim, o problema de determinar um zero de $f(x)$ foi transformado no problema de determinar o ponto fixo de $\psi(x)$, e essa transformação não deve alterar a posição da raiz procurada.

Em geral, há muitos modos de expressar $f(x)$ na forma (3.3). Basta considerarmos:

$$\psi(x) = x + A(x)\,f(x),$$

para qualquer $A(x)$ tal que $A(\bar{x}) \neq 0$.

Nem todas, porém, serão igualmente satisfatórias para as nossas finalidades.

Algumas formas possíveis da equação:

$$f(x) = x^2 - x - 2 = 0, \qquad (3.4)$$

cujas raízes são -1 e 2, por exemplo, são:

a) $x = x^2 - 2$,   **c)** $x = 1 + \dfrac{2}{x}$,

b) $x = \sqrt{2+x}$,   **d)** $x = x - \dfrac{x^2 - 2x - 8}{m}$, $m \neq 0$.

É claro que não necessitamos de um método numérico para calcular as raízes de uma equação do segundo grau, contudo este exemplo ilustrará de maneira objetiva os nossos propósitos.

Como já dissemos anteriormente, geometricamente, a equação (3.2) tem como solução a intersecção do gráfico de f com o eixo x, enquanto que uma raiz de (3.3) é um número $\bar{x}$, para o qual a reta $y_1 = x$ intercepta a curva $y_2 = \psi(x)$. Pode ocorrer, naturalmente, que estas curvas não se interceptem, caso em que não haverá raiz real. Admitiremos, contudo, que essas curvas se interceptem, no mínimo, uma vez; que estamos interessados em determinar uma dessas raízes, digamos $\bar{x}$, e que $\psi(x)$ e $\psi'(x)$ sejam contínuas num intervalo que contenha essa raiz.

Seja x_0 uma aproximação inicial para a raiz $\bar{x}$ de (3.3). Obtemos as aproximações sucessivas x_k, para a solução desejada $\bar{x}$, usando o processo iterativo definido por:

$$x_{k+1} = \psi(x_k), \quad k = 0, 1, \ldots. \qquad (3.5)$$

Esse processo é chamado **Método Iterativo Linear**.

Para que este processo seja vantajoso, devemos obter aproximações sucessivas x_k, convergentes para a solução desejada $\bar{x}$. Contudo, é fácil obter exemplos para os quais a seqüência x_k diverge.

Exemplo 3.6

Considerando em (3.4) $x = x^2 - 2$ e tomando $x_0 = 2.5$, determinar a raiz $\bar{x} = 2$.

Solução: Usando (3.5), obtemos:

$$\begin{aligned}
x_1 &= \psi(x_0) = x_0^2 - 2 = (2.5)^2 - 2 = 4.25 \\
x_2 &= \psi(x_1) = x_1^2 - 2 = (4.25)^2 - 2 = 16.0625 \\
x_3 &= \psi(x_2) = x_2^2 - 2 = (16.0625)^2 - 2 = 256.00391 \\
&\vdots
\end{aligned}$$

e é óbvio que se trata de uma seqüência divergente.

Assim, a escolha de $\psi(x) = x^2 - 2$ não produz um processo iterativo que seja convergente.

As **condições suficientes** que a função $\psi(x)$ deve satisfazer para assegurar a convergência da iteração linear estão contidas no Teorema 3.4. Vejamos antes dois teoremas que serão utilizados na prova desse Teorema.

Teorema 3.2 (Teorema do Valor Médio)

Se f é contínua em [a,b] e diferenciável em (a,b) então existe pelo menos um ponto ξ entre a e b tal que:

$$f'(\xi) = \frac{f(b) - f(a)}{b - a}, \quad \text{isto é,} \quad f(b) - f(a) = f'(\xi)(b - a).$$

Prova: A prova deste teorema pode ser encontrada em [Swokowski,1983].

Teorema 3.3 (Teorema da Permanência do Sinal)

Seja f uma função real de variável real definida e contínua numa vizinhança de x_0. Se $f(x_0) \neq 0$, então $f(x) \neq 0$ para todo x pertencente a uma vizinhança suficientemente pequena de x_0.

Prova: A prova deste teorema pode ser encontrada em [Swokowski,1983].

Teorema 3.4

Seja $\psi(x)$ uma função contínua, com derivadas primeira e segunda contínuas num intervalo fechado I da forma $I = (\bar{x} - h, \bar{x} + h)$, cujo centro $\bar{x}$ é solução de $x = \psi(x)$. Seja $x_0 \in I$ e M um limitante da forma, $|\psi'(x)| \leq M < 1$ em I. Então:

a) a iteração $x_{k+1} = \psi(x_k)$, $k = 0, 1, \ldots$, pode ser executada indefinidamente, pois $x_k \in I$, $\forall k$.

b) $|x_k - \bar{x}| \to 0$.

c) Se $\psi'(\bar{x}) \neq 0$ ou $\psi'(\bar{x}) = 0$ e $\psi''(\bar{x}) \neq 0$ e se $|x_0 - \bar{x}|$ for suficientemente pequeno então a seqüência $x_1, x_2, \ldots$ será monotônica ou oscilante.

Prova:

a) Usaremos indução para provar que $x_k \in I$, $\forall k$.

   i) Por hipótese $x_0 \in I$.

   ii) Supomos que $x_0, x_1, \ldots, x_k \in I$.

iii) Provemos que $x_{k+1} \in I$. Temos:

$$x_{k+1} - \bar{x} = \psi(x_k) - \psi(\bar{x}).$$

Usando o Teorema do Valor Médio, obtemos:

$$x_{k+1} - \bar{x} = \psi'(\xi_k)(x_k - \bar{x}),$$

onde ξ_k está entre x_k e $\bar{x}$. Tomando módulo, segue que:

$$|x_{k+1} - \bar{x}| = |\psi'(\xi_k)||x_k - \bar{x}| \leq M|x_k - \bar{x}|$$

desde que, pela hipótese de indução, $x_k \in I \Rightarrow \xi_k \in I$ e sobre $I, |\psi'(x)| \leq M < 1$.
Assim:
$$|x_{k+1} - \bar{x}| \leq M|x_k - \bar{x}|.$$

Como $M < 1$, temos que $x_{k+1} \in I$.

b) Pelo item **a)**, segue que:

$$|x_k - \bar{x}| \leq M|x_{k-1} - \bar{x}| \leq M^2|x_{k-2} - \bar{x}| \leq \ldots \leq M^k|x_0 - \bar{x}|.$$

Como $M < 1$, passando ao limite, obtemos:

$$\lim_{k \to \infty} M^k \to 0 \quad \text{e portanto} \quad |x_k - \bar{x}| \to 0.$$

c) Aqui dividiremos a prova em duas partes. Assim:

c.1) Seja $\psi'(\bar{x}) \neq 0$.
Pelo Teorema da Permanência do Sinal, temos que, numa vizinhança de $\bar{x}$ suficientemente pequena, $\psi'(x)$ terá o mesmo sinal. Assim, de:

$$x_{k+1} - \bar{x} = \psi'(\xi_k)(x_k - \bar{x}),$$

temos:

$$(I) \text{ Se } \psi'(\bar{x}) > 0 \text{ e } \begin{cases} x_k \leq \bar{x} \Rightarrow x_{k+1} \leq \bar{x} \\ x_k \geq \bar{x} \Rightarrow x_{k+1} \geq \bar{x} \end{cases}$$

$$(II) \text{ Se } \psi'(\bar{x}) < 0 \text{ e } \begin{cases} x_k \leq \bar{x} \Rightarrow x_{k+1} \geq \bar{x} \\ x_k \geq \bar{x} \Rightarrow x_{k+1} \leq \bar{x} \end{cases}$$

Como $|x_k - \bar{x}| \to 0$, a convergência será monotônica em (I) e em (II) será oscilante em torno de $\bar{x}$.

c.2) Seja $\psi'(\bar{x}) = 0$ e $\psi''(\bar{x}) \neq 0$.
Usando o Teorema do Valor Médio, obtemos:

$$\psi'(\xi_k) = \psi'(\xi_k) - \psi'(\bar{x}) = \psi''(\theta_k)(\xi_k - \bar{x}),$$

onde θ_k está entre ξ_k e $\bar{x}$. Assim:

$$x_{k+1} - \bar{x} = \psi''(\theta_k)(\xi_k - \bar{x})(x_k - \bar{x}).$$

Pelo Teorema da Permanência do Sinal, $\psi''(x)$ terá o mesmo sinal numa vizinhança suficientemente pequena de $\bar{x}$. Como $(\xi_k - \bar{x})(x_k - \bar{x}) \geq 0$, pois ξ_k e x_k encontram-se do mesmo lado de $\bar{x}$, segue que, se:

$$\psi''(\bar{x}) > 0 \Rightarrow x_{k+1} \geq \bar{x}, \forall k,$$
$$\psi''(\bar{x}) < 0 \Rightarrow x_{k+1} \leq \bar{x}, \forall k.$$

Neste caso, a seqüência $x_1, x_2, \ldots$ será monotônica independente do sinal de $x_0 - \bar{x}$. Isso completa a prova do Teorema 3.4.

Consideremos novamente a equação (3.4). Se nosso objetivo é encontrar a raiz $\bar{x} = 2$, usando o problema de ponto fixo equivalente (3.3.a), teremos:

$$x = x^2 - 2 = \psi(x).$$

Para que o processo $x_{k+1} = x_k^2 - 2$ seja convergente devemos ter $|\psi'(x)| < 1$ na vizinhança de $\bar{x} = 2$. Temos que, $\psi'(x) = 2x$, e desde que $|\psi'(x)| > 1$ para $x > \frac{1}{2}$, o Teorema 3.4 não pode ser usado para garantir convergência. Entretanto, a iteração $x_{k+1} = x_k^2 - 2$ divergirá para qualquer escolha de $x_0 > \frac{1}{2}$, como vimos anteriormente.

Por outro lado, se usarmos o problema de ponto fixo (3.3.b), teremos $\psi(x) = \sqrt{2+x}$ e, assim, $\psi'(x) = \dfrac{1}{2\sqrt{2+x}}$. Portanto, $|\psi'(x)| < 1$ se e somente se $x > -1.75$. Assim, pelo Teorema 3.4, podemos crer que a iteração:

$$x_{k+1} = \sqrt{2 + x_k},$$

será convergente para qualquer escolha de $x_0 > -1.75$, como pode ser observado no próximo exemplo.

Exemplo 3.7

Considerando em (3.4), $x = \sqrt{2+x}$ e tomando $x_0 = 2.5$, determinar a raiz $\bar{x} = 2$.

Solução: Tomando $x_0 = 2.5$, obteremos a seqüência de aproximações:

$$\begin{aligned}
x_1 &= \psi(x_0) = \sqrt{2 + 2.5} = \sqrt{4.5} = 2.1213203 \\
x_2 &= \psi(x_1) = \sqrt{2 + 2.1213203} = \sqrt{4.1213203} = 2.0301035 \\
x_3 &= \psi(x_2) = \sqrt{2 + 2.0301035} = \sqrt{4.0301035} = 2.0075118 \\
x_4 &= \psi(x_3) = \sqrt{2 + 2.0075118} = \sqrt{4.0075118} = 2.0018771 \\
x_5 &= \psi(x_4) = \sqrt{2 + 2.0018771} = \sqrt{4.0018771} = 2.0004692 \\
x_6 &= \psi(x_5) = \sqrt{2 + 2.0004692} = \sqrt{4.0004692} = 2.0001173 \\
x_7 &= \psi(x_6) = \sqrt{2 + 2.0001173} = \sqrt{4.0001173} = 2.0000293 \\
&\vdots
\end{aligned}$$

a qual é, obviamente, convergente para a raiz $\bar{x} = 2$. Este exemplo ilustra, também, a importância da disposição apropriada de (3.2) na forma (3.3).

Uma ilustração geométrica da não convergência e da convergência do método iterativo $x_{k+1} = \psi(x_k)$ em ambos os casos: $x_{k+1} = x_k^2 - 2$ e $x_{k+1} = \sqrt{2+x}$ é dada pelas Figuras 3.7 e 3.8, respectivamente. Observe que, em cada uma das figuras, escolhido o ponto x_0 caminhamos verticalmente até encontrar a curva $\psi(x)$; em seguida caminhamos horizontalmente até encontrar a reta $y = x$ e, finalmente, caminhamos verticalmente até encontrar o eixo dos x onde estará localizado o ponto x_1. O processo é repetido partindo-se de x_1, e assim sucessivamente. Temos então:

a) para $x = x^2 - 2$:

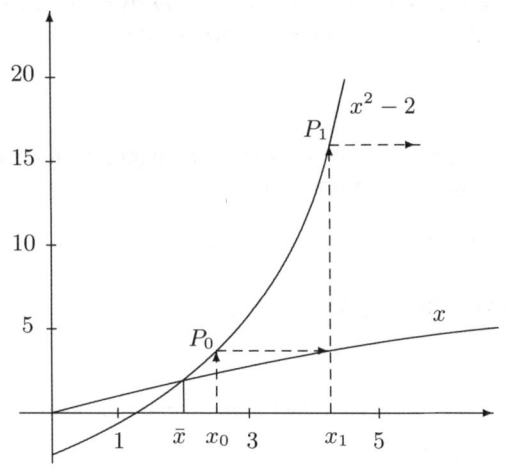

Figura 3.7

b) para $x = \sqrt{2 + x}$:

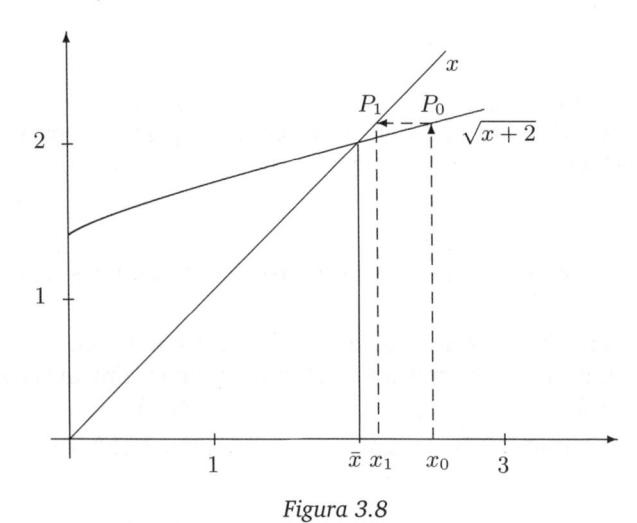

Figura 3.8

Representamos na Figura 3.7 os pontos: $P_0 : (x_0, \psi(x_0))$, $P_1 : (x_1, \psi(x_1))$ etc. Estes pontos estão, obviamente, afastando-se da interseção das duas curvas $y_1 = x$ e $y_2 = \psi(x)$ e, ao mesmo tempo, x_k está se afastando de $\bar{x}$. Na Figura 3.8, os pontos P_0, P_1 etc. estão, obviamente, aproximando-se do ponto de interseção das duas curvas $y_1 = x$ e $y_2 = \psi(x)$ e, ao mesmo tempo, x_k está se aproximando de $\bar{x}$.

Assim em **a)** temos que o processo iterativo é divergente e, em **b)**, que o processo iterativo é convergente.

3.3.1 Ordem de Convergência

A ordem de convergência de um método mede a velocidade com que as iterações produzidas por esse método aproximam-se da solução exata. Assim, quanto maior for a ordem de convergência melhor será o método numérico pois mais rapidamente obteremos a solução. Analisaremos aqui a ordem de convergência do método iterativo linear. Antes, porém, apresentamos a definição de ordem de convergência de um método numérico.

Definição 3.3
Sejam $\{x_k\}$ o resultado da aplicação de um método numérico na iteração k e $e_k = x_k - \bar{x}$ o seu erro. Se existirem um número $p \geq 1$ e uma constante $c > 0$ tais que:

$$\lim_{k \to \infty} \frac{|e_{k+1}|}{|e_k|^p} = c, \qquad (3.6)$$

então p é a **ordem de convergência** desse método.

Teorema 3.5
A ordem de convergência do método iterativo linear é linear, ou seja, $p = 1$.

Prova: Do Teorema 3.4, temos que:

$$x_{k+1} - \bar{x} = \psi'(\xi_k)(x_k - \bar{x}),$$

onde ξ_k está entre x_k e $\bar{x}$. Assim,

$$\frac{|x_{k+1} - \bar{x}|}{|x_k - \bar{x}|} \leq |\psi'(\xi_k)| \leq M.$$

Logo, (3.6) está satisfeita com $p = 1$ e $c = M$, ou seja, a ordem de convergência é $p = 1$. Daí o nome de método iterativo linear. Além disso, o erro em qualquer iteração é proporcional ao erro na iteração anterior, sendo que o fator de proporcionalidade é $\psi'(\xi_k)$.

Observações:

a) A convergência do processo iterativo será tanto mais rápida quanto menor for o valor de $\psi'(x)$.

b) Por outro lado, se a declividade $\psi'(x)$ for maior que 1 em valor absoluto, para todo x pertencente a um intervalo numa vizinhança da raiz, vimos que a iteração $x_{k+1} = \psi(x_k)$, $k = 0, 1, \ldots$, divergirá.

c) Da Definição 3.3 podemos afirmar que para k suficientemente grande temos:

$$|e_{k+1}| \simeq c\,|e_k|^p,$$
$$|e_k| \simeq c\,|e_{k-1}|^p.$$

Dividindo uma equação pela outra eliminamos a constante c e obtemos:

$$\frac{e_{k+1}}{e_k} \simeq \left(\frac{e_k}{e_{k-1}}\right)^p.$$

Assim, uma aproximação para o valor de p pode ser obtida aplicando-se logaritmo em ambos os membros da expressão anterior. Fazendo isto, segue que:

$$p \simeq \frac{\log\left(\frac{e_{k+1}}{e_k}\right)}{\log\left(\frac{e_k}{e_{k-1}}\right)}. \qquad (3.7)$$

Exemplo 3.8

Com os valores obtidos no Exemplo 3.7, verifique que o método iterativo linear realmente possui ordem de convergência $p = 1$.

Solução: Do resultado do Exemplo 3.7, fazendo os cálculos para os valores de $|x_{k+1} - \bar{x}|$ e usando (3.7), obtemos a Tabela 3.2.

Tabela 3.2

k	$x_{k+1} = \sqrt{2 + x_k}$	$e_k = |x_k - \bar{x}|$	p
0	2.5	0.5	
1	2.1213203	0.1213203	
2	2.0301035	0.0301035	0.984
3	2.0075118	0.0075118	0.996
4	2.0018771	0.0018771	0.999
5	2.0004692	0.0004692	0.999
6	2.0001173	0.0001173	0.999
7	2.0000293	0.0000293	1.001

Pela tabela vemos que, à medida que k aumenta, o valor de $p \to 1$, mostrando que realmente a ordem de convergência do método iterativo linear é 1.

Assim, podemos dizer que a importância do método iterativo linear está mais nos conceitos que são introduzidos em seu estudo que em sua eficiência computacional. Além disso, tem a desvantagem de que é preciso testar se $|\psi'(x)| < 1$ no intervalo que contém a raiz, se desejamos ter garantia de convergência.

Exercícios

3.3 Justifique que a equação: $f(x) = 4x - e^x = 0$ possui uma raiz no intervalo $(0, 1)$ e outra no intervalo $(2, 3)$.

3.4 Considere a equação $f(x) = 2x^2 - 5x + 2 = 0$, cujas raízes são: $x_1 = 0.5$ e $x_2 = 2.0$. Considere ainda os processos iterativos:

a) $x_{k+1} = \dfrac{2x_k^2 + 2}{5}$,

b) $x_{k+1} = \sqrt{\dfrac{5x_k}{2} - 1}$.

Qual dos dois processos você utilizaria para obter a raiz x_1? Por quê?

3.5 Considere as seguintes funções:

a) $\psi_1(x) = 2x - 1$,
b) $\psi_2(x) = x^2 - 2x + 2$,
c) $\psi_3(x) = x^2 - 3x + 3$.

Verifique que 1 é raiz de todas estas funções. Qual delas você escolheria para obter a raiz 1, utilizando o processo iterativo $x_{k+1} = \psi(x_k)$? Com a sua escolha, exiba a seqüência gerada a partir da condição inicial $x_0 = 1.2$.

3.6 Deseja-se obter a raiz positiva da equação: $bx^2 + x - a = 0$, $a > 0$, $b > 0$, através do processo iterativo definido por:
$$x_{k+1} = a - b\, x_k^2.$$
Qual a condição que devemos impor para a e b para que haja convergência? Por quê?

3.7 A equação: $x^2 - a = 0$ possui uma raiz $\bar{x} = \sqrt{a}$. Explicar algébrica e geometricamente por quê a seqüência $\{x_k\}$, obtida através do processo iterativo definido por: $x_{k+1} = \frac{a}{x_k}$, não converge para $\sqrt{a}$ qualquer que seja o valor de x_0.

3.8 A equação $f(x) = e^x - 3\,x^2 = 0$ tem três raízes. Um método iterativo pode ser definido usando a preparação óbvia da equação:
$$x = \pm\sqrt{\frac{e^x}{3}}.$$

a) Verificar que começando com $x_0 = 0$ haverá convergência:

  i) para a raiz próxima de -0.5, se o valor negativo for usado, e

  ii) para a raiz próxima de 1.0, se o valor positivo for usado.

b) Mostrar que a forma anterior não converge para a terceira raiz próxima de 4.0, qualquer que seja a aproximação inicial próxima da raiz.

3.4 Método de Newton

O método de Newton é uma das técnicas mais populares para se determinar raízes de equações não lineares. Existem várias maneiras de deduzir o método de Newton. A que apresentaremos aqui é baseada no método de iteração linear. Assim, para descrever tal método, consideremos a equação (3.3), isto é:

$$\psi(x) = x + A(x)f(x), \quad \text{com} \quad f'(x) \neq 0, \tag{3.8}$$

onde a função $A(x)$ deve ser escolhida de tal forma que $A(\bar{x}) \neq 0$.

Vimos, pelo Teorema 3.4, que temos garantia de convergência se $max|\psi'(x)| < 1$ para $x \in I$. Assim, se escolhermos $A(x)$ tal que $\psi'(\bar{x}) = 0$, teremos que para $x \in I$ (I suficientemente pequeno), $\max|\psi'(x)| < 1$, garantindo então a convergência do método.

Derivando (3.8) em relação a x, obtemos:

$$\psi'(x) = 1 + A'(x)f(x) + A(x)f'(x).$$

Fazendo $x = \bar{x}$, segue que:

$$\psi'(\bar{x}) = 1 + A(\bar{x})f'(\bar{x}), \quad \text{pois} \quad f(\bar{x}) = 0,$$

e colocando:

$$\psi'(\bar{x}) = 0, \quad \text{teremos} \quad A(\bar{x}) = -\frac{1}{f'(\bar{x})} \neq 0 \quad \text{desde que} \quad f'(\bar{x}) \neq 0.$$

Tomando então: $A(x) = -\frac{1}{f'(x)}$, obtemos $\psi(x) = x - \frac{f(x)}{f'(x)}$. O processo iterativo definido por:

$$x_{k+1} = x_k - \frac{f(x_k)}{f'(x_k)}, \tag{3.9}$$

é chamado **Método de Newton**, que converge sempre que $|x_0 - \bar{x}|$ for suficientemente pequeno.

Uma interpretação geométrica do método de Newton é dada na Figura 3.9.

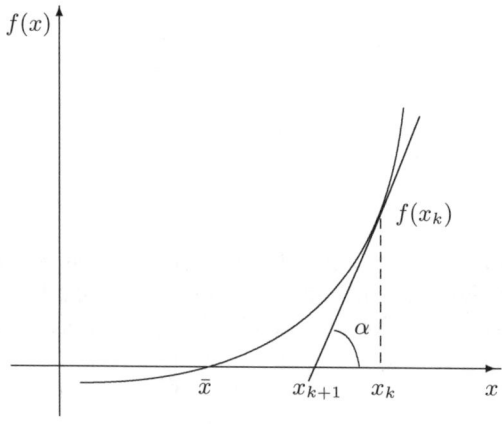

Figura 3.9

Dado x_k, o valor x_{k+1} pode ser obtido graficamente traçando-se pelo ponto $(x_k, f(x_k))$ a tangente à curva $y = f(x)$. O ponto de interseção da tangente com o eixo dos x determina x_{k+1}.

De fato, pela lei da tangente:

$$f'(x_k) = tg\,\alpha = \frac{f(x_k)}{x_k - x_{k+1}}$$
$$\Rightarrow x_k - x_{k+1} = \frac{f(x_k)}{f'(x_k)} \Rightarrow x_{k+1} = x_k - \frac{f(x_k)}{f'(x_k)}.$$

Devido à sua interpretação geométrica o método de Newton é, também, chamado de **Método das Tangentes**.

Exemplo 3.9

Determinar, usando o método de Newton, a menor raiz positiva da equação:

$$4\cos x - e^x = 0,$$

com erro inferior a 10^{-2}.

Solução: O processo mais simples e eficaz para se obter um valor inicial é o método gráfico. Com esse objetivo dividimos a equação inicial $f(x) = 0$ em outras duas equações mais simples, que chamaremos de y_1 e y_2. Note que o rearranjo para obter essas duas equações deve apenas levar em consideração a igualdade $f(x) = 0$.

Tomando: $y_1 = 4\cos x$, $y_2 = e^x$ (observe que poderíamos ter tomado $y_1 = \cos x$ e $y_2 = \dfrac{e^x}{4}$) e colocando as duas funções no mesmo gráfico, obtemos a Figura 3.10.

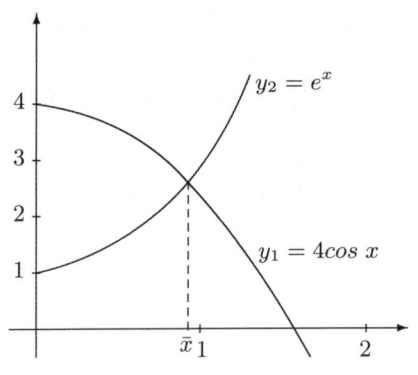

Figura 3.10

Como já dissemos anteriormente, o ponto de interseção das duas curvas é a solução $\bar{x}$ procurada. Analisando a Figura 3.10, vemos que $\bar{x}$ está nas vizinhanças do ponto 1.0 e, portanto, vamos tomar $x_0 = 1.0$. Por outro lado, da equação original, obtemos:

$$f(x_k) = 4\cos x_k - e^{x_k},$$
$$f'(x_k) = -4\,sen\,x_k - e^{x_k}.$$

Para efetuar os cálculos seguintes, observe se sua calculadora está em radianos, pois a função dada envolve operações trigonométricas. Além disso, como queremos o resultado com erro inferior a 10^{-2}, basta efetuar os cálculos com três casas decimais.
Assim:

$$f(x_0) = f(1.0) = 4\cos(1.0) - e^{1.0} = 4(0.540) - 2.718 = -0.557,$$
$$f'(x_0) = f'(1.0) = -4\,sen\,(1.0) - e^{1.0} = -4(0.841) - 2.718 = -6.084.$$

Usando (3.9), obtemos:

$$x_1 = 1.0 - \frac{f(1.0)}{f'(1.0)} \Rightarrow x_1 = 1.0 - \frac{(-0.557)}{(-6.048)} \Rightarrow x_1 = 0.908.$$

Calculando o erro relativo, temos:

$$\left|\frac{x_1 - x_0}{x_1}\right| \simeq 0.101,$$

que é maior que 10^{-2}. Devemos fazer uma nova iteração. Para tanto calculemos:

$$f(x_1) = f(0.908) = 4\cos(0.908) - e^{0.908} = 4(0.615) - 2.479 = -0.019,$$
$$f'(x_1) = f'(0.908) = -4\,sen\,(0.908) - e^{0.908} = -4(0.788) - 2.479 = -5.631.$$

Novamente, usando (3.9), obtemos:

$$x_2 = 0.908 - \frac{f(0.908)}{f'(0.908)} \Rightarrow x_2 = 0.908 - \frac{(-0.019)}{(-5.631)} \Rightarrow x_2 = 0.905.$$

Calculando o erro relativo, segue que:

$$\left|\frac{x_2 - x_1}{x_2}\right| \simeq 0.0033,$$

ou seja, a aproximação $x_2 = 0.905$ possui duas casas decimais corretas. De fato, a solução da equação dada com sete casas decimais é 0.9047882. Logo, a menor raiz positiva da equação $4\cos x - e^x = 0$, com $\epsilon < 0.01$, é $\bar{x} = 0.905$. Observe na Figura 3.10 que a raiz encontrada é a única raiz positiva da equação dada.

3.4.1 Ordem de Convergência

Analisemos agora a convergência do método de Newton.

Teorema 3.6
Se f, f', f'' são contínuas em I cujo centro $\bar{x}$ é solução de $f(x) = 0$ e se $f'(\bar{x}) \neq 0$ então a ordem de convergência do método de Newton é quadrática, ou seja, $p = 2$.

Prova: Subtraindo a equação $\bar{x} = \psi(\bar{x})$ de (3.9), obtemos:

$$x_{k+1} - \bar{x} = \psi(x_k) - \psi(\bar{x}) \quad \text{onde} \quad \psi(x) = x - \frac{f(x)}{f'(x)}.$$

Desenvolvendo $\psi(x_k)$ em série de Taylor em torno do ponto $\bar{x}$, obtemos:

$$x_{k+1} - \bar{x} = \psi(\bar{x}) + (x_k - \bar{x})\psi'(\bar{x}) + \frac{(x_k - \bar{x})^2}{2!}\psi''(\xi_k) - \psi(\bar{x}).$$

Agora, no método de Newton, $\psi'(\bar{x}) = 0$, (lembre-se que esta condição foi imposta para a determinação de $A(x)$) e, portanto:

$$\frac{|x_{k+1} - \bar{x}|}{|x_k - \bar{x}|^2} = \frac{\psi''(\xi_k)}{2!} \leq C.$$

Logo, a ordem de convergência é $p = 2$.

Assim, a vantagem do método de Newton é que sua convergência é quadrática. Isto significa que a quantidade de dígitos significativos corretos duplica à medida que os valores da seqüência se aproximam de $\bar{x}$. Note que essa correção não acontece em relação às primeiras iterações realizadas. A desvantagem do método de Newton está no fato de termos que calcular a derivada da função e, em cada iteração, calcular o seu valor numérico, o que pode ser muito caro computacionalmente. Além disso, a função pode ser não diferenciável em alguns pontos do domínio.

Exercícios

3.9 Considere a equação dada no exemplo 3.9. Obtenha a raiz positiva com quatro casas decimais corretas. Usando (3.7), confirme que a ordem de convergência do método de Newton é quadrática, isto é, $p = 2$.

3.10 Usando o método de Newton, com erro inferior a 10^{-2}, determinar uma raiz das seguintes equações:

- **a)** $2x = tg\, x$,
- **b)** $5x^3 + x^2 - 12x + 4 = 0$,
- **c)** $sen\, x - e^x = 0$,
- **d)** $x^4 - 8 = 0$.

3.11 Considere a fórmula para determinar a raiz cúbica de Q:

$$x_{k+1} = \frac{1}{3}\left[2x_k + \frac{Q}{x_k^2}\right], \quad k = 0, 1, \ldots.$$

- **a)** Mostre que a fórmula anterior é um caso especial de iteração de Newton.
- **b)** Usando a fórmula dada no item **a)** calcule $\sqrt[3]{4}$, com precisão de 10^{-2}, determinando o valor inicial através de gráfico.

3.5 Método das Secantes

Como foi observado anteriormente, uma séria desvantagem do método de Newton é a necessidade de se obter $f'(x)$, bem como calcular seu valor numérico, a cada passo. Há várias maneiras de modificar o método de Newton a fim de eliminar essa desvantagem. Uma modificação consiste em substituir a derivada $f'(x_k)$ pelo quociente das diferenças:

$$f'(x_k) \cong \frac{f(x_k) - f(x_{k-1})}{x_k - x_{k-1}}, \tag{3.10}$$

onde x_k, x_{k-1} são duas aproximações quaisquer para a raiz $\bar{x}$.

Note que $f'(x_k)$ é o limite da relação (3.10) para $x_{k-1} \to x_k$.

O método de Newton, quando modificado desta maneira, é conhecido como **Método das Secantes**. Substituindo (3.10) em (3.9), obtemos:

$$\begin{aligned} x_{k+1} &= x_k - \frac{f(x_k)}{\frac{f(x_k) - f(x_{k-1})}{(x_k - x_{k-1})}} \\ &= x_k - \frac{(x_k - x_{k-1})f(x_k)}{f(x_k) - f(x_{k-1})} \end{aligned}$$

Assim, colocando o segundo membro sobre o mesmo denominador, obtemos uma expressão mais simples para o método das secantes:

$$x_{k+1} = \frac{x_{k-1}\, f(x_k) - x_k\, f(x_{k-1})}{f(x_k) - f(x_{k-1})}. \tag{3.11}$$

Observe que devem estar disponíveis duas aproximações iniciais antes que (3.11) possa ser usada. Na Figura 3.11, ilustramos graficamente como uma nova aproximação pode ser obtida de duas anteriores.

MÉTODO DAS SECANTES

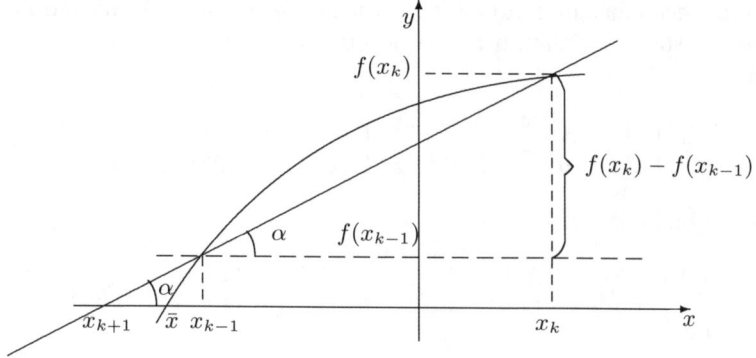

Figura 3.11

Pela Figura 3.11 vemos que, geometricamente, o método das secantes consiste em considerar como aproximação seguinte a interseção da corda que une os pontos $(x_k, f(x_k))$ e $(x_{k-1}, f(x_{k-1}))$ com o eixo dos x. Tomando:

$$x_{k+1} = x_k - \frac{f(x_k)(x_k - x_{k-1})}{f(x_k) - f(x_{k-1})}$$

$$\Rightarrow \frac{x_{k+1} - x_k}{f(x_k)} = \frac{x_k - x_{k-1}}{f(x_k) - f(x_{k-1})}$$

$$\Rightarrow \frac{f(x_k)}{x_{k+1} - x_k} = \frac{f(x_k) - f(x_{k-1})}{x_{k-1} - x_k} = tg\,\alpha.$$

Exemplo 3.10

Determinar a raiz positiva da equação:

$$\sqrt{x} - 5\,e^{-x} = 0,$$

pelo método das secantes, com erro inferior a 10^{-2}.

Solução: Novamente, para obtermos os valores iniciais x_0 e x_1 necessários para iniciar o processo iterativo, dividimos a equação original $f(x) = 0$ em outras duas, y_1 e y_2, com $y_1 = \sqrt{x}$ e $y_2 = 5\,e^{-x}$, que colocadas no mesmo gráfico produzem a Figura 3.12.

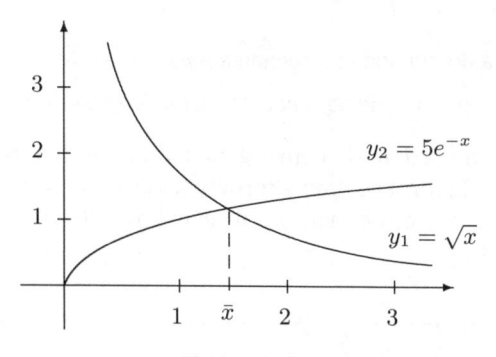

Figura 3.12

O ponto de interseção das duas curvas é a solução $\bar{x}$ procurada. Analisando a Figura 3.12, vemos que $\bar{x}$ está nas vizinhanças do ponto 1.4. Assim, tomando $x_0 = 1.4$ e $x_1 = 1.5$, obtemos:

$$f(x_0) = f(1.4) = \sqrt{1.4} - 5\,e^{-1.4} = 1.183 - 5(0.247) = -0.052,$$
$$f(x_1) = f(1.5) = \sqrt{1.5} - 5\,e^{-1.5} = 1.225 - 5(0.223) = 0.110.$$

Usando (3.11), obtemos:

$$x_2 = \frac{1.4\,f(1.5) - 1.5\,f(1.4)}{f(1.5) - f(1.4)} \Rightarrow x_2 = \frac{1.4(0.110) - 1.5(-0.052)}{0.110 - (-0.052)}$$
$$\Rightarrow x_2 = 1.432.$$

Calculando o erro relativo:

$$\left|\frac{x_2 - x_1}{x_2}\right| \simeq 0.047,$$

observamos que este é maior que 10^{-2}. Devemos, portanto, fazer mais uma iteração. Calculemos então:

$$f(x_2) = f(1.432) = \sqrt{1.432} - 5\,e^{-1.432} = 1.197 - 5(0.239) = 0.002.$$

Novamente, usando (3.11), obtemos:

$$x_3 = \frac{1.5\,f(1.432) - 1.432\,f(1.5)}{f(1.432) - f(1.5)} \Rightarrow x_3 = \frac{1.5(0.002) - 1.432(0.110)}{0.002 - (0.110)}$$
$$\Rightarrow x_3 = 1.431.$$

Fazendo:

$$\left|\frac{x_3 - x_2}{x_3}\right| \simeq 0.0007 < 10^{-2}.$$

Logo, a raiz positiva da equação $\sqrt{x} - 5\,e^{-x} = 0$, com $\epsilon < 10^{-2}$, é $\bar{x} = 1.431$.

3.5.1 Ordem de Convergência

Daremos aqui a ordem de convergência do método das secantes.

Teorema 3.7
A ordem de convergência do método das secantes é $p = (1 + \sqrt{5})/2 \simeq 1.618$.

Prova: A prova deste teorema pode ser encontrada em [Ostrowski,1966].

Observe que apesar da ordem de convergência do método das secantes ser inferior à do método de Newton, ele fornece uma alternativa viável, desde que requer somente um cálculo da função f por passo, enquanto dois cálculos ($f(x_k)$ e $f'(x_k)$) são necessários para o método de Newton.

Exercícios

3.12 Considere a equação dada no Exemplo 3.10. Obtenha a raiz positiva com quatro casas decimais corretas. Usando (3.7), confirme que a ordem de convergência do método das secantes é $p \simeq 1.618$.

3.13 Determinar, pelo método das secantes, uma raiz de cada uma das equações:

a) $x = -2.7 \ln x$,

b) $\log x - \cos x = 0$,

c) $e^{-x} - \log x = 0$.

3.6 Método Regula Falsi

O **Método Regula Falsi** é uma variação do método das secantes. Ele consiste em tomar duas aproximações iniciais x_0 e x_1 tais que $f(x_0)$ e $f(x_1)$ tenham sinais opostos, isto é:

$$f(x_0) \times f(x_1) < 0.$$

Uma nova aproximação é determinada usando o método das secantes, ou seja:

$$x_2 = \frac{x_0 f(x_1) - x_1 f(x_0)}{f(x_1) - f(x_0)}.$$

Se

$$\left| \frac{x_2 - x_0}{x_2} \right| < \epsilon \quad \text{ou} \quad \left| \frac{x_2 - x_1}{x_2} \right| < \epsilon,$$

para um ϵ pré-fixado, então x_2 é a raiz procurada. Caso contrário, calculamos $f(x_2)$ e escolhemos entre x_0 e x_1 aquele cuja f tenha sinal oposto ao de $f(x_2)$. Com x_2 e esse ponto, calculamos x_3 usando a fórmula das secantes, isto é, usando (3.11) e assim sucessivamente. O processo iterativo deve ser continuado até que se obtenha a raiz com a precisão pré-fixada.

Uma interpretação geométrica do método regula falsi é dada na Figura 3.13. Observe que, na Figura 3.13, x_{k+1} é o ponto de interseção da corda que une os pontos $(x_{k-1}, f(x_{k-1}))$ e $(x_k, f(x_k))$ com o eixo dos x. Neste caso, o novo intervalo contendo a raiz será (x_{k-1}, x_{k+1}). A aproximação x_{k+2} será o ponto de interseção da corda que une os pontos $(x_{k-1}, f(x_{k-1}))$ e $(x_{k+1}, f(x_{k+1}))$ com o eixo dos x. Observe ainda que a aplicação do método regula falsi sempre mantém a raiz procurada entre as aproximações mais recentes.

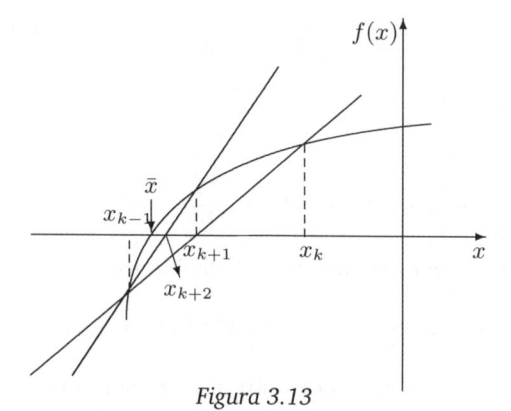

Figura 3.13

Exemplo 3.11

Determinar a menor raiz positiva da equação:

$$x - \cos x = 0,$$

pelo método regula falsi, com erro inferior a 10^{-3}.

Solução: Novamente, para obtermos os valores iniciais x_0 e x_1 necessários para iniciar o processo iterativo, dividimos a equação original $f(x) = 0$ em $y_1 = x$ e $y_2 = \cos x$ que colocadas no mesmo gráfico, produzem a Figura 3.14.

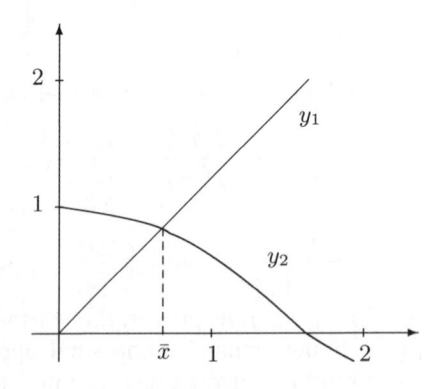

Figura 3.14

O ponto de interseção das duas curvas é a solução $\bar{x}$ procurada. Analisando a Figura 3.14, vemos que $\bar{x}$ está nas vizinhanças do ponto 0.7. Assim, tomando $x_0 = 0.7$ e $x_1 = 0.8$, obtemos:

$$f(x_0) = f(0.7) = 0.7 - \cos 0.7 = 0.7 - 0.7648 = -0.0648,$$
$$f(x_1) = f(0.8) = 0.8 - \cos 0.8 = 0.8 - 0.6967 = 0.1033,$$

e portanto: $f(x_0) \times f(x_1) < 0$. Usando (3.11), obtemos:

$$x_2 = \frac{0.7\, f(0.8) - 0.8\, f(0.7)}{f(0.8) - f(0.7)} \Rightarrow x_2 = \frac{0.7(0.1033) - 0.8(-0.0648)}{0.1033 - (-0.0648)}$$
$$\Rightarrow x_2 = 0.7383.$$

Fazendo:

$$\left|\frac{x_2 - x_0}{x_2}\right| \simeq 0.052 \quad \text{e} \quad \left|\frac{x_2 - x_1}{x_2}\right| \simeq 0.084,$$

obtemos que ambos são maiores que 10^{-3}. Calculando:

$$f(x_2) = f(0.7383) = 0.7383 - \cos 0.7383 = 0.7383 - 0.7396 = -0.0013,$$

vemos que $f(x_2) \times f(x_1) < 0$ e, portanto, a raiz está entre x_1 e x_2. Assim, usando novamente (3.11), segue que:

$$x_3 = \frac{0.8\, f(0.7383) - 0.7383\, f(0.8)}{f(0.7383) - f(0.8)}$$

$$\Rightarrow \quad x_3 = \frac{0.8(-0.0013) - 0.7383(0.1033)}{-0.0013 - (0.1033)} \quad \Rightarrow \quad x_3 = 0.7390.$$

Calculando o erro relativo:
$$\left|\frac{x_3 - x_2}{x_3}\right| \simeq 0.00095,$$

vemos que este é menor que 10^{-3}. Assim, a menor raiz positiva (observe, pela Figura 3.14, que a raiz positiva é única) da equação $x - \cos x = 0$, com $\epsilon < 10^{-3}$, é $\bar{x} = 0.7390$.

3.6.1 Ordem de Convergência

A ordem de convergência do método Regula Falsi é semelhante à do método das secantes, uma vez que o procedimento para o cálculo das aproximações é o mesmo em ambos os casos. Assim, a ordem de convergência do método Regula Falsi também é $p = (1 + \sqrt{5})/2 \simeq 1.618$.

Exercícios

3.14 Considere a equação dada no Exemplo 3.11. Obtenha a raiz positiva com cinco casas decimais corretas. Usando (3.7), confirme que a ordem de convergência do método Regula Falsi é $p \simeq 1.618$.

3.15 Determinar uma raiz de cada uma das equações:

   a) $\operatorname{sen} x - x\, e^x = 0$,

   b) $\cos x = e^x$,

usando o método Regula Falsi.

3.16 A equação: $x - 2 \operatorname{sen} x = 0$ possui uma raiz no intervalo $[1.8, 2.0]$. Determiná-la pelo método Regula Falsi, com duas casas decimais corretas.

3.7 Sistemas de Equações Não Lineares

Nesta seção, consideramos o problema da determinação de raízes de equações não lineares simultâneas da forma:

$$\begin{cases} f_1(x_1, x_2, \ldots, x_m) = 0 \\ f_2(x_1, x_2, \ldots, x_m) = 0 \\ \vdots \\ f_m(x_1, x_2, \ldots, x_m) = 0 \end{cases}$$

onde cada $f_i, i = 1, 2, \ldots, m$, é uma função real de m variáveis reais. Embora esse tópico seja de considerável importância, daremos aqui apenas uma breve introdução. Para maiores detalhes, os interessados podem consultar, por exemplo, [Ortega,1970].

Assim, para efeito de simplicidade, e sem perda de generalidade, consideraremos apenas o caso de duas equações a duas incógnitas, isto é, sistemas não lineares da forma:

$$\begin{cases} f(x,y) = 0 \\ g(x,y) = 0 \end{cases} \qquad (3.12)$$

Geometricamente, as raízes deste sistema são os pontos do plano $(\bar{x},\bar{y})$, onde as curvas definidas por f e g se interceptam.

3.7.1 Iteração Linear

A resolução de sistemas não lineares através do método de iteração linear é muito semelhante ao método iterativo linear estudado anteriormente. Assim, um primeiro passo ao se aplicar iteração linear é reescrever o sistema (3.12) na forma:

$$\begin{cases} x = F(x,y) \\ y = G(x,y) \end{cases} \qquad (3.13)$$

de forma que qualquer solução de (3.13) seja, também, solução de (3.12).

Sejam $(\bar{x},\bar{y})$ uma solução de (3.12) e (x_0, y_0) uma aproximação para $(\bar{x},\bar{y})$. Obtemos as aproximações sucessivas (x_k, y_k) para a solução desejada $(\bar{x},\bar{y})$ usando o processo iterativo definido por:

$$\begin{cases} x_{k+1} = F(x_k, y_k) \\ y_{k+1} = G(x_k, y_k) \end{cases} \qquad (3.14)$$

Esse processo é chamado **Método Iterativo Linear para Sistemas Não Lineares**.

O processo (3.14) convergirá sob as seguintes condições suficientes (mas não necessárias):

a) F, G e suas derivadas parciais de primeira ordem sejam contínuas numa vizinhança V da raiz $(\bar{x},\bar{y})$.

b) As seguintes desigualdades sejam satisfeitas:

$$|F_x| + |F_y| \leq k_1 < 1,$$
$$|G_x| + |G_y| \leq k_2 < 1,$$

para todo ponto (x,y) pertencente a uma vizinhança V de $(\bar{x},\bar{y})$, onde:

$$F_x = \frac{\partial F}{\partial x}, \quad F_y = \frac{\partial F}{\partial y} \quad \text{etc.}$$

c) A aproximação inicial (x_0, y_0) pertença à vizinhança V de $(\bar{x},\bar{y})$.

Para obtermos uma solução com uma determinada precisão ϵ devemos, durante o processo iterativo, calcular o erro relativo para todas as componentes do vetor solução. A convergência deste método é linear.

Exemplo 3.12

Considere o seguinte sistema não linear:

$$\begin{cases} f(x,y) = 0.2x^2 + 0.2xy - x + 0.6 = 0 \\ g(x,y) = 0.4x + 0.1xy^2 - y + 0.5 = 0 \end{cases}$$

a) Verifique que reescrevendo o sistema dado na forma:

$$\begin{cases} x = 0.2x^2 + 0.2xy + 0.6 = F(x,y) \\ y = 0.4x + 0.1xy^2 + 0.5 = G(x,y) \end{cases}$$

as condições suficientes para garantir a convergência são satisfeitas.

b) Aplique o método iterativo linear para resolver o sistema dado.

Solução: Uma solução deste sistema, facilmente comprovável, é o ponto: $(\bar{x}, \bar{y}) = (1,1)$. É claro que não conhecemos, *a priori*, a solução do sistema, mas este é apenas um exemplo para ilustrar a verificação das condições suficientes de convergência, bem como a aplicação do método iterativo linear. Mais adiante mostraremos como determinar os valores iniciais.

Para verificar as condições suficientes, calculemos inicialmente as derivadas parciais de F e G. Assim:

$$F_x = 0.4x + 0.2y, \quad F_y = 0.2x,$$
$$G_x = 0.4 + 0.1y^2, \quad G_y = 0.2xy.$$

Se escolhermos, por exemplo, $(x_0, y_0) = (0.9, 1.1)$, vemos que F, G e suas derivadas parciais são contínuas em (x_0, y_0). Além disso, as desigualdades que figuram nas condições para convergência são satisfeitas, pois temos:

$$|F_x| + |F_y| = |(0.4)(0.9)| + |(0.2)(1.1)| + |(0.2)(0.9)| = 0.76 < 1,$$
$$|G_x| + |G_y| = |(0.4) + (0.1)(1.1)^2| + |(0.2)(0.9)(1.1)| = 0.719 < 1,$$

e é claro que (x_0, y_0) está na vizinhança de $(\bar{x}, \bar{y})$. Tomando então $(x_0, y_0) = (0.9, 1.1)$ e usando o processo iterativo definido por (3.14), obtemos:

$$x_1 = F(x_0, y_0) = (0.2)(0.9)^2 + (0.2)(0.5)(1.1) + 0.6 \Rightarrow x_1 = 0.96$$
$$y_1 = G(x_0, y_0) = (0.4)(0.9) + (0.1)(0.9)(1.1)^2 + 0.5 \Rightarrow y_1 = 0.9689$$
$$x_2 = F(x_1, y_1) = (0.2)(0.96)^2 + (0.2)(0.96)(0.9689) + 0.6 \Rightarrow x_2 = 0.9703$$
$$y_2 = G(x_1, y_1) = (0.4)(0.96) + (0.1)(0.96)(0.0.9689)^2 + 0.5 \Rightarrow y_2 = 0.9791$$
$$x_3 = F(x_2, y_2) = (0.2)(0.9703)^2 + (0.2)(0.9703)(0.9791) + 0.6 \Rightarrow x_3 = 0.9773$$
$$y_3 = G(x_2, y_2) = (0.4)(0.9703) + (0.1)(0.9703)(0.9791)^2 + 0.5 \Rightarrow y_3 = 0.9802$$
$$\vdots$$

É claro que a seqüência (x_k, y_k) está convergindo para $(1,1)$. Além disso, podemos dizer que a solução $(\bar{x}, \bar{y})$, com erro relativo inferior a 10^{-2}, é $(0.9773, 0.9802)$, desde que $\frac{|x_3 - x_2|}{x_3} \simeq 0.007$ e $\frac{|y_3 - y_2|}{y_3} \simeq 0.001$. Observe ainda que, mesmo se uma das componentes estiver com a precisão desejada, mas a outra não, o processo deve ser continuado até que todas estejam com a precisão pré-fixada.

Exercícios

3.17 Usando o método iterativo linear determinar a solução de:
$$\begin{cases} x = 0.7\,sen\,x + 0.2\,cos\,y \\ y = 0.7\,cos\,x - 0.2\,sen\,y \end{cases}$$
próxima a (0.5,0.5).

3.18 O sistema não linear:
$$\begin{cases} x^2 + xy^2 = 2 \\ xy - 3xy^3 = -4 \end{cases}$$
possui uma raiz próxima a (0.8,1.2). Usando o método iterativo linear, determine essa raiz com precisão de 10^{-1}.

3.7.2 Método de Newton

Para adaptar o método de Newton a sistemas não lineares, procedemos como se segue:

Seja (x_0, y_0) uma aproximação para a solução $(\bar{x}, \bar{y})$ de (3.12). Admitindo que f e g sejam suficientemente diferenciáveis, expandimos $f(x, y)$ e $g(x, y)$, usando série de Taylor para funções de duas variáveis, em torno de (x_0, y_0). Assim:

$$\begin{cases} f(x,y) = f(x_0,y_0) + f_x(x_0,y_0)(x-x_0) + f_y(x_0,y_0)(y-y_0) + \ldots \\ g(x,y) = g(x_0,y_0) + g_x(x_0,y_0)(x-x_0) + g_y(x_0,y_0)(y-y_0) + \ldots \end{cases}$$

Admitindo que (x_0, y_0) esteja suficientemente próximo da solução $(\bar{x}, \bar{y})$ a ponto de poderem ser abandonados os termos de mais alta ordem, podemos determinar uma nova aproximação para a raiz $(\bar{x}, \bar{y})$ fazendo $f(x, y) = g(x, y) = 0$. Obtemos, então, o sistema:

$$\begin{cases} f_x(x-x_0) + f_y(y-y_0) = -f \\ g_x(x-x_0) + g_y(y-y_0) = -g \end{cases} \quad (3.15)$$

onde está entendido que todas as funções e derivadas parciais em (3.15) devem ser calculadas em (x_0, y_0). Observe que (3.15) é agora um sistema linear. Além disso, se não tivéssemos desprezado os termos de mais alta ordem no desenvolvimento de Taylor, então (x, y) seria a solução exata do sistema não linear. Entretanto, a resolução de (3.15) fornecerá uma solução que chamaremos de (x_1, y_1). Devemos, então, esperar que (x_1, y_1) esteja mais próxima de $(\bar{x}, \bar{y})$ do que (x_0, y_0).

Resolvendo (3.15) pela regra de Cramer, obtemos:

$$x_1 - x_0 = \frac{\begin{vmatrix} -f & f_y \\ -g & g_y \end{vmatrix}}{\begin{vmatrix} f_x & f_y \\ g_x & g_y \end{vmatrix}} = \left[\frac{-fg_y + gf_y}{J(f,g)}\right]_{(x_0,y_0)},$$

$$y_1 - y_0 = \frac{\begin{vmatrix} f_x & -f \\ g_x & -g \end{vmatrix}}{\begin{vmatrix} f_x & f_y \\ g_x & g_y \end{vmatrix}} = \left[\frac{-gf_x + fg_x}{J(f,g)}\right]_{(x_0,y_0)},$$

onde $J(f,g) = f_x g_y - f_y g_x \neq 0$ em (x_0, y_0). A função $J(f,g)$ é denominada de **jacobiano** das funções f e g. A solução (x_1, y_1) desse sistema fornece, agora, uma nova aproximação para $(\bar{x}, \bar{y})$. A repetição deste processo conduz ao **Método de Newton para Sistemas Não Lineares**.

Assim, o método de Newton para sistemas não lineares é definido por:

$$\begin{cases} x_{k+1} = x_k - \left[\dfrac{fg_y - gf_y}{J(f,g)}\right]_{(x_k, y_k)} \\ y_{k+1} = y_k - \left[\dfrac{gf_x - fg_x}{J(f,g)}\right]_{(x_k, y_k)} \end{cases} \quad (3.16)$$

com $J(f,g) = f_x g_y - f_y g_x$.

Observações:

1) Quando essa iteração converge, a convergência é quadrática.
2) O método de Newton converge sob as seguintes condições suficientes:
   a) f, g e suas derivadas parciais até segunda ordem sejam contínuas e limitadas numa vizinhança V contendo $(\bar{x}, \bar{y})$.
   b) O **jacobiano** $J(f,g)$ não se anula em V.
   c) A aproximação inicial (x_0, y_0) seja escolhida suficientemente próxima da raiz $(\bar{x}, \bar{y})$.
3) Valem aqui as mesmas observações citadas no processo de parada, só que agora temos um vetor como solução. Assim, o processo pára se o erro relativo em relação a cada componente do vetor solução for menor do que uma precisão pré-fixada ϵ. Observe que, se você estiver fazendo um programa computacional o erro relativo para cada componente do vetor solução deve ser calculado usando (3.1) ou então através do cálculo da norma de vetor (ver definição no Exemplo 1.9).
4) O método de Newton pode ser, obviamente, aplicado a um sistema não linear de n equações a n incógnitas. Em cada etapa da iteração teremos, então, que calcular n^2 funções derivadas parciais e n funções. Isso representa um considerável custo computacional. Novamente, a menos que esteja disponível uma informação, *a priori*, a respeito da localização da raiz desejada, há, claramente, a possibilidade da iteração não convergir ou que ela convirja para uma outra raiz. A solução de um sistema não linear de n equações, sendo n um valor elevado, torna-se muito difícil mesmo com o uso de computadores.

Exemplo 3.13

Determinar uma raiz do sistema não linear:

$$\begin{cases} x^2 + y^2 = 2 \\ x^2 - y^2 = 1 \end{cases}$$

com precisão de 10^{-3}, usando o método de Newton.

Solução: Temos: $f(x,y) = x^2 + y^2 - 2 = 0$ e $g(x,y) = x^2 - y^2 - 1 = 0$. Para obter o valor inicial (x_0, y_0), traçamos no mesmo gráfico as duas equações dadas. Para o sistema dado, obtemos a Figura 3.15.

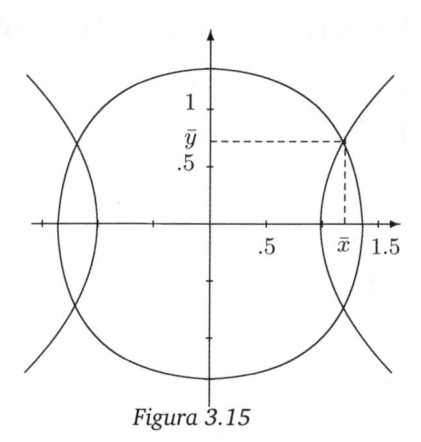

Figura 3.15

Da Figura 3.15, observamos que o sistema dado admite quatro soluções, uma em cada quadrante. Vamos aqui determinar apenas a que se encontra no primeiro quadrante. O ponto de interseção das duas equações é a solução $(\bar{x}, \bar{y})$ procurada. Analisando a Figura 3.15, vemos que $(\bar{x}, \bar{y})$ está nas vizinhanças do ponto $(1.2, 0.7)$. Tomemos então: $(x_0, y_0) = (1.2, 0.7)$.

Calculamos primeiramente as derivadas parciais:

$$f_x = 2x, \quad f_y = 2y, \quad g_x = 2x, \quad g_y = -2y.$$

Assim:

$$\begin{aligned}
f(x_0, y_0) &= f(1.2, 0.7) = (1.2)^2 + (0.7)^2 - 2 = -0.07, \\
g(x_0, y_0) &= g(1.2, 0.7) = (1.2)^2 - (0.7)^2 - 1 = -0.05, \\
f_x(x_0, y_0) &= f_x(1.2, 0.7) = 2 \times (1.2) = 2.4 = g_x(x_0, y_0), \\
g_x(x_0, y_0) &= g_x(1.2, 0.7) = 2 \times (0.7) = 1.4 = -g_y(x_0, y_0).
\end{aligned}$$

Então, usando (3.16), obtemos:

$$x_1 = 1.2 - \left[\frac{fg_y - gf_y}{f_x g_y - f_y g_x}\right]_{(1.2, 0.7)} \Rightarrow x_1 = 1.2 - \left[\frac{(-0.07)(-1.4) - (-0.05)(1.4)}{-(2.4)(1.4) - (2.4)(1.4)}\right]$$

$\Rightarrow x_1 = 1.2250,$

$$y_1 = 0.7 - \left[\frac{gf_x - fg_x}{f_x g_y - f_y g_x}\right]_{(1.2, 0.7)} \Rightarrow y_1 = 0.7 - \left[\frac{(-0.05)(2.4) - (-0.07)(2.4)}{-(2.4)(1.4) - (2.4)(1.4)}\right]$$

$\Rightarrow y_1 = = 0.7071.$

Calculando o erro relativo:

$$\left|\frac{x_1 - x_0}{x_1}\right| \simeq 0.02 \quad \text{e} \quad \left|\frac{y_1 - y_0}{y_1}\right| \simeq 0.01,$$

observamos que ambos são maiores que 10^{-3}. Assim, devemos fazer nova iteração. Calculemos então:

$$\begin{aligned}
f(x_1, y_1) &= f(1.225, 0.7071) = (1.225)^2 + (0.7071)^2 - 2 = -0.000615, \\
g(x_1, y_1) &= g(1.225, 0.7071) = (1.225)^2 - (0.7071)^2 - 1 = -0.000635, \\
f_x(x_1, y_1) &= f_x(1.225, 0.7071) = 2(1.225) = 2.45 = g_x(x_1, y_1), \\
g_x(x_1, y_1) &= g_x(1.225, 0.7071) = 2(0.7071) = 1.4142 = -g_y(x_1, y_1).
\end{aligned}$$

Novamente, usando (3.16), segue que:

$$\begin{aligned}
x_2 &= 1.2250 - \left[\frac{fg_y - gf_y}{f_x g_y - f_y g_x}\right]_{(1.225, 0.7071)} \\
&= 1.2250 - \left[\frac{(-0.000615)(-1.4142) - (-0.000635)(1.4142)}{-(2.45)(1.4142) - (2.45)(1.4142)}\right] \\
\Rightarrow x_2 &= 1.2253, \\
y_2 &= 0.7071 - \left[\frac{gf_x - fg_x}{f_x g_y - f_y g_x}\right]_{(1.225, 0.7071)} \\
&= 0.7071 - \left[\frac{(-0.000635)(2.45) - (-0.000615)(2.45)}{-(2.45)(1.4142) - (2.45)(1.4142)}\right] \\
\Rightarrow y_2 &= 0.7070,
\end{aligned}$$

e calculando o erro relativo:

$$\left|\frac{x_2 - x_1}{x_2}\right| \simeq 0.0002 \quad \text{e} \quad \left|\frac{y_2 - y_1}{y_2}\right| \simeq 0.0001,$$

vemos que estes são menores que 10^{-3}. Assim, a solução do sistema não linear dado é $(\bar{x}, \bar{y}) = (1.2253, 0.7070)$ com $\epsilon < 10^{-3}$.

Exercício

3.19 Usando o método de Newton determine, com precisão de 10^{-3}, uma raiz para cada um dos seguintes sistemas não lineares:

i) $\begin{cases} 3x^2 y - y^3 = 4 \\ x^2 + xy^3 = 9 \end{cases}$ com $(x_0, y_0) = (-1, -2)$.

ii) $\begin{cases} x^2 + y^2 - 1 = 0 \\ x^2 + y^2 + \dfrac{1}{2} = 0 \end{cases}$ com $(x_0, y_0) = (0.5, 0.8)$.

iii) $\begin{cases} (x-1)^2 + y^2 = 4 \\ x^2 + (y-1)^2 = 4 \end{cases}$ com $(x_0, y_0) = (2, 1)$.

3.8 Equações Polinomiais

Embora as equações polinomiais possam ser resolvidas por qualquer dos métodos iterativos discutidos previamente, elas surgem tão freqüentemente que recebem um tratamento especial. Em particular, apresentaremos alguns algoritmos eficientes para a determinação de raízes isoladas de polinômios, sejam elas reais ou complexas.

Seja
$$P(x) = a_n x^n + a_{n-1} x^{n-1} + \ldots + a_1 x + a_0$$
$$= \sum_{i=0}^{n} a_i x^i, \quad a_n \neq 0, \qquad (3.17)$$

um polinômio de grau n. Então, os seguintes resultados são válidos para $P(x)$:

a) $P(x)$ possui, pelo menos, uma raiz.

b) $P(x)$ possui, exatamente, n raízes, desde que uma raiz de multiplicidade k seja considerada k vezes.

c) Se os valores numéricos de dois polinômios de grau $\leq n$ coincidem para mais do que n valores distintos de x, os polinômios são idênticos.

d) Se $x_1, x_2, \ldots, x_n$ forem as raízes de $P(x)$, então $P(x)$ pode ser expresso univocamente na forma fatorada:
$$P(x) = a_n(x - x_1)(x - x_2) \ldots (x - x_n).$$

e) Se os coeficientes a_k ($k = 0, 1, \ldots, n$) forem reais, e se $a + bi$ for uma raiz complexa de $P(x)$, então $a - bi$ será também uma raiz de $P(x)$.

3.8.1 Determinação de Raízes Reais

Inicialmente, deduziremos um algoritmo para a determinação das raízes reais de polinômios. Consideraremos apenas polinômios contendo coeficientes reais. Em qualquer método iterativo para determinação de uma raiz de um polinômio, teremos que calcular, freqüentemente, o valor numérico do polinômio para um determinado número real. Portanto, é importante realizar esse cálculo de uma forma tão precisa quanto possível. Por exemplo, usando o método de Newton, temos:

$$x_{k+1} = x_k - \frac{P(x_k)}{P'(x_k)}.$$

A fim de medir a eficiência dos algoritmos para calcular o valor do polinômio num ponto, usemos a seguinte notação:

- μ = tempo de processamento de uma multiplicação,
- α = tempo de processamento de uma adição.

Se $P(x)$ é calculado pela fórmula (3.17), então devemos calcular as potências de x fazendo $x^k = x \times x^{k-1}$, os quais requerem $(n-1)\mu$; termos da forma $a_k x^{n-k}$, os quais requerem $n\mu$; e a soma dos termos, os quais requerem $n\alpha$. Assim, nessa maneira de cálculo, o total é $(2n-1)\mu + n\alpha$. Além disso, quase a mesma quantidade é requerida se $P'(x)$ é calculado por esse método.

Em vista da simplicidade do problema, é surpreendente que exista um algoritmo que calcula $P(x), P'(x)$ e também as derivadas de ordem superior de $P(x)$, caso se deseje, com uma quantidade muito inferior de tempo de processamento. Esse algoritmo, chamado de **Algoritmo de Briot-Ruffini-Horner**, é obtido escrevendo a fórmula para $P(x)$ da seguinte maneira: (Vamos considerar $n = 4$, para simplicidade.)

$$\begin{aligned} P(x) &= a_4 x^4 + a_3 x^3 + a_2 x^2 + a_1 x + a_0 \\ &= (((a_4 x + a_3)x + a_2)x + a_1)x + a_0. \end{aligned}$$

Desse modo, temos que o tempo de processamento requerido é: $4\mu + 4\alpha$. Assim, de um modo geral, para um polinômio de grau n, podemos formular o algoritmo da seguinte maneira: Dados $a_n, a_{n-1}, \ldots, a_0$, calcular $b_n, b_{n-1}, \ldots, b_0$, de acordo com:

$$b_n = a_n, \quad b_{n-k} = x b_{n-k+1} + a_{n-k}, \quad k = 1, 2, \ldots, n. \tag{3.18}$$

Portanto, $b_0 = P(x) =$ valor de P em x. Assim, $\bar{x}$ é uma raiz de $P(x)$ se e somente se no algoritmo de Briot-Ruffini-Horner, formado com o número $\bar{x}$, resultar que $b_0 = 0$. Observe que o tempo de processamento requerido agora é: $n\mu + n\alpha$.

Vamos aplicar agora a b_k o mesmo algoritmo que aplicamos a a_k. Fazendo isso, obtemos números c_k de acordo com:

$$c_n = b_n, \quad c_{n-k} = x c_{n-k+1} + b_{n-k}, \quad k = 1, 2, \ldots, n-1. \tag{3.19}$$

Para nossa surpresa, $c_1 = P'(x)$, e assim o valor da derivada do polinômio em x é obtida, com tempo de processamento igual a $(n-1)(\mu + \alpha)$. A prova analítica de que $c_1 = P'(x)$ é feita por diferenciação da relação de recorrência dada por (3.18), lembrando que b_k é função de x enquanto os a_k não. Assim, derivando (3.18), obtemos:

$$b'_n = 0, \quad b'_{n-k} = x b'_{n-k+1} + b_{n-k+1}, \quad k = 1, 2, \ldots, n.$$

Vemos que $b'_{n-1} = b_n$ e que as quantidades $c_k = b'_{k-1}$ são idênticas aos c_k definidos por (3.19). Portanto, desde que $b_0 = P(x)$, segue que : $c_1 = b'_0 = P'(x)$.

Seja $x = z$, então, os valores de $P(z)$, fórmulas (3.18), e $P'(z)$, fórmulas (3.19), podem ser obtidos através do esquema prático:

Seja $P(x) = a_n x^n + a_{n-1} x^{n-1} + \ldots + a_1 x + a_0$. Então:

	a_n	a_{n-1}	a_{n-2}	$\ldots$	a_2	a_1	a_0
	$\downarrow$	$+$	$+$		$+$	$+$	$+$
z		zb_n	zb_{n-1}	$\ldots$	zb_3	zb_2	zb_1
	b_n	b_{n-1}	b_{n-2}	$\ldots$	b_2	b_1	b_0
	$\downarrow$	$+$	$+$		$+$	$+$	
z		zc_n	zc_{n-1}	$\ldots$	zc_3	zc_2	
	c_n	c_{n-1}	c_{n-2}	$\ldots$	c_2	c_1	

com $\mathbf{b_0} = P(z)$ e $\mathbf{c_1} = P'(z)$.

Note que o esquema prático anterior, quando utilizado para calcular apenas o valor do polinômio num ponto, é o conhecido algoritmo de Briot-Ruffini. O esquema de Briot-Ruffini-Horner, na verdade, fornece o valor de $\dfrac{P'(z)}{1!}$, e pode ser continuado para obtenção de $\dfrac{P''(z)}{2!}$, $\dfrac{P'''(z)}{3!}$ etc. [Henrice, 1977].

Assim, quando $f(x)$ é um polinômio, o método de Newton, fórmula (3.11), pode ser expresso como:

$$x_{k+1} = x_k - \frac{b_0(x_k)}{c_1(x_k)}, \tag{3.20}$$

onde $b_0(x_k)$ e $c_1(x_k)$ representam, respectivamente, o valor do polinômio e da derivada do polinômio avaliados em x_k.

Vamos assumir agora que z é um zero de $P(x)$. Se $P(z) = 0$ então $b_0 = 0$. Afirmamos então que:

Os números $b_n, b_{n-1}, \ldots, b_1$ são os coeficientes do polinômio $Q(x)$, obtido da divisão de $P(x)$ pelo fator linear $x - z$, isto é:

$$Q(x) = b_n x^{n-1} + b_{n-1} x^{n-2} + \ldots + b_1 = \frac{P(x)}{x-z}.$$

De fato,

$$(b_n x^{n-1} + b_{n-1} x^{n-2} + \ldots + b_1)(x-z) =$$
$$= b_n x^n + (b_{n-1} - z b_n) x^{n-1} + \ldots + (b_1 - z b_2) x + (b_0 - z b_1)$$
$$= a_n x^n + a_{n-1} x^{n-1} + \ldots + a_1 x + a_0 = P(x),$$

onde usamos a fórmula de recorrência dada por (3.18), com x substituído por z.

Assim, se z é uma raiz de $P(x)$, podemos escrever que:

$$P(x) = (x-z)Q(x),$$

e, portanto, concluímos que qualquer raiz de $Q(x)$ é, também, uma raiz de $P(x)$. Isto nos permite operar com um polinômio de grau $n - 1$, ou seja, com $Q(x)$, para calcular as raízes subseqüentes de $P(x)$. Esse processo recebe o nome de **Deflação**. Usando este processo evitamos que um mesmo zero seja calculado várias vezes.

Exemplo 3.14

Determinar todas as raízes de:

$$P(x) = x^3 + 2x^2 - 0.85x - 1.7,$$

com precisão de 10^{-2}, usando o método de Newton e o algoritmo de Briot-Ruffini-Horner, para o cálculo da primeira raiz positiva.

Solução: Seja $y_1 = x^3$ e $y_2 = -2x^2 + 0.85x + 1.7$. Plotando ambas as curvas no mesmo gráfico, obtemos a Figura 3.16.

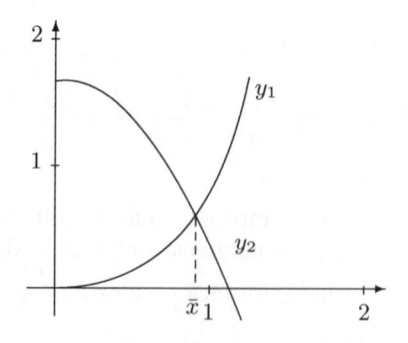

Figura 3.16

Vemos então que $\bar{x}$ está nas vizinhanças de 0.9. Assim, seja $x_0 = 0.9$. Calculemos inicialmente $P(0.9)$ e $P'(0.9)$ usando o algoritmo de Briot-Ruffini-Horner. Temos então:

	1	2	-0.85	-1.7
0.9		0.9	2.61	1.584
	1	2.9	1.76	-0.1164
0.9		0.9	3.42	
	1	3.8	5.18	

Portanto, usando (3.20), segue que:

$$x_1 = 0.9 - \frac{b_0(0.9)}{c_1(0.9)} \Rightarrow x_1 = 0.9 - \frac{-0.1164}{5.18} \Rightarrow x_1 = 0.9224.$$

Calculando o erro relativo,

$$\left|\frac{x_1 - x_0}{x_1}\right| \simeq 0.02,$$

vemos que o mesmo é maior que 10^{-2}. Assim, devemos fazer nova iteração.

	1	2	-0.85	-1.7
0.9224		0.9224	2.6956	1.7024
	1	2.9224	1.8456	0.0024
0.9224		0.9224	3.5464	
	1	3.8448	5.392	

Usando novamente (3.20), obtemos:

$$x_2 = 0.9224 - \frac{b_0(0.9224)}{c_1(0.9224)} \Rightarrow x_2 = 0.9224 - \frac{0.0024}{5.392} \Rightarrow x_2 = 0.9220.$$

Calculando o erro relativo:

$$\left|\frac{x_2 - x_1}{x_2}\right| \simeq 0.0004,$$

vemos que este é menor que 10^{-2}, e assim $\bar{x} = 0.9220$ é uma raiz de $P(x)$ com a precisão exigida. As duas raízes restantes podem ser obtidas, agora, a partir do polinômio do segundo grau: $Q(x) = b_3 x^2 + b_2 x + b_1$. Aplicando novamente o algoritmo de Briot-Ruffini-Horner, obtemos:

	1	2	-0.85	-1.7
0.9220		0.9220	2.6941	1.7002
	1	2.9220	1.8441	0.0002

e assim podemos escrever:

$$Q(x) = x^2 + 2.9220x + 1.8441.$$

Usando a fórmula que nos fornece as raízes de uma equação do segundo grau, obtemos que as outras duas raízes de $P(x)$ são: $\bar{x} = -0.9235$ e $\bar{x} = -1.9985$.

Observe que as duas outras raízes de $P(x)$ também estão com a precisão exigida. De fato, calculando $P(-0.9232)$ e $P(-1.9992)$ vemos que ambos os resultados são menores que 10^{-2}.

Exercícios

3.20 Calcular $P(5)$ e $P'(5)$ para o polinômio: $P(x) = x^5 - 3x^4 + 2x^2 - 3x + 5$.

3.21 Determinar todas as raízes do polinômio: $P(x) = x^3 - 5x^2 + 1.75x + 6 = 0$, com precisão de 10^{-2}, usando o método de Newton e o algoritmo de Briot-Ruffini-Horner para o cálculo da primeira raiz.

3.22 Use o método das secantes e o algoritmo de Briot-Ruffini para determinar a única raiz negativa da equação $f(x) = x^3 + 0.82x^2 + 2x + 1.64 = 0$, com precisão de 10^{-2}.

3.23 A equação $f(x) = x^3 - 0.5 = 0$ possui uma raiz entre 0.5 e 1.0. Usando o método Regula Falsi e o algoritmo de Briot-Ruffini determinar essa raiz com precisão de 10^{-2}.

3.8.2 Determinação de Raízes Complexas

O método de Newton pode ser usado também para calcular as raízes complexas de polinômios. Neste caso, entretanto, devemos usar aritmética complexa. Veremos aqui como determinar as raízes complexas de um polinômio usando aritmética real.

Se $P(x)$ é um polinômio da forma (3.17) com coeficientes reais, as raízes complexas ocorrem, então, em pares conjugados, e, correspondendo a cada par de raízes complexas conjugadas, há um fator quadrático de $P(x)$ da forma:

$$x^2 - \alpha x - \beta,$$

onde α e β são números reais. Consideremos, primeiramente, a divisão de um polinômio $P(x)$ de grau $n > 2$ por um fator quadrático. É claro que, em geral, podemos expressar $P(x)$ na forma:

$$P(x) = (x^2 - \alpha x - \beta)Q(x) + b_1(x - \alpha) + b_0, \qquad (3.21)$$

onde $Q(x)$ é um polinômio de grau $n - 2$, que representamos na forma:

$$Q(x) = b_n x^{n-2} + b_{n-1} x^{n-3} + \ldots + b_2, \qquad (3.22)$$

e $b_1(x - \alpha) + b_0$ é o resto.

É conhecido, da teoria dos polinômios, que $x^2 - \alpha x - \beta$ será um divisor exato de $P(x)$ se e somente se $b_1 = b_0 = 0$. Quando $b_1 = b_0 = 0$, a expressão (3.21) torna-se:

$$P(x) = (x^2 - \alpha x - \beta) Q(x).$$

Portanto, as raízes de $x^2 - \alpha x - \beta$ e as raízes de $Q(x)$ serão, também, raízes de $P(x)$. Nosso objetivo é então obter coeficientes α e β, de tal forma que $x^2 - \alpha x - \beta$ seja um divisor exato de $P(x)$, pois teremos duas raízes a partir do fator quadrático e as demais poderemos obter através do polinômio $Q(x)$. Para determinarmos os coeficientes b_k, $k = 0, 1, \ldots, n$ em (3.21) para valores arbitrários de α e β, expandimos o lado direito da igualdade (3.21). Assim:

$$\begin{aligned}P(x) &= x^2(b_n x^{n-2} + b_{n-1} x^{n-3} + \ldots + b_2) - \alpha x(b_n x^{n-2} + b_{n-1} x^{n-3} + \ldots + b_2) \\ &\quad - \beta(b_n x^{n-2} + b_{n-1} x^{n-3} + \ldots + b_2) + b_1(x - \alpha) + b_0 \\ &= b_n x^n + (b_{n-1} - \alpha b_n)x^{n-1} + (b_{n-2} - \alpha b_{n-1} - \beta b_n)x^{n-2} \\ &\quad + \ldots + (b_1 - \alpha b_2 - \beta b_3)x + (b_0 - \alpha b_1 - \beta b_2).\end{aligned}$$

Igualando esses coeficientes aos de $P(x)$ em (3.17) e reagrupando os termos, obtemos as fórmulas de recorrência:

$$\begin{aligned} b_n &= a_n, \\ b_{n-1} &= a_{n-1} + \alpha b_n, \\ b_{n-2} &= a_{n-2} + \alpha b_{n-1} + \beta b_n, \\ &\vdots \\ b_1 &= a_1 + \alpha b_2 + \beta b_3, \\ b_0 &= a_0 + \alpha b_1 + \beta b_2. \end{aligned} \qquad (3.23)$$

Os números $b_n, b_{n-1}, \ldots, b_2$ são os coeficientes do polinômio $Q(x)$.

Esquema Prático para o cálculo de b_k, $k = 0, 1, \ldots, n$.

Seja $P(x) = a_n x^n + a_{n-1} x^{n-1} + \ldots + a_1 x + a_0$. Então:

	a_n	a_{n-1}	a_{n-2}	$\ldots$	a_2	a_1	a_0
		$+$	$+$		$+$	$+$	$+$
α	$\downarrow$	αb_n	αb_{n-1}	$\ldots$	αb_3	αb_2	αb_1
			$+$		$+$	$+$	$+$
β	$\downarrow$	$\downarrow$	βb_n	$\ldots$	βb_4	βb_3	βb_2
	b_n	b_{n-1}	b_{n-2}	$\ldots$	b_2	b_1	b_0

Em (3.23), b_1 e b_0 são, logicamente, funções de α e β. Em geral, para uma escolha arbitrária de α e β, eles não se anularão. Encontrar o fator quadrático que seja divisor exato de $P(x)$ equivale a resolver o sistema de equações não lineares:

$$\begin{cases} b_1(\alpha, \beta) = 0 \\ b_0(\alpha, \beta) = 0 \end{cases} \qquad (3.24)$$

Se (α_0, β_0) forem aproximações das raízes $(\bar{\alpha}, \bar{\beta})$ de (3.24), podemos tentar resolver esse sistema não linear pelo método de Newton para funções de duas variáveis. A correção $(\delta \alpha_0, \delta \beta_0)$ de (α_0, β_0), onde:

$$\delta \alpha_0 = \alpha_1 - \alpha_0 \quad \text{e} \quad \delta \beta_0 = \beta_1 - \beta_0,$$

pode ser encontrada solucionando-se o sistema linear:

$$\begin{cases} \dfrac{\partial b_1}{\partial \alpha} \delta \alpha_0 + \dfrac{\partial b_1}{\partial \beta} \delta \beta_0 = -b_1(\alpha_0, \beta_0) \\ \dfrac{\partial b_0}{\partial \alpha} \delta \alpha_0 + \dfrac{\partial b_0}{\partial \beta} \delta \beta_0 = -b_0(\alpha_0, \beta_0) \end{cases} \qquad (3.25)$$

onde as derivadas parciais devem ser calculadas em (α_0, β_0). Uma vez que não podemos expressar b_1 e b_0, explicitamente, como funções de α e β, não podemos calcular explicitamente as derivadas. Bairstow propôs um método simples para calcular numericamente estas derivadas parciais.

Para obter $\dfrac{\partial b_1}{\partial \alpha}$ e $\dfrac{\partial b_0}{\partial \alpha}$ derivamos (3.23) em relação a α, tendo em mente que os a_k são constantes e que os b_k são todos funções de α, exceto b_n. Portanto:

$$\frac{\partial b_n}{\partial \alpha} = 0,$$

$$\frac{\partial b_{n-1}}{\partial \alpha} = b_n,$$

$$\frac{\partial b_{n-2}}{\partial \alpha} = b_{n-1} + \alpha \frac{\partial b_{n-1}}{\partial \alpha},$$

$$\frac{\partial b_{n-3}}{\partial \alpha} = b_{n-2} + \alpha \frac{\partial b_{n-2}}{\partial \alpha} + \beta \frac{\partial b_{n-1}}{\partial \alpha}, \qquad (3.26)$$

$$\cdots\cdots$$

$$\frac{\partial b_{n-1}}{\partial \alpha} = b_2 + \alpha \frac{\partial b_2}{\partial \alpha} + \beta \frac{\partial b_3}{\partial \alpha},$$

$$\frac{\partial b_0}{\partial \alpha} = b_1 + \alpha \frac{\partial b_1}{\partial \alpha} + \beta \frac{\partial b_2}{\partial \alpha}.$$

Fazendo $c_{k+1} = \dfrac{\partial b_k}{\partial \alpha}$, $k = n-1, n-2, \ldots, 1, 0$, temos que (3.26) pode ser expresso da seguinte maneira:

$$\begin{aligned}
c_n &= b_n, \\
c_{n-1} &= b_{n-1} + \alpha c_n, \\
c_{n-2} &= b_{n-2} + \alpha c_{n-1} + \beta c_n, \\
c_{n-3} &= b_{n-3} + \alpha c_{n-2} + \beta c_{n-1}, \\
&\vdots \\
c_2 &= b_2 + \alpha c_3 + \beta c_4, \\
c_1 &= b_1 + \alpha c_2 + \beta c_3.
\end{aligned} \qquad (3.27)$$

Comparando (3.27) com (3.23) vemos que os c_k são obtidos a partir dos b_k, da mesma forma como os b_k foram obtidos a partir dos a_k (exceto que não existe o termo c_0). Além disso, as derivadas requeridas são:

$$\frac{\partial b_0}{\partial \alpha} = c_1, \qquad \frac{\partial b_1}{\partial \alpha} = c_2. \qquad (3.28)$$

Para obter $\dfrac{\partial b_1}{\partial \beta}$, $\dfrac{\partial b_0}{\partial \beta}$, derivamos (3.23) em relação a β, tendo em mente que os a_k são constantes e que os b_k são todos funções de β, exceto b_n e b_{n-1}. Portanto:

$$\frac{\partial b_n}{\partial \beta} = \frac{\partial b_{n-1}}{\partial \beta} = 0,$$

$$\frac{\partial b_{n-2}}{\partial \beta} = b_n,$$

$$\frac{\partial b_{n-3}}{\partial \beta} = b_{n-1} + \alpha \frac{\partial b_{n-2}}{\partial \beta},$$

$$\frac{\partial b_{n-4}}{\partial \beta} = b_{n-2} + \alpha \frac{\partial b_{n-3}}{\partial \beta} + \beta \frac{\partial b_{n-2}}{\partial \beta}, \quad (3.29)$$

$$\ldots\ldots$$

$$\frac{\partial b_1}{\partial \beta} = b_3 + \alpha \frac{\partial b_2}{\partial \beta} + \beta \frac{\partial b_3}{\partial \beta},$$

$$\frac{\partial b_0}{\partial \beta} = b_2 + \alpha \frac{\partial b_1}{\partial \beta} + \beta \frac{\partial b_2}{\partial \beta}.$$

Fazendo $d_{i+2} = \dfrac{\partial b_i}{\partial \beta}$, $i = n-2, n-3, \ldots, 1, 0$, temos que (3.29) pode ser escrito como:

$$d_n = b_n,$$
$$d_{n-1} = b_{n-1} + \alpha d_n,$$
$$d_{n-2} = b_{n-2} + \alpha d_{n-1} + \beta d_n,$$
$$c_{n-3} = b_{n-3} + \alpha d_{n-2} + \beta d_{n-1}, \quad (3.30)$$
$$\ldots$$
$$d_3 = b_3 + \alpha d_4 + \beta d_5,$$
$$d_2 = b_2 + \alpha d_3 + \beta d_4.$$

Comparando (3.30) com (3.27), vemos que $d_k = c_k$, $k = 2, 3, \ldots, n$. Portanto:

$$\frac{\partial b_0}{\partial \beta} = d_2 = c_2, \quad \frac{\partial b_1}{\partial \beta} = d_3 = c_3. \quad (3.31)$$

Assim, usando (3.28) e (3.31), as equações (3.25) empregadas para a determinação das correções $(\delta\alpha_0, \delta\beta_0)$, tornam-se:

$$\begin{cases} c_2 \delta\alpha_0 + c_3 \delta\beta_0 = -b_1(\alpha_0, \beta_0) \\ c_1 \delta\alpha_0 + c_2 \delta\beta_0 = -b_0(\alpha_0, \beta_0) \end{cases} \quad (3.32)$$

Este método para a determinação de um fator quadrático de um polinômio e as correspondentes raízes é chamado **Método de Newton-Bairstow**.

O método de Newton-Bairstow se constitui num poderoso e eficiente algoritmo para o cálculo das raízes complexas de polinômios. Poderoso porque converge quadraticamente, e eficiente porque fornece um algoritmo simples para a obtenção das derivadas parciais requeridas. Sua maior deficiência é que, muitas vezes, é difícil selecionar adequadamente as aproximações iniciais (α_0, β_0) a fim de garantir a convergência. Entretanto, podemos obter (α_0, β_0) usando o algoritmo Q-D (ver próxima seção). Observe que o método de Newton-Bairstow pode ser utilizado para obter as raízes reais (desde que uma raiz real pode ser considerada uma raiz complexa cuja parte imaginária é zero) de polinômios, com a vantagem de se conseguir duas raízes de cada vez.

Exemplo 3.15
Calcular todas as raízes da equação polinomial:

$$P(x) = x^4 - 2x^3 + 4x^2 - 4x + 4 = 0,$$

pelo método de Newton-Bairstow, iniciando com $(\alpha_0, \beta_0) = (1, -1)$.

Solução: Primeiramente calculamos os b_k e os c_k. Assim:

	1	−2	4	−4	4
1		1	−1	2	−1
−1			−1	1	−2
	1	−1	2	−1	1
1		1	0	1	
−1			−1	0	
	1	0	1	0	

Resolvemos, então, o sistema linear:

$$\begin{cases} 1.\delta\alpha_0 + 0.\delta\beta_0 = 1 \\ 0.\delta\alpha_0 + 1.\delta\beta_0 = -1 \end{cases}$$

cuja solução é: $\delta\alpha_0 = 1$ e $\delta\beta_0 = -1$. Assim:

$$\alpha_1 = \alpha_0 + \delta\alpha_0 \Rightarrow \alpha_1 = 2,$$
$$\beta_1 = \beta_0 + \delta\beta_0 \Rightarrow \beta_1 = -2.$$

Repetimos, então, o processo com $(\alpha_1, \beta_1) = (2, -2)$. Logo:

	1	−2	4	−4	4
2		2	0	4	0
−2			−2	0	−4
	1	0	2	0	0

Obtemos então $b_1 = b_0 = 0$. Logo, $x^2 - \alpha x - \beta = x^2 - 2x + 2$ é um divisor exato de $P(x)$. Portanto, as raízes de $x^2 - 2x + 2$ são também raízes de $P(x)$. Mas,

$$P(x) = (x^2 - 2x + 2)\, Q(x), \quad \text{onde} \quad Q(x) = x^2 + 2.$$

Assim, as raízes de $Q(x)$ são também raízes de $P(x)$. Logo as raízes de $P(x)$ são: $1 \pm i$ e $\pm \sqrt{2}\, i$.

Exercícios

3.24 Dividir o polinômio $x^6 - 3x^5 + 4x^2 - 5$ por $x^2 - 3x + 1$, e excrevê-lo na forma (3.21).

3.25 Usar o método de Newton-Bairstow para determinar as raízes de:
$P(x) = x^3 - 6x^2 + 9x - 4$, partindo da divisão de $P(x)$ por $x^2 - x$.

3.8.3 Algoritmo Quociente-Diferença

Os métodos de Newton e Newton-Bairstow para determinação de zeros de polinômios são eficientes se conhecemos, respectivamente, uma aproximação inicial suficientemente próxima da raiz ou uma aproximação inicial adequada para o fator quadrático.

Nesta seção apresentaremos um método numérico que determina os zeros de um polinômio sem conhecer aproximações iniciais, mesmo que as raízes sejam complexas. Tal método, conhecido como **Algoritmo Quociente-Diferença**, ou simplesmente **Algoritmo Q-D**, é um esquema devido a Rutishauser, que fornece simultaneamente aproximações para todos os zeros de um polinômio, sejam eles reais ou complexos. Maiores detalhes sobre o algoritmo Q-D podem ser encontrados em [Henrici, 1964], [Albrecht, 1973].

Seja $P(x)$ um polinômio da forma (3.17), isto é:

$$P(x) = a_n x^n + a_{n-1} x^{n-1} + \ldots + a_0.$$

Vamos considerar que $P(x)$ é um polinômio de grau $n \geq 1$, com $a_k \neq 0$ para $k = 0, 1, \ldots, n$.

A partir de $P(x)$ construímos linhas de termos q e e, começando a tabela calculando a primeira linha de $q's$ e a segunda linha de $e's$, da seguinte maneira:

$$q_0^{(1)} = -\frac{a_{n-1}}{a_n}, \qquad q_0^{(k)} = 0, \qquad k = 2, \ldots, n,$$

$$e_0^{(k)} = \frac{a_{n-(k+1)}}{a_{n-k}}, \qquad k = 1, 2, \ldots, n-1, \qquad e_0^{(0)} = e_0^{(n)} = 0.$$

Assim, as duas primeiras linhas da tabela são:

$e^{(0)}$	$q^{(1)}$	$e^{(1)}$	$q^{(2)}$	$e^{(2)}$	$q^{(3)}$	$\ldots$	$e^{(n-1)}$	$q^{(n)}$	$e^{(n)}$
	$-\frac{a_{n-1}}{a_n}$		0		0	$\ldots$		0	
0		$\frac{a_{n-2}}{a_{n-1}}$		$\frac{a_{n-3}}{a_{n-2}}$		$\ldots$	$\frac{a_0}{a_1}$		0

As novas linhas de $q's$ serão calculadas através da equação:

$$\text{novo } q^{(k)} = e^{(k)} - e^{(k-1)} + q^{(k)}, \qquad k = 1, 2, \ldots, n, \qquad (3.33)$$

usando os termos das linhas e e q acima. Note que, nesta equação, o novo q é igual ao e à direita menos e à esquerda mais q acima. As novas linhas de $e's$ são calculadas pela equação:

$$\text{novo } e^{(k)} = \frac{q^{(k+1)}}{q^{(k)}} e^{(k)}, \qquad k = 1, 2, \ldots, n, \qquad e^{(0)} = e^{(n)} = 0, \qquad (3.34)$$

onde o novo e é igual ao q à direita sobre q à esquerda vezes e acima.

Utilizamos sucessivamente as fórmulas (3.33) e (3.34) até que os $e's$ tendam a zero. Quando isso ocorrer, os valores de q aproximam os valores das raízes, se estas forem reais. Se o polinômio tiver um par de raízes complexas conjugadas, um dos $e's$ não tenderá a zero mas *flutuará* em torno de um valor. Neste caso, devemos montar um fator quadrático da forma: $x^2 - rx - s$, do seguinte modo: a soma dos dois valores de q, um de cada lado do valor de e em questão, aproximará o valor de r e o produto do valor de q acima e à esquerda vezes o valor de q abaixo e à direita aproximará o valor de $-s$. Fazendo $x^2 - rx - s = 0$, determinamos as raízes complexas. Caso semelhante vale para raízes de multiplicidade 2. Daremos a seguir exemplo.

Exemplo 3.16
Usando o algoritmo Q-D obter todas as raízes do polinômio:

$$P(x) = x^4 - 6x^3 + 12x^2 - 19x + 12.$$

Solução: Aplicando o algoritmo Q-D, obtemos a Tabela 3.3, onde após calcularmos as duas primeiras linhas, indicamos com setas como calcular os novos $q's$ e $e's$:

Tabela 3.3

$e^{(0)}$	$q^{(1)}$	$e^{(1)}$	$q^{(2)}$	$e^{(2)}$	$q^{(3)}$	$e^{(3)}$	$q^{(4)}$	$e^{(4)}$
	6.000		0		0		0	
0		−2.000		−1.583		−0.632		0
	4.000		0.417		0.951		0.632	
0		−0.208		−3.610		−0.420		0
	3.792		−2.985		4.141		1.052	
0		0.164		5.008		−0.107		0
	3.956		1.859		−0.974		1.159	
0		0.077		−2.624		0.127		0
	4.033		−0.842		1.777		1.032	
0		−0.016		5.538		0.074		0
	4.017		4.712		−3.687		0.958	
0		−0.019		−4.333		−0.019		0
	3.998		0.398		0.627		0.977	
0		−0.002		−6.826		−0.030		0
	4.000		**−6.426**		7.423		1.007	
0		0.003		7.885		−0.004		0
	4.003		**1.456**		**−0.466**		**1.010**	

Observe que, na Tabela 3.3, $q^{(1)}$ está convergindo para 4 e $q^{(4)}$ está convergindo para 1. Assim, 4.004 e 1.010 são aproximações para duas das raízes de $P(x)$. Agora, desde que $e^{(2)}$ não está convergindo para zero, $q^{(2)}$ e $q^{(3)}$ representam o fator quadrático: $x^2 - rx - s$, onde:

$$\begin{aligned} r &= 1.456 + (-0.466) = 0.990, \\ s &= (-6.426) \times (-0.466) = -2.995. \end{aligned}$$

Portanto igualando o fator quadrático a zero, isto é, fazendo:

$$x^2 - rx - s = x^2 - 0.990x + 2.995 = 0,$$

obtemos que: $0.495 \pm 1.6568i$ são aproximações para as outras duas raízes de $P(x)$. Podemos então escrever que:

$$P(x) \simeq (x - 4.004)(x - 1.010)(x - (0.495 + 1.6568i))(x - (0.495 - 1.6568i)).$$

É claro, como já dissemos, que os valores encontrados são aproximações para as raízes de $P(x)$. Se desejarmos o resultado com mais casas decimais corretas, podemos aplicar o **Algoritmo Q-D versão Newton**: aplica-se o algoritmo Q-D para obter aproximações para as raízes, e usando o método de Newton ou Newton-Bairstow refina-se a solução até obtê-la com a precisão desejada. Esta versão de Newton faz com que o algoritmo seja praticamente livre de erros de arredondamento.

Observações: O algoritmo Q-D não se aplica se:

a) durante o processo ocorrer algum $q = 0$ (divisão por zero),

b) o polinômio dado tiver raízes nulas (é exigido que todos os coeficientes sejam diferentes de zero),

c) existir algum coeficiente igual a zero.

Para entender a observação do item **a)** resolva o primeiro exercício proposto a seguir. Em relação ao item **b)**, o processo pode ser aplicado desde que eliminemos do polinômio as raízes nulas antes de aplicá-lo. Em relação ao item **c)**, isto é, se existir algum coeficiente igual a zero, basta fazer uma mudança de variável: $z = x - a$, onde a é uma constante real arbitrária. Com a mudança de variável obtemos um polinômio que possui todos os coeficientes diferentes de zero. Aplicamos a esse polinômio o algoritmo Q-D. Determinadas as raízes, usamos a mudança de variável para obter os zeros do polinômio dado, isto é: $x = z + a$. Assim:

Exemplo 3.17

Dado $P(x) = 81x^4 - 108x^3 + 24x + 20$, determinar um polinômio que possua todos os coeficientes diferentes de zero.

Solução: Temos em $P(x)$ que o coeficiente $a_2 = 0$. Fazemos então a mudança de variável: $z = x - a$. Com essa mudança de variável obteremos um polinômio $P^*(z)$. Observe que tal polinômio é facilmente obtido se desenvolvermos $P(x)$ em série de Taylor em torno do ponto a. De fato, para o polinômio dado, obtemos que:

$$\begin{aligned} P(x) &= P(a) + (x-a)P'(a) + \frac{(x-a)^2}{2!}P''(a) \\ &+ \frac{(x-a)^3}{3!}P'''(a) + \frac{(x-a)^4}{4!}P^{(iv)}(a). \end{aligned}$$

Fazendo $x - a = z$, obtemos:

$$P^*(z) = P(a) + zP'(a) + z^2\frac{P''(a)}{2!} + z^3\frac{P'''(a)}{3!} + z^4\frac{P^{(iv)}(a)}{4!}.$$

Os coeficientes do polinômio $P^*(z)$ são obtidos aplicando-se o algoritmo de Briot-Ruffini-Horner. Como o valor de a é arbitrário, em geral, consideramos $a = 1$ e, assim, $z = x - 1$. Portanto, para o polinômio dado, devemos calcular o valor do polinômio $P(x)$ e de suas derivadas no ponto $a = 1$. Assim:

	81	−108	0	24	20
1		81	−27	−27	−3
	81	−27	−27	−3	**17**
1		81	54	27	
	81	54	27	**24**	
1		81	135		
	81	135	**162**		
1		81			
	81	**216**			
1	81				

Logo:
$$P^*(z) = 81z^4 + 216z^3 + 162z^2 + 24z + 17.$$

Usamos a algoritmo Q-D para calcular as raízes de $P^*(z)$ e, a seguir, fazendo $x = z+1$, obtemos as raízes de $P(x)$.

Exercícios

3.26 Verifique que não é possível determinar as raízes de $P(x) = x^2 - 2x + 2$ usando o algoritmo Q-D.

3.27 Usando o algoritmo Q-D determinar todas as raízes de:

  a) $P(x) = 81x^4 - 108x^3 + 24x + 20$,

  b) $P(x) = 128x^4 - 256x^3 + 160x^2 - 32x + 1$,

com duas casas decimais corretas.

3.9 Exercícios Complementares

3.28 Mostre que as seguintes equações possuem exatamente uma raiz e que em cada caso a raiz está no intervalo $[0.5, 1]$.

  a) $x^2 + \ln x = 0$,

  b) $xe^x - 1 = 0$.

Determine essas raízes, com duas casas decimais corretas, usando o método da bissecção.

3.29 Aplique os métodos, da bissecção e Regula Falsi, para calcular a raiz positiva de $x^2 - 7 = 0$ com $\epsilon < 10^{-2}$, partindo do intervalo inicial $[2.0, 3.0]$.

3.30 Aplique o método da bissecção para resolver:

  a) $e^x - 3x = 0$,

  b) $x^3 + \cos x = 0$,

obtendo, em cada caso, a e b (iniciais) graficamente.

3.31 O problema: resolva $f(x) = x + \ln x = 0$ pode ser transformado num problema equivalente da forma $x = \psi(x)$. Para o processo iterativo definido por $x_{k+1} = \psi(x)$; analisar a convergência quando:

  a) $\psi(x) = -\ln x$,
  b) $\psi(x) = e^{-x}$,

no intervalo $[0.5, 0.6]$.

3.32 A equação $x^2 + 5x - 1 = 0$ tem uma raiz em $(0, 0.5)$. Verifique quais dos processos abaixo podem ser usados, com sucesso, para obtê-la:

  a) $x_{k+1} = \dfrac{1 - x_k^2}{5}$,

  b) $x_{k+1} = \dfrac{1 - 5x_k}{x_k}$,

  c) $x_{k+1} = \sqrt{1 - 5x_k}$.

3.33 A fórmula $x_{n+1} = 2x_n - ax_n^2$ é candidata para se determinar o inverso de um número a; $\frac{1}{a}$. Mostre que, se a fórmula converge, então converge para $\frac{1}{a}$ e determine os limites da estimativa inicial x_0 para convergir. Teste suas conclusões nos casos:

  a) $a = 9$ e $x_0 = 0.1$,
  b) $a = 9$ e $x_0 = 1.0$.

3.34 Mostre que $x^3 - 2x - 17 = 0$ tem apenas uma raiz real e determine seu valor correto até duas casas decimais usando o método de Newton.

3.35 Usando o método de Newton determine, sem efetuar a divisão, o valor numérico de $x = \frac{1}{3}$ com três casas decimais corretas, iniciando com $x_0 = 0.3$.

3.36 A equação $x^3 - 2x - 1 = 0$ possui apenas uma raiz positiva.

  a) De acordo com o princípio da bissecção, esta raiz positiva deve estar em qual dos intervalos: $(0, 1), (1, 2), (2, 3)$? Por quê?

  b) Se desejássemos também pesquisar as raízes negativas usando intervalos de amplitude $\frac{1}{2}$, até o ponto -2, em que intervalos seriam encontradas tais raízes?

  c) Obtenha a menor raiz negativa (em módulo) usando o método das Secantes. Trabalhe com arredondamento para três casas decimais.

3.37 Usando o método de Newton e o algoritmo de Briot-Ruffini-Horner, determine t (real), com erro relativo inferior a 10^{-2}, tal que a matriz:

$$A = \begin{pmatrix} 0.5 & 0.2 & t \\ 0.4 & t & 0.5 \\ t & 0.5 & 0.2 \end{pmatrix},$$

seja singular.

3.38 A solução da equação diferencial:

$$a_n \frac{d^n u(t)}{dt^n} + a_{n-1} \frac{d^{n-1} u(t)}{dt^{n-1}} + \ldots + a_1 \frac{du(t)}{dt} + a_0 u(t) = 0$$

é:

$$u(t) = \sum_{k=1}^{m} q_k(t) e^{\lambda_k t},$$

onde os λ_k são as raízes distintas do polinômio:

$$P(\lambda) = a_n \lambda^n + a_{n-1} \lambda^{n-1} + \ldots + a_1 \lambda + a_0,$$

chamado *polinômio característico* da equação diferencial e os q_k são polinômios de grau uma unidade inferior à multiplicidade de λ_k, mas a não ser por isso, arbitrários.

Deseja-se determinar a solução geral da equação diferencial:

$$\frac{d^3 u(t)}{dt^3} - 6 \frac{d^2 u(t)}{dt^2} + 6 \frac{du(t)}{dt} + 7\, u(t) = 0.$$

Determine a única raiz negativa do polinômio característico pelo método de Newton e o algoritmo de Briot-Ruffini-Horner, com erro inferior a 10^{-3}, e as demais raízes através da equação do 1º grau.

3.39 Usando o método de Newton, determine o valor de π com três algarismos significativos corretos. Use como valor inicial $x_0 = 3$.

3.40 Seja $\bar{x}$ uma raiz da equação $f(x) = 0$. Supomos que $f(x)$, $f'(x)$ e $f''(x)$ sejam contínuas e limitadas num intervalo fechado I contendo $x = \bar{x}$ e que $f'(\bar{x}) = 0$ e $f''(\bar{x}) \neq 0$. (Observe que, nestas condições, $\bar{x}$ é um zero de multiplicidade 2 de $f(x) = 0$.)

    a) Mostre que o método iterativo definido por:

$$x_{k+1} = x_k - 2\, \frac{f(x_k)}{f'(x_k)}, \quad k = 0, 1, 2, \ldots$$

    converge para a raiz $\bar{x}$ se $x_k \in I$.

    b) O método definido em **a)** estende-se para uma raiz de multiplicidade m da seguinte maneira:

$$x_{k+1} = x_k - m\, \frac{f(x_k)}{f'(x_k)}, \quad k = 0, 1, 2, \ldots,$$

Calcular a raiz $\bar{x}$ próxima de 1 da equação:

$$f(x) = x^4 - 3.1 x^3 + 2.52 x^2 + 0.432 x - 0.864 = 0,$$

com erro relativo inferior a 10^{-3}, usando o método descrito anteriormente e sabendo que $f(\bar{x}) = f'(\bar{x}) = f''(\bar{x}) = 0$ e $f'''(\bar{x}) \neq 0$.

3.41 A equação $x = tg\, x$ tem uma raiz entre $\frac{\pi}{2}$ e $\frac{3\pi}{2}$. Determiná-la pelo método das secantes, com erro inferior a 10^{-3}.

3.42 Dado o sistema não linear:

$$\begin{cases} x^3 - 3xy^2 + 1 = 0 \\ 3x^2 y - y^3 = 0 \end{cases}$$

determine uma solução com dois dígitos significativos corretos, usando:

    a) método iterativo linear,

    b) método de Newton.

Em ambos os casos, inicie com $(x_0, y_0) = (0.51, 0.85)$.

3.43 Mostre que o sistema não linear:

$$\begin{cases} 3x^2 + y^2 + 9x - y - 12 = 0 \\ x^2 + 36 y^2 - 36 = 0 \end{cases}$$

possui exatamente quatro raízes. Determine essas raízes usando o método de Newton, com dois dígitos significativos corretos, iniciando com $(1, 1)$, $(1, -1)$, $(-4, 1)$ e $(-4, -1)$.

3.44 Sejam $C = (1,0)$ e $D = (0,0)$. Usando o método de Newton para sistemas não lineares determine o valor de um ponto $P = (x,y)$, com precisão de 10^{-3}, que diste 2 unidades de C e de D, obtendo os valores iniciais necessários através de gráfico.

3.45 Considere o seguinte problema: "dado um polinômio de grau n com coeficientes reais, $P(z)$, onde z é uma variável complexa, determinar uma raiz complexa de $P(z)$, se existir, ou seja, resolver a equação $P(z) = 0$". Como $z = x + i\,y$, o polinômio $P(z)$ pode ser escrito na forma:
$$P(z) = u(x,y) + i\,v(x,y)$$
Então resolver a equação $P(z) = 0$ é equivalente a resolver o seguinte sistema de equações:
$$\begin{cases} u(x,y) = 0 \\ v(x,y) = 0 \end{cases}$$

Dada uma aproximação inicial (x_0, y_0) conveniente, podemos resolver este sistema pela extensão do método de Newton (para sistemas não lineares).

Aplique o processo descrito acima para determinar uma aproximação da raiz complexa de $P(z) = z^2 - 2z + 3$, tomando como valor inicial $(x_0, y_0) = (1,1)$.

3.46 Dado que: $x^2 - 3.9x + 4.8$ é um fator aproximado de $x^4 - 4x^3 + 4x^2 + 4x - 5 = 0$, use o método de Newton-Bairstow para melhorar a aproximação.

3.47 Considere a matriz:
$$A = \begin{pmatrix} 1 & -2 & 0 & 0 \\ t^2 & 8 & 0 & 0 \\ 0 & 0 & t & 2 \\ 0 & 0 & 2 & t \end{pmatrix}.$$

Sabendo que o determinante de A é o polinômio $P(t) = 2t^4 - 32$, determine todos os valores de t, com erro inferior a 10^{-3}, que tornem a matriz singular. Utilize o método de Newton-Bairstow e use como fator quadrático inicial $t^2 - 0.0001\,t - 3.999$. Trabalhe com arredondamento para quatro casas decimais.

3.48 Usando o algoritmo Q-D versão Newton (para a raiz real) e Newton-Bairstow (para as raízes complexas), determine todos os zeros de $P(x) = x^3 - x^2 + 2x - 2$, com quatro casas decimais corretas.

3.10 Problemas Aplicados e Projetos

3.1 A equação de Kepler, usada para determinar órbitas de satélites, é dada por:
$$M = x - E\,\mathrm{sen}\,x.$$

Dado que $E = 0.2$ e $M = 0.5$, obtenha a raiz da equação de Kepler usando o método de Newton.

3.2 Em problemas de fluxo em tubulações, é freqüente precisar resolver a equação: $c_5 D^5 + c_1 D + c_0 = 0$. Se $c_5 = 1000$, $c_1 = -3$ e $c_0 = 9.04$, determine uma primeira raiz usando o método de Newton e então, aplique o método de Newton-Bairstow para determinar as demais raízes.

3.3 Um amplificador eletrônico com acoplamento $R - C$ com três estágios em cascata tem uma resposta a um degrau unitário de tensão dada pela expressão:
$$g(T) = 1 - \left(1 + T + \frac{T^2}{2}\right)e^{-T},$$

onde $T = \frac{t}{RC}$ é uma unidade de tempo normalizada. O tempo de subida de um amplificador é definido como o tempo necessário para sua resposta ir de 10% a 90% de seu valor final. No caso, como $g(\infty) = 1$ é necessário calcular os valores de T para os quais

$$g = 0.1 \quad \text{e} \quad g = 0.9,$$

ou seja, resolver as equações:

$$0.1 = 1 - \left(1 + T + \frac{T^2}{2}\right) e^{-T}.$$
$$0.9 = 1 - \left(1 + T + \frac{T^2}{2}\right) e^{-T}.$$

Chamando de $T_{0.1}$ o valor obtido de T na 1ª equação e $T_{0.9}$ o valor obtido de T na 2ª equação, calcular o tempo de subida, usando método numérico à sua escolha para resolver as equações não lineares.

3.4 A Figura 3.17 representa o fluxo de água em um canal aberto.

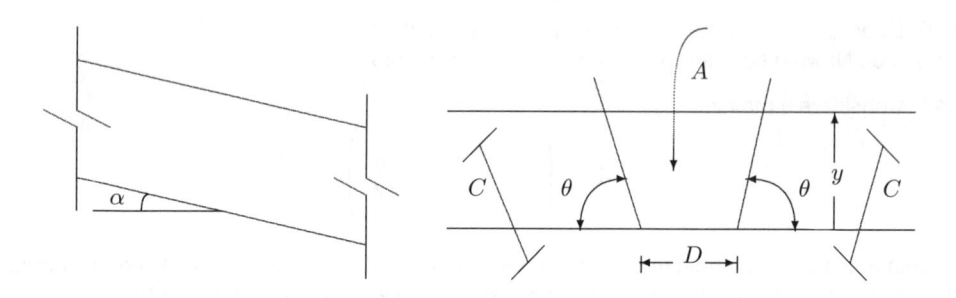

Figura 3.17

Uma relação empírica para o fluxo é a equação de Chez-Manning:

$$Q = \frac{1.49}{E} A R^{\frac{2}{3}} S^{\frac{1}{2}},$$

onde:

- Q — fluxo em m^3/s,
- E — coeficiente de atrito determinado experimentalmente, valendo entre 0.025 e 0.035 para a maioria dos canais e rios,
- A — área da secção transversal do canal,
- R — *raio hidráulico* que é definido como a razão entre a área A e o perímetro $2C + D$,
- α — inclinação do canal ($S = sen\,\alpha$).

a) Para um canal retangular ($\theta = 90°$), sendo conhecidos Q, E, S, D, verificar que y é a solução da equação:

$$\left[\left(\frac{1.49}{E}\right)^3 D^5 S^{\frac{3}{2}}\right] y^5 - 4Q^3 y^2 - 4Q^3 D y - Q^3 D^2 = 0,$$

a qual tem apenas uma raiz positiva.

b) Encontre as profundidades y do canal correspondente a duas estações A e B, cujos dados estão tabelados a seguir:

Estação	D	S	E	Q
(A)	20.0	0.0001	0.030	133.0
(B)	21.5	0.0001	0.030	122.3

usando método numérico à sua escolha. Em cada caso, determinar inicialmente intervalo contendo a raiz.

3.5 A Figura 3.18 corresponde a um cabo uniforme, como por exemplo, uma linha de transmissão suspensa em dois apoios e sob a ação de seu próprio peso.

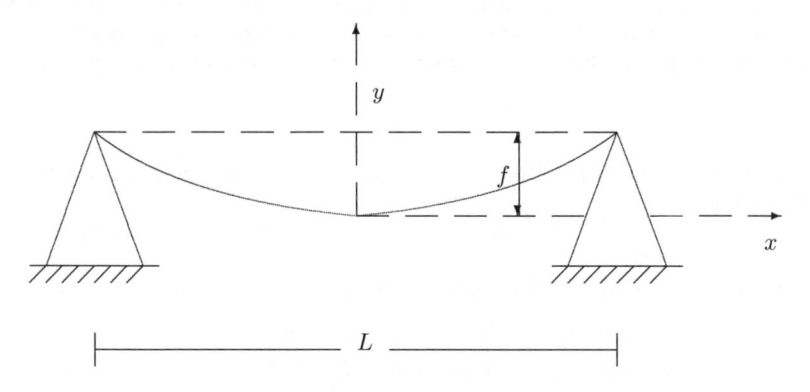

Figura 3.18

A curva correspondente é uma catenária, cuja equação é dada por:

$$y = \frac{T_0}{\mu}\left(\cosh\frac{\mu x}{T_0} - 1\right),$$

onde:

- T_0 — tração no cabo em $x = 0$,
- μ — peso por unidade de comprimento do cabo.

Em $x = \frac{L}{2}$, $y = f$, logo:

$$f = \frac{T_0}{\mu}\left(\cosh\frac{\mu L}{2T_0} - 1\right).$$

O comprimento S do cabo é dado por:

$$f = \frac{2T_0}{\mu}\left(\operatorname{senh}\frac{\mu L}{2T_0}\right).$$

Usando um método numérico à sua escolha, resolva o seguinte problema: Um cabo de telefone pesando $1.5\ kgf/m$ está simplesmente apoiado em dois pontos cuja distância é de 30 metros. Para um comprimento de cabo de 33 metros, qual é o valor da flecha f?

3.6 A equação:

$$\operatorname{tg}\left(\frac{\theta}{2}\right) = \frac{\operatorname{sen}\alpha\cos\alpha}{\dfrac{gR}{v^2} - \cos^2\alpha},$$

permite calcular o ângulo de inclinação, α, em que o lançamento do míssil deve ser feito para atingir um determinado alvo. Na equação anterior,

- α — ângulo de inclinação com a superfície da Terra com o qual é feito o lançamento do míssil,
- g — aceleração da gravidade $\simeq 9.81\ m/s^2$,
- R — raio da Terra $\simeq 6371000\ m$,
- v — velocidade de lançamento do míssil, m/s,
- θ — ângulo (medido do centro da Terra) entre o ponto de lançamento e o ponto de impacto desejado.

Usando um método numérico à sua escolha, resolva o problema considerando: $\theta = 80°$ e v tal que $\dfrac{v^2}{gR} = 1.25$, ou seja, aproximadamente $8.840\ m/s$.

3.7 Quando um capacitor carregado é ligado com uma resistência R, um processo de descarga do capacitor ocorre. Durante este processo, uma variável no tempo é estabelecida no circuito. Sua variação com o tempo se dá de forma decrescente e exponencial, de acordo com a expressão:
$$F(t) = I = \frac{Q_0}{RC}\, e^{-\frac{T}{RC}},$$
onde I é a corrente, Q_0 é a carga inicial do capacitor, C é sua capacitância, R é a resistência e T é o parâmetro tempo.

Definindo $G(t) = F(t) - I$, o instante T em que $G(t) = 0$, corresponde àquele em que a corrente I percorre o circuito.

Usando um método numérico à sua escolha, determinar T nos seguintes casos:

a) $I = 0.83$ Ampéres, $Q_0 = 7$ Coulombs, $R = 3$ Ohms, $C = 2$ Farads,

b) $I = 0.198$ Ampéres, $Q_0 = 20$ Coulombs, $R = 9$ Ohms, $C = 11$ Farads.

3.8 Uma loja de eletrodomésticos oferece dois planos de financiamento para um produto cujo preço à vista é R$ 162,00:

- Plano A: entrada de R$ 22,00 + 9 prestações iguais de R$ 26,50,
- Plano B: entrada de R$ 22,00 + 12 prestações de R$ 21,50.

Qual dos dois planos apresenta a menor taxa de juros, sendo portanto melhor para o consumidor?

Observação: Sabe-se que a equação que relaciona os juros **(J)** e o prazo **(P)** com o valor financiado (**VF** = preço à vista − entrada) e a prestação mensal **PM** é dada por:
$$\frac{1 - (1+J)^{-P}}{J} = \frac{VF}{PM}. \tag{3.35}$$

a) Fazendo $x = 1 + J$ e $k = \dfrac{VF}{PM}$, verificar que a equação (3.35) se transforma em:
$$f(x) = kx^{P+1} - (k+1)x^P + 1 = 0. \tag{3.36}$$

b) Escrever a equação (3.36) para o problema proposto e encontrar um intervalo contendo a raiz positiva $\neq 1$.

3.9 Um dos elfos de Valfenda, o grande arqueiro Glorfindel, disparou uma flecha em direção à cidade de Bri para cair na cabeça de Cevado Carrapicho, dono da estalagem do Pônei Saltitante. O rei Elessar, de Gondor, viu o fato em sua pedra vidente. Junto porém aparece o seguinte escrito:
$$37.104740 + 3.15122t - \frac{2t^2}{2} = 0.$$

Elessar desesperado, pois adorava a cerveja da estalagem, queria salvar Cevado Carrapicho (fabricante da cerveja) a qualquer custo, mas, apesar de toda sua sabedoria, não entendia o que significavam aqueles números. Como ele podia ver o futuro em sua pedra, correu até uma gruta e escreveu numa parede o seguinte: "Por favor, quem souber o que significa:

$$37.104740 + 3.15122t - \frac{2t^2}{2} = 0,$$

me ajude!"

Elessar esperou por um minuto e colocou sua pedra de forma a ver os escritos e verificou que logo abaixo da sua escrita aparecia:

"$t = -4.71623$ ou $t = 7.86745$,

que deve ser o tempo de alguma coisa, em horas ou minutos."

Elessar levou algum tempo para traduzir a escrita, mas logo correu para ajudar Cevado, pois se ele estivesse no alvo depois de 7 horas e 52 minutos seria acertado. Elessar conseguiu chegar a tempo e salvou Cevado da morte certa, e comemorou com sua tão amada cerveja...

Dezenas de milhares de anos depois....

Eric estava vasculhando uma gruta quando encontrou escritos junto a rabiscos. Ele percebeu que os rabiscos eram runas élficas, e que aquilo era um pedido de ajuda.

Graças a Deus e aos anjos, Eric estava com seu notebook na mochila, e tinha um programa chamado Raízes que seu irmão havia instalado para resolver alguns problemas. Depois de alguns segundos tentando entender como eram entrados os dados, ele obteve:

"$t = -4.71623$ ou $t = 7.86745$,"

e pensou, isto deve ser alguma coisa, em horas ou minutos....

   a) Resolva o problema proposto e obtenha, pelo método de Newton, a raiz positiva.

   b) Obter a raiz negativa usando o polinômio do primeiro grau obtido no esquema de Briot-Ruffini-Horner.

3.10 Na engenharia química, reatores do tipo PFR são freqüentemente usados para converter reagentes em produtos. Sabe-se que a eficiência de conversão às vezes pode ser melhorada reciclando uma fração do produto como mostrado, na Figura 3.19.

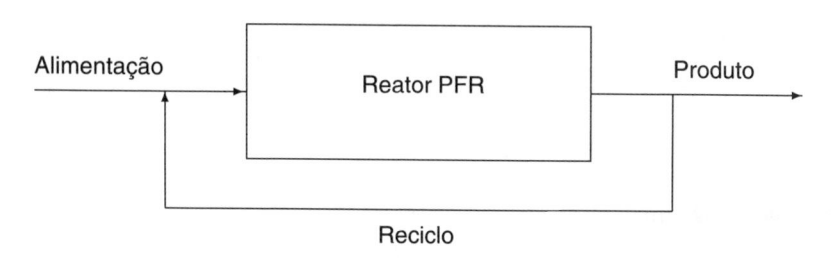

Figura 3.19

A taxa de reciclo é definida por: $R = \dfrac{Volume\ do\ fluido\ que\ retorna\ ao\ reator}{Volume\ do\ fluido\ que\ sai\ do\ reator}$.

Supondo que estamos processando um reagente A a fim de gerar um reagente B, segundo a expressão autocatalítica: $A + B \rightarrow B + B$, pode-se mostrar que a taxa ótima de reciclo satisfaz a equação:

$$ln\left[\frac{1 + R(1 - x_A)}{R(1 - x_A)}\right] = \frac{R+1}{R[1 + R(1 - x_A)]}, \qquad (3.37)$$

onde x_A é a fração de reagente A que é convertido no produto B. A taxa ótima de reciclo corresponde ao reator de menor tamanho possível necessário para se atingir o nível de conversão desejado.

Determine as razões de reciclo necessárias para minimizar o tamanho do reator, resolvendo a equação (3.37) para as seguintes frações de conversão (x_A), do reagente A no produto B:

   i) $x_A = 0.99$,
   ii) $x_A = 0.995$,
   iii) $x_A = 0.999$,
   iv) $x_A = 0.9999$,
   v) $x_A = 0.99999$.

3.11 Suponha que tenhamos um circuito temporizador 555, como mostra a Figura 3.20,

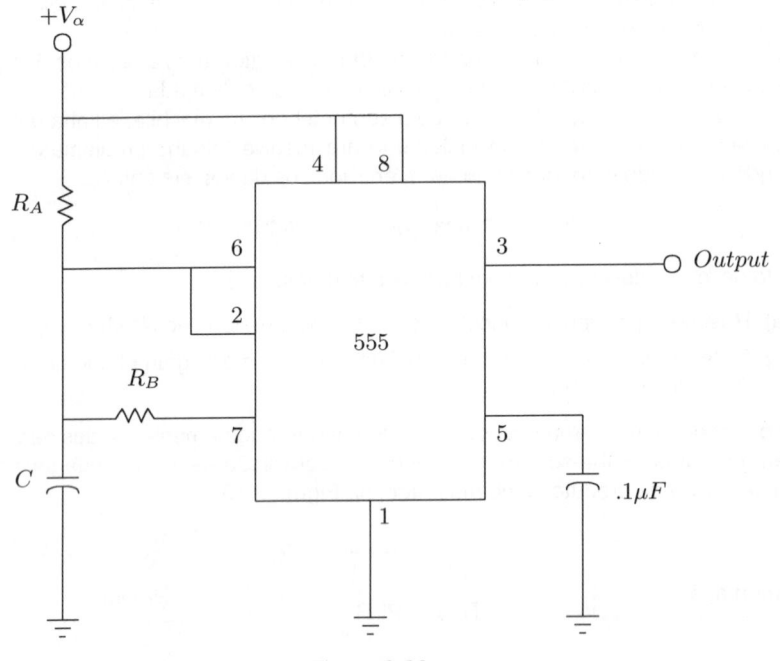

Figura 3.20

cuja onda de saída é da forma:

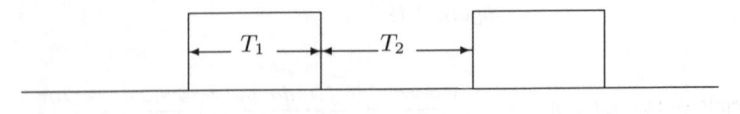

Figura 3.21

com
$$T_1 + T_2 = \frac{1}{f},$$
onde f é a freqüência, e o ciclo de trabalho CT é dado por:

$$CT = \frac{T_1}{T_1 + T_2} \times 100\%.$$

Pode-se mostrar que:
$$T_1 = R_A C ln(2),$$

$$T_2 = -\frac{R_A R_B C}{R_A + R_B} \times ln\left(\left|\frac{R_A - 2R_B}{2R_A - R_B}\right|\right).$$

Dado que $R_A = 8.670$, $C = 0.1 \times 10^{-6}$, $T_2 = 1.4 \times 10^{-4}$, determine R_B, T_1, f e o ciclo de trabalho CT.

3.12 Um tanque de vaporização *flash* é alimentado com $F moles/h$ por uma corrente de gás natural de n componentes, como mostrado na Figura 3.22.

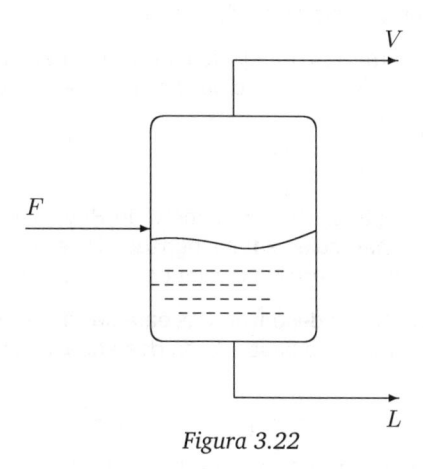

Figura 3.22

As correntes de líquido e vapor são designadas por L e $V moles/h$, respectivamente. As frações molares dos componentes na alimentação, nas correntes de vapor e de líquido são designadas por z_i, y_i e x_i, respectivamente. Assumindo equilíbrio líquido-vapor em estado estacionário, segue que:

$$F = L + V, \tag{3.38}$$

$$z_i F = x_i L + y_i V, \tag{3.39}$$

$$K_i = \frac{y_i}{x_i}, \quad i = 1, 2, \ldots, n, \tag{3.40}$$

onde: (3.38) é o balanço global, (3.39) é o balanço individual, (3.40) é a relação de equilíbrio e, K_i é a constante de equilíbrio para a i-ésima componente na pressão e temperatura do tanque. Das equações anteriores e do fato de $\sum_{i=1}^{n} x_i = \sum_{i=1}^{n} y_i = 1$, mostra-se que:

$$\sum_{i=1}^{n} \frac{z_i(k_i - 1)}{V(K_i - 1) + F} = 0. \tag{3.41}$$

Supondo que $F = 1.000 \, moles/h$, calcule o valor de V, com duas casas decimais corretas, resolvendo a equação (3.41) para a corrente de gás natural, à temperatura de $120°F$ e pressão de $1.600 \, psia$, para cada um dos componentes da Tabela 3.4.

Tabela 3.4

Componentes	i	z_i	K_i
Dióxido de carbono	1	0.0046	1.65
Metano	2	0.8345	3.09
Etano	3	0.0381	80.72
Propano	4	0.0163	0.39
Isobutano	5	0.0050	0.21
n-Butano	6	0.0074	0.175
Pentanos	7	0.0287	0.093
Hexanos	8	0.0220	0.065
Heptanos	9	0.0434	0.036

Para cada valor de V, calcule os valores de L, x_i e y_i.

3.13 Lee e Duffy (A. I. Ch. E Journal, 1976) relacionaram o fator de atrito para escoamentos de partículas fibrosas em suspensão com o número de Reynolds, pela seguinte equação empírica:

$$\frac{1}{\sqrt{f}} = \left(\frac{1}{k}\right) ln(RE\sqrt{f}) + \left(14 - \frac{5.6}{k}\right).$$

Nesta relação, f é o fator de atrito, RE é o número de Reynolds e k é uma constante determinada pela concentração de partículas em suspensão. Para uma suspensão de 0.08% de concentração, temos que, $k = 0.28$. Determine o valor de f quando $RE = 3750$.

3.14 Muitas equações de estado foram desenvolvidas para descrever as relações entre pressão, P, volume molar, V, e temperatura, T, de gases. Uma das equações mais utilizadas é equação de Beattie-Bridgeman:

$$P = \frac{RT}{V} + \frac{\beta}{V^2} + \frac{\gamma}{V^3} + \frac{\delta}{V^4}, \qquad (3.42)$$

onde R é a constante universal dos gases; β, γ e δ são parâmetros característicos do gás em estudo. O segundo, terceiro e quarto termos de (3.42) podem ser vistos como correções da lei dos gases ideais, $PV = RT$, para o comportamento não ideal de um gás. Os parâmetros β, γ e δ são definidos por:

$$\beta = RTB_0 - A_0 - \frac{Rc}{T^2},$$

$$\gamma = -RTB_0b + A_0a - \frac{RcB_0}{T^2},$$

$$\delta = \frac{RB_0bc}{T^2},$$

onde: A_0, B_0, a, b e c são constantes determinadas experimentalmente e são diferentes para cada gás. Dados os valores de pressão, P, temperatura, T, e das constantes R, A_0, B_0, a, b e c é possível determinar o volume molar de qualquer gás resolvendo a equação (3.42), usando como estimativa inicial para o volume molar a lei dos gases ideais: $V_0 = \frac{RT}{P}$. Para o gás metano, tem-se que: $A_0 = 2.2769$, $B_0 = 0.05587$, $a = 0.01855$, $b = -0.01587$ e $c = 12.83 \times 10^4$. Considere temperaturas de $0°$ e $200°$ e as seguintes pressões em atm: $1, 2, 5, 20, 40, 60, 80, 120, 140, 160, 180$ e 200. Com esses dados, determine:

a) o volume molar do gás metano, com precisão de 10^{-6},

b) o fator de compressibilidade z, onde $z = \dfrac{PV}{RT}$,

c) compare os seus resultados com valores experimentais do fator de compressibilidade para o metano de $0°$ e $200°$, apresentados na Figura 3.23.

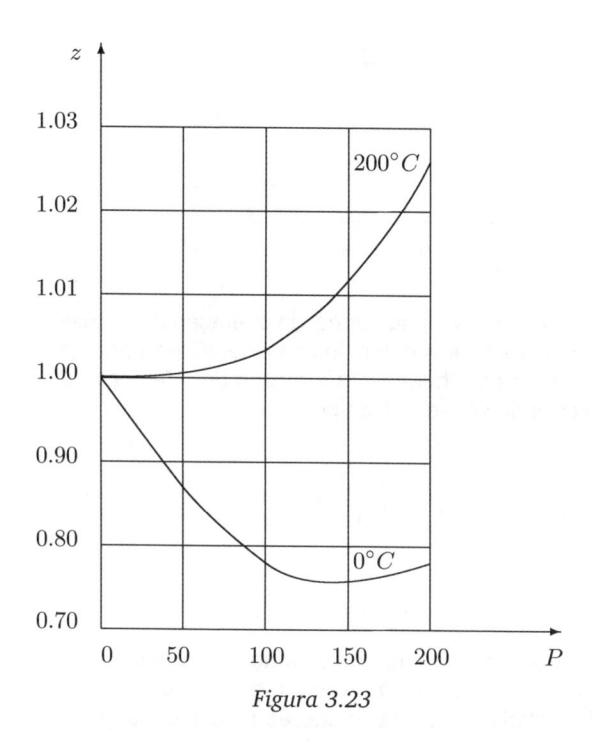

Figura 3.23

3.15 Considere o sistema diferencial de segunda ordem:

$$\begin{cases} x'' + x + 2y' + y = f(t) \\ x'' - x + y = g(t) \\ x(0) = x'(0) = y(0) = 0 \end{cases}$$

Para resolvê-lo pelo método da transformada de Laplace, torna-se necessário fatorar a expressão (determinar as raízes):

$$(S^2 + 1)(S) - (2S + 1)(S^2 - 1),$$

tal que as frações parciais possam ser usadas no cálculo da transformada inversa. Determine esses fatores (raízes).

3.16 Um método muito eficiente para integração numérica de uma função é o chamado método de quadratura de Gauss. No desenvolvimento das fórmulas para este método é necessário calcular os zeros de uma família de polinômios ortogonais. Uma família importante de polinômios ortogonais é a de Legendre. Encontre os zeros do polinômio de Legendre de grau 6 (seis):

$$P_6(x) = \frac{1}{48}(693x^6 - 945x^4 + 315x^2 - 15).$$

Observação: Todos os zeros dos polinômios de Legendre são menores do que 1 (um) em módulo e são simétricos em relação à origem.

3.17 Considere um circuito de polarização que consiste de uma bateria com uma tensão $V_B = 2.0\ V$ e um resistor R de $50\ \Omega$ em série, conectado a um diodo semicondutor de estado sólido como mostrado na Figura 3.24.

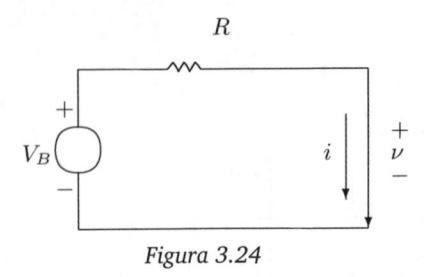

Figura 3.24

As características operacionais na gama normal de operação de um diodo são determinadas pela equação relacionando suas variáveis terminais de tensão e corrente. Se tomarmos ν e i como sendo estas variáveis e escolhermos as direções de referência relativas mostradas, a equação relacionando estas variáveis será dada por:

$$i = I_s \left(e^{\frac{q\nu}{kt}} - 1 \right), \qquad (3.43)$$

onde:

- I_s é a intensidade de corrente de saturação reversa. Esta é a corrente máxima que flui quando o diodo é polarizado em reverso, ou seja, quando $\nu \ll 0$. Ela é função do material usado na confecção do diodo, do grau de lubrificação e das técnicas de fabricação particulares. Um valor típico para um diodo de silício em temperatura ambiente é 10^{-9} Ampéres,
- k é a constante de Boltzmann, que tem o valor: 1.38047×10^{-23} Joule/K,
- t é a temperatura absoluta em K na qual o diodo é operado,
- q é a carga do elétron que tem o valor: 1.6020310^{-19} Coulombs.

Em temperaturas ambientes normais, o valor do termo $\dfrac{q}{kt}$ é aproximadamente 40.

Podemos agora proceder à solução do circuito de polarização, ou seja, encontrar os valores de ν e i. Para isso, basta aplicar a lei das tensões de Kirchoff ao circuito, obtendo assim:

$$V_B = iR + \nu. \qquad (3.44)$$

Substituindo em (3.44) os valores de V_B e R, e usando a relação dada por (3.43), obtém-se uma equação não linear em ν. Resolvendo-se esta equação, o valor da corrente de polarização i é facilmente obtido.

3.18 Num escoamento turbulento em uma rede de tubulação interconectada, a razão de escoamento V de um nó para outro é proporcional à raiz quadrada da diferença entre as pressões nos nós. Para a rede da Figura 3.25, é solicitado determinar a pressão em cada nó.

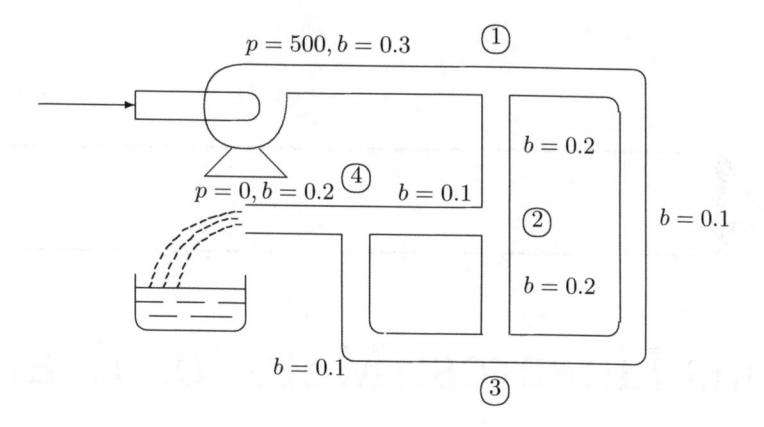

Figura 3.25

Os valores de b representam fatores de condutância na relação: $v_{ij} = b_{ij} \sqrt{(p_i - p_j)}$. As equações para as pressões em cada nó são então dadas por:

nó 1: $\quad 0.3\sqrt{500 - p_1} = 0.2\sqrt{p_1 - p_2} + 0.2\sqrt{p_1 - p_3}$,
nó 2: $\quad 0.2\sqrt{p_1 - p_2} = 0.1\sqrt{p_2 - p_4} + 0.2\sqrt{p_2 - p_3}$,
nó 3: $\quad 0.1\sqrt{p_1 - p_3} = 0.2\sqrt{p_3 - p_2} + 0.1\sqrt{p_3 - p_4}$,
nó 4: $\quad 0.1\sqrt{p_2 - p_4} + 0.1\sqrt{p_3 - p_4} = 0.2\sqrt{p_4 - 0}$,

onde estamos assumindo que $p_1 > p_3$; se isso não for verdadeiro é necessário modificar as equações. Resolva o sistema não linear pelo método de Newton.

Capítulo 4

Sistemas Lineares: Métodos Exatos

4.1 Introdução

Vários problemas de engenharia podem ser resolvidos através da análise linear. Entre eles, podemos citar: determinação do potencial em redes elétricas, cálculo da tensão na estrutura metálica da construção civil, cálculo da razão de escoamento num sistema hidráulico com derivações, previsão da concentração de reagentes sujeitos a reações químicas simultâneas. O problema matemático, em todos estes casos, se reduz ao problema de resolver um sistema de equações simultâneas. Também as encontramos quando estudamos métodos numéricos para resolver problemas de equações diferenciais parciais, pois estes requerem a solução de um conjunto de equações.

A solução de um conjunto de equações é muito mais difícil quando as equações são não lineares. Entretanto, a maioria das aplicações envolve somente equações lineares, embora, quando o sistema é de grande porte, devemos escolher o método numérico adequadamente para preservar a máxima precisão.

Antes de desenvolvermos alguns métodos específicos, discutiremos o que queremos dizer com uma solução e as condições sob as quais ela existe, pois não adianta tentar obter uma solução se não há nenhuma.

Uma equação é **linear** se cada termo contém não mais do que uma variável e cada variável aparece na primeira potência. Por exemplo, $3x + 4y - 10z = -3$ é linear, mas $xy - 3z = -3$ não é, pois o primeiro termo contém duas variáveis. Também $x^3 + y - z = 0$ não é linear, pois o primeiro termo contém uma variável elevada ao cubo.

Vamos considerar n equações lineares com n variáveis (incógnitas) e vamos nos referir a elas como um **Sistema de n Equações Lineares** ou um **Sistema Linear de Ordem n**. Uma solução para esse sistema de equações consiste de valores para as n variáveis, tais que, quando esses valores são substituídos nas equações, todas elas são satisfeitas simultaneamente.

Por exemplo, o sistema de três equações lineares:

$$\begin{cases} x + y + z = 1 \\ x - y - z = 1 \\ 2x + 3y - 4z = 9 \end{cases}$$

tem a solução $x = 1, y = 1$ e $z = -1$. O leitor pode verificar a validade das três equações substituindo as variáveis por esses valores, no sistema dado.

Observe que o sistema linear acima pode ser escrito na seguinte forma, chamada forma matricial:

$$\begin{pmatrix} 1 & 1 & 1 \\ 1 & -1 & -1 \\ 2 & 3 & -4 \end{pmatrix} \begin{pmatrix} x \\ y \\ z \end{pmatrix} = \begin{pmatrix} 1 \\ 1 \\ 9 \end{pmatrix}.$$

De um modo geral, um sistema de n equações lineares é escrito como:

$$\begin{cases} a_{11}x_1 + a_{12}x_2 + a_{13}x_3 + \ldots + a_{1n}x_n = b_1 \\ a_{21}x_1 + a_{22}x_2 + a_{23}x_3 + \ldots + a_{2n}x_n = b_2 \\ a_{31}x_1 + a_{32}x_2 + a_{33}x_3 + \ldots + a_{2n}x_n = b_2 \\ \ldots \ldots \\ a_{n1}x_1 + a_{n2}x_2 + a_{n3}x_3 + \ldots + a_{nn}x_n = b_n \end{cases} \quad (4.1)$$

e é representado na forma matricial por:

$$\begin{pmatrix} a_{11} & a_{12} & \ldots & a_{1n} \\ a_{21} & a_{22} & \ldots & a_{2n} \\ \vdots & \vdots & \ddots & \vdots \\ a_{n1} & a_{n2} & \ldots & a_{nn} \end{pmatrix} \begin{pmatrix} x_1 \\ x_2 \\ \vdots \\ x_n \end{pmatrix} = \begin{pmatrix} b_1 \\ b_2 \\ \vdots \\ b_n \end{pmatrix}, \quad (4.2)$$

ou simplesmente:

$$Ax = b, \quad (4.3)$$

onde A é chamada de matriz dos coeficientes, b é o vetor do termo independente e x é o vetor solução.

Dado um sistema de equações arbitrário, não podemos afirmar, sem investigar, que há uma solução ou, se houver, que seja única. Como pode ser observado a seguir, existem três e apenas três possibilidades de se classificar um sistema linear.

4.2 Classificação de um Sistema Linear

A classificação de um sistema linear é feita em função do número de soluções que ele admite, da seguinte maneira:

  a) **Sistema Possível ou Consistente:** É todo sistema que possui pelo menos uma solução. Um sistema linear possível é:

  a.1) **determinado,** se admite uma única solução, e,

  a.2) **indeterminado,** se admite mais de uma solução.

  b) **Sistema Impossível ou Inconsistente:** É todo sistema que não admite solução.

O próximo exemplo ilustra a classificação de um sistema linear.

Exemplo 4.1

Classificar os seguintes sistemas lineares:

$$(I) \quad \begin{cases} x + y = 6 \\ x - y = 2 \end{cases}$$

$$(II) \quad \begin{cases} x + y = 1 \\ 2x + 2y = 2 \end{cases}$$

$$(III) \quad \begin{cases} x + y = 1 \\ x + y = 4 \end{cases}$$

Solução: Consideremos o sistema linear (I). A solução é $x = 4$ e $y = 2$; nenhum outro par de valores de x e y satisfaz ambas as equações. Esse sistema é representado geometricamente pela Figura 4.1. Qualquer ponto da reta r_1 tem coordenadas que satisfazem a primeira das equações em (I). Do mesmo modo, todos os pontos em r_2 satisfazem a segunda equação de (I). Os pontos que satisfazem ambas as equações devem localizar-se em ambas as retas. Há somente um ponto assim. As coordenadas deste ponto são a solução que procuramos. Logo, o sistema linear (I) admite como única solução o par $(4, 2)$. Portanto (I) é um sistema linear possível e determinado.

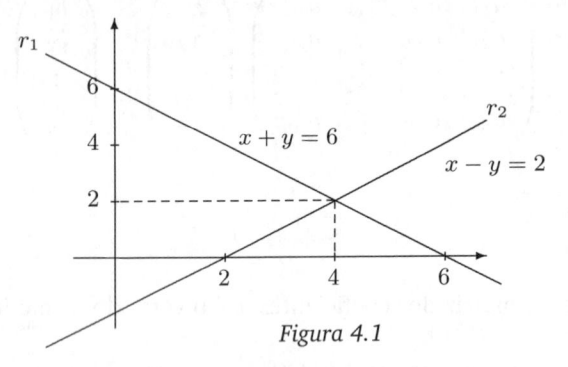

Figura 4.1

Consideremos agora o sistema linear (II). A Figura 4.2 mostra o gráfico dessas duas retas.

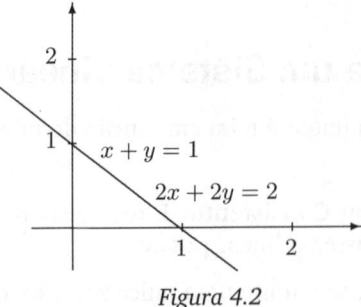

Figura 4.2

Observe que, geometricamente, as retas $x + y = 1$ e $2x + 2y = 2$ são coincidentes. Assim, para o sistema linear (II), temos que os pares $(0, 1)^t$, $(1, 0)^t$, $(0.5, 0.5)^t, \ldots$ são soluções, isto é, o sistema linear admite infinitas soluções. Logo (II) é um sistema linear possível e indeterminado. Finalmente, consideremos o sistema linear (III). Novamente, colocando as duas retas no mesmo gráfico, obtemos a Figura 4.3.

Figura 4.3

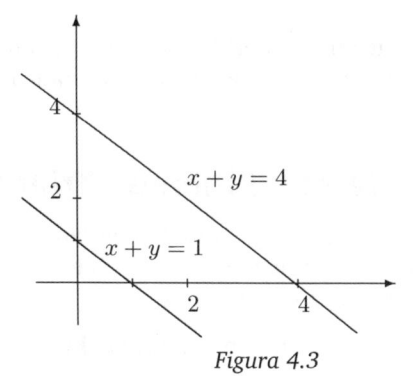

Observe que, geometricamente, as duas retas são paralelas. Assim, para o sistema linear (III), as duas equações são *contraditórias*, isto é, não é possível que se tenha simultaneamente $x + y = 1$ e $x + y = 4$. Logo (III) é um sistema linear impossível.

Nosso objetivo aqui será desenvolver métodos numéricos para resolver sistemas lineares de ordem n que tenham solução única. Observe que tais sistemas são aqueles onde a matriz dos coeficientes é não singular, isto é, $det(A) \neq 0$.

Antes de descrevermos em detalhes os métodos de solução, vamos examinar quais os caminhos mais gerais para se chegar a ela.

Métodos numéricos para solução de sistemas de equações lineares são divididos principalmente em dois grupos:

- **Métodos Exatos:** São aqueles que forneceriam a solução exata, não fossem os erros de arredondamento, com um número finito de operações.
- **Métodos Iterativos:** São aqueles que permitem obter a solução de um sistema linear com uma dada precisão, através de processo infinito convergente.

Assim, os métodos exatos em princípio, ou seja, desprezando os erros de arredondamento, produzirão uma solução, se houver, em um número finito de operações aritméticas. Um método iterativo, por outro lado, iria requerer, em princípio, um número infinito de operações aritméticas para produzir a solução exata. Assim, um método iterativo tem um erro de truncamento e o exato não tem. Por outro lado, em sistemas lineares de grande porte, os erros de arredondamento de um método exato podem tornar a solução sem significado, enquanto, nos métodos iterativos os erros de arredondamento não se acumulam. Veremos, entretanto, que ambos são úteis, ambos apresentam vantagens e limitações. Neste capítulo, estudaremos somente os métodos exatos e, no Capítulo 5, os métodos iterativos.

Voltemos ao Exemplo 4.1. Observando a Figura 4.1, vemos facilmente que poderíamos traçar infinitos conjuntos de duas retas concorrentes cuja interseção fosse o par $(4, 2)^t$. Cada um desses conjuntos formaria um sistema de duas equações lineares que teriam, portanto, a mesma solução. Assim, definimos:

Definição 4.1
Dois sistemas lineares são **equivalentes** quando admitem a mesma solução.

Com base na Definição 4.1, não fica difícil deduzir que uma maneira de obter a solução de um sistema linear através de métodos numéricos é transformá-lo em outro equivalente cuja solução seja facilmente obtida. Em geral, nos métodos exatos, transformamos o sistema original num sistema equivalente, cuja solução é obtida resolvendo-se sistemas lineares triangulares.

4.3 Solução de Sistemas Lineares Triangulares

Como já dissemos, resolver sistemas lineares triangulares é muito fácil. Entretanto, apresentaremos aqui a solução de tais sistemas com o objetivo de auxiliar na elaboração de projetos que envolvam a resolução dos mesmos.

1) Um sistema linear de ordem n é **triangular inferior** se tiver a forma:

$$\begin{cases} a_{11}x_1 & = b_1 \\ a_{21}x_1 + a_{22}x_2 & = b_2 \\ a_{31}x_1 + a_{32}x_2 + a_{33}x_3 & = b_3 \\ \cdots\cdots \quad \cdots\cdots & \vdots \\ a_{n1}x_1 + a_{n2}x_2 + \ldots + a_{nn}x_n & = b_n \end{cases}$$

onde $a_{ii} \neq 0$, $i = 1, 2, \ldots, n$. Assim, a solução de um sistema triangular inferior é obtida por substituição direta, isto é, determinamos o valor de x_1 na primeira equação, substituímos este valor na segunda equação e determinamos o valor de x_2, e assim por diante. Algebricamente, podemos resolvê-lo pelas fórmulas:

$$\begin{cases} x_1 = \dfrac{b_1}{a_{11}}, \\ x_i = \left(b_i - \sum_{j=1}^{i-1} a_{ij}x_j \right) / a_{ii}, \quad i = 2, 3, \ldots, n. \end{cases} \quad (4.4)$$

2) Um sistema linear de ordem n é **triangular superior** se tiver a forma:

$$\begin{cases} a_{11}x_1 + a_{12}x_2 + a_{13}x_3 \ldots + a_{1n}x_n = b_1 \\ \qquad\quad a_{22}x_2 + a_{23}x_3 \ldots + a_{2n}x_n = b_2 \\ \qquad\qquad\quad a_{33}x_3 \ldots + a_{3n}x_n = b_n \\ \qquad\qquad\qquad\qquad \cdots\cdots \quad \vdots \\ \qquad\qquad\qquad\qquad\qquad a_{nn}x_n = b_n \end{cases}$$

onde $a_{ii} \neq 0$, $i = 1, 2, \ldots, n$. Assim, a solução de um sistema triangular superior é obtida por retro-substituição, isto é, determinamos o valor de x_n na última equação, substituímos este valor na penúltima equação e determinamos o valor de x_{n-1}, e assim por diante. Algebricamente, podemos resolvê-lo pelas fórmulas:

$$\begin{cases} x_n = \dfrac{b_n}{a_{nn}}, \\ x_i = \left(b_i - \sum_{j=i+1}^{n} a_{ij}x_j \right) / a_{ii}, \quad i = n-1, \ldots, 1. \end{cases} \quad (4.5)$$

Portanto, para resolvermos nosso problema, falta explicar como um dado sistema linear de ordem n pode ser transformado num outro equivalente cuja solução seja obtida resolvendo-se sistemas triangulares. Como veremos, os métodos numéricos apresentados neste capítulo explicam como fazer isso. Antes, porém, daremos algumas definições que julgamos necessárias para um melhor entendimento de tais métodos.

Definição 4.2
Uma matriz triangular inferior é uma matriz quadrada $C = (c_{ij})$ tal que $c_{ij} = 0$ para $i < j$. Do mesmo modo, se $c_{ij} = 0$ para $i > j$, C é uma matriz triangular superior.

Definição 4.3
Seja A uma matriz $n \times n$ da forma:

$$A = \begin{pmatrix} a_{11} & a_{12} & \cdots & a_{1n} \\ a_{21} & a_{22} & \cdots & a_{2n} \\ \vdots & \vdots & \ddots & \vdots \\ a_{n1} & a_{n2} & \cdots & a_{nn} \end{pmatrix}. \tag{4.6}$$

Os **menores principais de A**, denominados de A_k, de ordens $k = 1, 2, \ldots n$, são definidos pelas sub-matrizes de A, obtidos eliminando-se as k primeiras linhas e k primeiras colunas de A, isto é:

$$A_k = \begin{pmatrix} a_{11} & a_{12} & \cdots & a_{1k} \\ a_{21} & a_{22} & \cdots & a_{2k} \\ \vdots & \vdots & \ddots & \vdots \\ a_{k1} & a_{k2} & \cdots & a_{kk} \end{pmatrix}, \quad k = 1, 2, \ldots n.$$

Definição 4.4
Uma matriz real simétrica A, $n \times n$, é **positiva definida** se para todos os menores principais A_k, constituídos das k primeiras linhas e k primeiras colunas de A, vale: $det(A_k) > 0$, $k = 1, 2, \ldots, n$.

4.4 Decomposição LU

Inicialmente, veremos em que condições podemos decompor uma matriz quadrada $A = (a_{ij})$ no produto de uma matriz triangular inferior por uma matriz triangular superior.

Teorema 4.1 (Teorema LU)
Sejam $A = (a_{ij})$ uma matriz quadrada de ordem n, e A_k o menor principal, constituído das k primeiras linhas e k primeiras colunas de A. Assumimos que $det(A_k) \neq 0$ para $k = 1, 2, \ldots, n-1$. Então, existe uma única matriz triangular inferior $L = (\ell_{ij})$, com $\ell_{11} = \ell_{22} = \ldots = \ell_{nn} = 1$, e uma única matriz triangular superior $U = (u_{ij})$, tal que $LU = A$. Além disso, $det(A) = u_{11}u_{22} \ldots u_{nn}$.

Prova: Para provar este teorema, usaremos indução sobre n.

1) Se $n = 1$, temos que: $a_{11} = 1 \cdot a_{11} = 1 \cdot u_{11}$ unicamente, e assim $A = LU$, onde $L = 1$ e $U = u_{11}$. Além disso, $det(A) = u_{11}$.

2) Assumimos que o teorema é verdadeiro para $n = k - 1$, ou seja, que toda matriz de ordem $(k - 1)$ é decomponível no produto LU nas condições do teorema.

3) Devemos mostrar que a decomposição pode ser feita para uma matriz de ordem $n = k$. Seja então A uma matriz de ordem k. Partimos essa matriz em sub-matrizes da forma:

$$A = \begin{pmatrix} A_{k-1} & r \\ s & a_{kk} \end{pmatrix},$$

onde r e s são vetores, ambos com $k-1$ componentes.

Note que a matriz A_{k-1} é de ordem $k-1$ e satisfaz as hipóteses do teorema. Portanto, pela hipótese de indução, ela pode ser decomposta na forma $A_{k-1} = L_{k-1}U_{k-1}$. Utilizando as matrizes L_{k-1} e U_{k-1}, formamos as seguintes matrizes:

$$L = \begin{pmatrix} L_{k-1} & 0 \\ m & 1 \end{pmatrix}, \quad U = \begin{pmatrix} U_{k-1} & p \\ 0 & u_{kk} \end{pmatrix},$$

onde m e p são vetores, ambos com $k-1$ componentes. Note que m, p e u_{kk} são desconhecidos. Assim, impondo que a matriz A seja decomponível em LU, vamos tentar determiná-los. Efetuando o produto LU, segue que:

$$LU = \begin{pmatrix} L_{k-1}U_{k-1} & L_{k-1}p \\ mU_{k-1} & mp + u_{kk} \end{pmatrix}.$$

Estudemos agora a equação $LU = A$, isto é:

$$\begin{pmatrix} L_{k-1}U_{k-1} & L_{k-1}p \\ mU_{k-1} & mp + u_{kk} \end{pmatrix} = \begin{pmatrix} A_{k-1} & r \\ s & a_{kk} \end{pmatrix}.$$

Desta igualdade, concluímos que:

$$\begin{aligned} L_{k-1}U_{k-1} &= A_{k-1}, \\ L_{k-1}p &= r, \\ mU_{k-1} &= s, \\ mp + u_{kk} &= a_{kk}. \end{aligned}$$

Observe que a primeira equação é válida pela hipótese de indução e, portanto, L_{k-1} e U_{k-1} são unicamente determinadas. Além disso, nem L_{k-1} e nem U_{k-1} são singulares (ou A_{k-1} também seria singular, contrariando a hipótese). Assim, de:

$$\begin{aligned} L_{k-1}p &= r & \Rightarrow & \quad p = L_{k-1}^{-1}r, \\ mU_{k-1} &= s & \Rightarrow & \quad m = s\,U_{k-1}^{-1}, \\ mp + u_{kk} &= a_{kk} & \Rightarrow & \quad u_{kk} = a_{kk} - mp. \end{aligned}$$

Portanto p, m e u_{kk} são determinados univocamente nesta ordem, e L e U são determinados unicamente. Finalmente,

$$det(A) = det(L) \cdot det(U) = 1 \cdot det(U_{k-1}) \cdot u_{kk} = u_{11}u_{22}\ldots\ldots u_{k-1,k-1}u_{kk},$$

completando a prova.

A decomposição de uma matriz no produto LU onde L tem 1 na diagonal é conhecida também como **Método de Doolittle**.

Cabe salientar que a decomposição LU fornece um dos algoritmos mais eficientes para o cálculo do determinante de uma matriz.

4.4.1 Esquema Prático para a Decomposição *LU*

Observe que, teoricamente, para obtermos as matrizes L e U, devemos calcular a inversa de L_{k-1} e U_{k-1}. Entretanto, na prática, podemos calcular L e U simplesmente aplicando a definição de produto e de igualdade de matrizes, isto é, impondo que a matriz A seja igual a LU. Seja, então, a matriz A como em (4.6) e

$$LU = \begin{pmatrix} 1 & & & & \\ \ell_{21} & 1 & & \bigcirc & \\ \ell_{31} & \ell_{32} & 1 & & \\ \ldots & \ldots & \ldots & \ddots & \\ \ell_{n1} & \ell_{n2} & \ell_{n3} & \ldots & 1 \end{pmatrix} \begin{pmatrix} u_{11} & u_{12} & u_{13} & \ldots & u_{1n} \\ & u_{22} & u_{23} & \ldots & u_{2n} \\ & & u_{33} & \ldots & u_{3n} \\ & \bigcirc & & \ddots & \vdots \\ & & & & u_{nn} \end{pmatrix}.$$

Para obtermos os elementos da matriz L e da matriz U, devemos calcular os elementos das linhas de U e os elementos das colunas de L na seguinte ordem:

1ª linha de *U*: Fazendo o produto da 1ª linha de L por todas as colunas de U e igualando com os elementos da 1ª linha de A, obtemos:

$$1 \cdot u_{11} = a_{11} \Rightarrow \boldsymbol{u_{11}} = a_{11},$$
$$1 \cdot u_{12} = a_{12} \Rightarrow \boldsymbol{u_{12}} = a_{12},$$
$$\ldots$$
$$1 \cdot u_{1n} = a_{1n} \Rightarrow \boldsymbol{u_{1n}} = a_{1n},$$
$$\Rightarrow \boldsymbol{u_{1j}} = a_{1j}, \quad j = 1, 2, \ldots, n.$$

1ª coluna de *L*: Fazendo o produto de todas as linhas de L (da 2ª até a nª) pela 1ª coluna de U, e igualando com os elementos da 1ª coluna de A (abaixo da diagonal principal), obtemos:

$$\ell_{21} u_{11} = a_{21} \Rightarrow \boldsymbol{\ell_{21}} = \frac{a_{21}}{u_{11}},$$
$$\ell_{31} u_{11} = a_{31} \Rightarrow \boldsymbol{\ell_{31}} = \frac{a_{31}}{u_{11}},$$
$$\ldots$$
$$\ell_{n1} u_{11} = a_{n1} \Rightarrow \boldsymbol{\ell_{n1}} = \frac{a_{n1}}{u_{11}},$$
$$\Rightarrow \boldsymbol{\ell_{i1}} = \frac{a_{i1}}{u_{11}}, \quad i = 2, \ldots, n.$$

2ª linha de *U*: Fazendo o produto da 2ª linha de L por todas as colunas de U (da 2ª até a nª) e igualando com os elementos da 2ª linha de A (da diagonal principal em diante), obtemos:

$$\ell_{21} u_{12} + u_{22} = a_{22} \Rightarrow \boldsymbol{u_{22}} = a_{22} - \ell_{21} u_{12},$$
$$\ell_{21} u_{13} + u_{23} = a_{23} \Rightarrow \boldsymbol{u_{23}} = a_{23} - \ell_{21} u_{13},$$
$$\ldots$$
$$\ell_{21} u_{1n} + u_{2n} = a_{2n} \Rightarrow \boldsymbol{u_{2n}} = a_{2n} - \ell_{21} u_{1n},$$
$$\Rightarrow \boldsymbol{u_{2j}} = a_{2j} - \ell_{21} u_{1j}, \quad j = 3, \ldots, n.$$

2ª coluna de *L*: Fazendo o produto de todas as linhas de L (da 3ª até a nª) pela 2ª coluna de U e igualando com os elementos da 2ª coluna de A (abaixo da diagonal principal), obtemos:

$$\ell_{31}u_{12} + \ell_{32}u_{22} = a_{32} \Rightarrow \ell_{32} = \frac{a_{32} - \ell_{31}u_{12}}{u_{22}},$$

$$\ell_{41}u_{12} + \ell_{42}u_{22} = a_{42} \Rightarrow \ell_{42} = \frac{a_{42} - \ell_{41}u_{12}}{u_{22}},$$

$$\cdots$$

$$\ell_{n1}u_{12} + \ell_{n2}u_{22} = a_{n2} \Rightarrow \ell_{n2} = \frac{a_{n2} - \ell_{n1}u_{12}}{u_{22}},$$

$$\Rightarrow \ell_{i2} = \frac{a_{i2} - \ell_{i2}u_{12}}{u_{22}}, \quad i = 3, \ldots, n.$$

Se continuarmos calculando: a 3ª linha de U, a 3ª coluna de L, a 4ª linha de U, a 4ª coluna de L etc., teremos as fórmulas gerais:

$$\begin{cases} u_{ij} = a_{ij} - \sum_{k=1}^{i-1} \ell_{ik}u_{kj}, & i \leq j, \\ \ell_{ij} = \left(a_{ij} - \sum_{k=1}^{j-1} \ell_{ik}u_{kj}\right) / u_{jj}, & i > j. \end{cases} \quad (4.7)$$

Observe que a convenção usual de $\sum_{j=1}^{k} \equiv 0$, se $k < 1$, deve ser utilizada aqui.

4.4.2 Aplicação à Solução de Sistemas Lineares

Vejamos agora como podemos aplicar a decomposição LU para obtermos a solução de sistemas lineares.

Seja o sistema linear $Ax = b$ de ordem n determinado, onde A satisfaz as condições da decomposição LU. Então, o sistema $Ax = b$ pode ser escrito como:

$$LUx = b.$$

Portanto, transformamos o sistema linear $Ax = b$ no sistema linear equivalente $LUx = b$, cuja solução é facilmente obtida. De fato, fazendo $Ux = y$, a equação anterior reduz-se a $Ly = b$. Resolvendo o sistema linear triangular inferior $Ly = b$, obtemos o vetor y. Substituindo o valor de y no sistema linear $Ux = y$, obtemos um sistema linear triangular superior cuja solução é o vetor x que procuramos.

Assim, a aplicação da decomposição LU na resolução de sistemas lineares requer a solução de dois sistemas triangulares.

Exemplo 4.2

Seja:

$$A = \begin{pmatrix} 5 & 2 & 1 \\ 3 & 1 & 4 \\ 1 & 1 & 3 \end{pmatrix}.$$

a) Verificar se A satisfaz as condições da decomposição LU.
b) Decompor A em LU.
c) Através da decomposição LU, calcular o determinante de A.
d) Resolver o sistema linear $Ax = b$, onde $b = (0, -7, -5)^t$, usando a decomposição LU.

Solução:

a) Para que A satisfaça as condições da decomposição LU, devemos ter: $det(A_1) \neq 0$ e $det(A_2) \neq 0$. Temos que: $det(A_1) = 5 \neq 0$ e $det(A_2) = -1 \neq 0$. Logo, A satisfaz as condições do teorema.

b) Usando as fórmulas (4.7), obtemos:
Para a 1ª linha de U:

$$u_{1j} = a_{1j}, \quad j = 1, 2, 3 \Rightarrow u_{11} = 5, \quad u_{12} = 2, \quad u_{13} = 1.$$

Para a 1ª coluna de L:

$$\ell_{i1} = \frac{a_{i1}}{u_{11}}, \quad i = 2, 3 \Rightarrow \ell_{21} = \frac{3}{5}, \quad \ell_{31} = \frac{1}{5}.$$

Para a 2ª linha de U:

$$u_{2j} = a_{2j} - \ell_{21} u_{1j}, \quad j = 2, 3 \Rightarrow$$

$$u_{22} = 1 - \frac{3}{5} \times 2 = -\frac{1}{5}, \quad u_{23} = 4 - \frac{3}{5} \times 1 = \frac{17}{5}.$$

Para a 2ª coluna de L:

$$\ell_{i2} = \frac{a_{i2} - \ell_{i1} u_{12}}{u_{22}}, \quad i = 3 \Rightarrow \ell_{32} = \frac{1 - \frac{1}{5} \times 2}{-\frac{1}{5}} = -3.$$

E, finalmente, para 3ª linha de U, obtemos:

$$u_{33} = a_{33} - \ell_{31} u_{13} - \ell_{32} u_{23} \Rightarrow u_{33} = 3 - \frac{1}{5} \times 1 - (-3) \times \frac{17}{5} = 13.$$

Então:

$$L = \begin{pmatrix} 1 & & \bigcirc \\ 3/5 & 1 & \\ 1/5 & -3 & 1 \end{pmatrix}, \quad U = \begin{pmatrix} 5 & 2 & 1 \\ & -1/5 & 17/5 \\ \bigcirc & & 13 \end{pmatrix}.$$

c) $det(A) = u_{11} u_{22} u_{33} \Rightarrow det(A) = (5)\left(-\frac{1}{5}\right)(13) \Rightarrow det(A) = -13.$

d) Para obter a solução do sistema linear $Ax = b$, devemos resolver dois sistemas lineares triangulares: $Ly = b$ e $Ux = y$.

d.1) Assim, de $Ly = b$, isto é, de:

$$\begin{pmatrix} 1 & & \bigcirc \\ 3/5 & 1 & \\ 1/5 & -3 & 1 \end{pmatrix} \begin{pmatrix} y_1 \\ y_2 \\ y_3 \end{pmatrix} = \begin{pmatrix} 0 \\ -7 \\ -5 \end{pmatrix}$$

obtemos:

$$y_1 = 0,$$
$$\frac{3}{5}y_1 + y_2 = -7 \Rightarrow y_2 = -7,$$
$$\frac{1}{5}y_1 + (-3)y_2 + y_3 = -5 \Rightarrow y_3 = -26.$$

Logo, a solução do sistema linear $Ly = b$ é $y = (0, -7, -26)^t$.

d.2) Agora, de $Ux = y$, isto é, de:

$$\begin{pmatrix} 5 & 2 & 1 \\ & -1/5 & 17/5 \\ \bigcirc & & 13 \end{pmatrix} \begin{pmatrix} x_1 \\ x_2 \\ x_3 \end{pmatrix} = \begin{pmatrix} 0 \\ -7 \\ -26 \end{pmatrix}$$

segue que:

$$13x_3 = -26 \Rightarrow x_3 = -2,$$
$$-\frac{1}{5}x_2 + \frac{17}{5}x_3 = -7 \Rightarrow x_2 = 1,$$
$$5x_1 + 2x_2 + x_3 = 0 \Rightarrow x_1 = 0.$$

Assim, a solução do sistema linear $Ux = y$ é $x = (0, 1, -2)^t$.
Portanto, a solução de $Ax = b$, isto é, de:

$$\begin{pmatrix} 5 & 2 & 1 \\ 3 & 1 & 4 \\ 1 & 1 & 3 \end{pmatrix} \begin{pmatrix} x_1 \\ x_2 \\ x_3 \end{pmatrix} = \begin{pmatrix} 0 \\ -7 \\ -5 \end{pmatrix} \quad \text{é} \quad x = \begin{pmatrix} 0 \\ 1 \\ -2 \end{pmatrix}.$$

Exercícios

4.1 Aplicando-se o método da decomposição LU à matriz:

$$A = \begin{pmatrix} \ldots & \ldots & 3 & \ldots \\ 4 & -1 & 10 & 8 \\ \ldots & -3 & 12 & 11 \\ 0 & -2 & -5 & 10 \end{pmatrix}$$

obteve-se as matrizes:

$$L = \begin{pmatrix} \ldots & 0 & \ldots & \ldots \\ 2 & \ldots & \ldots & \ldots \\ 3 & 0 & \ldots & 0 \\ 0 & \ldots & 1 & \ldots \end{pmatrix}, \quad U = \begin{pmatrix} \ldots & -1 & \ldots & 5 \\ \ldots & 1 & \ldots & -2 \\ \ldots & 0 & 3 & -4 \\ 0 & \ldots & 0 & 10 \end{pmatrix}.$$

Preencher os espaços pontilhados com valores adequados.

4.2 Considere o sistema linear:

$$\begin{cases} 5x_1 + 2x_2 + x_3 = -12 \\ -x_1 + 4x_2 + 2x_3 = 20 \\ 2x_1 - 3x_2 + 10x_3 = 3 \end{cases}$$

a) Resolva-o usando decomposição LU.

   b) Calcule o determinante de A usando a decomposição.

4.3 Seja A, $n \times n$, decomponível em LU. Sejam A_i, $i = 1, 2, \ldots, n$ os menores principais de ordem i. Mostre que:

$$u_{ii} = \frac{\Delta_i}{\Delta_{i-1}}, \quad i = 1, 2, \ldots, n,$$

onde:

$$\Delta_i = det A_i, \quad \Delta_n = det A \quad \text{e} \quad \Delta_0 = 1.$$

4.4 Considere a matriz A, $n \times n$, com todas as sub-matrizes principais não singulares. Exiba as fórmulas da decomposição LU, onde L é matriz triangular inferior e U é matriz triangular superior com 1 na diagonal. (A decomposição de uma matriz no produto LU onde U tem 1 na diagonal é conhecida também como **Método de Crout**.)

4.5 Resolva o sistema linear $Ax = b$, onde:

$$A = \begin{pmatrix} 2 & 3 & -1 \\ 1 & 0 & 2 \\ 0 & 3 & -1 \end{pmatrix}, \quad x = \begin{pmatrix} x_1 \\ x_2 \\ x_3 \end{pmatrix} \quad \text{e} \quad b = \begin{pmatrix} 4 \\ 3 \\ 2 \end{pmatrix},$$

usando a decomposição LU do exercício 4.4.

4.6 Mostre que se A satisfaz as hipóteses da decomposição LU, então A se decompõe de maneira única no produto LDU, onde L e U são matrizes triangulares inferior e superior, respectivamente, ambas com 1 na diagonal, e D é matriz diagonal. Além disso, $det(A) = d_{11}d_{22}\ldots d_{nn}$.

4.7 Mostre que se A é uma matriz simétrica e satisfaz as hipóteses da decomposição LU, então $A = LDU$ implica $U = L^t$ (transposta de L).

4.8 Mostre que se A é uma matriz simétrica, positiva definida e satisfaz as hipóteses da decomposição LU, então $A = LDL^t$, onde os elementos diagonais de D são todos positivos.

4.5 Método de Eliminação de Gauss

Seja o sistema linear $Ax = b$, onde A tem todas as submatrizes principais não singulares, isto é, $det(A_k) \neq 0, k = 1, 2, \ldots, n$.

O **Método de Eliminação de Gauss**, também chamado de **Método de Gauss Simples**, consiste em transformar o sistema linear dado num sistema triangular equivalente através de uma seqüência de operações elementares sobre as linhas do sistema original, isto é, o sistema equivalente é obtido através da aplicação repetida da operação:

> *"Substituir uma equação pela diferença entre essa mesma equação e uma outra equação multiplicada por uma constante diferente de zero."*

É claro que tal operação não altera a solução do sistema linear, isto é, obtém-se com ela outro sistema linear equivalente ao original. O objetivo é organizar essa seqüência de operações de tal forma que o sistema linear resultante seja triangular superior.

4.5.1 Descrição do Algoritmo

Considere o sistema linear dado por (4.1). Em primeiro lugar, montamos a matriz aumentada:

$$\begin{pmatrix} a_{11}^{(1)} & a_{12}^{(1)} & a_{13}^{(1)} & \cdots & a_{1n}^{(1)} & | & b_1^{(1)} \\ a_{21}^{(1)} & a_{22}^{(1)} & a_{23}^{(1)} & \cdots & a_{2n}^{(1)} & | & b_2^{(1)} \\ a_{31}^{(1)} & a_{32}^{(1)} & a_{33}^{(1)} & \cdots & a_{3n}^{(1)} & | & b_3^{(1)} \\ \cdots & \cdots & & & & | & \\ a_{n1}^{(1)} & a_{n2}^{(1)} & a_{n3}^{(1)} & \cdots & a_{nn}^{(1)} & | & b_n^{(1)} \end{pmatrix},$$

onde para $i, j = 1, 2, \ldots, n$, $a_{ij}^{(1)} = a_{ij}$ e $b_i^{(1)} = b_i$.

Por hipótese, temos que $a_{11}^{(1)} \neq 0$, pois $det(A_1) \neq 0$.

1º passo: Eliminar a incógnita x_1 da 2ª, 3ª, ..., nª equações (isto é, zerar os elementos da primeira coluna abaixo da diagonal); para isso, substituímos a 2ª, 3ª, ..., nª equações, respectivamente,

pela diferença entre a **2ª** equação e a **1ª** equação multiplicada por $\dfrac{a_{21}^{(1)}}{a_{11}^{(1)}}$,

pela diferença entre a **3ª** equação e a **1ª** equação multiplicada por $\dfrac{a_{31}^{(1)}}{a_{11}^{(1)}}$,

....

pela diferença entre a nª equação e a **1ª** equação multiplicada por $\dfrac{a_{n1}^{(1)}}{a_{11}^{(1)}}$.

Passamos então da matriz inicial à matriz:

$$\begin{pmatrix} a_{11}^{(1)} & a_{12}^{(1)} & a_{13}^{(1)} & \cdots & a_{1n}^{(1)} & | & b_1^{(1)} \\ & a_{22}^{(2)} & a_{23}^{(2)} & \cdots & a_{2n}^{(2)} & | & b_2^{(2)} \\ & \cdots & & & & | & \vdots \\ & a_{n2}^{(2)} & a_{n3}^{(2)} & \cdots & a_{nn}^{(2)} & | & b_n^{(2)} \end{pmatrix},$$

onde:

$$\begin{cases} a_{ij}^{(2)} = a_{ij}^{(1)} - a_{1j}^{(1)} \dfrac{a_{i1}^{(1)}}{a_{11}^{(1)}}, \\ \qquad\qquad\qquad\qquad i = 2, 3, \ldots, n; \\ \qquad\qquad\qquad\qquad j = 1, 2, \ldots, n. \\ b_i^{(2)} = b_i^{(1)} - b_1^{(1)} \dfrac{a_{i1}^{(1)}}{a_{11}^{(1)}}, \end{cases}$$

Observe que, da fórmula anterior, deduzimos que:

$$a_{22}^{(2)} = a_{22}^{(1)} - a_{12}^{(1)} \dfrac{a_{21}^{(1)}}{a_{11}^{(1)}} = \dfrac{a_{22}^{(1)} a_{11}^{(1)} - a_{12}^{(1)} a_{21}^{(1)}}{a_{11}^{(1)}} = \dfrac{det(A_2)}{a_{11}^{(1)}} \neq 0,$$

pois, por hipótese, $det(A_2) \neq 0$ e $det(A_1) = a_{11}^{(1)} \neq 0$.

2º passo: Eliminar a incógnita x_2 da **3ª**, **4ª**, ..., $n^{\underline{a}}$ equações (isto é, zerar os elementos da segunda coluna abaixo da diagonal); para isso, substituímos a **3ª**, **4ª**, ..., $n^{\underline{a}}$ equações, respectivamente,

pela diferença entre a **3ª** equação e a **2ª** equação multiplicada por $\dfrac{a_{32}^{(2)}}{a_{22}^{(2)}}$,

pela diferença entre a **4ª** equação e a **2ª** equação multiplicada por $\dfrac{a_{42}^{(2)}}{a_{22}^{(2)}}$,

....

pela diferença entre a $n^{\underline{a}}$ equação e a **2ª** equação multiplicada por $\dfrac{a_{n2}^{(2)}}{a_{22}^{(2)}}$.

Obtemos então a matriz:

$$\begin{pmatrix} a_{11}^{(1)} & a_{12}^{(1)} & a_{13}^{(1)} & \cdots & a_{1n}^{(1)} & | & b_1^{(1)} \\ & a_{22}^{(2)} & a_{23}^{(2)} & \cdots & a_{2n}^{(2)} & | & b_2^{(2)} \\ & & a_{33}^{(3)} & \cdots & a_{3n}^{(3)} & | & b_3^{(3)} \\ & & \cdots & & & | & \vdots \\ & & a_{n3}^{(3)} & \cdots & a_{nn}^{(3)} & | & b_n^{(3)} \end{pmatrix},$$

onde:

$$\begin{cases} a_{ij}^{(3)} = a_{ij}^{(2)} - a_{2j}^{(2)} \dfrac{a_{i2}^{(2)}}{a_{22}^{(2)}}, & \\ & i = 3, 4, \ldots, n; \\ & j = 2, 3, \ldots, n. \\ b_i^{(3)} = b_i^{(2)} - b_2^{(2)} \dfrac{a_{i2}^{(2)}}{a_{22}^{(2)}}, & \end{cases}$$

E assim, sucessivamente, chegaremos ao $(n-1)^{\underline{o}}$ **passo**. Temos que $a_{n-1,n-1}^{(n-1)} \neq 0$, pois, por hipótese, $det(A_{n-1}) \neq 0$.

$(n-1)^{\underline{o}}$ **passo:** Devemos eliminar a incógnita x_{n-1} da $n^{\underline{a}}$ equação (isto é, zerar o elemento da $(n-1)^{\underline{a}}$ coluna abaixo da diagonal); para isso, substituímos a $n^{\underline{a}}$ equação

pela diferença entre a $n^{\underline{a}}$ equação e a $(n-1)^{\underline{a}}$ equação multiplicada por $\dfrac{a_{n,n-1}^{(n-1)}}{a_{n-1,n-1}^{(n-1)}}$ e,

deste modo, obtemos a matriz:

$$\begin{pmatrix} a_{11}^{(1)} & a_{12}^{(1)} & a_{13}^{(1)} & \cdots & a_{1,n-1}^{(1)} & a_{1n}^{(1)} & | & b_1^{(1)} \\ & a_{22}^{(2)} & a_{23}^{(2)} & \cdots & a_{2,n-1}^{(2)} & a_{2n}^{(2)} & | & b_2^{(2)} \\ & & a_{33}^{(3)} & \cdots & a_{3,n-1}^{(3)} & a_{3n}^{(3)} & | & b_3^{(3)} \\ & & & \cdots & \cdots & \cdots & | & \vdots \\ & & & & a_{n-1,n-1}^{(n-1)} & a_{n-1,n}^{(n-1)} & | & b_{n-1}^{(n-1)} \\ & & & & & a_{nn}^{(n)} & | & b_n^{(n)} \end{pmatrix},$$

onde:

$$\begin{cases} a_{ij}^{(n)} = a_{ij}^{(n-1)} - a_{n-1,j}^{(n-1)} \dfrac{a_{i,n-1}^{(n-1)}}{a_{n-1,n-1}^{(n-1)}}, \\ \qquad\qquad\qquad\qquad\qquad i = n; \\ \qquad\qquad\qquad\qquad\qquad j = n-1, n. \\ b_i^{(n)} = b_i^{(n-1)} - b_{n-1}^{(n-1)} \dfrac{a_{i,n-1}^{(n-1)}}{a_{n-1,n-1}^{(n-1)}}, \end{cases}$$

Assim, de um modo geral, o **k⁰ passo** do método de Eliminação de Gauss é obtido por:

$$\begin{cases} \boldsymbol{a_{ij}^{(k+1)}} = a_{ij}^{(k)} - a_{k,j}^{(k)} \dfrac{a_{i,k}^{(k)}}{a_{k,k}^{(k)}}, \\ \qquad\qquad\qquad k = 1, 2, \ldots, n-1, \\ \qquad\qquad\qquad i = k+1, \ldots, n, \\ \qquad\qquad\qquad j = k, k+1, \ldots, n. \\ \boldsymbol{b_i^{(k+1)}} = b_i^{(k)} - b_k^{(k)} \dfrac{a_{i,k}^{(k)}}{a_{k,k}^{(k)}}. \end{cases} \qquad (4.8)$$

Portanto, o sistema linear triangular obtido,

$$\begin{cases} a_{11}^{(1)} x_1 + a_{12}^{(1)} x_2 + a_{13}^{(1)} x_3 + \ldots + a_{1,n-1}^{(1)} x_{n-1} + a_{1n}^{(1)} x_n = b_1^{(1)} \\ \qquad\quad + a_{22}^{(2)} x_2 + a_{23}^{(2)} x_3 + \ldots + a_{2,n-1}^{(2)} x_{n-1} + a_{2n}^{(2)} x_n = b_2^{(2)} \\ \qquad\qquad\qquad\quad a_{33}^{(3)} x_3 + \ldots + a_{3,n-1}^{(3)} x_{n-1} + a_{3n}^{(3)} x_n = b_3^{(3)} \\ \qquad\qquad\qquad\qquad \ldots \ldots \\ \qquad\qquad\qquad\qquad\qquad\qquad a_{n-1,n-1}^{(n-1)} x_{n-1} + a_{n-1,n}^{(n-1)} x_n = b_{n-1}^{(n-1)} \\ \qquad\qquad\qquad\qquad\qquad\qquad\qquad\qquad\qquad a_{nn}^{(n)} x_n = b_n^{(n)} \end{cases}$$

é equivalente ao original.

Observações:

1) No 2º passo, repetimos o processo como se não existisse a 1ª linha e a 1ª coluna da 2ª matriz, isto é, todas as operações são realizadas em função da 2ª linha da matriz obtida no 1º passo. De um modo geral, no $k^{\underline{o}}$ passo, repetimos o processo como se não existissem as $(k-1)$ primeiras linhas e as $(k-1)$ primeiras colunas da $k^{\underline{a}}$ matriz, isto é, todas as operações são realizadas em função da linha k da matriz obtida no passo $(k-1)$.

2) A operação: substituir uma equação pela diferença entre essa mesma equação e outra equação multiplicada por uma constante diferente de zero, é equivalente a realizar o seguinte cálculo (descreveremos para o $k^{\underline{o}}$ passo):

   2.1) Determinar as constantes $a_{ik}^{(k)}/a_{kk}^{(k)}$.

   2.2) Um elemento $a_{ij}^{(k+1)}$ será então obtido fazendo-se, na matriz anterior, a diferença entre o elemento que ocupa a mesma posição, isto é, $\left(a_{ij}^{(k)}\right)$, e o produto da constante $\left(a_{ik}^{(k)}/a_{kk}^{(k)}\right)$ pelo elemento que se encontra na mesma coluna da linha k, ou seja, pelo elemento $\left(a_{kj}^{(k)}\right)$.

3) O elemento $a_{kk}^{(k)}$ é o pivô do $k^\underline{o}$ passo.
4) O determinante de A é igual ao produto dos elementos diagonais da matriz triangular resultante da aplicação do método.

Exemplo 4.3

Resolver o sistema linear:
$$\begin{pmatrix} 6 & 2 & -1 \\ 2 & 4 & 1 \\ 3 & 2 & 8 \end{pmatrix} \begin{pmatrix} x_1 \\ x_2 \\ x_3 \end{pmatrix} = \begin{pmatrix} 7 \\ 7 \\ 13 \end{pmatrix}$$

usando o método de Eliminação de Gauss.

Solução: Montamos inicialmente a matriz 3×4:
$$\begin{pmatrix} 6 & 2 & -1 & | & 7 \\ 2 & 4 & 1 & | & 7 \\ 3 & 2 & 8 & | & 13 \end{pmatrix}.$$

1º passo: Temos que $a_{11}^{(1)} \neq 0$. Assim:
$$\frac{a_{21}^{(1)}}{a_{11}^{(1)}} = \frac{2}{6} = \frac{1}{3} \quad \text{e} \quad \frac{a_{31}^{(1)}}{a_{11}^{(1)}} = \frac{3}{6} = \frac{1}{2}.$$

Usando (4.8), segue que:
$$a_{21}^{(2)} = a_{21}^{(1)} - a_{11}^{(1)} \frac{a_{21}^{(1)}}{a_{11}^{(1)}} \Rightarrow a_{21}^{(2)} = 2 - 6 \times \frac{1}{3} \Rightarrow a_{21}^{(2)} = 0,$$

$$a_{22}^{(2)} = a_{22}^{(1)} - a_{12}^{(1)} \frac{a_{21}^{(1)}}{a_{11}^{(1)}} \Rightarrow a_{22}^{(2)} = 4 - 2 \times \frac{1}{3} \Rightarrow a_{22}^{(2)} = \frac{10}{3},$$

$$a_{23}^{(2)} = a_{23}^{(1)} - a_{13}^{(1)} \frac{a_{21}^{(1)}}{a_{11}^{(1)}} \Rightarrow a_{23}^{(2)} = 1 - (-1) \times \frac{1}{3} \Rightarrow a_{23}^{(2)} = \frac{4}{3},$$

$$b_2^{(2)} = b_2^{(1)} - b_1^{(1)} \frac{a_{21}^{(1)}}{a_{11}^{(1)}} \Rightarrow b_2^{(2)} = 7 - 7 \times \frac{1}{3} \Rightarrow b_2^{(2)} = \frac{14}{3},$$

$$a_{31}^{(2)} = a_{31}^{(1)} - a_{11}^{(1)} \frac{a_{31}^{(1)}}{a_{11}^{(1)}} \Rightarrow a_{31}^{(2)} = 3 - 6 \times \frac{1}{2} \Rightarrow a_{31}^{(2)} = 0,$$

$$a_{32}^{(2)} = a_{32}^{(1)} - a_{12}^{(1)} \frac{a_{31}^{(1)}}{a_{11}^{(1)}} \Rightarrow a_{32}^{(2)} = 2 - 2 \times \frac{1}{2} \Rightarrow a_{32}^{(2)} = 1,$$

$$a_{33}^{(2)} = a_{33}^{(1)} - a_{13}^{(1)} \frac{a_{31}^{(2)}}{a_{11}^{(1)}} \Rightarrow a_{33}^{(2)} = 8 - (-1) \times \frac{1}{2} \Rightarrow a_{33}^{(2)} = \frac{17}{2},$$

$$b_3^{(2)} = b_3^{(1)} - b_1^{(1)} \frac{a_{31}^{(1)}}{a_{11}^{(1)}} \Rightarrow b_3^{(2)} = 13 - 7 \times \frac{1}{2} \Rightarrow b_3^{(2)} = \frac{19}{2}.$$

Obtemos, então, a matriz:

$$\begin{pmatrix} 6 & 2 & -1 & | & 7 \\ 0 & 10/3 & 4/3 & | & 14/3 \\ 0 & 1 & 17/2 & | & 19/2 \end{pmatrix}.$$

2º passo: Temos que, $a_{22}^{(2)} \neq 0$. Assim:

$$\frac{a_{32}^{(2)}}{a_{22}^{(2)}} = \frac{1}{10/3} = \frac{3}{10}.$$

Usando novamente (4.8), segue que:

$$a_{32}^{(3)} = a_{32}^{(2)} - a_{22}^{(2)} \frac{a_{32}^{(2)}}{a_{22}^{(2)}} \Rightarrow a_{32}^{(3)} = 1 - \frac{10}{3} \times \frac{3}{10} \Rightarrow a_{32}^{(3)} = 0,$$

$$a_{33}^{(3)} = a_{33}^{(2)} - a_{23}^{(2)} \frac{a_{32}^{(2)}}{a_{22}^{(2)}} \Rightarrow a_{33}^{(3)} = \frac{17}{2} - \frac{4}{3} \times \frac{3}{10} \Rightarrow a_{33}^{(3)} = \frac{81}{10},$$

$$b_3^{(3)} = b_3^{(1)} - b_2^{(2)} \frac{a_{32}^{(2)}}{a_{22}^{(2)}} \Rightarrow b_3^{(3)} = \frac{19}{2} - \frac{14}{3} \times \frac{3}{10} \Rightarrow b_3^{(3)} = \frac{81}{10}.$$

Portanto, obtemos:

$$\begin{pmatrix} 6 & 2 & -1 & | & 7 \\ & 10/3 & 4/3 & | & 14/3 \\ 0 & & 81/10 & | & 81/10 \end{pmatrix},$$

ou seja:

$$\begin{pmatrix} 6 & 2 & -1 \\ 0 & 10/3 & 4/3 \\ 0 & 0 & 81/10 \end{pmatrix} \begin{pmatrix} x_1 \\ x_2 \\ x_3 \end{pmatrix} = \begin{pmatrix} 7 \\ 14/3 \\ 81/10 \end{pmatrix}.$$

Resolvendo o sistema linear, obtemos:

$$\frac{81}{10} x_3 = \frac{81}{10} \Rightarrow x_3 = 1,$$

$$\frac{10}{3} x_2 + \frac{4}{3} x_3 = \frac{14}{3} \Rightarrow x_2 = 1,$$

$$6 x_1 + 2 x_2 - x_3 = 7 \Rightarrow x_1 = 1.$$

Assim, a solução de:

$$\begin{pmatrix} 6 & 2 & -1 \\ 3 & 4 & 1 \\ 3 & 2 & 8 \end{pmatrix} \begin{pmatrix} x_1 \\ x_2 \\ x_3 \end{pmatrix} = \begin{pmatrix} 7 \\ 7 \\ 13 \end{pmatrix} \quad \text{é} \quad x = \begin{pmatrix} 1 \\ 1 \\ 1 \end{pmatrix}.$$

Note que, se em algum passo k encontrarmos $a_{kk}^{(k)} = 0$, isso significa que $det(A_k) = 0$. Neste caso, o sistema linear ainda pode ter solução determinada (basta que $det(A) \neq 0$). O método pode ser continuado simplesmente permutando a $k^{\underline{a}}$ equação com qualquer outra abaixo cujo coeficiente da $k^{\underline{a}}$ incógnita seja $\neq 0$.

Exemplo 4.4

Resolver, usando o método de Eliminação de Gauss, o sistema linear:

$$\begin{cases} 3x_1 + 3x_2 + x_3 = 7 \\ 2x_1 + 2x_2 - x_3 = 3 \\ x_1 - x_2 + 5x_3 = 5 \end{cases}$$

Solução: Aplicando o método de Eliminação de Gauss à matriz:

$$\begin{pmatrix} 3 & 3 & 1 & | & 7 \\ 2 & 2 & -1 & | & 3 \\ 1 & -1 & 5 & | & 5 \end{pmatrix}$$

obtemos:

$$\begin{pmatrix} 3 & 3 & 1 & | & 7 \\ 0 & 0 & -5/3 & | & -5/3 \\ 0 & -2 & 14/3 & | & 8/3 \end{pmatrix}.$$

Vemos aqui que o elemento $a_{22}^{(2)} = 0$ e, como já dissemos anteriormente, isso significa que $det(A_2) = 0$. De fato, $det(A_2) = \begin{vmatrix} 3 & 3 \\ 2 & 2 \end{vmatrix} = 0$.

Como o elemento $a_{32}^{(2)} \neq 0$, permutamos a $3^{\underline{a}}$ equação com a $2^{\underline{a}}$ e assim obtemos a matriz:

$$\begin{pmatrix} 3 & 3 & 1 & | & 7 \\ & -2 & 14/3 & | & 8/3 \\ & & -5/3 & | & -5/3 \end{pmatrix},$$

a qual já está na forma triangular. Assim, a solução de:

$$\begin{cases} 3x_1 + 3x_2 + x_3 = 7 \\ 2x_1 + 2x_2 - x_3 = 3 \\ x_1 - x_2 + 5x_3 = 5 \end{cases} \quad \text{é} \quad x = \begin{pmatrix} 1 \\ 1 \\ 1 \end{pmatrix}.$$

Observações:

1) O método de Eliminação de Gauss pode ser interpretado como um método para obtenção das matrizes L e U da decomposição LU. De fato, chamando de $(A|b)^{(1)}$ a matriz aumentada, o cálculo feito para obtenção de $(A|b)^{(2)}$ é equivalente a multiplicar $(A|b)^{(1)}$ por uma matriz M_1, onde:

$$M_1 = \begin{pmatrix} 1 & & & \\ -m_{21} & 1 & & \\ \vdots & & \ddots & \\ -m_{n1} & & & 1 \end{pmatrix}, \quad \text{com} \quad m_{i1} = \frac{a_{i1}^{(1)}}{a_{11}^{(1)}} \quad i = 2, 3 \ldots, n.$$

Assim, $(A|b)^{(2)} = M_1(A|b)^{(2)}$.
De maneira semelhante: $(A|b)^{(3)} = M_2(A|b)^{(2)}$, onde:

$$M_2 = \begin{pmatrix} 1 & & & & \\ & 1 & & & \\ & -m_{32} & 1 & & \\ & \vdots & & \ddots & \\ & -m_{n2} & & & 1 \end{pmatrix}, \quad \text{com} \quad m_{i2} = \frac{a_{i2}^{(2)}}{a_{22}^{(2)}} \quad i = 3, \ldots, n,$$

e assim sucessivamente. Logo:

$$(A|b)^{(n)} = M_{n-1}(A|b)^{(n-1)} = \ldots = \underbrace{M_{n-1} \ldots M_1}_{M}(A|b)^{(1)}.$$

Deste modo, temos: $A^{(n)} = MA^{(1)} = MA = U$ (onde U é matriz triangular superior da decomposição LU). Como M é um produto de matrizes não singulares, então é inversível; logo, existe $M^{-1} = M_1^{-1} M_2^{-1} \ldots M_{n-1}^{-1}$ e, portanto, $A = M^{-1}U$.
É fácil verificar que:

$$M^{-1} = \begin{pmatrix} 1 & & & & \\ m_{21} & 1 & & & \\ m_{31} & m_{32} & 1 & & \\ \vdots & & & \ddots & \\ m_{n1} & m_{n2} & & & 1 \end{pmatrix} = L,$$

onde L é a matriz triangular inferior da decomposição LU.
Assim, o método de Eliminação de Gauss nada mais é do que o método da Decomposição LU.
Observe que devemos resolver apenas o sistema linear $Ux = b^{(n)}$, desde que o vetor final $b^{(n)}$ é obtido de b através da equação: $b = Lb^{(n)}$. Assim, se $Ax = b$, $A = LU$, $b = Lb^{(n)}$, obtemos:

$$LUx = Lb^{(n)} \Rightarrow Ux = b^{(n)},$$

pois, como já dissemos, L é não singular. Portanto, o vetor solução x é obtido resolvendo-se apenas um sistema linear triangular.

2) O Exemplo 4.4 apresenta um sistema de equações lineares para o qual as hipóteses do Teorema 4.1 não são satisfeitas. Entretanto, resolvemos o sistema linear utilizando a estratégia de troca de linhas. Para visualizar por que isso foi possível, observe que podemos construir uma matriz P, chamada **matriz de Permutação**, a qual será formada pela permutação das linhas da matriz identidade, de forma que em cada linha o único elemento não nulo é igual a 1. Se durante o processo não permutamos as linhas do sistema linear, então P é a matriz identidade. Mas, se durante o processo permutamos a linha i com a linha j, então, na matriz P, a linha i será permutada com a linha j. No Exemplo 4.4, permutamos durante o processo a linha 2 com a linha 3. Assim:

$$L = \begin{pmatrix} 1 & 0 & 0 \\ 1/3 & 1 & 0 \\ 2/3 & 0 & 1 \end{pmatrix}, \quad U = \begin{pmatrix} 3 & 3 & 1 \\ 0 & -2 & 14/3 \\ 0 & 0 & -5/3 \end{pmatrix},$$

e a matriz P, neste caso, será:

$$P = \begin{pmatrix} 1 & 0 & 0 \\ 0 & 0 & 1 \\ 0 & 1 & 0 \end{pmatrix}.$$

Pode ser visto facilmente que, com a troca de linhas, a decomposição obtida não satisfaz a igualdade $A = LU$, mas satisfaz $PA = LU$, isto é, o produto LU reproduz a matriz A com suas linhas permutadas. Assim, foi possível resolver o sistema linear do Exemplo 4.4, pois a troca de linhas na decomposição funciona como se tivéssemos efetuado troca de linhas no sistema linear antes de começarmos a decomposição. A estratégia de troca de linhas para resolver um sistema linear é extremamente útil para os métodos baseados na decomposição LU e é conhecida como pivotamento. Descreveremos mais adiante o método de Eliminação de Gauss com pivotamento parcial.

Exercícios

4.9 Considere o sistema linear:

$$\begin{pmatrix} 2 & -3 & 1 \\ 4 & -6 & -1 \\ 1 & 2 & 1 \end{pmatrix} \begin{pmatrix} x_1 \\ x_2 \\ x_3 \end{pmatrix} = \begin{pmatrix} -5 \\ -7 \\ 4 \end{pmatrix}.$$

a) Resolva-o pelo método de Eliminação de Gauss.

b) Calcule o determinante de A usando a matriz triangular obtida no item a).

4.10 Verificar, usando o método de Eliminação de Gauss, que o sistema linear:

$$\begin{cases} x_1 + 2x_2 + x_3 = 3 \\ 2x_1 + 3x_2 + x_3 = 5 \\ 3x_1 + 5x_2 + 2x_3 = 1 \end{cases}$$

não tem solução.

4.11 Usando o método de Eliminação de Gauss, verificar que o sistema linear:

$$\begin{cases} x_1 + 4x_2 + \alpha x_3 = 6 \\ 2x_1 - x_2 + 2\alpha x_3 = 3 \\ \alpha x_1 + 3x_2 + x_3 = 5 \end{cases}$$

a) possui uma única solução quando $\alpha = 0$,

b) possui infinitas soluções quando $\alpha = 1$ e

c) não tem solução quando $\alpha = -1$.

4.6 Método de Gauss-Compacto

Como vimos, o método de Eliminação de Gauss nada mais é do que o método da Decomposição LU: a matriz triangular superior obtida ao final da aplicação desse método é a matriz U da decomposição LU, e a matriz L é a matriz formada pelos multiplicadores (as constantes $\dfrac{a_{ik}^{(k)}}{a_{kk}^{(k)}}$ do $k^{\underline{o}}$ passo).

Descreveremos agora uma maneira prática de se obter as matrizes L e U, bem como armazená-las de uma forma compacta. Tal método recebe o nome de **Método de Gauss-Compacto**. A vantagem desse método é economizar espaço na memória, pois ambas as matrizes L e U são armazenadas sobre a matriz original A. O único inconveniente é que a matriz A é destruída. O termo independente b é transformado juntamente com a matriz A, como no método de Eliminação de Gauss. Esse procedimento é bastante usual e conveniente para simplificar a programação destes métodos. Ao final, teremos armazenados as matrizes L, U e o termo independente modificado. A solução do sistema linear será obtida resolvendo-se apenas um sistema triangular superior.

4.6.1 Descrição do Algoritmo

Considere o sistema linear de ordem n, dado por (4.1). Em primeiro lugar, montamos a matriz, $n \times (n+1)$:

$$\begin{pmatrix} a_{11} & a_{12} & a_{13} & \cdots & a_{1n} & | & a_{1,n+1} \\ a_{21} & a_{22} & a_{23} & \cdots & a_{2n} & | & a_{2,n+1} \\ a_{31} & a_{32} & a_{33} & \cdots & a_{3n} & | & a_{3,n+1} \\ \cdots & \cdots & & & & | & \\ a_{n1} & a_{n2} & a_{n3} & \cdots & a_{nn} & | & a_{n,n+1} \end{pmatrix},$$

onde $a_{i,n+1} = b_i$, $i = 1, 2, \ldots, n$. A seguir, construímos a matriz $n \times (n+1)$, onde os termos independentes $b_i = a_{i,n+1}$, $i = 1, \ldots, n$, por serem obtidos da mesma maneira que os elementos u_{ij}, serão chamados $u_{i,n+1}$, $i = 1, \ldots, n$. Assim, sobre a matriz original, armazenamos a matriz:

$$\begin{pmatrix} u_{11} & u_{12} & u_{13} & \cdots & u_{1n} & | & u_{1,n+1} \\ \ell_{21} & u_{22} & u_{23} & \cdots & u_{2n} & | & u_{2,n+1} \\ \ell_{31} & \ell_{32} & u_{33} & \cdots & u_{3n} & | & u_{3,n+1} \\ \cdots & \cdots & & & & | & \\ \ell_{n1} & \ell_{n2} & \ell_{n3} & \cdots & u_{nn} & | & u_{n,n+1} \end{pmatrix},$$

a qual é obtida através das fórmulas da decomposição LU (fórmulas (4.7)), levando em consideração a lei de formação das mesmas, na seguinte ordem:

a) **1ª linha:** $u_{1j} = a_{1j}$, $j = 1, 2, \ldots, n+1$
   (isto significa que a 1ª linha é igual à 1ª linha da matriz original).

b) **1ª coluna:** $\ell_{i1} = \dfrac{a_{i1}}{u_{11}}$; $i = 2, \ldots, n$
   (isto significa que a 1ª coluna é igual ao elemento que ocupa a mesma posição na matriz original dividido por a_{11}, pois $u_{11} = a_{11}$).

c) **2ª linha:** $u_{2j} = a_{2j} - \ell_{21} u_{1j}$, $j = 2, \ldots, n+1$
   (isto significa que a 2ª linha é igual à diferença entre o elemento que ocupa a mesma posição na matriz original e o produto da 2ª linha pela coluna j na segunda matriz, com $j = 2, \ldots, n+1$).

d) **2ª coluna:** $\ell_{i2} = \dfrac{a_{i2} - \ell_{i1} u_{12}}{u_{22}}$; $i = 3, \ldots, n$
   (isto significa que a 2ª coluna é igual à diferença entre o elemento que ocupa a mesma posição na matriz original e o produto da linha i pela 2ª coluna, dividido por u_{22}, com $i = 3, \ldots, n$).

e) Segue-se calculando: 3ª linha, 3ª coluna, $\ldots$,

lembrando que as linhas são calculadas da diagonal (inclusive) em diante, e as colunas, da diagonal (exclusive) para baixo. Assim, o elemento u_{ij} é a diferença entre o elemento que ocupa a mesma posição na matriz original e a soma do produto ordenado da linha i pela coluna j (2ª matriz) até a linha $i-1$. Para o elemento ℓ_{ij}, o procedimento é análogo (limitado pela coluna $j-1$) e dividido pelo elemento diagonal na coluna.

Observações:

1) Produto ordenado significando: 1º elemento da linha i multiplicado pelo 1º elemento da coluna j, 2º × 2º, ...
2) Calculadas todas as linhas e colunas, resolve-se o sistema $Ux = b'$, onde U está indicada na 2ª matriz e b' é a última coluna da 2ª matriz.
3) Aqueles que não conseguem visualizar a maneira prática para montar a 2ª matriz devem recorrer às fórmulas (4.7), para resolver o sistema linear pelo método de Gauss-Compacto.
4) Dados vários sistemas lineares associados a uma mesma matriz, podemos resolvê-los de uma só vez pelo método de Gauss-Compacto. Tais sistemas são chamados de **sistemas lineares matriciais**.
5) O determinante de A é igual ao produto dos elementos diagonais da 2ª matriz.

Exemplo 4.5

Usando o Método de Gauss-Compacto resolver o sistema linear matricial:

$$\begin{pmatrix} 5 & 2 & -1 \\ 3 & 1 & 4 \\ 1 & 1 & 3 \end{pmatrix} \begin{pmatrix} x_1 & | & y_1 \\ x_2 & | & y_2 \\ x_3 & | & y_3 \end{pmatrix} = \begin{pmatrix} 0 & | & 6 \\ -7 & | & 7 \\ -5 & | & 4 \end{pmatrix}.$$

Solução: Montamos a matriz 3 × 5:

$$\begin{pmatrix} 5 & 2 & 1 & | & 0 & | & 6 \\ 3 & 1 & 4 & | & -7 & | & 7 \\ 1 & 1 & 3 & | & -5 & | & 4 \end{pmatrix} \sim \begin{pmatrix} 5 & 2 & 1 & | & 0 & | & 6 \\ 3/5 & -1/5 & 17/5 & | & -7 & | & 17/5 \\ 1/5 & -3 & 13 & | & -26 & | & 13 \end{pmatrix},$$

onde obtivemos os elementos da seguinte maneira:

1ª linha: (igual à 1ª linha da matriz original). Assim:

$$u_{11} = 5, \quad u_{12} = 2, \quad u_{13} = 1, \quad u_{14} = 0, \quad u_{15} = 6.$$

1ª coluna: (igual ao elemento que ocupa a mesma posição na matriz original dividido por a_{11}, desde que $u_{11} = a_{11}$). Assim:

$$\ell_{21} = \frac{3}{5}, \quad \ell_{31} = \frac{1}{5}.$$

2ª linha: (igual à diferença entre o elemento que ocupa a mesma posição na matriz original e o produto da 2ª linha pela coluna j, limitado pela 1ª linha, na 2ª matriz). Assim:

$$u_{22} = 1 - \frac{3}{5} \times 2 \Rightarrow u_{22} = -\frac{1}{5},$$

$$u_{23} = 4 - \frac{3}{5} \times 1 \Rightarrow u_{23} = \frac{17}{5},$$

$$u_{24} = -7 - \frac{3}{5} \times 0 \Rightarrow u_{24} = -7,$$

$$u_{25} = 7 - \frac{3}{5} \times 6 \Rightarrow u_{25} = \frac{17}{5}.$$

2ª coluna: (igual à diferença entre o elemento que ocupa a mesma posição na matriz original e o produto da 3ª linha pela 2ª coluna, limitado pela 1ª coluna, dividido pelo elemento da diagonal principal na 2ª matriz). Assim:

$$\ell_{32} = \frac{1 - \frac{1}{5} \times 2}{-\frac{1}{5}} \Rightarrow \ell_{32} = -3.$$

3ª linha: (igual à diferença entre o elemento que ocupa a mesma posição na matriz original e o produto da 3ª linha pela coluna j, limitado pela 2ª linha, na 2ª matriz). Assim:

$$u_{33} = 3 - \frac{1}{5} \times 1 - (-3) \times \frac{17}{5} \Rightarrow u_{33} = 13,$$

$$u_{34} = -5 - \frac{1}{5} \times 0 - (-3) \times (-7) \Rightarrow u_{34} = -26,$$

$$u_{35} = 4 - \frac{1}{5} \times 6 - (-3) \times \frac{17}{5} \Rightarrow u_{35} = 13.$$

Deste modo, resolvendo os sistemas lineares:

a) $\begin{pmatrix} 5 & 2 & 1 \\ -1/5 & 17/5 & \\ \bigcirc & & 13 \end{pmatrix} \begin{pmatrix} x_1 \\ x_2 \\ x_3 \end{pmatrix} = \begin{pmatrix} 0 \\ -7 \\ -26 \end{pmatrix}$, obtemos $x = \begin{pmatrix} 0 \\ 1 \\ -2 \end{pmatrix}$,

e

b) $\begin{pmatrix} 5 & 2 & 1 \\ -1/5 & 17/5 & \\ \bigcirc & & 13 \end{pmatrix} \begin{pmatrix} y_1 \\ y_2 \\ y_3 \end{pmatrix} = \begin{pmatrix} 6 \\ 17/5 \\ 13 \end{pmatrix}$, obtemos $y = \begin{pmatrix} 1 \\ 0 \\ 1 \end{pmatrix}$.

Portanto, a solução do sistema linear matricial:

$$\begin{pmatrix} 5 & 2 & 1 \\ 3 & 1 & 4 \\ 1 & 1 & 3 \end{pmatrix} \begin{pmatrix} x_1 & | & y_1 \\ x_2 & | & y_2 \\ x_3 & | & y_3 \end{pmatrix} = \begin{pmatrix} 0 & | & 6 \\ -7 & | & 7 \\ -5 & | & 4 \end{pmatrix} \text{ é } (x|y) = \begin{pmatrix} 0 & | & 1 \\ 1 & | & 0 \\ -2 & | & 1 \end{pmatrix}.$$

Exercícios

4.12 Aplicando-se o método de Gauss-Compacto a um sistema linear $Ax = b$, foi obtido o esquema:

$$\begin{pmatrix} \cdots & 2 & 1 & \cdots & | & 5 \\ 6 & 1 & 0 & 3 & | & 10 \\ \cdots & -3 & -5 & 7 & | & 2 \\ 9 & 0 & -2 & -1 & | & 6 \end{pmatrix} \sim \begin{pmatrix} 3 & 2 & 1 & -1 & | & 5 \\ 2 & \cdots & -2 & 5 & | & 0 \\ 1 & 5/3 & -8/3 & \cdots & | & -3 \\ \cdots & 2 & \cdots & -63/8 & | & \cdots \end{pmatrix}.$$

a) Preencha os espaços pontilhados com valores adequados.

b) Se $x = (x_1, x_2, x_3, x_4)^t$, calcule x_3 e x_4.

4.13 Usando o método de Gauss-Compacto, resolver os seguintes sistemas lineares:

$$(I) \begin{cases} 10x_1 + x_2 - x_3 = 10 \\ x_1 + 10x_2 + x_3 = 12 \\ 2x_1 - x_2 + 10x_3 = 11 \end{cases}$$

$$(II) \begin{cases} 4x_1 - 6x_2 - x_3 = -7 \\ 2x_1 - 3x_2 + x_3 = -5 \\ x_1 + 2x_2 + x_3 = 4 \end{cases}$$

4.14 Resolver o sistema linear matricial:

$$\begin{pmatrix} 2 & -1 & 3 \\ 4 & 1 & 2 \\ 1 & 0 & 10 \end{pmatrix} \begin{pmatrix} x_1 & | & y_1 & | & z_1 \\ x_2 & | & y_2 & | & z_2 \\ x_3 & | & y_3 & | & z_3 \end{pmatrix} = \begin{pmatrix} -4 & | & 2 & | & 4 \\ -7 & | & 6 & | & 6 \\ -11 & | & 2 & | & 20 \end{pmatrix}$$

usando o método de Gauss-Compacto.

4.7 Método de Cholesky

No caso em que a matriz do sistema linear é simétrica, podemos simplificar os cálculos da decomposição LU significativamente, levando em conta a simetria. Esta é a estratégia do **Método de Cholesky**, o qual se baseia no seguinte corolário.

Corolário 4.1
Se A é simétrica, positiva definida, então A pode ser decomposta unicamente no produto GG^t, onde G é matriz triangular inferior com elementos diagonais positivos.

Prova: A prova é imediata a partir do exercício 4.8.

Observe que essa decomposição é possível se a matriz A, além de simétrica, for também positiva definida (ver Definição 4.4).

4.7.1 Esquema Prático para a Decomposição GG^t

Do mesmo modo que na decomposição LU para obtermos a matriz G, aplicamos a definição de produto e igualdade de matrizes. Seja então:

$$GG^t = \begin{pmatrix} g_{11} & & & & \bigcirc \\ g_{21} & g_{22} & & & \\ g_{31} & g_{32} & g_{33} & & \\ \cdots & \cdots & \cdots & \ddots & \\ g_{n1} & g_{n2} & g_{n3} & \cdots & g_{nn} \end{pmatrix} \begin{pmatrix} g_{11} & g_{21} & g_{31} & \cdots & g_{n1} \\ & g_{22} & g_{32} & \cdots & g_{n2} \\ & & g_{33} & \cdots & g_{n3} \\ & & & \ddots & \vdots \\ \bigcirc & & & & g_{nn} \end{pmatrix} \quad e$$

$$A = \begin{pmatrix} a_{11} & a_{12} & a_{13} & \cdots & a_{1n} \\ a_{21} & a_{22} & a_{23} & \cdots & a_{2n} \\ a_{31} & a_{32} & a_{33} & \cdots & a_{3n} \\ \cdots & \cdots & \cdots & & \\ a_{n1} & a_{n2} & a_{n3} & \cdots & a_{nn} \end{pmatrix}.$$

Desde que existe uma lei de formação para os elementos diagonais e outra para os não diagonais de G, veremos em separado como obter tais fórmulas.

a) Elementos diagonais de G.

Os elementos diagonais a_{ii} de A são iguais ao produto da linha i de G pela coluna i de G^t. Veja que este produto é equivalente a multiplicarmos a linha i de G por ela mesma. Portanto:

$$a_{11} = g_{11}^2,$$
$$a_{22} = g_{21}^2 + g_{22}^2,$$
$$\ldots$$
$$a_{nn} = g_{n1}^2 g_{n2}^2 + \ldots + g_{nn}^2.$$

Logo, os elementos diagonais de G são dados por:

$$\begin{cases} g_{11} = \sqrt{a_{11}}, \\ g_{ii} = \left(a_{ii} - \sum_{k=1}^{i-1} g_{ik}^2\right)^{1/2}, \quad i = 2, 3, \ldots, n. \end{cases} \quad (4.9)$$

b) Elementos não diagonais de G.

b.1) 1ª coluna: Os elementos da 1ª coluna de G são obtidos igualando-se os elementos da 1ª coluna de A com o produto de cada linha de G pela 1ª coluna de G^t. Observe que este produto pode ser obtido multiplicando-se cada elemento da 1ª coluna de G (abaixo da diagonal) pela 1ª linha de G. Assim:

$$a_{21} = g_{21}g_{11},$$
$$a_{31} = g_{31}g_{11},$$
$$\ldots$$
$$a_{n1} = g_{n1}g_{11}.$$
$$\Rightarrow g_{i1} = \frac{a_{i1}}{g_{11}}, \quad i = 2, 3, \ldots, n.$$

b.2) 2ª coluna: Os elementos da 2ª coluna de G são obtidos igualando-se os elementos da 2ª coluna de A (abaixo da diagonal principal) com o produto de cada linha de G pela 2ª coluna de G^t. Observe que este produto pode ser obtido multiplicando-se cada linha de G (abaixo da diagonal) pela 2ª linha de G. Assim:

$$a_{32} = g_{31}g_{21} + g_{32}g_{22},$$
$$a_{42} = g_{41}g_{21} + g_{42}g_{22},$$
$$\ldots$$
$$a_{n2} = g_{n1}g_{21} + g_{n2}g_{22},$$
$$\Rightarrow g_{i2} = \frac{a_{i2} - g_{i1}g_{21}}{g_{22}}, \quad i = 3, 4, \ldots, n.$$

Se continuarmos calculando 3ª, 4ª colunas de G etc., teremos a fórmula geral:

$$\begin{cases} g_{i1} = \frac{a_{i1}}{g_{11}}, \quad i = 2, 3, \ldots, n, \\ g_{ij} = \left(a_{ij} - \sum_{k=1}^{j-1} g_{ik}g_{jk}\right) / g_{jj}, \quad 2 \leq j < i. \end{cases} \quad (4.10)$$

Utilizadas numa ordem conveniente, as fórmulas (4.9) e (4.10) determinam os elementos da matriz G. Uma ordem conveniente pode ser:

$$g_{11}, g_{21}, g_{31}, \ldots, g_{n1}; g_{22}, g_{32}, \ldots, g_{n2}; \ldots, g_{nn}.$$

Isto corresponde a calcularmos os elementos da matriz G por coluna.

Observações:

i) Se A satisfaz as condições do método de Cholesky, a aplicação do método requer menos cálculos que a decomposição LU.

ii) O fato de A ser positiva definida garante que na decomposição teremos somente raízes quadradas de números positivos.

iii) O método de Cholesky também pode ser aplicado a matrizes simétricas que não sejam positivas definidas, desde que trabalhemos com aritmética complexa. Entretanto, só usaremos este método se pudermos trabalhar com aritmética real.

iv) Vimos, no caso da decomposição LU, que $det(A) = u_{11}u_{22}\ldots u_{nn}$, uma vez que os elementos diagonais de L eram unitários. No caso do método de Cholesky temos que: $A = GG^t$ e, portanto:

$$det(A) = (detGG^t) = (detG)^2 = (g_{11}g_{22} \ldots g_{nn})^2.$$

4.7.2 Aplicação à Solução de Sistemas Lineares

Vejamos agora como podemos aplicar a decomposição GG^t para obtermos a solução de sistemas lineares.

Seja o sistema linear $Ax = b$ de ordem n determinado, onde A satisfaz as condições do processo de Cholesky. Uma vez calculada a matriz G, a solução de $Ax = b$ fica reduzida, como no método da Decomposição LU, à solução do par de sistemas lineares triangulares:

$$\begin{cases} Gy = b, \\ G^t x = y. \end{cases}$$

Exemplo 4.6

Seja:

$$A = \begin{pmatrix} 4 & 2 & -4 \\ 2 & 10 & 4 \\ -4 & 4 & 9 \end{pmatrix}.$$

a) Verificar se A satisfaz as condições do método de Cholesky.

b) Decompor A em GG^t.

c) Calcular o determinante de A usando a decomposição obtida.

d) Resolver o sistema linear $Ax = b$, onde $b = (0, 6, 5)^t$.

Solução:

a) A matriz A é simétrica. Devemos verificar se é positiva definida. Temos:

$$det(A_1) = 4 > 0, \quad det(A_2) = 36 > 0, \quad det(A_3) = det(A) = 36 > 0.$$

Logo, A satisfaz as condições da decomposição GG^t.

b) Usando as fórmulas (4.9) e (4.10), obtemos:

$$\begin{aligned}
g_{11} &= \sqrt{a_{11}} \Rightarrow g_{11} = \sqrt{4} \Rightarrow g_{11} = 2, \\
g_{21} &= \frac{a_{21}}{g_{11}} \Rightarrow g_{21} = \frac{2}{2} \Rightarrow g_{21} = 1, \\
g_{31} &= \frac{a_{31}}{g_{11}} \Rightarrow g_{31} = \frac{-4}{2} \Rightarrow g_{31} = -2, \\
g_{22} &= (a_{22} - g_{21}^2)^{1/2} \Rightarrow g_{22} = (10 - 1^2)^{1/2} \Rightarrow g_{22} = 3, \\
g_{32} &= \frac{a_{32} - g_{31}g_{21}}{g_{22}} \Rightarrow g_{32} = \frac{4 - (-2)(1)}{3} \Rightarrow g_{32} = 2, \\
g_{33} &= (a_{33} - g_{31}^2 - g_{32}^2)^{1/2} \Rightarrow g_{33} = (9 - (-2)^2 - 2^2)^{1/2} \Rightarrow g_{33} = 1.
\end{aligned}$$

Então:

$$\begin{pmatrix} 4 & 2 & -4 \\ 2 & 10 & 4 \\ -4 & 4 & 9 \end{pmatrix} = \begin{pmatrix} 2 & & \bigcirc \\ 1 & 3 & \\ -2 & 2 & 1 \end{pmatrix} \begin{pmatrix} 2 & 1 & -2 \\ & 3 & 2 \\ \bigcirc & & 1 \end{pmatrix}.$$

c) $det(A) = (g_{11} g_{22} g_{33})^2 = (2 \times 3 \times 1)^2 = 36.$

d) Para obter a solução do sistema linear $Ax = b$, devemos resolver dois sistemas lineares triangulares: $Gy = b$ e $G^t x = y$.

d.1) Assim, de $Gy = b$, isto é, de:

$$\begin{pmatrix} 2 & & \bigcirc \\ 1 & 3 & \\ -2 & 2 & 1 \end{pmatrix} \begin{pmatrix} y_1 \\ y_2 \\ y_3 \end{pmatrix} = \begin{pmatrix} 0 \\ 6 \\ 5 \end{pmatrix}$$

obtemos:

$$\begin{aligned}
2y_1 &= 0 \Rightarrow y_1 = 0, \\
y_1 + 3y_2 &= 6 \Rightarrow y_2 = 2, \\
-2y_1 + 2y_2 + y_3 &= 5 \Rightarrow y_3 = 1.
\end{aligned}$$

Logo, a solução do sistema linear $Gy = b$ é $y = (0, 2, 1)^t$.

d.2) Agora, de $G^t x = y$, isto é, de:

$$\begin{pmatrix} 2 & 1 & -2 \\ & 3 & 2 \\ \bigcirc & & 1 \end{pmatrix} \begin{pmatrix} x_1 \\ x_2 \\ x_3 \end{pmatrix} = \begin{pmatrix} 0 \\ 2 \\ 1 \end{pmatrix}$$

segue que:
$$x_3 = 1,$$
$$3x_2 + 2x_3 = 2 \Rightarrow x_2 = 0,$$
$$2x_1 + x_2 - 2x_3 = 0 \Rightarrow x_1 = 1.$$

Assim, a solução do sistema linear $G^t x = y$ é $x = (1, 0, 1)^t$.
Portanto, a solução de $Ax = b$, isto é, de:

$$\begin{pmatrix} 4 & 2 & -4 \\ 2 & 10 & 4 \\ -4 & 4 & 9 \end{pmatrix} \begin{pmatrix} x_1 \\ x_2 \\ x_3 \end{pmatrix} = \begin{pmatrix} 0 \\ 6 \\ 5 \end{pmatrix} \text{ é } x = \begin{pmatrix} 1 \\ 0 \\ 1 \end{pmatrix}.$$

Exercícios

4.15 Aplicando-se o processo de Cholesky à matriz A, obteve-se:

$$A = \begin{pmatrix} \ldots & 2 & \ldots & \ldots \\ \ldots & 8 & 10 & -8 \\ 3 & 10 & 14 & -5 \\ \ldots & -8 & \ldots & 29 \end{pmatrix} = GG^t,$$

onde:

$$G = \begin{pmatrix} 1 & & & \bigcirc \\ 2 & \ldots & & \\ \ldots & 2 & 1 & \\ 0 & -4 & \ldots & 2 \end{pmatrix}.$$

Preencher os espaços pontilhados com valores adequados.

4.16 Considere as matrizes:

$$A = \begin{pmatrix} 1 & 1 & 0 \\ 1 & 2 & -1 \\ 0 & -1 & 3 \end{pmatrix} \quad \text{e} \quad B = \begin{pmatrix} 3 & 1 & 0 \\ 1 & 3 & 2 \\ 0 & 2 & 1 \end{pmatrix}.$$

Escolha adequadamente e resolva um dos sistemas lineares $Ax = b$, $Bx = b$, pelo processo de Cholesky, onde $b = (2, 1, 5)^t$.

4.17 Mostre que: Se o sistema de equações lineares algébricas $Ax = b$, onde A é matriz não singular, é transformado no sistema linear equivalente $Bx = c$, com $B = A^t A$, $c = A^t b$, onde A^t é a transposta de A, então o último sistema linear pode sempre ser resolvido pelo processo de Cholesky (isto é, a matriz B satisfaz as condições para a aplicação do método). Aplicar a técnica anterior para determinar, pelo processo de Cholesky, a solução do sistema linear:

$$\begin{pmatrix} 1 & 0 & 1 \\ 1 & 1 & 0 \\ 1 & -1 & 0 \end{pmatrix} \begin{pmatrix} x_1 \\ x_2 \\ x_3 \end{pmatrix} = \begin{pmatrix} 2 \\ 2 \\ 0 \end{pmatrix}.$$

4.8 Método de Eliminação de Gauss com Pivotamento Parcial

Além dos problemas já citados neste capítulo para os métodos baseados na decomposição LU, existe outro problema mais sério que está relacionado com a *propagação dos erros de arredondamento* do computador. Assim, para ilustrar esta situação, consideremos um exemplo hipotético (sistema linear de ordem 2, com uma máquina que trabalha apenas com três dígitos significativos). Tal exemplo servirá para ilustrar o que acontece com um sistema linear de grande porte num computador qualquer, visto que os mesmos operam com um número fixo e finito de algarismos significativos.

Exemplo 4.7

Através do método de Eliminação de Gauss, resolver o sistema linear:

$$\begin{cases} 0.0001x_1 + 1.00x_2 = 1.00 \\ 1.00x_1 + 1.00x_2 = 2.00 \end{cases}$$

usando em todas as operações três dígitos significativos.

Solução: Usando o método de Eliminação de Gauss, com **três dígitos significativos em todas as operações**, obtemos:

$$\begin{pmatrix} 0.000100 & 1.00 & | & 1.00 \\ 1.00 & 1.00 & | & 2.00 \end{pmatrix} \simeq \begin{pmatrix} 0.000100 & 1.00 & | & 1.00 \\ & -10000 & | & -10000 \end{pmatrix},$$

cuja solução é:

$$x = \begin{pmatrix} 0 \\ 1 \end{pmatrix}.$$

Entretanto, é fácil verificar que a solução deste sistema linear é:

$$x = \begin{pmatrix} 1.00010 \\ 0.99990 \end{pmatrix}.$$

Portanto, obtemos uma solução muito diferente da solução exata do sistema linear dado.

A propagação de erros ocorre principalmente quando multiplicamos um número muito grande por outro que já contém erro de arredondamento. Por exemplo, suponha que um dado número z tenha um erro de arredondamento ε. Este número pode então ser escrito na forma: $\tilde{z} = z + \varepsilon$. Se agora multiplicamos esse número por p, então obtemos $p\tilde{z} = pz + p\varepsilon$, e assim o erro no resultado será $p\varepsilon$. Assim, se p for um número grande, este erro poderá ser muito maior que o original. Dizemos, neste caso, que o erro em z foi amplificado.

No método de Eliminação de Gauss, vários produtos com os multiplicadores são efetuados. Análises de propagação de erros de arredondamento para o algoritmo de Gauss indicam a conveniência de serem todos os multiplicadores (as constantes $a_{ik}^{(k)}/a_{kk}^{(k)}$ do kº passo) menores que 1 em módulo; ou seja, o pivô deve ser o elemento de maior valor absoluto da coluna, da diagonal (inclusive) para baixo.

Podemos então, em cada passo, escolher na coluna correspondente o elemento de maior valor absoluto, da diagonal (inclusive) para baixo, e fazer uma permutação nas equações do sistema, de modo que esse elemento venha a ocupar a posição de pivô. A este procedimento chamamos **Método de Eliminação de Gauss com Pivotamento Parcial**.

Exemplo 4.8

Resolver o sistema linear do Exemplo 4.7 pelo método de Eliminação de Gauss com pivotamento parcial, usando em todas as operações três dígitos significativos.

Solução: Devemos colocar, na posição do pivô, o elemento de maior valor absoluto da primeira coluna. Fazendo isto, e aplicando o método de Eliminação de Gauss, obtemos:

$$\begin{pmatrix} 1.00 & 1.00 & | & 2.00 \\ 0.000100 & 1.00 & | & 1.00 \end{pmatrix} \simeq \begin{pmatrix} 1.00 & 1.00 & | & 2.00 \\ & 1.00 & | & 1.00 \end{pmatrix},$$

cuja solução é:

$$x = \begin{pmatrix} 1.00 \\ 1.00 \end{pmatrix},$$

e, portanto, bem mais próxima da solução exata.

A **matriz de Hilbert** é famosa por produzir um exemplo de sistema linear que, se não utilizarmos pivotamento, a solução obtida poderá estar completamente errada. Os elementos desta matriz são dados por:

$$h_{ij} = \frac{1}{i+j-1}, \quad i = 1, 2, \ldots, n; \quad j = 1, 2, \ldots, n. \tag{4.11}$$

Assim, a matriz de Hilbert de ordem 4 é dada por:

$$\begin{pmatrix} 1 & 1/2 & 1/3 & 1/4 \\ 1/2 & 1/3 & 1/4 & 1/5 \\ 1/3 & 1/4 & 1/5 & 1/6 \\ 1/4 & 1/5 & 1/6 & 1/7 \end{pmatrix}.$$

Exercício

4.18 Considere um sistema linear de ordem 12 que tem a matriz de Hilbert como matriz dos coeficientes e que a solução exata seja o vetor que possui todas as componentes iguais a 1. Resolva o sistema linear usando:

    a) o método de Eliminação de Gauss;

    b) o método de Eliminação de Gauss com pivotamento parcial.

Quem resolveu o exercício 4.18 (e quem não resolveu deve fazê-lo) pode observar que a solução obtida em **b)** é melhor que em **a)**. No entanto, se no exercício 4.18 considerarmos um sistema linear de ordem 17, veremos que mesmo o método com pivotamento não produz uma solução satisfatória. O problema é que a matriz de Hilbert é uma matriz muito mal condicionada. O problema de condicionamento de matrizes será visto mais adiante.

4.9 Refinamento da Solução

Como já dissemos anteriormente, os métodos exatos deveriam fornecer, com um número finito de operações, a solução exata do sistema linear. Entretanto, devido aos erros de arredondamento obtemos, em geral, soluções aproximadas. Veremos aqui como refinar uma solução obtida por processo numérico.

Consideremos o seguinte sistema linear de ordem n:

$$\sum_{j=1}^{n} a_{ij} x_j = b_i; \quad i = 1, 2, \ldots, n. \tag{4.12}$$

Seja $(x_1, x_2, \ldots, x_n)^t$ a solução exata de (4.12), e seja $(\bar{x}_1, \bar{x}_2, \ldots, \bar{x}_n)^t$ uma aproximação da solução, por exemplo, obtida pelo método de Eliminação de Gauss. Observe que estamos considerando este método para poder descrever o processo de refinamento, mas o mesmo é válido para os demais métodos apresentados neste capítulo.

Então, devemos ter:

$$x_j = \bar{x}_j + y_j; \quad j = 1, 2, \ldots, n, \tag{4.13}$$

onde y_j, $j = 1, 2, \ldots, n$ são as correções que devem ser adicionadas aos valores $\bar{x}_j$ (obtidos pelo método de Eliminação de Gauss) para fornecerem os valores corretos x_j. Substituindo (4.13) em (4.12), obtemos:

$$\sum_{j=1}^{n} a_{ij}(\bar{x}_j + y_j) = b_i; \quad i = 1, 2, \ldots, n,$$

$$\Rightarrow \sum_{j=1}^{n} a_{ij} y_j = b_i - \sum_{j=1}^{n} a_{ij} \bar{x}_j; \quad i = 1, 2, \ldots, n.$$

Sejam:

$$r_i = b_i - \sum_{j=1}^{n} a_{ij} \bar{x}_j; \quad i = 1, 2, \ldots, n, \tag{4.14}$$

os resíduos. Obtemos, então:

$$\sum_{j=1}^{n} a_{ij} y_j = r_i; \quad i = 1, 2, \ldots, n. \tag{4.15}$$

Observações:

i) De (4.15), notamos que as correções são obtidas resolvendo-se um sistema linear análogo ao (4.12), com a mesma matriz dos coeficientes e com os termos independentes b_i, $i = 1, 2, \ldots, n$ substituídos pelos resíduos r_i, $i = 1, 2, \ldots, n$. Assim, na solução de (4.15), devemos refazer apenas os cálculos referentes ao novo termo independente. Portanto devemos, ao resolver (4.12), armazenar os multiplicadores (ou seja, as constantes $a_{ik}^{(k)}/a_{kk}^{(k)}$) nas posições supostamente zeradas.

ii) A solução de (4.15) pode também estar afetada de erro, visto que as correções nada mais são do que a solução de sistema linear. Assim, encontrado y_j, substituímos seus valores em (4.13) e encontramos uma melhor solução aproximada $\bar{x}$, à qual poderemos novamente aplicar o processo de refinamento. Obtemos com isso um processo iterativo, o qual deve ser aplicado até que uma precisão ϵ, pré-fixada, seja atingida.

iii) Para sabermos se a precisão foi atingida, devemos calcular o vetor resíduo. Se o mesmo for o vetor nulo, então teremos encontrado a solução exata. Se o vetor resíduo for diferente do vetor nulo, então paramos o processo quando:

$$\frac{\| r^{(k+1)} - r^{(k)} \|_\infty}{\| r^{(k+1)} \|_\infty} < \epsilon, \tag{4.16}$$

onde $\| . \|_\infty$ está definida no Exemplo 1.9.

iv) No cálculo dos resíduos, ou seja, no cálculo de (4.14), haverá perda de algarismos significativos, por serem os valores de b_i e $\sum_{j=1}^{n} a_{ij}\bar{x}_j$ aproximadamente iguais. Assim, devemos calcular os resíduos com precisão maior do que a utilizada nos demais cálculos. Logo, se estivermos trabalhando em *ponto flutuante*, devemos calcular os resíduos em precisão dupla.

v) O processo de refinamento é utilizado, em geral, em sistemas de grande porte, onde o acúmulo de erros de arredondamento é maior.

O exemplo a seguir mostra o processo de refinamento num caso hipotético (sistema linear de ordem 2, com uma máquina que trabalha apenas com dois dígitos significativos). Novamente, este exemplo servirá para ilustrar o que acontece com um sistema de grande porte num computador qualquer.

Exemplo 4.9

Considere o sistema linear:

$$\begin{pmatrix} 16. & 5.0 \\ 3.0 & 2.5 \end{pmatrix} \begin{pmatrix} x_1 \\ x_2 \end{pmatrix} = \begin{pmatrix} 21. \\ 5.5 \end{pmatrix}.$$

Trabalhando com arredondamento para dois dígitos significativos em todas as operações:

a) resolva o sistema linear pelo método de Eliminação de Gauss,
b) faça uma iteração para refinar a solução obtida em **a)**.

Solução:

a) Aplicando o método de eliminação de Gauss ao sistema linear dado, obtemos:

$$\begin{pmatrix} 16. & 5.0 & | & 21. \\ 3.0 & 2.5 & | & 5.5 \end{pmatrix} \sim \begin{pmatrix} 16. & 5.0 & | & 21. \\ \overline{0.19} | & 1.6 & | & 1.5 \end{pmatrix}.$$

Observe que não calculamos o elemento $a_{21}^{(2)}$, mas armazenamos nesta posição o multiplicador $\dfrac{a_{21}^{(1)}}{a_{11}^{(1)}} = \dfrac{3.0}{16.} = 0.1875 = 0.19$, o qual deverá ser usado no cálculo do novo termo independente. Assim, resolvendo o sistema linear:

$$\begin{pmatrix} 16. & 5.0 \\ 0 & 1.6 \end{pmatrix} \begin{pmatrix} x_1 \\ x_2 \end{pmatrix} = \begin{pmatrix} 21. \\ 1.5 \end{pmatrix},$$

obtemos:

$$x_2 = \frac{1.5}{1.6} = 0.9375 = 0.94$$

$$x_1 = \frac{21. - 5.0 \times 0.94}{16.} = \frac{21. - 4.7}{16.} = \frac{16.3}{16.} = \frac{16.}{16.} = 1.0$$

Portanto, a solução aproximada é: $\bar{x} = (1.0, 0.94)^t$.

b) Para refinar a solução obtida em **a)**, devemos inicialmente calcular o vetor resíduo. Desde que $r = b - A\bar{x}$, obtemos:

$$r = \begin{pmatrix} 21. \\ 5.5 \end{pmatrix} - \begin{pmatrix} 16. & 5.0 \\ 3.0 & 1.6 \end{pmatrix} \begin{pmatrix} 1.0 \\ 0.94 \end{pmatrix}.$$

Assim, (lembrando que devemos utilizar precisão dupla), obtemos:

$$r = \begin{pmatrix} 21.00 - 16.00 - 4.700 \\ 5.500 - 3.000 - 2.350 \end{pmatrix} = \begin{pmatrix} 0.3000 \\ 0.1500 \end{pmatrix}.$$

Consideramos, então:

$$r = \begin{pmatrix} 0.30 \\ 0.15 \end{pmatrix}.$$

Devemos apenas refazer os cálculos em relação ao novo termo independente, isto é:

$$r = \begin{pmatrix} 0.30 \\ 0.15 \end{pmatrix} \sim \begin{pmatrix} 0.30 \\ 0.15 - 0.30 \times 0.19 \end{pmatrix}$$

$$\Rightarrow r = \begin{pmatrix} 0.30 \\ 0.15 - 0.057 \end{pmatrix} = \begin{pmatrix} 030 \\ 0.093 \end{pmatrix}.$$

Agora, resolvendo o sistema linear:

$$\begin{pmatrix} 16. & 5.0 \\ 0 & 1.6 \end{pmatrix} \begin{pmatrix} y_1 \\ y_2 \end{pmatrix} = \begin{pmatrix} 0.30 \\ 0.093 \end{pmatrix},$$

obtemos: $y = (0.00063, 0.058)^t$. Fazendo,

$$x = \bar{x} + y,$$

segue que:

$$x = \begin{pmatrix} 1.0 \\ 0.94 \end{pmatrix} + \begin{pmatrix} 0.00063 \\ 0.058 \end{pmatrix} = \begin{pmatrix} 1.00063 \\ 0.998 \end{pmatrix} = \begin{pmatrix} 1.0 \\ 1.0 \end{pmatrix}.$$

Calculando novamente o resíduo, obtemos que o mesmo é o vetor nulo. Assim, $x = (1.0, 1.0)^t$ é a solução exata do sistema linear dado.

Exercícios

4.19 Considere o sistema linear:

$$\begin{cases} x_1 + 3x_2 + 4x_3 = -5 \\ 3x_1 + 2x_2 + x_3 = 8 \\ 2x_1 + 4x_2 + 3x_3 = 4 \end{cases}$$

a) Resolva-o pelo método de Eliminação de Gauss, trabalhando com arredondamento para três dígitos significativos em todas as operações.

b) Refine uma vez a solução obtida em **a)**.

4.20 Considere o sistema linear:

$$\begin{cases} 2x_1 + 3x_2 + 4x_3 = -2 \\ 3x_1 + 2x_2 - x_3 = 4 \\ 5x_1 - 4x_2 + 3x_3 = 8 \end{cases}$$

a) Resolva-o pelo método de Eliminação de Gauss com pivotamento parcial, trabalhando com arredondamento para três dígitos significativos em todas as operações.

b) Refine uma vez a solução obtida em **a)**.

4.10 Mal Condicionamento

Como vimos, para resolver sistemas lineares, dois aspectos devem ser considerados:

a) Se a solução existe ou não.

b) Achar um modo eficiente para resolver as equações.

Mas existe ainda outro aspecto a ser considerado:

c) Se a solução das equações é muito sensível a pequenas mudanças nos coeficientes.

Este fenômeno é chamado **Mal Condicionamento** e está relacionado ao fato de que a matriz dos coeficientes nas equações lineares está *próxima* de ser singular.

Na seção anterior dissemos que, se o vetor resíduo for próximo do vetor nulo, então a solução obtida estará razoavelmente precisa, e isto é verdade para sistemas bem condicionados. Entretanto, em alguns casos, como será mostrado no exemplo a seguir, isto está longe de ser verdadeiro.

Exemplo 4.10

Considere o sistema linear:

$$\begin{pmatrix} 1.2969 & 0.8648 \\ 0.2161 & 0.1441 \end{pmatrix} \begin{pmatrix} x_1 \\ x_2 \end{pmatrix} = \begin{pmatrix} 0.8642 \\ 0.1440 \end{pmatrix}$$

e suponha dada a solução aproximada:

$$\bar{x} = \begin{pmatrix} 0.9911 \\ -0.4870 \end{pmatrix}.$$

Calcule o vetor resíduo.

Solução: Calculando o vetor resíduo correspondente a $\bar{x}$, através de (4.14), obtemos:

$$r = \begin{pmatrix} 10^{-8} \\ -10^{-8} \end{pmatrix}$$

e, portanto, parece razoável supor que o erro em $\bar{x}$ é muito pequeno. Entretanto, pode ser verificado por substituição que a solução exata é $x = (2, 2)^t$. No caso deste exemplo, é fácil reconhecer o extremo mal condicionamento do sistema. De fato, o elemento

$$a_{22}^{(2)} = 0.1441 - 0.8648 \times \frac{0.2161}{1.2969} = 0.1441 - 0.1440999923 \simeq 10^{-8}.$$

Assim, uma pequena mudança no elemento 0.1441 resultará numa grande mudança em $a_{22}^{(2)}$ e, portanto, em x_2, ou seja, mudando 0.1441 para 0.1442, teremos $a_{22}^{(2)} = 0.0001000077$, com solução

$$\bar{x} = \begin{pmatrix} -0.00015399 \\ 0.66646092 \end{pmatrix}.$$

Portanto, a menos que os coeficientes em A e b sejam dados com uma precisão melhor do que 10^{-8}, é perigoso falar sobre uma solução do sistema linear dado.

Observe que, com este exemplo, não queremos dizer que todas as soluções aproximadas de equações mal condicionadas fornecem resíduos pequenos, mas apenas que algumas soluções aproximadas de equações mal condicionadas fornecem resíduos bem pequenos.

Para a análise da perturbação, é conveniente sermos capazes de associar a qualquer vetor ou matriz um escalar não negativo que em algum sentido mede suas grandezas. Tais medidas que satisfazem alguns axiomas são chamadas normas. (Revise normas de vetores e normas de matrizes, Capítulo 1.)

4.10.1 Análise da Perturbação

Vamos investigar agora a *condição* de um sistema linear não singular $Ax = b$. Desde que A é não singular, a solução do sistema linear é dada por: $x = A^{-1}b$. Vamos supor aqui que os dados estão sujeitos a certas perturbações, e vamos analisar o efeito dessas perturbações na solução. Seja x a solução exata do sistema linear $Ax = b$.

1º caso: Consideremos uma perturbação do vetor b da forma $b + \delta b$ e seja A conhecida exatamente. Portanto, a solução x também será perturbada, isto é, teremos $x + \delta x$ e, assim, de:

$$A(x + \delta x) = b + \delta b \qquad (4.17)$$

obtemos:

$$(x + \delta x) = A^{-1}(b + \delta b). \qquad (4.18)$$

A questão que queremos resolver é como relacionar δx com δb, ou seja, sabendo o tamanho da perturbação em δb, como estimar a perturbação em δx? O procedimento a seguir responde esta pergunta. De (4.17), obtemos:

$$Ax + A\delta x = b + \delta b \Rightarrow A\delta x = \delta b,$$

desde que $Ax = b$. Agora, desde que A é não singular, segue que:

$$\delta x = A^{-1}\delta b.$$

Aplicando norma, em ambos os membros, e usando normas consistentes (Definição 1.14), obtemos:

$$\| \delta x \| \leq \| A^{-1} \| \, \| \delta b \|. \qquad (4.19)$$

Do mesmo modo, de $Ax = b$, obtemos:

$$\| b \| \leq \| A \| \, \| x \|. \qquad (4.20)$$

Multiplicando, membro a membro, (4.19) por (4.20), obtemos:

$$\| \delta x \| \, \| b \| \leq \| A \| \, \| A^{-1} \| \, \| \delta b \| \, \| x \| \qquad (4.21)$$

ou

$$\frac{\| \delta x \|}{\| x \|} \leq \| A \| \, \| A^{-1} \| \, \frac{\| \delta b \|}{\| b \|}.$$

Assim, a perturbação relativa em x está relacionada com a perturbação relativa em b pela constante multiplicativa $\| A \| \, \| A^{-1} \|$.

Definindo o **número de condição de A** como:

$$cond(A) = \| A \| \, \| A^{-1} \|$$

obtemos:

$$\frac{\| \delta x \|}{\| x \|} \leq cond(A) \frac{\| \delta b \|}{\| b \|}.$$

Observações:

a) Temos que $cond(A) \geq 1$. De fato:

$$cond(A) = \| A \| \, \| A^{-1} \| \geq \| A\,A^{-1} \| = \| I \| = 1.$$

b) $\dfrac{\| \delta b \|}{\| b \|}$ pode ser interpretada como uma medida do erro relativo em b. O erro em $\dfrac{\| \delta x \|}{\| x \|}$ dependerá do valor do número de condição que é maior ou igual a 1.

c) Se $cond(A)$ é grande, então pequenas perturbações relativas em b produzirão grandes perturbações relativas em x, e o problema de resolver $Ax = b$ é mal condicionado.

d) $cond(A)$ será considerado grande quando valer por volta de 10^4 ou mais.

2º caso: Consideremos agora uma perturbação da matriz A da forma $A + \delta A$ e seja b conhecido exatamente. Portanto, a solução x também será perturbada, isto é, teremos $x + \delta x$ e, assim, de:

$$(A + \delta A)(x + \delta x) = b \qquad (4.22)$$

obtemos:
$$(x + \delta x) = (A + \delta A)^{-1} b. \tag{4.23}$$

Mas $x = A^{-1}b$. Portanto:
$$\delta x = -A^{-1}b + (A + \delta A)^{-1}b \Rightarrow \delta x = [(A + \delta A)^{-1} - A^{-1}]b.$$

Seja $B = A + \delta A$. Temos:
$$B^{-1} - A^{-1} = A^{-1}AB^{-1} - A^{-1}BB^{-1} = A^{-1}(A - B)B^{-1}.$$

Logo:
$$\delta x = [A^{-1}(A - B)B^{-1}]b = [A^{-1}(A - (A + \delta A))(A + \delta A)^{-1}]b$$
$$\Rightarrow \delta x = -A^{-1}\delta A(A + \delta A)^{-1}b.$$

De (4.23), segue que:
$$\delta x = -A^{-1}\delta A(x + \delta x).$$

Aplicando norma em ambos os membros, e usando normas consistentes (Definição 1.14), obtemos:
$$\|\delta x\| \leq \|A^{-1}\| \|\delta A\| \|x + \delta x\|$$
$$\Rightarrow \frac{\|\delta x\|}{\|x + \delta x\|} \leq \|A^{-1}\| \|A\| \frac{\|\delta A\|}{\|A\|}$$
$$\Rightarrow \frac{\|\delta x\|}{\|x + \delta x\|} \leq cond(A)\frac{\|\delta A\|}{\|A\|}.$$

Novamente, se $cond(A)$ é grande, então pequenas perturbações em A produzirão grandes perturbações relativas em x, e o problema de resolver $Ax = b$ é mal condicionado.

Exemplo 4.11

Analisar o sistema linear:
$$\begin{pmatrix} 1.2969 & 0.8648 \\ 0.2161 & 0.1441 \end{pmatrix} \begin{pmatrix} x_1 \\ x_2 \end{pmatrix} = \begin{pmatrix} 0.8642 \\ 0.1440 \end{pmatrix}.$$

Solução: Temos:
$$A^{-1} = 10^8 \begin{pmatrix} 0.1441 & -0.8648 \\ -0.2161 & 1.2969 \end{pmatrix}.$$

(O cálculo da matriz inversa se encontra na próxima seção.)
Usando norma linha (ver Exemplo 1.12), obtemos:
$$\|A\|_\infty = 2.1617, \quad \|A^{-1}\|_\infty = 1.5130 \times 10^8$$

e, portanto,
$$cond(A) = \|A\|_\infty \|A^{-1}\|_\infty = 327065210 \simeq 3.3 \times 10^8,$$

mostrando que o sistema linear é extremamente mal condicionado.

Se for de interesse estudar métodos que sejam particularmente úteis no caso da matriz A ser mal condicionada, citamos aqui o **método de Kaczmarz**, que pode ser encontrado, por exemplo, em [Carnahan, 1969].

Exercícios

4.21 Sejam A e B matrizes de ordem n. Prove que:

$$\frac{\| B^{-1} - A^{-1} \|}{\| B^{-1} \|} \leq cond(A) \frac{\| A - B \|}{\| B \|}.$$

4.22 Analisar o sistema linear $Ax = b$, onde:

$$A = \begin{pmatrix} 100 & 99 \\ 99 & 98 \end{pmatrix}.$$

4.23 Analisar o sistema linear $Ax = b$, de ordem 17, onde os elementos de A são dados por (4.11), isto é, A é a matriz de Hilbert.

4.11 Cálculo da Matriz Inversa

Sejam A uma matriz quadrada não singular $(det(A) \neq 0)$, $A^{-1} = \left[b_1 \vdots b_2 \vdots \ldots \vdots b_n \right]$ a matriz inversa de A, onde b_j é a coluna j da matriz A^{-1} e e_j é a coluna j da matriz identidade. De $AA^{-1} = I$, isto é, de:

$$A \left[b_1 \vdots b_2 \vdots \ldots \vdots b_n \right] = \left[e_1 \vdots e_2 \vdots \ldots \vdots e_n \right]$$

resulta:

$$Ab_j = e_j; \quad j = 1, 2, \ldots, n.$$

Assim, podemos calcular as colunas j, $j = 1, 2, \ldots, n$ da matriz A^{-1} resolvendo os sistemas lineares anteriores.

Portanto, podemos inverter uma matriz utilizando qualquer um dos métodos dados neste capítulo.

Observações:

1) Usando decomposição LU, obtemos as colunas de A^{-1} fazendo:

$$LUb_i = e_i, \quad i = 1, 2, \ldots, n,$$

isto é, resolvendo os sistemas lineares:

$$\begin{cases} Ly_i = e_i \\ Ub_i = y_i \end{cases} \quad i = 1, 2, \ldots, n.$$

2) Usando o método de Cholesky (somente para matrizes simétricas e positivas definidas), obtemos as colunas de A^{-1} fazendo:

$$GG^t b_i = e_i, \quad i = 1, 2, \ldots, n,$$

isto é, resolvendo os sistemas lineares:

$$\begin{cases} Gy_i = e_i \\ G^t b_i = y_i \end{cases} i = 1, 2, \ldots, n.$$

3) Usando o método de Eliminação de Gauss, obtemos as colunas de A^{-1} resolvendo os sistemas lineares:

$$Ab_i = e_i, \quad i = 1, 2, \ldots, n.$$

Observe que podemos colocar todas as colunas da identidade ao lado da matriz A e fazer a decomposição de uma só vez.

4) Podemos calcular a inversa de uma matriz pelo método de Gauss-Compacto usando o mesmo esquema da resolução de sistemas matriciais, isto é, fazendo:

$$\begin{pmatrix} a_{11} & a_{12} & \ldots & a_{1n} \\ a_{21} & a_{22} & \ldots & a_{2n} \\ \ldots \\ a_{n1} & a_{n2} & \ldots & a_{nn} \end{pmatrix} \begin{pmatrix} x_{11} & x_{12} & \ldots & x_{1n} \\ x_{21} & x_{22} & \ldots & x_{2n} \\ \ldots \\ x_{n1} & x_{n2} & \ldots & x_{nn} \end{pmatrix} = \begin{pmatrix} 1 & 0 & \ldots & 0 \\ 0 & 1 & \ldots & 0 \\ \ldots \\ 0 & 0 & \ldots & 1 \end{pmatrix}.$$

Portanto, as colunas da matriz X são as colunas da matriz inversa de A, desde que $AA^{-1} = I$.

Exemplo 4.12

Considere a matriz:

$$A = \begin{pmatrix} 3 & 0 & 3 \\ 2 & -2 & 1 \\ 1 & 2 & 0 \end{pmatrix}.$$

Calcule A^{-1} utilizando o Método de Gauss-Compacto.

Solução: Devemos resolver o sistema matricial:

$$\begin{pmatrix} 3 & 0 & 3 \\ 2 & -2 & 1 \\ 1 & 2 & 0 \end{pmatrix} \begin{pmatrix} x_{11} & x_{12} & x_{13} \\ x_{21} & x_{22} & x_{23} \\ x_{31} & x_{32} & x_{33} \end{pmatrix} = \begin{pmatrix} 1 & 0 & 0 \\ 0 & 1 & 0 \\ 0 & 0 & 1 \end{pmatrix}.$$

Temos:

$$\left(\begin{array}{ccc|ccc} 3 & 0 & 3 & 1 & 0 & 0 \\ 2 & -2 & 1 & 0 & 1 & 0 \\ 1 & 2 & 0 & 0 & 0 & 1 \end{array} \right) \sim \left(\begin{array}{ccc|ccc} 3 & 0 & 3 & 1 & 0 & 0 \\ 2/3 & -2 & -1 & -2/3 & 1 & 0 \\ 1/3 & -1 & -2 & -1 & 1 & 1 \end{array} \right).$$

Resolvendo o sistema linear:

$$\begin{pmatrix} 3 & 0 & 3 \\ & -2 & -1 \\ & & -2 \end{pmatrix} \begin{pmatrix} x_{11} \\ x_{21} \\ x_{31} \end{pmatrix} = \begin{pmatrix} 1 \\ -2/3 \\ -1 \end{pmatrix},$$

obtemos: $x_{11} = -\frac{1}{6}$, $x_{21} = \frac{1}{12}$, $x_{31} = \frac{1}{2}$ (que é a 1ª coluna de A^{-1}). Do mesmo modo:

$$\begin{pmatrix} 3 & 0 & 3 \\ & -2 & -1 \\ & & -2 \end{pmatrix} \begin{pmatrix} x_{12} \\ x_{22} \\ x_{32} \end{pmatrix} = \begin{pmatrix} 0 \\ 1 \\ 1 \end{pmatrix}$$

fornece $x_{12} = \frac{1}{2}$, $x_{22} = -\frac{1}{4}$, $x_{32} = -\frac{1}{2}$ (que é a 2ª coluna de A^{-1}), e de:

$$\begin{pmatrix} 3 & 0 & 3 \\ & -2 & -1 \\ & & -2 \end{pmatrix} \begin{pmatrix} x_{13} \\ x_{23} \\ x_{33} \end{pmatrix} = \begin{pmatrix} 0 \\ 0 \\ 1 \end{pmatrix}$$

segue que: $x_{13} = \frac{1}{2}$, $x_{23} = \frac{1}{4}$, $x_{33} = -\frac{1}{2}$ (que é a 3ª coluna de A^{-1}). Assim:

$$A^{-1} = \begin{pmatrix} -1/6 & 1/2 & 1/2 \\ 1/12 & -1/4 & 1/4 \\ 1/2 & -1/2 & -1/2 \end{pmatrix}.$$

Exercícios

4.24 Usando decomposição LU, inverter a matriz:
$$A = \begin{pmatrix} 2 & 1 & 0 \\ 1 & 1 & 1 \\ 1 & 0 & 1 \end{pmatrix}.$$

4.25 Dada a matriz:
$$A = \begin{pmatrix} 2 & 1 & -1 \\ 1 & 10 & 2 \\ -1 & 2 & 4 \end{pmatrix},$$
calcular A^{-1} utilizando o processo de Cholesky.

4.26 Seja
$$A = \begin{pmatrix} 2 & 4 & 6 \\ 1 & -3 & -1 \\ 2 & 1 & 1 \end{pmatrix}.$$
Usando o método de Eliminação de Gauss, calcule A^{-1}.

4.27 Usando o método de Gauss-Compacto, calcule A^{-1}, onde:
$$A = \begin{pmatrix} 2 & 1 & -1 \\ 1 & 0 & 2 \\ 4 & -1 & 3 \end{pmatrix}.$$

4.12 Exercícios Complementares

4.28 Quais das matrizes:
$$A = \begin{pmatrix} 2 & 2 & 1 \\ 3 & 3 & 2 \\ 3 & 2 & 1 \end{pmatrix}, \quad B = \begin{pmatrix} 3 & 2 & 1 \\ 2 & 2 & 1 \\ 3 & 3 & 2 \end{pmatrix}, \quad C = \begin{pmatrix} 2 & 1 & 3 \\ 4 & 3 & 8 \\ 6 & 7 & 17 \end{pmatrix}$$

podem ser decompostas na forma LU? Decompor as que forem possíveis.

4.29 Mostre que se A é uma matriz real, simétrica, positiva definida, então necessariamente temos:

   a) $a_{ii} > 0$, $i = 1, 2, \ldots, n$.
   b) $a_{ik}^2 < a_{ii}a_{kk}$ para todo $i \neq k$.
   c) O maior elemento de A em módulo está sob a diagonal.

4.30 Considere o sistema linear $Ax = b$, onde:

$$A = \begin{pmatrix} 1 & \alpha & 3 \\ \alpha & 1 & 4 \\ 5 & 2 & 1 \end{pmatrix}, \quad x = \begin{pmatrix} x_1 \\ x_2 \\ x_3 \end{pmatrix} \quad \text{e} \quad b = \begin{pmatrix} -2 \\ -3 \\ 4 \end{pmatrix}$$

Para que valores de α:

   i) A matriz A é decomponível no produto LU? Justifique.
   ii) O sistema pode ser resolvido por Cholesky? Justifique.
   iii) Considere $\alpha = 1$ e resolva o sistema linear obtido pelo método de Eliminação de Gauss.

4.31 Resolva o sistema linear:

$$\begin{cases} 2x_1 + \ldots x_2 - x_3 = 3 \\ x_1 + 10x_2 + \ldots x_3 = 6 \\ \ldots x_1 + 2x_2 + 4x_3 = -6 \end{cases}$$

pelo método de Cholesky, completando adequadamente os espaços pontilhados.

4.32 Para que valores de α e β a matriz:

$$\begin{pmatrix} 4 & \alpha & 1 \\ \beta & 4 & 1 \\ 1 & 1 & 1 \end{pmatrix}$$

se decompõe no produto GG^t?

4.33 Considere os sistemas lineares:

$$(I) \begin{cases} x_1 + 2x_2 - x_3 = 4 \\ 2x_1 + 13x_2 + x_3 = 35 \\ -x_1 + x_2 + 4x_3 = 5 \end{cases}$$

$$(II) \begin{cases} x_1 + 2x_2 + x_3 = 6 \\ 2x_1 + x_2 + x_3 = 14 \\ 2x_1 + 2x_2 + x_3 = 6 \end{cases}$$

Faça uma escolha adequada para resolver um deles pelo método de Gauss-Compacto e o outro pelo método de Cholesky. Justifique sua resposta.

4.34 Resolva o seguinte sistema linear por Eliminação de Gauss, usando aritmética complexa.

$$\begin{cases} (2+3i)x + (2-i)y = 2+i \\ (4+6i)x + (3-6i)y = -2-5i \end{cases}$$

4.35 No exercício anterior, escreva $x = x_r + ix_i$; $y = y_r + iy_i$. Multiplique as partes real e imaginária de cada equação separadamente. Mostre que o resultado é um sistema linear de quatro equações a quatro incógnitas, cuja solução são as partes real e imaginária do exercício 4.34.

4.36 Se a decomposição LU de uma matriz simétrica A, positiva definida, é dada por:

$$L = \begin{pmatrix} 1 & & & \\ 2 & 1 & & \bigcirc \\ 3 & 2 & 1 & \\ 4 & 3 & 2 & 1 \end{pmatrix}, \quad U = \begin{pmatrix} 1 & 2 & 3 & 4 \\ & 4 & 8 & 12 \\ & \bigcirc & 9 & 18 \\ & & & 16 \end{pmatrix},$$

verifique que a matriz G da decomposição Cholesky é dada por:

$$G = \begin{pmatrix} 1 & & & \\ 2 & 2 & & \bigcirc \\ 3 & 4 & 3 & \\ 4 & 6 & 6 & 4 \end{pmatrix}.$$

4.37 Resolver o sistema linear matricial:

$$\begin{pmatrix} 1 & 0 & 1 \\ 1 & 1 & 0 \\ 1 & 1 & 1 \end{pmatrix} \begin{pmatrix} x_1 & | & y_1 \\ x_2 & | & y_2 \\ x_3 & | & y_3 \end{pmatrix} = \begin{pmatrix} 4 & | & 2 \\ 2 & | & -2 \\ 9 & | & 7 \end{pmatrix}$$

pelo método de Gauss-Compacto.

4.38 Calcular u_2, u_3, u_4, u_5 resolvendo a equação de diferenças:

$$u_{n+2} + 4nu_{n+1} + u_n = n \quad (*)$$

com as condições de contorno $u_1 = 0$ e $u_6 = 1$, usando um método numérico à sua escolha. (Escreva $(*)$ para $n = 1, 2, 3, 4$.)

4.39 Aplicando-se o método de Cholesky a uma matriz, foi obtido:

$$A = \begin{pmatrix} 1 & 2 & -1 \\ \ldots & 13 & \ldots \\ \ldots & 1 & 4 \end{pmatrix} = GG^t, \quad \text{onde} \quad G = \begin{pmatrix} \ldots & 0 & \ldots \\ 2 & \ldots & \ldots \\ -1 & \ldots & \sqrt{2} \end{pmatrix}.$$

a) Preencha os espaços pontilhados com valores adequados.

b) Usando a decomposição GG^t, calcule a inversa de A.

4.40 Seja o sistema linear $Ax = b$, dado por:

$$\begin{pmatrix} 10 & 7 & 8 \\ 7 & 5 & 6 \\ 8 & 6 & 10 \end{pmatrix} \begin{pmatrix} x_1 \\ x_2 \\ x_3 \end{pmatrix} = \begin{pmatrix} -3 \\ -1 \\ 7 \end{pmatrix}.$$

a) Determine a inversa da matriz dos coeficientes pelo método de Eliminação de Gauss.

b) Resolva o sistema linear dado utilizando a matriz inversa obtida no item **a)**.

c) Determine a solução do sistema linear dado usando o método de Gauss-Compacto.

4.41 Relacione os sistemas lineares:

$$(I) \begin{cases} & 3x_2 + 2x_3 = 5 \\ x_1 + 4x_2 + x_3 = 6 \\ & 2x_2 + 5x_3 = 7 \end{cases}$$

$$(II) \begin{cases} -2x_1 + 2x_2 & = -1 \\ x_1 + 3x_2 - x_3 & = 3 \\ - x_2 + 2x_3 & = 1 \end{cases}$$

$$(III) \begin{cases} x_1 + 2x_2 + x_3 = 4 \\ 2x_1 + 6x_2 = 8 \\ x_1 + 4x_3 = 5 \end{cases}$$

com os métodos:

A) Eliminação de Gauss,

B) Cholesky,

C) Gauss-Compacto.

para a sua resolução.

4.42 Considere o seguinte conjunto *esparso* de equações lineares:

$$\begin{pmatrix} 2 & -1 & & & & \\ -1 & 2 & -1 & & \bigcirc & \\ & -1 & 2 & -1 & & \\ & & -1 & 2 & -1 & \\ & \bigcirc & & -1 & 2 & -1 \\ & & & & -1 & 2 \end{pmatrix} \begin{pmatrix} x_1 \\ x_2 \\ x_3 \\ x_4 \\ x_5 \\ x_6 \end{pmatrix} = \begin{pmatrix} 2 \\ -1 \\ 7 \\ 5 \\ 4 \\ 3 \end{pmatrix}.$$

Mostre que, usando o método de Eliminação de Gauss, o sistema linear triangular resultante permanece esparso. Um sistema linear como este é chamado **tridiagonal**. Tais sistemas lineares aparecem freqüentemente na solução de equações diferenciais parciais.

4.43 Considere o sistema linear:

$$\begin{pmatrix} 2 & 5 & 3 \\ 5 & 2 & 1 \\ 1 & 3 & 6 \end{pmatrix} \begin{pmatrix} x_1 \\ x_2 \\ x_3 \end{pmatrix} = \begin{pmatrix} 8 \\ 7 \\ 13 \end{pmatrix}.$$

Trabalhando com arredondamento para dois dígitos significativos em todas as operações:

a) Resolva este sistema linear pelo método de Eliminação de Gauss com pivotamento parcial.

b) Faça uma iteração para refinar a solução obtida no item **a)** e então calcule o vetor resíduo. O que você pode concluir?

4.44 Dado o sistema linear $Ax = b$, considere uma perturbação da matriz A da forma $A + \delta A$ e seja b conhecido exatamente. Prove que:
se

$$\| A^{-1} \| \leq \frac{1}{1-\delta} \| B^{-1} \|,$$

com $B = A + \delta A$, então:

$$\| \delta x \| \leq \frac{\delta}{1-\delta} \| x + \delta x \|, \quad \delta = \| \delta A \| \| B^{-1} \| < 1.$$

4.45 Considere um sistema linear cuja matriz dos coeficientes é dada por:

$$A = \begin{pmatrix} \epsilon & -1 & 1 \\ -1 & 1 & 1 \\ 1 & 1 & 1 \end{pmatrix},$$

onde $\epsilon \ll 1$.

a) Calcule o número de condição de A.

b) Com base no resultado do item **a)**, a aplicação do método de Eliminação de Gauss daria bom resultado ou seria necessário usar Eliminação de Gauss com pivotamento parcial?

c) Considere $\epsilon = 10^{-4}$ e resolva o sistema linear $Ax = b$, onde $b = (2, 0, 1)^t$, pelo método escolhido no item **b)**.

4.46 No Capítulo 3 (exercício 3.33), vimos que, o processo iterativo:

$$x_{k+1} = x_k (2 - ax_k), \ a \neq 0$$

pode ser usado para obter $\frac{1}{a}$.

A fórmula anterior vale também para refinar a inversa A^{-1} de uma matriz A não singular, isto é: dada uma aproximação inicial X_0 de A^{-1}, podemos refinar esta aproximação usando:

$$X_{k+1} = X_k (2I - AX_k), \ k = 0, 1, \ldots \quad (4.24)$$

Considere a matriz:

$$\begin{pmatrix} 3.00 & 1.00 \\ 2.00 & 2.00 \end{pmatrix}.$$

Trabalhando com arredondamento para três dígitos significativos em todas as operações:

a) obtenha uma aproximação para A^{-1} usando o método de Eliminação de Gauss,

b) refine a inversa obtida em **a)** usando (4.24), até obter o resíduo R_k, onde $R_k = I - AX_k$, com norma < 0.1,

c) usando a inversa obtida em **b)**, calcule a solução aproximada do sistema linear $Ax = b$, onde $b = (-14.0, \ 12.0)^t$.

4.47 Seja A uma matriz não singular de ordem n, e sejam u e v vetores n-dimensionais.

a) Mostre que, se $(A - uv^t)^{-1}$ existe, então:

$$(A - uv^t)^{-1} = A^{-1} + \alpha A^{-1} uv^t A^{-1}, \quad \text{com} \quad \alpha = \frac{1}{1 - v^t A^{-1} u}.$$

b) Dê condições para a existência da inversa $(A - uv^t)^{-1}$.

c) Se A^{-1} é conhecida e B é uma matriz que coincide com A, exceto em uma linha, podemos escolher u e v para obter B^{-1} (se existir), aplicando a fórmula dada no item **a)**. Sabendo que:

$$A = \begin{pmatrix} 12 & -4 & 7 \\ -4 & 1 & -2 \\ 7 & -2 & 4 \end{pmatrix}, \quad A^{-1} = \begin{pmatrix} 0 & -2 & -1 \\ -2 & 1 & 4 \\ -1 & 4 & 4 \end{pmatrix},$$

e que B coincide com A, exceto que em vez de 12 temos 5, calcule B^{-1}.

4.13 Problemas Aplicados e Projetos

4.1 Considere o circuito a seguir com resistências e baterias, tal como indicado. Escolhemos arbitrariamente as correntes e os valores da malha:

Figura 4.4

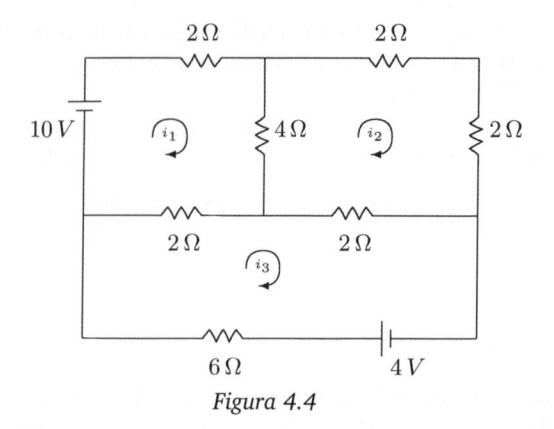

Aplicando a Lei de Kirchoff, que diz que a soma algébrica da diferença de potencial em qualquer circuito fechado é zero, obtemos para as correntes i_1, i_2, i_3 o seguinte sistema linear:

$$\begin{cases} 2i_1 + 4(i_1 - i_2) + 2(i_1 - i_3) - 10 = 0 \\ 2i_2 + 2i_2 + 2(i_2 - i_3) + 4(i_2 - i_1) = 0 \\ 6i_3 + 2(i_3 - i_1) + 2(i_3 - i_2) - 4 = 0 \end{cases}$$

Deseja-se determinar o valor de $i = (i_1, i_2, i_3)^t$ que satisfaça este sistema linear.

a) É possível resolver o sistema linear pelo método da decomposição LU? Justifique.

b) É possível resolver o sistema linear pelo método de Cholesky? Justifique.

c) Resolva o sistema linear pelo método de Eliminação de Gauss.

4.2 Representemos por x_1, x_2, x_3 e x_4 o número de quatro produtos que podem ser produzidos no decorrer de uma semana. Para a produção de cada unidade, precisa-se de três tipos diferentes de matérias-primas — A, B e C —, conforme indicado na Tabela 4.1.

Tabela 4.1

Produto	Matéria-prima		
	A	B	C
(1)	1	2	4
(2)	2	0	1
(3)	4	2	3
(4)	3	1	2

Por exemplo: para produzir uma unidade de (1) precisa-se de 1 unidade de A, 2 de B e 4 de C. Se existem disponíveis 30, 20 e 40 unidades de A, B e C, respectivamente, quantas unidades de cada produto podemos produzir?

Escreva x_1, x_2 e x_3 em função de x_4 e lembre que as soluções devem ser inteiras e não negativas. Resolva o sistema linear usando método numérico à sua escolha.

4.3 Um cachorro está perdido em um labirinto quadrado de corredores (Figura 4.5). Em cada interseção, ele escolhe uma direção ao acaso e segue até a interseção seguinte, onde escolhe novamente ao acaso nova direção e assim por diante. Qual a probabilidade do cachorro, estando na interseção i, sair eventualmente pelo lado sul?

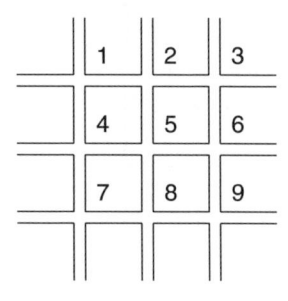

Figura 4.5

Esclarecimentos: Suponhamos que há exatamente as nove interseções mostradas na Figura 4.5. Seja P_1 a probabilidade do cachorro, que está na interseção 1, sair pelo lado sul. Sejam $P_2, P_3, \ldots, P_9$ definidas de modo similar. Supondo que em cada interseção a que chegue o cachorro há tanta possibilidade de que escolha uma direção como outra e de que, chegando a uma saída, tenha terminado sua caminhada, a teoria das probabilidades oferece as seguintes equações lineares para P_i:

$$\begin{cases} P_1 &= (0+0+P_2+P_4)/4 \\ P_2 &= (0+P_1+P_3+P_5)/4 \\ P_3 &= (0+P_2+0+P_6)/4 \\ P_4 &= (P_1+0+P_5+P_7)/4 \\ P_5 &= (P_2+P_4+P_6+P_8)/4 \\ P_6 &= (P_3+P_5+0+P_9)/4 \\ P_7 &= (P_4+0+P_8+1)/4 \\ P_8 &= (P_5+P_7+P_9+1)/4 \\ P_9 &= (P_6+P_8+0+1)/4 \end{cases}$$

Para saber a resposta, resolva o sistema linear obtido usando o método de Eliminação de Gauss.

4.4 O problema de se determinar um polinômio:

$$P_n(x) = a_0 + a_1 x + a_2 x^2 + \cdots + a_n x^n$$

de grau no máximo n, tal que:

$$\int_a^b x^i P_n(x) dx = k_i, \quad i = 0, 1, \ldots, n,$$

onde k_i são constantes, pode ser resolvido através da obtenção da solução de um sistema linear. Determine um polinômio de grau 3 que satisfaça a condição acima, considerando $a = -1$, $b = 1$ e:

a) $k_0 = \dfrac{2}{3}, \quad k_1 = \dfrac{4}{3}, \quad k_2 = \dfrac{6}{5}, \quad k_3 = \dfrac{4}{5},$

b) $k_0 = 2, \quad k_1 = 2, \quad k_2 = \dfrac{2}{3}, \quad k_3 = \dfrac{58}{35},$

resolvendo o sistema linear resultante por método numérico à sua escolha.

4.5 Cargas horizontal e vertical X e Y e um momento M são aplicados a uma estrutura em balanço de comprimento L, como mostrado na Figura 4.6.

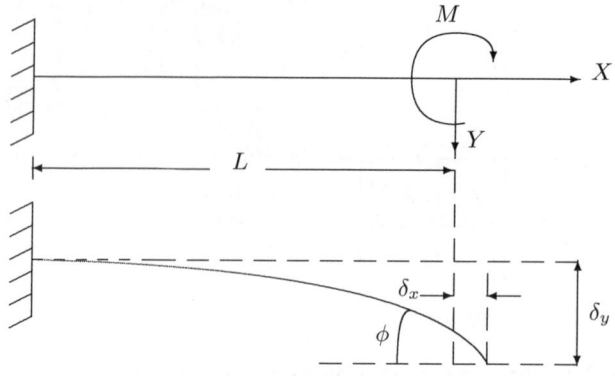

Figura 4.6

Na extremidade livre, o alongamento δx, a deflexão δy e o giro ϕ (igual ao ângulo com a horizontal) são relacionados com as cargas, da seguinte maneira:

$$\begin{pmatrix} \dfrac{L}{EA} & 0 & 0 \\ 0 & \dfrac{L^3}{3EI} & \dfrac{L^2}{2EI} \\ 0 & \dfrac{L^2}{2EI} & \dfrac{L}{EI} \end{pmatrix} \begin{pmatrix} X \\ Y \\ M \end{pmatrix} = \begin{pmatrix} \delta x \\ \delta y \\ \phi \end{pmatrix},$$

onde:

- E é o módulo de Young,
- A é a área de secção transversal,
- I é o momento de inércia.

A matriz do sistema linear anterior é positiva definida e é chamada matriz de flexibilidade da estrutura.

a) Obter a inversa da matriz de flexibilidade, usando método numérico à sua escolha, correspondente aos seguintes dados:
  - $E = 200 \, \frac{t}{cm^2}$,
  - $A = 400 \, cm^2$,
  - $L = 3.0 \, m$,
  - $I = 50000 \, cm^4$.

b) Usando o resultado obtido em **a)**, calcular as cargas X e Y e o momento M correspondentes a:
  - $\delta x = 0.0035 \, cm$,
  - $\delta y = 3.0 \, cm$,
  - $\phi = 0.018$.

4.6 Considere o circuito em escada mostrado na Figura 4.7, composto de resistores concentrados e fontes de tensão ideais, uma independente e outra controlada.

PROBLEMAS APLICADOS E PROJETOS   **165**

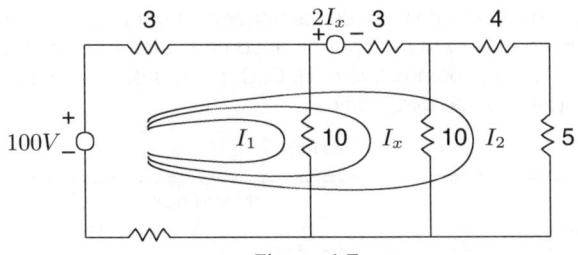

Figura 4.7

O sistema de equações lineares que se obtém ao solucionar o circuito pelo método dos laços é o seguinte:

$$\begin{cases} 4(I_1 + I_2 + I_x) + 10I_1 = 100 \\ 4(I_1 + I_2 + I_x) + 3(I_2 + I_x) + 10I_x = 100 - 2I_x \\ 4(I_1 + I_2 + I_x) + 3(I_2 + I_x) + 9I_x = 100 - 2I_x \end{cases}$$

a) Escreva o sistema linear acima na forma $Ax = b$.

b) Determine A^{-1} usando método numérico à sua escolha.

c) Usando o resultado obtido em **b)**, determine o valor de I_x.

4.7 Suponha que tenhamos o circuito dado na Figura 4.8.

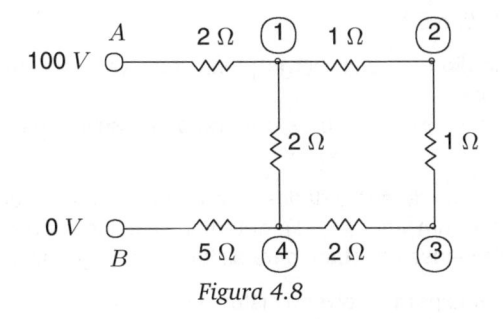

Figura 4.8

A corrente que flui do nó p para o nó q de uma rede elétrica é dada por:

$$I_{pq} = \frac{V_p - V_q}{R_{pq}},$$

onde I em Ampéres, R em Ohms e V_p e V_q são voltagens nos nós p e q, respectivamente, e R_{pq} é a resistência no arco pq (Lei de Ohm).

A soma das correntes que chegam a cada nó é nula (Lei de Kirchoff); assim, as equações que relacionam as voltagens podem ser obtidas. Por exemplo: no nó 1, tem-se a equação:

$$I_{A1} + I_{21} + I_{41} = 0,$$

ou seja,

$$\frac{100 - V_1}{2} + \frac{V_2 - V_1}{1} + \frac{V_4 - V_1}{2} = 0,$$

ou ainda

$$-4V_1 + 2V_2 + V_4 = -100.$$

Obtenha as demais equações do sistema linear e resolva-o usando método numérico à sua escolha.

4.8 Uma transportadora possui cinco tipos de caminhões, que representaremos por (1), (2), (3), (4), (5), os quais são equipados para transportar cinco tipos diferentes de máquinas A, B, C, D, E, segundo a Tabela 4.2, onde supomos que A, B, C, D, E é a quantidade de máquinas que cada caminhão pode transportar levando carga plena.

Tabela 4.2

Caminhões	Máquinas				
	A	B	C	D	E
(1)	1	1	1	0	2
(2)	0	1	2	1	1
(3)	2	1	1	2	0
(4)	3	2	1	2	1
(5)	2	1	2	3	1

Assim, o caminhão (1) pode transportar uma máquina A, uma máquina B, uma máquina C, nenhuma máquina D, duas máquinas E etc. Quantos caminhões de cada tipo devemos enviar para transportar exatamente:

- 27 máquinas do tipo A,
- 23 máquinas do tipo B,
- 31 máquinas do tipo C,
- 31 máquinas do tipo D,
- 22 máquinas do tipo E?

Supondo que cada caminhão saia com carga plena, resolva o sistema linear obtido pelo método de Eliminação de Gauss.

Sugestão: Represente por x_1, x_2, x_3, x_4 e x_5 o número de caminhões respectivamente dos tipos (1), (2), (3), (4) e (5).

4.9 Elabore um algoritmo que, tendo como dados n, a matriz $A(n \times n)$, onde $A = (a_{ij})$, é tal que $a_{ij} = 0$ para $|i - j| > 1$, e b é um vetor $(n \times 1)$, determina a solução do sistema linear $Ax = b$ pelo método de Eliminação de Gauss adaptado para sistemas tridiagonais.

a) Teste seu algoritmo para resolver o sistema dado por:

$$-y_{k-1} + 2y_k - y_{k+1} = \frac{8}{(n+1)^2}, \quad k = 1, 2, ..., n$$

para vários valores de n e compare sua solução com a solução matemática:

$$y_k = 4\left[\frac{k}{n+1} - \left(\frac{k}{n+1}\right)^2\right].$$

Considere $n = 10$ e $n = 20$ e tome em ambos os casos $y_0 = y_{n+1} = 0$.

b) Teste seu algoritmo para resolver o sistema linear $Ax = b$, onde:

$$A = \begin{pmatrix} 4 & -2 & & & & & & & & \\ -1 & 2 & -1 & & & & & & & \\ & -1 & 2 & -1 & & & & & & \\ & & -1 & 2 & -1 & & & & & \\ & & & -1 & 2 & -1 & & & & \\ & & & & -1 & 2 & -1 & & & \\ & & & & & -1 & 2 & -1 & & \\ & & & & & & -1 & 2 & -1 & \\ & & & & & & & -1 & 2 & -1 \\ & & & & & & & & -2 & 4 \end{pmatrix} \quad e$$

$$b = (2, -1, 7, 5, 4, 3, 2, -4, 7, 8)^t.$$

4.10 Representemos por x_i, $i = 1, 2, \ldots, n$ o número das unidades de n produtos que podem ser produzidos no decorrer de uma semana. Para a produção de cada unidade, precisa-se de m tipos diferentes de matérias-primas $M_1, M_2, \ldots, M_m$. Tais relações são dadas através de uma matriz A, onde a_{ij} indica quantas unidades da matéria-prima M_j são necessárias para produzir uma unidade do produto x_i.

Suponha que existam $D_1, D_2, \ldots, D_m$ unidades, respectivamente, de matérias-primas $M_1, M_2, \ldots, M_m$. Nosso problema é determinar quantas unidades de cada produto podemos produzir.

Lembre-se que tais quantidades devem ser inteiras e não negativas.
Considere os dados da Tabela 4.3.

Tabela 4.3

	M_1	M_2	M_3	M_4	M_5	M_6
x_1	1	2	4	2	4	5
x_2	2	0	1	2	2	2
x_3	4	2	3	1	5	3
x_4	3	1	2	3	2	2
x_5	1	2	0	3	1	2
x_6	1	0	1	0	4	3
x_7	5	3	2	2	3	2
D	60	40	40	50	70	60

Resolva o sistema linear usando método numérico à sua escolha.

Capítulo 5

Sistemas Lineares: Métodos Iterativos

5.1 Introdução

Ao lado dos métodos exatos para resolver sistemas lineares, existem os métodos iterativos os quais passamos a discutir agora. Em certos casos, tais métodos são melhores do que os exatos, por exemplo, quando a matriz dos coeficientes é uma matriz esparsa (muitos elementos iguais a zero). Também são mais econômicos, no sentido que utilizam menos memória do computador. Além disso, possuem a vantagem de se autocorrigirem caso um erro seja cometido e podem ser usados para reduzir os erros de arredondamento na solução obtida por métodos exatos, como discutido no Capítulo 4. Podem também, sob certas condições, ser aplicados para resolver um conjunto de equações não lineares.

5.2 Processos Estacionários

Um método é **iterativo** quando fornece uma seqüência de aproximantes da solução, cada uma das quais obtida das anteriores pela repetição do mesmo tipo de processo.

Um método iterativo é **estacionário** se cada aproximante é obtido do anterior sempre pelo mesmo processo.

Quando os processos variam de passo para passo, mas se repetem ciclicamente de s em s passos, dizemos que o processo é **s-cíclico**. Agrupando-se os s passos de cada ciclo num único passo composto, obtemos um método estacionário.

No caso de métodos iterativos, precisamos sempre saber se a seqüência que estamos obtendo está convergindo ou não para a solução desejada. Além disso, precisamos sempre ter em mente o significado de convergência. (Revise: normas de vetores e normas de matrizes, Capítulo 1.)

Definição 5.1
Dadas uma seqüência de vetores $x^{(k)} \in E$ e uma norma sobre E, onde E é um espaço vetorial, dizemos que a seqüência $\{x^{(k)}\}$ converge para $x \in E$ se

$$\| x^{(k)} - x \| \to 0, \text{ quando } k \to \infty.$$

Consideremos um sistema linear $Ax = b$ determinado, $(det(A) \neq 0)$, onde A é uma matriz quadrada de ordem n, x e b são vetores $n \times 1$.

Como no caso de equações não lineares (ver Capítulo 3), para determinar a solução de um sistema linear por métodos iterativos, precisamos transformar o sistema linear dado em um outro sistema linear onde possa ser definido um processo iterativo; e, mais, que a solução obtida para o sistema linear transformado seja também solução do sistema linear original, isto é, os sistemas lineares devem ser equivalentes (ver Definição 4.1).

Suponha, então, que o sistema linear $Ax = b$ tenha sido transformado num sistema equivalente da forma:

$$x = Bx + g, \tag{5.1}$$

(por exemplo: $B = I - A$ e $g = b$) de maneira que a solução $\bar{x}$ de (5.1) seja, também, solução de $Ax = b$.

Seja $x^{(0)}$ uma aproximação inicial para a solução $\bar{x}$ de (5.1). Obtemos as aproximações sucessivas $x^{(k)}$ para a solução desejada $\bar{x}$ usando o processo iterativo estacionário definido por:

$$x^{(k)} = Bx^{(k-1)} + g. \tag{5.2}$$

Se a seqüência $\{x^{(k)}\}$ converge para $\bar{x}$ então $\bar{x}$ coincide com a solução x de $Ax = b$. De fato, passando-se ao limite ambos os membros de (5.2), obtém-se:

$$\bar{x} = B\bar{x} + g.$$

Pela hipótese de equivalência, $\bar{x}$ é também solução de $Ax = b$.

O próximo teorema fornece a condição necessária e suficiente para a convergência da seqüência $x^{(k)}$.

Teorema 5.1
A condição **necessária** e **suficiente** para a convergência do processo iterativo definido por (5.2) é que $max|\lambda_i| < 1$, onde λ_i são os autovalores da matriz B.

Prova: A prova deste teorema pode ser encontrada em [Schwarz,1973].

Em geral, é difícil verificar as condições do Teorema 5.1. Entretanto, podemos obter uma condição **suficiente** que a matriz B deve satisfazer para assegurar a convergência do processo iterativo definido por (5.2). Enunciamos formalmente tal condição no próximo corolário.

Corolário 5.1 (Critério Geral de Convergência)
O processo iterativo definido por (5.2) é convergente se, para qualquer norma de matrizes, $\| B \| < 1$.

Prova: A convergência da seqüência $x^{(k)}$ para a solução x de $Ax = b$ é estudada introduzindo-se o vetor erro:

$$e^{(k)} = x - x^{(k)}.$$

Subtraindo (5.2) membro a membro de (5.1), obtemos:

$$x - x^{(k)} = B(x - x^{(k-1)}),$$

portanto:

$$e^{(k)} = B\,e^{(k-1)}. \tag{5.3}$$

De (5.3) podemos escrever:
$$e^{(k-1)} = Be^{(k-2)} \Rightarrow e^{(k)} = B^2 e^{(k-2)}$$
e assim, por aplicações sucessivas, segue que:
$$e^{(k)} = B^k e^{(0)},$$
onde $e^{(0)}$ é o erro inicial. Tomando normas consistentes (Definição 1.14) na expressão anterior, segue que:
$$\| B^k e^{(0)} \| \leq \| B \|^k \| e^{(0)} \|,$$
onde usamos o fato que para as normas definidas no Exemplo 1.12 vale:
$$\| AB \| \leq \| A \| \| B \|.$$

Portanto:
$$\| e^k \| \leq \| B \|^k \| e^{(0)} \|.$$
Desta desigualdade vemos que, se $\| B \| < 1$, teremos:
$$\| e^{(k)} \| = \| x - x^{(k)} \| \to 0,$$
isto é, se $\| B \| < 1$ para alguma norma, então temos garantida a convergência do processo iterativo definido por (5.2).

A matriz B de (5.2) é chamada **matriz de iteração** do processo iterativo.

Exemplo 5.1

Seja
$$B = \begin{pmatrix} 0.5 & -0.2 & 0.5 \\ 0.1 & 0.6 & 0.4 \\ -0.3 & 0.1 & 0.0 \end{pmatrix}.$$

Verificar se um sistema linear $Ax = b$ que tenha a matriz B, como a matriz de iteração, convergirá para a solução.

Solução: Calculando $\| B \|_\infty$, obtemos $\| B \|_\infty = 1.2$ e nada podemos concluir. Calculando $\| B \|_1$, obtemos $\| B \|_1 = 0.9 < 1$ e podemos agora afirmar que o processo iterativo com essa matriz é convergente. (Para saber como calcular estas normas, ver definição das mesmas no Exemplo 1.12.)

Processo de Parada

Para aplicar qualquer método iterativo escolhemos $x^{(0)}$ como uma aproximação inicial para a solução do sistema linear $Ax = b$. Com essa aproximação inicial e um método numérico, do tipo (5.2), *refinamos* a solução até obtê-la com uma determinada precisão (número de casas decimais corretas).

Para obtermos a solução com uma determinada precisão ϵ devemos, durante o processo iterativo, efetuar o seguinte teste:
Se
$$\frac{\| x^{(k+1)} - x^{(k)} \|_\infty}{\| x^{(k+1)} \|_\infty} < \epsilon \quad \textbf{(erro relativo)},$$
onde ϵ é uma precisão pré-fixada, x^k e x^{k+1} são duas aproximações consecutivas para $\bar{x}$, então x^{k+1} é a solução procurada, isto é, tomamos $\bar{x} = x^{k+1}$.

Veremos agora alguns métodos particulares.

5.2.1 Método de Jacobi-Richardson

Considere o sistema linear $Ax = b$ de ordem n, determinado ($det(A) \neq 0$), isto é:

$$\begin{cases} a_{11}x_1 + a_{12}x_2 + \ldots + a_{1n}x_n = b_1 \\ a_{21}x_1 + a_{22}x_2 + \ldots + a_{2n}x_n = b_2 \\ \ldots \ldots \\ a_{n1}x_1 + a_{n2}x_2 + \ldots + a_{nn}x_n = b_n \end{cases} \tag{5.4}$$

A matriz A do sistema linear (5.4) pode ser decomposta na forma:

$$A = L + D + R,$$

onde $L = (l_{ij})$ é uma matriz triangular inferior formada pela parte inferior da matriz A, $D = (d_{ij})$ é uma matriz formada pela diagonal de A e $R = (r_{ij})$ é uma matriz triangular superior formada pela parte superior da matriz A, isto é:

$$\ell_{ij} = \begin{cases} a_{ij}, \ i > j \\ 0, \ i \leq j \end{cases}; \quad d_{ij} = \begin{cases} a_{ij}, \ i = j \\ 0, \ i \neq j \end{cases}; \quad r_{ij} = \begin{cases} a_{ij} \ i < j \\ 0 \ i \geq j \end{cases}.$$

Supondo $det(D) \neq 0$, podemos transformar o sistema linear original em:

$$\begin{aligned} (L + D + R)\,x &= b \\ \Rightarrow Dx &= -(L+R)\,x + b \\ \Rightarrow x &= -D^{-1}(L+R)\,x + D^{-1}b, \end{aligned}$$

que está na forma (5.1), com $B = -D^{-1}(L+R)$ e $g = D^{-1}b$.

O processo iterativo definido por:

$$x^{(k+1)} = -D^{-1}(L+R)x^{(k)} + D^{-1}b \tag{5.5}$$

é chamado de **Método de Jacobi-Richardson**.

Comparando (5.5) com (5.2), vemos que a matriz de iteração do método de Jacobi-Richardson é: $-D^{-1}(L+R)$.

Por hipótese, $a_{ii} \neq 0$, pois estamos supondo $det(D) \neq 0$. Podemos então, antes de decompor a matriz A em $L + D + R$, dividir cada equação pelo correspondente elemento da diagonal principal, resultando assim:

$$A^* = L^* + I + R^*,$$

onde A^* é a matriz obtida de A após a divisão, e I é a matriz identidade.

Assim, o processo iterativo pode ser escrito como:

$$x^{(k+1)} = -(L^* + R^*)x^{(k)} + b^*, \tag{5.6}$$

onde os elementos de L^*, R^* e b^* são, respectivamente, dados por:

$$\ell^*_{ij} = \begin{cases} a^*_{ij} = \frac{a_{ij}}{a_{ii}}, \ i > j \\ 0, \qquad\qquad i \leq j \end{cases}; \quad r^*_{ij} = \begin{cases} a^*_{ij} = \frac{a_{ij}}{a_{ii}}, \ i < j \\ 0, \qquad\qquad i \geq j \end{cases};$$

$$b^*_i = \frac{b_i}{a_{ii}}, \ i = 1, 2, \ldots, n.$$

Vemos por (5.6) que as componentes de x^{k+1} podem ser calculadas sucessivamente sem necessidade de se calcular D^{-1}, e a matriz de iteração do método de Jacobi-Richardson é dada por: $-(L^* + R^*)$.

Dado o sistema linear (5.4), o método de Jacobi-Richardson consiste na determinação de uma seqüência de aproximantes da iteração k:

$$\left(x_1^{(k)},\ x_2^{(k)},\ \ldots,\ x_n^{(k)}\right)^t,\ k = 1, 2, 3, \ldots$$

a partir de valores iniciais:

$$\left(x_1^{(0)},\ x_2^{(0)},\ \ldots,\ x_n^{(0)}\right)^t$$

através do processo iterativo definido por (5.6), isto é:

$$\begin{cases} x_1^{(k+1)} &= -a_{12}^* x_2^{(k)} - a_{13}^* x_3^{(k)} - \ldots - a_{1n}^* x_n^{(k)} + b_1^* \\ x_2^{(k+1)} &= -a_{21}^* x_1^{(k)} - a_{23}^* x_3^{(k)} - \ldots - a_{2n}^* x_n^{(k)} + b_2^* \\ x_3^{(k+1)} &= -a_{31}^* x_1^{(k)} - a_{32}^* x_2^{(k)} - \ldots - a_{3n}^* x_n^{(k)} + b_3^* \\ \ldots & \ldots \\ x_n^{(k+1)} &= -a_{n1}^* x_1^{(k)} - a_{n2}^* x_2^{(k)} - \ldots - a_{n,n-1}^* x_{n-1}^{(k)} + b_n^* \end{cases}$$

Observe que o método de iteração linear para uma única equação, que foi discutido no Capítulo 3, e o método de Jacobi-Richardson são exatamente o mesmo, com a diferença que este último é aplicado a um sistema de equações lineares. É fácil ver que, no método de Jacobi-Richardson, as equações são mudadas simultaneamente usando-se o valor mais recente do vetor x, e por causa disto, este método é também conhecido como **Método dos Deslocamentos Simultâneos**.

Critérios de Convergência

Fazendo $B = -(L^* + R^*)$ no critério geral de convergência (Corolário 5.1), e escolhendo sucessivamente as normas $\|\cdot\|_\infty$ e $\|\cdot\|_1$, obtemos critérios suficientes de convergência para o método de Jacobi-Richardson. Assim, este método **converge** se:

a) o **critério das linhas** for satisfeito, isto é, se:

$$\max_{1 \leq i \leq n} \sum_{\substack{j=1 \\ j \neq i}}^{n} |a_{ij}^*| < 1, \tag{5.7}$$

b) o **critério das colunas** for satisfeito, isto é, se:

$$\max_{1 \leq j \leq n} \sum_{\substack{i=1 \\ i \neq j}}^{n} |a_{ij}^*| < 1. \tag{5.8}$$

Note que, pelo Corolário 5.1, basta apenas um dos critérios ser satisfeito para garantirmos a convergência.

Definição 5.2
Uma matriz A é **estritamente diagonalmente dominante** se:

$$\sum_{\substack{j=1 \\ j \neq i}}^{n} |a_{ij}| < |a_{ii}|,\quad i = 1, 2, \ldots, n. \tag{5.9}$$

Observe que, através da Definição 5.2, fica fácil ver que se a matriz dos coeficientes for estritamente diagonalmente dominante, então o critério das linhas é satisfeito. De fato, se (5.9) é satisfeita para todo i, então se dividimos cada equação pelo correspondente elemento da diagonal principal segue que:

$$\sum_{\substack{j=1 \\ j \neq i}}^{n} \left| \frac{a_{ij}}{a_{ii}} \right| < 1, \ i = 1, \ldots, n \Rightarrow \sum_{\substack{j=1 \\ j \neq i}}^{n} |a_{ij}^*| < 1, \ i = 1, \ldots, n \Rightarrow \max_{1 \leq i \leq n} \sum_{\substack{j=1 \\ j \neq i}}^{n} |a_{ij}^*| < 1.$$

Portanto, obtemos mais um critério de convergência, isto é, podemos verificar se o método de Jacobi-Richardson converge testando se a matriz dos coeficientes é estritamente diagonalmente dominante.

Exemplo 5.2

Resolver o sistema linear:

$$\begin{cases} 10x_1 + 2x_2 + x_3 = 7 \\ x_1 + 5x_2 + x_3 = -8 \\ 2x_1 + 3x_2 + 10x_3 = 6 \end{cases}$$

pelo método de Jacobi-Richardson, com $x^{(0)} = (0.7, -1.6, 0.6)^t$ e $\epsilon < 10^{-2}$.

Solução: Em primeiro lugar, devemos testar se temos garantia de convergência. Temos que a matriz dos coeficientes é estritamente diagonalmente dominante, pois satisfaz (5.9). De fato:

$$\begin{aligned} |a_{12}| + |a_{13}| &= |2| + |1| < |10| = |a_{11}|, \\ |a_{21}| + |a_{23}| &= |1| + |1| < |5| = |a_{22}|, \\ |a_{31}| + |a_{32}| &= |2| + |3| < |10| = |a_{33}|. \end{aligned}$$

Portanto, podemos garantir que o processo de Jacobi-Richardson aplicado ao sistema linear dado será convergente.
Dividindo cada equação pelo correspondente elemento da diagonal principal, obtemos:

$$\begin{cases} x_1 + 0.2x_2 + 0.1x_3 = 0.7 \\ 0.2x_1 + x_2 + 0.2x_3 = -1.6 \\ 0.2x_1 + 0.3x_2 + x_3 = 0.6 \end{cases}$$

Apesar de não ser necessário, pois já sabemos que o processo de Jacobi-Richardson será convergente, por se tratar de exemplo, verificaremos também o critério das linhas e o critério das colunas. Assim, para verificar o critério das linhas, calculamos:

$$\begin{aligned} |a_{12}^*| + |a_{13}^*| &= |0.2| + |0.1| = 0.3, \\ |a_{21}^*| + |a_{23}^*| &= |0.2| + |0.2| = 0.4, \\ |a_{31}^*| + |a_{32}^*| &= |0.2| + |0.3| = 0.5, \end{aligned}$$

$$\Rightarrow \max_{1 \leq i \leq n} \sum_{\substack{j=1 \\ j \neq i}}^{3} |a_{ij}^*| = 0.5 < 1$$

e, portanto, o critério das linhas é válido, o que já era de se esperar (ver observação após Definição 5.2).

Para verificar o critério das colunas, calculamos:

$$|a_{21}^*| + |a_{31}^*| = |0.2| + |0.2| = 0.4,$$
$$|a_{12}^*| + |a_{32}^*| = |0.2| + |0.3| = 0.5,$$
$$|a_{13}^*| + |a_{23}^*| = |0.1| + |0.2| = 0.3,$$
$$\Rightarrow \max_{1 \leq j \leq n} \sum_{\substack{i=1 \\ i \neq j}}^{3} |a_{ij}^*| = 0.5 < 1$$

e, portanto, o critério das colunas também é válido.

As iterações do método de Jacobi-Richardson são:

$$\begin{cases} x_1^{(k+1)} = -0.2x_2^{(k)} - 0.1x_3^{(k)} + 0.7 \\ x_2^{(k+1)} = -0.2x_1^{(k)} - 0.2x_3^{(k)} - 1.6 \\ x_3^{(k+1)} = -0.2x_1^{(k)} - 0.3x_2^{(k)} + 0.6 \end{cases}$$

Iniciando com $x^{(0)} = (0.7, -1.6, 0.6)^t$, obtemos para $x^{(1)}$ os seguintes valores:

$$\begin{cases} x_1^{(1)} = -0.2x_2^{(0)} - 0.1x_3^{(0)} + 0.7 = -0.2(-1.6) - 0.1(0.6) + 0.7 = 0.96 \\ x_2^{(1)} = -0.2x_1^{(0)} - 0.2x_3^{(0)} - 1.6 = -0.2(0.7) - 0.2(0.6) - 1.6 = -1.86 \\ x_3^{(1)} = -0.2x_1^{(0)} - 0.3x_2^{(0)} + 0.6 = -0.2(0.7) - 0.3(-1.6) + 0.6 = 0.94 \end{cases}$$

Continuando as iterações, obtemos a Tabela 5.1.

Tabela 5.1

k	0	1	2	3	4
x_1	0.7	0.96	0.978	0.9994	0.9979
x_2	-1.6	-1.86	-1.98	-1.9888	-1.9996
x_3	0.6	0.94	0.966	0.9984	0.9968

Agora, desde que:

$$x^{(4)} - x^{(3)} = \begin{pmatrix} -0.0015 \\ 0.0108 \\ 0.0016 \end{pmatrix}$$

e, portanto:

$$\frac{\| x^{(4)} - x^{(3)} \|_\infty}{\| x^{(4)} \|_\infty} = \frac{0.0108}{1.9996} \simeq 0.0054 < 10^{-2},$$

segue que a solução do sistema linear, com $\epsilon < 10^{-2}$, é:

$$x = \begin{pmatrix} 0.9979 \\ -1.9996 \\ 0.9978 \end{pmatrix}.$$

Exercícios

5.1 Usando o método de Jacobi-Richardson, obter a solução do sistema linear:

$$\begin{cases} 10x_1 + x_2 - x_3 = 10 \\ x_1 + 10x_2 + x_3 = 12 \\ 2x_1 - x_2 + 10x_3 = 11 \end{cases}$$

com três casas decimais corretas.

5.2 Dado o sistema linear:

$$\begin{cases} 10x_1 + x_2 - x_3 = 10 \\ 2x_1 + 10x_2 + 8x_3 = 20 \\ 7x_1 + x_2 + 10x_3 = 30 \end{cases}$$

a) Verificar a possibilidade de aplicação do método de Jacobi-Richardson.

b) Se possível, resolvê-lo pelo método do item **a)**, obtendo o resultado com erro relativo $< 10^{-2}$.

5.2.2 Método de Gauss-Seidel

Suponhamos, como foi feito para o método de Jacobi-Richardson, que o sistema linear $Ax = b$ seja escrito na forma:

$$(L^* + I + R^*)x = b^*,$$

onde L^* e R^* são matrizes triangulares inferior e superior, respectivamente. Transformamos este sistema como se segue:

$$(L^* + I)x = -R^*x + b^*$$
$$\Rightarrow x = -(L^* + I)^{-1}R^*x + (L^* + I)^{-1}b^*,$$

que está na forma (5.1), com $B = -(L^* + I)^{-1}R^*$ e $g = (L^* + I)^{-1}b^*$.

O processo iterativo definido por:

$$x^{(k+1)} = -(L^* + I)^{-1}R^*x^{(k)} + (L^* + I)^{-1}b^* \qquad (5.10)$$

é chamado de **Método de Gauss-Seidel**.

Comparando (5.10) com (5.2), vemos que a matriz de iteração do método de Gauss-Seidel é: $-(L^* + I)^{-1}R^*$.

Observe que pré-multiplicando (5.10) por $(L^* + I)$, segue que:

$$(L^* + I)x^{(k+1)} = -R^*x^{(k)} + b^*$$

ou

$$x^{(k+1)} = -L^*x^{(k+1)} - R^*x^{(k)} + b^*. \qquad (5.11)$$

Por (5.11), vemos que as componentes de $x^{(k+1)}$ podem ser calculadas sucessivamente sem necessidade de se calcular $(L^* + I)^{-1}$.

Dado o sistema linear (5.4), o método de Gauss-Seidel consiste na determinação de uma seqüência de aproximantes da iteração k:

$$\left(x_1^{(k)}, x_2^{(k)}, \ldots, x_n^{(k)}\right)^t, \qquad k = 1, 2, 3, \ldots$$

a partir de valores iniciais:
$$\left(x_1^{(0)}, x_2^{(0)}, \ldots, x_n^{(0)}\right)^t,$$
através do processo iterativo definido por (5.11), isto é:

$$\begin{cases} x_1^{(k+1)} &= -a_{12}^* x_2^{(k)} - a_{13}^* x_3^{(k)} - \ldots - a_{1n}^* x_n^{(k)} + b_1^* \\ x_2^{(k+1)} &= -a_{21}^* x_1^{(k+1)} - a_{23}^* x_3^{(k)} - \ldots - a_{2n}^* x_n^{(k)} + b_2^* \\ x_3^{(k+1)} &= -a_{31}^* x_1^{(k+1)} - a_{32}^* x_2^{(k+1)} - \ldots - a_{3n}^* x_n^{(k)} + b_3^* \\ \ldots & \ldots \\ x_n^{(k+1)} &= -a_{n1}^* x_1^{(k+1)} - a_{n2}^* x_2^{(k+1)} - \ldots - a_{n,n-1}^* x_{n-1}^{(k+1)} + b_n^* \end{cases}$$

Este método difere do processo de Jacobi-Richardson por utilizar, para o cálculo de uma componente de $x^{(k+1)}$, o valor mais recente das demais componentes. Por este motivo, o método da Gauss-Seidel também é conhecido por **Método dos Deslocamentos Sucessivos**.

Critérios de Convergência

Fazendo $B = -(L^* + I)^{-1} R^*$ no critério geral de convergência (Corolário 5.1) vamos agora obter critérios de convergência para o método de Gauss-Seidel.

Inicialmente, lembremos (ver Definição 1.14) que se k satisfizer a desigualdade $\| Bx \| \leq k \| x \|$, teremos $\| B \| \leq k$. Impondo $k < 1$, teremos uma condição suficiente para garantir a convergência do método de Gauss-Seidel. Vejamos então como obter tal condição. Para tanto, seja $y = Bx$, isto é:

$$y = -(L^* + I)^{-1} R^* x \Rightarrow (L^* + I) y = -R^* x \Rightarrow y = -L^* y - R^* x.$$

Assim, o vetor y é obtido do vetor x a partir das equações:

$$\begin{cases} y_1 &= -a_{12}^* x_2 - a_{13}^* x_3 - \ldots - a_{1n}^* x_n \\ y_2 &= -a_{21}^* y_1 - a_{23}^* x_3 - \ldots - a_{2n}^* x_n \\ y_3 &= -a_{31}^* y_1 - a_{32}^* y_2 - \ldots - a_{3n}^* x_n \\ \vdots \\ y_n &= -a_{n1}^* y_1 - a_{n2}^* y_2 - \ldots - a_{n,n-1}^* y_{n-1} \end{cases} \quad (5.12)$$

e queremos calcular $\| Bx \|_\infty$. Mas:

$$\| Bx \|_\infty = \| y \|_\infty, \quad \text{com} \quad \| y \|_\infty = \max_{1 \leq i \leq n} |y_i|.$$

Agora, a partir de (5.12), podemos escrever:

$$|y_1| = \left| \sum_{j=2}^n a_{1j}^* x_j \right| \leq \sum_{j=2}^n |a_{1j}^*| |x_j| \leq \sum_{j=2}^n |a_{1j}^*| \max_j |x_j|$$
$$= \sum_{j=2}^n |a_{1j}^*| \| x \|_\infty = \beta_1 \| x \|_\infty, \quad \text{onde} \quad \beta_1 = \sum_{j=2}^n |a_{1j}^*|.$$

Portanto,
$$|y_1| \leq \beta_1 \| x \|_\infty.$$

$$|y_2| = \left| a_{21}^* y_1 + \sum_{j=3}^{n} a_{2j}^* x_j \right| \leq |a_{21}^*| \, |y_1| + \sum_{j=3}^{n} |a_{2j}^*| \, |x_j|$$

$$\leq |a_{21}^*| \, \beta_1 \, \| x \|_\infty + \sum_{j=3}^{n} |a_{2j}^*| \, \max_j |x_j|$$

$$\leq |a_{21}^*| \, \beta_1 \, \| x \|_\infty + \sum_{j=3}^{n} |a_{2j}^*| \, \| x \|_\infty$$

$$= \left(|a_{21}^*| \, \beta_1 + \sum_{j=3}^{n} |a_{2j}^*| \right) \| x \|_\infty = \beta_2 \, \| x \|_\infty,$$

onde $\beta_2 = \left(|a_{21}^*| \, \beta_1 + \sum_{j=3}^{n} |a_{2j}^*| \right).$

Portanto,
$$|y_2| \leq \beta_2 \, \| x \|_\infty .$$

Assim, para y_i, podemos escrever:

$$|y_i| = \left| \sum_{j=1}^{i-1} a_{ij}^* y_j + \sum_{j=i+1}^{n} a_{ij}^* x_j \right| \leq \sum_{j=1}^{i-1} |a_{ij}^*| \, |y_j| + \sum_{j=i+1}^{n} |a_{ij}^*| \, |x_j|$$

$$\leq \sum_{j=1}^{i-1} |a_{ij}^*| \, \beta_j \, \| x \|_\infty + \sum_{j=i+1}^{n} |a_{ij}^*| \, \max_j |x_j|$$

$$\leq \left(\sum_{j=1}^{i-1} |a_{ij}^*| \, \beta_j + \sum_{j=j+1}^{n} |a_{ij}^*| \right) \| x \|_\infty = \beta_i \, \| x \|_\infty,$$

onde $\beta_i = \left(\sum_{j=1}^{i-1} |a_{ij}^*| \, \beta_j + \sum_{j=i+1}^{n} |a_{ij}^*| \right).$

Portanto,
$$|y_i| \leq \beta_i \, \| x \|_\infty.$$

Temos, então,
$$\| Bx \|_\infty = \| y \|_\infty = \max_{1 \leq i \leq n} |y_i| \leq \max_{1 \leq i \leq n} \beta_i \, \| x \|_\infty$$
$$\Rightarrow \| B \|_\infty \leq \max_{1 \leq i \leq n} \beta_i.$$

Assim, se $\max \beta_i < 1$, $i = 1, 2, \ldots, n$, teremos $\| B \|_\infty < 1$ e, portanto, estará satisfeita uma condição suficiente de convergência.

Portanto, o método de Gauss-Seidel **converge** se:

a) o **critério de Sassenfeld** for satisfeito, isto é, se:

$$\max_{1 \leq i \leq n} \beta_i < 1,$$

onde os β_i são calculados por recorrência através de:

$$\beta_i = \sum_{j=1}^{i-1} |a_{ij}^*| \, \beta_j + \sum_{j=i+1}^{n} |a_{ij}^*|. \qquad (5.13)$$

b) o **critério das linhas** for satisfeito, isto é, se (5.7) for verificado.

Para provar que o critério das linhas é válido também para o método de Gauss-Seidel, basta verificar que a condição (5.7) implica $\beta_i < 1$, $i = 1, 2, \ldots, n$. De fato: (provando por indução) para $i = 1$, temos:

$$\beta_1 = \sum_{j=2}^{n} |a_{1j}^*| \leq \max_{1 \leq i \leq n} \sum_{\substack{j=1 \\ j \neq i}}^{n} |a_{ij}^*| < 1.$$

Suponhamos $\beta_j < 1$ para $j = 1, 2, \ldots, i-1$. Segue, então:

$$\begin{aligned}
\beta_i &= \sum_{j=1}^{i-1} |a_{ij}^*| \, \beta_j + \sum_{j=i+1}^{n} |a_{ij}^*| \\
&\leq \sum_{\substack{j=1 \\ j \neq i}}^{n} |a_{ij}^*| \leq \max_{1 \leq i \leq n} \sum_{\substack{j=1 \\ j \neq i}}^{n} |a_{ij}^*| < 1.
\end{aligned}$$

Portanto, $\max \beta_i < 1$ e o critério de Sassenfeld é verificado.

c) a matriz dos coeficientes for **estritamente diagonalmente dominante**, isto é, se (5.9) for válido. A prova aqui é idêntica à realizada no método de Jacobi-Richardson.

Observações:

1) Dado um sistema linear $Ax = b$, pode acontecer que o método de Jacobi-Richardson aplicado a ele resulte convergente, enquanto que o de Gauss-Seidel resulte divergente e vice-versa.

2) Se $\| B \|$ não for apreciavelmente menor que 1, a convergência poderá ser bastante lenta.

3) Uma permutação conveniente das linhas ou colunas de A antes de dividir cada equação pelo coeficiente da diagonal principal pode reduzir o valor de $\| B \|$.

4) A convergência para os métodos Jacobi-Richardson e Gauss-Seidel não depende do vetor inicial $x^{(0)}$.

   Evidentemente, quanto melhor a aproximação inicial menor será o número de iterações necessárias para atingir uma determinada precisão. Como não conhecemos *a priori* a solução, normalmente tomamos o vetor nulo como sendo o vetor inicial. Observe que, para o método de Jacobi-Richardson, se tomarmos o vetor nulo, teremos $x^{(1)} = b^*$. Tomamos então $x^{(0)} = \theta$ (vetor nulo) para o método de Gauss-Seidel e $x^{(0)} = b^*$ para o método de Jacobi-Richardson.

Exemplo 5.3

Resolver o sistema linear:

$$\begin{cases} 5x_1 + x_2 + x_3 = 5 \\ 3x_1 + 4x_2 + x_3 = 6 \\ 3x_1 + 3x_2 + 6x_3 = 0 \end{cases}$$

pelo método de Gauss-Seidel, com $\epsilon < 10^{-2}$.

Solução: A matriz dos coeficientes não é estritamente diagonalmente dominante. Assim, por esse critério, nada podemos afirmar sobre a convergência do processo de Gauss-Seidel.

Dividindo cada equação pelo correspondente elemento da diagonal principal obtemos:

$$\begin{cases} x_1 + 0.2x_2 + 0.2x_3 = 1 \\ 0.75x_1 + x_2 + 0.25x_3 = 1.5 \\ 0.5x_1 + 0.5x_2 + x_3 = 0 \end{cases}$$

Vimos anteriormente que, se a matriz dos coeficientes não for estritamente diagonalmente dominante, então o critério das linhas também não será satisfeito. Mas, por se tratar de exemplo, calculemos (5.7). Assim:

$$\begin{aligned} |a^*_{12}| + |a^*_{13}| &= |0.2| + |0.2| = 0.4, \\ |a^*_{21}| + |a^*_{23}| &= |0.75| + |0.25| = 1, \\ |a^*_{31}| + |a^*_{32}| &= |0.5| + |0.5| = 1, \end{aligned}$$

$$\Rightarrow \max_{1 \leq i \leq n} \sum_{\substack{j=1 \\ j \neq i}}^{3} |a_{ij}| = 1$$

e, portanto, por este critério não podemos garantir convergência.

Aplicando o critério de Sassenfeld, temos:

$$\begin{aligned} \beta_1 &= |0.2| + |0.2| = 0.4, \\ \beta_2 &= |0.75|(0.4) + |0.25| = 0.3 + 0.25 = 0.55, \\ \beta_3 &= |0.5|(0.4) + |0.5|(0.55) = 0.2 + 0.275 = 0.475 \end{aligned}$$

$$\Rightarrow \max_{1 \leq i \leq n} \beta_i = 0.55 < 1,$$

logo, temos o critério de Sassenfeld satisfeito e, então, podemos garantir que o processo de Gauss-Seidel converge.

Temos que as iterações são definidas por:

$$\begin{cases} x_1^{(k+1)} = -0.2x_2^{(k)} - 0.2x_3^{(k)} + 1 \\ x_2^{(k+1)} = -0.75x_1^{(k+1)} - 0.25x_3^{(k)} + 1.5 \\ x_3^{(k+1)} = -0.5x_1^{(k+1)} - 0.5x_2^{(k+1)} \end{cases}$$

e, a partir de $x^{(0)} = (0,0,0)^t$, obtemos para $x^{(1)}$ os seguintes valores:

$$\begin{cases} x_1^{(1)} &= -0.2x_2^{(0)} - 0.2x_3^{(0)} + 1 = -0.2(0) - 0.2(0) + 1 = 1 \\ x_2^{(1)} &= -0.75x_1^{(1)} - 0.25x_3^{(0)} + 1.5 = -0.75(1) - 0.25(0) + 1.5 = 0.75 \\ x_3^{(1)} &= -0.5x_1^{(1)} - 0.5x_2^{(1)} = -0.5(1) - 0.5(0.75) = -0.875 \end{cases}$$

Continuando as iterações, obtemos a Tabela 5.2.

Tabela 5.2

k	0	1	2	3	4
x_1	0	1	1.025	1.0075	1.0016
x_2	0	0.75	0.95	0.9913	0.9987
x_3	0	-0.875	-0.9875	-0.9994	-1.0002

Agora, desde que:

$$x^{(4)} - x^{(3)} = \begin{pmatrix} -0.0057 \\ 0.0074 \\ 0.00075 \end{pmatrix}$$

e, portanto:

$$\frac{\| x^{(4)} - x^{(3)} \|_\infty}{\| x^{(4)} \|_\infty} = \frac{0.0074}{1.0016} \simeq 0.0074 < 10^{-2},$$

segue que a solução do sistema linear, com $\epsilon < 10^{-2}$, é:

$$x = \begin{pmatrix} 1.0016 \\ 0.9987 \\ -1.0002 \end{pmatrix}.$$

Exercícios

5.3 Dado o sistema linear:

$$\begin{cases} 4x_1 + 2x_2 + 6x_3 = 1 \\ 4x_1 - x_2 + 3x_3 = 2 \\ -x_1 + 5x_2 + 3x_3 = 3 \end{cases}$$

mostrar que, reordenando as equações e incógnitas, podemos fazer com que o critério de Sassenfeld seja satisfeito, mas não o das linhas.

5.4 Considere o sistema linear:

$$\begin{cases} 5x_1 + 2x_2 + x_3 = 7 \\ -x_1 + 4x_2 + 2x_3 = 3 \\ 2x_1 - 3x_2 + 10x_3 = -1 \end{cases}$$

a) Verificar a possibilidade de aplicação do método de Gauss-Seidel, usando o critério de Sassenfeld.

b) Se possível, resolvê-lo pelo método do item a), obtendo o resultado com erro relativo $< 10^{-2}$.

5.3 Processos de Relaxação

Veremos nesta seção alguns métodos iterativos para resolver sistemas lineares conhecidos como **processos de relaxação**. Para desenvolver tais métodos, precisamos de alguns conceitos, os quais passamos a considerar agora.

1) Para uma função $y = f(x)$, o ponto x_0 tal que $f'(x_0) = 0$ é denominado **ponto estacionário** de f. Para saber o tipo de ponto, calculamos a derivada segunda de f. Assim, se:

   a) $f''(x_0) > 0$, então x_0 é **ponto de mínimo**;
   b) $f''(x_0) < 0$, então x_0 é **ponto de máximo**;
   c) $f''(x_0) = 0$, então x_0 é **ponto de inflexão**.

2) Para uma função de n variáveis $y = f(x_1, x_2, \ldots, x_n)$, denominamos **gradiente** de f — em símbolo, $grad\ f$ — o vetor:

$$grad\ f = (f_{x_1}, f_{x_2}, \ldots, f_{x_n}),$$

onde f_{x_i} são as derivadas parciais de f em relação a x_i.

Assim, o ponto $P = (x_1, \ldots, x_n)^t$ tal que $grad\ f(P) = 0$ é denominado **ponto estacionário** de f. Portanto, ponto estacionário é o ponto onde todas as derivadas parciais se anulam. Para saber o tipo de ponto, devemos calcular as derivadas parciais de $2^{\underline{a}}$ ordem.

Seja A uma matriz cujos elementos $(a_{ij}) = \dfrac{\partial^2 f}{\partial x_i \partial x_j}$. Portanto:

$$A(P) = \begin{pmatrix} \dfrac{\partial^2 f}{\partial x_1^2} & \dfrac{\partial^2 f}{\partial x_1 \partial x_2} & \cdots & \dfrac{\partial^2 f}{\partial x_1 \partial x_n} \\ \dfrac{\partial^2 f}{\partial x_2 \partial x_1} & \dfrac{\partial^2 f}{\partial x_2^2} & \cdots & \dfrac{\partial^2 f}{\partial x_2 \partial x_n} \\ \cdots & & & \\ \dfrac{\partial^2 f}{\partial x_n \partial x_1} & \dfrac{\partial^2 f}{\partial x_n \partial x_2} & \cdots & \dfrac{\partial^2 f}{\partial x_n^2} \end{pmatrix}.$$

Assim, se:

   a) $A(P)$: **positiva definida**, então P é **ponto de mínimo**;
   b) $A(P)$: **negativa definida**, então P é **ponto de máximo**;
   c) $A(P)$: **indefinida**, então P é **ponto de cela**.

A definição de matriz positiva definida encontra-se no Capítulo 4 (ver Definição 4.4). Estamos agora em condições de descrever o processo de relaxação.

Seja o sistema linear:

$$Ax + b = 0, \tag{5.14}$$

onde A, $n \times n$, é positiva definida, x e b são vetores $n \times 1$. Portanto, o sistema linear (5.14) tem uma única solução.

Se v é uma aproximação da solução, então:

$$r = Av + b$$

é o resíduo.

O objetivo do processo de relaxação é fazer com que o resíduo se anule. Para ver como é possível conseguir isso, consideremos, junto com o sistema de equações (5.14), a função quadrática:

$$F(v) = \frac{1}{2}(Av, v) + (b, v), \qquad (5.15)$$

onde $A = (a_{ij})$, $v = (v_1, v_2, \ldots, v_n)^t$ e $b = (b_1, b_2, \ldots, b_n)^t$, sendo que $(Av, v) \geq 0$, com igualdade válida se e somente se $v = \theta$ (vetor nulo).

Portanto, calculando os produtos escalares da expressão (5.15), obtemos:

$$F(v) = \frac{1}{2} \sum_{i,j=1}^{n} a_{ij} v_i v_j + \sum_{i=1}^{n} b_i v_i.$$

Observe agora que:

$$\begin{aligned}
\sum_{i,j=1}^{n} a_{ij} v_i v_j &= \sum_{i=1}^{n} \sum_{j=1}^{n} a_{ij} v_i v_j \\
&= a_{11} v_1^2 + a_{12} v_1 v_2 + \ldots + a_{1n} v_1 v_n \\
&+ a_{21} v_2 v_1 + a_{22} v_2^2 + \ldots + a_{2n} v_2 v_n \\
&+ \ldots \\
&+ a_{n1} v_n v_1 + a_{n2} v_n v_2 + \ldots + a_{nn} v_n^2. \\
\sum_{i=1}^{n} b_i v_i &= b_1 v_1 + \ldots + b_n v_n.
\end{aligned}$$

Assim:

$$\frac{\partial \sum_{i,j=1}^{n} a_{ij} v_i v_j}{\partial v_i} = 2 \sum_{j=1}^{n} a_{ij} v_i$$

desde que A é simétrica, e

$$\frac{\partial \sum_{i=1}^{n} b_i v_i}{\partial v_i} = b_i.$$

Logo, podemos escrever:

$$\frac{\partial F(v)}{\partial v_i} = \frac{1}{2} \cdot 2 \sum_{j=1}^{n} a_{ij} v_j + b_i \Rightarrow \frac{\partial F(v)}{\partial v_i} = \sum_{j=1}^{n} a_{ij} v_j + b_i, \ i = 1, \ldots, n.$$

Agora,

$$\text{grad } F(v) = \left(\frac{\partial F(v)}{\partial v_1}, \frac{\partial F(v)}{2v_2}, \ldots, \frac{\partial F(v)}{\partial v_n} \right).$$

Portanto,

$$\text{grad } F(v) = 0 \Leftrightarrow \left(\frac{\partial F(v)}{\partial v_i} \right) = 0, \ i = 1, 2, \ldots, n$$

$$\Leftrightarrow \sum_{j=1}^{n} a_{ij} v_j + b_i = 0, \ i = 1, \ldots, n.$$

Assim, temos que: $Av + b = 0 = grad\ F(v)$. Portanto, na solução x devemos ter $grad\ F(x) = 0$. Observe que, em pontos que não sejam a solução, o gradiente representa o resíduo, ou seja, $grad\ F(v) = Av + b = r$. Assim, nosso objetivo é obter $grad\ F(v) = 0$, pois assim teremos $r = 0$.

Teorema 5.2
O problema de determinar a solução do sistema linear (5.14), onde A é simétrica positiva definida, é equivalente ao problema de determinar o ponto de mínimo de (5.15).

Prova: Evidentemente, $P = (x_1, x_2, \ldots, x_n)^t$ é ponto estacionário de F se e somente se $(x_1, x_2, \ldots, x_n)^t$ é solução de (5.14), pois, se P é ponto estacionário de F, então $grad\ F = 0 \Rightarrow r = 0 \Rightarrow P$ é solução de $Ax + b = 0$. Resta provar que F tem um só ponto estacionário e que este ponto é de mínimo.

Temos que v é ponto estacionário de F se e somente se $grad\ F(v) = 0$, isto é, se e somente se:

$$\sum_{j=1}^{n} a_{ij} v_j + b_i = 0,\ i = 1, 2, \ldots, n.$$

Além disso, o ponto estacionário é único, pois o sistema admite uma única solução. Como:

$$\frac{\partial^2 F(v)}{\partial v_1^2} = a_{11}, \quad \frac{\partial^2 F(v)}{\partial v_1 v_2} = a_{12}, \quad \ldots, \quad \frac{\partial^2 F(v)}{\partial v_i v_j} = a_{ij},$$

temos que:

$$A = (a_{ij}) = \frac{\partial^2 F(v)}{\partial v_i v_j}.$$

Agora, por hipótese, A é positiva definida. Assim, v é ponto de mínimo.

O exemplo a seguir ilustra o Teorema 5.2.

Exemplo 5.4
Seja o sistema linear $Ax + b = 0$, dado por:

$$\begin{cases} 100x_1 + x_2 - 1 = 0 \\ x_1 + 100x_2 - 100 = 0 \end{cases}$$

Calcule a função quadrática dada por (5.15) e mostre que o ponto de mínimo desta função é solução do sistema dado.

Solução: É fácil verificar que a solução do sistema linear é:

$$x = \begin{pmatrix} 0 \\ 1 \end{pmatrix}.$$

Formemos a função quadrática, $F(v)$. Temos:

$$Av = \begin{pmatrix} 100 & 1 \\ 1 & 100 \end{pmatrix} \begin{pmatrix} v_1 \\ v_2 \end{pmatrix} = \begin{pmatrix} 100v_1 + v_2 \\ v_1 + 100v_2 \end{pmatrix}.$$

Assim:

$$(Av, v) = 100v_1^2 + 2v_1 v_2 + 100v_2^2;$$
$$(b, v) = -v_1 - 100v_2.$$

Logo:
$$F(v) = \frac{1}{2}\left(100v_1^2 + 2v_1v_2 + 100v_2^2\right) - v_1 - 100v_2.$$

Além disso:
$$\begin{pmatrix} \frac{\partial^2 F}{\partial v_1^2} & \frac{\partial^2 F}{\partial v_1 \partial v_2} \\ \frac{\partial^2 F}{\partial v_2 \partial v_1} & \frac{\partial^2 F}{\partial v_2^2} \end{pmatrix} = \begin{pmatrix} 100 & 1 \\ 1 & 100 \end{pmatrix} = A,$$

que é uma matriz positiva definida.

Portanto, $F(v)$ tem ponto de mínimo em $(0,1)^t$, que é a solução do sistema linear. O valor do mínimo é $F_{min} = -50$. Assim, apesar da forma quadrática ser positiva definida, o mínimo pode ser negativo.

Observe que os métodos de relaxação são usados apenas para sistemas lineares cuja matriz dos coeficientes é positiva definida. Se A é não singular ($det(A) \neq 0$), mas não é positiva definida, não podemos aplicar o raciocínio apresentado. Os métodos de relaxação, aqui apresentados, nestes casos não convergem.

5.3.1 Princípios Básicos do Processo de Relaxação

O Teorema 5.2 constitui a base do princípio geral de relaxação para solução de sistemas de equações lineares onde a matriz dos coeficientes é simétrica positiva definida. Começando com um vetor solução inicial v, selecionamos uma direção p e corrigimos v nesta direção, com o objetivo de diminuir $F(v)$, para ir atingindo seu ponto de mínimo que é a solução do sistema linear; ou seja, tentamos anular o resíduo na direção p.

Assim, variando v na direção p, isto é, tomando:
$$v' = v + tp,$$

procuramos determinar o parâmetro t de modo que a função F atinja o seu mínimo nesta direção. Logo, devemos procurar o mínimo de F na direção p. Temos então:

$$\begin{aligned} F(v') &= \frac{1}{2}(Av', v') + (b, v') \\ &= \frac{1}{2}(A(v+tp), v+tp) + (b, v+tp) \\ &= \frac{1}{2}\left[(Av,v) + 2t(Av,p) + t^2(Ap,p) + 2(b,v) + 2t(b,p)\right] \\ &= F(v) + \frac{t^2}{2}(Ap,p) + t(Av+b,p) \end{aligned}$$

desde que $\frac{1}{2}\left[(Av,v) + 2t(b,v)\right] = F(v)$. Portanto:

$$F(v') = F(v) + \frac{t^2}{2}(Ap,p) + t(r,p),$$

que é função do parâmetro t.

O parâmetro t é selecionado de tal forma que F é mínimo dentro do conjunto examinado. A condição necessária para que isto ocorra é:

$$\frac{\partial F(v')}{\partial t} = t(Ap,p) + (r,p) = 0 \Rightarrow t = -\frac{(r,p)}{(Ap,p)},$$

que é um ponto estacionário da F. Além disso, $\dfrac{\partial^2 F(v')}{\partial t^2} = (Ap, p) > 0$, pois A é positiva definida e, assim, t é mínimo na direção p.

Portanto:
$$t_{min} = -\dfrac{(r,p)}{(Ap,p)}. \tag{5.16}$$

Observações:

1) Diferentes escolhas da direção p fornecem diferentes métodos de relaxação.
2) O ponto v', que é tomado na direção p de relaxação, com $t = t_{min}$, é chamado **ponto de mínimo**.
3) Analisando a equação (5.16), com $r = Av + b$, notamos que a direção p de relaxação não deve ser escolhida ortogonal ao vetor resíduo r. Se assim fosse, o ponto v' teria sempre $t_{min} = 0$ e não haveria melhoria na aproximação da solução.

Teorema 5.3
Para o ponto de mínimo v', com $t = t_{min}$, o novo resíduo $r' = Av' + b$ é ortogonal à direção p de relaxação.

Prova: Temos:
$$r' = Av' + b = A(v + tp) + b = Av + b + tAp \Rightarrow r' = r + tAp.$$

Portanto:
$$(r', p) = (r + tAp, p) = (r, p) + t(Ap, p).$$

Para $t = t_{min}$, segue que:
$$(r', p) = (r, p) - \dfrac{(r, p)}{(Ap, p)}(Ap, p) = 0.$$

Logo, r' e p são ortogonais, demonstrando o teorema. Observe que o novo resíduo não tem componentes na direção p, ou seja, o novo resíduo, r', se anula na direção p.

5.3.2 Método dos Gradientes

Dado o sistema linear (5.14), com A simétrica positiva definida, construímos a função quadrática $F(v)$. Vimos que a solução do sistema linear coincide com o ponto de mínimo de $F(v)$ e que $grad\ F(v) = Av + b = r$. Aqui, definiremos a direção p de relaxação por:

$$p^k = -r^{(k-1)} \quad \text{para} \quad k = 1, 2, \ldots \tag{5.17}$$

Esta direção é dirigida para o ponto de mínimo.

Todo processo iterativo em que a direção p de relaxação é a do resíduo em sentido oposto é chamado **Método dos Gradientes**.

Temos:
$$t_{min} = -\dfrac{(r, p)}{(Ap, p)} = -\dfrac{(r^{k-1}, p^{(k)})}{(Ap^{(k)}, p^{(k)})} \Rightarrow t_{min} = \dfrac{(r^{(k-1)}, r^{(k-1)})}{(Ar^{(k-1)}, r^{(k-1)})},$$

usando (5.17).

Vimos que, ao usar t_{min}, o novo resíduo é ortogonal à direção de relaxação. Portanto, neste processo, **resíduos consecutivos são ortogonais**, isto é:

$$\left(r^{(k)}, r^{k-1)}\right) = 0, \quad k = 1, 2, \ldots$$

Assim, no método dos gradientes, temos que:

$$\begin{aligned} v^{(k)} &= v^{(k-1)} + tp^{(k)} \\ \Rightarrow v^{(k)} &= v^{(k-1)} - t_{min} r^{(k-1)}; \end{aligned} \qquad (5.18)$$

$$\begin{aligned} r^{(k)} &= Av^{(k)} + b \Rightarrow r^{(k)} = A(v^{(k-1)} - t_{min} r^{(k-1)}) + b \\ \Rightarrow r^{(k)} &= Av^{(k-1)} + b - t_{min} Ar^{(k-1)} \\ \Rightarrow r^{(k)} &= r^{(k-1)} - t_{min} Ar^{(k-1)}. \end{aligned} \qquad (5.19)$$

Resumindo: dados $v^{(0)}$ e ϵ, onde ϵ é uma precisão pré-fixada, para aplicar o método dos gradientes, devemos calcular:

a) $r^{(0)} = Av^{(0)} + b$,

b) para $k = 1, 2, \ldots$

  b.1) $t_{min} = \dfrac{(r^{(k-1)}, r^{(k-1)})}{(Ar^{(k-1)}, r^{(k-1)})}$,

  b.2) $v^{(k)} = v^{(k-1)} - t_{min} r^{(k-1)}$,

  b.3) $r^{(k)} = r^{(k-1)} - t_{min} Ar^{(k-1)}$,

  b.4) Se $\| r^{(k)} \| < \epsilon$, ou se $\dfrac{\| v^{(k+1)} - v^{(k)} \|}{\| v^{(k+1)} \|} < \epsilon$, Fim,

  caso contrário, **b)**.

Exemplo 5.5

Usando o método dos gradientes, obter a solução do sistema linear:

$$\begin{pmatrix} 10 & 1 & 0 \\ 1 & 10 & 1 \\ 0 & 1 & 10 \end{pmatrix} \begin{pmatrix} x_1 \\ x_2 \\ x_3 \end{pmatrix} - \begin{pmatrix} 11 \\ 11 \\ 1 \end{pmatrix} = \begin{pmatrix} 0 \\ 0 \\ 0 \end{pmatrix}.$$

com precisão de 10^{-1}.

Solução: Seja $v^{(0)} = (0, 0, 0)^t$, então:

$$r^{(0)} = Av^{(0)} + b = \begin{pmatrix} -11 \\ -11 \\ -1 \end{pmatrix}.$$

Para $k = 1$, obtemos: $\left(r^{(0)}, r^{(0)}\right) = 121 + 121 + 1 = 243$,

$$Ar^{(0)} = \begin{pmatrix} 10 & 1 & 0 \\ 1 & 10 & 1 \\ 0 & 1 & 10 \end{pmatrix} \begin{pmatrix} -11 \\ -11 \\ -1 \end{pmatrix} = \begin{pmatrix} -121 \\ -122 \\ -21 \end{pmatrix}$$

$$\Rightarrow \left(Ar^{(0)}, r^{(0)}\right) = 1331 + 1342 + 21 = 2694.$$

Assim: $t_{min} = \dfrac{243}{2694} = 0.0902.$
Agora,

$$v^{(1)} = v^{(0)} - t_{min}\, r^{(0)} = \begin{pmatrix} 0 \\ 0 \\ 0 \end{pmatrix} - 0.0902 \begin{pmatrix} -11 \\ -11 \\ -1 \end{pmatrix} = \begin{pmatrix} 0.9922 \\ 0.9922 \\ 0.0902 \end{pmatrix},$$

$$r^{(1)} = r^{(0)} - t_{min}\, Ar^{(0)} = \begin{pmatrix} -11 \\ -11 \\ -1 \end{pmatrix} - 0.0902 \begin{pmatrix} -121 \\ -122 \\ -21 \end{pmatrix} = \begin{pmatrix} -0.0858 \\ 0.0044 \\ 0.8942 \end{pmatrix}.$$

Para $k = 2$, obtemos: $(r^{(1)}, r^{(1)}) = 0.0074 + 0.00002 + 0.7996 = 0.8070,$

$$Ar^{(1)} = \begin{pmatrix} 10 & 1 & 0 \\ 1 & 10 & 1 \\ 0 & 1 & 10 \end{pmatrix} \begin{pmatrix} -0.0858 \\ 0.0044 \\ 0.8942 \end{pmatrix} = \begin{pmatrix} -0.8536 \\ 0.8524 \\ 8.9464 \end{pmatrix}$$

$$\Rightarrow \left(Ar^{(1)}, r^{(1)}\right) = 0.0732 + 0.0038 + 7.9999 = 8.0769.$$

Assim: $t_{min} = \dfrac{0.8070}{8.0769} = 0.0999.$
Portanto,

$$v^{(2)} = v^{(1)} - t_{min}\, r^{(1)} = \begin{pmatrix} 0.9922 \\ 0.9922 \\ 0.0902 \end{pmatrix} - 0.0999 \begin{pmatrix} -0.0858 \\ 0.0044 \\ 0.8942 \end{pmatrix} = \begin{pmatrix} 1.0007 \\ 0.9917 \\ 0.0009 \end{pmatrix}.$$

Agora, desde que,

$$\dfrac{\| v^{(k+1)} - v^{(k)} \|_\infty}{\| v^{(k+1)} \|_\infty} = \dfrac{0.0893}{1.0007} \simeq 0.09 < 10^{-1},$$

temos que $v^{(2)}$ é solução do sistema linear dado, com $\epsilon < 10^{-1}$.

Exercícios

5.5 Deseja-se resolver um sistema linear $Ax + b = 0$, onde:

$$A = \begin{pmatrix} 1 & a & a \\ a & 1 & a \\ a & a & a \end{pmatrix}.$$

e a é real, pelo método dos gradientes.

a) Quais os valores possíveis para a?

b) Sendo $b = (1,\ 2,\ 3)^t$ e considerando $a = 0.4$, obtenha a solução do sistema linear com duas casas decimais corretas usando o método dos gradientes.

5.6 Usando o método dos gradientes, obtenha a solução do sistema linear:

$$\begin{pmatrix} 4 & 1 \\ 1 & 3 \end{pmatrix} \begin{pmatrix} x_1 \\ x_2 \end{pmatrix} - \begin{pmatrix} 5 \\ 4 \end{pmatrix} = \begin{pmatrix} 0 \\ 0 \end{pmatrix},$$

com erro relativo inferior a 10^{-3}.

5.3.3 Método dos Gradientes Conjugados

Outro método de relaxação é o chamado **Método dos Gradientes Conjugados**, o qual passamos a descrever agora.

Para descrever tal método, necessitamos da seguinte definição:

Definição 5.3
Dada a aplicação linear A, positiva definida, x e y são direções conjugadas se

$$(Ax, y) = (x, Ay) = 0.$$

O primeiro passo, no método dos gradientes conjugados, é igual ao primeiro passo do método dos gradientes, isto é, dado $v^{(0)}$, calculamos $r^{(0)} = Av^{(0)} + b$ e fazemos:

$$\begin{aligned} p^{(1)} &= -r^{(0)}, \\ v^{(1)} &= v^{(0)} - tr^{(0)}, \end{aligned}$$

onde,

$$t = q_1 = -\frac{(r^{(0)}, p^{(1)})}{(Ap^{(1)}, p^{(1)})} = \frac{(r^{(0)}, r^{(0)})}{(Ar^{(0)}, r^{(0)})}.$$

Portanto,

$$v^{(1)} = v^{(0)} - \frac{(r^{(0)}, r^{(0)})}{(Ar^{(0)}, r^{(0)})} r^{(0)}. \tag{5.20}$$

Consideremos a passagem do passo $k-1$ para o passo k, $(k \geq 1)$.

Tomamos a direção de relaxação $p^{(k)}$ de tal modo que $p^{(k)}$ e $p^{(k-1)}$ sejam direções conjugadas, isto é, $p^{(k)}$ deve ser tal que:

$$(Ap^{(k)}, p^{(k-1)}) = (p^{(k)}, Ap^{(k-1)}) = 0.$$

Além disso, $p^{(k)}$ é tomado como combinação linear de $r^{(k-1)}$ e $p^{(k-1)}$, e desde que o coeficiente de $r^{(k-1)}$ é não nulo, podemos tomá-lo igual a -1.

Portanto:

$$p^{(k)} = -r^{(k-1)} + \alpha_{k-1} p^{(k-1)}, k = 2, 3, \ldots \tag{5.21}$$

onde α_{k-1} é um coeficiente a ser determinado.

Temos que, para $k = 2, 3, \ldots$

$$\begin{aligned} & (p^{(k)}, Ap^{(k-1)}) = 0 \\ \Rightarrow\ & (-r^{(k-1)} + \alpha_{k-1} p^{(k-1)}, Ap^{(k-1)}) = 0 \\ \Rightarrow\ & (-r^{(k-1)}, Ap^{(k-1)}) + \alpha_{k-1}(p^{(k-1)}, Ap^{(k-1)}) = 0. \end{aligned}$$

Da expressão anterior, podemos determinar α_{k-1}, isto é:

$$\alpha_{k-1} = \frac{(r^{(k-1)}, Ap^{(k-1)})}{(p^{(k-1)}, Ap^{(k-1)})}, k = 2, 3, \ldots \tag{5.22}$$

Uma vez identificada a direção $p^{(k)}$, procuramos o ponto de mínimo.
Assim, de $v^{(k)} = v^{(k-1)} + tp^{(k)}$, obtemos:

$$v^k = v^{(k-1)} + q_k p^{(k)}, \qquad (5.23)$$

onde,

$$q_k = -\frac{(r^{(k-1)}, p^{(k)})}{(Ap^{(k)}, p^{(k)})}.$$

De $r^{(k)} = Av^{(k)} + b$, segue que:

$$\begin{aligned} r^{(k)} &= A(v^{(k-1)} + q_k p^{(k)}) + b \\ &= Av^{(k-1)} + b + q_k Ap^{(k)}. \end{aligned}$$

Portanto:

$$r^{(k)} = r^{(k-1)} + q_k Ap^{(k)}. \qquad (5.24)$$

Observações:

1) O método dos gradientes conjugados é essencialmente definido pelas fórmulas (5.20), (5.21), (5.22), (5.23), (5.24), desde que um vetor aproximação $v^{(0)}$ tenha sido escolhido.

2) Os denominadores que aparecem nas fórmulas de α_{k-1} e q_k são sempre maiores que zero, para direções não nulas $p^{(k)}$, pelo fato de A ser positiva definida.

3) O **resíduo em cada passo**, do método dos gradientes conjugados, possui as seguintes propriedades:

   3.1) É ortogonal ao resíduo do passo anterior, isto é:

   $$(r^{(k)}, r^{(k-1)}) = 0.$$

   3.2) É ortogonal à direção de relaxação do passo, isto é:

   $$(r^{(k)}, p^{(k)}) = 0.$$

   3.3) É ortogonal à direção de relaxação do passo anterior, isto é:

   $$(r^{(k)}, p^{(k-1)}) = 0.$$

Com estas propriedades, podemos obter simplificações para as fórmulas de q_k e de α_{k-1}. De fato, da fórmula de q_k, obtemos que:

$$q_k = \frac{(r^{(k-1)}, r^{(k-1)})}{(Ap^{(k)}, p^{(k)})},$$

desde que:

$$\begin{aligned} -(r^{(k-1)}, p^{(k)}) &= -(r^{(k-1)}, -r^{(k-1)} + \alpha_{k-1} p^{(k-1)}) \\ &= (r^{(k-1)}, r^{(k-1)}) - \alpha_{k-1}(r^{(k-1)}, p^{(k-1)}) \\ &= (r^{(k-1)}, r^{(k-1)}) \quad \text{(usando a propriedade 3.2)}, \end{aligned}$$

e da fórmula de α_{k-1}, segue que,

$$\alpha_{k-1} = \frac{(r^{(k-1)}, r^{(k-1)})}{(r^{(k-2)}, r^{(k-2)})},$$

desde que, de (5.24), temos:

$$Ap^{(k-1)} = \frac{1}{q_{k-1}}(r^{(k-1)} - r^{(k-2)}).$$

Assim:

$$
\begin{aligned}
(r^{(k-1)}, Ap^{(k-1)}) &= (r^{(k-1)}, \frac{1}{q_{k-1}}(r^{(k-1)} - r^{(k-2)})) \\
&= \frac{1}{q_{k-1}}(r^{(k-1)}, r^{(k-1)}) - \frac{1}{q_{k-1}}(r^{(k-1)} - r^{(k-2)}) \\
&= \frac{1}{q_{k-1}}(r^{(k-1)}, r^{(k-1)}) \quad \text{(usando a propriedade 3.1);}
\end{aligned}
$$

$$
\begin{aligned}
(p^{(k-1)}, Ap^{(k-1)}) &= \frac{1}{q_{k-1}}(p^{(k-1)}, r^{(k-1)}) - \frac{1}{q_{k-1}}(p^{(k-1)}, r^{(k-2)}) \\
&= -\frac{1}{q_{k-1}}(p^{(k-1)}, r^{(k-2)}) \quad \text{(usando a propriedade 3.2)} \\
&= -\frac{1}{q_{k-1}}(-r^{(k-2)} + \alpha_{k-2}p^{(k-2)}, r^{(k-2)}) \quad \text{(usando (5.21))} \\
&= \frac{1}{q_{k-1}}(r^{(k-2)}, r^{(k-2)}) - \frac{\alpha_{k-2}}{q_{k-1}}(r^{(k-2)}, p^{(k-2)}) \\
&= \frac{1}{q_{k-1}}(r^{(k-2)}, r^{(k-2)}) \quad \text{(usando a propriedade 3.2).}
\end{aligned}
$$

Resumindo, para aplicarmos o método dos gradientes conjugados, devemos efetuar os seguintes passos:

Dados $v^{(0)}$ e ϵ, devemos calcular:

  a) $r^{(0)} = Av^{(0)} + b$,

      $p^{(1)} = -r^{(0)}$,

      $q_1 = \frac{(r^{(0)}, r^{(0)})}{(Ar^{(0)}, r^{(0)})}$,

      $v^{(1)} = v^{(0)} + q_1 p^{(1)}$,

      $r^{(1)} = r^{(0)} + q_1 Ap^{(1)}$.

  b) para $k \geq 2$

    b.1) $\alpha_{k-1} = \frac{(r^{(k-1)}, r^{(k-1)})}{(r^{(k-2)}, r^{(k-2)})}$,

    b.2) $p^{(k)} = -r^{(k-1)} + \alpha_{k-1} p^{(k-1)}$,

    b.3) $q_k = \frac{(r^{(k-1)}, r^{(k-1)})}{(Ap^{(k)}, p^{(k)})}$,

b.4) $v^{(k)} = v^{(k-1)} + q_k p^{(k)}$,

b.5) $r^{(k)} = r^{(k-1)} + q_k A p^{(k)}$.

c) Se $\dfrac{\| v^{(k+1)} - v^{(k)} \|}{\| v^{(k+1)} \|} < \epsilon$, Fim,

caso contrário, **b)**.

Teorema 5.4
No método dos gradientes conjugados, as direções de relaxação formam um sistema de direções conjugadas e os resíduos formam um sistema ortogonal, isto é, para $i \neq j$, $i, j = 1, 2, \ldots$, vale que:

$$(Ap^{(i)}, p^{(j)}) = 0 \quad \text{e} \quad (r^{(i)}, r^{(j)}) = 0.$$

Prova: A prova deste teorema pode ser encontrada em [Schwarz,1973].

De $(r^{(i)}, r^{(j)}) = 0$, concluímos que o método dos gradientes conjugados converge, teoricamente, em n passos, onde n é a ordem do sistema linear; isto porque os vetores $r^{(i)}$ pertencem a um espaço vetorial n-dimensional e, assim, o sistema ortogonal pode conter no máximo n vetores não nulos. Com isto, podemos enunciar o seguinte teorema.

Teorema 5.5
O método dos gradientes conjugados fornece a solução do sistema em no máximo n passos, onde n é a ordem do sistema.

Observe que, em geral, na prática, devido aos erros de arredondamento, não obteremos a solução do sistema em n passos.

Exemplo 5.6

Usando o método dos gradientes conjugados, obter a solução do sistema linear dado no Exemplo 5.5, com duas casas decimais corretas.

Solução: Como o 1º passo do método dos gradientes conjugados é igual ao 1º passo do método dos gradientes, ver Exemplo 5.5, temos:

$$v^{(0)} = \begin{pmatrix} 0 \\ 0 \\ 0 \end{pmatrix}, \quad r^{(0)} = \begin{pmatrix} -11 \\ -11 \\ -1 \end{pmatrix}, \quad p^{(1)} = -r^{(0)}, \quad q_1 = t_{min} = 0.0902,$$

$$v^{(1)} = \begin{pmatrix} 0.9922 \\ 0.9922 \\ 0.0902 \end{pmatrix}, \quad r^{(1)} = \begin{pmatrix} -0.0858 \\ 0.0044 \\ 0.8942 \end{pmatrix}.$$

Para $k = 2$, temos:

$$\alpha_1 = \frac{(r^{(1)}, r^{(1)})}{(r^{(0)}, r^{(0)})} = \frac{0.8070}{243} = 0.0033,$$

$$p^{(2)} = -r^{(1)} + \alpha_1 p^{(1)} = \begin{pmatrix} 0.0858 \\ -0.0044 \\ -0.8942 \end{pmatrix} + 0.0033 \begin{pmatrix} 11 \\ 11 \\ 1 \end{pmatrix} \Rightarrow p^{(2)} = \begin{pmatrix} 0.1221 \\ 0.0319 \\ -0.8909 \end{pmatrix},$$

$$Ap^{(2)} = \begin{pmatrix} 10 & 1 & 0 \\ 1 & 10 & 1 \\ 0 & 1 & 10 \end{pmatrix} \begin{pmatrix} 0.1221 \\ 0.0319 \\ -0.8909 \end{pmatrix} = \begin{pmatrix} 1.2529 \\ -0.4498 \\ -8.8771 \end{pmatrix},$$

$$(Ap^{(2)}, p^{(2)}) = 0.1530 - 0.0143 + 7.9086 = 8.0473,$$

$$q_2 = \frac{(r^{(1)}, r^{(1)})}{(Ap^{(2)}, p^{(2)})} = \frac{0.8070}{8.0473} = 0.1003,$$

$$v^{(2)} = v^{(1)} + q_2 p^{(2)} = \begin{pmatrix} 0.9922 \\ 0.9922 \\ 0.0902 \end{pmatrix} + 0.1003 \begin{pmatrix} 0.1221 \\ 0.0319 \\ -0.8909 \end{pmatrix} = \begin{pmatrix} 1.0044 \\ 0.9954 \\ 0.0008 \end{pmatrix}.$$

$$r^{(2)} = r^{(1)} + q_2 Ap^{(2)} = \begin{pmatrix} 0.0399 \\ -0.0407 \\ 0.0038 \end{pmatrix}.$$

De maneira análoga, para $k = 3$, segue que:

$$\alpha_2 = \frac{(r^{(2)}, r^{(2)})}{(r^{(1)}, r^{(1)})} = \frac{0.0033}{0.8070} = 0.0041,$$

$$p^{(3)} = -r^{(2)} + \alpha_2 p^{(2)} = \begin{pmatrix} -0.0394 \\ 0.0408 \\ -0.0001 \end{pmatrix}, \quad Ap^{(3)} = \begin{pmatrix} -0.3532 \\ 0.3685 \\ 0.0398 \end{pmatrix},$$

$$(Ap^{(3)}, p^{(3)}) = 0.0139 + 0.0150 - 0.0000 = 0.0289,$$

$$q_3 = \frac{(r^{(2)}, r^{(2)})}{(Ap^{(3)}, p^{(3)})} = \frac{0.0033}{0.0289} = 0.1142,$$

$$v^{(3)} = v^{(2)} + q_3 p^{(3)} = \begin{pmatrix} 0.9999 \\ 1.0001 \\ 0.0008 \end{pmatrix}.$$

Agora, desde que:

$$\frac{\| v^{(3)} - v^{(2)} \|_\infty}{\| v^{(3)} \|_\infty} = \frac{0.0047}{1.0001} \simeq 0.0047 < 10^{-2},$$

temos que v_3 é solução do sistema dado, com $\epsilon < 10^{-2}$.

O leitor interessado em maiores detalhes sobre os tópicos apresentados neste capítulo, deve consultar, por exemplo, [Schwarz, 1973].

Exercícios

5.7 Mostre que, no método dos gradientes conjugados, o resíduo em cada passo é ortogonal ao resíduo anterior, à direção de relaxação do passo e à direção de relaxação do passo anterior.

5.8 Usando o método dos gradientes conjugados, resolver os sistemas lineares dados nos exercícios 5.5 e 5.6.

5.4 Exercícios Complementares

5.9 Supomos que o sistema linear:

$$\begin{cases} x_1 - \alpha x_2 & = c_1 \\ -\alpha x_1 + x_2 - \alpha x_3 & = c_2 \\ - \alpha x_2 + x_3 & = c_3 \end{cases}$$

seja resolvido iterativamente pelas fórmulas:

$$\begin{cases} x_1^{(k+1)} = \alpha x_2^{(k)} + c_1 \\ x_2^{(k+1)} = \alpha(x_1^{(k)} + x_3^{(k)}) + c_2 \\ x_3^{(k+1)} = \alpha x_2^{(k)} + c_3 \end{cases}$$

Para que valores de α a convergência do método definido acima é garantida? Justifique.

5.10 Considere o sistema linear $Ax = b$, onde:

$$A = \begin{pmatrix} 10 & -1 & 4 \\ 1 & 10 & 9 \\ 2 & -3 & -10 \end{pmatrix}, \quad x = \begin{pmatrix} x_1 \\ x_2 \\ x_3 \end{pmatrix} \quad \text{e} \quad b = \begin{pmatrix} 5 \\ 2 \\ 9 \end{pmatrix}.$$

Entre os métodos iterativos que você conhece, qual você aplicaria? Por quê? Resolva-o pelo método escolhido.

5.11 Considere o sistema linear $Ax = b$, onde:

$$A = \begin{pmatrix} 50 & -1 & 4 \\ 1 & 50 & 9 \\ 2 & -3 & -50 \end{pmatrix}, \quad x = \begin{pmatrix} x_1 \\ x_2 \\ x_3 \end{pmatrix} \quad \text{e} \quad b = \begin{pmatrix} 45 \\ 42 \\ 49 \end{pmatrix}.$$

Aplique a este sistema o mesmo método aplicado no exercício anterior. Como se comparam as taxas de convergência? Por quê?

5.12 Considere os sistemas lineares:

$$(I) \begin{cases} 5x_1 + 2x_2 + x_3 = 0 \\ 2x_1 + 4x_2 + x_3 = 2 \\ 2x_1 + 2x_2 + 4x_3 = 1 \end{cases} \quad (II) \begin{cases} 5x_1 + 4x_2 + x_3 = 2 \\ 3x_1 + 4x_2 + x_3 = 2 \\ 3x_1 + 3x_2 + 6x_3 = -9 \end{cases}$$

Aplicando os critérios que você conhece, qual dos métodos iterativos será seguramente convergente? Justifique.

5.13 Considere o sistema linear:

$$\begin{cases} -x_1 + 2x_2 - x_3 & = 1 \\ 2x_1 - x_2 & = 1 \\ - x_2 + 2x_3 - x_4 & = 1 \\ - x_3 + x_4 & = 1 \end{cases}$$

Reordene as equações convenientemente e aplique o método de Gauss-Seidel com garantia de convergência.

5.14 Certos sistemas de equações lineares podem ser convenientemente tratados pelo método iterativo de Gauss-Seidel. Depois de uma simples generalização, o método pode ser também usado para alguns sistemas não lineares. Determinar deste modo uma solução do sistema não linear:
$$\begin{cases} x & - & 0.1y^2 & + & 0.05x^2 & = & 0.7 \\ y & + & 0.3x^2 & - & 0.1xz & = & 0.5 \\ z & + & 0.4y^2 & + & 0.1xz & = & 1.2 \end{cases}$$
com erro relativo inferior a 10^{-2}.

5.15 O sistema linear:
$$\begin{cases} ax & + & by & + & c & = & 0 \\ dx & + & ey & + & f & = & 0 \end{cases}$$
pode ser resolvido minimizando a função:
$$F = (ax + by + c)^2 + (dx + ey + f)^2.$$

Começamos com uma solução aproximada $(x_k, y_k)^t$ e construímos a seguinte, primeiro mantendo $y = y_k$ e variando x. O ponto de mínimo é chamado x_{k+1}. A seguir, mantendo $x = x_{k+1}$ e variando y. O ponto de mínimo é chamado y_{k+1}. O processo é repetido iterativamente.

Aplicar o método descrito acima ao sistema linear:
$$\begin{cases} 5x & + & 2y & - & 11 & = & 0 \\ x & - & 3y & - & 9 & = & 0 \end{cases}$$

5.16 Um processo iterativo para resolver sistemas de equações lineares do tipo $Ax - b = 0$ é assim definido:
- Somar Ix a ambos os membros, obtendo $(I + A)x - b = x$.
- Realizar iterações, a partir de $x^{(0)}$, fazendo:
$$x^{(k+1)} = (I + A)x^{(k)} - b.$$

a) Dê uma condição suficiente que assegure a convergência deste processo iterativo.

b) Aplique este processo para determinar a solução do seguinte sistema linear:
$$\begin{cases} -1.1x_1 & + & 0.1x_2 & = & 1 \\ 0.3x_1 & - & 0.3x_2 & = & 0 \end{cases}$$

5.17 Considere cada um dos seguintes sistemas lineares:

$$(I) \begin{cases} 3x_1 & - & 3x_2 & + & 7x_3 & = & 18 \\ x_1 & + & 6x_2 & - & x_3 & = & 10 \\ 10x_1 & - & 2x_2 & + & 7x_3 & = & 27 \end{cases} \quad (II) \begin{cases} x_1 & + & 2x_2 & + & 5x_3 & = & 20 \\ x_1 & + & 3x_2 & + & x_3 & = & 10 \\ 4x_1 & + & x_2 & + & 2x_3 & = & 12 \end{cases}$$

a) Sem rearranjar as equações, tente achar as soluções iterativamente, usando os métodos de Jacobi e de Gauss-Seidel, começando com $x^{(0)} = (1.01, 2.01, 3.01)^t$.

b) Rearranje as equações de tal modo que satisfaçam os critérios de convergência e repita o que foi feito no item **a)**.

c) Verifique suas soluções nas equações originais.

5.18 Considere o sistema linear:
$$\begin{pmatrix} -1 & 2 & -1 & 0 \\ 2 & -1 & 0 & 0 \\ 0 & -1 & 2 & -1 \\ 0 & 0 & -1 & 2 \end{pmatrix} \begin{pmatrix} x_1 \\ x_2 \\ x_3 \\ x_4 \end{pmatrix} = \begin{pmatrix} 1 \\ 2 \\ 9 \\ 11 \end{pmatrix}.$$

a) É possível aplicar a este sistema os métodos iterativos que você conhece com garantia de convergência?

b) Reordene as equações convenientemente, de tal forma que seja possível aplicar o método de Gauss-Seidel com garantia de convergência.

5.19 Dado o sistema linear:

$$\begin{pmatrix} \alpha & 2 & -2 \\ 1 & \alpha & 1 \\ 2 & 2 & \alpha \end{pmatrix} \begin{pmatrix} x_1 \\ x_2 \\ x_3 \end{pmatrix} = \begin{pmatrix} 1 \\ 2 \\ 3 \end{pmatrix},$$

para que valores de α haverá convergência se desejarmos utilizar o método de Jacobi-Richardson?

5.20 Considere o sistema linear do exercício 5.19, com $\alpha = 1$ e $x^{(0)} = (1, 2, 3)^t$. A aplicação do método de Jacobi-Richardson fornece a Tabela 5.3.

Tabela 5.3

k	0	1	2	3
x_1	1	3	-1	-1
x_2	2	-2	2	2
x_3	3	-3	1	1

Existe alguma contradição com o exercício 5.19? Você saberia explicar por que o método de Jacobi-Richardson convergiu?

5.21 Prove que o método de Jacobi-Richardson converge sempre para sistemas lineares de 2ª ordem cuja matriz dos coeficientes é positiva definida.

5.22 Mostre que o método de Jacobi-Richardson diverge para todos os valores de a que tornam a matriz:

$$A = \begin{pmatrix} 1 & \sqrt{2}/2 & a \\ \sqrt{2}/2 & 1 & \sqrt{2}/2 \\ a & \sqrt{2}/2 & 1 \end{pmatrix}$$

positiva definida.

5.23 Considere o sistema linear $Ax = b$, onde:

$$A = \begin{pmatrix} a & 3 & 1 \\ a & 20 & 1 \\ 1 & a & 6 \end{pmatrix}.$$

Para que valores de a o critério das linhas é verificado?

5.24 Supondo que o sistema linear $Ax = b$, onde A é a matriz do exercício 5.23, esteja sendo resolvido pelo método de Jacobi-Richardson, para quais valores de a podemos afirmar que:

$$\| x^{(k)} - \bar{x} \|_\infty \leq \frac{1}{2} \| x^{(k-1)} - \bar{x} \|_\infty,$$

onde $x^{(k)}$ e $x^{(k-1)}$ são aproximações para a solução e $\bar{x}$ é a solução exata.

5.25 O sistema linear $Ax = b$:

$$(I) \quad \begin{pmatrix} 1 & -a \\ -a & 1 \end{pmatrix} \begin{pmatrix} x_1 \\ x_2 \end{pmatrix} = \begin{pmatrix} b_1 \\ b_2 \end{pmatrix}, \quad a \in \mathbb{R},$$

pode, sob certas condições, ser resolvido pelo seguinte método iterativo:

$$(II) \begin{pmatrix} 1 & 0 \\ -wa & 1 \end{pmatrix} \begin{pmatrix} x_1^{(k+1)} \\ x_2^{(k+1)} \end{pmatrix} = \begin{pmatrix} 1-w & wa \\ 0 & 1-w \end{pmatrix} \begin{pmatrix} x_1^{(k)} \\ x_2^{(k)} \end{pmatrix} + \begin{pmatrix} wb_1 \\ wb_2 \end{pmatrix}.$$

a) Mostre que se $w = 1$, o método iterativo (II) é o método de Gauss-Seidel.

b) Considere, em (I), $a = b_1 = b_2 = 0.5$. Usando o processo iterativo (II), com $w = 1$, determine a solução deste sistema linear com precisão de 10^{-2}. Tome como vetor inicial $x^{(0)} = (0.9, 0.9)^t$.

5.26 Dados os sistemas lineares:

$$(I) \begin{cases} 9x_1 & - & x_2 & = & 7 \\ -x_1 & + & 9x_2 & = & 17 \end{cases} \quad (II) \begin{cases} 31x_1 & + & 29x_2 & = & 33 \\ 29x_1 & + & 31x_2 & = & 27 \end{cases}$$

a) Construa as funções quadráticas cujos mínimos são as soluções dos sistemas lineares.

b) Determine o número de condição para cada sistema linear (ver Capítulo 4).

c) Com base no número de condição de cada sistema linear, o que você pode concluir?

d) Resolva o sistema linear (II) pelo método dos gradientes conjugados. Qual é a aproximação ao fim de dois estágios?

5.27 Considere o sistema de equações lineares:

$$\begin{pmatrix} 2 & -1 & 0 & 0 \\ -1 & 4 & -1 & 0 \\ 0 & -1 & 4 & -1 \\ 0 & 0 & -1 & 2 \end{pmatrix} \begin{pmatrix} x_1 \\ x_2 \\ x_3 \\ x_4 \end{pmatrix} = \begin{pmatrix} 3 \\ 5 \\ -15 \\ 7 \end{pmatrix},$$

cuja solução é $x = (2, 1, -3, 2)^t$.

a) Resolva-o pelo método dos gradientes conjugados, efetuando os cálculos com quatro algarismos significativos.

b) Mostre a ortogonalidade dos vetores resíduos (como verificação dos cálculos efetuados).

5.5 Problemas Aplicados e Projetos

5.1 Considere o circuito da Figura 5.1, com resistências e baterias tal como indicado; escolhemos arbitrariamente as orientações das correntes.

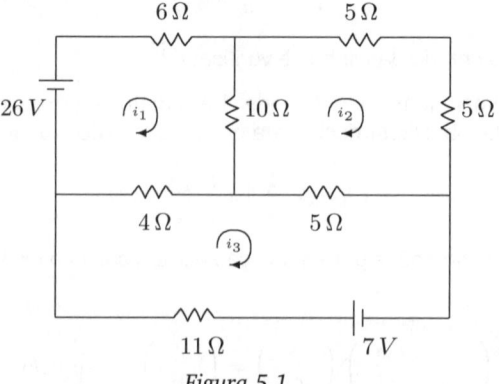

Figura 5.1

Aplicando a lei de Kirchoff, que diz que a soma algébrica das diferenças de potencial em qualquer circuito fechado é zero, achamos para as correntes i_1, i_2, i_3:

$$\begin{cases} 6i_1 + 10(i_1 - i_2) + 4(i_1 - i_3) - 26 = 0 \\ 5i_2 + 5i_2 + 5(i_2 - i_3) + 10(i_2 - i_1) = 0 \\ 11i_3 + 4(i_3 - i_1) + 5(i_3 - i_2) - 7 = 0 \end{cases}$$

a) É possível aplicar ao sistema linear o método de Gauss-Seidel com convergência assegurada? Justifique.

b) Se possível, obtenha a solução com erro relativo $< 10^{-2}$.

5.2 Suponha uma barra R de metal homogêneo, como na Figura 5.2, onde: $AB = CD = 4$: $AC = BD = 3$.

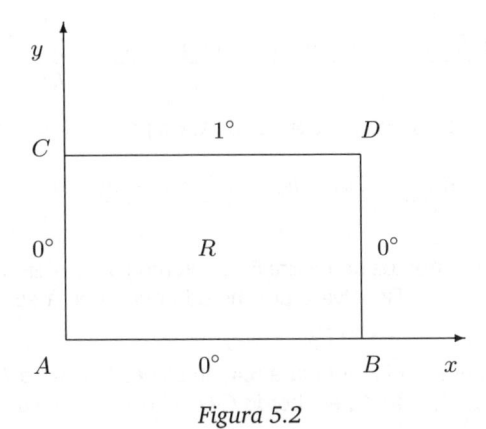

Figura 5.2

A temperatura ao longo de AB, AC, BD é mantida constante e igual a $0°C$, enquanto ao longo de CD ela é igual a $1°C$. A distribuição do calor na barra R obedece à seguinte equação:

$$\frac{\partial^2 u}{\partial x^2} + \frac{\partial^2 u}{\partial y^2} = 0, \qquad (5.25)$$

com as condições de contorno:

$$\begin{aligned} u(x,3) &= 1 \quad \text{para} \quad 0 < x < 4, \\ u(x,0) &= 0 \quad \text{para} \quad 0 < x < 4, \\ u(0,y) &= 0 \quad \text{para} \quad 0 < y < 3, \\ u(4,y) &= 0 \quad \text{para} \quad 0 < y < 3. \end{aligned}$$

A solução numérica deste problema pode ser obtida (ver Capítulo 11), considerando-se uma *divisão* do retângulo $ABCD$ em retângulos menores a partir de uma divisão de AB em intervalos iguais de amplitude h, e de uma divisão de CD em intervalos iguais de amplitude k, como mostrado na Figura 5.3.

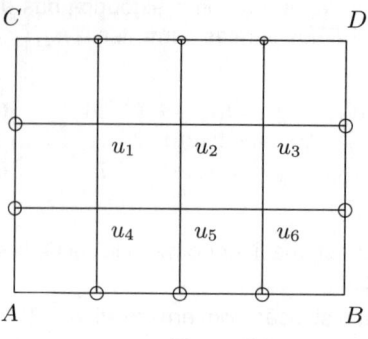

Figura 5.3

Na Figura 5.3 estamos considerando $h = k = 1$. A temperatura u nos pontos internos pode ser obtida numericamente simulando as derivadas segundas de (5.25) pelas diferenças de segunda ordem $\Delta^2 u$, de modo que para $h = k$, obtemos:

$$\frac{u(x-h,y) - 2u(x,y) + u(x+h,y)}{h^2} + \frac{u(x,y-h) - 2u(x,y) + u(x,y+h)}{h^2} = 0$$

para cada par (x, y) em R. Assim, por exemplo, para o ponto $u_1 = u(1, 2)$ da Figura 5.3 vale:

$$\frac{u(0,2) - 2u_1 + u_2}{1^2} + \frac{u_4 - 2u_1 + u(1,3)}{1^2} = 0.$$

Considerando todos os pontos da Figura 5.3, obtemos um sistema de seis equações lineares nas incógnitas: $u_1, u_2, \ldots, u_6$. Resolva-o por método numérico à sua escolha, com garantia de convergência.

5.3 Considere a malha quadrada da Figura 5.4, cujos bordos AC e BD são mantidos à temperatura de $20°C$; o bordo AB, a $40°C$; e o bordo CD, a $10°C$, com o uso de isolantes térmicos em A, B, C, D.

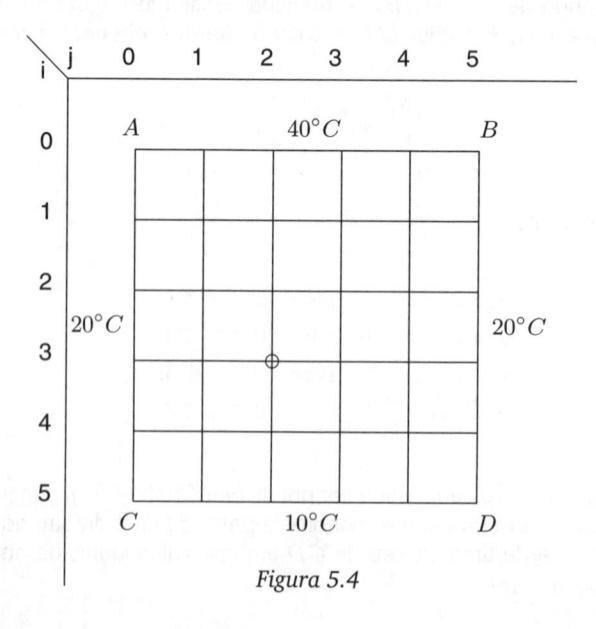

Figura 5.4

Para determinar as temperaturas de pontos interiores da malha, pode-se supor que a temperatura em cada ponto é igual à média aritmética dos quatro pontos contíguos. Por exemplo:

$$T_{32} = \frac{T_{22} + T_{31} + T_{33} + T_{42}}{4}.$$

As 16 relações deste tipo permitirão formar um sistema de 16 equações lineares a 16 incógnitas T_{ij}. Resolva-o por método numérico com garantia de convergência.

5.4 Suponha que uma membrana com dimensões 80 cm × 80 cm tenha cada um de seus lados mantidos a uma temperatura constante. Usando a teoria de equações diferenciais parciais, pode-se formular uma equação que determina o valor da temperatura no interior dessa membrana. Essa equação diferencial pode ser simplificada colocando-se uma malha com 9 pontos sobre esta membrana e calculando-se a temperatura nos pontos da malha, como mostra a Figura 5.5,

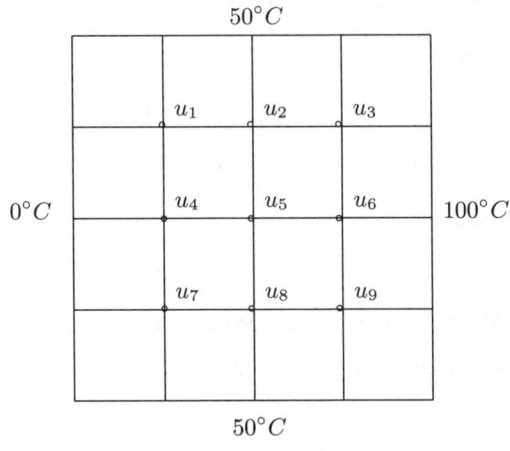

Figura 5.5

onde $u_1, u_2, ..., u_9$ são os valores da temperatura em cada ponto da malha.

O sistema de equações lineares resultante é dado por:

$$\begin{pmatrix} -4 & 1 & 0 & 1 & & & & & \\ 1 & -4 & 1 & 0 & 1 & & & & \\ 0 & 1 & -4 & 0 & 0 & 1 & & & \\ 1 & 0 & 0 & -4 & 1 & 0 & 1 & & \\ & 1 & 0 & 1 & -4 & 1 & 0 & 1 & \\ & & 1 & 0 & 1 & -4 & 0 & 0 & 1 \\ & & & 1 & 0 & 0 & -4 & 1 & 0 \\ & & & & 1 & 0 & 1 & -4 & 1 \\ & & & & & 1 & 0 & 1 & -4 \end{pmatrix} \begin{pmatrix} u_1 \\ u_2 \\ u_3 \\ u_4 \\ u_5 \\ u_6 \\ u_7 \\ u_8 \\ u_9 \end{pmatrix} = \begin{pmatrix} -50 \\ -50 \\ -150 \\ 0 \\ 0 \\ -100 \\ -50 \\ -50 \\ -150 \end{pmatrix}.$$

Encontre a solução do sistema linear por método numérico à sua escolha, com garantia de convergência.

5.5 Suponha que tenhamos um circuito que consiste de fontes de tensão independentes e resistores concentrados, como mostra a Figura 5.6.

Figura 5.6

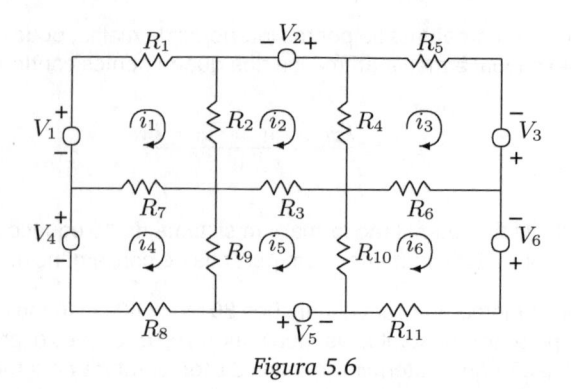

A análise completa de tal circuito requer a determinação dos valores das correntes da malha i_k, indicados na Figura 5.6, para os valores especificados das fontes de tensão e dos resistores. É necessário, então, formular um sistema de equações lineares simultâneas com as quantidades i_k como incógnitas. Cada uma das equações de tal sistema linear é determinada pela aplicação da lei de Kirchoff em torno das malhas.

Por exemplo, para a malha definida pela corrente i_1, temos:

$$R_1 i_1 + R_2(i_1 - i_2) + R_7(i_1 - i_4) = V_1.$$

Fazendo um cálculo semelhante para as outras malhas, obtemos um sistema de seis equações lineares nas incógnitas $i_1, i_2, i_3, i_4, i_5, i_6$.

Resolver este problema para os seguintes dados:

$$R = (10, 13, 7, 12, 20, 5, 6, 10, 8, 9, 20)^t \quad \text{e} \quad V = (29, 32, 37, 24, 24, 34)^t,$$

onde R está em Ohms e V, em Volts, usando um método numérico à sua escolha.

5.6 Numa treliça estaticamente determinada com juntas articuladas, como mostrada na Figura 5.7,

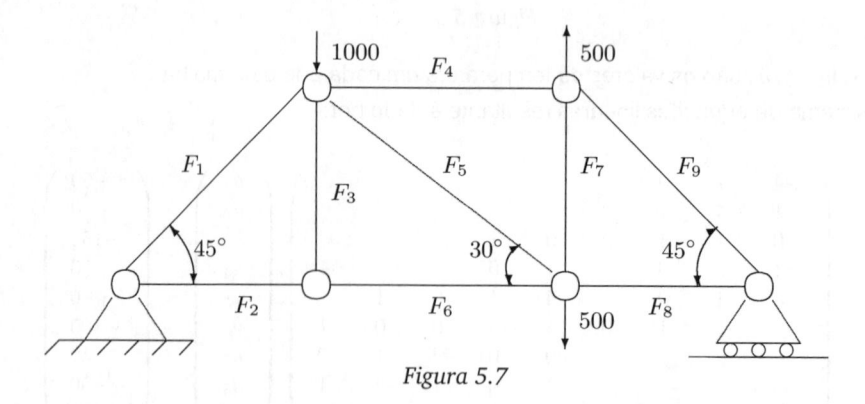

Figura 5.7

a tensão, (F_i), em cada componente pode ser obtida da seguinte equação matricial:

$$\begin{pmatrix} 0.7071 & 0 & 0 & -1 & -0.8660 & 0 & 0 & 0 & 0 \\ 0.7071 & 0 & 1 & 0 & 0.5 & 0 & 0 & 0 & 0 \\ 0 & 1 & 0 & 0 & 0 & -1 & 0 & 0 & 0 \\ 0 & 0 & -1 & 0 & 0 & 0 & 0 & 0 & 0 \\ 0 & 0 & 0 & 0 & 0 & 0 & 1 & 0 & 0.7071 \\ 0 & 0 & 0 & 0 & 0 & 0 & 0 & 0 & -0.7071 \\ 0 & 0 & 0 & 0 & 0.8660 & 1 & 0 & -1 & 0 \\ 0 & 0 & 0 & 0 & -0.5 & 0 & -1 & 0 & 0 \\ 0 & 0 & 0 & 0 & 0 & 0 & 0 & 1 & 0.7071 \end{pmatrix} \quad F = \begin{pmatrix} 0 \\ -1000 \\ 0 \\ 0 \\ 500 \\ 0 \\ 0 \\ -500 \\ 0 \end{pmatrix}.$$

Observe que as equações são obtidas fazendo-se a soma de todas as forças horizontais ou verticais em cada junta igual a zero. Além disso, a matriz dos coeficientes é bastante esparsa e, assim, um candidato natural é o método de Gauss-Seidel.

a) As equações podem ser rearranjadas de modo a se obter uma matriz estritamente diagonalmente dominante?

b) É o sistema linear convergente se iniciarmos com um vetor com todas as componentes iguais a zero?

c) Resolva o sistema linear pelo método de Gauss-Seidel, partindo do vetor nulo e obtendo a solução com precisão de 10^{-4}.

5.7 O circuito mostrado na Figura 5.8 é freqüentemente usado em medidas elétricas e é conhecido com uma "Ponte de Wheatstone".

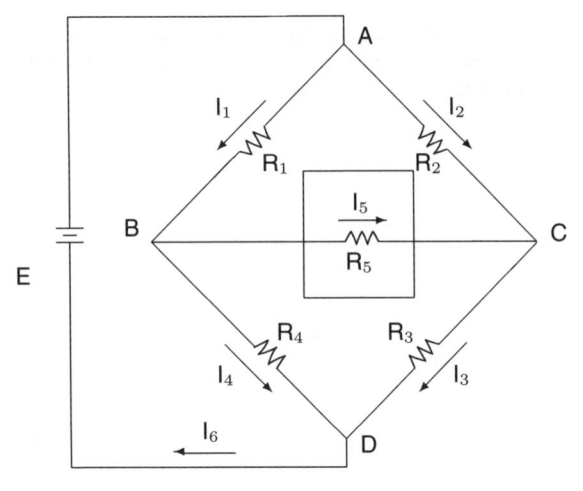

Figura 5.8

As equações que governam o sistema linear são obtidas a partir da lei de Kirchoff. Para a malha fechada através da bateria e ao longo de ABD, temos:

$$I_1 R_1 + I_4 R_4 - E = 0 \quad (1)$$

Para a a malha fechada ABCA:

$$I_1 R_1 + I_5 R_5 - I_2 R_2 = 0 \quad (2)$$

Para a malha fechada BCDB:

$$I_5 R_5 + I_3 R_3 - I_4 R_4 = 0 \quad (3)$$

Para o nó A:
$$I_6 = I_1 + I_2 \quad (4)$$
Para o nó B:
$$I_1 = I_5 + I_4 \quad (5)$$
Para o nó C:
$$I_3 = I_2 + I_5 \quad (6)$$

onde R_i representam as resistências, I_i, as correntes e E, a voltagem aplicada.

Determinar as correntes no problema proposto quando: $E = 20\ Volts$, $R_1 = 10\ Ohms$ e $R_2 = R_3 = R_4 = R_5 = 100\ Ohms$, usando método numérico à sua escolha.

5.8 Uma maneira de se obter a solução da equação de Laplace:

$$\frac{\partial^2 u}{\partial x^2} + \frac{\partial^2 u}{\partial y^2} = 0$$

em uma região retangular consiste em se fazer uma discretização que transforma a equação em um problema aproximado, consistindo em uma equação de diferenças cuja solução, em um caso particular, exige a solução do seguinte sistema linear:

$$\begin{pmatrix} 4 & -1 & 0 & -1 & 0 & 0 \\ -1 & 4 & -1 & 0 & -1 & 0 \\ 0 & -1 & 4 & 0 & 0 & -1 \\ -1 & 0 & 0 & 4 & -1 & 0 \\ 0 & -1 & 0 & -1 & 4 & -1 \\ 0 & 0 & -1 & 0 & -1 & 4 \end{pmatrix} \begin{pmatrix} x_1 \\ x_2 \\ x_3 \\ x_4 \\ x_5 \\ x_6 \end{pmatrix} = \begin{pmatrix} 100 \\ 0 \\ 0 \\ 100 \\ 0 \\ 0 \end{pmatrix}.$$

Se desejamos a solução com quatro algarismos significativos corretos, qual dos métodos iterativos que você conhece poderia ser aplicado com garantia de convergência? Resolva o sistema linear pelo método escolhido.

Capítulo 6

Autovalores e Autovetores

6.1 Introdução

Autovalores e autovetores estão presentes em diferentes ramos da matemática, incluindo formas quadráticas, sistemas diferenciais, problemas de otimização não linear, e podem ser usados para resolver problemas de diversos campos, como economia, teoria da informação, análise estrutural, eletrônica, teoria de controle e muitos outros.

Nosso objetivo neste capítulo é apresentar métodos numéricos para a determinação dos autovalores e correspondentes autovetores de uma matriz A de ordem n. Sugerimos ao leitor rever a seção sobre autovalores e autovetores apresentada no Capítulo 1. A menos que a matriz seja de ordem baixa ou que tenha muitos elementos iguais a zero, a expansão direta do determinante para a determinação do polinômio característico (ver Exemplo 1.22) é ineficiente. Assim, os métodos numéricos que estudaremos são obtidos sem fazer uso do cálculo do determinante. Tais métodos podem ser divididos em três grupos:

  i) métodos que determinam o polinômio característico,
  ii) métodos que determinam alguns autovalores,
  iii) métodos que determinam todos os autovalores.

Nos dois últimos casos, determinamos os autovalores sem conhecer a expressão do polinômio característico.

Em relação aos métodos do grupo **i)**, uma vez determinado o polinômio característico de A, para calcular os autovalores devemos utilizar métodos numéricos para determinação de zeros de polinômio (ver Capítulo 3). Nesta classe encontram-se, entre outros, os métodos de Leverrier e Leverrier-Faddeev.

Os métodos do grupo **ii)**, chamados iterativos, são usados se não estamos interessados em todos os autovalores de A. Incluem-se nesta classe os métodos das potências e da potência inversa.

Em relação aos métodos do grupo **iii)**, podemos dividi-los em duas classes:

  a) métodos numéricos para matrizes simétricas,
  b) métodos numéricos para matrizes não simétricas.

Na classe **a)**, inclui-se, entre outros, o método de Jacobi, o qual reduz uma dada matriz simétrica numa forma especial, cujos autovalores são facilmente determinados. Entre os métodos da classe **b)** podemos citar os métodos de Rutishauser (método LR) e o de Francis (método QR), os quais transformam a matriz dada numa matriz triangular superior. Todos os métodos do grupo **iii)** fazem uso de uma série de transformações de similaridade e, assim, algumas vezes são referenciados como métodos de transformações ou métodos diretos.

Maiores detalhes sobre estas técnicas, bem como sobre a teoria destes métodos, podem ser encontrados em [Wilkinson,1965].

Descreveremos e exemplificaremos cada um dos métodos numéricos mencionados, iniciando com aqueles que determinam o polinômio característico. Antes, porém, precisamos do seguinte resultado.

Teorema 6.1 (Teorema de Newton)
Seja o polinômio:
$$P(x) = a_0 x^n + a_1 x^{n-1} + \ldots + a_{n-1} x + a_n,$$
cujas raízes são: $x_1, x_2, \ldots, x_n$. Seja ainda:
$$s_k = \sum_{i=1}^{n} x_i^k, \quad 1 \leq k \leq n.$$
Então,
$$\sum_{i=0}^{k-1} a_i s_{k-i} + k a_k = 0, \quad k = 1, 2, \ldots, n.$$

Prova: A prova deste teorema pode ser encontrada em [Jennings,1969].

Através deste teorema, vemos que existe uma relação entre os coeficientes de um polinômio e as somas das potências das suas raízes. Assim, conhecidas as somas das potências das raízes do polinômio, podemos determinar os coeficientes do mesmo.

Exemplo 6.1

Sejam $s_1 = 6$, $s_2 = 14$, $s_3 = 36$ as somas das potências das raízes de um polinômio $P(x)$. Determinar $P(x)$.

Solução: Temos: $P(x) = a_0 x^3 + a_1 x^2 + a_2 x + a_3$ e, pelo Teorema 6.1, segue que:

$$\begin{aligned}
k=1 &\Rightarrow a_0 s_1 + a_1 = 0 \Rightarrow a_1 = -a_0 s_1 \\
k=2 &\Rightarrow a_0 s_2 + a_1 s_1 + 2 a_2 = 0 \Rightarrow 2 a_2 = -a_0 s_2 - a_1 s_1 \\
k=3 &\Rightarrow a_0 s_3 + a_1 s_2 + a_2 s_1 + 3 a_3 = 0 \Rightarrow \\
&\Rightarrow 3 a_3 = -a_0 s_3 - a_1 s_2 - a_2 s_1
\end{aligned}$$

Tomando o coeficiente do termo de maior grau do polinômio igual a 1, isto é, fazendo $a_0 = 1$, obtemos, por substituição nas expressões anteriores, que:

$$a_1 = -6, \quad a_2 = 11, \quad a_3 = -6.$$

Portanto, o polinômio procurado é:

$$P(x) = x^3 - 6x^2 + 11x - 6.$$

Observe que as raízes deste polinômio são: $x_1 = 1$, $x_2 = 2$ e $x_3 = 3$.

Logo, o conhecimento dos s_k, $k = 1, \ldots, n$ proporciona a determinação dos a_k para $k = 1, 2, \ldots, n$.

Para os métodos numéricos descritos a seguir, usaremos a seguinte notação para o polinômio característico de uma matriz A, de ordem n:

$$P(\lambda) = (-1)^n \left[\lambda^n - p_1 \lambda^{n-1} - p_2 \lambda^{n-2} - \ldots - p_{n-1} \lambda - p_n \right]. \tag{6.1}$$

6.2 Método de Leverrier

O **Método de Leverrier** fornece o polinômio característico de uma matriz A de ordem n.

Seja A uma matriz quadrada de ordem n. Se $\lambda_1, \lambda_2, \ldots, \lambda_n$ são os autovalores da matriz A, isto é, se $\lambda_1, \lambda_2, \ldots \lambda_n$ são os zeros do polinômio (6.1), e se

$$s_k = \sum_{i=1}^{n} \lambda_i^k, \quad 1 \leq k \leq n,$$

então, pelo Teorema 6.1, temos:

$$k p_k = s_k - p_1 s_{k-1} - \ldots - p_{k-1} s_1, \quad 1 \leq k \leq n. \tag{6.2}$$

Portanto, se conhecermos os $s_k, 1 \leq k \leq n$, poderemos determinar os coeficientes $p_1, p_2, \ldots, p_n$ de $P(\lambda)$.

Vejamos então como determinar as somas parciais s_k. Fazendo expansão direta do determinante de $A - \lambda I$, o coeficiente de λ^{n-1} em $P(\lambda)$ é $(-1)^{n-1}(a_{11} + a_{22} + \ldots + a_{nn})$. Por outro lado, este mesmo coeficiente em (6.1) é $(-1)^{n-1} p_1$. Logo, devemos ter:

$$p_1 = a_{11} + a_{22} + \ldots + a_{nn}.$$

A soma dos elementos da diagonal principal de uma matriz A é conhecida como **traço** de A, cuja notação é $tr(A)$. Além disso, de (6.2), $s_1 = p_1$, e assim:

$$s_1 = tr(A),$$

isto é, a soma dos autovalores da matriz A é igual ao traço de A.

Então, desde que os autovalores de A^k são a $k^{\underline{a}}$ potência dos autovalores de A (ver exercício 1.28), temos:

$$s_k = tr(A^k).$$

Assim, os números $s_1, s_2, \ldots, s_n$ são obtidos através do cálculo das potências de A, e (6.2) pode ser usada para determinar os coeficientes do polinômio característico. Determinando as raízes deste polinômio por qualquer dos métodos numéricos estudados no Capítulo 3, obtemos os autovalores de A.

Exemplo 6.2

Seja:
$$A = \begin{pmatrix} 1 & 1 & -1 \\ 0 & 0 & 1 \\ -1 & 1 & 0 \end{pmatrix}.$$

Determinar seus autovalores usando o Método de Leverrier.

Solução: Temos:

$$s_1 = tr(A) = 1,$$

$$s_2 = tr(A^2), \quad \text{onde} \quad A^2 = A \cdot A = \begin{pmatrix} 2 & 0 & 0 \\ -1 & 1 & 0 \\ -1 & -1 & 2 \end{pmatrix} \Rightarrow s_2 = 5,$$

$$s_3 = tr(A^3), \quad \text{onde} \quad A^3 = A^2 \cdot A = \begin{pmatrix} 2 & 2 & -2 \\ -1 & -1 & 2 \\ -3 & 1 & 0 \end{pmatrix} \Rightarrow s_3 = 1.$$

Usando (6.2), obtemos:

$$\begin{aligned} p_1 &= s_1 \Rightarrow p_1 = 1, \\ 2p_2 &= s_2 - p_1 s_1 \Rightarrow p_2 = 2, \\ 3p_3 &= s_3 - p_1 s_2 - p_2 s_1 \Rightarrow p_3 = -2. \end{aligned}$$

De (6.1), segue que:

$$\begin{aligned} P(\lambda) &= (-1)^3 \left(\lambda^3 - p_1 \lambda^2 - p_2 \lambda - p_3\right) \\ &= (-1)^3 \left(\lambda^3 - \lambda^2 - 2\lambda + 2\right) \\ &= -\lambda^3 + \lambda^2 + 2\lambda - 2. \end{aligned}$$

Para determinar os autovalores de A, basta determinar os zeros de $P(\lambda)$. É fácil verificar que $\lambda = 1$ é uma raiz de $P(\lambda)$. Usando o algoritmo de Briot-Ruffini (ver Capítulo 3), obtemos:

	-1	1	2	-2
1		-1	0	2
	-1	0	2	0

Assim, $P(\lambda) = (\lambda - 1)(-\lambda^2 + 2)$. Logo, os autovalores de A são: $\lambda_1 = 1$, $\lambda_2 = -\sqrt{2}$ e $\lambda_3 = \sqrt{2}$.

Exercícios

6.1 Usando o método de Leverrier, determinar o polinômio característico e os autovalores do operador $T: \mathbb{R}^3 \to \mathbb{R}^3$, definido por:

$$T(x, y, z) = (2x + y, \, y - z, \, 2y + 4z).$$

6.2 Seja:
$$A = \begin{pmatrix} 1 & -3 & 3 \\ 3 & -5 & 3 \\ 6 & -6 & 4 \end{pmatrix}.$$

Determinar seu polinômio característico e seus autovalores pelo processo de Leverrier.

6.3 Método de Leverrier-Faddeev

Uma modificação do método de Leverrier, devida a Faddeev, simplifica os cálculos dos coeficientes do polinômio característico e fornece, em alguns casos, os autovetores de A. Tal método é conhecido por **Método de Leverrier-Faddeev**.

Para descrever tal método, definimos uma seqüência de matrizes: $A_1, A_2, \ldots, A_n$, do seguinte modo:

$$\begin{aligned}
A_1 &= A, & q_1 &= tr A_1, & B_1 &= A_1 - q_1 I; \\
A_2 &= AB_1, & q_2 &= \frac{tr A_2}{2}, & B_2 &= A_2 - q_2 I; \\
A_3 &= AB_2, & q_3 &= \frac{tr A_3}{3}, & B_3 &= A_3 - q_3 I; \\
&\vdots \\
A_n &= AB_{n-1}, & q_n &= \frac{tr A_n}{n}, & B_n &= A_n - q_n I.
\end{aligned} \quad (6.3)$$

6.3.1 Propriedades da Seqüência: $A_1, A_2, \ldots, A_n$

Propriedade 6.1

Os termos q_k obtidos na seqüência (6.3) são os coeficientes do polinômio característico (6.1), isto é:
$$q_k = p_k, \; k = 1, 2, \ldots, n.$$

Prova: A prova será feita por indução.

a) Desde que $A = A_1$, segue que: $q_1 = tr(A_1) = tr(A) = p_1$.

b) Suponhamos que: $q_i = p_i$, $i = 1, 2, \ldots, k-1$.

c) Provemos que: $q_k = p_k$. Por (6.3), temos:

$$\begin{aligned}
A_1 &= A, \\
A_2 &= AB_1 = A(A_1 - q_1 I) = A(A - q_1 I) = A^2 - q_1 A, \\
A_3 &= AB_2 = A(A_2 - q_2 I) = A(A^2 - q_1 A - q_2 I) = A^3 - q_1 A^2 - q_2 A, \\
&\vdots \\
A_k &= AB_{k-1} = A(A_{k-1} - q_{k-1} I) = A^k - q_1 A^{k-1} - q_2 A^{k-2} - \ldots - q_{k-1} A.
\end{aligned}$$

Desde que, pela hipótese de indução, $q_i = p_i$, $i = 1, 2, \ldots, k-1$, obtemos:

$$A_k = A^k - p_1 A^{k-1} - p_2 A^{k-2} - \ldots - p_{k-1} A. \quad (6.4)$$

Aplicando traço em ambos os membros da igualdade (6.4), segue que:

$$tr(A_k) = tr(A^k) - p_1 tr(A^{k-1}) - p_2 tr(A^{k-2}) - \ldots - p_{k-1} tr(A).$$

Agora, desde que $s_i = tr(A^i)$, $i = 1, 2, \ldots, k-1$, e, por (6.3), $q_k = \dfrac{tr(A_k)}{k}$, obtemos:

$$kq_k = s_k - p_1 s_{k-1} - p_2 s_{k-2} - \ldots - p_{k-2} s_2 - p_{k-1} s_1. \qquad (6.5)$$

Comparando (6.5) com (6.2), obtemos: $q_k = p_k$, o que completa a prova.

Propriedade 6.2
Se A é uma matriz de ordem n, então:

$$B_n = \Theta \quad \text{(matriz nula)}.$$

Prova: Pelo Teorema de Cayley-Hamilton (Teorema 1.8), temos:

$$A^n - p_1 A^{n-1} - \ldots - p_{n-1} A - p_n I = \Theta.$$

Mas, por (6.3), e usando a propriedade 6.1, segue que: $B_n = A_n - p_n I$.
Fazendo $k = n$ em (6.4) e substituindo o valor de A_n, na expressão anterior, obtemos:

$$B_n = A^n - p_1 A^{n-1} - \ldots - p_{n-2} A^2 - p_{n-1} A - p_n I = \Theta.$$

Propriedade 6.3
Se A é uma matriz não singular, de ordem n, então:

$$A^{-1} = \dfrac{1}{p_n} B_{n-1}.$$

Prova: De $B_n = \Theta$ e $B_n = A_n - p_n I$, temos: $A_n = p_n I$. Mas, por (6.3), $A_n = AB_{n-1}$. Logo: $AB_{n-1} = p_n I$.
Se A é não singular, então existe A^{-1}. Assim, pré-multiplicando ambos os membros da igualdade anterior por A^{-1}, segue que:

$$A^{-1} = \dfrac{1}{p_n} B_{n-1}.$$

Observações:

a) Com o método de Leverrier-Faddeev, obtemos o polinômio característico de A. Para determinar seus autovalores basta determinar os zeros de $P(\lambda)$.

b) Se ao fazer os cálculos, B_n resultar numa matriz diferente da matriz nula, você terá cometido erros de cálculo.

c) Como $B_n = \Theta$ e $B_n = A_n - p_n I$, então A_n é uma matriz diagonal com todos os elementos diagonais iguais a p_n.

d) Se A é singular, então $p_n = 0$. Neste caso, $\lambda = 0$ é um autovalor de A.

6.3.2 Cálculo dos Autovetores

Sejam $\lambda_1, \lambda_2, \ldots, \lambda_n$ autovalores distintos de A. Mostraremos a seguir que cada coluna não nula da matriz:

$$Q_k = \lambda_k^{n-1} I + \lambda_k^{n-2} B_1 + \ldots + \lambda_k B_{n-2} + B_{n-1} \qquad (6.6)$$

é um autovetor correspondente ao autovalor λ_k.

Observações:

1) Em (6.6), B_i, $i = 1, \ldots, n-1$ são as matrizes calculadas para a determinação dos coeficientes do polinômio característico, isto é, são as matrizes obtidas em (6.3), e λ_k é o k-ésimo autovalor de A.
2) Pode-se provar que Q_k é matriz não nula se os autovalores de A são distintos.
3) Pode ocorrer que mesmo com λ_i iguais a matriz Q_k não seja nula.

Provemos agora que cada coluna não nula de Q_k é um autovetor correspondente ao autovalor λ_k. Temos:

$$\begin{aligned}(\lambda_k I - A)Q_k &= (\lambda_k I - A)\left(\lambda_k^{n-1}I + \lambda_k^{n-2}B_1 + \ldots + \lambda_k B_{n-2} + B_{n-1}\right) \\ &= \lambda_k^n I + \lambda_k^{n-1}(B_1 - A) + \lambda_k^{n-2}(B_2 - AB_1) + \ldots \\ &\quad + \lambda_k(B_{n-1} - AB_{n-2}) - AB_{n-1}, \quad \text{e usando (6.3)}, \\ &= \lambda_k^n I - p_1 \lambda_k^{n-1} I - p_2 \lambda_k^{n-2} I - \ldots - p_{n-1}\lambda_k I - p_n I = \Theta,\end{aligned}$$

desde que λ_k é autovalor de A e, portanto, é raiz do polinômio característico. Assim, acabamos de mostrar que:

$$AQ_k = \lambda_k Q_k.$$

Portanto, construídas as matrizes B_i e determinados todos os autovalores da matriz A, para obter os autovetores correspondentes ao autovalor λ_k basta calcular a matriz Q_k usando (6.6). Entretanto, observe que se u é alguma coluna não nula de Q_k então podemos escrever:

$$Au = \lambda_k u.$$

isto é, u é autovetor de A correspondente ao autovalor λ_k. Assim, em vez de determinarmos a matriz Q_k, é muito mais vantajoso calcularmos apenas uma coluna u de Q_k, da seguinte maneira:

Tomamos:
$$\begin{aligned} u_0 &= e, \\ u_i &= \lambda_k u_{i-1} + b_i, \quad i = 1, 2, \ldots, n-1, \end{aligned} \qquad (6.7)$$

onde e é uma coluna adotada da matriz identidade e b_i é sua correspondente coluna da matriz B_i, isto é, se adotamos e como sendo a i-ésima coluna da matriz identidade, então $b_1, b_2, \ldots, b_{n-1}$ em (6.7) serão, respectivamente, a i-ésima coluna das matrizes $B_1, B_2, \ldots, B_{n-1}$. Logo, $u = u_{n-1}$ é o autovetor correspondente ao autovalor λ_k. Note que, em (6.7), i varia de 1 até $n-1$, pois $B_n = \Theta$.

Observe ainda que se calcularmos até u_{n-1} e este resultar no vetor nulo, devemos adotar outra coluna da matriz identidade e refazer os cálculos, pois por definição o autovetor é um vetor não nulo.

Exemplo 6.3

Considere a matriz dada no Exemplo 6.2. Usando o método de Leverrier-Faddeev, determinar:

   a) seu polinômio característico,

   b) seus autovalores e correspondentes autovetores,

   c) sua inversa.

Solução:

a) Para determinar o polinômio característico, devemos construir a seqüência A_1, A_2, A_3. Assim, usando (6.3), obtemos:

$$A_1 = A = \begin{pmatrix} 1 & 1 & -1 \\ 0 & 0 & 1 \\ -1 & 1 & 0 \end{pmatrix}, \quad p_1 = tr(A_1) \Rightarrow p_1 = 1,$$

$$B_1 = A_1 - p_1 I \Rightarrow B_1 = \begin{pmatrix} 0 & 1 & -1 \\ 0 & -1 & 1 \\ -1 & 1 & -1 \end{pmatrix},$$

$$A_2 = AB_1 \Rightarrow A_2 = \begin{pmatrix} 1 & -1 & 1 \\ -1 & 1 & -1 \\ 0 & -2 & 2 \end{pmatrix}, \quad p_2 = \frac{tr(A_2)}{2}$$

$$\Rightarrow p_2 = \frac{4}{2} \Rightarrow p_2 = 2,$$

$$B_2 = A_2 - p_2 I \Rightarrow B_2 = \begin{pmatrix} -1 & -1 & 1 \\ -1 & -1 & -1 \\ 0 & -2 & 0 \end{pmatrix},$$

$$A_3 = AB_2 \Rightarrow A_3 = \begin{pmatrix} -2 & 0 & 0 \\ 0 & -2 & 0 \\ 0 & 0 & -2 \end{pmatrix}, \quad p_3 = \frac{tr(A_3)}{3}$$

$$\Rightarrow p_3 = \frac{-6}{3} \Rightarrow p_3 = -2,$$

$$B_3 = A_3 - p_3 I \Rightarrow B_3 = \Theta.$$

Usando (6.1), segue que:

$$\begin{aligned} P(\lambda) &= (-1)^3 (\lambda^3 - p_1 \lambda^2 - p_2 \lambda - p_3) \\ &= (-1)^3 (\lambda^3 - \lambda^2 - 2\lambda + 2) \\ &= -\lambda^3 + \lambda^2 + 2\lambda - 2. \end{aligned}$$

Para determinar os autovalores de A basta determinar os zeros de $P(\lambda)$. Já fizemos estes cálculos no Exemplo 6.2 e obtivemos: $\lambda_1 = 1$, $\lambda_2 = -\sqrt{2}$ e $\lambda_3 = \sqrt{2}$.

b) Determinemos agora os autovetores correspondentes a estes autovalores.

b.1) Para $\lambda_1 = 1$, seja $e = (1, 0, 0)^t$. Assim:

$$u_0 = e \Rightarrow u_0 = \begin{pmatrix} 1 \\ 0 \\ 0 \end{pmatrix},$$

$$u_1 = \lambda_1 u_0 + b_1 \Rightarrow u_1 = 1 \begin{pmatrix} 1 \\ 0 \\ 0 \end{pmatrix} + \begin{pmatrix} 0 \\ 0 \\ -1 \end{pmatrix}$$

$$\Rightarrow u_1 = \begin{pmatrix} 1 \\ 0 \\ -1 \end{pmatrix},$$

$$u_2 = \lambda_1 u_1 + b_2 \Rightarrow u_2 = 1 \begin{pmatrix} 1 \\ 0 \\ -1 \end{pmatrix} + \begin{pmatrix} -1 \\ -1 \\ 0 \end{pmatrix}$$

$$\Rightarrow u_2 = \begin{pmatrix} 0 \\ -1 \\ -1 \end{pmatrix}.$$

Logo, $u = (0, -1, -1)^t$ é um autovetor correspondente ao autovalor $\lambda_1 = 1$.

Observe que, se adotamos $e = (0, 1, 0)^t$ obtemos $u_2 = (0, -1, -1)^t$, que é autovetor de A correspondente ao autovalor $\lambda_1 = 1$; mas, se adotamos $e = (0, 0, 1)^t$ obtemos $u_2 = (0, 0, 0)^t$, e assim, com este vetor inicial não obtemos uma resposta válida.

b.2) Para $\lambda_2 = -\sqrt{2}$, seja $e = (1, 0, 0)^t$. Assim,

$$u_0 = e \Rightarrow u_0 = \begin{pmatrix} 1 \\ 0 \\ 0 \end{pmatrix},$$

$$u_1 = \lambda_2 u_0 + b_1 \Rightarrow u_1 = -\sqrt{2} \begin{pmatrix} 1 \\ 0 \\ 0 \end{pmatrix} + \begin{pmatrix} 0 \\ 0 \\ -1 \end{pmatrix}$$

$$\Rightarrow u_1 = \begin{pmatrix} -\sqrt{2} \\ 0 \\ -1 \end{pmatrix},$$

$$u_2 = \lambda_2 u_1 + b_2 \Rightarrow u_2 = -\sqrt{2} \begin{pmatrix} -\sqrt{2} \\ 0 \\ -1 \end{pmatrix} + \begin{pmatrix} -1 \\ -1 \\ 0 \end{pmatrix}$$

$$\Rightarrow u_2 = \begin{pmatrix} 1 \\ -1 \\ \sqrt{2} \end{pmatrix}.$$

Logo, $u = (1, -1, \sqrt{2})^t$ é um autovetor correspondente ao autovalor $\lambda_2 = -\sqrt{2}$.

Observe que, se adotamos $e = (0, 1, 0)^t$ obtemos $u_2 = (-1 - \sqrt{2}, 1 + \sqrt{2}, -2 - \sqrt{2})^t$, enquanto que $e = (0, 0, 1)^t$ fornece $u_2 = (1 + \sqrt{2}, -1 - \sqrt{2}, 2 + \sqrt{2})^t$. Ambos são autovetores de A correspondentes ao autovalor $\lambda_2 = -\sqrt{2}$.

b.3) Para $\lambda_3 = \sqrt{2}$, seja $e = (1, 0, 0)^t$. Assim:

$$u_0 = e \Rightarrow u_0 = \begin{pmatrix} 1 \\ 0 \\ 0 \end{pmatrix},$$

$$u_1 = \lambda_3 u_0 + b_1 \Rightarrow u_1 = \sqrt{2}\begin{pmatrix} 1 \\ 0 \\ 0 \end{pmatrix} + \begin{pmatrix} 0 \\ 0 \\ -1 \end{pmatrix}$$

$$\Rightarrow u_1 = \begin{pmatrix} \sqrt{2} \\ 0 \\ -1 \end{pmatrix},$$

$$u_2 = \lambda_3 u_1 + b_2 \Rightarrow u_2 = \sqrt{2}\begin{pmatrix} \sqrt{2} \\ 0 \\ -1 \end{pmatrix} + \begin{pmatrix} -1 \\ -1 \\ 0 \end{pmatrix}$$

$$\Rightarrow u_2 = \begin{pmatrix} 1 \\ -1 \\ -\sqrt{2} \end{pmatrix}.$$

Logo, $u = (1, -1, -\sqrt{2})^t$ é um autovetor correspondente ao autovalor $\lambda_3 = \sqrt{2}$.

Observe que, se adotamos $e = (0, 1, 0)^t$ obtemos $u_2 = (-1 + \sqrt{2}, 1 - \sqrt{2}, -2 + \sqrt{2})^t$, enquanto que $e = (0, 0, 1)^t$ fornece $u_2 = (1 - \sqrt{2}, -1 + \sqrt{2}, 2 - \sqrt{2})^t$. Novamente, ambos são autovetores de A correspondentes ao autovalor $\lambda_3 = \sqrt{2}$.

Finalmente, observe que, para cada autovalor λ_k, a escolha do vetor inicial produz exatamente a coluna correspondente da matriz Q_k. Entretanto, como pode ser observado neste exemplo, não é necessário calcular todas as colunas da matriz Q_k, isto é, basta calcular uma, pois as colunas não nulas de Q_k são múltiplas umas das outras.

c) Pela propriedade 6.3, temos:

$$A^{-1} = \frac{1}{p_3} B_2,$$

e assim:

$$A^{-1} = \frac{1}{-2}\begin{pmatrix} -1 & -1 & 1 \\ -1 & -1 & -1 \\ 0 & -2 & 0 \end{pmatrix} \Rightarrow A^{-1} = \begin{pmatrix} 0.5 & 0.5 & -0.5 \\ 0.5 & 0.5 & 0.5 \\ 0 & 1 & 0 \end{pmatrix}.$$

Exercícios

6.3 Seja:

$$A = \begin{pmatrix} 3 & 3 & -3 \\ -1 & 9 & 1 \\ 6 & 3 & -6 \end{pmatrix}.$$

Usando o método de Leverrier-Faddeev, determinar:

a) seu polinômio característico,
b) seus autovalores e correspondentes autovetores,
c) sua inversa.

6.4 Seja $T : \mathbb{R}^2 \to \mathbb{R}^2$ definida por:

$$T(x,y) = (3x + 5y, \; 3y).$$

Usando o método de Leverrier-Faddeev, determinar seus autovalores e correspondentes autovetores.

6.4 Método das Potências

O **Método das Potências** consiste em determinar o autovalor de maior valor absoluto de uma matriz A e seu correspondente autovetor, sem determinar o polinômio característico. O método é útil na prática, desde que se tenha interesse em determinar apenas alguns autovalores, de módulo grande, e que estes estejam bem separados, em módulo, dos demais. Podem surgir complicações caso a matriz A não possua autovetores linearmente independentes. O método das potências baseia-se no seguinte teorema.

Teorema 6.2
Seja A uma matriz real de ordem n e sejam $\lambda_1, \lambda_2, \ldots, \lambda_n$ seus autovalores e $u_1, u_2, \ldots, u_n$ seus correspondentes autovetores. Suponha que os autovetores são linearmente independentes e que:

$$|\lambda_1| > |\lambda_2| \geq \ldots \geq |\lambda_n|.$$

Seja a seqüência y_k definida por:

$$y_{k+1} = A y_k, \quad k = 0, 1, 2, \ldots,$$

onde y_0 é um vetor arbitrário que permite a expansão:

$$y_0 = \sum_{j=1}^{n} c_j u_j,$$

com c_j escalares quaisquer e $c_1 \neq 0$, então:

$$\lim_{k \to \infty} \frac{(y_{k+1})_r}{(y_k)_r} = \lambda_1,$$

onde o índice r indica a r-ésima componente. Além disso, quando $k \to \infty$, y_k tende ao autovetor correspondente a λ_1.

Prova: Temos, por hipótese, que:

$$y_0 = c_1 u_1 + c_2 u_2 + \ldots + c_n u_n. \tag{6.8}$$

Agora, lembrando que $Au_i = \lambda_i u_i$, obtemos:

$$\begin{aligned}
y_1 &= Ay_0 \\
&= c_1 Au_1 + c_2 Au_2 + \ldots + c_n Au_n \\
&= c_1 \lambda_1 u_1 + c_2 \lambda_2 u_2 + \ldots + c_n \lambda_n u_n \\
&= \lambda_1 \left[c_1 u_1 + c_2 \frac{\lambda_2}{\lambda_1} u_2 + \ldots + c_n \frac{\lambda_n}{\lambda_1} u_n \right]. \\
y_2 &= Ay_1 = A^2 y_0 \\
&= \lambda_1 \left[c_1 Au_1 + c_2 \frac{\lambda_2}{\lambda_1} Au_2 + \ldots + c_n \frac{\lambda_n}{\lambda_1} Au_n \right] \\
&= \lambda_1 \left[c_1 \lambda_1 u_1 + c_2 \frac{\lambda_2}{\lambda_1} \lambda_2 u_2 + \ldots + c_n \frac{\lambda_n}{\lambda_1} \lambda_n u_n \right] \\
&= \lambda_1^2 \left[c_1 u_1 + c_2 \left(\frac{\lambda_2}{\lambda_1}\right)^2 u_2 + \ldots + c_n \left(\frac{\lambda_n}{\lambda_1}\right)^2 u_n \right].
\end{aligned}$$

$$\vdots$$

$$\begin{aligned}
y_k &= Ay_{k-1} = A^k y_0 \\
&= \lambda_1^k \left[c_1 u_1 + c_2 \left(\frac{\lambda_2}{\lambda_1}\right)^k u_2 + \ldots + c_n \left(\frac{\lambda_n}{\lambda_1}\right)^k u_n \right].
\end{aligned}$$

Por hipótese, $|\lambda_1| > |\lambda_2| \geq \ldots \geq |\lambda_n|$. Temos, então, para $i = 2, \ldots, n$, que $\left|\frac{\lambda_i}{\lambda_1}\right| < 1$.

Portanto, quando $k \to \infty$, $\left(\frac{\lambda_i}{\lambda_1}\right)^k \to 0$.

Logo, o vetor:

$$\left[c_1 u_1 + c_2 \left(\frac{\lambda_2}{\lambda_1}\right)^k u_2 + \ldots + c_n \left(\frac{\lambda_n}{\lambda_1}\right)^k u_n \right]$$

converge para $c_1 u_1$ que é um múltiplo do autovetor correspondente ao autovalor λ_1.

Assim, λ_1 é obtido de:

$$\lambda_1 = \lim_{k \to \infty} \frac{(y_{k+1})_r}{(y_k)_r} = \lim_{k \to \infty} \frac{(A^{k+1} y_0)_r}{(A^k y_0)_r}, \quad r = 1, 2, \ldots n, \tag{6.9}$$

e isso conclui a prova.

Observe que, teoricamente, a partir de (6.9) obtemos o autovalor de maior valor absoluto de uma matriz A. Na prática, para obter λ_1, utilizamos o algoritmo dado a seguir.

A partir de um vetor y_k, arbitrário, não nulo, construímos dois outros vetores y_{k+1} e z_{k+1}, do seguinte modo:

$$\begin{aligned}
z_{k+1} &= Ay_k, \\
y_{k+1} &= \frac{1}{\alpha_{k+1}} z_{k+1}, \quad \text{onde} \quad \alpha_{k+1} = \max_{1 \leq r \leq n} |(z_{k+1})_r|,
\end{aligned}$$

ou seja: dado um vetor y_0 qualquer, não nulo, construímos a seqüência:

$$z_1 = Ay_0$$
$$y_1 = \frac{1}{\alpha_1}z_1 = \frac{1}{\alpha_1}Ay_0$$
$$z_2 = Ay_1 = \frac{1}{\alpha_1}A^2 y_0$$
$$y_2 = \frac{1}{\alpha_2}z_2 = \frac{1}{\alpha_1 \alpha_2}A^2 y_0$$
$$z_3 = Ay_2 = \frac{1}{\alpha_1 \alpha_2}A^3 y_0$$
$$\vdots$$
$$y_k = \frac{1}{\alpha_k}z_k = \frac{1}{\alpha_1 \alpha_2 \ldots \alpha_k}A^k y_0$$
$$z_{k+1} = Ay_k = \frac{1}{\alpha_1 \alpha_2 \ldots \alpha_k}A^{k+1} y_0.$$

Assim, para obtermos λ_1, calculamos:

$$\lim_{k \to \infty} \frac{(z_{k+1})_r}{(y_k)_r} = \lim_{k \to \infty} \frac{(A^{k+1}y_0)_r}{(A^k y_0)_r} = \lambda_1.$$

Observe que podemos garantir que o valor resultante fornece λ_1 desde que obtemos a mesma expressão dada por (6.9). Assim, pelo algoritmo, temos:

$$\lim_{k \to \infty} \frac{(z_{k+1})_r}{(y_k)_r} = \lambda_1. \tag{6.10}$$

Observações:

a) No limite, todas as componentes de $\frac{(z_{k+1})_r}{(y_k)_r}$, de (6.10), tendem a λ_1. Entretanto, na prática, uma das componentes converge mais rapidamente do que as outras. Assim, quando uma das componentes satisfizer a precisão desejada, teremos o autovalor procurado. Além disso, a velocidade de convergência depende de $\frac{\lambda_2}{\lambda_1}$. Portanto, quanto maior for $|\lambda_1|$ quando comparado com $|\lambda_2|$, mais rápida será a convergência.

b) Para obtermos λ_1 com uma precisão ϵ, em cada passo calculamos aproximações para λ_1 usando (6.10). O teste do erro relativo para cada componente de λ_1, isto é:

$$\frac{\left|\lambda_1^{(k+1)} - \lambda_1^{(k)}\right|_r}{\left|\lambda_1^{(k+1)}\right|_r} < \epsilon,$$

é usado como critério de parada.

c) Quando todas as componentes de (6.10) forem iguais, então o vetor y_k desta iteração é o autovetor correspondente ao autovalor λ_1.

d) Se algum vetor resultar no vetor nulo, o método falha. Tal fato deve ocorrer se as hipóteses não foram satisfeitas.

e) No Teorema 6.2 é feita a hipótese de $c_1 \neq 0$. Se $c_1 = 0$, então a prova do Teorema 6.2 indica que, teoricamente, o vetor y_k converge para u_2. Entretanto, na prática, para matrizes de ordem $n \geq 3$ que satisfaçam as demais condições do citado teorema, o método funciona sempre, pois, mesmo que o vetor y_0 não tenha componentes na direção de u_1, e desde que o método envolve a cada iteração uma divisão, os erros de arredondamento da máquina farão com que y_i passe a ter componente nessa direção, após uma ou duas iterações.

Exemplo 6.4

Usando o método das potências, determinar o autovalor de maior valor absoluto da matriz:

$$A = \begin{pmatrix} 3 & 0 & 1 \\ 2 & 2 & 2 \\ 4 & 2 & 5 \end{pmatrix},$$

com precisão de 10^{-2}.

Solução: Tomemos $y_0 = (1, 1, 1)^t$. Temos:

$$z_1 = Ay_0 = \begin{pmatrix} 4 \\ 6 \\ 11 \end{pmatrix}; \quad \alpha_1 = \max |(z_1)_r| = \max(|4|, |6|, |11|) = 11.$$

$$y_1 = \frac{1}{\alpha_1} z_1 = \begin{pmatrix} 0.3636 \\ 0.5455 \\ 1 \end{pmatrix}, \quad z_2 = Ay_1 = \begin{pmatrix} 2.0908 \\ 3.8182 \\ 7.5454 \end{pmatrix}.$$

Podemos então calcular uma 1ª aproximação para λ_1, usando (6.10). Logo:

$$\lambda_1^{(1)} = \frac{(z_2)_r}{(y_1)_r} = \begin{pmatrix} 5.7503 \\ 6.9995 \\ 7.5454 \end{pmatrix}.$$

Agora, desde que $\alpha_2 = \max\{|2.0908|, |3.8182|, |7.5454|\} = 7.5454$, obtemos:

$$y_2 = \frac{1}{\alpha_2} z_2 = \begin{pmatrix} 0.2771 \\ 0.5060 \\ 1 \end{pmatrix}, \quad z_3 = Ay_2 = \begin{pmatrix} 1.8313 \\ 3.5662 \\ 7.1204 \end{pmatrix}.$$

Novamente, obtemos uma nova aproximação para λ_1, fazendo:

$$\lambda_1^{(2)} = \frac{(z_3)_r}{(y_2)_r} = \begin{pmatrix} 6.6088 \\ 7.0478 \\ 7.1204 \end{pmatrix}.$$

Calculando então o erro relativo, obtemos:

$$\frac{\left|\lambda_1^{(2)} - \lambda_1^{(1)}\right|_r}{\left|\lambda_1^{(2)}\right|_r} \simeq \begin{pmatrix} 0.13 \\ 0.07 \\ 0.13 \end{pmatrix},$$

o qual possui todas as componentes maiores que 10^{-2}. Assim, devemos fazer uma nova iteração. Agora, desde que $\alpha_3 = 7.1204$, segue que:

$$y_3 = \frac{1}{\alpha_3} z_3 = \begin{pmatrix} 0.2572 \\ 0.5008 \\ 1 \end{pmatrix}, \quad z_4 = Ay_3 = \begin{pmatrix} 1.8256 \\ 3.5160 \\ 7.0304 \end{pmatrix},$$

$$\Rightarrow \lambda_1^{(3)} = \frac{(z_4)_r}{(y_3)_r} = \begin{pmatrix} 7.0980 \\ 7.0208 \\ 7.0304 \end{pmatrix}.$$

Novamente, calculando o erro relativo:

$$\frac{\left|\lambda_1^{(3)} - \lambda_1^{(2)}\right|_r}{\left|\lambda_1^{(2)}\right|_r} \simeq \begin{pmatrix} 0.069 \\ 0.004 \\ 0.013 \end{pmatrix},$$

vemos que a segunda componente é menor que 10^{-2}. Portanto,

$$\lambda_1 \simeq 7.0208 \quad \text{com} \quad \epsilon < 10^{-2} \quad \text{e} \quad u_1 \simeq \begin{pmatrix} 0.2572 \\ 0.5008 \\ 1 \end{pmatrix} = y_3.$$

Observações:

1) É claro que, se desejamos λ_1 com precisão maior, basta continuar fazendo iterações.

2) Os autovalores de A são: $1, 2$ e 7, com autovetores: $(0.5, 1, -1)^t$, $(-1, 0.5, 1)^t$ e $(0.25, 0.5, 1)^t$, respectivamente.

3) O método das potências deve ser aplicado se o objetivo é determinar o autovalor de maior valor absoluto de uma matriz. A desvantagem desse método é que ele fornece apenas um autovalor de cada vez. Se todos os autovalores são procurados, devemos aplicar outros métodos que são muito mais eficientes.

4) Em alguns problemas, o mais importante é a determinação do autovalor de menor valor absoluto. Para isto, dispomos da seguinte estratégia.

6.4.1 Método da Potência Inversa

O **Método da Potência Inversa** é usado para determinar o autovalor de menor valor absoluto e seu correspondente autovetor de uma matriz A. O método é útil, na prática, desde que se tenha interesse em determinar apenas o autovalor, de menor módulo, e que este esteja bem separado dos demais. Novamente, o método pode não funcionar caso a matriz A não possua autovetores linearmente independentes. O método da potência inversa é semelhante ao método das potências, com a diferença que agora assumimos:

$$|\lambda_1| \geq |\lambda_2| \geq \ldots \geq |\lambda_{n-1}| > |\lambda_n|,$$

e desejamos determinar λ_n.

Sabemos que, se λ é autovalor de A então λ^{-1} é autovalor de A^{-1} (ver exercício 1.28). Além disso, se $|\lambda_n|$ é o menor autovalor de A então $|\lambda_n^{-1}|$ é o maior autovalor de A^{-1}. Assim, o método da potência inversa consiste em calcular pelo método das potências o autovalor de maior valor absoluto de A^{-1}, pois assim teremos o menor autovalor, em módulo, de A. Portanto, dado y_k, construímos dois outros vetores y_{k+1} e z_{k+1} da seguinte forma:

$$z_{k+1} = A^{-1} y_k,$$
$$y_{k+1} = \frac{1}{\alpha_{k+1}} z_{k+1}, \quad \text{onde} \quad \alpha_{k+1} = \max_{1 \leq r \leq n} |(z_{k+1})_r|,$$

e, portanto,

$$\lambda_n^{-1} = \frac{(z_{k+1})_r}{(y_k)_r}.$$

Note que, na prática, não é necessário calcular A^{-1}, pois, de:

$$z_{k+1} = A^{-1} y_k \Rightarrow A z_{k+1} = y_k,$$

e assim resolvemos o sistema linear usando **Decomposição LU** (ver Capítulo 4). Este método é particularmente conveniente desde que as matrizes L e U são independentes de k e, portanto, basta obtê-las uma única vez.

Exemplo 6.5

Determinar, com precisão de 10^{-2}, o menor autovalor, em módulo, da matriz:

$$A = \begin{pmatrix} 2 & 1 & 0 \\ 2 & 5 & 3 \\ 0 & 1 & 6 \end{pmatrix},$$

usando o método da potência inversa.

Solução: Os autovalores de A são: $\lambda_1 = 7.44437$, $\lambda_2 = 4.21809$ e $\lambda_3 = 1.33754$. Portanto, o maior autovalor de A^{-1} é $\lambda_3^{-1} = \dfrac{1}{1.33754} \simeq 0.7476$, e é este valor que desejamos encontrar.

Decompondo A em LU, obtemos:

$$L = \begin{pmatrix} 1 & 0 & 0 \\ 1 & 1 & 0 \\ 0 & 0.25 & 1 \end{pmatrix}, \quad U = \begin{pmatrix} 2 & 1 & 0 \\ 0 & 4 & 3 \\ 0 & 0 & 5.25 \end{pmatrix}.$$

Assim, tomando $y_0 = (1, 1, 1)^t$ em $A z_1 = y_0$, ou seja, fazendo $LU z_1 = y_0$, segue que:

$$z_1 = \begin{pmatrix} 0.5715 \\ -0.1429 \\ 0.1905 \end{pmatrix}, \quad \alpha_1 = 0.5715, \quad y_1 = \frac{1}{\alpha_1} z_1 = \begin{pmatrix} 1 \\ -0.2500 \\ 0.3333 \end{pmatrix}.$$

Resolvendo agora $LUz_2 = y_1$, obtemos:

$$z_2 = \begin{pmatrix} 0.7024 \\ -0.4048 \\ 0.1230 \end{pmatrix} \Rightarrow \lambda_{3_{(1)}}^{-1} = \frac{(z_2)_r}{(y_1)_r} = \begin{pmatrix} 0.7024 \\ 1.6192 \\ 0.3690 \end{pmatrix}.$$

Agora, $\alpha_2 = 0.7024$. Continuando o processo, obtemos:

$$y_2 = \frac{1}{\alpha_2} z_2 = \begin{pmatrix} 1 \\ -0.5763 \\ 0.1751 \end{pmatrix}, \quad \text{e de} \quad LUz_3 = y_2 \Rightarrow z_3 = \begin{pmatrix} 0.7377 \\ -0.4754 \\ 0.1084 \end{pmatrix},$$

$$\Rightarrow \lambda_{3_{(2)}}^{-1} = \frac{(z_3)_r}{(y_2)_r} = \begin{pmatrix} 0.7377 \\ 0.8249 \\ 0.6192 \end{pmatrix}. \quad \text{Temos:} \quad \alpha_3 = 0.7377, \quad \text{e assim:}$$

$$y_3 = \frac{1}{\alpha_3} z_3 = \begin{pmatrix} 1 \\ -0.6444 \\ 0.1469 \end{pmatrix}, \quad \text{e de} \quad LUz_4 = y_3 \Rightarrow z_4 = \begin{pmatrix} 0.7454 \\ -0.4908 \\ 0.1063 \end{pmatrix},$$

$$\Rightarrow \lambda_{3_{(3)}}^{-1} = \frac{(z_4)_r}{(y_3)_r} = \begin{pmatrix} 0.7454 \\ 0.7617 \\ 0.7235 \end{pmatrix}. \quad \text{Temos:} \quad \alpha_4 = 0.7454, \quad \text{e portanto:}$$

$$y_4 = \frac{1}{\alpha_4} z_4 = \begin{pmatrix} 1 \\ -0.6584 \\ 0.1426 \end{pmatrix}, \quad \text{e de} \quad LUz_5 = y_4 \Rightarrow z_5 = \begin{pmatrix} 0.7471 \\ -0.4942 \\ 0.1061 \end{pmatrix},$$

$$\Rightarrow \lambda_{3_{(4)}}^{-1} = \frac{(z_5)_r}{(y_4)_r} = \begin{pmatrix} 0.7471 \\ 0.7506 \\ 0.7443 \end{pmatrix}.$$

Calculando o erro relativo:

$$\frac{\left| \lambda_{3_{(4)}}^{-1} - \lambda_{3_{(3)}}^{-1} \right|_r}{\left| \lambda_{3_{(4)}}^{-1} \right|_r} \simeq \begin{pmatrix} 0.002 \\ 0.015 \\ 0.0028 \end{pmatrix},$$

vemos que a primeira e a última componentes são menores que 10^{-2}. Logo, podemos tomar $\lambda_3^{-1} \simeq 0.7471$ como sendo o autovalor de maior valor absoluto de A^{-1} com precisão de 10^{-2}. Portanto, $\frac{1}{\lambda_3^{-1}} \simeq 1.3385$ é o autovalor de menor valor absoluto de A.

6.4.2 Método das Potências *com Deslocamento*

Suponha agora que A tem autovalores λ_i, reais, com

$$\lambda_1 > \lambda_2 \geq \lambda_3 \geq \ldots \geq \lambda_{n-1} > \lambda_n,$$

e considere a seqüência de vetores definida por:

$$z_{k+1} = (A - qI)y_k,$$
$$y_{k+1} = \frac{1}{\alpha_{k+1}} z_{k+1}, \quad \text{onde} \quad \alpha_{k+1} = \max_{1 \leq r \leq n} |(z_{k+1})_r|,$$

onde I é a matriz identidade de ordem n e q é um parâmetro qualquer. Isto é chamado **Método das Potências com Deslocamento**, porque $A - qI$ tem autovalores $\lambda_i - q$, isto é, os autovalores de A são *deslocados* q unidades na reta real. Os autovetores de $A - qI$ são os mesmos da matriz A.

Portanto, o Teorema 6.2 pode ser aplicado à matriz $A - qI$, e pode ser mostrado que y_k converge para o autovetor correspondente àquele que maximiza $|\lambda_i - q|$. Logo, se:

$$q < \frac{\lambda_1 + \lambda_n}{2}, \quad \text{então} \quad y_k \to u_1 \quad \text{e} \quad \lim_{k \to \infty} \frac{(z_{k+1})_r}{(y_k)_r} \to \lambda_1 - q,$$

$$q > \frac{\lambda_1 + \lambda_n}{2}, \quad \text{então} \quad y_k \to u_n \quad \text{e} \quad \lim_{k \to \infty} \frac{(z_{k+1})_r}{(y_k)_r} \to \lambda_n - q.$$

Assim, a escolha apropriada de q pode ser usada para determinar os dois autovalores extremos, correspondendo ao maior e ao menor autovalor de A. Observe que, se $q = (\lambda_1 + \lambda_n)/2$, então $\lambda_1 - q = -(\lambda_n - q)$, e assim $A - qI$ tem dois autovalores de mesmo módulo, mas de sinais opostos. Neste caso, a seqüência de valores oscilará entre dois limites, os quais são duas combinações de u_1 e u_n.

O autovalor e o autovetor *dominante* são usualmente calculados tomando um *deslocamento* **zero**, isto é, o cálculo para determinar λ_1 e u_1 é realizado na matriz A, através do método das potências. A matriz pode então ser *deslocada* de λ_1 para estimar o autovalor λ_n.

Exemplo 6.6

Determinar o autovalor de menor valor absoluto da matriz dada no Exemplo 6.4 usando o método das potências *com deslocamento*.

Solução: No Exemplo 6.4, o autovalor de maior valor absoluto foi estimado $\simeq 7$. Assim, para determinar o autovalor de menor valor absoluto, vamos aplicar o método das potências na matriz:

$$A - 7I = \begin{pmatrix} -4 & 0 & 1 \\ 2 & -5 & 2 \\ 4 & 2 & -2 \end{pmatrix} = A^*.$$

Iniciando com $y_0 = (1, 1, 1)^t$, obtemos:

$$z_1 = A^* y_0 = \begin{pmatrix} -3 \\ -1 \\ 4 \end{pmatrix}; \quad \alpha_1 = \max |(z_1)_r| = 4,$$

$$y_1 = \frac{1}{\alpha_1} z_1 = \begin{pmatrix} -0.75 \\ -0.25 \\ 1 \end{pmatrix}, \quad z_2 = A^* y_1 = \begin{pmatrix} 4.00 \\ 1.75 \\ -5.50 \end{pmatrix}.$$

Podemos, então, calcular uma primeira aproximação para λ_1^*. Assim:

$$\lambda_1^{*(1)} = \frac{(z_2)_r}{(y_1)_r} = \begin{pmatrix} -5.33 \\ -7.00 \\ -5.50 \end{pmatrix}.$$

Continuando o processo, obteremos:

$$y_{19} = \begin{pmatrix} -0.52 \\ -0.94 \\ 1 \end{pmatrix}, \quad z_{20} = A^* y_{19} = \begin{pmatrix} 3.03 \\ 5.71 \\ -5.98 \end{pmatrix},$$

$$\Rightarrow \lambda_1^{*(19)} = \frac{(z_{20})_r}{(y_{19})_r} = \begin{pmatrix} -5.92 \\ -5.95 \\ -5.98 \end{pmatrix}.$$

Assim, podemos concluir que o autovalor *dominante* de A^* é aproximadamente -5.98, com autovetor aproximado $u_1^* = (-0.52, -0.94, 1)^t$. Portanto, a matriz original possui o mesmo autovetor, mas seu autovalor é $-5.98 + 7.00 = 1.02$. A lentidão na convergência, neste caso, se deve ao fato que os autovalores de A^* são: $-6, -5$ e 0 e, assim, a convergência é governada pelo fator: $\left(\frac{5}{6}\right)^k$. Compare com os exemplos 6.4 e 6.5, onde a razão de convergência é $\left(\frac{2}{7}\right)^k$ e $\left(\frac{1.33754}{4.21809}\right)^k$, respectivamente.

Em geral, se $y_k \to u_1$, então, na presença do *deslocamento* q, a velocidade de convergência depende de:

$$\left(\frac{\lambda_i - q}{\lambda_1 - q}\right)^k,$$

e, assim, uma escolha adequada de q pode acelerar a convergência. Por exemplo, se A é uma matriz de ordem 3, com autovalores: 5, 7 e 10, sem *deslocamento*, a convergência depende de $\left(\frac{7}{10}\right)^k$, mas com um *deslocamento* de 6 dependerá de $\left(\frac{1}{4}\right)^k$, pois $A - 6I$ tem autovalores: -1, 1 e 4.

Portanto, na prática, não é trivial encontrar o melhor valor de q, a menos que alguns dos autovalores sejam conhecidos *a priori*. O método das potências e/ou o método das potências *com deslocamento* devem ser utilizados se apenas um ou dois dos autovalores são desejados. Se o objetivo é determinar mais autovalores então o método da potência inversa *com deslocamento* pode ser usado, ou seja, como no método da potência inversa, calculamos:

$$(A - qI) z_{k+1} = y_k,$$

usando a decomposição LU, e assim os autovalores de $(A - qI)^{-1}$ serão $\frac{1}{(\lambda_i - q)}$. Novamente, o Teorema 6.2 pode ser aplicado a $(A - qI)^{-1}$ e deduzimos que y_k converge para o autovetor correspondente ao autovalor que maximiza $\frac{1}{|\lambda_i - q|}$. Escolhas adequadas dos valores de q nos permitem determinar todos os autovalores de A, e não somente aqueles correspondentes aos autovalores extremos. Assim, se o autovalor próximo a q é λ_j, então o valor de λ_j pode ser calculado a partir de:

$$\bar{\lambda}_j = \frac{1}{(\lambda_j - q)},$$

onde $\bar{\lambda}_j$ é o autovalor de $(A - qI)^{-1}$, obtido pelo método da potência inversa *com deslocamento* q.

Exemplo 6.7

Determinar o segundo maior autovalor, em valor absoluto, da matriz dada no Exemplo 6.4.

Solução: Já determinamos dois autovalores desta matriz: 7 e 1.02 (exemplos 6.4 e 6.6). Sabemos que o *traço* de uma matriz é igual à soma dos seus autovalores. Neste exemplo, o traço de A é 10 e, assim, o outro autovalor é aproximadamente 1.98, o qual será tomado como o valor de q na iteração inversa *com deslocamento*. Assim, montamos a matriz:

$$A - 1.98I = \begin{pmatrix} 1.02 & 0 & 1 \\ 2 & 0.02 & 2 \\ 4 & 2 & 3.02 \end{pmatrix},$$

e a decompomos no produto LU, onde:

$$L = \begin{pmatrix} 1 & & \\ 1.9608 & 1 & \\ 3.9216 & 100 & 1 \end{pmatrix}, \quad U = \begin{pmatrix} 1.02 & 0 & 1 \\ & 0.02 & 0.0392 \\ & & -4.8216 \end{pmatrix}.$$

Tomando como vetor inicial $y_0 = (1, 1, 1)^t$, e resolvendo o sistema linear $LUz_1 = y_0$, resulta:

$$z_1 = \begin{pmatrix} 19.9226 \\ -10.1707 \\ -19.3211 \end{pmatrix} \Rightarrow y_1 = \frac{1}{19.9226} z_1 = \begin{pmatrix} 1 \\ -0.5105 \\ -0.9698 \end{pmatrix}.$$

De $LUz_2 = y_1$, obtemos:

$$z_2 = \begin{pmatrix} 50.2356 \\ -25.0940 \\ -50.2403 \end{pmatrix} \Rightarrow \lambda_2^{*(1)} = \frac{(z_2)_r}{(y_1)_r} = \begin{pmatrix} 50.2356 \\ 49.0500 \\ 51.8048 \end{pmatrix}.$$

Agora,

$$y_2 = \frac{1}{-50.2403} z_2 = \begin{pmatrix} -0.9999 \\ 0.4995 \\ 1 \end{pmatrix}.$$

Fazendo $LUz_3 = y_2$, obtemos:

$$z_3 = \begin{pmatrix} -50.4088 \\ 24.1885 \\ 50.4166 \end{pmatrix} \rightarrow \lambda_2^{*(2)} = \frac{(z_3)_r}{(y_2)_r} = \begin{pmatrix} 50.4138 \\ 48.3180 \\ 51.4166 \end{pmatrix}.$$

Assim, $\lambda_2^* \simeq 50.41$. Portanto, o segundo maior autovalor, em valor absoluto de A é:

$$\lambda_2 = 1.98 + \frac{1}{50.41} = 1.9998.$$

Observe que o sucesso do método das potências *com deslocamento* depende de nossa habilidade em obter estimativas precisas para usar no *deslocamento*. Neste último exemplo, uma estimativa para λ_2 foi obtida usando a relação entre o traço da matriz e a soma dos autovalores. Infelizmente, para matrizes de ordem > 3, não é fácil obter valores apropriados para os *deslocamentos*. Como já dissemos anteriormente, se desejamos todos os autovalores devemos usar outros métodos.

Exercícios

6.5 Determinar o autovalor de maior valor absoluto e seu correspondente autovetor da matriz:

$$A = \begin{pmatrix} 1 & -1 & 3 \\ -1 & 1 & 3 \\ 3 & -3 & 9 \end{pmatrix}$$

calculando apenas a primeira aproximação pelo método das potências. O que você pode concluir?

6.6 Usando o método das potências, calcular o autovalor de maior valor absoluto e seu correspondente autovetor da matriz:

$$A = \begin{pmatrix} 2 & -1 & 0 \\ -1 & 2 & -1 \\ 0 & -1 & 2 \end{pmatrix}$$

com precisão de 10^{-2}.

6.7 Usando o método da potência inversa, calcule o autovalor de menor valor absoluto da matriz:

$$A = \begin{pmatrix} 2 & 4 & -2 \\ 4 & 2 & 2 \\ -2 & 2 & 5 \end{pmatrix}$$

com precisão de 10^{-2}.

6.8 Sabendo que o autovalor de maior valor absoluto da matriz:

$$A = \begin{pmatrix} 4 & -1 & 1 \\ 1 & 1 & 1 \\ -2 & 0 & -6 \end{pmatrix}$$

é aproximadamente: -5.76849, e que seu correspondente autovetor é aproximadamente: $(-0.1157, -0.1306, 1)^t$, calcule os demais autovalores e correspondentes autovetores de A, usando:

  a) o método das potências *com deslocamento* para obter o menor autovalor, em valor absoluto,

  b) o método da potência inversa *com deslocamento* para obter o autovalor λ_2.

6.5 Autovalores de Matrizes Simétricas

Nesta seção, restringiremos nossa atenção para matrizes simétricas de ordem n. Matrizes deste tipo possuem autovalores reais, e os autovetores são linearmente independentes. O método de Jacobi, que descreveremos mais adiante, é usado para determinar os autovalores e autovetores, de matrizes simétricas, através de uma série de transformações similares:

$$A_{k+1} = U_k^{-1} A_k U_k, \quad k = 1, 2, \ldots,$$

onde $A_1 = A$. As matrizes $A_1, A_2, \ldots$ convergem num número infinito de passos para uma matriz diagonal. Os autovalores e autovetores são então determinados em virtude do Lema 1.1 (o qual se aplica tanto para matrizes simétricas como para matrizes gerais).

Assim, após m passos do método de Jacobi, obteremos:

$$A_{m+1} = U_m^{-1} \ldots U_2^{-1} U_1^{-1} A_1 U_1 U_2 \ldots U_m.$$

Portanto, se $A_{m+1} \simeq D$, segue que os elementos diagonais de A_{m+1} são aproximações para os autovalores de A, e as colunas de $V = U_1 U_2 \ldots U_m$ são aproximações para os autovetores.

Para descrevermos o método de Jacobi (para matrizes simétricas) precisamos de alguns conceitos, os quais passamos a considerar agora.

6.5.1 Rotação de Jacobi

Seja A uma matriz simétrica. Uma rotação (p, q) de Jacobi é a operação $U^t A U$, com U dada por (1.24). Observe que fazer uma rotação de Jacobi é efetuar uma transformação de semelhança na matriz A.

Para um melhor entendimento consideremos, inicialmente, uma rotação $(2,4)$ de Jacobi, em uma matriz A de ordem 4. Efetuando o produto $U^t A$, obtemos:

$$
\begin{aligned}
U^t A &= \begin{pmatrix} 1 & 0 & 0 & 0 \\ 0 & \cos\varphi & 0 & -\sen\varphi \\ 0 & 0 & 1 & 0 \\ 0 & \sen\varphi & 0 & \cos\varphi \end{pmatrix} \begin{pmatrix} a_{11} & a_{12} & a_{13} & a_{14} \\ a_{21} & a_{22} & a_{23} & a_{24} \\ a_{31} & a_{32} & a_{33} & a_{34} \\ a_{41} & a_{42} & a_{43} & a_{44} \end{pmatrix} \\
&= \begin{pmatrix} a_{11} & a_{12} & a_{13} & a_{14} \\ a_{21}c - a_{41}s & a_{22}c - a_{42}s & a_{23}c - a_{43}s & a_{24}c - a_{44}s \\ a_{31} & a_{32} & a_{33} & a_{34} \\ a_{21}s + a_{41}c & a_{22}s + a_{42}c & a_{23}s + a_{43}c & a_{24}s + a_{44}c \end{pmatrix} = A' = (a'_{ij}),
\end{aligned}
$$

onde $c = \cos\varphi$ e $s = \sen\varphi$.

Fazendo agora o produto $A'U$, segue que:

$$
\begin{aligned}
A'U &= \begin{pmatrix} a'_{11} & a'_{12} & a'_{13} & a'_{14} \\ a'_{21} & a'_{22} & a'_{23} & a'_{24} \\ a'_{31} & a'_{32} & a'_{33} & a'_{34} \\ a'_{41} & a'_{42} & a'_{43} & a'_{44} \end{pmatrix} \begin{pmatrix} 1 & 0 & 0 & 0 \\ 0 & \cos\varphi & 0 & \sen\varphi \\ 0 & 0 & 1 & 0 \\ 0 & -\sen\varphi & 0 & \cos\varphi \end{pmatrix} \\
&= \begin{pmatrix} a'_{11} & a'_{12}c - a'_{14}s & a'_{13} & a'_{12}s + a'_{14}c \\ a'_{21} & a'_{22}c - a'_{24}s & a'_{23} & a'_{22}s + a'_{24}c \\ a'_{31} & a'_{32}c - a'_{34}s & a'_{33} & a'_{32}s + a'_{34}c \\ a'_{41} & a'_{42}c - a'_{44}s & a'_{43} & a'_{42}s + a'_{44}c \end{pmatrix} = A'' = (a''_{ij}).
\end{aligned}
$$

Assim, de um modo geral, para uma matriz de ordem n, o produto $U^t A$ fornece uma matriz A', onde:

$$\begin{cases} a'_{pj} = a_{pj} \cos\varphi - a_{qj} \sen\varphi, & 1 \leq j \leq n, \\ a'_{qj} = a_{pj} \sen\varphi + a_{qj} \cos\varphi, & 1 \leq j \leq n, \\ a'_{ij} = a_{ij}, & i \neq p, q, \quad 1 \leq j \leq n \end{cases} \quad (6.11)$$

e o produto $A'U$ fornece uma matriz A'', onde:

$$\begin{cases} a''_{ip} = a'_{ip} \cos\varphi - a'_{iq} \sen\varphi, & i \leq i \leq n, \\ a''_{iq} = a'_{ip} \sen\varphi + a'_{iq} \cos\varphi, & i \leq i \leq n, \\ a''_{ij} = a'_{ij}, & j \neq p, q, \quad i \leq i \leq n. \end{cases} \quad (6.12)$$

Portanto, a matriz A'' tem a seguinte forma:

$$A'' = \begin{pmatrix} \ddots & \vdots & & \vdots & \\ \cdots & \bigcirc & \cdots & \bigcirc & \cdots & p \\ & \vdots & \ddots & \vdots & \\ \cdots & \bigcirc & \cdots & \bigcirc & \cdots & q \\ & \vdots & & \vdots & \ddots \\ & p & & q & \end{pmatrix},$$

isto é, na matriz A'' apenas os elementos das linhas e colunas p e q serão alterados, sendo que os elementos a_{pp}, a_{pq}, a_{qp}, a_{qq} serão transformados duas vezes. Portanto, A'' continua simétrica.

Vejamos agora as fórmulas que determinam a passagem de $A \to A''$, denominada **Rotação de Jacobi** de um ângulo φ para os elementos da interseção. Temos, utilizando (6.12) e (6.11), que:

1) $a''_{pp} = a'_{pp} \cos \varphi - a'_{pq} \, sen \, \varphi$
   $= (a_{pp} \cos \varphi - a_{qp} \, sen \, \varphi) \cos \varphi - (a_{pq} \cos \varphi - a_{qq} \, sen \, \varphi) \, sen \, \varphi.$

   Portanto:

   $$a''_{pp} = a_{pp} \cos^2 \varphi - 2 a_{pq} \, sen \, \varphi \cos \varphi + a_{qq} \, sen^2 \, \varphi. \qquad (6.13)$$

2) $a''_{qq} = a'_{gp} \, sen \, \varphi + a'_{qq} \cos \varphi$
   $= (a_{pp} \, sen \, \varphi + a_{qp} \cos \varphi) \, sen \, \varphi + (a_{pq} \, sen \, \varphi - a_{qq} \cos \varphi) \cos \varphi.$

   Logo:

   $$a''_{qq} = a_{pp} \, sen^2 \, \varphi + 2 a_{pq} \, sen \, \varphi \cos \varphi + a_{qq} \cos^2 \varphi. \qquad (6.14)$$

3) $a''_{pq} = a'_{pp} \, sen \, \varphi + a'_{pq} \cos \varphi$
   $= (a_{pp} \cos \varphi - a_{qp} \, sen \, \varphi) \, sen \, \varphi + (a_{pq} \cos \varphi - a_{qq} \, sen \, \varphi) \cos \varphi.$

   Assim:

   $$a''_{pq} = a''_{qp} = (a_{pp} - a_{qq}) \, sen \, \varphi \cos \varphi + a_{pq} (\cos^2 \varphi - sen^2 \varphi). \qquad (6.15)$$

Portanto, para fazer uma rotação (p,q) de Jacobi, usamos as fórmulas: (6.13), (6.14), (6.15), (6.12), com $j \neq p,q$, e (6.11), com $i \neq p,q$.

Exemplo 6.8

Considere a matriz:

$$A = \begin{pmatrix} 2 & 1 & 3 & 1 \\ 1 & 0 & -1 & 0 \\ 3 & -1 & 3 & 0 \\ 1 & 0 & 0 & 1 \end{pmatrix}.$$

Fazer uma rotação de $\varphi = \frac{\pi}{2}$ em torno do elemento $(p,q) = (1,3)$.

Solução: Temos:

$$\cos \varphi = \cos 90° = 0,$$
$$\sen \varphi = \sen 90° = 1.$$

Agora, utilizando as fórmulas anteriores, obtemos:

de (6.13) $\Rightarrow$ $a''_{11} = a_{11}c^2 - 2a_{13}sc + a_{33}s^2 = a_{33} = 3$,
de (6.14) $\Rightarrow$ $a''_{33} = a_{11}s^2 + 2a_{13}sc + a_{33}c^2 = a_{11} = 2$,
de (6.15) $\Rightarrow$ $a''_{13} = a''_{31} = (a_{11} - a_{33})sc + a_{13}(c^2 - s^2) = -a_{13} = -3$.

Usando (6.12) e (6.11), segue que:

$$a''_{12} = a'_{12} = a_{12}c - a_{32}s = -a_{32} = 1 = a''_{21},$$
$$a''_{14} = a'_{14} = a_{14}c - a_{34}s = -a_{34} = 0 = a''_{41},$$
$$a''_{32} = a'_{32} = a_{12}s + a_{32}c = a_{12} = 1 = a''_{23},$$
$$a''_{34} = a'_{34} = a_{14}s + a_{34}c = a_{14} = 1 = a''_{43}.$$

Assim:

$$A'' = \begin{pmatrix} 3 & 1 & -3 & 0 \\ 1 & 0 & 1 & 0 \\ -3 & 1 & 2 & 1 \\ 0 & 0 & 1 & 1 \end{pmatrix},$$

corresponde a uma rotação de 90° em torno do elemento (1,3).

6.5.2 Método Clássico de Jacobi

O **Método Clássico de Jacobi**, ou simplesmente **Método de Jacobi**, como já dissemos, é um método numérico que serve para determinar autovalores e autovetores de matrizes simétricas. Dada a matriz A, efetuamos uma seqüência de rotações:

$$A_1 = A;\ A_2 = U_1^t A_1 U_1 \rightarrow A_3 = U_2^t A_2 U_2 \rightarrow$$
$$\rightarrow \ldots \rightarrow A_{k+1} = U_k^t A_k U_k \simeq D,$$

onde U_i, $i = 1, 2 \ldots k$ são matrizes de rotação, e D é uma matriz diagonal.

O processo para construção da matriz A_2 consiste em escolhermos, entre os elementos não diagonais de A, o elemento de maior valor absoluto, isto é:

$$a_{pq} = \max_{i \neq j}(a_{ij}).$$

Fazer, então, uma rotação com a finalidade de zerar o elemento a_{pq}. A seguir, reaplicamos o processo à matriz resultante tantas vezes quantas forem necessárias, de tal modo a reduzirmos a matriz A a uma matriz diagonal D cujos elementos são os autovalores de A.

Assim, no primeiro passo, devemos zerar o elemento a_{pq}. Assumimos que $a_{pq} \neq 0$ (caso contrário, nada teríamos a fazer), e assim nosso objetivo é obter $a''_{pq} = 0$. De

(6.15), temos a expressão para a''_{pq}, e impondo que o mesmo seja identicamente nulo, segue que:

$$(a_{pp} - a_{qq}) \underbrace{sen\ \varphi\ cos\ \varphi}_{\frac{1}{2} sen\ 2\varphi} + a_{pq} \underbrace{(cos^2\ \varphi - sen^2\ \varphi)}_{cos\ 2\varphi} = 0.$$

Portanto:

$$a_{pp} - a_{qq} = -\frac{a_{pq}\ cos\ 2\varphi}{\frac{1}{2} sen\ 2\varphi} = -2\ a_{pq}\ cotg\ 2\varphi$$

$$\Rightarrow cotg\ 2\varphi = \frac{a_{qq} - a_{pp}}{2\ a_{pq}} = \phi.$$

Agora:

$$cotg\ 2\varphi = \frac{cos\ 2\varphi}{sen\ 2\varphi} = \frac{cos^2\ \varphi - sen^2\ \varphi}{2\ sen\ \varphi\ cos\ \varphi}$$

$$= \frac{\frac{cos^2\ \varphi - sen^2\ \varphi}{cos^2\ \varphi}}{\frac{2\ sen\ \varphi\ cos\ \varphi}{cos^2\ \varphi}} = \frac{1 - tg^2\ \varphi}{2\ tg\ \varphi}.$$

Seja $t = tg\ \varphi$; temos $cotg\ 2\varphi = \phi$. Assim:

$$\phi = \frac{1 - t^2}{2t} \Rightarrow 1 - t^2 = 2t\phi.$$

Portanto:

$$t^2 + 2t\phi - 1 = 0 \Rightarrow t = \frac{-2\phi \pm \sqrt{4\phi^2 + 4}}{2}.$$

Obtemos então: $t = -\phi \pm \sqrt{\phi^2 + 1}$. Multiplicando o numerador e o denominador por: $\phi \pm \sqrt{\phi^2 + 1}$, segue que:

$$t = \frac{1}{\phi \pm \sqrt{\phi^2 + 1}}$$

Computacionalmente, adotamos:

$$t = \begin{cases} \dfrac{1}{\phi + sinal(\phi)\sqrt{\phi^2 + 1}}, & \phi \neq 0; \\ 1, & \phi = 0. \end{cases}$$

Observe que escolhemos o sinal positivo ou negativo de ϕ de modo a obter o denominador de maior módulo, pois assim teremos sempre $|t| \leq 1$. Agora, temos as seguintes fórmulas para a secante de um ângulo φ:

$$sec^2\ \varphi = 1 + tg^2\ \varphi, \quad e \quad sec^2\ \varphi = \frac{1}{cos^2\ \varphi}.$$

Assim:

$$\frac{1}{cos^2\ \varphi} = 1 + tg^2\ \varphi \Rightarrow cos^2\ \varphi = \frac{1}{1 + tg^2\ \varphi}.$$

Logo, podemos escrever:

$$c = \cos\varphi = \frac{1}{\sqrt{1+tg^2\,\varphi}} = \frac{1}{\sqrt{1+t^2}},$$

$$s = \operatorname{sen}\varphi = \cos\varphi \cdot t = \frac{t}{\sqrt{1+t^2}}.$$

Resumindo, o método de Jacobi consiste em:

1) Determinar o elemento de maior módulo de A fora da diagonal. Esse elemento será denotado por a_{pq}.

2) Calcular:

   2.1) $\phi = \dfrac{a_{qq} - a_{pp}}{2a_{pq}}$.

   2.2) $t = \begin{cases} \dfrac{1}{\phi + sinal(\phi)\sqrt{\phi^2+1}}, & \phi \neq 0; \\ 1, & \phi = 0. \end{cases}$

   2.3) $\cos\varphi = \dfrac{1}{\sqrt{1+t^2}}$.

   2.4) $\operatorname{sen}\varphi = \dfrac{t}{\sqrt{1+t^2}}$.

3) Usar as fórmulas de rotação de Jacobi, isto é: as fórmulas (6.13), (6.14), (6.12), com $j \neq p, q$, e (6.11), com $i \neq p, q$.

O processo deve ser repetido até obtermos uma matriz diagonal.

Observe que, em cada passo k, o item **3)** pode ser substituído pelo produto $U_k^t A_k U_k$.

6.6 Cálculo dos Autovetores

Ao mesmo tempo que calculamos os autovalores de uma matriz A pelo método de Jacobi, podemos obter seus autovetores. Vimos que a seqüência de matrizes A_k é calculada por recorrência através de:

$$A_{k+1} = U_k^t A_k U_k, \ k = 1, 2, \ldots$$

Como $A_1 = A$, obtemos:

$$A_{k+1} = U_k^t U_{k-1}^t \ldots U_2^t U_1^t A U_1 U_2 \ldots U_{k-1} U_k = V^t A V,$$

onde $V = U_1 U_2 \ldots U_{k-1} U_k$.

Com a hipótese que $A_k \simeq D$, obtemos $D = V^t A V$, onde V é matriz ortogonal, pois a matriz V é produto de matrizes ortogonais. Assim, D contém os autovalores de A, e V contém seus correspondentes autovetores (em colunas), isto é, a j-ésima coluna de V é o autovetor correspondente ao autovalor λ_j.

Observe que, em cada passo do método de Jacobi, um par de elementos fora da diagonal torna-se zero. Assim, pode parecer, à primeira vista, que uma matriz diagonal é obtida após um número finito de passos. Entretanto, isto não é verdade, porque transformações ortogonais subseqüentes destroem os zeros criados anteriormente. Apesar disso, é possível mostrar que, quando um zero é criado nas posições (p, q) e (q, p), a soma dos quadrados dos elementos não diagonais da matriz A_k, $S(A_k)$, decresce de $2a_{pq}^2$. De fato, seja:

$$S(A_k) = \sum_{\substack{i,j=1 \\ i \neq j}}^{n} \left(a_{ij}^{(k)}\right)^2.$$

Vamos mostrar que $S(A_k) \to 0$. Para tanto, em cada passo $A \to A''$ vamos comparar $S(A)$ com $S(A'')$. Assim:

$$S(A'') = \sum_{\substack{i,j=1 \\ i,\, j \neq p,\, q;\, i \neq j}}^{n} (a_{ij}'')^2 + \sum_{\substack{i=1 \\ i \neq p,\, q}}^{n} \left[(a_{ip}'')^2 + (a_{iq}'')^2\right]$$

$$+ \sum_{\substack{j=1 \\ j \neq p,\, q}}^{n} \left[(a_{pj}'')^2 + (a_{qj}'')^2\right] + 2\,(a''pq)^2,$$

onde as somas do lado direito da expressão anterior representam, respectivamente: os elementos que não mudam, os elementos das colunas p e q, fora da diagonal; os elementos das linhas p e q, fora da diagonal. Agora, usando (6.12), segue que:

$$\left(a_{ip}''\right)^2 + \left(a_{iq}''\right)^2 = (a_{ip}c - a_{iq}s)^2 + (a_{ip}s + a_{iq}c)^2 = (a_{ip})^2 + (a_{iq})^2$$

e, desde que o mesmo é válido para $\left(a_{pj}''\right)^2 + \left(a_{qj}''\right)^2$, obtemos:

$$S(A'') = S(A) - 2(a_{pq})^2 + 2\left(a_{pq}''\right)^2.$$

Observe que, na expressão acima, devemos subtrair $2(a_{pq})^2$, pois $S(A)$ contém este elemento. Assim, de um modo geral, no k-ésimo passo, teremos:

$$S_k = S_{k-1} - 2\left(a_{pq}^{(k-1)}\right)^2 + 2\left(a_{pq}^{(k)}\right)^2 \Rightarrow S_k = S_{k-1} - 2\left(a_{pq}^{(k-1)}\right)^2$$

desde que $\left(a_{pq}^{(k-1)}\right)$ é o elemento de maior módulo, fora da diagonal principal, e $a_{pq}^{(k)} = 0$. Substituindo todos os elementos, fora da diagonal principal, por $a_{pq}^{(k-1)}$, obtemos:

$$S_{k-1} \leq (n^2 - n)\left(a_{pq}^{(k-1)}\right)^2 \Rightarrow \left(a_{pq}^{(k-1)}\right)^2 \leq \frac{S_{k-1}}{n^2 - n}.$$

Logo:

$$S_k \leq S_{k-1} - 2\frac{S_{k-1}}{n^2 - n} \Rightarrow S_k \leq S_{k-1}\left(1 - \frac{2}{n^2 - n}\right).$$

A partir desta expressão para S_k, podemos escrever:

$$S_k \leq \left(1 - \frac{2}{n^2 - n}\right) S_{k-1} \leq \left(1 - \frac{2}{n^2 - n}\right)^2 S_{k-2} \leq \cdots$$

e assim concluímos que:

$$S_k \leq \left(1 - \frac{2}{n^2 - n}\right)^k S_0,$$

onde S_0, representa a soma dos quadrados dos elementos não diagonais da matriz dada. Agora, desde que $\left(1 - \dfrac{2}{n^2 - n}\right) < 1$, segue que $S_k \to 0$ quando $k \to \infty$, e isto significa que $A_k \to D$, quando $k \to \infty$. Com isso, acabamos de mostrar que o método de Jacobi é convergente para qualquer matriz real simétrica.

Observe ainda que na prática não obtemos, em geral, uma matriz diagonal, mas sim uma matriz quase diagonal, ou seja, desde que:

$$S_{k-1} \leq (n^2 - n)\left(a_{pq}^{(k-1)}\right)^2 \leq n^2 \left(a_{pq}^{(k-1)}\right)^2,$$

paramos o processo quando $n\left|a_{pq}^{(k)}\right| < \epsilon$, onde ϵ é uma precisão pré-fixada. A seguir, daremos alguns exemplos.

Exemplo 6.9

Determinar os autovalores e correspondentes autovetores de:

$$A = \begin{pmatrix} 7 & 2 \\ 2 & 7 \end{pmatrix},$$

pelo método de Jacobi.

Solução: Como a matriz é 2×2, para diagonalizar A devemos zerar o elemento $(1, 2)$. Assim: $(p, q) = (1, 2)$. Temos, então:

$$\phi = \frac{a_{22} - a_{11}}{2a_{12}} = 0 \Rightarrow t = 1.$$

Portanto:

$$c = \frac{1}{\sqrt{1 + 1^2}} = \frac{\sqrt{2}}{2} = 0.7071,$$

$$s = 1 \cdot \frac{1}{\sqrt{2}} = t \times c = \frac{\sqrt{2}}{2} = 0.7071,$$

$$\begin{aligned} a_{11}'' &= a_{11}c^2 - 2\, a_{12}\, sc + a_{22}s^2 \\ &= 7(0.5) - 2(2)(0.7071)(0.7071) + 7(0.5) = 5, \\ a_{22}'' &= a_{11}s^2 + 2\, a_{12}\, sc + a_{22}c^2 \\ &= 7(0.5) + 2(2)(0.7071)(0.7071) + 7(0.5) = 9, \end{aligned}$$

onde utilizamos as fórmulas (6.13) e (6.14). Assim: $A_1 = \begin{pmatrix} 5 & 0 \\ 0 & 9 \end{pmatrix}$.

Logo, os autovalores de A são $\lambda_1 = 5$; $\lambda_2 = 9$, e desde que:

$$V = U_1 = \begin{pmatrix} \cos \varphi & \sen \varphi \\ -\sen \varphi & \cos \varphi \end{pmatrix} = \begin{pmatrix} 0.7071 & 0.7071 \\ -0.7071 & 0.7071 \end{pmatrix},$$

os autovetores correspondentes são:

$$v_1 = \begin{pmatrix} 0.7071 \\ -0.7071 \end{pmatrix}, \quad v_2 = \begin{pmatrix} 0.7071 \\ 0.7071 \end{pmatrix}.$$

Exemplo 6.10

Determinar, usando o método de Jacobi, os autovalores da matriz:

$$A = \begin{pmatrix} 4 & 2 & 0 \\ 2 & 5 & 3 \\ 0 & 3 & 6 \end{pmatrix}.$$

Solução: O maior elemento, em módulo, fora da diagonal principal da matriz $A_1 = A$, é o elemento $a_{23} = a_{32} = 3$. Assim:

$$\phi = \frac{a_{33} - a_{22}}{2a_{23}} = \frac{6-5}{6} = 0.1667.$$

Portanto, $t = 0.8471$, $\cos \varphi = c = 0.7630$, $\sin \varphi = s = 0.6464$. Como já dissemos, podemos ou aplicar as fórmulas (6.13), (6.14), (6.12), com $j \neq 2,3$, e (6.11) com $i \neq 2,3$, ou simplesmente efetuar o produto $U_1^t A_1 U_1$, para obter A_2, onde:

$$U_1 = \begin{pmatrix} 1 & 0 & 0 \\ 0 & 0.7630 & 0.6464 \\ 0 & -0.6464 & 0.7630 \end{pmatrix} \Rightarrow A_2 = \begin{pmatrix} 4 & 1.5260 & 1.2928 \\ 1.5260 & 2.4586 & 0 \\ 1.2928 & 0 & 8.5414 \end{pmatrix}.$$

O elemento de maior valor absoluto na matriz A_2 é $a_{12} = a_{21} = 1.5260$. Assim:

$$\phi = -0.5050, \quad t = -0.6153, \quad c = 0.8517, \quad s = -0.5240.$$

Obtemos, então:

$$U_2 = \begin{pmatrix} 0.8517 & -0.5240 & 0 \\ 0.5240 & 0.8517 & 0 \\ 0 & 0 & 1 \end{pmatrix} \Rightarrow A_3 = \begin{pmatrix} 4.9387 & 0 & 1.1011 \\ 0 & 1.5197 & -0.6774 \\ 1.1011 & -0.6774 & 8.5414 \end{pmatrix}.$$

Agora, $(p,q) = (1,3)$, e assim, efetuando os cálculos, segue que: $\phi = 1.6360, t = 0.2814$, $c = 0.9626, s = 0.2709$. Com isso, obtemos:

$$U_3 = \begin{pmatrix} 0.9626 & 0 & 0.2709 \\ 0 & 1 & 0 \\ -0.2709 & 0 & 0.9626 \end{pmatrix} \Rightarrow A_4 = \begin{pmatrix} 4.6611 & 0.1239 & 0 \\ 0.1239 & 1.5197 & -0.6520 \\ 0 & -0.6520 & 8.8536 \end{pmatrix}.$$

Temos $(p,q) = (2,3)$, e assim, efetuando os cálculos, segue que: $\phi = -5.6266$, $t = -0.0882, c = 0.9961, s = -0.0879$. Portanto:

$$U_4 = \begin{pmatrix} 1 & 0 & 0 \\ 0 & 0.9961 & -0.0879 \\ 0 & -0.0879 & 0.9961 \end{pmatrix} \Rightarrow A_5 = \begin{pmatrix} 4.6228 & 0.1827 & -0.0161 \\ 0.1827 & 1.4621 & 0 \\ -0.0161 & 0 & 8.9081 \end{pmatrix}.$$

Observe que os elementos não diagonais da seqüência $A_k \to 0$, à medida que k aumenta. Assim, os elementos diagonais da seqüência A_k convergem para os autovalores de A, que são: 1.45163, 4.63951, 8.90885. Uma precisão maior pode ser obtida continuando o processo. Além disso, se desejarmos uma aproximação para os autovetores, basta efetuar o produto $U_1 U_2 U_3 U_4$.

6.6.1 Método Cíclico de Jacobi

A procura do elemento de maior módulo, fora da diagonal principal, a cada passo do método de Jacobi, é um processo caro, que deve ser evitado. Uma alternativa é percorrer ciclicamente os elementos fora da diagonal principal, por linhas, por exemplo. Assim, sucessivamente, em cada passo zeramos os elementos das posições:

$$
\begin{array}{cccc}
(1,2) & (1,3) & \ldots & (1,n), \\
 & (2,3) & \ldots & (2,n), \\
 & & \ldots & \\
 & & & (n-1,n),
\end{array}
$$

escolhendo em cada passo o ângulo φ, tal que $a''_{pq} = 0$. As fórmulas usadas são as mesmas do método de Jacobi. A seguir, voltamos à primeira linha, à segunda linha etc., isto é, repetimos o ciclo tantas vezes quantas forem necessárias até obtermos uma matriz diagonal. Além disso, desde que os elementos não diagonais, a cada passo, decrescem, podemos usar uma estratégia conhecida como **Método Cíclico de Jacobi com *Dados de Entrada***. Tal método consiste em omitir transformações sobre elementos cujo valor, em módulo, é menor que os valores fornecidos como *dados de entrada*. A vantagem deste método é que zeros são criados apenas nas posições onde o valor é, em módulo, maior que os valores fornecidos nos *dados de entrada*, sem a necessidade de ir zerando todos os elementos. O próximo exemplo ilustra esse método.

Exemplo 6.11

Determinar os autovalores e correspondentes autovetores da matriz:

$$A = \begin{pmatrix} 3 & 0.4 & 5 \\ 0.4 & 4 & 0.1 \\ 5 & 0.1 & -2 \end{pmatrix},$$

usando o método de Jacobi, tomando como *dados de entrada* para o primeiro e segundo ciclos: 0.5 e 0.05, respectivamente.

Solução: Para o primeiro ciclo, a transformação sobre o elemento $(1,2)$ será omitida, pois $|0.4| < 0.5$. Portanto, desde que $|5| > 0.5$, um zero será criado na posição $(1,3)$. Assim, fazendo os cálculos, obtemos:

$$U_1 = \begin{pmatrix} 0.8507 & 0 & -0.5257 \\ 0 & 1 & 0 \\ 0.5257 & 0 & 0.8507 \end{pmatrix} \Rightarrow A_2 = \begin{pmatrix} 6.0902 & 0.3928 & 0 \\ 0.3928 & 4 & -0.1252 \\ 0 & -0.1252 & -5.0902 \end{pmatrix}.$$

A transformação $(2,3)$ será omitida porque $|-0.1252| < 0.5$. Isto completa o primeiro ciclo. Para o segundo ciclo, um zero será criado na posição $(1,2)$, porque $|0.3928| > 0.05$. Portanto:

$$U_2 = \begin{pmatrix} 0.9839 & -0.1788 & 0 \\ 0.1788 & 0.9839 & 0 \\ 0 & 0 & 1 \end{pmatrix} \Rightarrow A_3 = \begin{pmatrix} 6.1616 & 0 & -0.0224 \\ 0 & 3.9286 & -0.1232 \\ -0.0224 & -0.1232 & -5.0902 \end{pmatrix}.$$

A transformação $(1,3)$ será omitida, pois $|-0.0224| < 0.05$. Finalmente, um zero será criado na posição $(2,3)$. Assim:

$$U_3 = \begin{pmatrix} 1 & 0 & 0 \\ 0 & 0.9999 & 0.0137 \\ 0 & -0.0137 & 0.9999 \end{pmatrix} \Rightarrow A_4 = \begin{pmatrix} 6.1616 & 0.0003 & -0.0224 \\ 0.0003 & 3.9303 & 0 \\ -0.0024 & 0 & -5.0919 \end{pmatrix}$$

e, portanto, podemos dizer que os autovalores de A são aproximadamente iguais a 6.1616, 3.9303 e -5.0919.

Agora, para obtermos os autovetores, calculamos o produto $U_1 U_2 U_3$. Fazendo isso, segue que:

$$U_1 U_2 U_3 = \begin{pmatrix} 0.8370 & -0.1449 & -0.5277 \\ 0.1788 & 0.9838 & 0.0135 \\ 0.5172 & -0.1056 & 0.8439 \end{pmatrix}.$$

Portanto, os autovetores aproximados de A, correspondentes aos autovalores aproximados 6.1616, 3.9303 e -5.0919, são, respectivamente:

$$\begin{pmatrix} 0.8370 \\ 0.1788 \\ 0.5172 \end{pmatrix}, \quad \begin{pmatrix} -0.1449 \\ 0.9838 \\ -0.1056 \end{pmatrix} \quad \text{e} \quad \begin{pmatrix} -0.5277 \\ 0.0135 \\ 0.8439 \end{pmatrix}.$$

Compare os autovalores obtidos com os autovalores de A, que são: 6.16161, 3.93029 e -5.09190.

Observe que os Teoremas de Gerschgorin (Teorema 1.10) fornecem ainda um limitante para os erros cometidos nos autovalores calculados pelo método de Jacobi.

No Exemplo 6.11, os círculos de Gerschgorin da matriz transformada A_4 são dados por:

$$\begin{aligned} a_1 &= 6.1616, & r_1 &= 0.0227, \\ a_2 &= 3.9303, & r_2 &= 0.0003, \\ a_3 &= -5.0919, & r_3 &= 0.0224. \end{aligned}$$

Estes círculos são isolados e, assim, existe exatamente um autovalor em cada círculo. Os autovalores podem, portanto, ser estimados por:

$$6.1616 \pm 0.0227, \quad 3.9303 \pm 0.0003, \quad -5.0919 \pm 0.0224.$$

De um modo geral, se os elementos não diagonais de uma matriz $n \times n$ simétrica têm módulo não excedendo ϵ, então, desde que os círculos de Gerschgorin são isolados, os autovalores diferem dos elementos da diagonal principal por no máximo $(n-1)\epsilon$.

Exercícios

6.9 Determine os autovalores e autovetores das seguintes matrizes:

$$A = \begin{pmatrix} 10 & -6 & -4 \\ -6 & 11 & 2 \\ -4 & 2 & 6 \end{pmatrix}, \quad B = \begin{pmatrix} 2 & 4 & -2 \\ 4 & 2 & 2 \\ -2 & 2 & 5 \end{pmatrix},$$

usando:

a) o método de Jacobi,

b) o método cíclico de Jacobi,

c) o método cíclico de Jacobi, com *dados de entrada* igual a 10^{-i} para o i-ésimo ciclo.

6.10 Se:

$$U = \begin{pmatrix} \cos\varphi & 0 & \sen\varphi \\ 0 & 1 & 0 \\ -\sen\varphi & 0 & \cos\varphi \end{pmatrix}; \quad A = \begin{pmatrix} 5 & 0 & 1 \\ 0 & -3 & 0.1 \\ 1 & 0.1 & 2 \end{pmatrix},$$

calcule $U^t A U$ e deduza que, se $\phi = -\frac{3}{2}$, então os elementos $(1,3)$ e $(3,1)$ deste produto são iguais a zero. Escreva aproximações para os autovalores e autovetores de A. Use o Teorema de Gerschgorin (Teorema 1.10) para obter um limite superior do erro nos autovalores estimados.

6.7 Método de Rutishauser (ou Método LR)

O **Método de Rutishauser** ou **Método LR** permite, sob certas condições, determinar todos os autovalores de uma matriz, sem determinar o polinômio característico.

Seja A uma matriz quadrada de ordem n. O método consiste em construir uma seqüência de matrizes $A_1, A_2, \ldots$ do seguinte modo: decompomos $A = A_1$ no produto $L_1 R_1$, onde L_1 é triangular inferior, com 1 na diagonal, e R_1 é triangular superior (Decomposição LU, Capítulo 4). Então, $A_1 = L_1 R_1$. Agora, multiplicamos as duas matrizes na ordem inversa e formamos a matriz $A_2 = R_1 L_1$, e decompomos, a seguir, a matriz A_2 no produto de duas matrizes triangulares L_2 e R_2 e assim por diante. Então, temos:

$$\begin{aligned} A_1 &= A = L_1 R_1, \\ A_2 &= R_1 L_1 = L_2 R_2, \\ A_3 &= R_2 L_2 = L_3 R_3, \\ &\vdots \\ A_k &= R_{k-1} L_{k-1} = L_k R_k, \\ &\vdots \end{aligned}$$

Observações:

a) Pode-se provar que: Se os autovalores de A são distintos, a seqüência $\{A_k\}$ converge para uma matriz triangular superior R.

b) As matrizes A e R são matrizes similares (ver Definição 1.20). De fato, temos: $A_1 = L_1 R_1 \Rightarrow L_1^{-1} A_1 = R_1$, então:

$$A_2 = R_1 L_1 = L_1^{-1} A L_1,$$

desde que $A_1 = A$. Logo, A_2 é similar a A. De $A_2 = L_2 R_2 \Rightarrow L_2^{-1} A_2 = R_2$, então:

$$A_3 = R_2 L_2 = L_2^{-1} A_2 L_2 = L_2^{-1} L_1^{-1} A L_1 L_2$$

e, portanto, A_3 é similar a A. De um modo geral, obtemos:

$$A_k = R_{k-1} L_{k-1} = \underbrace{L_{k-1}^{-1} \ldots L_1^{-1}}_{L^{-1}} A \underbrace{L_1 \ldots L_{k-1}}_{L}.$$

Portanto, A_k é similar a A. Logo, possuem o mesmo polinômio característico e os mesmos autovalores (ver Teorema 1.9).

c) Os elementos diagonais da matriz A_k são os autovalores procurados.

d) O processo termina quando o elemento de maior valor absoluto da matriz A_k (abaixo da diagonal principal) for menor que ϵ, onde ϵ é uma precisão pré-fixada.

Exemplo 6.12

Calcular os autovalores de:
$$A = \begin{pmatrix} 2 & 0 & 1 \\ 0 & 1 & 0 \\ 1 & 0 & 1 \end{pmatrix}$$
pelo método de Rutishauser com precisão de 10^{-2}.

Solução: Temos:

$$A_1 = A = \begin{pmatrix} 1 & & \\ 0 & 1 & \\ 0.5 & 0 & 1 \end{pmatrix} \begin{pmatrix} 2 & 0 & 1 \\ & 1 & 0 \\ & & 0.5 \end{pmatrix} = L_1 U_1,$$

$$A_2 = U_1 L_1 = \begin{pmatrix} 2.5 & 0 & 1 \\ 0 & 1 & 0 \\ 0.25 & 0 & 0.5 \end{pmatrix} = \begin{pmatrix} 1 & & \\ 0 & 1 & \\ 0.1 & 0 & 1 \end{pmatrix} \begin{pmatrix} 2.5 & 0 & 1 \\ & 1 & 0 \\ & & 0.4 \end{pmatrix} = L_2 U_2,$$

$$A_3 = U_2 L_2 = \begin{pmatrix} 2.6 & 0 & 1 \\ 0 & 1 & 0 \\ 0.04 & 0 & 0.4 \end{pmatrix} = \begin{pmatrix} 1 & & \\ 0 & 1 & \\ 0.0154 & 0 & 1 \end{pmatrix} \begin{pmatrix} 2.6 & 0 & 1 \\ & 1 & 0 \\ & & 0.3846 \end{pmatrix}$$
$$= L_3 U_3,$$

$$A_4 = U_3 L_3 = \begin{pmatrix} 2.6154 & 0 & 1 \\ 0 & 1 & 0 \\ 0.00592 & 0 & 0.3846 \end{pmatrix}.$$

Como os elementos abaixo da diagonal principal de A_4 são, em módulo, menores que $10^{-2} \Rightarrow A_4 \simeq R$. Assim, os autovalores de A são:

$$\lambda_1 \simeq 2.6154, \quad \lambda_2 = 1, \quad \lambda_3 \simeq 0.3846, \quad \text{com} \quad \epsilon < 10^{-2}.$$

Observe que os autovalores de A são: 2.618034, 1 e 0.381966.

O método de Rutishauser permite obter também os autovetores. Entretanto, o cálculo dos autovetores, por este método, é um tanto trabalhoso e, assim, será omitido. O leitor interessado pode encontrar a descrição do método, por exemplo, em [Fox, 1967].

Exercícios _____

6.11 Usando o método LR determine os autovalores das matrizes:
$$A = \begin{pmatrix} 3 & 0 & 1 \\ 0 & 2 & 2 \\ 1 & 2 & 5 \end{pmatrix}, \quad B = \begin{pmatrix} 5 & 1 & 0 \\ -1 & 3 & 1 \\ -2 & 1 & 10 \end{pmatrix}$$
com precisão de 10^{-2}.

6.12 Considere a matriz:

$$A = \begin{pmatrix} 5 & 0 & 1 \\ 0 & 1 & 0 \\ 5 & 0 & 1 \end{pmatrix}.$$

Usando o método LR, uma única vez, isto é, até determinar A_2, é possível estimar os autovalores de A?

6.8 Método de Francis (ou Método QR)

O **Método de Francis** ou **Método QR** determina todos os autovalores de uma matriz, sem determinar o polinômio característico.

Seja A uma matriz quadrada de ordem n. O método consiste em construir uma seqüência de matrizes $A_1, A_2, \ldots$ do seguinte modo: decompomos $A = A_1$ no produto $Q_1 R_1$, onde Q_1 é ortogonal (ver Definição 1.21) e R_1 é triangular superior. Então, $A_1 = Q_1 R_1$. Agora, multiplicamos as duas matrizes na ordem inversa e formamos a matriz $A_2 = R_1 Q_1$, e decompomos, a seguir, a matriz A_2 no produto $Q_2 R_2$ e assim por diante. Então, temos:

$$A_1 = A = Q_1 R_1,$$
$$A_2 = R_1 Q_1 = Q_2 R_2,$$
$$\vdots$$
$$A_k = R_{k-1} Q_{k-1} = Q_k R_k,$$
$$\vdots$$

Observações:

a) A decomposição de uma matriz A no produto LR só é possível se A satisfaz as hipóteses do Teorema 4.1. Por outro lado, a decomposição de uma matriz A no produto QR sempre é possível. Assim, essa última decomposição tem a vantagem, em relação ao método LR, de sempre existir. Além disso, se A_s é real, então Q_s e R_s são reais.

b) A seqüência A_k converge para uma matriz triangular superior.

c) A matriz A_k é similar à matriz A (ver Definição 1.20). De fato, temos: $A_1 = Q_1 R_1 \Rightarrow Q_1^{-1} A_1 = R_1$, então:

$$A_2 = R_1 Q_1 = Q_1^{-1} A Q_1.$$

Assim, desde que $A_1 = A$, temos que A_2 e A são similares. De um modo geral, obtemos:

$$A_{k+1} = R_k Q_k = \underbrace{Q_k^{-1} Q_{k-1}^{-1} \cdots Q_1^{-1}}_{Q^{-1}} A_1 \underbrace{Q_1 \cdots Q_{k-1} Q_k}_{Q}.$$

Portanto, A_{k+1} é similar a A. Logo, possuem o mesmo polinômio característico e os mesmos autovalores (ver Teorema 1.9).

d) Os elementos diagonais da matriz A_k são os autovalores procurados.

e) O processo termina quando o elemento de maior valor absoluto da matriz A_k (abaixo da diagonal principal) for menor que ϵ, onde ϵ é uma precisão pré-fixada.

Em cada passo do método QR, devemos determinar matrizes Q_k e R_k onde Q_k é matriz ortogonal e R_k é matriz triangular superior. Essa decomposição pode ser obtida utilizando transformações ortogonais da forma (1.24). A seguir, mostramos como isso pode ser feito.

Seja A uma matriz que desejamos decompor no produto QR. Para zerar o elemento a_{21}, fazemos o produto $U_1 A$ e, com isso, obtemos uma matriz $A^{(1)}$; para zerar o elemento a_{31}, fazemos o produto $U_2 A^{(1)}$ e, assim, obtemos uma matriz $A^{(2)}$, e assim sucessivamente, isto é, procedemos coluna por coluna até zerarmos todos os elementos abaixo da diagonal principal. O produto das matrizes $U_1^t U_2^t \ldots$ fornece a matriz Q_1.

Considere então o produto $U_1 A$, onde U_1 é dada por (1.24). O elemento a'_{qp} é dado por:

$$a'_{qp} = -\text{sen } \varphi \, a_{pp} + \cos \varphi \, a_{qp}, \quad (6.16)$$

e queremos $a'_{qp} = 0$. Assim, o que desejamos é:

$$-a_{pp}\sqrt{1 - \cos^2 \varphi} + \cos \varphi \, a_{qp} = 0$$
$$\Rightarrow a_{pp}\sqrt{1 - \cos^2 \varphi} = a_{qp}\cos \varphi \Rightarrow a_{pp}^2(1 - \cos^2 \varphi) = a_{qp}^2 \cos^2 \varphi$$
$$\Rightarrow \left(a_{pp}^2 + a_{qp}^2\right)\cos^2 \varphi = a_{pp}^2 \Rightarrow \cos \varphi = \frac{a_{pp}}{\sqrt{a_{pp}^2 + a_{qp}^2}}.$$

Por outro lado, igualando (6.16) a zero, segue que:

$$\text{sen } \varphi = \frac{a_{qp}\cos \varphi}{a_{pp}} \Rightarrow \text{sen } \varphi = \frac{a_{qp}}{\sqrt{a_{pp}^2 + a_{qp}^2}}.$$

Para melhor entendimento do método, considere uma matriz de ordem 3. Para reduzi-la à forma triangular, devemos zerar os elementos a_{21}, a_{31} e a_{32}. Assim, fazendo $c = \cos \varphi$ e $s = \text{sen } \varphi$, segue que:

1) para zerar o elemento a_{21}, efetuamos o produto:

$$\underbrace{\begin{pmatrix} c & s & 0 \\ -s & c & 0 \\ 0 & 0 & 1 \end{pmatrix}}_{U_1} \begin{pmatrix} a_{11} & a_{12} & a_{13} \\ a_{21} & a_{22} & a_{23} \\ a_{31} & a_{32} & a_{33} \end{pmatrix} = \begin{pmatrix} a'_{11} & a'_{12} & a'_{13} \\ 0 & a'_{22} & a'_{23} \\ a_{31} & a_{32} & a_{33} \end{pmatrix},$$

e, desde que queremos $a_{21} = 0$, devemos ter:

$$-sa_{11} + ca_{21} = 0, \quad \text{onde} \quad s = \frac{a_{21}}{\sqrt{a_{11}^2 + a_{21}^2}} \quad \text{e} \quad c = \frac{a_{11}}{\sqrt{a_{11}^2 + a_{21}^2}}.$$

2) para zerar o elemento a_{31}, efetuamos o produto:

$$\underbrace{\begin{pmatrix} c & 0 & s \\ 0 & 1 & 0 \\ -s & 0 & c \end{pmatrix}}_{U_2} \begin{pmatrix} a'_{11} & a'_{12} & a'_{13} \\ 0 & a'_{22} & a'_{23} \\ a_{31} & a_{32} & a_{33} \end{pmatrix} = \begin{pmatrix} a''_{11} & a''_{12} & a''_{13} \\ 0 & a'_{22} & a'_{23} \\ 0 & a''_{32} & a''_{33} \end{pmatrix},$$

e, desde que queremos $a_{31} = 0$, devemos ter:

$$-sa'_{11} + ca_{31} = 0, \quad \text{onde} \quad s = \frac{a_{31}}{\sqrt{a'^2_{11} + a^2_{31}}} \quad \text{e} \quad c = \frac{a'_{11}}{\sqrt{a'^2_{11} + a^2_{31}}}.$$

3) para zerar o elemento a_{32}, efetuamos o produto:

$$\underbrace{\begin{pmatrix} 1 & 0 & 0 \\ 0 & c & s \\ 0 & -s & c \end{pmatrix}}_{U_3} \begin{pmatrix} a''_{11} & a''_{12} & a''_{13} \\ 0 & a'_{22} & a'_{23} \\ 0 & a'_{32} & a'_{33} \end{pmatrix} = \begin{pmatrix} a''_{11} & a''_{12} & a''_{13} \\ 0 & a''_{22} & a''_{23} \\ 0 & 0 & a''_{33} \end{pmatrix},$$

e, desde que queremos $a''_{32} = 0$, devemos ter:

$$-sa'_{22} + ca''_{32} = 0, \quad \text{onde} \quad s = \frac{a''_{32}}{\sqrt{a'^2_{22} + a''^2_{32}}} \quad \text{e} \quad c = \frac{a'_{22}}{\sqrt{a'^2_{22} + a''^2_{32}}}.$$

Assim, obtemos:

$$U_3 U_2 U_1 A = R_1 \Rightarrow A = \underbrace{U_1^t U_2^t U_3^t}_{Q_1} R_1.$$

O produto $R_1 Q_1 = R_1 U_1^t U_2^t U_3^t$ é obtido por sucessivas pré-multiplicações de R com as matrizes U_k^t, $k = 1, 2, \ldots$

Exemplo 6.13

Determinar os autovalores da matriz:

$$A = \begin{pmatrix} 2 & 0 & 1 \\ 0 & 1 & 0 \\ 1 & 0 & 1 \end{pmatrix}$$

pelo método de Francis, com $\epsilon < 10^{-2}$.

Solução: Como $a_{21} = 0$, devemos zerar apenas o elemento a_{31}. Assim, $U_1 = I$ e, para obtermos U_2, fazemos:

$$s = \frac{a_{31}}{\sqrt{a^2_{11} + a^2_{31}}} \Rightarrow s = \frac{1}{\sqrt{2^2 + 1^2}} = \frac{1}{\sqrt{5}} = 0.4472,$$

$$c = \frac{a_{11}}{\sqrt{a^2_{11} + a^2_{31}}} \Rightarrow c = \frac{2}{\sqrt{5}} = 0.8944.$$

Assim:

$$U_2 = \begin{pmatrix} 0.8944 & 0 & 0.4472 \\ 0 & 1 & 0 \\ -0.4472 & 0 & 0.8944 \end{pmatrix}.$$

Portanto:

$$U_2 U_1 A = U_2 I A = U_2 A = \underbrace{\begin{pmatrix} 2.2360 & 0 & 1.3416 \\ 0 & 1 & 0 \\ 0 & 0 & 0.4472 \end{pmatrix}}_{R_1}.$$

Desde que $a_{32} = 0 \Rightarrow U_3 = I$. Assim: $U_3 U_2 U_1 = U_2$ e $U_2^{-1} = U_2^t$. Logo:

$$A_1 = A = \underbrace{\begin{pmatrix} 0.8944 & 0 & -0.4472 \\ 0 & 1 & 0 \\ 0.4472 & 0 & 0.8944 \end{pmatrix}}_{U_2^t} \begin{pmatrix} 2.2360 & 0 & 1.3416 \\ 0 & 1 & 0 \\ 0 & 0 & 0.4472 \end{pmatrix} = Q_1 R_1.$$

Agora:

$$A_2 = R_1 Q_1 = \begin{pmatrix} 2.5998 & 0 & 0.2000 \\ 0 & 1 & 0 \\ 0.2000 & 0 & 0.4000 \end{pmatrix}.$$

Aplicando novamente o processo, temos que: $U_1 = U_3 = I$. Devemos então determinar U_2. Assim:

$$s = \frac{0.2000}{\sqrt{(2.5998)^2 + (0.2000)^2}} = 0.0767,$$

$$c = \frac{2.5998}{\sqrt{(2.5998)^2 + (0.2000)^2}} = 0.9971.$$

Portanto:

$$U_2 = \begin{pmatrix} 0.9971 & 0 & 0.0767 \\ 0 & 1 & 0 \\ -0.0767 & 0 & 0.9971 \end{pmatrix} \Rightarrow U_2 A_2 = \begin{pmatrix} 2.6076 & 0 & 0.2301 \\ 0 & 1 & 0 \\ 0 & 0 & 0.3935 \end{pmatrix} = R_2.$$

Logo:

$$A_2 = \underbrace{\begin{pmatrix} 0.9971 & 0 & -0.0767 \\ 0 & 1 & 0 \\ 0.0767 & 0 & 0.9971 \end{pmatrix}}_{U_2^t} \begin{pmatrix} 2.6076 & 0 & 0.2301 \\ 0 & 1 & 0 \\ 0 & 0 & 0.3835 \end{pmatrix} = Q_2 R_2.$$

Finalmente,

$$A_3 = R_2 Q_2 = \begin{pmatrix} 2.6177 & 0 & 0.0294 \\ 0 & 1 & 0 \\ 0.0094 & 0 & 0.3824 \end{pmatrix}.$$

Desde que o maior elemento, em valor absoluto, abaixo da diagonal principal, é menor do que 10^{-2}, temos que os valores aproximados dos autovalores de A são: 2.6177, 1 e 0.3824.
Observe que os autovalores de A são: 2.618034, 1 e 0.381966.

O método QR permite obter também os autovetores. Como no método LR, o cálculo dos autovetores é trabalhoso por este método e, assim, será omitido. O leitor interessado pode encontrar a descrição do método, por exemplo, em [Fox, 1967].

Para maiores detalhes sobre os tópicos apresentados neste capítulo, aconselhamos consultar, por exemplo, [Fox, 1967], [Froberg,1965], [Jacques,1987] e [Schwarz,1973].

Exercícios

6.13 Usando o método QR, determinar todos os autovalores das matrizes:

$$A = \begin{pmatrix} 4 & 4 & -3 \\ 0 & 8 & 1 \\ 0 & 2 & -1 \end{pmatrix}, \quad B = \begin{pmatrix} 12 & 3 & 1 \\ -9 & -2 & -3 \\ 14 & 6 & 2 \end{pmatrix}$$

com precisão de 10^{-2}.

6.14 Usando o método QR uma única vez na matriz:

$$A = \begin{pmatrix} 1 & 1 & 3 \\ 2 & 0 & 1 \\ 2 & 1 & -1 \end{pmatrix}$$

é possível estimar seus autovalores? (Use aritmética exata.)

6.9 Exercícios Complementares

6.15 Para cada uma das matrizes:

$$A = \begin{pmatrix} -2 & 5 \\ 1 & -3 \end{pmatrix}, \quad A = \begin{pmatrix} 1 & 4 & 3 \\ 0 & 3 & 1 \\ 0 & 2 & -1 \end{pmatrix},$$

encontre um polinômio que tenha a matriz como raiz.

6.16 Sabendo que uma matriz de ordem 3 tem como autovalores $\lambda_1 = -1$, $\lambda_2 = 2$, $\lambda_3 = 3$, responda:

    a) Qual é o polinômio característico de A?

    b) Quanto vale $tr(A^2)$?

    c) Quais são os autovalores de A^{-1}?

    d) A matriz A é uma matriz singular? Por quê?

6.17 Seja A uma matriz quadrada de ordem n, e sejam $\lambda_1, \lambda_2, \cdots, \lambda_n$ seus autovalores. Quais são os autovalores de $A - qI$ onde q é uma constante e I é a matriz identidade?

6.18 Mostre que se v é autovetor de A e de B, então v é autovetor de $\alpha A + \beta B$, onde α, β são escalares quaisquer.

6.19 Mostre que uma matriz A e sua transposta A^t possuem o mesmo polinômio característico.

6.20 Considere a matriz:

$$A = \begin{pmatrix} 1 & 3 & -1 \\ 0 & 0 & 2 \\ -1 & 1 & 0 \end{pmatrix}.$$

Verifique, através do método de Leverrier, que seu polinômio característico é dado por:

$$P(\lambda) = -\lambda^3 + \lambda^2 + 3\lambda - 8.$$

6.21 Seja a matriz:

$$A = \begin{pmatrix} 1 & 0 & 2 \\ 0 & 3 & 1 \\ 2 & 1 & 2 \end{pmatrix}.$$

a) Verifique, pelo método de Leverrier-Faddeev, que seu polinômio característico é dado por:
$$P(\lambda) = (-1)^3(\lambda^3 - 6\lambda^2 + 6\lambda + 7).$$
b) Determine por método numérico à sua escolha, o único autovalor real negativo de A com precisão de 10^{-2}.
c) Usando os resultados obtidos em **a)**, calcule o autovetor correspondente ao autovalor encontrado em **b)**.
d) Usando **a)**, obtenha a inversa de A.

6.22 Usando o método das potências, determine, com precisão de 10^{-3}, o autovalor de maior valor absoluto e seu correspondente autovetor para cada uma das seguintes matrizes:
$$A = \begin{pmatrix} 3 & 1 & 2 \\ 1 & 3 & 2 \\ 1 & 2 & 3 \end{pmatrix} \text{ e } B = \begin{pmatrix} 2 & 1 & 0 \\ 1 & 2 & 1 \\ 0 & 1 & 2 \end{pmatrix}.$$

6.23 Considere a matriz:
$$A = \begin{pmatrix} 1 & -1 & 2 \\ -1 & 1 & 2 \\ 2 & -2 & 8 \end{pmatrix}.$$

a) Pelo método das potências, calcule o autovalor de maior valor absoluto de A e seu correspondente autovetor.
b) Obtenha o polinômio característico de A pelo método de Leverrier-Faddeev.
c) Determine os demais autovalores de A.
d) Obtenha o autovetor correspondente ao auto-valor λ_2 pelo processo de Leverrier-Faddeev. Suponha $|\lambda_1| > |\lambda_2| > |\lambda_3|$.

6.24 Determinar o autovalor de maior valor absoluto da matriz:
$$A = \begin{pmatrix} 4 & 2 & 2 \\ 2 & 5 & 1 \\ 2 & 1 & 6 \end{pmatrix},$$
usando o método das potências. Use como vetor inicial $y_0 = (8/9, 8/9, 1)^t$. Dê seu valor aproximado após três iterações.

6.25 Considere as matrizes:
$$A = \begin{pmatrix} 1 & 3 \\ -1 & 5 \end{pmatrix} \text{ e } B = \begin{pmatrix} 1 & -3 & 3 \\ 3 & -5 & 3 \\ 6 & -6 & 4 \end{pmatrix}.$$

Para cada uma delas:
a) calcule $P(\lambda)$ e suas raízes algebricamente,
b) calcule $P(\lambda)$ pelo método de Leverrier,
c) calcule os autovalores e autovetores pelo método de Leverrier-Faddeev,
d) calcule o autovalor, de maior valor absoluto, pelo método das potências.
e) calcule o autovalor pelo método LR.
f) calcule os autovalores pelo método QR.

6.26 Matrizes do tipo:
$$\begin{pmatrix} x_0 & x_1 & x_2 \\ x_2 & x_0 & x_1 \\ x_1 & x_2 & x_0 \end{pmatrix}$$

são chamadas **matrizes circulantes**. Determine todos os autovalores e correspondentes autovetores da matriz circulante onde $x_0 = 9$, $x_1 = 2$ e $x_2 = 1$, utilizando para isso método numérico à sua escolha.

6.27 Considere a matriz:
$$A = \begin{pmatrix} 2 & -1 & 0 \\ -1 & 2 & -1 \\ 0 & -1 & 2 \end{pmatrix}.$$

Determine os autovalores de A usando:

  a) o método clássico de Jacobi,

  b) o método cíclico de Jacobi,

  c) o método cíclico de Jacobi, com *dados de entrada* iguais a 5×10^{-i} para o i-ésimo ciclo.

  d) Use o Teorema de Gerschgorin (Teorema 1.10) para obter um limite superior do erro nos autovalores estimados.

6.28 Considere as matrizes:
$$A = \begin{pmatrix} 10 & -1 & 0 \\ -1 & 2 & 0 \\ 0 & 0 & 1 \end{pmatrix} \quad \text{e} \quad B = \begin{pmatrix} 100 & 0 & 99 \\ 0 & 20 & 0 \\ 99 & 0 & 101 \end{pmatrix}.$$

  a) Caso haja convergência pelo método de Rutishauser, o que se deve esperar?

  b) Determine os autovalores usando o método de Rutishauser. Use como processo de parada $\epsilon = 10^{-2}$ ou número máximo de iterações igual a 3.

6.29 Considere a matriz:
$$A = \begin{pmatrix} 4 & 1 & 1 \\ 2 & 4 & 1 \\ 0 & 1 & 4 \end{pmatrix}.$$

Determine os autovalores de A, com precisão de 10^{-2}, usando:

  a) o método LR,

  b) o método QR.

6.10 Problemas Aplicados e Projetos

6.1 Considere o movimento horizontal do conjunto massa-mola mostrado na Figura 6.1.

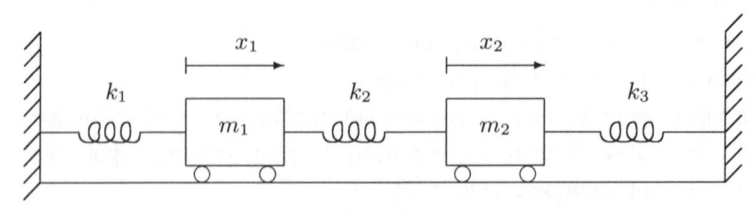

Figura 6.1

As deflexões horizontais x_1 e x_2 são medidas relativamente à posição de equilíbrio estático. As molas possuem rigidez k_1, k_2 e k_3, que são as forças requeridas para estender ou comprimir cada mola de uma unidade de comprimento.

As equações de movimento são:

$$m_1 \frac{d^2 x_1}{dt^2} = -k_1 x_1 + k_2(x_2 - x_1),$$

$$m_2 \frac{d^2 x_2}{dt^2} = k_2(x_1 - x_2) + k_3 x_2.$$

a) Se $x = (x_1, x_2)^t$ é o vetor deflexão, então podemos reescrever as equações anteriores na forma:

$$\frac{d^2 x}{dt^2} = Ax.$$

b) Mostre que a substituição:

$$x = v e^{iwt},$$

onde v é um vetor do R^2, $e^{iwt} = \cos wt + i \sen wt$, com $i = \sqrt{-1}$, leva ao problema de autovalores: $Av = \lambda v$, onde $\lambda = -w^2$. Os possíveis valores que w pode assumir são as freqüências naturais de vibração do sistema.

c) Se $k_1 = k_2 = k_3 = 1\ kg/s^2$ e $m_1 = m_2 = 1\ kg$, determine os autovalores e autovetores de A por método numérico à sua escolha.

6.2 Considere o seguinte sistema de equações diferenciais, com coeficientes constantes:

$$\begin{cases} \dfrac{dy_1}{dx} = f_1(x, y_1, y_2, \ldots, y_n) \\ \dfrac{dy_2}{dx} = f_2(x, y_1, y_2, \ldots, y_n) \\ \dfrac{dy_3}{dx} = f_3(x, y_1, y_2, \ldots, y_n) \\ \vdots \\ \dfrac{dy_n}{dx} = f_3(x, y_1, y_2, \ldots, y_n) \end{cases} \quad (6.17)$$

Se escrevermos (6.17) na forma:

$$Y'(t) = AY(t),$$

então a solução geral do sistema é dada por:

$$Y(t) = \sum_{k=1}^n c_k e^{\lambda_k t} v_k,$$

onde c_k são constantes arbitrárias, λ_k são os autovalores de A, e v_k, seus correspondentes autovetores.

Considere os sistemas:

$$(I) \begin{cases} \dfrac{dy_1}{dx} = 10 y_1 \\ \dfrac{dy_2}{dx} = y_1 - 3 y_2 - 7 y_3 \\ \dfrac{dy_3}{dx} = 2 y_2 + 6 y_3 \end{cases} \quad (II) \begin{cases} \dfrac{dy_1}{dx} = -10 y_1 - 7 y_2 + 7 y_3 \\ \dfrac{dy_2}{dx} = 5 y_1 + 5 y_2 - 4 y_3 \\ \dfrac{dy_3}{dx} = -7 y_1 - 5 y_2 + 6 y_3 \end{cases}$$

Determine a solução geral destes sistemas usando um método numérico à sua escolha para determinar todos os autovalores e autovetores. Cuidado! O sistema (II) possui autovalores iguais em módulo.

6.3 A curvatura de uma coluna delgada sujeita a uma carga P pode ser modelada por:

$$\frac{d^2y}{dx^2} = \frac{M}{EI}, \tag{6.18}$$

onde $\frac{d^2y}{dx^2}$ especifica a curvatura, M é o momento de curvatura, E é o módulo de elasticidade e I é o momento de inércia da seção transversal sobre o eixo neutro. Considerando o corpo livre na Figura 6.2-b, é claro que o momento de curvatura em x é $M = -Py$. Substituindo esse valor na equação (6.18), resulta:

$$\frac{d^2y}{dx^2} + p^2 y = 0, \tag{6.19}$$

onde:

$$p^2 = \frac{P}{EI}. \tag{6.20}$$

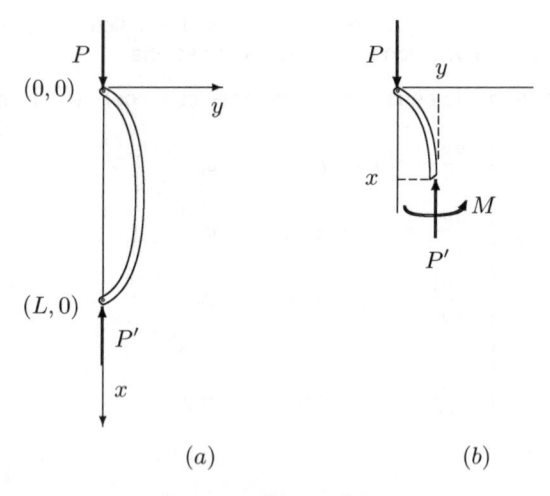

Figura 6.2

Para o sistema da Figura 6.2, sujeito às condições de contorno $y(0) = y(L) = 0$, a solução geral da equação (6.19) é:

$$y = A\,\text{sen}\,px + B\cos px,$$

onde A e B são constantes arbitrárias que devem ser obtidas usando-se as condições de contorno. Mostre que de $y(0) = 0$ obtém-se $B = 0$, e de $y(L) = 0$ obtém-se $A\,\text{sen}\,pL = 0$. Mas, desde que $A = 0$ representa a solução trivial, concluímos que $\text{sen}\,pL = 0$. Assim, para que esta última igualdade seja válida devemos ter:

$$pL = n\pi, \quad n = 1, 2, \ldots \tag{6.21}$$

Portanto, existe um número infinito de valores que satisfazem as condições de contorno. A equação (6.21) pode ser resolvida para:

$$p = \frac{n\pi}{L}, \quad n = 1, 2, 3, \ldots, \tag{6.22}$$

os quais são os autovalores para a coluna. Cada autovalor corresponde ao modo no qual a coluna curva-se. Combinando as equações (6.20) e (6.22), segue que:

$$P = \frac{n^2 \pi^2 EI}{L^2}, \quad n = 1, 2, 3, \ldots$$

Isto pode ser entendido como uma deformação da carga, porque ela representa os níveis nos quais as colunas movimentam-se em cada deformação sucessiva. Na prática, em geral, o autovalor correspondente a $n = 1$ é o que interessa, porque a quebra usualmente ocorre quando a primeira coluna se deforma. Assim, a carga crítica pode ser definida como:

$$P_{crít.} = \frac{\pi^2 EI}{L^2}.$$

Uma carga sobre uma coluna de madeira possui as seguintes características:

$$E = 10 \times 10^9 \, Pa, \quad I = 1.25 \times 10^{-5} \, m^4 \quad \text{e} \quad L = 3 \, m.$$

Determine os oito primeiros autovalores, isto é, os autovalores correspondentes a $n = 1, 2 \ldots, 8$ e suas correspondentes deformações das cargas. Qual o valor obtido para a carga crítica?

6.4 No problema 6.3 foi razoavelmente fácil obter os autovalores, pois era conhecida a expressão analítica da solução, o que, em geral, não acontece na prática. Assim, podemos obter os autovalores de (6.19) substituindo a derivada segunda pela diferença dividida central, isto é, substituindo $\dfrac{d^2 y}{dx^2}$ por:

$$\frac{y_{i+1} - 2y_i + y_{i-1}}{h^2}.$$

Fazendo isso, podemos escrever (6.19) como:

$$\frac{y_{i+1} - 2y_i + y_{i-1}}{h^2} + p^2 y_i = 0,$$

ou ainda:

$$y_{i+1} - (2 - h^2 p^2) y_i + y_{i-1} = 0.$$

Escrevendo esta equação para uma série de nós ao longo do eixo da coluna, obtém-se um sistema de equações homogêneas. Por exemplo, se a coluna é dividida em cinco segmentos (isto é, quatro nós interiores), o resultado é:

$$\begin{pmatrix} (2-h^2p^2) & -1 & & \\ -1 & (2-h^2p^2) & -1 & \\ & -1 & (2-h^2p^2) & -1 \\ & & -1 & (2-h^2p^2) \end{pmatrix} \begin{pmatrix} y_1 \\ y_2 \\ y_3 \\ y_4 \end{pmatrix} = 0.$$

Considerando os mesmos dados do problema 6.3, determine os autovalores para os casos: **a)** um, **b)** dois, **c)** três e **d)** quatro nós interiores, usando método numérico à sua escolha. Lembre-se: desde que $L = 3$, segue que para um nó interior $h = \dfrac{3}{2}$, para dois nós interiores $h = \dfrac{3}{3}$ etc.

6.5 No problema 6.4, para três nós interiores você obteve o seguinte sistema linear homogêneo:

$$\begin{pmatrix} (2-0.5625p^2) & -1 & \\ -1 & (2-0.5625p^2) & -1 \\ & -1 & (2-0.5625p^2) \end{pmatrix} \begin{pmatrix} y_1 \\ y_2 \\ y_3 \end{pmatrix} = \theta.$$

a) Mostre que, dividindo cada equação por h^2, obtém-se:

$$(A - \lambda I) = \begin{pmatrix} 3.556 - \lambda & -1.778 & \\ -1.778 & 3.556 - \lambda & -1.778 \\ & -1.778 & 3.556 - \lambda \end{pmatrix},$$

onde $\lambda = p^2$, e que a expansão do determinante fornece:

$$P(\lambda) = -\lambda^3 + 10.667\lambda^2 - 31.607\lambda + 22.487.$$

b) Mostre que o mesmo polinômio pode ser obtido aplicando-se o método de Leverrier-Faddeev à matriz:

$$B = \begin{pmatrix} 3.556 & -1.778 & \\ -1.778 & 3.556 & -1.778 \\ & -1.778 & 3.556 \end{pmatrix}.$$

c) Usando o polinômio característico obtido em **b)**, determine os autovalores de B usando método numérico à sua escolha.

d) Usando o método de Jacobi, determine os autovalores e autovetores da matriz B.

Capítulo 7

Método dos Mínimos Quadrados

7.1 Introdução

Neste capítulo, nosso objetivo consiste em resolver o seguinte problema: aproximar uma função $y = f(x)$ (real e de variável real) por uma função $F(x)$ que seja combinação linear de funções conhecidas, isto é:

$$f(x) \simeq a_0 g_0(x) + a_1 g_1(x) + \ldots + a_m g_m(x) = F(x) \qquad (7.1)$$

de tal modo que a distância de $f(x)$ a $F(x)$ seja a menor possível em algum sentido.

A substituição de $f(x)$ por uma função $F(x)$ é indicada quando o uso da função dada oferece alguns inconvenientes, tais como:

    a) $f(x)$ é definida através de processos não-finitos como integrais, soma de séries, etc;

    b) $f(x)$ é conhecida através de pares de pontos, obtidos através de medidas experimentais, e desejamos substituí-la por uma função cujo gráfico se ajuste aos pontos observados.

Tais inconvenientes podem ser afastados através de uma escolha apropriada da função $F(x)$.

Antes de descrevermos o método do mínimos quadrados, relembremos alguns conceitos básicos.

Sabemos da geometria plana euclidiana que: dados uma reta r e um ponto P fora dela, o ponto da reta r mais próximo de P é o único ponto Q tal que PQ é ortogonal a r.

O mesmo acontece na geometria euclidiana sólida, isto é: dados um plano α e um ponto P fora dele, o ponto de α mais próximo de P é o pé da perpendicular traçada de P a α.

Como generalizar tal idéia em um espaço vetorial euclidiano E qualquer? O problema que devemos resolver agora é: dados um vetor $v \in E$ e um sub-espaço E', de dimensão finita n, de E, qual deve ser o elemento $u \in E'$, que tem a propriedade:

$$\| v - u \| < \| v - y \|,$$

para qualquer que seja $y \in E'$, $y \neq u$? Em outras palavras, queremos determinar um vetor $u \in E'$ tal que a distância de v ao sub-espaço E' seja a menor possível. Já vimos

(Capítulo 1), que a menor distância de v ao sub-espaço E' é a distância entre v e o pé da perpendicular traçada da extremidade de v sobre E', isto é, u deve ser a projeção ortogonal de v sobre E'.

O **Método dos Mínimos Quadrados** para aproximação de funções tem como base a projeção ortogonal de um vetor sobre um sub-espaço, isto é, nosso problema consiste em aproximar uma função $f(x)$ de E por uma função $F(x)$ de E' tal que a distância de $f(x)$ a E' seja mínima. Assim, o que queremos é:

$$dist(f(x), F(x)) = mínima.$$

Mas, pela Definição 1.11, temos:

$$dist(f(x), F(x)) = \| f(x) - F(x) \| = [(f - F, f - F)]^{1/2}.$$

Na verdade, o que desejamos é obter:

$$Q = \| f(x) - F(x) \|^2 = mínima,$$

daí a justificativa para o nome **mínimos quadrados**.

7.2 Aproximação Polinomial

Vamos tratar aqui da aproximação de uma função $y = f(x) \in E$ por um polinômio de grau m, $P_m(x) = F(x) \in E'$, tanto no caso em que $f(x)$ é conhecida por sua expressão analítica, isto é, $f(x) \in C[a,b]$ (*caso contínuo*), como no caso em que $f(x)$ é dada por pares de pontos, como aqueles obtidos a partir de experimentos (*caso discreto*).

Lembramos que $C[a,b]$ é o espaço vetorial das funções contínuas reais definidas no intervalo fechado e limitado $[a,b]$ e que, conforme os exemplos do Capítulo 1, pode ser dotado de um produto escalar e de uma norma.

Por razões didáticas, apresentamos primeiramente o caso contínuo.

7.2.1 Caso Contínuo

Consideremos uma função $f(x) \in E = C[a,b]$. Desejamos aproximar $f(x)$, $x \in [a,b]$, por um polinômio de grau no máximo m, $P_m(x) \in E' = K_m(x)$, isto é:

$$f(x) \simeq a_0 + a_1 x + \ldots + a_m x^m = P_m(x), \tag{7.2}$$

de tal modo que a distância de $f(x)$ a $P_m(x)$ seja mínima.

Observe que, neste caso, comparando (7.2) com (7.1), temos:

$$g_0(x) = 1, \; g_1(x) = x, \; \ldots, \; g_m(x) = x^m.$$

Lembramos que tais funções constituem a base canônica de $K_m(x)$ = espaço vetorial dos polinômios de grau menor ou igual a m.

Precisamos, então, determinar na classe de todos os polinômios de grau menor ou igual a m aquele que minimize:

$$Q = \| f - P_m \|^2 = \int_a^b (f(x) - P_m(x))^2 dx,$$

desde que, pelo Exemplo 1.4,

$$(f - P_m, f - P_m) = \int_a^b (f(x) - P_m(x))^2 dx.$$

Sabemos, entretanto, que os polinômios de grau $\leq m$ constituem um espaço vetorial $K_m(x)$, do qual $\{1, x, x^2, \ldots, x^m\}$ é uma base. E mais: $K_m(x)$, para $x \in [a, b]$, é um sub-espaço de $C[a, b]$. Assim, nosso problema está resolvido, pois, a partir da teoria de projeção ortogonal de um vetor sobre um sub-espaço, sabemos que a distância de f a P_m será mínima quando P_m for a projeção ortogonal de f sobre $K_m(x)$.

Resumindo: para aproximar $f(x) \in C[a, b]$ por um polinômio $P_m(x)$ de grau no máximo m, basta determinar a projeção ortogonal de $f(x)$ sobre $K_m(x)$, o qual é gerado por $\{1, x, x^2, \ldots, x^m\}$.

Recorrendo à teoria desenvolvida no Capítulo 1, os coeficientes $a_0, a_1, \ldots, a_m$, de $P_m(x)$, será o vetor solução do sistema linear normal, isto é:

$$\begin{pmatrix} (1,1) & (x,1) & \ldots & (x^m, 1) \\ (1,x) & (x,x) & \ldots & (x^m, x) \\ \ldots & \ldots & & \\ (1,x^m) & (x,x^m) & \ldots & (x^m, x^m) \end{pmatrix} \begin{pmatrix} a_0 \\ a_1 \\ \vdots \\ a_m \end{pmatrix} = \begin{pmatrix} (f,1) \\ (f,x) \\ \vdots \\ (f,x^m) \end{pmatrix}.$$

A menos que seja sugerido o produto escalar a ser utilizado, usa-se o produto escalar usual de $C[a, b]$, isto é, para $f, g \in C[a, b]$:

$$(f, g) = \int_a^b f(x)g(x)dx.$$

Exemplo 7.1

Seja $f(x) = x^4 - 5x$, $x \in [-1, 1]$. Aproximar $f(x)$ por um polinômio do 2º grau usando o método dos mínimos quadrados.

Solução: Temos que: $f(x) \in C[-1, 1]$ e, para $x \in [-1, 1]$, $K_2(x)$ é um sub-espaço de $C[-1, 1]$. Queremos então:

$$f(x) \simeq P_2(x) = a_0 + a_1 x + a_2 x^2,$$

onde $P_2(x)$ deve ser a projeção ortogonal de f sobre $K_2(x)$. Assim, a base para $K_2(x)$ é $\{1, x, x^2\}$.

Devemos, então, resolver o sistema linear:

$$\begin{pmatrix} (1,1) & (x,1) & (x^2,1) \\ (1,x) & (x,x) & (x^2,x) \\ (1,x^2) & (x,x^2) & (x^2,x^2) \end{pmatrix} \begin{pmatrix} a_0 \\ a_1 \\ a_2 \end{pmatrix} = \begin{pmatrix} (f,1) \\ (f,x) \\ (f,x^2) \end{pmatrix}.$$

Usando o produto escalar usual de $C[-1, 1]$, segue que:

$$(1,1) = \int_{-1}^{1} dx = x\Big]_{-1}^{1} = 2, \quad (1,x) = \int_{-1}^{1} x\, dx = \frac{x^2}{2}\Big]_{-1}^{1} = 0 = (x,1),$$

$$(1,x^2) = \int_{-1}^{1} x^2 dx = \frac{x^3}{3}\Big]_{-1}^{1} = \frac{2}{3} = (x^2, 1) = (x, x),$$

$$(x, x^2) = \int_{-1}^{1} x^3 dx = \left. \frac{x^4}{4} \right]_{-1}^{1} = 0 = (x^2, x),$$

$$(x^2, x^2) = \int_{-1}^{1} x^4 dx = \left. \frac{x^5}{5} \right]_{-1}^{1} = 2/5,$$

$$(f, 1) = \int_{-1}^{1} (x^4 - 5x) dx = -\left. \left(\frac{x^5}{5} - \frac{5x^2}{2} \right) \right]_{-1}^{1} = \frac{2}{5},$$

$$(f, x) = \int_{-1}^{1} (x^5 - 5x^2) dx = \left. \left(\frac{x^6}{6} - \frac{5x^3}{3} \right) \right]_{-1}^{1} = -\frac{10}{3},$$

$$(f, x^2) = \int_{-1}^{1} (x^6 - 5x^3) dx = \left. \left(\frac{x^7}{7} - \frac{5x^4}{4} \right) \right]_{-1}^{1} = \frac{2}{7}.$$

Assim, obtemos:

$$\begin{pmatrix} 2 & 0 & 2/3 \\ 0 & 2/3 & 0 \\ 2/3 & 0 & 2/5 \end{pmatrix} \begin{pmatrix} a_0 \\ a_1 \\ a_2 \end{pmatrix} = \begin{pmatrix} 2/5 \\ -10/3 \\ 2/7 \end{pmatrix},$$

cuja solução é: $a_0 = -3/35$, $a_1 = -5$, $a_2 = 6/7$.
Portanto:

$$f(x) \simeq P_2(x) = -\frac{3}{35} - 5x + \frac{6}{7} x^2. \tag{7.3}$$

Exercícios

7.1 Seja $f(x) = \dfrac{1}{x+2}$, $x \in [-1, 1]$. Usando o método dos mínimos quadrados e o produto escalar usual em $C[-1, 1]$, aproximar a função $f(x)$ por um polinômio do 2º grau.

7.2 Seja $f(x) = \dfrac{1}{x^4}$, $x \in [0, 1]$. Usando o método dos mínimos quadrados, aproximar a função $f(x)$ por um polinômio do tipo $P(x) = ax^2 + bx^4$, usando o seguinte produto escalar:

$$(f, g) = \int_0^1 x^2 f(x) g(x) dx.$$

Note que a base do sub-espaço neste caso é: $\{x^2, x^4\}$.

7.3 Seja $f(x) = (x^3 - 1)^2$, $x \in [0, 1]$. Usando o método dos mínimos quadrados, aproximar a função $f(x)$ por:

    a) uma reta,

    b) um polinômio do 2º grau,

usando o produto escalar usual em $C[0, 1]$.

Observações:

    a) Quem resolveu o último exercício (e quem não resolveu deve fazê-lo), pode observar que para passar de um polinômio de grau k para um polinômio de grau $k+1$ é necessário que calculemos todos os coeficientes do polinômio e não apenas o último, ou seja, devemos refazer praticamente todos os cálculos, visto que o sistema linear passa de ordem 2 para ordem 3.

b) Além disso, para m grande ($m > 5$) os efeitos de propagação dos erros de arredondamento, tornam-se explosivos, tornando o método tremendamente instável, ou seja, a solução do sistema linear pode estar errada.

Vejamos então uma maneira de aumentar o grau do *polinômio aproximante* sem refazer todos os cálculos, bem como obter uma solução que realmente tenha significado. Para tanto, consideremos em $K_m(x)$, uma base $\{L_0^*(x), L_1^*(x) \ldots, L_m^*(x)\}$ de polinômios ortonormais, isto é, de polinômios tais que:

$$\left(L_i^*(x), L_j^*(x)\right) = \delta_{ij} = \begin{cases} 1, & i = j; \\ 0, & i \neq j. \end{cases} \tag{7.4}$$

Observe que tais polinômios podem ser obtidos ortonormalizando-se, pelo processo de Gram-Schmidt, a base canônica do espaço dos polinômios (ver Capítulo 1).

A projeção ortogonal de $f(x) \in C[a,b]$ sobre $K_m(x)$ será então dada por:

$$P_m(x) = a_0 L_0^*(x) + a_1 L_1^*(x) + \ldots + a_m L_m^*(x),$$

onde os a_i, $i = 0, 1, \ldots, m$ são obtidos resolvendo-se o sistema linear normal:

$$\begin{pmatrix} (L_0^*, L_0^*) & (L_1^*, L_0^*) & \ldots & (L_m^*, L_0^*) \\ (L_0^*, L_1^*) & (L_1^*, L_1^*) & \ldots & (L_m^*, L_1^*) \\ \ldots \ldots \\ (L_0^*, L_m^*) & (L_1^*, L_m^*) & \ldots & (L_m^*, L_m^*) \end{pmatrix} \begin{pmatrix} a_0 \\ a_1 \\ \vdots \\ a_m \end{pmatrix} = \begin{pmatrix} (f, L_0^*) \\ (f, L_1^*) \\ \vdots \\ (f, L_m^*) \end{pmatrix}. \tag{7.5}$$

Mas, em vista de (7.4), (7.5) se reduz a:

$$\begin{pmatrix} 1 & 0 & \ldots & 0 \\ 0 & 1 & \ldots & 0 \\ \ldots & & \ddots & \\ 0 & 0 & & 1 \end{pmatrix} \begin{pmatrix} a_0 \\ a_1 \\ \vdots \\ a_m \end{pmatrix} = \begin{pmatrix} (f, L_0^*) \\ (f, L_1^*) \\ \vdots \\ (f, L_m^*) \end{pmatrix}. \tag{7.6}$$

Agora a solução de (7.6) segue trivialmente, isto é:

$$a_i = (f, L_i^*), \quad i = 0, 1, \ldots, m. \tag{7.7}$$

Temos então obtido $P_m(x)$ que aproxima $f(x)$.

Observe que se, em vez de uma base ortonormal, considerássemos uma base **ortogonal** $L_i(x)$, $i = 0, 1, \ldots, m$, cada a_i, $i = 0, 1, \ldots, m$ seria dado por:

$$a_i = \frac{(f, L_i)}{(L_i, L_i)}.$$

Suponha agora que desejamos aproximar $f(x)$ não só por $P_m(x)$, mas também por $P_{m+1}(x)$. Devemos então projetar $f(x)$ também sobre $K_{m+1}(x) \supset K_m(x)$.

Uma base ortonormal para K_{m+1} será a base de $K_m(x)$ adicionada de $L_{m+1}^*(x)$ (ortonormal a $L_i^*(x)$, $i = 0, 1, 2, \ldots, m$).

A projeção de $f(x)$ sobre $K_{m+1}(x)$ será:

$$P_{m+1} = a_0 L_0^*(x) + a_1 L_1^*(x) + \ldots + a_m L_m^*(x) + a_{m+1} L_{m+1}^*(x),$$

onde os a_i são dados por (7.7), inclusive a_{m+1}, isto é:

$$a_i = (f, L_i^*), \quad i = 0, 1, \ldots, m+1.$$

Observamos então que, uma vez obtido $P_m(x)$, basta calcularmos $L_{m+1}^*(x)$ e a_{m+1} para obter $P_{m+1}(x)$. O processo pode ser repetido para $m+2, m+3, \ldots$

Exemplo 7.2

Aproximar a função $f(x) = x^4 - 5x$, $x \in [-1, 1]$ por:

    a) uma reta,

    b) uma parábola,

usando polinômios ortonormais.

Solução: A aproximação de $f(x)$ por uma reta será dada por:

$$f(x) \simeq a_0 P_0^*(x) + a_1 P_1^*(x) = Q_1(x)$$

e então a aproximação por uma parábola será obtida fazendo:

$$f(x) \simeq Q_1(x) + a_2 P_2^*(x) = Q_2(x).$$

Devemos primeiramente construir os $P_i(x)$ (ortogonais) utilizando o processo de Gram-Schmidt a partir de $\{1, x, x^2\}$ (ver Capítulo 1). Do Exemplo 1.16, temos que:

$$P_0(x) = 1, \quad P_1(x) = x, \quad P_2(x) = x^2 - \frac{1}{3}.$$

Ortonormalizando primeiramente $P_0(x)$ e $P_1(x)$, para que possamos obter a reta que melhor aproxima $f(x)$, obtemos:

$$P_0^*(x) = \frac{P_0}{[(P_0, P_0)]^{1/2}} = \frac{1}{\left[\int_{-1}^{1} dx\right]^{1/2}} = \frac{\sqrt{2}}{2},$$

$$P_1^*(x) = \frac{P_1}{[(P_1, P_1)]^{1/2}} = \frac{x}{\left[\int_{-1}^{1} x^2 dx\right]^{1/2}} = \frac{\sqrt{6}}{2} x.$$

Assim, os coeficientes a_0 e a_1 são dados por:

$$a_0 = (f, P_0^*) = \int_{-1}^{1} \frac{\sqrt{2}}{2} (x^4 - 5x) dx = \frac{\sqrt{2}}{5},$$

$$a_1 = (f, P_1^*) = \int_{-1}^{1} \frac{\sqrt{6}}{2} x (x^4 - 5x) dx = -\frac{5\sqrt{6}}{3}.$$

Portanto:

$$f(x) \simeq Q_1(x) = \frac{\sqrt{2}}{5} P_0^*(x) - \frac{5\sqrt{6}}{3} P_1^*(x)$$
$$= \frac{\sqrt{2}}{5}\left(\frac{\sqrt{2}}{2}\right) - \frac{5\sqrt{6}}{3}\left(\frac{\sqrt{6}}{2}\right) x.$$

Agora, para obtermos a parábola, devemos ortonormalizar $P_2(x)$. Assim:

$$P_2^*(x) = \frac{P_2}{[(P_2, P_2)]^{1/2}} = \frac{(x^2 - 1/3)}{\left[\int_{-1}^{1}(x^2 - 1/3)^2 dx\right]^{1/2}}$$
$$= \frac{3\sqrt{10}}{4}(x^2 - 1/3).$$

Então:

$$a_2 = (f, P_2^*) = \int_{-1}^{1} \frac{3\sqrt{10}}{4}(x^2 - 1/3)(x^4 - 5x)dx = \frac{4\sqrt{10}}{35}.$$

Portanto:

$$f(x) \simeq Q_2(x) = Q_1(x) + \frac{4\sqrt{10}}{35} L_2^*(x)$$
$$= \frac{\sqrt{2}}{5}\left(\frac{\sqrt{2}}{2}\right) - \frac{5\sqrt{6}}{3}\left(\frac{\sqrt{6}}{2}\right) x + \frac{4\sqrt{10}}{35}\left[\frac{3\sqrt{10}}{4}(x^2 - 1/3)\right].$$

Observe que, se agruparmos os termos semelhantes na última expressão, obteremos exatamente (7.3), pois estaremos escrevendo a parábola em termos da base canônica de $K_2(x)$.

Exercícios

7.4 Aproximar, pelo método dos mínimos quadrados, a função $f(x) = x^3 + 4$ no intervalo $[0, 1]$ por:

    a) uma reta,

    b) um polinômio do $2^{\underline{o}}$ grau,

usando polinômios ortonormais.

7.5 Usando o método dos mínimos quadrados, aproximar a função:

$$f(x) = (x^2 - 3x + 4)^2, \; x \in [0, 1] \quad \text{por:}$$

    a) uma reta,

    b) uma parábola,

usando polinômios ortogonais.

7.2.2 Caso Discreto

Vejamos agora o caso em que a função é dada por $n+1$ pares de pontos:

$$(x_0, y_0), (x_1, y_1), \ldots, (x_n, y_n),$$

onde $y_i = f(x_i)$, $i = 0, 1, \ldots, n$, com os $n+1$ pontos $x_0, x_1, \ldots, x_n$ distintos.

Procuramos determinar um polinômio (a coeficientes reais)

$$P_m(x) = a_0 + a_1 x + \ldots + a_m x^m, \quad (7.8)$$

de grau no máximo m, $(m < n)$, e tal que:

$$Q = \| f - P_m \|^2$$

seja mínima. Desde que $m < n$, podemos usar o seguinte produto escalar, (ver Exemplo 1.5):

$$(f, g) = \sum_{k=0}^{n} f(x_k) g(x_k),$$

e, assim, obtemos:

$$\begin{aligned}
Q &= \| f - P_m \|^2 = (f - P_m, f - P_m) \\
&= \sum_{k=0}^{n} [f(x_k) - P_m(x_k)]^2 = \sum_{k=0}^{n} (y_k - P_m(x_k))^2 \\
&= \sum_{k=0}^{n} (y_k - (a_0 + a_1 x_k + \ldots + a_m x_k^m))^2.
\end{aligned}$$

Portanto, dados $n+1$ pontos distintos $x_0, x_1, \ldots, x_n$ e $n+1$ valores de uma função $y = f(x)$ sobre os pontos $x_k, k = 0, 1, \ldots, n$, desejamos determinar um polinômio de grau no máximo m (menor do que n) tal que a soma dos quadrados dos desvios $y_k - P_m(x_k)$ entre os valores de $f(x)$ e $P_m(x)$ calculados nos pontos x_k seja a menor possível.

Na verdade, precisamos determinar, na classe de todos os polinômios de grau $\leq m$, aquele que minimize Q.

Nosso problema resulta, em última análise, na determinação dos coeficientes de $P_m(x)$, isto é, na determinação de $a_0, a_1, \ldots, a_m$.

Coloquemos, por definição:

$$y = \begin{pmatrix} y_0 \\ y_1 \\ \vdots \\ y_n \end{pmatrix}, \quad p = \begin{pmatrix} P_m(x_0) \\ P_m(x_1) \\ \vdots \\ P_m(x_n) \end{pmatrix},$$

onde y e p são vetores do $\mathbb{R}^{n+1}$. Usando (7.8), vemos que p pode ser escrito como:

$$p = a_0 \begin{pmatrix} 1 \\ 1 \\ \vdots \\ 1 \end{pmatrix} + a_1 \begin{pmatrix} x_0 \\ x_1 \\ \vdots \\ x_n \end{pmatrix} + a_2 \begin{pmatrix} x_0^2 \\ x_1^2 \\ \vdots \\ x_n^2 \end{pmatrix} + \ldots + a_m \begin{pmatrix} x_0^m \\ x_1^m \\ \vdots \\ x_n^m \end{pmatrix}.$$

Denotando por:

$$u_0 = \begin{pmatrix} 1 \\ 1 \\ \vdots \\ 1 \end{pmatrix}, \quad u_i = \begin{pmatrix} x_0^i \\ x_1^i \\ \vdots \\ x_n^i \end{pmatrix}, \quad i = 1, 2, \ldots, m,$$

podemos escrever:

$$p = a_0 u_0 + a_1 u_1 + \ldots + a_m u_m.$$

Vamos mostrar agora que se os $n+1$ pontos são distintos, então os $m+1$ vetores $u_0, u_1, \ldots, u_m$ são linearmente independentes. Para tanto, observe que p pode também ser escrito como:

$$p = \begin{pmatrix} 1 & x_0 & x_0^2 & \ldots & x_0^m \\ 1 & x_1 & x_1^2 & \ldots & x_1^m \\ \ldots & \ldots & & & \\ 1 & x_m & x_m^2 & \ldots & x_m^m \\ \ldots & \ldots & & & \\ 1 & x_n & x_n^2 & \ldots & x_n^m \end{pmatrix} \begin{pmatrix} a_0 \\ a_1 \\ \vdots \\ a_m \end{pmatrix}.$$

Seja A a matriz dos coeficientes, isto é:

$$A = \begin{pmatrix} 1 & x_0 & x_0^2 & \ldots & x_0^m \\ 1 & x_1 & x_1^2 & \ldots & x_1^m \\ \ldots & \ldots & & & \\ 1 & x_m & x_m^2 & \ldots & x_m^m \\ \ldots & \ldots & & & \\ 1 & x_n & x_n^2 & \ldots & x_n^m \end{pmatrix}.$$

A matriz A possui $n+1$ linhas e $m+1$ colunas, com $n > m$.

Seja A' a submatriz quadrada constituída das $m+1$ primeiras linhas e $m+1$ primeiras colunas de A. Assim:

$$A' = \begin{pmatrix} 1 & x_0 & x_0^2 & \ldots & x_0^m \\ 1 & x_1 & x_1^2 & \ldots & x_1^m \\ \ldots & \ldots & & & \\ 1 & x_m & x_m^2 & \ldots & x_m^m \end{pmatrix}.$$

A matriz A' é tal que $\det A' = \prod_{i>j}(x_i - x_j)$. Desde que os pontos $x_0, x_1, \ldots, x_n$ são distintos, segue que $\det A' \neq 0$. (Este fato está demonstrado no Teorema 8.1.) Então existe uma submatriz de A, de ordem $m+1$, que é não singular. Assim, os vetores $u_0, u_1, \ldots, u_m$ são linearmente independentes. Portanto, $u_0, u_1, \ldots, u_m$ geram em $\mathbb{R}^{n+1}$ um sub-espaço vetorial V de dimensão $m+1 < n+1$ (pois $m < n$, por hipótese).

Temos que: $y \in \mathbb{R}^{n+1}$ e $p \in V \subset \mathbb{R}^{n+1}$ e queremos que a distância de y a p seja mínima. Isto ocorrerá quando p for a projeção ortogonal de y sobre V.

Os coeficientes $a_0, a_1, \ldots, a_m$ do polinômio procurado são então dados pelo sistema linear normal:

$$\begin{pmatrix} (u_0, u_0) & (u_1, u_0) & \ldots & (u_m, u_0) \\ (u_0, u_1) & (u_1, u_1) & \ldots & (u_m, u_1) \\ \ldots & \ldots & & \\ (u_0, u_m) & (u_1, u_m) & \ldots & (u_m, u_m) \end{pmatrix} \begin{pmatrix} a_0 \\ a_1 \\ \vdots \\ a_m \end{pmatrix} = \begin{pmatrix} (y, u_0) \\ (y, u_1) \\ \vdots \\ (y, u_m) \end{pmatrix}.$$

A menos que seja sugerido o produto escalar a ser utilizado, usa-se o produto escalar usual do $\mathbb{R}^n$, isto é:

$$(x, y) = \sum_{i=1}^{n} x_i y_i,$$

onde $x = (x_0, x_1, \ldots, x_n)^t$ e $y = (y_0, y_1, \ldots, y_n)^t$.

Exemplo 7.3

Considere a função $y = f(x)$, dada pela tabela:

x	-1	0	1	2
y	0	-1	0	7

Ajustá-la por um polinômio do 2º grau, usando o método dos mínimos quadrados.

Solução: Neste caso, queremos: $f(x) \simeq P_2(x) = a_0 + a_1 x + a_2 x^2$. Assim, devemos construir $p = a_0 u_0 + a_1 u_1 + a_2 u_2$. Fazendo:

$$y = \begin{pmatrix} 0 \\ -1 \\ 0 \\ 7 \end{pmatrix}, \quad u_0 = \begin{pmatrix} 1 \\ 1 \\ 1 \\ 1 \end{pmatrix}, \quad u_1 = \begin{pmatrix} -1 \\ 0 \\ 1 \\ 2 \end{pmatrix}, \quad u_2 = \begin{pmatrix} 1 \\ 0 \\ 1 \\ 4 \end{pmatrix},$$

devemos resolver o sistema linear:

$$\begin{pmatrix} (u_0, u_0) & (u_1, u_0) & (u_2, u_0) \\ (u_0, u_1) & (u_1, u_1) & (u_2, u_1) \\ (u_0, u_2) & (u_1, u_2) & (u_2, u_2) \end{pmatrix} \begin{pmatrix} a_0 \\ a_1 \\ a_2 \end{pmatrix} = \begin{pmatrix} (y, u_0) \\ (y, u_1) \\ (y, u_2) \end{pmatrix}.$$

Usando o produto escalar usual do $\mathbb{R}^4$, segue que:

$$\begin{aligned}
(u_0, u_0) &= 1+1+1+1 = 4, \\
(u_0, u_1) &= -1+0+1+2 = 2 = (u_1, u_0), \\
(u_0, u_2) &= 1+0+1+4 = 6 = (u_2, u_0), \\
(u_1, u_1) &= 1+0+1+4 = 6, \\
(u_1, u_2) &= -1+0+1+8 = 8 = (u_2, u_1), \\
(u_2, u_2) &= 1+0+1+16 = 18, \\
(y, u_0) &= 0+-1+0+7 = 6, \\
(y, u_1) &= 0+0+0+14 = 14, \\
(y, u_2) &= 0+0+0+28 = 28.
\end{aligned}$$

Obtemos então o sistema linear:

$$\begin{pmatrix} 4 & 2 & 6 \\ 2 & 6 & 8 \\ 6 & 8 & 18 \end{pmatrix} \begin{pmatrix} a_0 \\ a_1 \\ a_2 \end{pmatrix} = \begin{pmatrix} 6 \\ 14 \\ 28 \end{pmatrix},$$

cuja solução é: $a_0 = -\frac{8}{5}$; $a_1 = \frac{1}{5}$; $a_2 = 2$.

Portanto, a parábola que melhor aproxima a função tabelada é:

$$P_2(x) = -\frac{8}{5} + \frac{1}{5}x + 2x^2.$$

Exercícios

7.6 Determinar, pelo método dos mínimos quadrados, a reta mais próxima dos pontos (x_i, y_i) para a função $y = f(x)$ dada pela tabela:

x	-2	-1	0	1	2
y	0	0	-1	0	7

7.7 Determinar a parábola mais próxima dos pontos (x_i, y_i) para a função $y = f(x)$ dada pela tabela:

x	-3	-1	1	2	3
y	-1	0	1	1	-1

usando o método dos mínimos quadrados.

7.8 Usando o método dos mínimos quadrados, aproxime a função dada pela tabela:

x	0	1	2	3	4	5
y	-1	0	3	8	15	24

por um polinômio do tipo: $P(x) = a + bx^3$, usando o produto escalar:

$$(x, y) = \sum_{i=0}^{n} (i+1)\, x_i y_i.$$

7.9 De uma tabela são extraídos os valores:

x	-2	-1	0	1	2
y	6	3	-1	2	4

Usando o método dos mínimos quadrados, ajuste os dados acima por polinômio de grau adequado.

Sugestão: use gráfico.

7.2.3 Erro de Truncamento

O erro de truncamento no método dos mínimos quadrados é dado por:

a) caso contínuo:

$$Q = \| f - P_m \|^2 = \int_a^b (f(x) - P_m(x))^2 dx.$$

b) caso discreto:

$$Q = \| f - P_m \|^2 = \sum_{k=0}^{n}(y_k - P_m(x_k))^2.$$

Para ilustrar, calculemos o erro de truncamento no último exemplo. Temos:

$$\begin{aligned} Q &= \sum_{k=0}^{3}(y_k - P_2(x_k))^2 \\ &= \sum_{k=0}^{3} y_k^2 - 2\sum_{k=0}^{3} y_k P_2(x_k) + \sum_{k=0}^{3} P_2^2(x_k) \\ &= 50 - \frac{492}{5} + \frac{1230}{25} = \frac{4}{5} = 0.8. \end{aligned}$$

Observações:

a) O valor encontrado ($Q = 0.8$) corresponde à soma dos quadrados dos desvios entre os valores da função e do polinômio calculados nos pontos tabelados. Além disso, podemos afirmar que a parábola encontrada é a *melhor* entre as equações do 2º grau, ou seja, para qualquer outra parábola teremos para Q um valor maior do que o encontrado.

b) Em muitos casos, os dados experimentais não se assemelham a polinômios. Faz-se necessário, então, procurar funções (não polinomiais) que melhor aproximem os dados. Trataremos, nas próximas duas seções, de como aproximar uma função dada por funções que não sejam polinômios.

7.3 Aproximação Trigonométrica

Suponha que a função a ser aproximada tenha características de periodicidade. Neste caso, aproximar por polinômio não seria uma boa escolha, visto que estes não possuem a propriedade de serem periódicos. Devemos, portanto, tentar aproximar a função dada por uma outra função que tenha propriedades semelhantes àquela que estamos querendo aproximar.

7.3.1 Caso Contínuo

Consideremos uma função $f(x)$ periódica e integrável em $[0, 2\pi]$.
Desejamos aproximar $f(x)$, $x \in [0, 2\pi]$, por uma função do tipo:

$$\begin{aligned} f(x) &\simeq a_0 + a_1\cos x + b_1 sen\, x + a_2\cos 2x + b_2 sen\, 2x \\ &+ \ldots + a_m \cos mx + b_m sen\, mx = F(x), \end{aligned} \quad (7.9)$$

de tal modo que a distância de f a F seja mínima. A aproximação da forma (7.9) é chamada **aproximação trigonométrica** de ordem m, para $f(x)$.

Adotando o produto escalar:

$$(f, g) = \int_0^{2\pi} f(x)g(x)dx \quad (7.10)$$

nosso objetivo é minimizar:

$$Q = \| f - F \|^2 = \int_0^{2\pi} (f(x) - F(x))^2 dx.$$

Evidentemente, tal objetivo será alcançado quando F for a projeção ortogonal de f sobre o subespaço gerado por:

$$\{1, \cos x, \sen x, \cos 2x, \sen 2x, \ldots, \cos mx, \sen mx\}. \quad (7.11)$$

Assim, os coeficientes: $a_0, a_1, b_1, \ldots, a_m, b_m$ são determinados resolvendo-se o sistema linear normal:

$$\begin{pmatrix} (1,1) & (\cos x, 1) & \ldots & (\sen mx, 1) \\ (1, \cos x) & (\cos x, \cos x) & \ldots & (\sen mx, \cos x) \\ \ldots & \ldots & & \\ (1, \sen mx) & (\cos x, \sen mx) & \ldots & (\sen mx, \sen mx) \end{pmatrix} \begin{pmatrix} a_0 \\ a_1 \\ \vdots \\ b_m \end{pmatrix}$$

$$= \begin{pmatrix} (f,1) \\ (f, \cos x) \\ \vdots \\ (f, \sen mx) \end{pmatrix}. \quad (7.12)$$

A seqüência (7.11) é ortogonal em $[0, 2\pi]$, isto é:

$$\int_0^{2\pi} \sen px \cos qx \, dx = 0,$$

e temos:

$$\int_0^{2\pi} \sen px \sen qx \, dx = \begin{cases} 0 & p \neq q, \\ \pi & p = q \neq 0, \end{cases}$$

$$\int_0^{2\pi} \cos px \cos qx \, dx = \begin{cases} 0 & p \neq q, \\ \pi & p = q \neq 0, \\ 2\pi & p = q = 0. \end{cases}$$

Portanto o sistema (7.12), se reduz a:

$$\begin{pmatrix} 2\pi & & & \bigcirc \\ & \pi & & \\ & & \ddots & \\ \bigcirc & & & \pi \end{pmatrix} \begin{pmatrix} a_0 \\ a_1 \\ \vdots \\ b_m \end{pmatrix} = \begin{pmatrix} (f,1) \\ (f, \cos x) \\ \vdots \\ (f, \sen mx) \end{pmatrix},$$

cuja solução é dada por:

$$a_0 = \frac{1}{2\pi} \int_0^{2\pi} f(x) dx,$$

$$a_k = \frac{1}{\pi} \int_0^{2\pi} f(x) \cos kx \, dx, \quad k = 1, 2, \ldots, m,$$

$$b_k = \frac{1}{\pi} \int_0^{2\pi} f(x) \sen kx \, dx, \quad k = 1, 2, \ldots, m.$$

Observações:

i) Se a função dada é uma função par, então, desde que $sen\ x$ é uma função ímpar, temos:

$$\int_0^{2\pi} f(x) sen\ x\ dx = 0 \quad \text{e, portanto:} \quad f(x) \simeq a_0 + \sum_{k=1}^{m} a_k cos\ kx.$$

ii) Se a função dada é uma função ímpar, então, desde que $cos\ x$ é uma função par, temos:

$$\int_0^{2\pi} f(x) cos\ x\ dx = 0 \quad \text{e, portanto:} \quad f(x) \simeq \sum_{k=1}^{m} b_k sen\ kx.$$

iii) A aproximação de $f(x)$ no intervalo $[0, 2\pi]$ por (7.9), usando o produto escalar (7.10), pelo método dos mínimos quadrados, é também conhecida como **Análise Harmônica**. Os termos: $a_k cos\ kx + b_k sen\ kx$ podem ser expressos na forma: $A_k sen(kx + \psi_k)$, onde:

$$A_k = \sqrt{(a_k^2 + b_k^2)} \quad \text{e} \quad tg\ \psi_k = \frac{a_k}{b_k}$$

e são chamados *harmônicos de ordem k*. O termo A_k é denominado *amplitude* e ψ_k, *ângulo de fase*.

Exemplo 7.4

Obter aproximação trigonométrica de ordem 1 para:

$$f(x) = |x|, \quad -\pi \leq x \leq \pi.$$

Solução: Prolongando a função dada periodicamente (período 2π), obtemos a Figura 7.1.

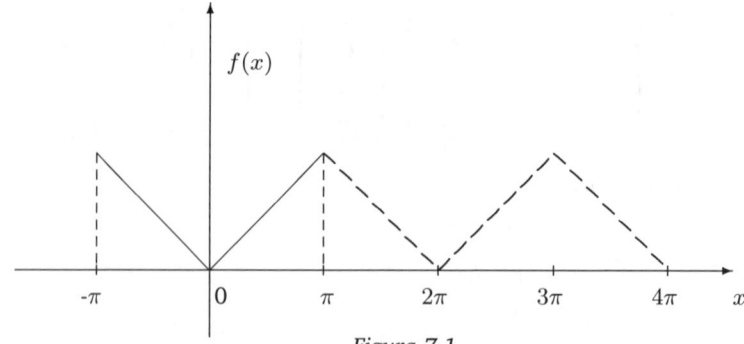

Figura 7.1

Devemos determinar então $F(x)$ tal que:

$$f(x) \simeq a_0 + a_1 \cos x + b_1 \sen x = F(x).$$

Observe que integrar de $-\pi$ a π é igual a integrar de 0 a 2π e que a função dada é uma função par, logo $b_1 = 0$ e, portanto:

$$f(x) \simeq a_0 + a_1 \cos x = F(x).$$

Assim:

$$\begin{aligned}
a_0 &= \frac{1}{2\pi} \int_0^{2\pi} f(x) dx = \frac{2}{2\pi} \int_0^{\pi} x \, dx = \frac{\pi}{2}, \\
a_1 &= \frac{1}{\pi} \int_0^{2\pi} x \cos x \, dx = \frac{2}{\pi} \int_0^{\pi} x \cos x \, dx \\
&= \frac{2}{\pi} \left[x \sen x \Big]_0^{\pi} - \int_0^{\pi} \sen x \, dx \right] \\
&= 0 + \frac{2}{\pi} \cos x \Big]_0^{\pi} = -\frac{4}{\pi}.
\end{aligned}$$

Portanto, a aproximação trigonométrica de ordem 1 para a função dada é:

$$f(x) \simeq \frac{\pi}{2} - \frac{4}{\pi} \cos x.$$

Exercícios

7.10 Mostre que o conjunto das funções:

$$\{1, \quad \cos t, \quad \sen t, \quad \cos 2t, \quad \sen 2t, \ldots, \quad \sen mt\},$$

é um sistema ortogonal em $[-\pi, \pi]$.

7.11 Considere a função:

$$y(t) = \begin{cases} -1, & -\pi \leq t \leq 0, \\ 1, & 0 \leq t \leq \pi. \end{cases}$$

Verificar que a aproximação trigonométrica de grau 2:

$$y(t) = a_0 + a_1 \cos t + b_1 \sen t + a_2 \cos 2t + b_2 \sen 2t$$

para $y(t)$ é dada por: $y(t) = \frac{4}{\pi} \sen 2t$.

Sugestão: Estenda $y(t)$ a uma função ímpar de período 2π.

7.3.2 Caso Discreto

Consideremos uma função $f(x)$ conhecida nos N pontos distintos:

$$x_k = \frac{2k\pi}{N}, \quad k = 1, 2, \ldots, N.$$

Desejamos aproximar $f(x)$ por uma função do tipo:

$$f(x) \simeq a_0 + a_1\cos x + b_1\sen x + a_2\cos 2x + b_2\sen 2x \\ + \ldots + a_L\cos Lx + b_L\sen Lx = S_L(x), \quad (7.13)$$

com $L \leq \frac{N}{2}$, de tal modo que a distância de f a S_L seja mínima.

Adotando o produto escalar:

$$(f,g) = \sum_{k=1}^{N} f(x_k)g(x_k), \quad (7.14)$$

nosso objetivo é minimizar:

$$Q = \| f - S_L \|^2 = \sum_{k=1}^{N}(f(x_k) - S_L(x_k))^2.$$

Evidentemente, tal objetivo será alcançado quando S_L for a projeção ortogonal de f sobre o sub-espaço gerado por:

$$\{1, \cos x, \sen x, \cos 2x, \sen 2x, \ldots, \cos Lx, \sen Lx\}. \quad (7.15)$$

Assim, os coeficientes: $a_0, a_1, b_1, \ldots, a_L, b_L$ são determinados resolvendo-se o sistema linear (7.12), onde o produto escalar é dado por (7.14).

A seqüência (7.15) é ortogonal em $[0, 2\pi]$, isto é:

$$\sum_{k=1}^{N} \sen px_k \cos qx_k = 0 \quad (7.16)$$

e temos:

$$\sum_{k=1}^{N} \sen px_k \sen qx_k = \begin{cases} 0 & p \neq q, \\ \frac{N}{2} & p = q \neq 0. \end{cases}$$

$$\sum_{k=1}^{N} \cos px_k \cos qx_k = \begin{cases} 0 & p \neq q, \\ N & p = q \neq 0, \\ \frac{N}{2} & p = q = 0. \end{cases}$$

Observe que o sistema linear normal aqui é o mesmo do caso contínuo, o que muda é o produto escalar, pois neste caso temos a função tabelada. Portanto, o sistema linear normal se reduz a:

$$\begin{pmatrix} N & & & \\ & \frac{N}{2} & & \bigcirc \\ & & \ddots & \\ & \bigcirc & & \frac{N}{2} \end{pmatrix} \begin{pmatrix} a_0 \\ a_1 \\ \vdots \\ b_m \end{pmatrix} = \begin{pmatrix} (f,1) \\ (f,\cos x) \\ \vdots \\ (f,\sen Lx) \end{pmatrix},$$

cuja solução é dada por:

$$a_0 = \frac{1}{N}\sum_{k=1}^{N} f(x_k),$$

$$a_j = \frac{2}{N}\sum_{k=1}^{N} f(x_k)\cos jx_k, \quad k=1,2,\ldots,L,$$

$$b_j = \frac{2}{N}\sum_{k=1}^{N} f(x_k)\operatorname{sen} jx_k, \quad k=1,2,\ldots,L.$$

Exemplo 7.5

Obter aproximação trigonométrica de ordem 1 para a função dada pela tabela:

x	$\pi/4$	$\pi/2$	$3\pi/4$	π	$5\pi/4$	$3\pi/2$	$7\pi/4$	2π
$f(x)$	126	159	191	178	183	179	176	149

usando o método dos mínimos quadrados.

Solução: Note que os pontos tabelados são: $x_k = \frac{2k\pi}{8}$, $k=1,2,\ldots,8$. Devemos determinar então $S_L(x)$ tal que:

$$f(x) \simeq a_0 + a_1 \cos x + b_1 \operatorname{sen} x = S_1(x).$$

Assim:

$$a_0 = \frac{1}{8}\sum_{k=1}^{8} f(x_k) = 167.625,$$

$$a_1 = \frac{2}{8}\sum_{k=1}^{8} f(x_k)\cos x_k = -19.978,$$

$$b_1 = \frac{2}{8}\sum_{k=1}^{8} f(x_k)\operatorname{sen} x_k = -12.425.$$

Portanto, obtemos que a aproximação trigonométrica de ordem 1 para a função dada é:

$$f(x) \simeq 167.625 - 19.978 \cos x - 12.425 \operatorname{sen} x.$$

Exercício

7.12 Considere a função $f(x)$, dada por:

k	1	2	3	4	5	6	7	8	9	10	11	12
$f(x)$	11.8	4.3	13.8	3.9	−18.1	−22.9	−27.2	−23.8	8.2	31.7	34.2	38.4

onde $x_k = \frac{2k\pi}{12}$. Obtenha aproximação trigonométrica, de ordem 2, usando o método dos mínimos quadrados.

Observe que, se utilizarmos o produto escalar dado por (7.14), com

$$x_k = \frac{2k\pi}{N}, \quad k = 1, 2, \ldots, N,$$

estaremos fazendo uma análise harmônica aproximada.

7.4 Outros Tipos de Aproximação

O objetivo dos métodos dos mínimos quadrados é aproximar a função dada por uma família *linear nos parâmetros*, isto é, definida por expressões da forma:

$$a_0 g_0(x) + a_1 g_1(x) + \ldots + a_m g_m(x).$$

Muitos casos podem ser reduzidos a essa forma por uma transformação prévia do problema, isto é, nosso objetivo agora consiste na linearização do problema, através de transformações convenientes, de modo que o método dos mínimos quadrados possa ser aplicado. Daremos a seguir alguns exemplos que ilustram o problema a ser resolvido.

1º caso: Aproximar $f(x)$ por uma função do tipo exponencial, isto é:

$$f(x) \simeq a\, b^x,$$

pode ser reduzido, por uma transformação logarítmica, ao problema de aproximar:

$$\ln f(x) \simeq \ln a + x \ln b.$$

Fazendo:

$$F(x) = \ln f(x), \quad a_0 = \ln a, \quad a_1 = \ln b, \quad g_0(x) = 1, \quad g_1(x) = x,$$

reduzimos o problema original ao de aproximar $F(x)$ por $a_0 g_0(x) + a_1 g_1(x)$. Assim, a_0 e a_1 são a solução do sistema linear normal:

$$\begin{pmatrix} (g_0(x), g_0(x)) & (g_1(x), g_0(x)) \\ (g_0(x), g_1(x)) & (g_1(x), g_1(x)) \end{pmatrix} \begin{pmatrix} a_0 \\ a_1 \end{pmatrix} = \begin{pmatrix} (F(x), g_0(x)) \\ (F(x), g_1(x)) \end{pmatrix}. \quad (7.17)$$

Obtidos os valores de a_0 e a_1, a aplicação da função exponencial em $a_0 = \ln a$ e $a_1 = \ln b$ retorna os valores originais requeridos, isto é: $a = e^{a_0}$ e $b = e^{a_1}$.

Observe que, em todos os casos desta seção, o método dos mínimos quadrados será então aplicado ao problema linearizado, seguido de um retorno aos parâmetros originais. Portanto, os parâmetros assim obtidos não serão, em geral, *ótimos* no sentido do método dos mínimos quadrados, pois este não terá sido aplicado ao problema original.

2º caso: Aproximar $f(x)$ por uma função do tipo geométrica, isto é:

$$f(x) \simeq a\, x^b,$$

pode ser reduzido, por uma transformação logarítmica, ao problema de aproximar:

$$\ln f(x) \simeq \ln a + b \ln x.$$

Fazendo:

$$F(x) = \ln f(x), \quad a_0 = \ln a, \quad a_1 = b, \quad g_0(x) = 1, \quad g_1(x) = \ln x,$$

reduzimos o problema original ao de aproximar $F(x)$ por $a_0 g_0(x) + a_1 g_1(x)$. Assim, a_0 e a_1 serão obtidos resolvendo-se o sistema linear (7.17). Neste caso, a volta aos parâmetros originais será feita usando exponencial para determinação de a, e b será simplesmente o valor de a_1.

3º caso: Aproximar $f(x)$ por uma função do tipo hiperbólica, isto é:

$$f(x) \simeq \frac{1}{a + bx},$$

pode ser reduzido ao problema de aproximar:

$$\frac{1}{f(x)} \simeq a + bx.$$

Fazendo:

$$F(x) = \frac{1}{f(x)}, \quad a_0 = a, \quad a_1 = b, \quad g_0(x) = 1, \quad g_1(x) = x,$$

reduzimos o problema original ao de aproximar $F(x)$ por $a_0 g_0(x) + a_1 g_1(x)$. Assim a_0 e a_1 serão obtidos resolvendo-se o sistema linear (7.17). Neste caso, os parâmetros originais serão simplesmente o valor de a_0 e de a_1.

Já deu para notar como deve ser resolvido o problema. Assim, nos próximos casos, faremos apenas a parte da transformação a ser realizada.

4º caso: Aproximar $f(x)$ por uma função do tipo $\sqrt{a + b\,x}$, isto é:

$$f(x) \simeq \sqrt{a + b\,x},$$

pode ser reduzido ao problema de aproximar:

$$f^2(x) \simeq a + bx.$$

Fazemos então:

$$F(x) = f^2(x), \quad a_0 = a, \quad a_1 = b, \quad g_0(x) = 1, \quad g_1(x) = x.$$

5º caso: Aproximar $f(x)$ por uma função do tipo $x\,\ln(a + bx)$, isto é:

$$f(x) \simeq x\,\ln(a + bx),$$

pode ser reduzido ao problema de aproximar:

$$e^{\frac{f(x)}{x}} \simeq a + bx.$$

Fazemos então:

$$F(x) = e^{\frac{f(x)}{x}}, \quad a_0 = a, \quad a_1 = b, \quad g_0(x) = 1, \quad g_1(x) = x.$$

Daremos a seguir alguns exemplos.

Exemplo 7.6
Aproximar a função $y = f(x)$ dada pela tabela:

x	0	1	2	3
y	1	1	1.7	2.5

por uma função racional, isto é:

$$f(x) \simeq \frac{a + x^2}{b + x}.$$

Solução: Em primeiro lugar, devemos rearranjar a equação de tal forma que o lado direito seja combinação linear de funções conhecidas. Assim:

$$f(x) \simeq \frac{a + x^2}{b + x} \Rightarrow (b+x)f(x) \simeq a + x^2$$
$$\Rightarrow bf(x) \simeq a - xf(x) + x^2 \Rightarrow f(x) \simeq \frac{a}{b} - \frac{1}{b}[x(f(x) - x)].$$

Fazendo:

$$F(x) = f(x), \quad a_0 = \frac{a}{b}, \quad a_1 = -\frac{1}{b}, \quad g_0(x) = 1, \quad g_1 = x(f(x) - x),$$

obtemos que $F(x) \simeq a_0 g_0(x) + a_1 g_1(x)$. Assim, devemos resolver o sistema (7.17), onde:

$$F(x) = \begin{pmatrix} 1 \\ 1 \\ 1.7 \\ 2.5 \end{pmatrix}, \quad g_0(x) = \begin{pmatrix} 1 \\ 1 \\ 1 \\ 1 \end{pmatrix}, \quad g_1(x) = \begin{pmatrix} 0 \\ 0 \\ -0.6 \\ -1.5 \end{pmatrix}.$$

Usando o produto escalar usual, obtemos:

$$\begin{pmatrix} 4 & -2.1 \\ -2.1 & 2.61 \end{pmatrix} \begin{pmatrix} a_0 \\ a_1 \end{pmatrix} = \begin{pmatrix} 6.2 \\ -4.77 \end{pmatrix},$$

cuja solução é: $a_0 = 1.0224$ e $a_1 = -1.005$. Agora, desde que:

$$a_1 = -\frac{1}{b} \Rightarrow b = -\frac{1}{a_1} \Rightarrow b = 0.9950,$$
$$a_0 = \frac{a}{b} \Rightarrow a = a_0 \times b \Rightarrow a = 1.0173,$$

obtemos:

$$F(x) \simeq 1.0224 - 1.005[x(y(x) - x)] \quad \text{e} \quad f(x) \simeq \frac{1.0173 + x^2}{0.9950 + x}.$$

Note que a função minimizada foi:

$$Q = \sum_{i=0}^{3}[F(x_i) - (1.0224 - 1.005\ x_i(y_i - x_i))]^2,$$

isto é, foi minimizado o quadrado da diferença entre a função $F(x) = f(x)$ e a função $a_0 + a_1[x(f(x) - x)]$.

Exemplo 7.7

A intensidade de uma fonte radioativa é dada por:

$$I = I_0 e^{-\alpha t}.$$

Através de observações, tem-se:

t	0.2	0.3	0.4	0.5	0.6	0.7	0.8
I	3.16	2.38	1.75	1.34	1.00	0.74	0.56

Determinar I_0 e α.

Solução: Novamente devemos rearranjar a equação. Assim:

$$I \simeq I_0 e^{-\alpha t} \Rightarrow \ln I \simeq \ln I_0 - \alpha t.$$

Fazendo então:

$$F(t) = \ln I, \quad a_0 = \ln I_0, \quad a_1 = -\alpha, \quad g_0(t) = 1, \quad g_1(t) = t,$$

temos que $F(t) \simeq a_0 g_0(t) + a_1 g_1(t)$. Assim, devemos resolver o sistema (7.17), onde:

$$F(t) = \begin{pmatrix} 1.15 \\ 0.87 \\ 0.56 \\ 0.30 \\ 0.00 \\ -0.30 \\ -0.58 \end{pmatrix}, \quad g_0(t) = \begin{pmatrix} 1 \\ 1 \\ 1 \\ 1 \\ 1 \\ 1 \\ 1 \end{pmatrix}, \quad g_1(t) = \begin{pmatrix} 0.2 \\ 0.3 \\ 0.4 \\ 0.5 \\ 0.6 \\ 0.7 \\ 0.8 \end{pmatrix}.$$

Usando o produto escalar usual, obtemos:

$$\begin{pmatrix} 7 & 3.5 \\ 3.5 & 2.03 \end{pmatrix} \begin{pmatrix} a_0 \\ a_1 \end{pmatrix} = \begin{pmatrix} 2.0 \\ 0.19 \end{pmatrix},$$

cuja solução é: $a_0 = 1.7304$ e $a_1 = -2.8893$. Agora, desde que:

$$a_1 = -\alpha \Rightarrow \alpha = 2.8893, \quad a_0 = \ln I_0 \Rightarrow I_0 = e^{a_0} \Rightarrow I_0 = 5.6429,$$

obtemos:

$$F(t) \simeq 1.7304 - 2.8893 t; \quad I \simeq 5.6429 e^{-2.8893 t}.$$

A função minimizada foi:

$$Q = \sum_{i=0}^{6}\{F(t_i) - (1.73 - 2.89t_i)\}^2.$$

Observe que, para os casos onde a função f é determinada empiricamente por pontos observados, o problema que surge é: qual família ajusta melhor os dados? A seleção de funções pode ser feita percorrendo-se as seguintes etapas:

i) Selecionar *a priori* um número pequeno de famílias de funções. (A escolha das famílias deve ser tal que os membros sejam de fácil avaliação para argumentos dados.)

ii) Utilizar todas as informações disponíveis sobre f para eliminar as famílias que obviamente não são adequadas.

iii) Aplicar às famílias que restarem o chamado *teste de alinhamento* (descrito a seguir).

iv) Determinar os parâmetros para as famílias que passaram pelo teste de alinhamento e escolher o melhor resultado por comparação.

7.4.1 Teste de Alinhamento

O teste de alinhamento consiste em:

i) Transformar a equação da família $y = f(x)$ em, por exemplo, outras duas famílias: $F_1(x) = a_0 g_0(x) + a_1 g_1(x)$, onde $g_0(x) = 1$, a_0 e a_1 não dependem de $F_1(x)$ e $g_1(x)$; e $F_2(x) = a'_0 g'_0(x) + a'_1 g'_1(x)$, onde $g'_0(x) = 1$, a'_0 e a'_1 não dependem de $F_2(x)$ e $g'_1(x)$.

ii) Fazer os gráficos: (I) $g_1(x)$ contra $F_1(x)$, e (II) $g'_1(x)$ contra $F_2(x)$.

iii) Escolher a família $F_1(x)$ se o gráfico (I) estiver *mais linear* que o gráfico (II), e $F_2(x)$ se o gráfico (II) for *mais linear* que (I).

Observe que, devido aos erros de observação que afetam x_k e $f(x_k)$, não excluiremos a família se os pontos no gráfico se distribuírem aleatoriamente em torno de uma reta média.

Exemplo 7.8
Considere a função dada pela tabela:

t	-8	-6	-4	-2	0	2	4
y	30	10	9	6	5	4	4

Qual das funções:

a) $y(t) = \dfrac{1}{a + bt}$ ou **b)** $y(t) = a\, b^t$

ajustaria melhor os dados da tabela?

Solução: Em primeiro lugar, devemos linearizar as funções **a)** e **b)**.

Assim, de $y(t) = \dfrac{1}{a+bt}$, obtemos:

$$\text{(I)} \quad \dfrac{1}{y(t)} \simeq a + bt.$$

Fazendo:

$$F_1(t) = \dfrac{1}{y(t)}, \quad a_0 = a, \quad a_1 = b, \quad g_0(t) = 1, \quad g_1(t) = t,$$

obtemos: $F_1(t) \simeq a_0 g_0(t) + a_1 g_1(t)$.

Fazendo o gráfico de t contra $\dfrac{1}{y}$, obtemos a Figura 7.2.

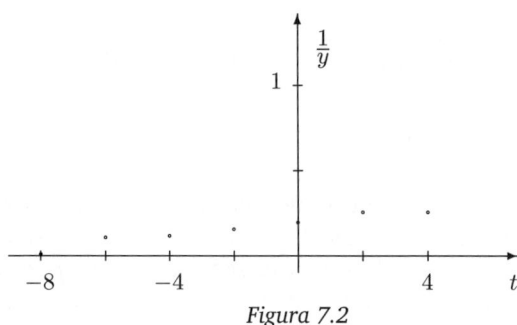

Figura 7.2

Para $y(t) = a\, b^t$, obtemos:

$$\text{(II)} \quad \ln y(t) \simeq \ln a + t \ln b.$$

Fazendo:

$$F_2(t) = \ln y(t), \quad a_0 = \ln a, \quad a_1 = \ln b, \quad g'_0(t) = 1, \quad g'_1(t) = t,$$

segue que $F_2(t) \simeq a_0 g'_0(t) + a_1 g'_1(t)$. Fazendo o gráfico de t contra $\ln y(t)$, obtemos a Figura 7.3.

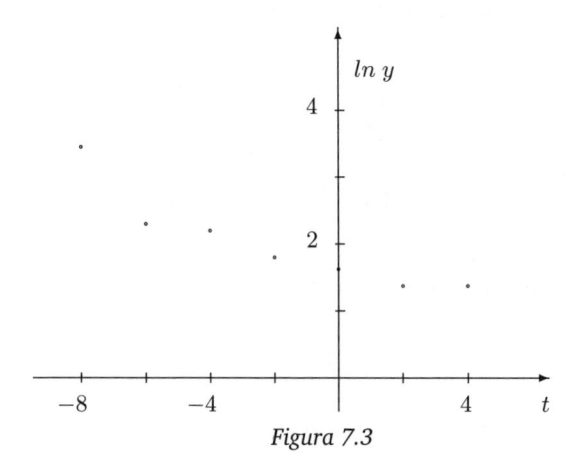

Figura 7.3

Vemos que o gráfico de t contra $\frac{1}{y(t)}$ é mais linear do que o gráfico de t contra $\ln y(t)$.

Assim, devemos escolher $y = \frac{1}{a + bt}$ para aproximar a função dada.

Note que o problema só estará resolvido se pudermos linearizar a função dada. Entretanto, existem casos onde a função não pode ser linearizada diretamente, como mostra o exemplo a seguir.

Exemplo 7.9

Aproximar $f(x)$ dada pela tabela:

x	0	2	4	6	8	10	∞
$f(x)$	84.8	75.0	67.2	61.9	57.6	53.4	20.0

por função do tipo: $\frac{1}{a + bx} + c$.

Solução: Não existe uma transformação que torne o lado direito (da aproximação) combinação linear de funções conhecidas. Podemos, entretanto, tentar resolver o problema analisando a função f. Neste caso, sobre a função f, conhecemos os valores dados na tabela, e f tem como limite para $x \to \infty$ o valor 20. Como:

$$\lim_{x \to \infty} \frac{1}{a + bx} + c = c,$$

adotaremos $c = 20$. Portanto, podemos escrever:

$$f(x) \simeq \frac{1}{a + bx} + 20 \Rightarrow f(x) - 20 \simeq \frac{1}{a + bx} \Rightarrow \frac{1}{f(x) - 20} \simeq a + bx.$$

Substituímos então o problema de aproximar $f(x)$ por $\frac{1}{a + bx} + c$ pelo de aproximar $\frac{1}{f(x) - 20}$ por $a + bx$. A vantagem prática é que temos agora uma família linear nos parâmetros e podemos determiná-los resolvendo o sistema (7.17). Assim, fazendo:

$$F(x) = \frac{1}{f(x) - 20} = \begin{pmatrix} 0.0154 \\ 0.0182 \\ 0.0212 \\ 0.0239 \\ 0.0266 \\ 0.0299 \end{pmatrix}, \quad g_0(x) = \begin{pmatrix} 1 \\ 1 \\ 1 \\ 1 \\ 1 \\ 1 \end{pmatrix}, \quad g_1(x) = \begin{pmatrix} 0 \\ 2 \\ 4 \\ 6 \\ 8 \\ 10 \end{pmatrix},$$

e, usando o produto escalar usual, obtemos:

$$\begin{pmatrix} 6 & 30 \\ 30 & 220 \end{pmatrix} \begin{pmatrix} a_0 \\ a_1 \end{pmatrix} = \begin{pmatrix} 0.1352 \\ 0.7748 \end{pmatrix},$$

cuja solução é: $a_0 = 0.0155 = a$ e $a_1 = 0.0014 = b$. Portanto:

$$f(x) \simeq \frac{1}{0.0155 + 0.0014x} + 20.$$

Novamente minimizamos o quadrado da diferença entre a função $F(x) = \frac{1}{f(x) - 20}$ e a reta $a_0 + a_1 x$.

Exercícios

7.13 Deseja-se aproximar uma função f definida em um intervalo $[a, b]$ por uma função:

$$g(x) = x^2 \, ln \left(\frac{x^3}{a + bx^2} \right),$$

usando o método dos mínimos quadrados.

    a) Qual é a função a ser minimizada?

    b) Qual é o sistema linear a ser resolvido?

7.14 Sejam $f(x)$ e $g(x)$ funções reais distintas não identicamente nulas. Suponha que, usando o método dos mínimos quadrados, aproximamos $f(x)$ em $[a, b]$ por:

$$F(x) = a_0 f(x) + a_1 g(x).$$

    a) Quais os valores que devem ser atribuídos para a_0 e a_1?

    b) Qual será o erro?

7.15 É possível aproximar diretamente uma função $f(x)$ tabelada por uma função do tipo:

$$g(x) = \left(\frac{a}{1 + b \, cos \, x} \right),$$

usando o método dos mínimos quadrados? Se não for possível, qual é a transformação que deve ser feita?

7.16 Considere a função dada por:

x	1.5	2.0	2.5	3.0
$f(x)$	2.1	3.2	4.4	5.8

    a) Ajuste os pontos acima por uma função do tipo $\sqrt{a + bx}$, usando o método dos mínimos quadrados.

    b) Qual função foi minimizada?

7.17 Ajustar os valores da tabela:

x	2	5	8	11	14	17	27	31	41	44
$f(x)$	94.8	89.7	81.3	74.9	68.7	64.0	49.3	44.0	39.1	31.6

através de uma das famílias de funções:

$$a \, e^{bx}, \quad \frac{1}{a + bx}, \quad \frac{x}{a + bx}.$$

Use o teste de alinhamento para decidir qual das funções melhor resolve o problema.

O método dos mínimos quadrados se aplica também à determinação da melhor solução de sistemas lineares incompatíveis, como veremos a seguir.

7.5 Sistemas Lineares Incompatíveis

Ocorrem freqüentemente, na prática, problemas da seguinte natureza: determinar uma função y que depende linearmente de variáveis $x_1, x_2, \ldots, x_m$, isto é:

$$y = c_1 x_1 + c_2 x_2 + \ldots + c_m x_m,$$

onde os c_i, $i = 1, 2, \ldots, m$ são coeficientes desconhecidos fixados.

Na maioria dos casos, os c_i são determinados experimentalmente, perfazendo-se um certo número de medidas das grandezas $x_1, x_2, \ldots, x_m$ e y.

Se designarmos por $x_{j1}, x_{j2}, \ldots, x_{jm}, y_j$ os resultados correspondentes à j-ésima medida, tentaremos determinar $c_1, c_2, \ldots, c_m$ a partir do sistema de equações lineares:

$$\begin{cases} x_{11}c_1 + x_{12}c_2 + \ldots + x_{1m}c_m = y_1 \\ x_{21}c_1 + x_{22}c_2 + \ldots + x_{2m}c_m = y_2 \\ \ldots \ldots \\ x_{n1}c_1 + x_{n2}c_2 + \ldots + x_{nm}c_m = y_n \end{cases} \qquad (7.18)$$

Em geral, o número n de medidas é maior que o número m de incógnitas e, devido aos erros experimentais, o sistema (7.18) resulta ser incompatível e sua solução só pode ser obtida aproximadamente. O problema que precisa, então, ser resolvido é o da determinação dos $c_1, c_2, \ldots, c_m$, de modo que o lado esquerdo das equações (7.18) forneça resultados tão **"próximos"** quanto possível dos correspondentes resultados do lado direito. Resta-nos apenas, para a solução do problema, precisarmos o conceito de proximidade. Como medida desta proximidade, adotaremos o quadrado da distância euclidiana entre y e z do $I\!R^n$, onde:

$$y = \begin{pmatrix} y_1 \\ y_2 \\ \vdots \\ y_n \end{pmatrix}, \quad z = \begin{pmatrix} x_{11}c_1 + x_{12}c_2 + \ldots + x_{1m}c_m \\ x_{21}c_1 + x_{22}c_2 + \ldots + x_{2m}c_m \\ \ldots \ldots \\ x_{n1}c_1 + x_{n2}c_2 + \ldots + x_{nm}c_m \end{pmatrix}.$$

Assim, nosso objetivo é minimizar:

$$Q = \| z - y \|^2 = \sum_{i=1}^{n} (x_{i1}c_1 + x_{i2}c_2 + \ldots + x_{im}c_m - y_i)^2.$$

Este problema, como sabemos, pode ser facilmente resolvido determinando-se a projeção de $y \in I\!R^n$ sobre o subespaço gerado pelos vetores:

$$g_1 = \begin{pmatrix} x_{11} \\ x_{21} \\ \vdots \\ x_{n1} \end{pmatrix}, \quad g_2 = \begin{pmatrix} x_{12} \\ x_{22} \\ \vdots \\ x_{n2} \end{pmatrix}, \quad \ldots, \quad g_m = \begin{pmatrix} x_{1m} \\ x_{2m} \\ \vdots \\ x_{nm} \end{pmatrix},$$

uma vez que o vetor z que procuramos, tal que $\| z - y \|^2$ seja mínima, pode ser expresso como:

$$z = c_1 g_1 + c_2 g_2 + \ldots + c_m g_m.$$

Isto é, $z \in$ ao sub-espaço gerado por $g_1, g_2, \ldots, g_m$. Supondo os g_i, $i = 1, \ldots, m$, linearmente independentes, a solução do problema é dada por:

$$\begin{pmatrix} (g_1,g_1) & (g_2,g_1) & \cdots & (g_m,g_1) \\ (g_1,g_2) & (g_2,g_2) & \cdots & (g_m,g_2) \\ \cdots\cdots \\ (g_1,g_m) & (g_2,g_m) & \cdots & (g_m,g_m) \end{pmatrix} \begin{pmatrix} c_1 \\ c_2 \\ \vdots \\ c_m \end{pmatrix} = \begin{pmatrix} (y,g_1) \\ (y,g_2) \\ \vdots \\ (y,g_m) \end{pmatrix}, \qquad (7.19)$$

onde:

$$(g_i, g_j) = \sum_{k=1}^{n} x_{ki} x_{kj}; \quad (y, g_j) = \sum_{k=1}^{n} y_k x_{kj}.$$

Exemplo 7.10

Determinar, pelo método dos mínimos quadrados, o valor de c na equação:

$$y = cx$$

sabendo-se que c satisfaz às equações:

$$2c = 3$$
$$3c = 4$$
$$4c = 5$$

Solução: Temos:

$$g_1 = \begin{pmatrix} 2 \\ 3 \\ 4 \end{pmatrix} \quad \text{e} \quad y = \begin{pmatrix} 3 \\ 4 \\ 5 \end{pmatrix}.$$

Assim, o sistema (7.19) reduz-se a:

$$(g_1, g_1)c = (y, g_1),$$

onde:

$$(g_1, g_1) = 4 + 9 + 16 = 29,$$
$$(y, g_1) = 6 + 12 + 20 = 38.$$

Logo:

$$29c = 38 \Rightarrow c = \frac{38}{29}.$$

Portanto, a reta procurada é:

$$y = \frac{38}{29} x.$$

Note que o caso anterior é um caso particular do problema de determinar c tal que:

$$y = cx.$$

O sistema (7.18) reduz-se a um sistema de n equações lineares a uma incógnita:

$$\begin{cases} x_1 c = y_1 \\ x_2 c = y_2 \\ \vdots \\ x_n c = y_n \end{cases}$$

Como é fácil verificar, c deve satisfazer:

$$c = \frac{(g_1, y)}{(g_1, g_1)} = \frac{\sum_{k=1}^{n} x_k y_k}{\sum_{k=1}^{n} x_k^2}.$$

Neste caso, c é geometricamente interpretado como o coeficiente angular da reta que passa pela origem do sistema de coordenadas, $y = cx$, que está *tão próximo quanto possível* dos pontos $(x_1, y_1), (x_2, y_2), \ldots, (x_n, y_n)$.

Exercícios

7.18 Determinar a melhor solução para o sistema linear:

$$\begin{cases} x_1 - x_2 = -1 \\ 2x_1 + x_2 = -2 \\ -x_1 - 3x_2 = 1 \\ 2x_1 + 3x_2 = -2 \\ 3x_1 - 2x_2 = -3 \end{cases}$$

7.19 Resolver, pelo método dos mínimos quadrados, o sistema linear:

$$\begin{cases} 3x_1 + x_2 - x_3 = 2 \\ x_1 + 2x_2 + x_3 = 3 \\ 2x_1 - x_2 + 3x_3 = -1 \\ -x_1 + x_2 - x_3 = 0 \\ -2x_1 - 3x_2 - 2x_3 = 2 \end{cases}$$

7.6 Exercícios Complementares

7.20 Considere a tabela:

x	-2	-1	1	2
y	1	-3	1	9

a) Pelo método dos mínimos quadrados, ajuste à tabela as funções:

$$g_1(x) = ax^2 + bx; \quad g_2(x) = cx^2 + d.$$

b) Qual das funções fornece o melhor ajuste segundo o critério dos mínimos quadrados? Justifique.

7.21 Achar aproximação mínimos quadrados da forma:

$$g(x) = ae^x + be^{-x}$$

correspondente aos dados:

x_i	0	0.5	1.0	1.5	2.0	2.5
y_i	5.02	5.21	6.49	9.54	16.02	24.53

7.22 Um dispositivo tem uma certa característica y que é função de uma variável x. Através de várias experiências, foi obtida a Figura 7.4.

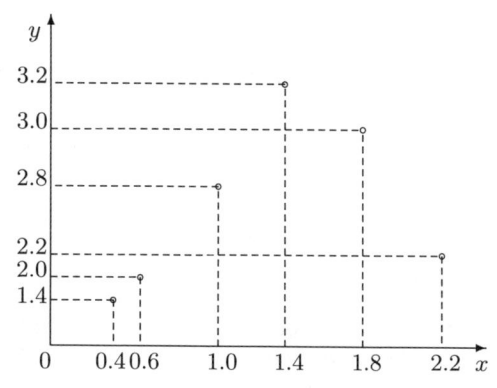

Figura 7.4

Deseja-se conhecer o valor de y para $x = 0.5$. Da teoria, sabe-se que a função que descreve y tem a forma aproximada de uma curva do tipo $ax^2 + bx$. Obtenha valores aproximados para a e b, usando todas as observações, e então estime o valor para y quando $x = 0.5$.

7.23 Usando o método dos mínimos quadrados, aproxime a função $f(x) = 3x^6 - x^4$ no intervalo $[-1, 1]$ por uma parábola, usando os polinômios de Legendre.

Observação: Os polinômios de Legendre:

$$L_n(x) = \frac{1}{2^n \cdot n!} \frac{d^n}{dx^n}(x^2 - 1)^n, \quad L_0(x) = 1$$

são ortogonais segundo o produto escalar:

$$(L_i(x), L_j(x)) = \int_{-1}^{1} L_i(x) L_j(x) dx$$

e, além disso, satisfazem:

$$\int_{-1}^{1} L_n^2(x) dx = \frac{2}{2n+1}.$$

7.24 Encontre a melhor aproximação para $f(x) = sen\, 3x$ no intervalo $[0, 2\pi]$ da forma:

$$P(x) = a_0 + a_1 \cos x + b_1 sen\, x.$$

7.25 Determinar aproximação trigonométrica de ordem 2 para $y(t) = |sen\, t|$ no intervalo $[-\pi, \pi]$.

7.26 Obter aproximação trigonométrica, de ordem 1, para a função:

x	$\frac{\pi}{3}$	$\frac{2\pi}{3}$	π	$\frac{4\pi}{3}$	$\frac{5\pi}{3}$	2π
$f(x)$	0.75	-0.75	-6	-0.75	0.75	6

7.27 Usando o método dos mínimos quadrados, encontre a e b tais que $y = ax^b$ ajusta os dados:

x	0.1	0.5	1.0	2.0	3.0
y	0.005	0.5	4	30	110

7.28 Considere a tabela:

x	1.0	1.5	2.0	2.5	3.0
y	1.1	2.1	3.2	4.4	5.8

Ajuste os pontos acima por uma função do tipo $x \ln(ax+b)$ usando o método dos mínimos quadrados.

7.29 Deseja-se aproximar uma função $f(x) > 0$ tabelada por uma função do tipo:

$$\frac{x^2}{\ln(ax^4 + bx^2 + c)}$$

usando o método dos mínimos quadrados.

    a) Podemos aproximar $f(x)$ diretamente por esta função? Caso não seja possível, quais são as transformações necessárias?

    b) Qual função será minimizada?

    c) Qual é o sistema linear a ser resolvido?

7.30 Considere a tabela:

t	3.8	7.0	9.5	11.3	17.5	31.5	45.5	64.0	95.0
y	10.0	12.5	13.5	14.0	15.0	16.0	16.5	17.0	17.5

Por qual das funções:

    a) $y(t) = \dfrac{t}{a+bt}$ ou   **b)** $y(t) = ab^t$

você ajustaria esta tabela?
Sugestão: Faça o teste de alinhamento.

7.31 Qual das funções:

    I) $y(x) = ax^2 + b$ ou   **II)** $y(x) = \dfrac{1}{a+bx}$

ajusta melhor os valores da tabela a seguir?

x	0	0.5	1.0	1.5	2.0	2.5	3.0
y	-2	-1.5	-0.5	1.5	4.5	9.0	17.0

Usando o método dos mínimos quadrados, ajuste os valores da tabela pela função escolhida.

7.32 Físicos querem aproximar os seguintes dados:

x	0.1	0.5	1.0	2.0
$f(x)$	0.13	0.57	1.46	5.05

usando a função $ae^{bx} + c$. Eles acreditam que $b \simeq 1$.

    i) Calcule os valores de a e c pelo método dos mínimos quadrados, assumindo que $b = 1$.

    ii) Use os valores de a e c obtidos em **i)** para estimar o valor de b.

Observe que neste exercício, devemos, depois de encontrado o valor de b (item **ii)**), recalcular o valor de a e c; a seguir, b, e assim por diante.

7.33 Usando o método dos mínimos quadrados, achar a solução aproximada do sistema linear incompatível:
$$\begin{cases} a - 3b = 0.9 \\ 2a - 5b = 1.9 \\ -a + 2b = -0.9 \\ 3a - b = 3.0 \\ a + 2b = 1.1 \end{cases}$$

7.34 Determine, pelo método dos mínimos quadrados, a melhor solução para o sistema linear incompatível:
$$\begin{cases} 2N + 3M = 8 \\ N + M = 6 \\ 3N + M = 5 \\ N + 3M = 12 \end{cases}$$
onde N e M são restritos a valores inteiros.

7.35 A tabela a seguir foi obtida da observação de determinado fenômeno que se sabe é regido pela equação:
$$E = ax + by.$$

Sabendo que:

x	2	1	1	-1	2
y	3	-1	1	2	-1
E	1	2	-1	1	3

i) Determine, pelo método dos mínimos quadrados, a e b.

ii) Qual o erro cometido?

7.7 Problemas Aplicados e Projetos

7.1 A Tabela 7.1 lista o número de acidentes em veículos motorizados no Brasil em alguns anos entre 1980 e 2006.

Tabela 7.1

Ano	Número de acidentes (em milhares)	Acidentes por 10.000 veículos
1980	8.300	1.688
1985	9.900	1.577
1990	10.400	1.397
1993	13.200	1.439
1997	13.600	1.418
2000	13.700	1.385
2006	14.600	1.415

a) Calcule a regressão linear do número de acidentes no tempo. Use-a para prever o número de acidentes no ano 2010. (Isto é chamado análise de série temporal, visto que é uma regressão no tempo, e é usada para prognosticar o futuro.)

b) Calcule uma regressão quadrática do número de acidentes por 10.000 veículos. Use esta para prognosticar o número de acidentes por 10.000 veículos no ano 2007.

c) Compare os resultados das partes **a)** e **b)**. Em qual delas você está mais propenso a acreditar?

Observe que em qualquer trabalho de série temporal envolvendo datas contemporâneas, é uma boa idéia transladar os dados iniciais antes de formar as somas, pois isto reduzirá os problemas de arredondamento. Assim, em vez de usar para x os valores 1980, 1985 etc., usamos 0, 5 etc.

7.2 A tabela a seguir lista o total de água (A) consumida nos Estados Unidos em bilhões de galões por dia:

Ano	1960	1970	1980	1990	2000
(A)	136.43	202.70	322.90	411.20	494.10

a) Encontre uma regressão exponencial de consumo de água no tempo.

b) Use os resultados do item **a)** para prever o consumo de água nos anos de 2008 e 2010.

7.3 O número de números primos menores que x é denotado por $\Pi(x)$ e vale a tabela:

x	100	1000	10000	100000
$\Pi(x)$	25	168	1229	9592

a) Determinar pelo método dos mínimos quadrados, para os dados acima, uma expressão do tipo:

$$\Pi(x) = a + b \frac{x}{\log_{10} x}.$$

b) Estimar o número de números primos de seis dígitos usando o item **a)**.

7.4 Mr. K. P. Lear (1609, Way of Astronomy) teve a idéia de que a Terra se move ao redor do Sol em órbita elíptica, com o Sol em um dos focos. Depois de muitas observações e cálculos, ele obteve a tabela a seguir, onde r é a distância da Terra ao Sol (em milhões de km) e x é o ângulo (em graus) entre a linha Terra-Sol e o eixo principal da elipse.

x	0	45	90	135	180
r	147	148	150	151	152

Mr. Lear sabe que uma elipse pode ser escrita pela fórmula:

$$r = \frac{\rho}{1 + \epsilon \cos x}.$$

Com os valores da tabela, ele agora pode estimar os valores de ρ e ϵ. Ajude Mr. Lear a estimar os valores de ρ e ϵ (depois de um rearranjo da fórmula anterior).

7.5 Placas de orifício com bordas em *canto* (ou *faca*) são muito utilizadas na medição da vazão de fluidos através de tubulações. A Figura 7.5 mostra uma placa de orifício que tem os seguintes parâmetros geométricos representativos:

- A = área da seção reta do orifício,
- A_1 = área da seção reta da tubulação,
- $A_2 = CA$ (seção reta no ponto de maior contração após o orifício).

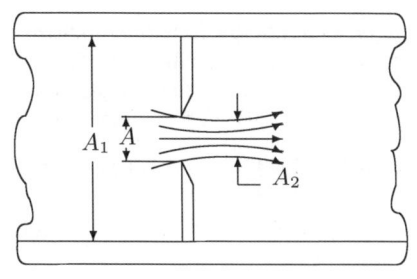

Figura 7.5

O coeficiente C é função da razão A/A_1, e valores experimentais deste coeficiente estão listados na tabela a seguir.

A/A_1	0.10	0.20	0.30	0.40	0.50	0.60	0.70	0.80	0.90	1.00
C	0.62	0.63	0.64	0.66	0.68	0.71	0.76	0.81	0.89	1.00

a) Fazendo $x = A/A_1$, ajuste a função $C(x)$ pela função: $a_0 + a_1 x + a_2 x^2$ aos pontos da tabela, usando o método dos mínimos quadrados.

b) Faça um gráfico dos valores fornecidos pelo polinômio. Acrescente a esse gráfico os valores dos pontos da tabela. Comparando visualmente a curva dos valores fornecidos pelo polinômio e os valores da tabela, você pode concluir que a aproximação obtida é boa?

7.6 A resistência à compressão do concreto, σ, decresce com o aumento da razão água/cimento, $\frac{\omega}{c}$ (em galões de água por saco de cimento). A resistência à compressão de três amostras de cilindros para várias razões $\frac{\omega}{c}$ está mostrada na Figura 7.6,

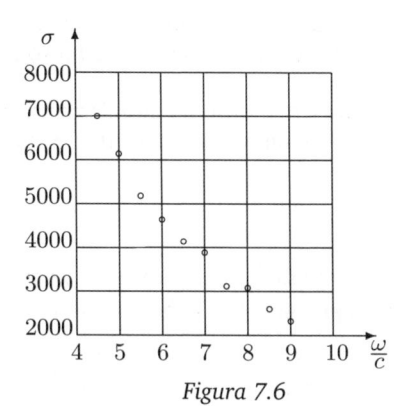

Figura 7.6

e cujos valores estão na tabela:

$\frac{\omega}{c}$	4.5	5.0	5.5	6.0	6.5	7.0	7.5	8.0	8.5	9.0
σ	7000	6125	5237	4665	4123	3810	3107	3070	2580	2287

a) Usando o método dos mínimos quadrados, ajuste σ aos dados, utilizando uma função do tipo: $k_1 e^{-k_2 \frac{\omega}{c}}$.

b) Compare os valores da curva obtida no item **a)** com os do gráfico, para verificar (por inspeção), se a curva obtida para σ é uma boa aproximação.

7.7 Um fazendeiro, verificando a necessidade de construir um novo estábulo, escolheu um local próximo a uma nascente, de forma que, perto do estábulo, pudesse ter também um reservatório de água. Junto à nascente ele construiu uma barragem e instalou uma bomba, para que a água pudesse chegar ao reservatório (ver Figura 7.7). Verificou-se que:

i) A vazão da fonte de alimentação, Q, era aproximadamente de 30 litros por minuto (quantidade de água que aflui à bomba).

ii) A altura da queda, h, era de 6 metros (altura entre a bomba e o nível da água da fonte de alimentação).

iii) O reservatório encontrava-se a uma altura de recalque, H, de 46 metros (altura entre a bomba e o nível da água no reservatório).

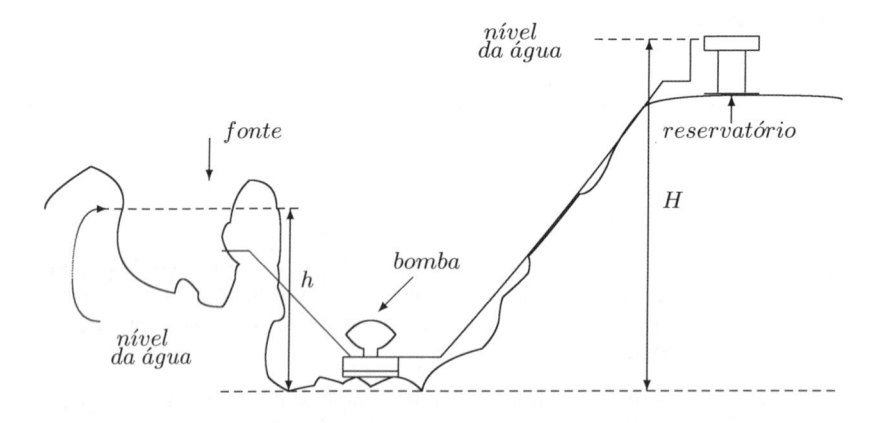

Figura 7.7

Munido destes dados, o fazendeiro gostaria de saber quantas vacas leiteiras poderiam ocupar o estábulo, sabendo que o consumo diário de cada uma, incluindo o asseio do estábulo, é de 120 litros.

Observe que, para resolver o problema, deve-se calcular a vazão de recalque, q, que é a quantidade de litros por minuto que entram no reservatório. Para isto, tem-se que aplicar a fórmula:

$$q = Q\frac{h}{H}R,$$

onde R é o rendimento da bomba.

Conclui-se, portanto, que para determinar a vazão de recalque é necessário conhecer o rendimento da bomba. A tabela a seguir relaciona a razão entre as alturas $\frac{h}{H}$ e o rendimento da bomba instalada.

$\frac{h}{H}$	6.0	6.5	7.0	7.5	8.0	8.5	9.0
R	0.6728	0.6476	0.6214	0.5940	0.5653	0.5350	0.5020

Consultando a tabela, verificou-se que para calcular o R associado a um valor de $\frac{h}{H}$ deveria ser feita uma regressão linear. Usando o método dos mínimos quadrados, ajude o fazendeiro a fazer o cálculo.

7.8 Após serem efetuadas medições num gerador de corrente contínua, foram obtidos os seguintes valores, indicados por um voltímetro e um amperímetro.

$I(carga(A))$	1.58	2.15	4.8	4.9	3.12	3.01
$V(v)$	210	180	150	120	60	30

Faça um gráfico dos dados.

  a) Ajuste os dados por polinômio de grau adequado.
  b) Estime o valor a ser obtido no voltímetro quando o amperímetro estiver marcando $3.05\ A$.

7.9 Um tubo fino e comprido está imerso na água. Na base do tubo há um reator elétrico que descreve um movimento de sobe-e-desce oscilatório. Em qualquer instante, a coordenada y da base do tubo é dada pela fórmula: $y = \lambda sen\ (\omega t)$, onde λ é a amplitude do movimento e ω é a freqüência de oscilação. Medidores de deformação colocados na base do tubo medem a deformação do mesmo, em função da amplitude de oscilação λ. Os valores da deformação ϵ medida em relação às amplitudes λ encontram-se na tabela a seguir.

λ	0.010	0.020	0.0025	0.038	0.050	0.070
ϵ	45×10^{-6}	59×10^{-6}	69×10^{-6}	87×10^{-6}	101×10^{-6}	112×10^{-6}

Colocando os dados da tabela na Figura 7.8,

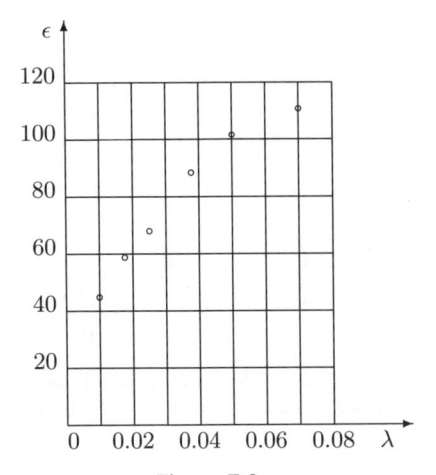

Figura 7.8

parece apropriado aproximar a função por uma parábola. Assim, usando o método dos mínimos quadrados:

  a) ajuste a função ϵ por função do tipo: $a_0 + a_1\lambda + a_2\lambda^2$,
  b) faça um gráfico dos valores de $\epsilon(\lambda)$ contra λ, obtidos através da parábola, e marque no mesmo gráfico os pontos da tabela. Qualitativamente falando, o polinômio é uma boa aproximação?

7.10 (Ajuste na curva tração/deformação de um tipo de aço.) Feito um ensaio de tração em uma barra de um tipo de aço, em uma máquina universal de Amsler, foram obtidos os valores constantes na tabela a seguir. Deseja-se obter representações aproximadas para $d = f(t)$.

$t\ (t/m^2)$	0.8	1.8	2.8	3.8	4.8	5.8	6.8	7.8	8.8	9.8
d	0.15	0.52	0.76	1.12	147	1.71	2.08	2.56	3.19	4.35
	10.0	10.2	10.4	10.6	10.8	11.0	11.2	11.4	11.6	11.8
	4.55	5.64	6.76	8.17	10.1	12.7	16.2	20.3	30.0	60.0

Faça um gráfico dos dados.
Observando o gráfico, você verá que deve fazer:

a) uma regressão linear para os dez primeiros pontos $(0.8 \leq t \leq 9.8)$,
b) uma regressão quadrática para os sete pontos seguintes $(10.0 \leq t \leq 11.2)$,
c) uma regressão linear para os três últimos pontos $(11.4 \leq t \leq 11.8)$.

7.11 A Tabela 7.2 lista o Produto Nacional Bruto (PNB) em dólares constantes e correntes. Os dólares constantes representam o PNB baseado no valor do dólar em 1987. Os dólares correntes são simplesmente o valor sem nenhum ajuste de inflação.

Tabela 7.2

Ano	PNB (dólar corrente) (em milhões)	PNB (dólar constante) (em milhões)
1980	248.8	355.3
1985	398.0	438.0
1989	503.7	487.7
1994	684.9	617.8
1998	749.9	658.1
2001	793.5	674.6
2003	865.7	707.6

Estudos mostram que a melhor forma de trabalhar os dados é aproximá-los por uma função do tipo: ax^b. Assim:

a) Utilize a função ax^b para cada um dos PNBs no tempo.
b) Use os resultados da parte **a)** para prever os PNBs no ano 2006.
c) Que lhe dizem os resultados da parte **b)** sobre a taxa de inflação no ano 2006?

7.12 Em um estudo, determinou-se que a vazão de água em uma tubulação está relacionada com o diâmetro e com a inclinação dessa tubulação (em relação à horizontal). Os dados experimentais estão na Tabela 7.3.

Tabela 7.3

Experimento	Diâmetro	Inclinação	Vazão (m^3/s)
1	1	0.001	1.4
2	2	0.001	8.3
3	3	0.001	24.2
4	1	0.01	4.7
5	2	0.01	28.9
6	3	0.01	84.0
7	1	0.05	11.1
8	2	0.05	200.0

O estudo também sugere que a equação que rege a vazão da água tem a seguinte forma:

$$Q = a_0 D^{a_1} S^{a_2},$$

onde Q é a vazão (em m^3/s), S é a inclinação da tubulação, D é o diâmetro da tubulação (em m) e a_0, a_1 e a_2 são constantes a determinar.

a) Usando a equação anterior e o método dos mínimos quadrados, determine a_0, a_1 e a_2.

b) Use o resultado do item **a)** para estimar a vazão em m^3/s para uma tubulação com um diâmetro de $2.5\ m$ e uma inclinação de 0.0025.

7.13 Os dados das tabelas a seguir mostram a quantidade de alcatrão e nicotina (em miligramas) de várias marcas de cigarro, com e sem filtro.

	Com Filtro								
Alcatrão	8.3	12.3	18.6	22.9	23.1	24.0	27.3	30.0	35.9	41.5
Nicotina	0.32	0.46	1.10	1.32	1.26	1.44	1.42	1.96	2.23	2.20

	Sem Filtro								
Alcatrão	32.5	33.0	34.2	34.8	36.5	37.2	38.4	41.1	41.6	43.4
Nicotina	1.69	1.76	1.48	1.88	1.73	2.12	2.35	2.46	1.97	2.65

i) Calcule as regressões lineares do tipo $ax + b$ para a relação entre nicotina (y) e alcatrão (x) em ambos os casos (com e sem filtro).

ii) Discuta a hipótese de a (coeficiente angular) ser o mesmo nos dois casos.

iii) Para uma certa quantidade de alcatrão, os cigarros com filtro contêm menos nicotina que os sem filtro?

7.14 Em uma floresta densa, dois formigueiros inimigos, separados por um rio, travam uma longa batalha. Um dos formigueiros, visando acabar gradativamente com a espécie inimiga, dá uma cartada fatal, seqüestrando a rainha. Para não ver seu formigueiro destruído, algumas formigas guerreiras se unem com as formigas engenheiras numa arriscada operação de resgate da rainha. Mas como resgatá-la?

As formigas guias arquitetaram um plano de resgate que consistia em arremessar algumas formigas guerreiras, algumas engenheiras, algumas guias e algumas operárias sobre o formigueiro inimigo. Chegando lá, elas se dividiriam em dois grupos. Um grupo, composto pelas formigas guerreiras e pelas guias, se incumbiria de entrar no formigueiro inimigo em busca da rainha. O outro grupo, composto pelas formigas engenheiras e pelas operárias, se incumbiria de fabricar uma catapulta que as arremessasse de volta ao seu formigueiro de origem. Para que nenhum imprevisto ocorresse quando do arremesso da rainha, as formigas engenheiras foram consultadas. Elas criaram então um modelo teórico de catapulta, que consistia em utilizar um pedaço de matinho de tamanho fixo. A rainha deveria ser colocada em uma ponta, com a catapulta inclinada em determinado ângulo θ, e arremessada a uma distância exata entre os formigueiros. No entanto, para que isso ocorresse, era necessário saber qual matinho usar. Algumas formigas então começaram a realizar testes com matinho de uma mesma espécie, mas com diferentes diâmetros, e verificaram que, para um alcance horizontal fixo igual à distância entre os formigueiros, o ângulo de arremesso variaria com o diâmetro do matinho, segundo a seguinte tabela de dados.

$Diâmetro$	1.000	1.079	1.177	1.290	1.384	1.511	1.622	1.766
$\hat{A}ngulo$	40.03	36.68	34.56	33.21	31.99	31.33	31.01	30.46

Para encontrar a melhor curva descrita por estes pontos, as formigas engenheiras fizeram um programa que encontrava a melhor aproximação pelo método dos mínimos quadrados. Faça o mesmo que as formigas engenheiras.

7.15 Um capacitor de capacitância C Farads, com carga inicial de q Coulombs, está sendo descarregado através de um circuito elétrico que possui um resistor com resistência de R Ohms. Da teoria, sabe-se que em um certo instante $t \geq 0$, a corrente I no circuito é dada por:

$$I = I_0 e^{-\left(\frac{t}{RC}\right)},$$

onde $t = 0$ é o instante em que o circuito é ligado e $I_0 = q/RC$. Os seguintes dados experimentais foram obtidos:

$t(s)$	1	2	3	4	5	6	7	8
$I(A)$	0.37	0.14	0.056	0.0078	0.003	0.001	0.00042	0.00022

i) Calcule os desvios quadráticos médios:

$$DQM_1 = \left[\sum_{i=1}^{m}(Y_i - A - Bt_i)^2\right]/m,$$

$$DQM_2 = \left[\sum_{i=1}^{m}(I_i - ae^{bt_i})^2\right]/m,$$

onde $Y_i = \ln I_i$, $A = \ln a$, $B = b$ e m é o número de pontos. Qual o significado desses desvios?

ii) Qual o tempo necessário para que a corrente seja 10% da inicial?

7.16 Um modelo para o crescimento da população, segundo Verhulst, é que a população, P, cresce no tempo de acordo com a equação diferencial:

$$\frac{dP}{dt} = (A - BP)P.$$

O parâmetro A é a taxa geométrica de crescimento para populações relativamente pequenas. Entretanto, com o crescimento da população, há um efeito de retardamento ou freio causado pelo consumo do suprimento de alimentos, poluição do meio ambiente e assim por diante. Este efeito de freio é representado pelo parâmetro B.

A solução desta equação diferencial é dada por:

$$P = \frac{A}{B + ce^{-Nt}},$$

onde C é a constante de integração e pode ser determinada a partir da população inicial em $t = 0$. A determinação dos parâmetros A e B requer uma regressão do tipo que não pode ser linearizada. Entretanto, suponha que aproximemos:

$$\frac{dP}{dt} = \frac{P_{k+1} - P_k}{\Delta t},$$

onde P_k é a população no final do k-ésimo período de tempo, isto é, $P_k = P(k\Delta t)$ e Δt é o acréscimo do tempo. Então, a equação diferencial torna-se:

$$P_{k+1} = (1 + A\Delta t - B\Delta t P_k)P_k.$$

i) Determinar os parâmetros A e B correspondentes aos dados a seguir, provenientes do censo em um país, onde P é dado em milhões:

Ano	1940	1950	1960	1970	1980	1990	2000
P	0.63	0.76	0.92	1.1	1.2	1.3	1.5

ii) Usando os valores de A e B encontrados no item **i)** faça a previsão da população no país no ano 2008.

7.17 A Tabela 7.4 relaciona a quantidade ideal de calorias, em função da idade e do peso, para homens que possuem atividade física moderada e vivem a uma temperatura ambiente de $20°C$.

Tabela 7.4

		i	
p	25	45	65
50	2500	2350	1950
60	2850	2700	2250
70	3200	3000	2550
80	3550	3350	2800

i) Usando o método dos mínimos quadrados, encontre uma expressão da forma:

$$cal = bp + ci$$

que aproxime a tabela.

ii) Determine a cota de calorias para um homem:

  a) de 30 anos e 70 quilos,

  b) de 45 anos e 62 quilos,

  c) de 50 anos e 78 quilos,

usando a expressão do item **i)**.

7.18 Uma refinaria pode comprar dois tipos de petróleo bruto: leve ou pesado. Os custos por barril deste tipo são, respectivamente, 110 e 90 (unidade adotada: reais). As seguintes quantidades de gasolina (G), querosene (Q) e combustível de avião (CA) são produzidas a partir de um barril de cada tipo de petróleo:

	G	Q	CA
Leve	0.4	0.2	0.35
Pesado	0.32	0.4	0.2

Note que 5% do petróleo bruto leve e 8% do pesado são perdidos durante o processo de refinamento. A refinaria deve entregar 100 barris de gasolina, 40 de querosene e 25 de combustível para aviões, sendo que há disponibilidade de 20 mil reais para a compra de petróleo bruto leve e pesado. O objetivo é determinar tais quantidades. Assim, denotando por x a quantidade de petróleo bruto leve e por y a quantidade de petróleo bruto pesado, em barris, chegamos ao sistema:

$$\begin{cases} 110x + 90y = 20000 \\ 0.4x + 0.32y = 100 \\ 0.2x + 0.4y = 40 \\ 0.35x + 0.2y = 25 \end{cases}$$

que é um sistema linear incompatível.

  a) Usando o método dos mínimos quadrados, determine x e y.

  b) Pode-se obter x e y como quantidades não inteiras?

  c) Calcule o resíduo, isto é:

$$\sum_{i=1}^{4} (b_i - a_{i1}x - a_{i2}y)^2,$$

onde a_{ij} são os elementos da matriz do sistema linear e b_i é o vetor independente.

  d) Quais as quantidades produzidas de gasolina, querosene e combustível para aviões?

7.19 O calor perdido pela superfície do corpo humano é afetado pela temperatura do ambiente e também pela presença do vento. Por exemplo, a perda de calor em $-5°C$ acompanhada de um vento de 10 km/h é equivalente à perda de calor em $-11°C$ sem vento. Dada a temperatura t e a velocidade do vento v, pode-se calcular a temperatura $\bar{t}$ que, na ausência do vento, tem o efeito resfriador equivalente. Considerando a Tabela 7.5:

Tabela 7.5

v	\multicolumn{3}{c}{t}		
	-10	-5	0
0	-10	-5	0
10	-16	-11	-5
20	-22	-16	-10

e supondo que vale aproximadamente:

$$\bar{t} = at + bv,$$

determine:

a) Os parâmetros a e b.

b) A temperatura $\bar{t}$ equivalente à temperatura de $-2°C$ e velocidade do vento de 5 km/h.

7.20 A madeira com uma grande porcentagem de nós não é tão resistente quanto a madeira sem nós. Foram estabelecidas normas para determinar a relação de resistência entre uma viga com nós e uma viga sem nós. Para vigas ou pranchas, os nós são medidos na face estreita da viga. A relação de resistência percentual R depende da largura L da face e do tamanho T do nó. Uma tabela parcial destas relações de resistência encontra-se na Tabela 7.6.

Tabela 7.6

T	\multicolumn{4}{c}{L}			
	75	100	125	150
12.5	85	90	125	150
25.0	75	78	82	85
37.5	57	67	73	85
50.0	35	55	64	70
65.5	18	47	56	61

a) Encontre expressão da forma:

$$R = a + bT + cL$$

que aproxime a tabela.

b) Determine a proporção de resistência para nós de $45\ mm$ com largura de face de $90\ mm$.

Capítulo 8

Métodos de Interpolação Polinomial

8.1 Introdução

A aproximação de funções por polinômios é uma das idéias mais antigas da análise numérica, e ainda uma das mais usadas. É bastante fácil entender por que razão isso acontece. Os polinômios são facilmente computáveis, suas derivadas e integrais são novamente polinômios, suas raízes podem ser encontradas com relativa facilidade etc. Portanto, é vantajoso substituir uma função complicada por um polinômio que a represente. Além disso, temos o teorema de Weierstrass, que afirma: *"Toda função contínua pode ser arbitrariamente aproximada por um polinômio"*.

A simplicidade dos polinômios permite que a aproximação polinomial seja obtida de vários modos, entre os quais podemos citar: Interpolação, Método dos Mínimos Quadrados, Osculação, Mini-Max, etc.

Veremos neste capítulo como aproximar uma função usando **Métodos de Interpolação polinomial**.

Tais métodos são usados como uma **aproximação** para uma função $f(x)$, principalmente, nas seguintes situações:

   a) não conhecemos a expressão analítica de $f(x)$, isto é, sabemos apenas seu valor em alguns pontos $x_0, x_1, x_2, \ldots$ (esta situação ocorre muito freqüentemente na prática, quando se trabalha com dados experimentais) e necessitamos manipular $f(x)$, como, por exemplo, calcular seu valor num ponto, sua integral num determinado intervalo etc.

   b) $f(x)$ é extremamente complicada e de difícil manejo. Então, às vezes, é interessante sacrificar a *precisão* em benefício da simplificação dos cálculos.

8.2 Polinômio de Interpolação

O problema geral da interpolação por meio de polinômios consiste em, dados $n+1$ números (ou pontos) distintos (reais ou complexos) $x_0, x_1, \ldots, x_n$ e $n+1$ números (reais ou complexos) $y_0, y_1, \ldots, y_n$, números estes que, em geral, são $n+1$ valores de uma função $y = f(x)$ em $x_0, x_1, \ldots, x_n$, determinar-se um polinômio $P_n(x)$ de grau no máximo n tal que:

$$P_n(x_0) = y_0, \quad P_n(x_1) = y_1, \quad \ldots, \quad P_n(x_n) = y_n.$$

Vamos mostrar que tal polinômio existe e é único, na hipótese de que os pontos $x_0, x_1, \ldots, x_n$ sejam distintos.

Teorema 8.1

Dados $n + 1$ pontos distintos $x_0, x_1, \ldots, x_n$ (reais ou complexos) e $n + 1$ valores $y_0, y_1, \ldots, y_n$, existe um e só um polinômio $P_n(x)$, de grau menor ou igual a n, tal que:

$$P_n(x_k) = y_k, \quad k = 0, 1, \ldots, n. \tag{8.1}$$

Prova: Seja $P_n(x) = a_0 + a_1 x + \ldots + a_n x^n$ um polinômio de grau no máximo n, com $n + 1$ coeficientes $a_0, a_1, \ldots, a_n$ a serem determinados. Em vista de (8.1), temos:

$$\begin{cases} a_0 + a_1 x_0 + \ldots + a_n x_0^n = y_0 \\ a_0 + a_1 x_1 + \ldots + a_n x_1^n = y_1 \\ \ldots \quad \ldots \\ a_0 + a_1 x_n + \ldots + a_n x_n^n = y_n \end{cases} \tag{8.2}$$

o qual pode ser interpretado como um sistema linear para os coeficientes $a_0, a_1, \ldots, a_n$ e cujo determinante, conhecido como determinante de Vandermonde, é dado por:

$$V = V(x_0, x_1, \ldots, x_n) = \begin{vmatrix} 1 & x_0 & \ldots & x_0^n \\ 1 & x_1 & \ldots & x_1^n \\ \ldots & & & \\ 1 & x_n & \ldots & x_n^n \end{vmatrix}. \tag{8.3}$$

Para calcular V, procedemos da seguinte maneira: consideremos a função $V(x)$ definida por:

$$V(x) = V(x_0, x_1, \ldots, x_{n-1}, x) = \begin{vmatrix} 1 & x_0 & \ldots & x_0^n \\ 1 & x_1 & \ldots & x_1^n \\ \ldots & \ldots & \ldots & \ldots \\ 1 & x_{n-1} & \ldots & x_{n-1}^n \\ 1 & x & \ldots & x^n \end{vmatrix}. \tag{8.4}$$

A função $V(x)$ é, como facilmente se verifica, um polinômio de grau menor ou igual a n. Além disso, $V(x)$ se anula em $x_0, x_1, \ldots, x_{n-1}$. Podemos então escrever:

$$V(x_0, x_1, \ldots, x_{n-1}, x) = A(x - x_0)(x - x_1) \ldots (x - x_{n-1}), \tag{8.5}$$

onde A, coeficiente do termo de maior grau, depende de $x_0, x_1, \ldots, x_{n-1}$. Para calcular A, desenvolvemos (8.4) segundo os elementos da última linha e observamos que o coeficiente de x^n é $V(x_0, x_1, \ldots, x_{n-1})$. Logo, (8.5) pode ser escrito como:

$$V(x_0, \ldots, x_{n-1}, x) = V(x_0, \ldots, x_{n-1})(x - x_0) \ldots (x - x_{n-1}). \tag{8.6}$$

Substituindo x por x_n em (8.6), obtemos a seguinte fórmula de recorrência:

$$V(x_0, \ldots, x_{n-1}, x_n) = V(x_0, \ldots, x_{n-1})(x_n - x_0) \ldots (x_n - x_{n-1}). \tag{8.7}$$

De (8.3), temos que: $V(x_0, x_1) = x_1 - x_0$.

Em vista de (8.7), podemos escrever:

$$V(x_0, x_1, x_2) = (x_1 - x_0)(x_2 - x_0)(x_2 - x_1).$$

Por aplicações sucessivas de (8.7), obtemos:

$$V(x_0, x_1, \ldots, x_n) = \prod_{i>j}(x_i - x_j).$$

Por hipótese, os pontos $x_0, x_1, \ldots, x_n$ são distintos. Assim, $V \neq 0$ e o sistema (8.2) tem uma e uma só solução $a_0, a_1, \ldots, a_n$.

Vimos que: dados $n+1$ pontos distintos $x_0, x_1, \ldots, x_n$ e $n+1$ valores de uma função $y = f(x)$ sobre esses pontos, isto é: $f(x_0) = y_0, f(x_1) = y_1, \ldots, f(x_n) = y_n$, existe um e um só polinômio $P_n(x)$ de grau no máximo n tal que $P_n(x_k) = f(x_k), k = 0, 1, \ldots, n$. Em vista disso, temos a seguinte definição.

Definição 8.1
Chama-se **polinômio de interpolação** de uma função $y = f(x)$ sobre um conjunto de pontos distintos $x_0, x_1, \ldots, x_n$ ao polinômio de grau no máximo n que coincide com $f(x)$ em $x_0, x_1, \ldots, x_n$. Tal polinômio será designado por $P_n(f; x)$ e, sempre que não causar confusão, simplesmente por $P_n(x)$.

Exemplo 8.1
Conhecendo a seguinte tabela:

x	-1	0	3
$f(x)$	15	8	-1

determinar o polinômio de interpolação para a função definida por este conjunto de pares de pontos.

Solução: Temos:

$$\begin{array}{lll} x_0 = -1, & y_0 = 15 = f(x_0), \\ x_1 = 0, & y_1 = 8 = f(x_1), \\ x_2 = 3, & y_2 = -1 = f(x_2). \end{array}$$

Como $n = 2$, devemos determinar um polinômio de grau no máximo 2:

$$P_2(x) = a_0 + a_1 x + a_2 x^2, \quad \text{tal que} \quad P_2(x_k) = y_k, \ k = 0, 1, 2,$$

isto é:

$$\begin{cases} a_0 + a_1 x_0 + a_2 x_0^2 = y_0 \\ a_0 + a_1 x_1 + a_2 x_1^2 = y_1 \\ a_0 + a_1 x_2 + a_2 x_2^2 = y_2 \end{cases}$$

Substituindo x_k e y_k, $k = 0, 1, 2$, obtemos:

$$\begin{cases} a_0 - a_1 + a_2 = 15 \\ a_0 = 8 \\ a_0 + 3a_1 + 9a_2 = -1 \end{cases}$$

cuja solução é: $a_0 = 8$, $a_1 = -6$ e $a_2 = 1$. Assim, $P_2(x) = 8 - 6x + x^2$ é o polinômio de interpolação para a função dada pelos pares de pontos: $(-1, 15)$; $(0, 8)$; $(3, -1)$.

Observações:

1) Observe que nos pontos tabelados, o valor do polinômio encontrado e o valor da função devem coincidir. Se os valores forem diferentes, você terá cometido erros de cálculo.

2) A determinação do polinômio de interpolação através da solução de sistemas lineares é muito trabalhosa. Além disso, na solução de sistemas lineares pode ocorrer erros de arredondamento, fazendo com que a solução obtida seja irreal. Vamos, por isto, procurar outros métodos para determinação deste polinômio.

8.3 Fórmula de Lagrange

Sejam $x_0, x_1, \ldots, x_n$ $n+1$ pontos distintos. Consideremos para $k = 0, 1, \ldots, n$ os seguintes polinômios $\ell_k(x)$ de grau n:

$$\ell_k(x) = \frac{(x - x_0)\ldots(x - x_{k-1})(x - x_{k+1})\ldots(x - x_n)}{(x_k - x_0)\ldots(x_k - x_{k-1})(x_k - x_{k+1})\ldots(x_k - x_n)}. \tag{8.8}$$

É fácil verificar que:

$$\ell_k(x_j) = \delta_{kj} = \begin{cases} 0, & \text{se } k \neq j, \\ 1, & \text{se } k = j. \end{cases} \tag{8.9}$$

De fato, substituindo x por x_k em (8.8), vemos que o numerador e o denominador são exatamente iguais $\Rightarrow$ $\ell_k(x_k) = 1$. Agora, se substituímos x por x_j, com $j \neq k$, vemos que o numerador anula-se e, assim, $\ell_k(x_j) = 0$.

Assim, para valores dados: $f_0 = f(x_0)$, $f_1 = f(x_1)$, $\ldots$, $f_n = f(x_n)$ de uma função $y = f(x)$, o polinômio:

$$P_n(x) = \sum_{k=0}^{n} f_k \ell_k(x) \tag{8.10}$$

é de grau no máximo n e, em vista de (8.9), satisfaz:

$$P_n(x_k) = f(x_k), \quad k = 0, 1, 2, \ldots, n.$$

Logo, $P_n(x)$, assim definido, é o polinômio de interpolação de $f(x)$ sobre os $n+1$ pontos distintos $x_0, x_1, \ldots, x_n$.

A fórmula (8.10) é chamada **Fórmula de Lagrange do Polinômio de Interpolação**.

Exemplo 8.2

Considere a tabela do Exemplo 8.1.

a) Determine o polinômio de interpolação usando a fórmula de Lagrange.

b) Calcule uma aproximação para $f(1)$, usando o item **a)**.

Solução: Temos:

$$x_0 = -1, \quad f_0 = f(x_0) = 15,$$
$$x_1 = 0, \quad f_1 = f(x_1) = 8,$$
$$x_2 = 3, \quad f_2 = f(x_2) = -1$$

e, portanto, $n = 2$. Assim, o polinômio de interpolação na forma de Lagrange é dado por:

$$P_2(x) = \sum_{k=0}^{2} f_k \ell_k(x).$$

Determinemos os polinômios $\ell_k(x)$, $k = 0, 1, 2$. Temos:

$$\ell_0(x) = \frac{(x-x_1)(x-x_2)}{(x_0-x_1)(x_0-x_2)} = \frac{(x-0)(x-3)}{(-1-0)(-1-3)} = \frac{x^2-3x}{4},$$

$$\ell_1(x) = \frac{(x-x_0)(x-x_2)}{(x_1-x_0)(x_1-x_2)} = \frac{(x+1)(x-3)}{(0+1)(0-3)} = \frac{x^2-2x-3}{-3},$$

$$\ell_2(x) = \frac{(x-x_0)(x-x_1)}{(x_2-x_0)(x_2-x_1)} = \frac{(x+1)(x-0)}{(3+1)(3-0)} = \frac{x^2+x}{12}.$$

Portanto:

$$P_2(x) = f_0 \ell_0(x) + f_1 \ell_1(x) + f_2 \ell_2(x) =$$
$$= (15)\left[\frac{x^2-3x}{4}\right] + (8)\left[\frac{x^2-2x-3}{-3}\right] + (-1)\left[\frac{x^2+x}{12}\right].$$

Agrupando os termos semelhantes, segue que: $P_2(x) = x^2 - 6x + 8$.

Uma aproximação de $f(1)$ é dada por $P_2(1)$. Assim, usando o algoritmo de Briot-Ruffini (ver Capítulo 3), obtemos:

	1	−6	8
1		1	−5
	1	−5	**3**

Logo: $f(1) \simeq P_2(1) = 3$. Observe que podemos obter $f(1)$ efetuando o seguinte cálculo: $P_2(1) = 1^2 - 6 \times 1 + 8 = 3$. É claro que este tipo de cálculo só deve ser utilizado para obter o resultado quando resolvemos o problema à mão. O anterior, além de também poder ser realizado à mão, deve ser usado em programas de computador.

Exemplo 8.3

Dada a tabela:

x	0	0.1	0.2	0.3	0.4	0.5
e^{3x}	1	1.3499	1.8221	2.4596	3.3201	4.4817

calcular $f(0.25)$, onde $f(x) = xe^{3x}$ usando polinômio de interpolação do 2º grau.

Solução: Observe que, como queremos avaliar $f(0.25)$ usando polinômio de interpolação do 2º grau, devemos escolher três pontos consecutivos na vizinhança de 0.25. Assim, temos duas opções: ou escolhemos $x_0 = 0.2$, $x_1 = 0.3$ e $x_2 = 0.4$, ou então: $x_0 = 0.1$, $x_1 = 0.2$ e $x_2 = 0.3$. Em ambos os casos, o erro na aproximação será da mesma ordem de grandeza, como veremos mais adiante. Seja então: $x_0 = 0.2$, $x_1 = 0.3$ e $x_2 = 0.4$. A seguir construímos a tabela de $f(x) = xe^{3x}$. Assim:

x	0.2	0.3	0.4
xe^{3x}	0.3644	0.7379	1.3280

Observe que os valores de $f(x)$ são obtidos fazendo na tabela dada o produto de x por e^{3x}. Podemos agora construir os polinômios $\ell_k(x)$, $k = 0, 1, 2$. Assim:

$$\ell_0(x) = \frac{(x-x_1)(x-x_2)}{(x_0-x_1)(x_0-x_2)} = \frac{(x-0.3)(x-0.4)}{(0.2-0.3)(0.2-0.4)} = \frac{x^2 - 0.7x + 0.12}{0.02},$$

$$\ell_1(x) = \frac{(x-x_0)(x-x_2)}{(x_1-x_0)(x_1-x_2)} = \frac{(x-0.2)(x-0.4)}{(0.3-0.2)(0.3-0.4)} = \frac{x^2 - 0.6x + 0.08}{-0.01},$$

$$\ell_2(x) = \frac{(x-x_0)(x-x_1)}{(x_2-x_0)(x_2-x_1)} = \frac{(x-0.2)(x-0.3)}{(0.4-0.2)(0.4-0.3)} = \frac{x^2 - 0.5x + 0.06}{0.02}.$$

Portanto:

$$P_2(x) = f_0 \ell_0(x) + f_1 \ell_1(x) + f_2 \ell_2(x)$$
$$= (0.3644) \left[\frac{x^2 - 0.7x + 0.12}{0.02} \right] + (0.7379) \left[\frac{x^2 - 0.6x + 0.08}{-0.01} \right]$$
$$+ (1.3280) \left[\frac{x^2 - 0.5x + 0.06}{0.02} \right].$$

Agrupando os termos semelhantes, segue que: $P_2(x) = 10.83x^2 - 1.68x + 0.2672$. Uma aproximação de $f(0.25)$ é dada por $P_2(0.25)$. Usando o algoritmo de Briot-Ruffini, obtemos:

	10.83	-1.68	0.2672
0.25		2.7075	0.2569
	10.83	1.0275	**0.5241**

Logo: $f(0.25) \simeq P_2(0.25) = 0.5241$. Observe que, como a função é crescente no intervalo $[0.2, 0.4]$, o valor para $f(0.25)$ deve estar entre $[0.3644, 0.7379]$. Além disso, o valor de $f(0.25)$, via máquina de calcular, é 0.52925. Assim, comparando o resultado obtido através do polinômio de interpolação com o valor exato, vemos que o mesmo possui dois dígitos significativos corretos.

Vimos então que, para obter o valor da função num ponto não tabelado, podemos aproximar a função por seu polinômio de interpolação e através deste ter uma aproximação do valor da função no ponto. Mas se você estiver fazendo um programa para obter o valor aproximado de uma função num ponto através do polinômio de interpolação você pode utilizar o seguinte **esquema prático** o qual calcula o valor do polinômio de interpolação num ponto (**não tabelado**) sem determinar a expressão do polinômio.

Consideremos a fórmula de Lagrange, (8.10), e a fórmula dos $\ell_k(x)$, (8.8). Fazendo:

$$\pi_{n+1}(x) = (x - x_0)(x - x_1)\ldots(x - x_n),$$

podemos escrever:

$$\ell_k(x) = \frac{\pi_{n+1}(x)}{(x - x_k)\pi'_{n+1}(x_k)}, \tag{8.11}$$

onde: $\pi'_{n+1}(x_k)$ é a derivada de $\pi_{n+1}(x)$ avaliada em $x = x_k$.

Primeiramente, calculamos as diferenças:

$$\begin{array}{ccccc}
\underline{x - x_0} & x_0 - x_1 & x_0 - x_2 & \ldots & x_0 - x_n \\
x_1 - x_0 & \underline{x - x_1} & x_1 - x_2 & \ldots & x_1 - x_n \\
x_2 - x_0 & x_2 - x_1 & \underline{x - x_2} & \ldots & x_2 - x_n \\
& \ldots & & & \\
x_n - x_0 & x_n - x_1 & x_n - x_2 & \ldots & \underline{x - x_n}.
\end{array}$$

Denotamos o produto dos elementos da primeira linha por D_0, o da segunda por D_1 e assim por diante. Observe que o produto dos elementos da 1ª linha é exatamente o denominador de $\ell_0(x)$ em (8.11); o produto dos elementos da 2ª linha, o denominador de $\ell_1(x)$ etc. O produto dos elementos da diagonal principal será, obviamente, $\pi_{n+1}(x)$ e, então, segue que:

$$\ell_k(x) = \frac{\pi_{n+1}(x)}{D_k}, \quad k = 0, 1, \ldots, n.$$

Assim, a fórmula de Lagrange se reduz a:

$$P_n(x) = \pi_{n+1}(x) \sum_{k=0}^{n} \frac{f_k}{D_k} = \pi_{n+1}(x) \times S, \quad \text{onde} \quad S = \sum_{k=0}^{n} \frac{f_k}{D_k}.$$

Portanto, podemos obter o valor do polinômio num ponto, não tabelado, através do seguinte esquema prático.

Esquema Prático

k	$(x_k - x_i)(k \neq i)$					D_k	f_k	$\dfrac{f_k}{D_k}$
0	$x - x_0$	$x_0 - x_1$	$x_0 - x_2$	$\ldots$	$x_0 - x_n$	$(x - x_0)\prod_{\substack{i=0 \\ i \neq 0}}^{n}(x_0 - x_i)$	f_0	$\dfrac{f_0}{D_0}$
1	$x_1 - x_0$	$x - x_1$	$x_1 - x_2$	$\ldots$	$x_1 - x_n$	$(x - x_1)\prod_{\substack{i=0 \\ i \neq 1}}^{n}(x_1 - x_i)$	f_1	$\dfrac{f_1}{D_1}$
2	$x_2 - x_0$	$x_2 - x_1$	$x - x_2$	$\ldots$	$x_2 - x_n$	$(x - x_2)\prod_{\substack{i=0 \\ i \neq 2}}^{n}(x_2 - x_i)$	f_2	$\dfrac{f_2}{D_2}$
$\vdots$								
n	$x_n - x_0$	$x_n - x_1$	$x_n - x_2$	$\ldots$	$x - x_n$	$(x - x_n)\prod_{\substack{i=0 \\ i \neq n}}^{n}(x_n - x_i)$	f_n	$\dfrac{f_n}{D_n}$
	$\pi_{n+1}(x) = (x - x_0)(x - x_1)\ldots(x - x_n)$							S

Note que, no esquema anterior, acrescentamos mais três colunas: uma com o resultado dos produtos das linhas, a próxima com o valor de f_k e, finalmente, a última coluna com o valor de f_k/D_k. A soma desta última coluna fornece o valor S.

Exemplo 8.4

Aplicar o esquema anterior ao Exemplo 8.2, isto é, calcular $f(1)$, sabendo que:

x	-1	0	3
$f(x)$	15	8	-1

Solução: Usando o esquema prático, obtemos a Tabela 8.1.

Tabela 8.1

k	$(x_k - x_i)$			D_k	f_k	f_k/D_k
0	2	-1	-4	8	15	15/8
1	1	1	-3	-3	8	$-8/3$
2	4	3	-2	-24	-1	1/24
	$\pi_3(1) = -4$					$S = -3/4$

Assim, obtemos: $P_2(1) = \pi_3(1) \times S = (-4) \times (-3/4) = 3$ e, portanto: $f(1) \simeq P_2(1) = 3$.

Exercícios

8.1 Considere a tabela:

x	1	3	4	5
$f(x)$	0	6	24	60

a) Determine o polinômio de interpolação, na forma de Lagrange, sobre todos os pontos.

b) Calcule $f(3.5)$.

8.2 Construir o polinômio de interpolação, na forma de Lagrange, para a função $y = sen\ \pi x$, escolhendo os pontos: $x_0 = 0$, $x_1 = \dfrac{1}{6}$ e $x_2 = \dfrac{1}{2}$.

8.3 A integral elíptica completa é definida por:

$$K(k) = \int_0^{\pi/2} \dfrac{dx}{(1 - k^2 sen^2 x)^{1/2}}.$$

Por uma tabela de valores desta integral, encontramos:

$$K(1) = 1.5708, \quad K(2) = 1.5719, \quad K(3) = 1.5739.$$

Determinar $K(2.5)$, usando polinômio de interpolação, na forma de Lagrange, sobre todos os pontos.

8.4 Calcular $e^{3.1}$ usando a fórmula de Lagrange sobre três pontos e a tabela:

x	2.4	2.6	2.8	3.0	3.2	3.4	3.6	3.8
e^x	11.02	13.46	16.44	20.08	24.53	29.96	36.59	44.70

8.5 Sabendo-se que $e \simeq 2.72$, $\sqrt{e} \simeq 1.65$ e que a equação $x - e^{-x} = 0$ tem uma raiz em $[0, 1]$, determinar o valor desta raiz usando a fórmula de Lagrange sobre três pontos.

8.6 Dar uma outra prova de unicidade do polinômio de interpolação $P_n(f;x)$ de uma função $y = f(x)$ sobre o conjunto de pontos $x_0, x_1, \ldots, x_n$.

Sugestão: supor a existência de outro polinômio $Q_n(f;x)$ que seja de interpolação para f sobre $x_0, x_1, \ldots, x_n$ e considerar o polinômio:

$$D_n(x) = P_n(f;x) - Q_n(f;x).$$

8.4 Erro na Interpolação

Como vimos, o polinômio de interpolação $P_n(x)$ para uma função $y = f(x)$ sobre um conjunto de pontos distintos $x_0, x_1, \ldots, x_n$ tem a propriedade:

$$P_n(x_k) = f_k, \quad k = 0, 1, \ldots, n.$$

Nos pontos $\bar{x} \neq x_k$ nem sempre é verdade que $P_n(\bar{x}) = f(\bar{x})$. Entretanto, para avaliar $f(x)$ nos pontos $\bar{x} \neq x_k$, $k = 1, 2, \ldots, n$, consideramos $P_n(x)$ como uma aproximação para a função $y = f(x)$ em um intervalo que contenha os pontos $x_0, x_1, \ldots, x_n$ e calculamos $f(\bar{x})$ através de $P_n(\bar{x})$. Perguntas que surgem são, por exemplo, as seguintes: é o polinômio de interpolação uma boa aproximação para $f(x)$? Podemos ter idéia do erro que cometemos quando substituímos $f(x)$ por $P_n(x)$? Estas e outras perguntas são respondidas quando estudamos a teoria do termo do erro. Para isto, introduziremos dois lemas, cujas demonstrações podem ser encontradas em livros de cálculo ou análise matemática.

Teorema 8.2 (Teorema de Rolle)
Seja $f(x)$ contínua em $[a, b]$ e diferenciável em cada ponto de (a, b). Se $f(a) = f(b)$, então existe um ponto $x = \xi, a < \xi < b$, tal que $f'(\xi) = 0$.

Prova: Pode ser encontrada em [Guidorizzi,2001].

Teorema 8.3 (Teorema de Rolle generalizado)
Seja $n \geq 2$. Suponhamos que $f(x)$ seja contínua em $[a, b]$ e que $f^{(n-1)}(x)$ exista em cada ponto de (a,b). Suponhamos que $f(x_1) = f(x_2) = \ldots = 0$ para $a \leq x_1 < x_2 < \ldots < x_n \leq b$. Então existe um ponto ξ, $x_1 < \xi < x_n$, tal que $f^{(n-1)}(\xi) = 0$.

Prova: A prova é feita aplicando-se sucessivamente o Teorema 8.2.

Vejamos agora um teorema que nos fornece uma expressão do termo do erro.

Teorema 8.4
Seja $f(x)$ contínua em $[a, b]$ e suponhamos que $f^{(n+1)}(x)$ exista em cada ponto (a, b). Se $a \leq x_0 < x_1 < \ldots < x_n \leq b$, então:

$$R_n(f;x) = f(x) - P_n(f;x) = \frac{(x - x_0)(x - x_1)\ldots(x - x_n)}{(n+1)!} f^{(n+1)}(\xi), \qquad (8.12)$$

onde $min\{x, x_0, x_1, \ldots, x_n\} < \xi < max\{x, x_0, x_1, \ldots, x_n\}$. O ponto ξ depende de x.

Prova: Sendo $P_n(f; x_k) = f_k$, é fácil ver que a função $R_n(f; x) = f(x) - P_n(f; x)$ anula-se em $x = x_k$, $k = 0, 1, \ldots, n$. Seja x fixado e tal que $x \neq x_k$, $k = 0, 1, \ldots, n$. Consideremos as funções $K(x)$ e $F(t)$, definidas por:

$$K(x) = \frac{f(x) - P_n(f; x)}{(x - x_0)(x - x_1) \ldots (x - x_n)}, \quad x \neq x_k, \; k = 0, 1, \ldots, n, \tag{8.13}$$

$$F(t) = f(t) - P_n(f; t) - (t - x_0)(t - x_1) \ldots (t - x_n) K(x). \tag{8.14}$$

A função $F(t)$ anula-se nos $n+1$ pontos $t = x_0$, $t = x_1$, ..., $t = x_n$. Anula-se também em $t = x$, em virtude de (8.13). Pelo Teorema 8.3, a função $F^{(n+1)}(t)$ anula-se em um ponto $\xi = \xi(x)$ tal que:

$$min\{x, x_0, x_1, \ldots, x_n\} < \xi < max\{x, x_0, x_1, \ldots, x_n\}.$$

Calculando então $F^{(n+1)}(t)$, tendo em vista (8.14), obtemos:

$$F^{(n+1)}(t) = f^{(n+1)}(t) - (n+1)! \, K(x).$$

Substituindo t por ξ, segue que: $0 = f^{(n+1)}(\xi) - (n+1)! \, K(x)$. Portanto:

$$K(x) = \frac{f^{(n+1)}(\xi)}{(n+1)!}. \tag{8.15}$$

Comparando (8.15) com (8.13), temos, finalmente:

$$R_n(f; x) = f(x) - P_n(f; x) = \frac{(x - x_0)(x - x_1) \ldots (x - x_n)}{(n+1)!} f^{(n+1)}(\xi),$$

onde $min\{x, x_0, x_1, \ldots, x_n\} < \xi < max\{x, x_0, x_1, \ldots, x_n\}$, o que demonstra o teorema.

Em vista de (8.12), podemos escrever:

$$f(x) = P_n(f; x) + R_n(f; x). \tag{8.16}$$

O termo $R_n(f; x)$ na expressão (8.16) é chamado **termo do erro** ou **erro de truncamento**. É o erro que se comete no ponto x quando se substitui a função por seu polinômio de interpolação calculado em x.

A importância do Teorema 8.4 é mais teórica do que prática, visto que não conseguimos determinar o ponto ξ de tal modo que seja válida a igualdade em (8.12). Na prática, para estimar o erro cometido ao aproximar o valor da função num ponto por seu polinômio de interpolação, utilizamos o seguinte corolário.

Corolário 8.1

Seja $R_n(f; x) = f(x) - P_n(f; x)$. Se $f(x)$ e suas derivadas até ordem $n+1$ são contínuas em $[a, b]$ então:

$$|R_n(f; x)| \leq \frac{|x - x_0| \, |x - x_1| \ldots |x - x_n|}{(n+1)!} \max_{a \leq t \leq b} |f^{(n+1)}(t)|. \tag{8.17}$$

Prova: A demonstração fica como exercício.

Exemplo 8.5

Dada a tabela do Exemplo 8.3, calcular um limitante superior para o erro de truncamento quando avaliamos $f(0.25)$, onde $f(x) = xe^{3x}$, usando polinômio de interpolação do 2º grau.

Solução: Temos, de (8.17):

$$|R_2(f;x)| \leq \frac{|x-x_0||x-x_1||x-x_2|}{3!} \max_{x_0 \leq t \leq x_2} |f'''(t)|.$$

Como $f(t) = te^{3t}$, segue que:

$$\begin{aligned}
f'(t) &= e^{3t} + 3te^{3t} = e^{3t}(1+3t), \\
f''(t) &= 3e^{3t}(1+3t) + 3e^{3t} = 6e^{3t} + 9te^{3t}, \\
f'''(t) &= 18e^{3t} + 9e^{3t} + 27te^{3t} = 27e^{3t}(1+t).
\end{aligned}$$

Como queremos estimar o valor da função xe^{3x} no ponto 0.25 usando polinômio do 2º grau, devemos tomar três pontos consecutivos na vizinhança de 0.25. Tomando então: $x_0 = 0.2$, $x_1 = 0.3$ e $x_3 = 0.4$, obtemos:

$$\max_{x_0 \leq t \leq x_2} |f'''(t)| = 27e^{3(0.4)}(1+0.4) = 125.4998.$$

Estamos, portanto, em condições de calcular um limitante superior para o erro de truncamento. Assim:

$$\begin{aligned}
|R_2(f;x)| &\leq \frac{|(0.25-0.2)||(0.25-0.3)||(0.25-0.4)|}{6} (125.4998) \\
&\simeq 0.0078 \simeq 8 \times 10^{-3}.
\end{aligned}$$

Pelo resultado obtido, vemos que, se tomarmos um polinômio do 2º grau para avaliar $f(0.25)$, obteremos o resultado com duas casas decimais corretas, o que confirma o resultado obtido no Exemplo 8.3.

Observações:

a) O número de zeros depois do ponto decimal, no resultado do erro, fornece o número de dígitos significativos corretos que teremos na aproximação.

b) Observe que poderíamos ter tomado: $x_0 = 0.1$, $x_1 = 0.2$ e $x_3 = 0.3$. Se tomarmos estes pontos, obtemos que $|R_2(f;x)| \simeq 0.0054 \simeq 5 \times 10^{-3}$, o que implica que obteremos duas casas decimais corretas na aproximação. Assim, tanto faz tomarmos um ponto à esquerda e dois à direita de 0.25, ou dois pontos à esquerda e um à direita, que o erro será da mesma ordem de grandeza.

Exercícios

8.7 Seja $f(x) = 7x^5 - 3x^2 - 1$.

a) Calcular $f(x)$ nos pontos $x = 0$, $x = \pm 1$, $x = \pm 2$ e $x = \pm 3$ (usar o algoritmo de Briot-Ruffini). Construir a seguir a tabela segundo os valores crescentes de x.

b) Construir o polinômio de interpolação para esta função sobre os pontos -2, -1, 0 e 1.

c) Determinar, pela fórmula (8.17), um limitante superior para o erro de truncamento em $x = -0.5$ e $x = 0.5$.

8.8 Conhecendo-se a tabela:

x	0.8	0.9	1.0	1.1	1.3	1.5
$\cos x$	0.6967	0.6216	0.5403	0.4536	0.2675	0.0707

calcular um limitante superior para o erro de truncamento quando calculamos $\cos 1.05$ usando polinômio de interpolação sobre quatro pontos.

8.9 Um polinômio $P_n(x)$, de grau n, coincide com $f(x) = e^x$ nos pontos: $\frac{0}{n}, \frac{1}{n}, \ldots, \frac{n-1}{n}, \frac{n}{n}$. Qual o menor valor de n que devemos tomar a fim de que se tenha:

$$|e^x - P_n(x)| \leq 10^{-6} \quad \text{para} \quad 0 \leq x \leq 1?$$

8.5 Interpolação Linear

No caso em que se substitui a função $f(x)$ entre dois pontos a e b por um polinômio de interpolação $P_1(x)$ do 1º grau, tal que $P_1(a) = f(a)$ e $P_1(b) = f(b)$, diz-se que se fez uma **interpolação linear** entre a e b.

Neste caso, em que $n = 1$, a fórmula (8.10) se reduz, sucessivamente, a:

$$\begin{aligned} P_1(x) &= \sum_{k=0}^{1} f_k \ell_k(x) = f_0 \ell_0(x) + f_1 \ell_1(x) = \\ &= f_0 \frac{x - x_1}{x_0 - x_1} + f_1 \frac{x - x_0}{x_1 - x_0} = f(a) \frac{x - b}{a - b} + f(b) \frac{x - a}{b - a} \\ &= -\frac{x - b}{b - a} f(a) + \frac{x - a}{b - a} f(b). \end{aligned}$$

Assim, vemos que $P_1(x)$ pode ser escrito na forma de determinante, isto é:

$$P_1(x) = \frac{1}{b-a} \begin{vmatrix} f(b) & x-b \\ f(a) & x-a \end{vmatrix} = \frac{1}{b-a} \begin{vmatrix} f(a) & a-x \\ f(b) & b-x \end{vmatrix}. \qquad (8.18)$$

Se $f(x)$ é contínua em $[a,b]$ e $f''(x)$ existe em cada ponto de (a,b), temos, para $a \leq x \leq b$, que:

$$R_1(f;x) = f(x) - P_1(f;x) = \frac{(x-a)(x-b)}{2!} f''(\xi), \quad a < \xi < b. \qquad (8.19)$$

Podemos determinar, no caso de interpolação linear, além do resultado obtido em (8.17), o seguinte: consideremos (8.19) e suponhamos, além disso, que $f''(x)$ seja contínua em $[a,b]$. O polinômio $|(x-a)(x-b)|$ atinge seu máximo, para $a \leq x \leq b$, em $x = \frac{1}{2}(a+b)$, e este máximo é $\frac{1}{4}(b-a)^2$. Podemos, então, escrever:

$$|R_1(f;x)| \leq \frac{1}{2!} \frac{(b-a)^2}{4} \max_{a \leq t \leq b} |f''(t)| \qquad (8.20)$$

ou

$$|R_1(x)| \leq \frac{1}{8}(b-a)^2 M_1, \qquad (8.21)$$

onde M_1 é um limitante superior para $f''(t)$ em $[a,b]$.

Exemplo 8.6

Usando a tabela do Exemplo 8.3, calcular $f(0.25)$ através de interpolação linear e dar um limitante superior para o erro de truncamento.

Solução: Da tabela do Exemplo 8.3, temos:

$$a = 0.2, \quad f(a) = 0.3644,$$
$$b = 0.3, \quad f(b) = 0.7379,$$

desde que $f(x) = xe^{3x}$. Assim, usando (8.18), segue que:

$$P_1(0.25) = \frac{1}{b-a} \begin{vmatrix} f(a) & a-x \\ f(b) & b-x \end{vmatrix} = \frac{1}{0.3-0.2} \begin{vmatrix} 0.3644 & 0.2-0.25 \\ 0.7379 & 0.3-0.25 \end{vmatrix}$$
$$= \left(\frac{1}{0.1}\right)(0.05)(0.7379 + 0.3644) = 0.5512.$$

Logo: $P_1(0.25) = 0.5512 \simeq f(0.25)$. Agora, pelo Exemplo 8.5, temos que: $f''(t) = e^{3t}(6+9)t$. Portanto:

$$\max_{a \le t \le b} |f''(t)| = 2.4596(6+2.7) = 21.3985 = M_1.$$

Segue, de (8.21), que:

$$|R_1(x)| \le \frac{1}{8}(0.3-0.2)^2(21.3985) \simeq 0.02673 \simeq 2 \times 10^{-2}.$$

Isto significa que, no resultado obtido para $f(0.25)$ através do polinômio de interpolação linear temos apenas um dígito significativo correto. De fato, o resultado obtido foi $f(0.25) = 0.5512$, e o valor da $f(0.25)$, via máquina de calcular, é 0.52925.

Exercícios

8.10 Sabendo-se que $\sqrt{1.03} = 1.0149$ e $\sqrt{1.04} = 1.0198$:

    a) calcular $\sqrt{1.035}$, usando interpolação linear,

    b) dar um limitante superior para o erro de truncamento.

8.11 O valor de $log_{10} 12.7$ foi computado por interpolação linear sobre os pontos 12 e 13. Mostrar que o erro de truncamento é ≤ 0.004.

8.12 Seja a tabela:

x	0	0.1	0.2	0.3	0.4	0.5
e^x	1	1.11	1.22	1.35	1.49	1.65

Usando interpolação linear sobre pontos adequados:

    a) Calcular $f(0.35)$ onde $f(x) = x^2 e^x$.

    b) Dar um limitante superior para o erro de truncamento.

8.6 Lagrange para Pontos Igualmente Espaçados

Quando os pontos x_i são igualmente espaçados de uma quantidade fixa $h \neq 0$, isto é, $x_{i+1} - x_i = h$, $i = 0, 1, \ldots, n - 1$, há interesse, para futuras aplicações, em se determinar uma forma do polinômio de interpolação e do erro, em termos de uma variável u, definida da seguinte maneira:

$$u = \frac{x - x_0}{h}. \qquad (8.22)$$

Em função da variável u, temos os seguintes teoremas.

Teorema 8.5
Para r inteiro, não negativo,

$$x - x_r = (u - r)h.$$

Prova: (provaremos por indução em r). Assim:

a) Para $r = 0$, temos, de (8.22), que: $x - x_0 = uh = (u - 0)h$ e, portanto, para $r = 0$ é verdadeiro.

b) Supondo válido para $r = p$, isto é, $x - x_p = (u - p)h$.

c) Provemos que vale também para $r = p + 1$. Temos:

$$\begin{aligned} x - x_{p+1} &= x - x_p + x_p - x_{p+1} \\ &= x - x_p - (x_{p+1} - x_p) = (u - p)h - h \\ &= (u - p - 1)h = (u - (p + 1))h. \end{aligned}$$

Portanto, o teorema vale para todo inteiro $r \geq 0$.

Teorema 8.6
Para r e s inteiros, não negativos,

$$x_r - x_s = (r - s)h.$$

Prova: A prova, por ser semelhante à do teorema anterior, fica como exercício.

Consideremos o polinômio de interpolação de $f(x)$ sobre $x_0, x_1, \ldots, x_n$, dado por (8.10), isto é:

$$P_n(x) = \sum_{k=0}^{n} f_k \frac{(x - x_0)(x - x_1) \ldots (x - x_{k-1})(x - x_{k+1}) \ldots (x - x_n)}{(x_k - x_0)(x_k - x_1) \ldots (x_k - x_{k-1})(x_k - x_{k+1}) \ldots (x_k - x_n)}.$$

Fazendo a mudança de variável dada por (8.22) e usando os resultados dos teoremas 8.5 e 8.6, obtemos:

$$P_n(x_0 + uh) = \sum_{k=0}^{n} f_k \frac{u(u - 1) \ldots (u - (k - 1))(u - (k + 1)) \ldots (u - n)}{k(k - 1) \ldots (k - (k - 1))(k - (k + 1)) \ldots (k - n)}, \qquad (8.23)$$

que é a forma de Lagrange do polinômio de interpolação para argumentos x_i igualmente espaçados de $h \neq 0$.

Esta forma do polinômio de interpolação é particularmente útil na determinação de fórmulas para integração numérica de funções.

De modo análogo, substituindo $x - x_r$ por $(u - r)h$ em (8.12), obtemos:

$$R_n(x) = R_n(x_0 + uh) = u(u-1)\ldots(u-n) \frac{h^{n+1}}{(n+1)!} f^{(n+1)}(\xi), \qquad (8.24)$$

onde:
$$min(x, x_0, x_1, \ldots, x_n) \leq \xi \leq max(x, x_0, x_1, \ldots, x_n).$$

Temos:
$$f^{(n+1)}(\xi) = \left. \frac{d^{n+1}f(x)}{dx^{n+1}} \right|_{x=\xi},$$

mas se preferirmos exprimir $f(x)$ em termos de u, teremos:

$$\frac{d^{n+1}f}{dx^{n+1}} = \frac{1}{h^{n+1}} \frac{d^{n+1}}{du^{n+1}},$$

e assim:
$$R_n(u) = \frac{u(u-1)\ldots(u-n)}{(n+1)!} \left. \frac{d^{n+1}f}{du^{n+1}} \right|_{u=\eta},$$

onde $\eta = \frac{\xi - x_0}{h}$ pertence ao intervalo $(0, n)$, se supusermos os pontos $x_0, x_1, \ldots, x_n$ em ordem crescente e $x \in (x_0, x_n)$.

Como vimos, o polinômio de interpolação para $f(x)$ sobre $n+1$ pontos $x_0, x_1, \ldots, x_n$ se escreve, em termos de $u = \frac{x - x_0}{h}$, como:

$$P_n(x_0 + uh) = \sum_{k=0}^{n} f_k \lambda_k(u), \qquad (8.25)$$

onde:

$$\lambda_k(u) = \frac{u(u-1)\ldots(u-(k-1))(u-(k+1))\ldots(u-n)}{k(k-1)\ldots(k-(k-1))(k-(k+1))\ldots(k-n)}, \quad k = 0, 1, \ldots, n. \qquad (8.26)$$

A vantagem de se utilizar a fórmula (8.25) é que os polinômios $\lambda_k(u), k = 0, 1, \ldots, n$ independem dos pontos tabelados, isto é, para $n+1$ pontos distintos igualmente espaçados de h, $\lambda_k(u), k = 0, 1, \ldots, n$ são sempre os mesmos.

Exemplo 8.7

Dada a tabela do Exemplo 8.3:

a) Calcular $f(x) = xe^{3x}$ no ponto $x = 0.25$ usando polinômio de interpolação sobre três pontos.

b) Dar um limitante superior para o erro de truncamento.

Solução: Pelo Exemplo 8.3, temos:

x	0.2	0.3	0.4
xe^{3x}	0.3644	0.7379	1.3280

a) Como queremos o polinômio de interpolação sobre três pontos, então, usando (8.25), segue que:

$$P_2(x_0 + uh) = \sum_{k=0}^{2} f_k \lambda_k(u).$$

Agora, de (8.26), temos:

$$\lambda_0(u) = \frac{(u-1)(u-2)}{(0-1)(0-2)} = \frac{u^2 - 3u + 2}{2},$$

$$\lambda_1(u) = \frac{u(u-2)}{1(1-2)} = \frac{u^2 - 2u}{-1},$$

$$\lambda_2(u) = \frac{u(u-1)}{2(2-1)} = \frac{u^2 - u}{2}.$$

Assim,

$$\begin{aligned} P_2(x_0 + uh) &= f_0\lambda_0(u) + f_1\lambda_1(u) + f_2\lambda_2(u) \\ &= (0.3644)\left(\frac{u^2 - 3u + 2}{2}\right) + (0.7379)(-u^2 + 2u) \\ &+ (1.3280)\left(\frac{u^2 - u}{2}\right). \end{aligned}$$

Agrupando os termos semelhantes, segue que:

$$P_2(x_0 + uh) = 0.1083u^2 + 0.2652u + 0.3644.$$

Queremos calcular $f(x)$ quando $x = 0.25$. Assim, devemos calcular qual é o valor de u para este valor de x. De (8.22) temos:

$$u = \frac{x - x_0}{h} \Rightarrow u = \frac{0.25 - 0.2}{0.1} = 0.5.$$

Usando o algoritmo de Briot-Ruffini:

	0.1083	0.2652	0.3644
0.5		0.0542	0.1597
	0.1083	0.3194	0.5241

Então, $P_2(0.5) = 0.5241 \simeq f(0.25)$. Observe que o resultado obtido é idêntico ao resultado obtido no Exemplo 8.3. Este fato era esperado em virtude da unicidade do polinômio de interpolação garantida pelo Teorema 8.1. Além disso, o polinômio de interpolação obtido neste exemplo está em função da variável u. Assim, não é possível verificar se o valor do polinômio nos pontos tabelados coincide com o valor da função nestes pontos, a menos que se faça mudança de variável. Entretanto, como a função é crescente no intervalo $[0.2, 0.4]$, o valor para $f(0.25)$ deve estar entre $[0.3644, 0.7379]$.

b) De (8.24) temos: $R_2(u) = u(u-1)(u-2)\frac{h^3}{3!}f'''(\xi)$. Analogamente a (8.17), podemos escrever:

$$|R_2(u)| \leq |u(u-1)(u-2)| \frac{h^3}{3!} \max_{0.2 \leq t \leq 0.4} |f'''(t)|,$$

onde: $u = 0.5$, $h = 0.1 \Rightarrow h^3 = 0.001$ e, pelo Exemplo 8.5, temos que:

$$f'''(t) = 27e^{3t}(1+t) \Rightarrow \max_{0.2 \leq t \leq 0.4} |f'''(t)| = 125.4988.$$

Portanto:

$$|R_2(u)| \leq |0.5| \, |(0.5-1)| \, |(0.5-2)| \times \frac{0.001}{6} \times (125.4988) =$$
$$= 0.0078 \simeq 8 \times 10^{-3}.$$

Note que o resultado anterior é idêntico ao obtido no Exemplo 8.5. Observe que, quando se conhece a expressão analítica da função, o termo do erro fornece uma estimativa sobre o número de casas decimais corretas que podemos obter na aproximação. Além disso, a aplicação da fórmula do termo do erro é útil quando queremos o resultado com uma precisão pré-fixada, como mostraremos no exemplo a seguir.

Exemplo 8.8

Determinar o número de pontos necessários para se obter xe^{3x}, $x \in [0, 0.4]$, com dois dígitos significativos corretos, usando interpolação linear sobre pontos igualmente espaçados de h.

Solução: Por (8.21), temos:

$$R_1 \leq \frac{(b-a)^2}{8} M_1 = \frac{h^2}{8} M_1 \leq 0.5 \times 10^{-2},$$

desde que $b - a = h$ (os pontos são igualmente espaçados) e o erro deve ser menor ou igual a 0.5×10^{-2}, pois queremos o resultado com dois dígitos significativos corretos. Agora,

$$M_1 = \max_{0 \leq t \leq 0.4} |f''(t)| = e^{3t}(6 + 9t) \simeq 31.873.$$

Portanto:

$$\frac{h^2}{8}(31.873) \leq 0.5 \times 10^{-2} \Rightarrow h^2 \leq 0.001255 \Rightarrow h \leq 0.00354.$$

Para determinar o número de pontos basta lembrar que o intervalo dado é: $[0, 0.4]$ e, portanto, o número de pontos será obtido fazendo:

$$h = \frac{0.4 - 0}{n} \Rightarrow n = \frac{0.4}{0.0354} \simeq 11.299 = 12.$$

Observe que n assim obtido é o índice do último ponto, e como tal deve ser um inteiro. Logo, o número de pontos necessários é $n + 1$, ou seja, 13 pontos.

Exercícios

8.13 Seja a função $f(x)$ dada pela tabela:

x	-1	0	1
$f(x)$	-4	-1	2

Calcular $f(0.5)$ usando polinômio de interpolação para argumentos igualmente espaçados.

8.14 Dada a função $f(x) = 4x^5 - 2x + 2$, tabelá-la nos pontos $x = 0$, $x = \pm 1$, $x = \pm 2$ e construir o seu polinômio de interpolação no intervalo $[-2; 2]$.

8.15 Determinar o único polinômio de grau menor ou igual a 3 que coincide com $f(x)$ nos seguintes pontos: $f(0.5) = 2$, $f(0.6) = 8$, $f(0.7) = -2$, $f(0.8) = 5$. Calcular também $f(0.56)$.

8.16 Dada a função $f(x) = xe^{x/2}$ e a tabela:

x	2	2.25	2.5	2.75	3.0
$e^{x/2}$	2.71	3.08	3.49	3.96	4.48

a) Calcular o polinômio de interpolação sobre dois e três pontos.

b) Calcular $f(2.4)$.

c) Dar um limitante superior para o erro de truncamento.

8.7 Outras Formas do Polinômio de Interpolação

O método de Lagrange para determinação do polinômio de interpolação de uma função $y = f(x)$ sobre um conjunto de pontos $x_0, x_1, \ldots, x_n$ possui um inconveniente. Sempre que se deseja passar de um polinômio de grau p (construído sobre $p+1$ pontos) para um polinômio de grau $p+1$ (construído sobre $p+2$ pontos), todo o trabalho tem que ser praticamente refeito. (Faça o exercício 8.16.)

Seria interessante se houvesse possibilidade de, conhecido o polinômio de grau p, passar para o de grau $p+1$ apenas acrescentando-se mais um termo ao polinômio de grau p. Vamos ver, agora, que tal objetivo é alcançado através da fórmula de Newton do polinômio de interpolação.

Para a construção do polinômio de interpolação por este método, precisamos da noção de diferença dividida de uma função.

Diferença Dividida

Definição 8.2

Sejam $x_0, x_1, \ldots, x_n$, $n+1$ pontos distintos no intervalo $[a, b]$, e sejam $f_0, f_1, \ldots, f_n$, $n+1$ valores de uma função $y = f(x)$ sobre $x = x_k$, $k = 0, 1, \ldots, n$. Define-se:

$$f[x_k] = f(x_k), \quad k = 0, 1, \ldots, n,$$

$$f[x_0, x_1, \ldots, x_n] = \frac{f[x_1, x_2, \ldots, x_n] - f[x_0, x_1, \ldots, x_{n-1}]}{x_n - x_0},$$

onde $f[x_0, x_1, \ldots, x_n]$ é a **diferença dividida** de ordem n da função $f(x)$ sobre os pontos $x_0, x_1, \ldots, x_n$.

Assim, usando a definição, temos:

$$f[x_0, x_1] = \frac{f[x_1] - f[x_0]}{x_1 - x_0},$$

$$f[x_0, x_1, x_2] = \frac{f[x_1, x_2] - f[x_0, x_1]}{x_2 - x_0},$$

$$f[x_0, x_1, x_2, x_3] = \frac{f[x_1, x_2, x_3] - f[x_0, x_1, x_2]}{x_3 - x_0},$$

$$\vdots$$

Observe que, do lado direito de cada uma das igualdades anteriores devemos aplicar sucessivamente a definição de diferença dividida até que os cálculos envolvam apenas o valor da função nos pontos, isto é:

$$f[x_0, x_1, x_2] = \frac{f[x_1, x_2] - f[x_0, x_1]}{x_2 - x_0}$$

$$= \frac{\frac{f(x_2) - f(x_1)}{x_2 - x_1} - \frac{f(x_1) - f(x_0)}{x_1 - x_0}}{x_2 - x_0}.$$

Entretanto, podemos calcular as diferenças divididas de um função, de uma maneira mais simples, como mostrado a seguir.

Cálculo Sistemático das Diferenças Divididas

Para calcular as diferenças divididas de uma função $f(x)$ sobre os pontos $x_0, \ldots, x_n$, construímos a tabela de diferenças divididas (ver Tabela 8.2).

Tabela 8.2: Tabela de Diferenças Divididas

x_i	$f[x_i]$	$[x_i, x_j]$	$f[x_i, x_j, x_k]$	$\cdots$
x_0	$f[x_0] = f_0$			
		$f[x_0, x_1] = \frac{f[x_1] - f[x_0]}{x_1 - x_0}$		
x_1	$f[x_1] = f_1$		$f[x_0, x_1, x_2] = \frac{f[x_1, x_2] - f[x_0, x_1]}{x_2 - x_0}$	
		$f[x_1, x_2] = \frac{f[x_2] - f[x_1]}{x_2 - x_1}$		$\cdots$
x_2	$f[x_2] = f_2$		$f[x_1, x_2, x_3] = \frac{f[x_2, x_3] - f[x_1, x_2]}{x_3 - x_1}$	
		$f[x_2, x_3] = \frac{f[x_3] - f[x_2]}{x_3 - x_2}$		$\cdots$
x_3	$f[x_3] = f_3$		$f[x_2, x_3, x_4] = \frac{f[x_3, x_4] - f[x_2, x_3]}{x_4 - x_2}$	
		$f[x_3, x_4] = \frac{f[x_4] - f[x_3]}{x_4 - x_3}$		$\cdots$
x_4	$f[x_4] = f_4$		$\vdots$	
$\vdots$	$\vdots$	$\vdots$		

A Tabela 8.2 é construída da seguinte maneira:

a) a primeira coluna é constituída dos pontos x_k, $k = 0, 1, \ldots, n$;
b) a segunda coluna contém os valores de $f(x)$ nos pontos x_k, $k = 0, 1, 2, \ldots, n$;
c) nas colunas $3, 4, 5, \ldots$ estão as diferenças divididas de ordem $1, 2, 3 \ldots$ Cada uma destas diferenças é uma fração cujo numerador é sempre a diferença entre duas diferenças divididas consecutivas e de ordem imediatamente inferior, e cujo denominador é a diferença entre os dois extremos dos pontos envolvidos.

Exemplo 8.9

Para a seguinte função tabelada:

x	-2	-1	0	1	2
$f(x)$	-2	29	30	31	62

construir a tabela de diferenças divididas.

Solução: Usando o esquema anterior, obtemos a Tabela 8.3.

Tabela 8.3

x_i	$f[x_i]$	$f[x_i, x_j]$	$f[x_i, x_j, x_k]$	$f[x_i, \ldots, x_\ell]$	$f[x_i, \ldots, x_m]$
-2	-2				
		$\dfrac{29-(-2)}{-1-(-2)} = 31$			
-1	29		$\dfrac{1-(-31)}{0-(-2)} = -15$		
		$\dfrac{30-29}{0-(-1)} = 1$		$\dfrac{0-(-15)}{1-(-2)} = 5$	
0	30		$\dfrac{1-1}{1-(-1)} = \mathbf{0}$		$\dfrac{5-5}{2-(-2)} = 0$
		$\dfrac{31-30}{1-0} = 1$		$\dfrac{15-0}{2-(-1)} = 5$	
1	31		$\dfrac{31-1}{2-0} = 15$		
		$\dfrac{62-31}{2-1} = 31$			
2	62				

Assim, o elemento **0** corresponde à diferença dividida $f[x_1, x_2, x_3]$. Portanto, usando a definição, segue que: $f[x_1, x_2, x_3] = \dfrac{f[x_2, x_3] - f[x_1, x_2]}{x_3 - x_1}$ e, usando o item **c)** anterior, temos que: $f[x_1, x_2, x_3] = \dfrac{1-1}{1-(-1)} = 0$.

Como veremos adiante, os resultados a serem utilizados na construção do polinômio de interpolação na forma de Newton são os primeiros valores em cada coluna de diferenças, embora tenhamos que construir toda a tabela, pois os valores não são independentes uns dos outros.

Resultados sobre Diferenças Divididas
Teorema 8.7
As diferenças divididas de ordem k de uma função $f(x)$ satisfazem:

$$f[x_0, x_1, \ldots, x_k] = \sum_{i=0}^{k} \frac{f(x_i)}{(x_i - x_0)\ldots(x_i - x_{i-1})(x_i - x_{i+1})\ldots(x_i - x_k)}.$$

Corolário 8.2
As diferenças divididas de ordem k de uma função $f(x)$ satisfazem:

$$f[x_0, x_1, \ldots, x_k] = f[x_{j_0}, x_{j_1}, \ldots, x_{j_k}],$$

onde $(j_0, j_1, \ldots, j_k)$ é qualquer permutação dos inteiros $(0, 1, \ldots, k)$.

Por este resultado, vemos que a diferença dividida de $f(x)$ é uma função simétrica de seus argumentos, isto é, independe da ordem dos pontos $x_0, x_1, \ldots, x_k$.

Corolário 8.3
As diferenças divididas de ordem k de uma função $f(x)$ satisfazem:

$$f[x_0, x_1, \ldots, x_k] =$$
$$= \frac{f[x_0, \ldots, x_{i-1}, x_{i+1}, \ldots, x_k] - f[x_0, \ldots, x_{j-1}, x_{j+1}, \ldots, x_k]}{x_j - x_i}, \quad i \neq j.$$

Por este resultado, vemos que podemos tirar quaisquer dois pontos distintos para construir a diferença dividida de uma função, e não necessariamente o primeiro e o último.

8.7.1 Fórmula de Newton

Para obtermos a fórmula de Newton do polinômio de interpolação precisamos, inicialmente, definir algumas funções. Para tanto, consideremos que $f(x)$ seja contínua e que possua derivadas contínuas em $[a, b]$ e, além disso, que os pontos $x_0, x_1, \ldots, x_n$ sejam distintos em $[a, b]$. Definimos então as funções:

(1) $\quad f[x_0, x] = \dfrac{f[x] - f[x_0]}{x - x_0}$, definida em $[a, b]$, para $x \neq x_0$.

(2) $\quad f[x_0, x_1, x] = \dfrac{f[x_0, x] - f[x_0, x_1]}{x - x_1}$, definida em $[a, b]$,
para $x \neq x_0$ e $x \neq x_1$.

$\vdots$

(n+1) $\quad f[x_0, x_1, \ldots, x_n, x] = \dfrac{f[x_0, x_1, \ldots, x_{n-1}, x] - f[x_0, x_1, \ldots, x_n]}{x - x_n}$,
definida em $[a, b]$, para $x \neq x_k$, $k = 0, 1, \ldots, n$.

Observe que nestas funções acrescentamos, sucessivamente, na diferença dividida, o próximo ponto da tabela. Em todas estamos aplicando o Corolário 8.3. Nosso objetivo agora é encontrar uma fórmula de recorrência para $f(x)$. Assim, de **(1)**, temos:

$$f(x) = f[x_0] + (x - x_0) f[x_0, x].$$

De **(2)**, (usando **(1)**), obtemos:

$$f[x_0, x_1, x](x - x_1) = f[x_0, x] - f[x_0, x_1]$$
$$\Rightarrow f[x_0, x_1, x](x - x_1) = \frac{f[x] - f[x_0]}{x - x_0} - f[x_0, x_1]$$
$$\Rightarrow f(x) = f[x_0] + (x - x_0)f[x_0, x_1] + (x - x_0)(x - x_1)f[x_0, x_1, x].$$

De maneira análoga, de **(n+1)**, segue que:

$$\begin{aligned} f(x) &= \{f[x_0] + (x - x_0)f[x_0, x_1] + (x - x_0)(x - x_1)f[x_0, x_1, x_2] \\ &+ (x - x_0)(x - x_1)(x - x_2)f[x_0, x_1, x_2, x_3] + \ldots \\ &+ (x - x_0)(x - x_1) \ldots (x - x_{n-1})f[x_0, x_1, \ldots, x_n]\}_1 \\ &+ \{(x - x_0)(x - x_1) \ldots (x - x_n)f[x_0, x_1, \ldots, x_n, x]\}_2. \end{aligned}$$ (8.27)

Obtivemos, assim, uma fórmula de recorrência para $f(x)$. Vejamos o que significam $\{\ldots\}_1$ e $\{\ldots\}_2$ em (8.27).

Teorema 8.8
O polinômio:

$$\begin{aligned} P_n(x) &= f[x_0] + (x - x_0)f[x_0, x_1] + (x - x_0)(x - x_1)f[x_0, x_1, x_2] \\ &+ \ldots + (x - x_0) \ldots (x - x_{n-1})f[x_0, x_1, \ldots, x_n] = \{\ldots\}_1. \end{aligned}$$ (8.28)

é o polinômio de interpolação da função $y = f(x)$ sobre os pontos $x_0, x_1, \ldots, x_n$, isto é,

$$P_n(x_k) = f(x_k), \ k = 0, 1, \ldots, n.$$

Prova: (provaremos por indução em n).

a) Para $n = 1$, temos que:

$$\begin{aligned} P_1(x) &= f[x_0] + (x - x_0)f[x_0, x_1] \\ &= f[x_0] + (x - x_0)\frac{f[x_1] - f[x_0]}{x_1 - x_0}. \end{aligned}$$

Logo: para $x = x_0 \Rightarrow P_1(x_0) = f[x_0] + (x_0 - x_0)\frac{f[x_1] - f[x_0]}{x_1 - x_0} = f[x_0],$

para $x = x_1 \Rightarrow P_1(x_1) = f[x_0] + (x_1 - x_0)\frac{f[x_1] - f[x_0]}{x_1 - x_0} = f[x_1].$

b) Suponhamos válido para $n = k - 1$, isto é, $P_{k-1}(x_i) = f(x_i)$, $i = 0, 1, \ldots, k - 1$.
c) Provemos para $n = k$. Divideremos a prova em duas partes.

c.1) Seja $i < k$; então:

$$\begin{aligned} P_k(x_i) &= P_{k-1}(x_i) + (x_i - x_0)(x_i - x_1) \ldots (x_i - x_{k-1})f[x_0, x_1, \ldots, x_k] \\ &= P_{k-1}(x_i) = f(x_i), \quad \text{usando a hipótese de indução.} \end{aligned}$$

c.2) Seja $i = k$; então:

$$\begin{aligned} P_k(x_k) &= f[x_0] + (x_k - x_0)f[x_0, x_1] + \ldots \\ &+ (x_k - x_0)(x_k - x_1) \ldots (x_k - x_{k-1})f[x_0, x_1, \ldots, x_k]. \end{aligned}$$

Fazendo $x = x_k$ em (8.27) (lembrando que $n = k$) e comparando com a expressão obtida anteriormente para $P_k(x_k)$, vemos que $P_k(x_k) = f(x_k)$, o que completa a prova do teorema.

A fórmula (8.28) é chamada **Fórmula de Newton do Polinômio de Interpolação**.

Teorema 8.9
Para $x \in [a, b], x \neq x_k, k = 0, \ldots, n$,

$$f[x_0, x_1, x_2, \ldots, x_n, x] = \frac{f^{(n+1)}(\xi)}{(n+1)!}; \; \xi \in (x_0, x_n).$$

Prova: Usando o Teorema 8.8, em (8.27), podemos escrever:

$$f(x) = P_n(x) + \{(x - x_0) \ldots (x - x_n) f[x_0, x_1, \ldots, x_n, x]\}_2$$
$$\Rightarrow f(x) - P_n(x) = \{(x - x_0) \ldots (x - x_n) f[x_0, x_1, \ldots, x_n, x]\}_2. \quad (8.29)$$

Por outro lado, de (8.12), temos que:

$$f(x) - P_n(x) = R_n(x) = (x - x_0)(x - x_1) \ldots (x - x_n) \frac{f^{(n+1)}(\xi)}{(n+1)!}, \quad (8.30)$$

onde $\xi \in (x_0, x_n)$. Assim, comparando (8.29) com (8.30), segue:

$$f[x_0, x_1, \ldots, x_n, x] = \frac{f^{(n+1)}(\xi)}{(n+1)!}; \; \xi \in (x_0, x_n).$$

desde que $(x - x_0)(x - x_1) \ldots (x - x_n) \neq 0$, pois os pontos tabelados são distintos. Portanto:

$$R_n(x) = (x - x_0)(x - x_1) \ldots (x - x_n) f[x_0, x_1, \ldots, x_n, x] = \{\ldots\}_2$$

é o **termo do erro** ou **erro de truncamento**. Observe que o tratamento do erro de truncamento é, portanto, o mesmo da forma de Lagrange.

Exemplo 8.10
Dada a tabela do Exemplo 8.1, calcular $f(1)$, usando a fórmula de Newton do polinômio de interpolação.

Solução: Temos:

$$\begin{aligned} x_0 &= -1, & f_0 = f(x_0) &= 15, \\ x_1 &= 0, & f_1 = f(x_1) &= 8, \\ x_2 &= 3, & f_2 = f(x_2) &= -1 \end{aligned}$$

e, portanto, $n = 2$. Assim, o polinômio de interpolação na forma de Newton é dado por:
$$P_2(x) = f[x_0] + (x - x_0)f[x_0, x_1] + (x - x_0)(x - x_1)f[x_0, x_1, x_2].$$

Em primeiro lugar, construímos a tabela de diferenças divididas. Assim:

x	$f(x)$			
-1	15			
		-7		
0	8		1	
		-3		
3	-1			

Temos: $f[x_0] = 15$, $f[x_0, x_1] = -7$ e $f[x_0, x_1, x_2] = 1$. Logo:

$$P_2(x) = 15 + (x+1)(-7) + (x+1)(x-0)(1).$$

Agrupando os termos semelhantes, obtemos: $P_2(x) = x^2 - 6x + 8$. O valor de $f(1)$ é dado por $P_2(1)$, lembrando que este é um valor aproximado. Assim: $P_2(1) = 3 \simeq f(1)$.

Observe que obtemos o mesmo resultado da fórmula de Lagrange (ver Exemplo 8.2). Este fato era esperado, em virtude da unicidade do polinômio de interpolação garantida pelo Teorema 8.1.

Como no caso de Lagrange, se você estiver fazendo um programa usando a fórmula de Newton, existe um esquema prático para calcular o valor do polinômio de interpolação num ponto, não tabelado, sem determinar a expressão do polinômio.

Tomemos para exemplo o polinômio de interpolação de Newton de grau 3. Assim:

$$\begin{aligned} P_3(x) &= f[x_0] + (x-x_0)f[x_0, x_1] + (x-x_0)(x-x_1)f[x_0, x_1, x_2] + \\ &+ (x-x_0)(x-x_1)(x-x_2)f[x_0, x_1, x_2 x_3] \\ &= f[x_0] \\ &+ (x-x_0)\{f[x_0, x_1] + (x-x_1)\{f[x_0, x_1, x_2] + (x-x_2)f[x_0, x_1, x_2, x_3]\}\}. \end{aligned}$$

Observe que a idéia do esquema prático é ir colocando os termos comuns, que aparecem de uma determinada parcela em diante, em evidência. Denominando:

$$\begin{aligned} f[x_0, x_1, x_2, x_3] &= \alpha_0, \\ f[x_0, x_1, x_2,] + (x-x_2)\alpha_0 &= \alpha_1, \\ f[x_0, x_1] + (x-x_1)\alpha_1 &= \alpha_2, \\ f[x_0] + (x-x_0)\alpha_2 &= \alpha_3 = P_3(x), \end{aligned}$$

obtemos o seguinte esquema prático.

Esquema Prático

$f[x_0, x_1, x_2, x_3]$	$f[x_0, x_1, x_2]$	$f[x_0, x_1]$	$f[x_0]$
↓ +	↓ +	↓ +	↓
α_0	α_1	α_2	$\alpha_3 = P_3(x)$
×	×	×	
	$x - x_2$	$x - x_1$	$x - x_0$

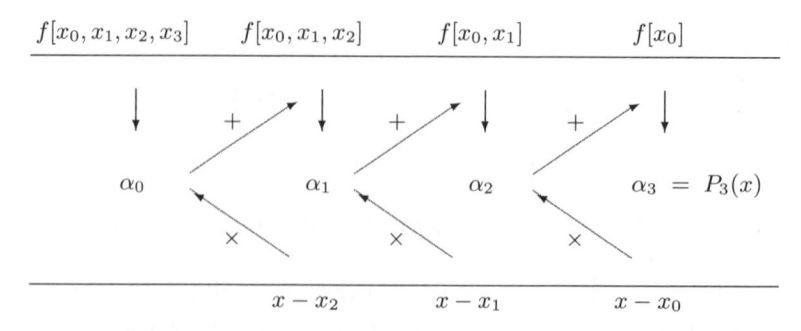

Assim, para um polinômio de grau n, teremos $\alpha_n = P_n(x) \simeq f(x)$.

Exemplo 8.11

Aplicar o esquema acima ao Exemplo 8.10, isto é, calcular $f(1)$.

Solução: Montamos o esquema prático, lembrando que:

$$\begin{array}{rclrcl} f(x_0) & = & 15, & x_0 & = & -1, \\ f[x_0, x_1] & = & -7, & x_1 & = & 0, \\ f[x_0, x_1, x_2] & = & 1, & x_2 & = & 3. \end{array}$$

$$\begin{array}{ccc} 1 & -7 & 15 \\ \downarrow \quad + \nearrow & \downarrow \quad + \nearrow & \downarrow \\ 1 & -6 & 3 = P_2(1) \\ \times \searrow & \times \searrow & \\ 1 & 2 & \end{array}$$

Logo: $P_2(1) = 3 \simeq f(1)$.

Vimos que a diferença dividida $f[x_0, x_1, \ldots, x_n, x]$ não depende da ordem de seus argumentos. Assim, podemos reescrever os pontos $x_0, x_1, \ldots, x_n, x$ em ordem crescente $x'_0, x'_1, \ldots, x'_n, x'_{n+1}$. Então, pelo Teorema 8.9, temos:

$$f[x'_0, x'_1, \ldots, x'_n, x'_{n+1}] = \frac{f^{(n+1)}(\xi)}{(n+1)!}; \quad \xi \in (x'_0, x'_{n+1}). \tag{8.31}$$

Este resultado nos permite avaliar o comportamento da derivada de ordem $n+1$ de uma função $y = f(x)$ (supondo que ela existe) por meio das diferenças divididas de ordem $n+1$ dessa função no intervalo $[a, b]$.

Em particular, a diferença dividida de ordem n de um polinômio de grau n na forma: $P_n(x) = a_n x^n + a_{n-1} x^{n-1} + \ldots + a_1 x + a_0$ é independente do ponto x e igual a a_n (coeficiente de seu termo de grau n). As diferenças de ordem maior que n são todas iguais a zero. Assim, ao examinarmos uma tabela de diferenças divididas de uma função, se as diferenças de ordem k são praticamente constantes, isto significa que a função é bastante próxima de um polinômio de grau k. Podemos, então, usar um polinômio de grau k para interpolar tal função.

Exemplo 8.12

Dada a tabela:

x	2	3	4	5	6	7
$f(x)$	0.13	0.19	0.27	0.38	0.51	0.67

a) determinar o polinômio de interpolação de grau adequado,
b) calcular $f(4.5)$,
c) dar uma estimativa para o erro de truncamento.

Solução: Inicialmente, construímos a tabela de diferenças divididas. Assim:

x_i	$f(x_i)$	$f[x_i, x_j]$	
2	0.13		
		0.06	
3	0.19		0.01
		0.08	
4	0.27		0.015
		0.11	
5	0.38		0.01
		0.13	
6	0.51		0.015
		0.16	
7	0.67		

a) Como as diferenças divididas de 2ª ordem são praticamente constantes, podemos adotar um polinômio de 2º grau para interpolá-la. Além disso, como queremos avaliar $f(4.5)$, escolhemos três pontos na vizinhança de 4.5. Seja então: $x_0 = 4$, $x_1 = 5$ e $x_2 = 6$. Assim:

$$\begin{aligned} P_2(x) &= f[x_0] + (x - x_0)f[x_0, x_1] + (x - x_0)(x - x_1)f[x_0, x_1, x_2] \\ &= 0.27 + (x - 4)(0.11) + (x - 4)(x - 5)(0.01) \\ &= 0.01x^2 + 0.02x + 0.03. \end{aligned}$$

b) Usando o algoritmo de Briot-Ruffini:

	0.01	0.02	0.03
4.5		0.047	0.2925
	0.01	0.065	0.3225

Então: $P_2(4.5) = 0.3225 \simeq f(4.5)$.

c) Para dar uma estimativa para o erro de truncamento, calculamos as diferenças divididas de ordem 3 para a função dada. Fazendo os cálculos, observamos que elas são em módulo iguais a $\dfrac{0.005}{3}$. Assim, usando (8.31), segue que:

$$|R_2(4.5)| \leq |(4.5 - 4)(4.5 - 5)(4.5 - 6)| \left|\frac{0.005}{3}\right|.$$

Portanto: $R_2(4.5) \simeq 0.000625 \simeq 6 \times 10^{-4}$. Logo, podemos dizer que o resultado obtido para $f(4.5)$ no item **b)** possui três dígitos significativos corretos.

Exercícios

8.17 Seja a função tabelada:

x	-2	-1	1	2
$f(x)$	0	1	-1	0

a) Determinar o polinômio de interpolação usando a fórmula de Newton.

b) Calcular $f(0.5)$.

8.18 Dada a função tabelada:

x	0	1	1.5	2.5	3.0
$f(x)$	1.0	0.5	0.4	0.286	0.25

a) Determinar o polinômio de interpolação usando a fórmula de Newton sobre dois pontos (interpolação linear).

b) Determinar o polinômio de interpolação usando a fórmula de Newton sobre três pontos (interpolação quadrática).

c) Calcular $f(0.5)$ usando os itens **a)** e **b)**.

Lembre-se que a fórmula de Newton do polinômio de interpolação sobre três pontos é igual ao polinômio sobre dois pontos adicionado ao termo de ordem 2. Além disso, o ponto x_0 deve ser comum aos dois polinômios. Portanto, tome cuidado ao escolher os pontos.

8.19 A função

$$y = \int_x^\infty \frac{e^{-t}}{t} dt$$

é dada pela seguinte tabela:

x	0	0.01	0.02	0.03	0.04	0.05	0.06
y	∞	4.0379	3.3547	2.9591	2.6813	2.4679	2.2953

Através da fórmula de Newton, calcule y para $x = 0.0378$ usando parábola e parábola cúbica.

8.20 Considerando a função $f(x) = \sqrt{x}$ tabelada:

x	1.00	1.10	1.15	1.25	1.30
$f(x)$	1.000	1.048	1.072	1.118	1.140

a) Determinar o valor aproximado de $\sqrt{1.12}$ usando polinômio de interpolação de Newton sobre três pontos.

b) Calcular um limitante superior para o erro.

8.21 Sabendo-se que a equação $x^4 + 6x^2 - 1 = 0$ tem uma raiz em $[0, 1]$, determinar o valor aproximado dessa raiz usando polinômio de interpolação de Newton sobre três pontos.

8.22 Dada a tabela:

x	1	1.01	1.02	1.03	1.04	1.05
$\sqrt{x}$	1	1.005	1.01	1.0149	1.0198	1.0247

a) Calcular $\sqrt{1.035}$ por meio de um polinômio de interpolação de grau adequado.

b) Dar uma estimativa para o erro de truncamento.

8.7.2 Fórmula de Newton-Gregory

Do mesmo modo que no caso de Lagrange, existe uma fórmula mais simples para o polinômio de interpolação quando os pontos x_i são igualmente espaçados. Além disso, a fórmula de Newton-Gregory do polinômio de interpolação permite, como no caso da fórmula de Newton, passar de um polinômio de grau p para um polinômio de grau $p+1$ acrescentando-se um termo ao polinômio de grau p. Consideremos então a construção deste polinômio de interpolação quando os argumentos x_i são igualmente espaçados de, digamos, $h \neq 0$. Para tanto, precisamos da noção de diferença ordinária de uma função.

Diferenças Ordinárias

Definição 8.3

Sejam $x_0, x_1, \ldots, x_n$, $n+1$ pontos distintos, igualmente espaçados em $[a, b]$, isto é: $x_{i+1} - x_i = h, i = 0, 1, \ldots, n-1$, e sejam $f_0, f_1, \ldots, f_n, n+1$ valores de uma função $y = f(x)$ sobre $x = x_k$, $k = 0, \ldots, n$. Define-se:

$$\begin{aligned}\Delta^0 f(x_k) &= f(x_k), \quad k = 0, 1, \ldots, n; \\ \Delta^r f(x_k) &= \Delta^{r-1} f(x_k + h) - \Delta^{r-1} f(x_k);\end{aligned} \qquad (8.32)$$

onde $\Delta^r f(x_k)$ é a **diferença ordinária** de $f(x)$ de ordem r em $x = x_k$.

Assim, usando a definição, temos:

$$\begin{aligned}\Delta^0 f(x_k) &= f(x_k), \\ \Delta^1 f(x_k) &= \Delta^0 f(x_k + h) - \Delta^0 f(x_k) = f(x_k + h) - f(x_k), \\ \Delta^2 f(x_k) &= \Delta^1 f(x_k + h) - \Delta^1 f(x_k) \\ &= \Delta^0 f(x_k + 2h) - \Delta^0 f(x_k + h) - \Delta^0 f(x_k + h) + \Delta^0 f(x_k) \\ &= f(x_k + 2h) - 2f(x_k + h) + f(x_k), \\ \Delta^3 f(x_k) &= f(x_k + 3h) - 3f(x_k + 2h) + 3f(x_k + h) - f(x_k), \\ &\vdots \\ \Delta^r f(x_k) &= \binom{r}{0} f(x_k + rh) - \binom{r}{1} f(x_k + (r-1)h) \\ &\quad + \ldots + (-1)^r \binom{r}{r} f(x_k).\end{aligned}$$

Portanto:

$$\Delta^r f(x_k) = \sum_{i=0}^{r} (-1)^i \binom{r}{i} f(x_k + (r-i)h), \quad \text{onde} \quad \binom{r}{p} = \frac{r!}{p!(r-p)!}.$$

Entretanto, podemos calcular as diferenças ordinárias de uma função de uma maneira mais simples, como mostrado a seguir.

Cálculo Sistemático das Diferenças Ordinárias

Para calcular as diferenças ordinárias de uma função $f(x)$ sobre os pontos $x_0, \ldots, x_n$ (igualmente espaçados de h) construímos a tabela de diferenças ordinárias, como mostrado na Tabela 8.4, da seguinte maneira:

    a) a primeira coluna é constituída dos pontos x_i, $i = 0, 1, \ldots, n$;

    b) a segunda coluna contém os valores de $f(x)$ nos pontos x_i, $i = 0, 1, 2, \ldots, n$;

c) nas colunas $3, 4, 5, \ldots$ estão as diferenças ordinárias de ordem $1, 2, 3, \ldots$ Cada uma destas diferenças é simplesmente a diferença entre duas diferenças ordinárias consecutivas e de ordem imediatamente inferior.

Tabela 8.4: Tabela de Diferenças Ordinárias

x	$f(x)$	Δ^1	Δ^2	$\ldots$
x_0	$\Delta^0 f(x_0) = f_0$			
		$\Delta^1 f(x_0) = \Delta^0 f(x_1) - \Delta^0 f(x_0)$		
x_1	$\Delta^0 f(x_1) = f_1$		$\Delta^2 f(x_0) = \Delta^1 f(x_1) - \Delta^1 f(x_0)$	
		$\Delta^1 f(x_1) = \Delta^0 f(x_2) - \Delta^0 f(x_1)$		$\ldots$
x_2	$\Delta^0 f(x_2) = f_2$		$\Delta^2 f(x_1) = \Delta^1 f(x_2) - \Delta^1 f(x_1)$	
		$\Delta^1 f(x_2) = \Delta^0 f(x_3) - \Delta^0 f(x_2)$		$\ldots$
x_3	$\Delta^0 f(x_3) = f_3$		$\Delta^2 f(x_2) = \Delta^1 f(x_3) - \Delta^1 f(x_2)$	
		$\Delta^1 f(x_3) = \Delta^0 f(x_4) - \Delta^0 f(x_3)$	$\vdots$	
x_4	$\Delta^0 f(x_4) = f_4$	$\vdots$		
$\vdots$	$\vdots$			

Exemplo 8.13

Para a seguinte função tabelada:

x	-2	-1	0	1	2
$f(x)$	-2	29	30	31	62

construir a tabela de diferenças ordinárias.

Solução: Usando o esquema acima, obtemos a Tabela 8.5.

Tabela 8.5

x_k	$\Delta^0 f(x_k)$	$\Delta^1 f(x_k)$	$\Delta^2 f(x_k)$	$\Delta^3 f(x_k)$	$\Delta^4 f(x_k)$
-2	-2				
		$29 - (-2) = 31$			
-1	29		$1 - (-31) = -30$		
		$30 - 29 = 1$		$0 - (-30) = 30$	
0	30		$1 - 1 = \mathbf{0}$		$30 - 30 = 0$
		$31 - 30 = 1$		$31 - 1 = 30$	
1	31		$31 - 1 = 30$		
		$62 - 31 = 31$			
2	62				

Assim, o elemento **0** corresponde à diferença ordinária $\Delta^2 f(x_1)$. Portanto, usando a definição, segue que: $\Delta^2 f(x_1) = \Delta^1 f(x_2) - \Delta^1 f(x_1)$ e usando o item **c)** anterior, temos que: $\Delta^2 f(x_1) = 1 - 1 = 0$.

Como no caso das diferenças divididas, os resultados a serem utilizados na construção do polinômio de interpolação, para argumentos igualmente espaçados de h, são os primeiros valores em cada coluna de diferenças, embora tenhamos que construir toda a tabela, pois, novamente, os valores não são independentes uns dos outros.

A relação entre as diferenças divididas de ordem n e as diferenças ordinárias de ordem n de uma função $f(x)$ é dada pelo seguinte resultado.

Teorema 8.10

Se $x_k = x_0 + kh$, $k = 0, 1, \ldots, n$ então:

$$f[x_0, x_1, \ldots, x_n] = \frac{\Delta^n f(x_0)}{h^n n!}.$$

Prova: (provaremos por indução em n). Assim:

a) Para $n = 1$. Temos, por definição, que:

$$f[x_0, x_1] = \frac{f(x_1) - f(x_0)}{x_1 - x_0} = \frac{f(x_0 + h) - f(x_0)}{h} = \frac{\Delta^1 f(x_0)}{h}$$

desde que $x_1 = x_0 + h$, $f(x_1) = \Delta^0 f(x_1)$ e $f(x_0) = \Delta^0 f(x_0)$.

b) Suponhamos válido para $n = k - 1$.

c) Provemos para $n = k$. Usando a definição e a seguir a hipótese de indução, obtemos:

$$f[x_0, x_1, \ldots, x_k] = \frac{f[x_1, x_2, \ldots, x_k] - f[x_0, x_1, \ldots, x_{k-1}]}{x_k - x_0}$$

$$= \frac{1}{kh} \left[\frac{\Delta^{k-1} f(x_1)}{h^{k-1}(k-1)!} - \frac{\Delta^{k-1} f(x_0)}{h^{k-1}(k-1)!} \right] =$$

$$= \frac{1}{h^k k!} \left[\Delta^{k-1} f(x_0 + h) - \Delta^{k-1} f(x_0) \right]$$

$$= \frac{\Delta^k f(x_0)}{h^k k!}.$$

Assim, usando o Teorema 8.10 no Teorema 8.8, obtemos que o polinômio de interpolação na forma de Newton, para uma função $y = f(x)$, no intervalo $[x_0, x_n]$, pode ser escrito, no caso de argumentos x_i igualmente espaçados de h, da seguinte maneira:

$$\begin{aligned} P_n(x) &= f(x_0) + (x - x_0) \frac{\Delta^1 f(x_0)}{h} + (x - x_0)(x - x_1) \frac{\Delta^2 f(x_0)}{h^2 2!} \\ &+ \ldots + (x - x_0)(x - x_1) \ldots (x - x_{n-1}) \frac{\Delta^n f(x_0)}{h^n n!}. \end{aligned} \tag{8.33}$$

Esta forma do polinômio de interpolação é conhecida como **Fórmula de Newton-Gregory do Polinômio de Interpolação**.

Observe que as diferenças ordinárias de ordem n de um polinômio de grau n na forma: $P_n(x) = a_n x^{n-1} + \ldots + a_1 x + a_0$ são iguais a $n! h^n a_n$. As diferenças ordinárias de ordem maior que n são todas nulas.

Exemplo 8.14

Dada a função tabelada:

x	-1	0	1	2
$f(x)$	3	1	-1	0

determinar o polinômio de interpolação usando a fórmula de Newton-Gregory.

Solução: Temos:

$$\begin{aligned} x_0 &= -1, & f(x_0) &= 3, \\ x_1 &= 0, & f(x_1) &= 1, \\ x_2 &= 1, & f(x_2) &= -1, \\ x_3 &= 2, & f(x_3) &= 0, \quad \text{portanto } n = 3. \end{aligned}$$

Assim, devemos construir o polinômio:

$$P_3(x) = f(x_0) + (x-x_0)\frac{\Delta f(x_0)}{h} + (x-x_0)(x-x_1)\frac{\Delta^2 f(x_0)}{h^2 2!} +$$
$$+ (x-x_0)(x-x_1)(x-x_2)\frac{\Delta^3 f(x_0)}{h^3 3!}.$$

Construímos, inicialmente, a tabela de diferenças ordinárias.

x	$f(x)$			
-1	**3**			
		-2		
0	1		**0**	
		-2		**3**
1	-1		3	
		1		
2	0			

Temos: $\Delta f(x_0) = 3$, $\Delta^1 f(x_0) = -2$, $\Delta^2 f(x_0) = 0$, e $\Delta^3 f(x_0) = 3$. Portanto:

$$\begin{aligned} P_3(x) &= 3 + (x+1)(-2) + (x+1)(x-0)\frac{(0)}{2} + (x+1)(x-0)(x-1)\frac{(3)}{6} \\ &= 3 - 2x - 2 + (x^3 - x)\frac{1}{2} \\ \Rightarrow P_3(x) &= \frac{x^3}{2} - \frac{5}{2}x + 1. \end{aligned}$$

Exercícios

8.23 Considere a função $y = f(x)$ dada pela tabela:

x	-1	0	1	2
$f(x)$	-2	0	2	4

Determinar o polinômio de interpolação usando:

a) a fórmula de Newton,

b) a fórmula de Newton-Gregory.

8.24 Dada a função $y = sen\ x$ tabelada:

x	1.2	1.3	1.4	1.5
$sen\ x$	0.932	0.964	0.985	0.997

a) Calcular o polinômio de interpolação usando a fórmula de Newton.
b) Calcular o polinômio de interpolação usando a fórmula de Newton-Gregory.
c) Calcular $sen\ 1.35$.
d) Dar um limitante superior para o erro.

8.25 Dada a tabela:

x	0	1	2	3	4	5	6
$f(x)$	-1	α	5	β	7	γ	13

Calcular α, β e γ, sabendo que ela corresponde a um polinômio do 3º grau.
Sugestão: Construa a tabela de diferenças ordinárias.

8.26 Dada a tabela:

x	-2	-1	0	1
$f(x)$	15	0	-1	0

Calcular $f(0.5)$ usando polinômio de interpolação sobre todos os pontos.

8.8 Exercícios Complementares

8.27 Considere a função $f(x)$ dada pela tabela:

x	0	1	2	3
$f(x)$	0	0	0	0

e o polinômio dado por: $P(x) = x(x-1)(x-2)(x-3)$.

a) Verifique que: $P(x_k) = f(x_k)$, $k = 0, 1, 2, 3$.
b) $P(x)$ é o polinômio interpolador de $f(x)$ sobre os pontos 0, 1, 2 e 3? Justifique.

8.28 Quando conhecemos os valores de uma função $y(x)$ e de sua derivada $y'(x)$ em pontos dados, isto é, quando:
$$(x_0, y_0), (x_1, y_1), \ldots, (x_n, y_n),$$
$$(x_0, y'_0), (x_1, y'_1), \ldots, (x_n, y'_n)$$
são conhecidos, podemos montar um único polinômio $P_{2n+1}(x)$ de grau $\leq 2n+1$ tal que:
$$P_{2n+1}(x_i) = y_i \quad P'_{2n+1}(x_i) = y'_i, \quad i = 0, 1, \ldots, n.$$

Sabendo que:
$$(x_0, y_0) = (0, 0), \quad (x_1, y_1) = (1, 1),$$
$$(x_0, y'_0) = (0, 1), \quad (x_1, y'_1) = (1, 0),$$

determine $P_3(x)$ tal que:
$$P_3(0) = 0, \quad P_3(1) = 1, \quad P'_3(0) = 1, \quad P'_3(1) = 0.$$

8.29 Mostre que a interpolação de um polinômio de grau n sobre $n+k$ pontos, $k \geq 1$, é exata.

8.30 A raiz de uma função pode ser aproximada pela raiz do seu polinômio de interpolação. Use uma parábola para determinar a raiz da função tabelada a seguir:

x	1	2	3	4	5	6
$f(x)$	0.841	0.909	0.141	-0.757	-959	-0.279

8.31 Sabendo que a única raiz positiva da equação $4\cos x - e^x = 0$ encontra-se no intervalo $[0, 1]$, use uma parábola para determinar uma aproximação para essa raiz.

8.32 Se $f(x)$ é um polinômio de grau 5, que característica especial tem uma tabela de diferenças divididas desse polinômio sobre dez pontos?

8.33 Freqüentemente, acontece que valores tabelados de uma variável y que depende de uma variável x são dados, e pretendemos achar o valor de $\bar{x}$ da variável independente correspondente a um dado $\bar{y}$ da variável dependente. Isto é conhecido como **interpolação inversa**. A partir da tabela:

x	0.5	0.7	1.0	1.2	1.5	1.6
$f(x)$	−2.63	−2.57	−2.00	−1.23	0.63	0.79

determinar a raiz de $f(x)$ usando interpolação inversa sobre três pontos.

8.34 Sabe-se que $f(x) = 5x^3 - 3x^2 + 2x - 2$ tem um zero no intervalo $[0, 1]$. Usando interpolação inversa sobre uma tabela de três pontos, determinar aproximadamente $\bar{x}$ correspondente a $f(\bar{x}) = 0$.

8.35 Uma maneira de se calcular o valor da derivada de uma função em um ponto x_0, quando não se conhece a expressão analítica da mesma, é usar uma tabela para formar um polinômio que aproxime a função, derivar então esse polinômio e avaliar sua derivada em $x = x_0$. Dada a tabela:

x	0.35	0.40	0.45	0.50	0.55	0.60	0.65
$f(x)$	−1.52	1.51	1.49	1.47	1.44	1.42	1.39

calcule um valor aproximado para $f'(0.52)$ usando polinômio de interpolação de grau 2.

8.36 Deseja-se obter $e^x \cos x$, para $x \in [0, 1.2]$, com duas casas decimais corretas, através de interpolação linear usando uma tabela para argumentos x_i igualmente espaçados de h. Quantos valores deve ter essa tabela?

8.37 A função distribuição acumulada é definida por:

$$f(x) = \int_{-\infty}^{x} \frac{1}{\sqrt{2\pi}} e^{-\frac{x^2}{2}} dx.$$

Para $0 < x < 1$, as derivadas de $f(x)$ são limitadas como segue:

$$\begin{aligned} 0 &< f''(x) < 0.4, \\ 0 &< f'''(x) < 0.5, \\ 0.4 &< f^{iv}(x) < 1.2. \end{aligned}$$

Se $f(x)$ é dada com quatro casas decimais para $x = 0, 0.1, \ldots, 0.9, 1.0$, qual o grau mínimo que deve ter um polinômio interpolador se queremos quatro casas decimais precisas na aproximação de $f(x)$ para $0 < x < 1$?

8.38 Com que grau de precisão podemos calcular e^{15} usando interpolação sobre os pontos: $x_0 = 10$, $x_1 = 20$, $x_2 = 30$?

8.39 Com quantas casas decimais precisas podemos calcular $\cosh 0.68$ usando interpolação linear na tabela:

x	0.30	0.40	0.50	0.60	0.70
$\cosh x$	1.0453	1.0811	1.1276	1.1855	1.2552

Lembre-se que: $\cosh x = \dfrac{e^x + e^{-x}}{2}$.

8.40 Dada a tabela:

x	0.1	0.2	0.3	0.4	0.5
$\ln x$	-2.303	-1.609	-1.204	-0.916	-0.693

a) Estimar $\ln(0.32)$ através de interpolação linear e quadrática.

b) Qual deve ser o valor de h se queremos obter $\ln x$ com três casas decimais corretas, para $x \geq 1$, através de interpolação linear, usando uma tabela para argumentos x_i igualmente espaçados de h?

8.41 Considere as seguintes tabelas para uma mesma função:

i)

x	0	1.1	2.6	3.4	4.5
$f(x)$	-1	10	13	15	24

ii)

x	0	1.1	2.6	3.4	4.5	5.8
$f(x)$	-1	10	13	15	24	34

a) Deseja-se obter o polinômio interpolador para a tabela **i)** e depois para a tabela **ii)**, de modo a fazer o menor número de operações. Qual o método ideal? Justifique.

b) Calcule os polinômios interpoladores para as tabelas **i)** e **ii)** usando o método escolhido no item **a)**.

8.42 Suspeita-se que a tabela:

x	-3.0	-2.0	-1.0	0.0	1.0	2.0
y	-9.0	0.0	1.0	0.0	3.0	16.0

representa um polinômio cúbico. Como testar esse fato? Explique.

8.43 Considere os pontos igualmente espaçados:

$$x_0, x_1, x_2, x_3, x_4; \quad x_k = x_0 + kh, \quad k = 0, 1, \ldots, 4,$$

e as diferenças divididas de primeira ordem de uma função $f(x)$ sobre estes pontos, dadas por:

$$f[x_0, x_1] = \beta, \quad f[x_1, x_2] = \beta + 2h,$$
$$f[x_2, x_3] = \beta + 4h, \quad f[x_3, x_4] = \beta + 6h; \quad \beta \neq 0.$$

Qual é o grau do polinômio interpolador? Por quê?

8.44 Seja $f(x,y)$ uma função definida sobre os pares (x,y), com

$$x_i \leq x \leq x_{i+1} \quad \text{e} \quad y_j \leq y \leq y_{j+1}.$$

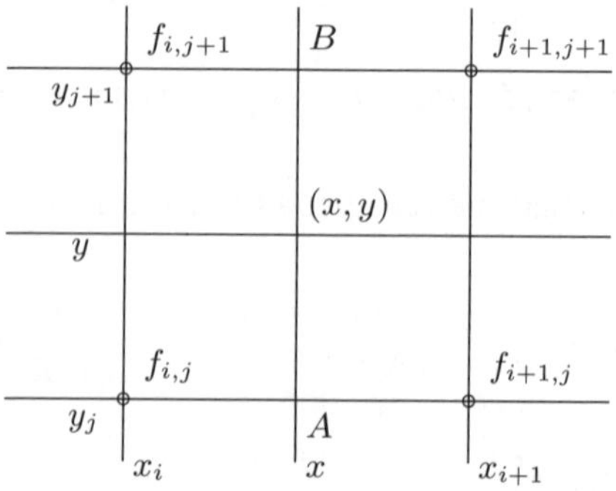

Figura 8.1

A função $f(x,y)$ pode ser aproximada da seguinte maneira (ver Figura 8.1): Primeiro faz-se a interpolação linear através de $f_{i,j}$ e $f_{i+1,j}$, onde $f_{r,s} = f(x_r, y_s)$, obtendo-se a aproximação f_A e, em seguida, através de $f_{i,j+1}$ e $f_{i+1,j+1}$, obtendo-se a aproximação f_B. Então interpola-se linearmente através de f_A e f_B para obter a aproximação final $f(x,y)$.

a) Seja:
$$\alpha = \frac{x - x_i}{x_{i+1} - x_i}; \quad \beta = \frac{y - y_j}{y_{j+1} - y_j}.$$

Mostre que a fórmula resultante do processo anterior é dada por:

$$\begin{aligned} f(x,y) &= (1-\alpha)(1-\beta)f_{i,j} + \alpha(1-\beta)f_{i+1,j} \\ &+ (1-\alpha)\beta f_{i,j+1} + \alpha\beta f_{i+1,j+1}. \end{aligned}$$

b) Considere a Tabela 8.6 para uma dada função $f(x,y)$.

Tabela 8.6

y	\multicolumn{4}{c}{x}			
	75	100	125	150
42.5	89	90	91	93
65.0	72	78	82	87
81.5	54	68	72	79
100.0	35	55	64	70
120.5	13	45	51	61

Obtenha aproximação para $f(110, 98)$, usando a fórmula do item **a)**.

8.9 Problemas Aplicados e Projetos

8.1 O gráfico de uma função f é quase um segmento de parábola, atingindo seu extremo valor em um intervalo (x_0, x_2). Os valores funcionais $f_i = f(x_i)$ são conhecidos em abscissas eqüidistantes x_0, x_1, x_2. O valor extremo é procurado.

a) Use interpolação quadrática para obter a coordenada x do extremo.

b) A duração dos dias em Lulea, na Suécia, são:

1 de junho: 20h56min
16 de junho: 22h24min
1 de julho: 22h01min
16 de julho: 20h44min

Use o resultado da parte **a)** para determinar qual é o dia mais longo em Lulea e qual é sua duração.

c) Estime o erro cometido em **b)**.

8.2 Um projétil foi lançado de um ponto tomado como origem (ver Figura 8.2). Isto é:

- Fotografou-se o projétil a 10 metros do ponto de lançamento e foi determinada sua altitude no local: 6 metros.
- Uma barreira a 20 metros do ponto de lançamento interceptou-o e aí foi determinada sua altitude: 4 metros.

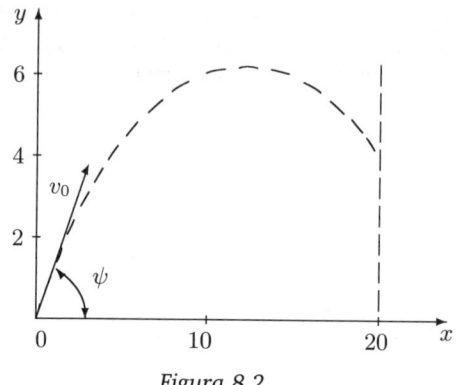

Figura 8.2

Com estes três pontos, é possível interpolar a trajetória do projétil. Comparando a equação teórica da trajetória com a obtida pela interpolação, é possível determinar os parâmetros de lançamento: o ângulo ψ com a horizontal e a velocidade inicial v_0. Assim:

a) Determine o polinômio interpolador.

b) Determine ψ e v_0, sabendo que a equação da trajetória é dada por:

$$y = x tg\, \psi - \frac{1}{2} g \frac{x^2}{v_0^2 \cos^2 \psi},$$

onde $g = 9.86\ m/s^2$.

c) Calcule a altitude do projétil a 5 metros do ponto de lançamento.

8.3 Na tabela a seguir está assinalado o posicionamento de um ônibus, partindo do marco zero de uma rodovia federal.

Tempo (min)	60	80	100	120	140	160	180
Posição (km)	76	95	112	138	151	170	192

Pede-se os possíveis posicionamento do ônibus para os tempos de 95 min, 130 min e 170 min. Use reta e parábola.

8.4 Os resultados da densidade da água ρ em várias temperaturas são apresentados na tabela a seguir.

T	0	5	10	15	20	25	30	35	40
ρ	0.9999	0.9998	0.9997	0.9991	0.9982	0.9971	0.9957	0.9941	0.9902

Calcular:

a) $\rho(13)$,

b) $\rho(27)$,

usando parábolas de $2^{\underline{o}}$ e $3^{\underline{o}}$ graus.

8.5 Um pára-quedista realizou seis saltos, pulando de alturas distintas em cada salto. Foi testada a precisão de seus saltos em relação a um alvo de raio de 5 metros de acordo com a altura. A distância apresentada na Tabela 8.7 é relativa à circunferência.

Tabela 8.7

Altura (m)		Distância do Alvo (m)
1º salto	1500	35
2º salto	1250	25
3º salto	1000	15
4º salto	750	10
5º salto	500	7

Levando em consideração os dados da Tabela 8.7, a que provável distância do alvo cairia o pára-quedista se ele saltasse de uma altura de 850 metros? Use reta e parábola.

8.6 Conhecendo-se o diâmetro e a resistividade de um fio cilíndrico, verificou-se a resistência do fio de acordo com o comprimento. Os dados obtidos estão indicados a seguir:

Comprimento (m)	500	1000	1500	2000	2500	3000	3500	4000
Resistência (Ohms)	2.74	5.48	7.90	11.00	13.93	16.43	20.24	23.52

Usando parábolas de 2º e 3º graus, determine quais serão as prováveis resistências deste fio para comprimentos de:

a) 1730 m,

b) 3200 m.

8.7 Sendo 200 candelas a intensidade de uma lâmpada, foi calculada a iluminação em casos de incidência normal sobre uma superfície situada a distâncias conhecidas, quando para cada distância foi calculada a iluminação, conforme a tabela a seguir:

Distância (metros)	1.00	1.25	1.50	1.75	2.00	2.25	2.50
Iluminação (lux)	200.00	128.00	88.39	65.30	50.00	39.50	32.00

Usando parábolas de 2º e 3º graus, calcular a iluminação, quando a superfície estiver situada a:

a) 1.60 m da lâmpada,

b) 2.38 m da lâmpada.

8.8 Um veículo de fabricação nacional, após vários testes, apresentou os resultados a seguir quando analisou-se o consumo de combustível de acordo com a velocidade média imposta ao veículo. Os testes foram realizados em rodovia em operação normal de tráfego, numa distância de 72 km.

Velocidade (km/h)	55	70	85	100	115	130
Consumo (km/l)	14.08	13.56	13.28	12.27	11.30	10.40

Usando parábolas de 2º e 3º graus, verificar o consumo aproximado para o caso de serem desenvolvidas as velocidades de:

a) 80 km/h,

b) 105 km/h.

8.9 A lei de Ohm diz que:
$$E = RI,$$
onde E é a voltagem, I é a corrente e R é a resistência, isto é, o gráfico de $E \times I$ é uma reta de coeficiente angular R que passa pela origem. Vários tipos de resistores, entretanto, não possuem essa propriedade linear e são chamados de resistores não lineares, ou varistores. Muitos tubos de vácuo são varistores. Geralmente, a relação entre a corrente e a voltagem para um varistor pode ser aproximada por um polinômio da forma:
$$I = a_1 E + a_2 E^2 + \ldots + a_n E^n = \sum_{i=1}^{n} a_i E^i = P_n(E).$$

Considere agora um circuito consistindo de um resistor linear R_1 e um varistor R_2, como mostrado na Figura 8.3.

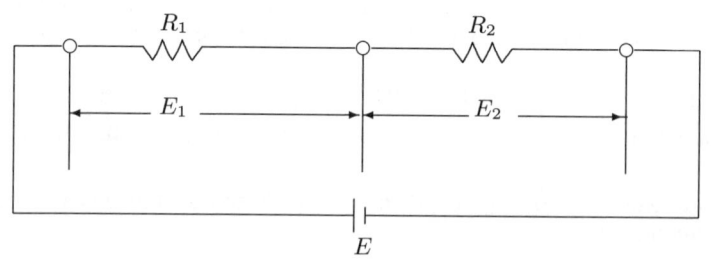

Figura 8.3

As equações para o circuito são:
$$I = \frac{E_1}{R_1} = \sum_{i=1}^{n} a_i E_2^i, \quad E = E_1 + E_2,$$

portanto,
$$R_1 \left(\sum_{i=1}^{n} a_i E_2^i \right) + E_2 = E \quad \text{ou} \quad R_1 P_n(E_2) + E_2 = E.$$

Suponha que, num certo experimento, foram obtidos os seguintes dados:

E_2 (Volts)	0.0	0.5	1.0	1.5	2.0	2.5	3.0	3.5	4.0	4.5
I (Ampéres)	0.0	0.0125	0.06	0.195	0.5	1.0875	2.1	3.71	6.12	9.5625

a) Calcule a voltagem total E e a voltagem E_1 quando $E_2 = 2.3$ Volts e $R_1 = 10$ Ohms, usando polinômio de interpolação sobre todos os pontos.

b) Use interpolação inversa de ordem 2 (ver Exercício 8.33) para calcular a tensão no varistor quando $E_1 = 10$ Volts e $R_1 = 10$ Ohms.

8.10 Um foguete é lançado na direção mostrada na Figura 8.4

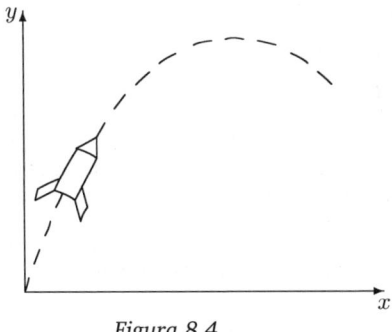

Figura 8.4

e as coordenadas x e y nos vários instantes de tempo t após o lançamento estão dadas na Tabela 8.8.

Tabela 8.8

t (segundos)	x (mil pés)	y (mil pés)
0	0	0
100	80	300
200	200	700
300	380	1200
400	500	1000
500	550	600

a) Calcule $x(250)$, $y(250)$ e $y(x(250))$ usando polinômio de interpolação sobre todos os pontos.

b) Compare os valores de $y(250)$ e $y(x(250))$. Os resultados são os mesmos? Deveriam ser?

Observe que, se você estiver fazendo um programa para resolver este problema, no item **a)** você deverá interpolar (t_i, x_i), (t_i, y_i) e (x_i, y_i), ou seja, existirão três polinômios interpoladores e apenas uma subrotina.

8.11 A constante de equilíbrio para amônia reagindo com gases de hidrogênio e nitrogênio depende da proporção molar de hidrogênio-nitrogênio, da pressão e da temperatura. Para uma proporção molar de hidrogênio-nitrogênio 3 para 1, a constante de equilíbrio para uma faixa de pressões e temperaturas é dada na Tabela 8.9.

Tabela 8.9

Temperatura	Pressão			
	100	200	300	400
400	0.0141	0.0159	0.0181	0.0207
450	0.0072	0.0080	0.0089	0.0103
500	0.0040	0.0044	0.0049	0.0054
550	0.0024	0.0026	0.0028	0.0031

Determinar a constante de equilíbrio para:

a) $462°C$ e uma pressão de 217 atm,

b) $523°C$ e uma pressão de 338 atm

usando interpolação linear.

Observe que vale a mesma observação do problema anterior, ou seja, para cada item existirão três polinômios interpoladores e apenas uma subrotina.

8.12 A Tabela 8.10 relaciona a quantidade ideal de calorias em função da idade e do peso para homens que realizam atividade física moderada e vivem a uma temperatura ambiente de $20°C$.

Tabela 8.10

Peso	Idade		
	25	45	65
50	2500	2350	1900
60	2850	2700	2250
70	3200	3000	2750
80	3550	3350	2850

Usando interpolação linear, determinar a cota aproximada de calorias para um homem

a) de 35 anos que pesa 62 quilos,

b) de 50 anos que pesa 78 quilos.

Vale a mesma observação do problema anterior.

Capítulo 9

Integração Numérica

9.1 Introdução

Integrar numericamente uma função $y = f(x)$ num dado intervalo $[a, b]$ consiste, em geral, em integrar um polinômio $P_n(x)$ que aproxime $f(x)$ no dado intervalo.

Em particular, se $y = f(x)$ for dada por uma tabela ou, o que é o mesmo, por um conjunto de pares ordenados $(x_0, f(x_0)), (x_1, f(x_1)), \ldots, (x_n, f(x_n))$ (onde os x_i podem ser supostos em ordem crescente), $x_0 = a$, $x_n = b$, podemos usar como polinômio de aproximação para a função $y = f(x)$, no intervalo $[a, b]$, o seu polinômio de interpolação.

O polinômio de interpolação para a função $y = f(x)$ no intervalo $[a, b]$, $a = x_0$, $b = x_n$ é um polinômio de aproximação para $f(x)$ em qualquer sub-intervalo $[x_i, x_j]$, $0 \leq i \leq n$, $0 \leq j \leq n$ de $[a, b]$. Podemos então usar o polinômio $P_n(x)$ para integrar $f(x)$ em qualquer desses sub-intervalos.

As vantagens de se integrar um polinômio que aproxima $y = f(x)$ ao invés de $f(x)$, são principalmente as seguintes:

   a) $f(x)$ pode ser uma função difícil de integrar ou para a qual a integração seja impossível, por exemplo,

   $$\int_0^t \frac{s}{(t^{\frac{3}{2}} - s^{\frac{3}{2}})^{\frac{2}{3}}} ds,$$

   enquanto que um polinômio é sempre de integração imediata,

   b) a solução analítica do resultado da integral é conhecida, mas seu cálculo só pode ser obtido aproximadamente, por exemplo,

   $$\int_0^{0.6} x^2 e^{3x} dx = \left. \frac{e^{3x}}{27}(9x^2 - 6x + 2) \right]_0^{0.6} = 0.293386\ldots,$$

   c) a função é conhecida apenas em pontos discretos obtidos através de experimentos.

As fórmulas de integração são de manejo fácil e prático e nos permitem, quando a função $f(x)$ é conhecida, ter uma idéia do erro cometido na integração numérica, como veremos mais adiante.

Consideraremos integrais da forma:

$$\int_a^b \omega(x)f(x)dx,$$

onde $\omega(x) \geq 0$ e contínua em $[a,b]$. A função $\omega(x)$ é chamada **função peso** e pode anular-se somente num número finito de pontos.

Para aproximar a integral usaremos **Fórmulas de Quadratura**. Tais fórmulas também são chamadas de **Fórmulas de Integração Numérica**.

Fórmulas de quadratura são aquelas que aproximam a integral usando combinação linear dos valores da função, isto é:

$$\int_a^b \omega(x)f(x)dx \simeq \sum_{k=0}^n A_k f(x_k).$$

Na expressão anterior, os $n+1$ pontos distintos x_k são chamados **pontos** da quadratura, e as quantidades A_k são chamadas **coeficientes** da quadratura.

Seja $R(f)$ o erro cometido ao usarmos esse tipo de aproximação, ou seja:

$$R(f) = \int_a^b \omega(x)f(x)dx - \sum_{k=0}^n A_k f(x_k).$$

Definição 9.1
O **grau de precisão** de uma fórmula de quadratura é o maior inteiro m tal que $R(x^k) = 0$, $k = 0, 1, \ldots, m$ e $R(x^{m+1}) \neq 0$.

Observe que esta definição é equivalente a dizer que a fórmula de quadratura tem grau de precisão m se é exata para todo polinômio de grau $\leq m$ e é não exata para polinômios de grau $m+1$.

9.2 Fórmulas de Quadratura Interpolatória

Sejam $x_0, x_1, \ldots, x_n$, $n+1$ pontos distintos em $[a,b]$, e sejam $f_0, f_1, \ldots, f_n$, $n+1$ valores de uma função $y = f(x)$ calculados em $x_0, x_1, \ldots, x_n$.

Seja $P_n(x)$ o polinômio de interpolação da função $y = f(x)$ sobre os $n+1$ pontos considerados. Pela fórmula de Lagrange para o polinômio de interpolação (ver Capítulo 8), temos:

$$P_n(x) = \sum_{k=0}^n f_k \ell_k(x).$$

Agora, sabemos que: $\quad f(x) \simeq P_n(x) \quad$ e
$$f(x) = P_n(x) + \underbrace{R_n(x)}_{\text{erro na interpolação}}.$$

Multiplicando a igualdade anterior pela função peso $\omega(x)$ e integrando de a até b, segue que:

$$\int_a^b \omega(x)f(x)dx = \int_a^b \omega(x)P_n(x)dx + \underbrace{\int_a^b \omega(x)R_n(x)dx}_{R(f)}$$

$$= \int_a^b \omega(x) \sum_{k=0}^n f_k \ell_k(x)dx + R(f),$$

onde $R(f)$ é o **erro na integração**. Logo,

$$\int_a^b \omega(x)f(x)dx = \sum_{k=0}^n f_k \int_a^b \omega(x)\ell_k(x)dx + R(f) \qquad (9.1)$$

ou

$$\int_a^b \omega(x)f(x)dx \cong \sum_{k=0}^n A_k f_k, \qquad (9.2)$$

onde:

$$A_k = \int_a^b \omega(x)\ell_k(x)dx.$$

Portanto, (9.2) é uma fórmula de quadratura interpolatória e o seu erro é dado por:

$$R(f) = \int_a^b \omega(x)R_n(x)dx.$$

Teorema 9.1
A fórmula de quadratura (9.2) é interpolatória se e somente se seu grau de precisão é pelo menos n (ou seja, se e somente se a fórmula é exata para todo polinômio de grau $\leq n$).

Prova: A prova deste teorema pode ser encontrada, por exemplo, em [Krilov, 1962].

Esse teorema garante que: dados $n+1$ pontos distintos, $x_0, x_1, \ldots, x_n$, se exigirmos que a fórmula seja exata para todo polinômio de grau $\leq n$ então os coeficientes A_k são completamente determinados. Isto é equivalente a dizer que a equação:

$$\int_a^b \omega(x)x^i dx = \sum_{k=0}^n A_k\, x_k^i \qquad (9.3)$$

é satisfeita para $i = 0, 1, \ldots, n$ e é não satisfeita para $i = n+1$.

Exemplo 9.1

Seja $[a, b] = [0, 2]$ e sejam $x_0 = 0, x_1 = 1$ e $x_2 = \dfrac{3}{2}$.

    a) Determinar fórmula de quadratura que seja exata para todo polinômio de grau ≤ 2.

    b) Usando a fórmula obtida em **a)** calcular:

$$\int_0^2 (x^2 - 2)dx.$$

Solução:

a) Dados os pontos x_0, x_1, x_2, exigimos que a fórmula seja exata para polinômios de grau ≤ 2, isto é, exigimos que a fórmula seja exata para $f(x) = 1$; $f(x) = x$; $f(x) = x^2$. Consideremos, por simplicidade, mas sem perda de generalidade, $\omega(x) = 1$. Portanto, usando (9.3), temos:

$$\int_0^2 dx = A_0 + A_1 + A_2 = 2,$$

$$\int_0^2 x\, dx = A_0 \cdot 0 + A_1 \cdot 1 + A_2 \cdot \frac{3}{2} = 2,$$

$$\int_0^2 x^2 dx = A_0 \cdot 0 + A_1 \cdot 1 + A_2 \cdot \frac{9}{4} = \frac{8}{3},$$

onde os valores: $2, 2, \frac{8}{3}$ são o resultado da integral de 0 a 2 de $1, x, x^2$, respectivamente.

Assim, temos obtido um sistema linear de três equações a três incógnitas. Resolvendo esse sistema linear, segue que:

$$A_0 = \frac{4}{9}; \quad A_1 = \frac{2}{3}; \quad A_2 = \frac{8}{9}.$$

Temos então uma fórmula para integrar uma função $f(x)$, no intervalo $[0, 2]$, isto é:

$$\int_0^2 f(x)dx = \frac{4}{9}f(x_0) + \frac{2}{3}f(x_1) + \frac{8}{9}f(x_2),$$

que é uma fórmula de quadratura interpolatória de grau dois.

b) Temos: $f(x) = x^2 - 2$, $x_0 = 0$, $x_1 = 1$, $x_2 = \frac{3}{2}$. Assim:

$$f(x_0) = -2, \quad f(x_1) = -1, \quad f(x_2) = \frac{1}{4}.$$

Portanto, usando a fórmula obtida no item **a)**, temos que:

$$\int_0^2 (x^2 - 2)dx = \frac{4}{9}(-2) + \frac{2}{3}(-1) + \frac{8}{9}\left(\frac{1}{4}\right) = -\frac{12}{9} = -\frac{4}{3}$$

e, resolvendo a integral, via cálculo, obtemos:

$$\int_0^2 (x^2 - 2)dx = \left.\frac{x^3}{3} - 2x\right]_0^2 = \frac{8}{3} - 4 = -\frac{4}{3}.$$

Os resultados são idênticos pelo fato da função integrando ser um polinômio de grau 2.

Observe que podemos obter fórmulas de quadratura usando o método descrito anteriormente. Entretanto, obter fórmulas assim é um tanto trabalhoso, pois se mudarmos os limites de integração e/ou os pontos, todos os cálculos devem ser refeitos. Seria interessante obtermos fórmulas que não dependessem nem dos pontos nem dos limites de integração. Esse objetivo será alcançado com as fórmulas de Newton-Cotes.

9.2.1 Fórmulas de Newton-Cotes

Estudaremos aqui **Fórmulas de Newton-Cotes do tipo fechado**. Tais fórmulas são aquelas em que todos os pontos estão no intervalo de integração $[a, b]$ e a palavra *fechado* significa que os pontos a e b são os pontos extremos da fórmula de quadratura, isto é: $a = x_0$ e $b = x_n$; os argumentos x_k são igualmente espaçados de uma quantidade fixa h, isto é, $x_{k+1} - x_k = h$, $k = 0, 1, \ldots, n-1$; a função peso, $\omega(x)$, é constante e igual a 1, e o intervalo de integração é finito.

Seja $y = f(x)$ uma função cujos valores $f(x_0), f(x_1), \ldots, f(x_n)$ são conhecidos (por exemplo, por meio de uma tabela). De (9.2), temos:

$$\int_a^b f(x)dx = \int_{x_0}^{x_n} f(x)dx \cong \sum_{k=0}^n f_k \int_{x_0}^{x_n} \ell_k(x)dx.$$

Supondo então os argumentos x_i igualmente espaçados de h e considerando a mudança de variável: $u = \dfrac{x - x_0}{h}$, segue que:

$$dx = h\,du \quad \text{e quando} \quad \begin{aligned} x = x_0 &\to u = 0, \\ x = x_n &\to u = n. \end{aligned}$$

Logo:

$$\int_{x_0}^{x_n} f(x)dx \cong \sum_{k=0}^n f_k\, h \int_0^n \lambda_k(u)du,$$

onde os λ_k são os polinômios usados na fórmula de Lagrange para argumentos igualmente espaçados (ver Capítulo 8). Fazendo:

$$\int_0^n \lambda_k(u)du = C_k^n, \tag{9.4}$$

obtemos:

$$\int_{x_0}^{x_n} f(x)dx \cong \sum_{k=0}^n f_k\, h\, C_k^n. \tag{9.5}$$

Observe que a fórmula (9.5) independe dos limites de integração. Trataremos de obter, agora, algumas fórmulas de Newton-Cotes. Mais adiante, analisaremos o termo do erro.

1º Caso: Consideremos $n = 1$, isto é, queremos obter uma fórmula para integrar $f(x)$ entre dois pontos consecutivos x_0 e x_1, usando polinômio do 1º grau. Temos, em vista de (9.5), que:

$$\int_{x_0}^{x_1} f(x)dx \cong \sum_{k=0}^1 f_k\, h\, C_k^1, \tag{9.6}$$

onde, de (9.4),

$$C_0^1 = \int_0^1 \lambda_0(u)du = \int_0^1 \frac{u-1}{0-1}\,du = \int_0^1 (1-u)du = \frac{1}{2},$$

$$C_1^1 = \int_0^1 \lambda_1(u)du = \int_0^1 \frac{u-0}{1-0}\,du = \frac{1}{2}.$$

Portanto, substituindo C_0^1 e C_1^1 em (9.6), obtemos:

$$\int_{x_0}^{x_1} f(x)dx \cong h\left[\frac{1}{2}f(x_0) + \frac{1}{2}f(x_1)\right]$$

ou

$$\int_{x_0}^{x_1} f(x)dx \cong \frac{h}{2}[f(x_0) + f(x_1)], \qquad (9.7)$$

que é uma fórmula de Newton-Cotes, conhecida como **Regra do Trapézio**.

Observe que se o intervalo $[a, b]$ é pequeno, a aproximação é razoável; mas se $[a, b]$ é grande, o erro também pode ser grande. Na Figura 9.1, a área hachurada é o erro cometido ao calcularmos a integral de a até b usando (9.7).

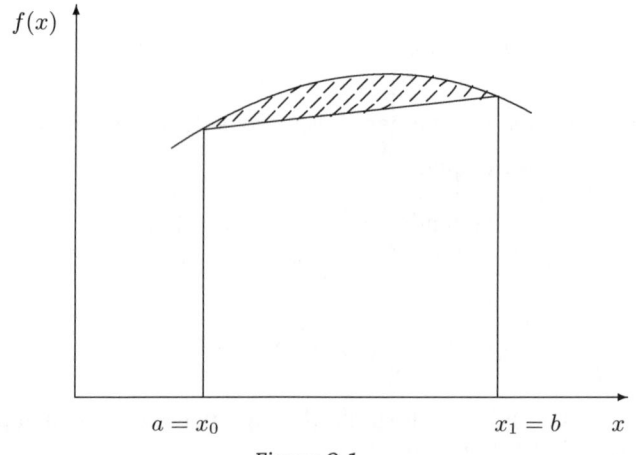

Figura 9.1

Assim, se o intervalo de integração é grande, podemos dividir o intervalo $[a, b]$ em N sub-intervalos de amplitude $h = \dfrac{b-a}{N}$ de tal forma que $x_0 = a$, $x_N = b$ e em cada sub-intervalo $[x_j, x_{j+1}]$, $j = 0, 1, \ldots, N-1$, aplicar a Regra do Trapézio. O erro agora é a soma das áreas entre a curva e as retas. Na Figura 9.2 apresentamos o caso para $N = 3$.

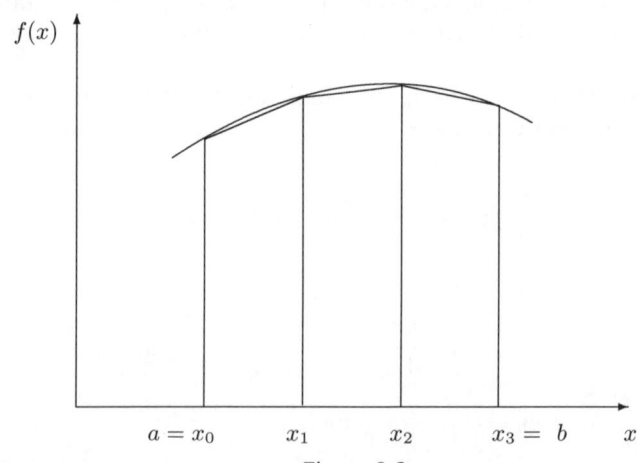

Figura 9.2

Observe ainda que, quando $h \to 0$, estaremos tendendo ao resultado exato da integral, pois o erro estará diminuindo. Tal fato pode ser observado comparando-se as Figuras 9.1, 9.2 e 9.3.

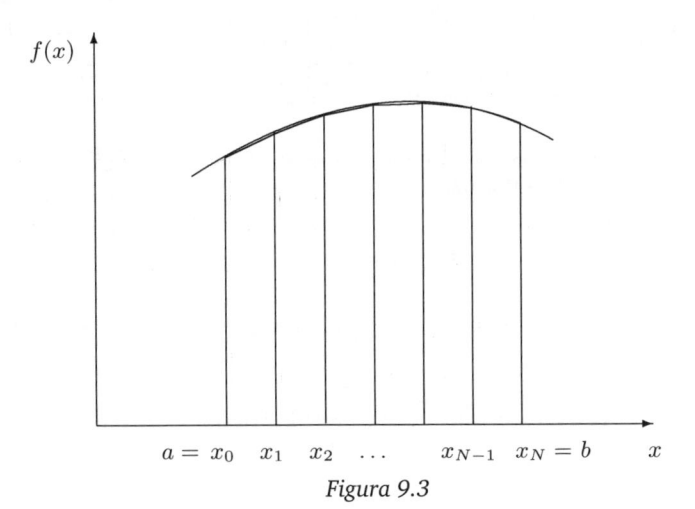

Figura 9.3

Assim, utilizando o que foi descrito, obtemos:

$$\int_{x_0}^{x_N} f(x)dx = \int_{x_0}^{x_1} f(x)dx + \int_{x_1}^{x_2} f(x)dx + \ldots + \int_{x_{N-1}}^{x_N} f(x)dx$$

$$\simeq \frac{h}{2}[f(x_0) + f(x_1)] + \frac{h}{2}[f(x_1) + f(x_2)]$$

$$+ \ldots + \frac{h}{2}[f(x_{N-1}) + f(x_N)].$$

Na expressão anterior vemos que, com exceção de f calculada nos pontos x_0 e x_N, o cálculo de f nos pontos extremos de cada sub-intervalo de integração aparece duas vezes. Portanto, podemos escrever:

$$\int_{x_0}^{x_N} f(x)dx = \frac{h}{2}[f(x_0) + 2(f(x_1) + f(x_2) + \ldots + f(x_{N-1})) + f(x_N)] \quad (9.8)$$

e assim obtemos a **Regra do Trapézio Generalizada**. Na prática, só utilizamos esta regra.

Exemplo 9.2

Calcular usando a regra do trapézio:

$$\int_0^{1.2} e^x \cos x \, dx.$$

Solução: Considerando $h = 0.2$, obtemos a Tabela 9.1.

Tabela 9.1

	x_0	x_1	x_2	x_3	x_4	x_5	x_6
x	0	0.2	0.4	0.6	0.8	1.0	1.2
e^x	1	1.221	1.492	1.822	2.226	2.718	3.320
$\cos x$	1	0.980	0.921	0.825	0.697	0.540	0.362
$e^x \cos x$	1	1.197	1.374	1.503	1.552	1.468	1.202

Observe que, para obter os valores da Tabela 9.1, sua máquina de calcular deve estar em radianos. Aplicando (9.8), obtemos:

$$\int_0^{1.2} e^x \cos x \, dx = \frac{h}{2}[f(x_0) + 2(f(x_1) + \ldots + f(x_5)) + f(x_6)]$$
$$= \frac{0.2}{2}[1 + 2(1.197 + 1.374 + 1.503 + 1.552 + 1.468) + 1.202]$$
$$= 0.1[1 + 2(7.094) + 1.202]$$
$$= 0.1[1 + 14.188 + 1.202] = 0.1[16.39] = 1.639.$$

Exercícios

9.1 Aplicar a regra do trapézio para calcular:

$$\int_{1.00}^{1.30} \sqrt{x} \, dx$$

utilizando os dados da tabela a seguir:

x	1.00	1.05	1.10	1.15	1.20	1.25	1.30
$\sqrt{x}$	1.0000	1.0247	1.0488	1.0723	1.0954	1.1180	1.1401

9.2 Calcular:

$$\int_0^{0.8} \cos x \, dx$$

pela regra do trapézio, com $h = 0.4$, 0.2 e 0.1, sabendo que:

x	0	0.1	0.2	0.3	0.4	0.5	0.6	0.7	0.8
$\cos x$	1	0.995	0.980	0.955	0.921	0.877	0.825	0.764	0.696

9.3 Usando a regra do trapézio sobre cinco pontos, calcular:

$$\int_{1.2}^{1.6} \text{sen } x \, dx.$$

Sabe-se que:

x	1.2	1.3	1.4	1.5	1.6
$\text{sen } x$	0.93204	0.96356	0.98545	0.99749	0.99957

9.4 Dada a tabela:

x	0	0.2	0.4	0.6	0.8
e^x	1	1.22	1.49	1.82	2.22

calcular:
$$\int_0^{0.8} xe^x dx$$
pela regra do trapézio usando todos os pontos.

9.5 Provar que: $C_k^n = C_{n-k}^n$.
Sugestão: Faça uma mudança de variável.

2º Caso: Consideremos $n = 2$, isto é, queremos obter uma fórmula para integrar $f(x)$ entre três pontos consecutivos x_0, x_1 e x_2 usando polinômio do 2º grau. Temos, de (9.5), que:

$$\int_{x_0}^{x_2} f(x)dx \simeq \sum_{k=0}^{2} f_k \, h \, C_k^2, \qquad (9.9)$$

onde, de (9.4),

$$C_0^2 = \int_0^2 \lambda_0(u)du = \int_0^2 \frac{(u-1)(u-2)}{(0-1)(0-2)} du$$
$$= \frac{1}{2}\int_0^2 (u^2 - 3u + 2)du = \frac{1}{3},$$
$$C_1^2 = \int_0^2 \lambda_1(u)du = \int_0^2 \frac{(u-0)(u-2)}{(1-0)(1-2)} du$$
$$= -\int_0^2 (u^2 - 2u)du = \frac{4}{3},$$
$$C_2^2 = \frac{1}{3},$$

desde que, pelo exercício 9.5, $C_2^2 = C_0^2$. Substituindo os valores de C_k^2, $k = 0, 1, 2$ em (9.9), obtemos:

$$\int_{x_0}^{x_2} f(x)dx \simeq h\left[\frac{1}{3}f(x_0) + \frac{4}{3}f(x_1) + \frac{1}{3}f(x_2)\right]$$

ou

$$\int_{x_0}^{x_2} f(x)dx \simeq \frac{h}{3}[f(x_0) + 4f(x_1) + f(x_2)], \qquad (9.10)$$

que é uma fórmula de Newton-Cotes, conhecida como **Regra $\frac{1}{3}$ de Simpson**.

De maneira análoga à regra do trapézio, a generalização da regra $\frac{1}{3}$ de Simpson para integração ao longo de um intervalo $[a, b]$ é feita dividindo-se $[a, b]$ num número **par** $2N$ de sub-intervalos de amplitude $h = \dfrac{b-a}{2N}$, de tal forma que $x_0 = a$, $x_{2N} = b$. Note que o número de subdivisões deve ser múltiplo de 2, pois precisamos de dois sub-intervalos (e, portanto, de três pontos) para aplicar uma vez a regra (9.10). Temos, então:

$$\int_{x_0}^{x_{2N}} f(x)dx = \int_{x_0}^{x_2} f(x)dx + \int_{x_2}^{x_4} f(x)dx + \ldots + \int_{x_{2N-2}}^{x_{2N}} f(x)dx.$$

Usando a regra $\frac{1}{3}$ de Simpson em cada sub-intervalo $[x_j, x_{j+2}], j = 0, 2, \ldots, 2N - 2$, obtemos:

$$\int_{x_0}^{x_{2N}} f(x)dx \simeq \frac{h}{3}[f(x_0) + 4f(x_1) + f(x_2)] + \frac{h}{3}[f(x_2) + 4f(x_3) + f(x_4)]$$
$$+ \ldots + \frac{h}{3}[f(x_{2N-2}) + 4f(x_{2N-1}) + f(x_{2N})].$$

Na expressão anterior vemos que, com exceção de f calculada nos pontos x_0 e x_{2N}, o cálculo de f nos pontos extremos de cada sub-intervalo de integração aparece duas vezes. Portanto, podemos escrever:

$$\int_{x_0}^{x_{2N}} f(x)dx \simeq \frac{h}{3}[f(x_0) + 4f(x_1) + 2f(x_2) + 4f(x_3) + 2f(x_4) \qquad (9.11)$$
$$+ \ldots + 2f(x_{2N-2}) + 4f(x_{2N-1}) + f(x_{2N})]$$

e assim obtemos a **Regra $\frac{1}{3}$ de Simpson Generalizada**. Novamente, na prática, só utilizamos esta regra.

Exemplo 9.3

Usando a regra $\frac{1}{3}$ de Simpson, calcular a integral do Exemplo 9.2.

Solução: Usando a Tabela 9.1 e aplicando (9.11), obtemos:

$$\int_0^{1.2} e^x \cos x \, dx = \frac{h}{3}[f(x_0) + 4f(x_1) + 2f(x_2) + 4f(x_3) + 2f(x_4) + 4f(x_5) + f(x_6)]$$
$$= \frac{0.2}{3}[1 + 4(1.197 + 1.503 + 1.468) + 2(1.374 + 1.552) + 1.202]$$
$$= \frac{0.2}{3}[1 + 4(4.168) + 2(2.926) + 1.202]$$
$$= \frac{0.2}{3}[1 + 16.672 + 5.852 + 1.202] = \frac{0.2}{3}[24.726] = 1.6484.$$

Exercícios

9.6 Resolver os exercícios 9.1, 9.2, 9.3 e 9.4 usando a Regra $\frac{1}{3}$ de Simpson.

9.7 A velocidade v de um foguete lançado do chão verticalmente (para cima, é claro) foi tabelada como se segue:

$t\,(s)$	0	5	10	15	20
$v\,(pés/s)$	0	60.6	180.1	341.6	528.4

Usando a regra $\frac{1}{3}$ de Simpson, calcular a altura do foguete após 20 segundos.

9.8 Usando a regra $\frac{1}{3}$ de Simpson, calcular:

$$\int_{1.0}^{1.6} \ln x \, dx.$$

Sabe-se que:

x	1.0	1.1	1.2	1.3	1.4	1.5	1.6
$\ln x$	0	0.095	0.182	0.262	0.336	0.405	0.470

3º Caso: Consideremos $n = 3$, isto é, queremos obter uma fórmula para integrar $f(x)$ entre quatro pontos consecutivos x_0, x_1, x_2, x_3, usando polinômio do 3º grau. Temos, em vista de (9.5), que:

$$\int_{x_0}^{x_3} f(x)dx \simeq \sum_{k=0}^{3} f_k \, h \, C_k^3, \tag{9.12}$$

onde, de (9.4),

$$\begin{aligned}
C_0^3 &= \int_0^3 \lambda_0(u)du = \int_0^3 \frac{(u-1)(u-2)(u-3)}{(0-1)(0-2)(0-3)} du \\
&= -\frac{1}{6}\int_0^3 (u^3 - 6u^2 + 11u - 6)du = \frac{3}{8}, \\
C_1^3 &= \int_0^3 \lambda_1(u)du = \int_0^3 \frac{u(u-2)(u-3)}{(1-0)(1-2)1-3)} du \\
&= \frac{1}{2}\int_0^3 (u^3 - 5u^2 + 6u)du = \frac{9}{8}, \\
C_2^3 &= \frac{9}{8}, \quad C_3^3 = \frac{3}{8},
\end{aligned}$$

desde que, pelo exercício 9.5, $C_2^3 = C_1^3$ e $C_3^3 = C_0^3$. Assim, substituindo os valores de C_k^3, $k = 0, 1, 2, 3$, em (9.12), obtemos:

$$\int_{x_0}^{x_3} f(x)dx \simeq h\left[\frac{3}{8}f(x_0) + \frac{9}{8}f(x_1) + \frac{9}{8}f(x_2) + \frac{3}{8}f(x_3)\right]$$

ou

$$\int_{x_0}^{x_3} f(x)dx \simeq \frac{3}{8}h[f(x_0) + 3(f(x_1) + f(x_2)) + f(x_3)], \tag{9.13}$$

que é uma fórmula de Newton-Cotes, conhecida como **Regra $\frac{3}{8}$ de Simpson**.

Para generalizar a regra $\frac{3}{8}$ de Simpson, devemos dividir o intervalo $[a, b]$ em um número de sub-intervalos de amplitude $h = \dfrac{b-a}{3N}$ de tal forma que $x_0 = a$, $x_{3N} = b$. Note que o número de subdivisões deve ser múltiplo de 3, pois precisamos de três sub-intervalos (e, portanto, de quatro pontos) para aplicar uma vez a regra (9.13). Temos, então:

$$\int_{x_0}^{x_{3N}} f(x)dx = \int_{x_0}^{x_3} f(x)dx + \int_{x_3}^{x_6} f(x)dx + \ldots + \int_{x_{3N-3}}^{x_{3N}} f(x)dx.$$

Usando a regra $\frac{3}{8}$ de Simpson em cada sub-intervalo $[x_j, x_{j+3}]$, $j = 0, 3, 6, \ldots, 3N-3$, obtemos:

$$\int_{x_0}^{x_{3N}} f(x)dx \simeq \frac{3}{8}h[f(x_0) + 3(f(x_1) + f(x_2)) + f(x_3)]$$
$$+ \frac{3}{8}h[f(x_3) + 3(f(x_4) + f(x_5)) + f(x_6)]$$
$$+ \ldots\ldots$$
$$+ \frac{3}{8}h[f(x_{3N-3}) + 3(f(x_{3N-2}) + f(x_{3N-1})) + f(x_{3N})].$$

Novamente, na expressão anterior vemos que, com exceção de f calculada nos pontos x_0 e x_{3N}, o cálculo de f nos pontos extremos de cada sub-intervalo de integração aparece duas vezes. Portanto, podemos escrever:

$$\int_{x_0}^{x_{3N}} f(x)dx \simeq \frac{3}{8}h[f(x_0) + 3(f(x_1) + f(x_2)) + 2f(x_3) + 3(f(x_4) + f(x_5)) \quad (9.14)$$
$$+ \ldots + 2f(x_{3N-3}) + 3(f(x_{3N-2}) + f(x_{3N-1})) + f(x_{3N})]$$

e assim obtemos a **Regra $\frac{3}{8}$ de Simpson Generalizada**. Novamente, na prática, só utilizamos esta regra.

Exemplo 9.4

Usando a regra $\frac{3}{8}$ de Simpson, calcular a integral do Exemplo 9.2.

Solução: Usando a Tabela 9.1 e aplicando (9.14), obtemos:

$$\int_0^{1.2} e^x \cos x \, dx \cong \frac{3}{8}h[f(x_0) + 3(f(x_1) + f(x_2)) + 2f(x_3)$$
$$+ 3(f(x_4) + f(x_5)) + f(x_6)]$$
$$= \frac{0.6}{8}[1 + 3(1.197 + 1.374) + 2(1.503) + 3(1.552 + 1.468) + 1.202]$$
$$= \frac{0.6}{8}[1 + 3(2.571) + 3.006 + 3(3.020) + 1.202]$$
$$= \frac{0.6}{8}[1 + 7.713 + 3.006 + 9.060 + 1.202]$$
$$= \frac{0.6}{8}[21.981] = 1.648575.$$

Observações:

1) De maneira semelhante ao que foi descrito nesta seção, podemos obter outras fórmulas de Newton-Cotes do tipo fechado. Para tanto, basta irmos aumentando o grau do polinômio de interpolação. Entretanto, na prática, as fórmulas mais usadas são a regra do Trapézio e as de Simpson, pois são de utilização simples e, além disso, todas tendem ao resultado exato da integral quando $h \to 0$.

2) Calculando diretamente a integral, obtemos:

$$\int_0^{1.2} e^x \cos x\, dx = \left. \frac{e^x}{2}(\sen x + \cos x) \right]_0^{1.2}$$

e usando sete casas decimais (trabalhando com arredondamento), segue que o resultado da integral é **1.6487747**. Assim, se compararmos este resultado com os obtidos nos exemplos anteriores, vemos que temos uma casa decimal correta quando utilizamos a regra do trapézio e três casas decimais corretas nas regras de Simpson. Veremos a seguir, quando estudarmos o termo do erro para as fórmulas de Newton-Cotes, que ambas as regras de Simpson possuem a mesma ordem de convergência e, portanto, tanto faz utilizar uma como a outra que teremos o resultado da integral com o mesmo número de casas decimais corretas. Uma pergunta que surge naturalmente é: por que então duas regras? A resposta está no fato de que a aplicação das regras depende das subdivisões dos intervalos. Note que, na prática, podemos utilizar as duas regras de Simpson para resolver uma integral, como é mostrado no exemplo a seguir.

Exemplo 9.5

Usando a regra de Simpson, calcular a integral de 0 a 1.0 da função dada no Exemplo 9.2.

Solução: Não podemos utilizar apenas uma das regras de Simpson para resolver a integral, visto que o número de pontos, para ambas, não é adequado. Podemos, entretanto, utilizar a regra $\frac{1}{3}$ de Simpson para integrar de 0 a 0.4 e a regra $\frac{3}{8}$ para integrar de 0.4 a 1.0 ou então utilizar a regra $\frac{3}{8}$ de Simpson no intervalo $[0, 0.6]$ e a regra $\frac{1}{3}$ de Simpson no intervalo $[0.6, 1.0]$. Considerando a primeira possibilidade, obtemos:

$$\int_0^{1.0} e^x \cos x\, dx \cong \frac{1}{3}h[f(x_0) + 4f(x_1) + f(x_2)]$$
$$+ \frac{3}{8}h[f(x_2) + 3(f(x_3) + f(x_4)) + f(x_5)]$$
$$= \frac{0.2}{3}[1 + 4(1.197) + 1.374]$$
$$+ \frac{0.6}{8}[1.374 + 3(1.503 + 1.552) + 1.468]$$
$$= \frac{0.2}{3}[1 + 4.788 + 1.374] + \frac{0.6}{8}[1.374 + 9.165 + 1.468]$$
$$= \frac{0.2}{3}(7.162) + \frac{0.6}{8}(12.007) = 0.477467 + 0.900525 = 1.377992.$$

Observe que não devemos aplicar as regras de Simpson em conjunto com a regra do trapézio, pois esta última possui ordem de convergência menor, como veremos na próxima seção.

Exercícios

9.9 Resolver os exercícios 9.1 e 9.8 usando a regra $\frac{3}{8}$ de Simpson.

9.10 Calcular:

$$\int_0^{0.6} \cos x \, dx,$$

pela regra $\frac{3}{8}$ de Simpson; com $h = 0.1$. Use a tabela do exercício 9.2.

9.11 Usando a regra $\frac{3}{8}$ de Simpson e $h = 0.4$ e 0.2, calcular:

$$\int_0^{1.2} e^{-x} \operatorname{sen} x \, dx.$$

Sabe-se que:

x	0	0.2	0.4	0.6	0.8	1.0	1.2
e^{-x}	1.000	0.819	0.670	0.548	0.449	0.367	0.301
$\operatorname{sen} x$	0	0.198	0.398	0.565	0.717	0.841	0.932

9.2.2 Erro nas Fórmulas de Newton-Cotes

Estudaremos nesta seção o termo do resto ou o erro que cometemos ao aproximar o valor de uma integral usando as fórmulas de Newton-Cotes do tipo fechado, isto é, estudaremos o termo $R(f)$ dado em (9.1). Para tanto, enunciaremos dois teoremas, cujas demonstrações aqui omitidas podem ser encontradas, por exemplo, em [Jennings, 1969], e cujos resultados são extremamente importantes.

Teorema 9.2
Se os pontos $x_j = x_0 + jh$, $j = 0, 1, \ldots, n$ dividem $[a, b]$ em um número **ímpar** de intervalos iguais e $f(x)$ tem derivada de ordem $(n + 1)$ contínua em $[a, b]$, então a expressão do erro para as fórmulas de Newton-Cotes do tipo fechado, com n ímpar, é dada por:

$$R(f) = \frac{h^{n+2} f^{(n+1)}(\xi)}{(n+1)!} \int_0^n u(u-1) \ldots (u-n) du,$$

para algum ponto $\xi \in [a, b]$.

Teorema 9.3
Se os pontos $x_j = x_0 + jh$, $j = 0, 1, \ldots, n$ dividem $[a, b]$ em um número **par** de intervalos iguais e $f(x)$ tem derivada de ordem $(n + 2)$ contínua em $[a, b]$, então a expressão do erro para as fórmulas de Newton-Cotes do tipo fechado, com n par, é dada por:

$$R(f) = \frac{h^{n+3} f^{(n+2)}(\xi)}{(n+2)!} \int_0^n \left(u - \frac{n}{2}\right) u(u-1) \ldots (u-n) du,$$

para algum ponto $\xi \in [a, b]$.

Erro na Regra do Trapézio

O erro na fórmula trapezoidal sobre o intervalo $[x_0, x_1]$ é obtido fazendo $n = 1$ no Teorema 9.2. Logo:

$$\begin{aligned} R(f) &= \frac{h^3 f''(\xi)}{2!} \int_0^1 [u(u-1)] du \\ &= \frac{h^3 f''(\xi)}{2!} \int_0^1 (u^2 - u) du \\ &= \frac{h^3 f''(\xi)}{2!} \left(-\frac{1}{6}\right). \end{aligned}$$

Portanto, o erro cometido ao aplicarmos uma vez a regra do trapézio é dado por:

$$R(f) = -\frac{h^3 f''(\xi)}{12}, \quad x_0 < \xi < x_1. \tag{9.15}$$

Assim, podemos escrever:

$$\int_{x_0}^{x_1} f(x) dx = \frac{h}{2}[h(x_0) + f(x_1)] - \frac{h^3}{12} f''(\xi), \quad x_0 < xi < x_1.$$

O erro na fórmula do trapézio generalizada é obtido adicionando-se N erros da forma (9.15), onde $N = \dfrac{b-a}{h}$. Logo:

$$\begin{aligned} \int_{x_0}^{x_N} f(x) dx &= [f(x_0) + 2(f(x_1) + \ldots + f(x_{N-1})) + f(x_N)] \\ &\quad - \frac{Nh^3}{12} f''(\xi), \quad x_0 < \xi < x_N \\ &= \frac{h}{2}[f(x_0) + 2(f(x_1) + \ldots + f(x_{N-1})) + f(x_N)] \\ &\quad - \frac{(b-a)}{12} h^2 f''(\xi), \quad x_0 < \xi < x_N. \end{aligned}$$

Observe que o termo do erro não será, na prática, subtraído do resultado aproximado, obtido pela aplicação da regra do trapézio, visto que, nunca conseguiríamos o resultado exato, pois o ponto ξ que fornece a igualdade, existe e é único, mas não temos como determiná-lo. Assim, a aplicação da fórmula do termo do resto é útil quando queremos o resultado com uma precisão pré-fixada, como mostraremos no exemplo a seguir.

Exemplo 9.6

Determinar o menor número de intervalos em que podemos dividir $[0, 1.2]$ para obter:

$$\int_0^{1.2} e^x \cos x \, dx$$

pela regra do trapézio com três casas decimais corretas.

Solução: Como queremos determinar o menor número de intervalos, devemos usar a expressão do erro para a fórmula do trapézio generalizada, isto é:

$$R(f) = -\frac{Nh^3}{12} f''(\xi), \quad x_0 < \xi < x_N.$$

Como não podemos determinar $f''(\xi)$, vamos calcular um limitante superior para $|R(f)|$. Assim:

$$\Rightarrow |R(f)| \leq \frac{Nh^3}{12} \max_{0 \leq t \leq 1.2} |f''(t)|. \tag{9.16}$$

Devemos então calcular a derivada segunda de f e avaliar seu valor máximo no intervalo $[0, 1.2]$. Temos:

$$\begin{aligned} f(t) &= e^t \cos t, \quad f'(t) = e^t(\cos t - \operatorname{sen} t), \\ f''(t) &= e^t(\cos t - \operatorname{sen} t) - e^t(\operatorname{sen} t + \cos t) \\ \Rightarrow \quad f''(t) &= -2e^t \operatorname{sen} t. \end{aligned}$$

Portanto:
$$\max_{0 \leq t \leq 1.2} |f''(t)| = |f(1.2)| = 2(3.320)(0.932) = 6.188.$$

Substituindo o valor máximo da derivada segunda em (9.16), lembrando que na regra do trapézio: $h = \dfrac{b-a}{N} = \dfrac{1.2 - 0}{N} = \dfrac{1.2}{N}$, e impondo que o erro seja $\leq 0.5 \times 10^{-3}$, pois queremos o resultado com três casas decimais corretas, obtemos:

$$\begin{aligned} R(f) &\leq \frac{1.2\, h^2}{12}(6.188) \leq 0.5 \times 10^{-3} \\ \Rightarrow \quad h^2 &\leq 0.0000808 \Rightarrow h \leq 0.02842. \end{aligned}$$

Observe que devemos escolher o maior h que seja ≤ 0.02842, mas que divida **exatamente** o intervalo $[0, 1.2]$. Assim, escolhemos $h = 0.025$, e usando o fato que $N = \dfrac{b-a}{h}$, obtemos que $N_{min} = 48$. Portanto, devemos dividir o intervalo $[0,1.2]$ em 48 subintervalos iguais para obter $\int_0^{1.2} e^x \cos x \, dx$ pela regra do trapézio com três casas decimais corretas. Compare com as regras de Simpson (ver exemplos 9.3 e 9.4), onde a mesma precisão é obtida com um número muito menor de subintervalos.

Erro na Regra $\frac{1}{3}$ de Simpson

Para obtermos o erro na fórmula $\frac{1}{3}$ de Simpson, sobre o intervalo $[x_0, x_2]$, substituímos n por 2 no Teorema 9.3. Assim:

$$\begin{aligned} R(f) &= \frac{h^5 f^{(IV)}(\xi)}{4!} \int_0^2 [(u-1)u(u-1)(u-2)]du \\ &= \frac{h^5 f^{(IV)}(\xi)}{24} \int_0^2 (u^4 - 4u^3 + 5u^2 - 2u)du = \frac{h^5 f^{(IV)}(\xi)}{4!}\left(-\frac{4}{15}\right). \end{aligned}$$

Portanto, o erro cometido ao aplicarmos uma vez a regra $\frac{1}{3}$ de Simpson é:

$$R(f) = -\frac{h^5}{90} f^{(IV)}(\xi), \quad x_0 < \xi < x_2. \tag{9.17}$$

Então, podemos escrever:

$$\int_{x_0}^{x_2} f(x)dx = \frac{h}{3}[f(x_0) + 4f(x_1) + f(x_2)] - \frac{h^5}{90}f^{(IV)}(\xi), \quad x_0 < \xi < x_2.$$

O erro na fórmula $\frac{1}{3}$ de Simpson generalizada é obtido adicionando-se N erros da forma (9.17), onde $N = \frac{b-a}{2h}$. Assim:

$$\begin{aligned}\int_{x_0}^{x_{2N}} f(x)dx &= \frac{h}{3}[f(x_0) + 4f(x_1) + 2f(x_2) + \ldots + 2f(x_{2N-2}) + 4f(x_{2N-1}) + f(x_{2N})] \\ &\quad - \frac{Nh^5}{90}f^{(IV)}(\xi), \quad x_0 < \xi < x_{2N}. \\ &= \frac{h}{3}[f(x_0) + 4f(x_1) + 2f(x_2) + \ldots + 2f(x_{2N-2}) + 4f(x_{2N-1}) + f(x_{2N})] \\ &\quad - \frac{(b-a)h^4}{180}f^{(IV)}(\xi), \quad x_0 < \xi < x_{2N}.\end{aligned}$$

Deixamos como exercício verificar que as expressões do erro para a regra $\frac{3}{8}$ de Simpson e para a regra $\frac{3}{8}$ de Simpson generalizada são dadas, respectivamente, por:

$$\begin{aligned}R(f) &= -\frac{3}{80}h^5 f^{(IV)}(\xi), \quad x_0 < \xi < x_3, \\ &= \frac{(b-a)h^4}{80}f^{(IV)}(\xi), \quad x_0 < \xi < x_{3N},\end{aligned}$$

desde que $N = \frac{(b-a)}{3h}$.

Observações:

1) Comparando as expressões dos erros, vemos que as fórmulas de Simpson generalizadas são da ordem de h^4 — em símbolo, $O(h^4)$ —, enquanto a regra do trapézio generalizada é da $O(h^2)$. Assim, as regras de Simpsom possuem a mesma ordem de convergência e, portanto, ambas convergem para o resultado exato com a mesma velocidade. Para exemplificar o significado da importância da ordem de convergência, consideremos que a aplicação das regras de Simpson com um determinado h fornece o resultado com um erro inferior a 10^{-3}. A aplicação da mesma regra com $\bar{h} = \frac{h}{10}$ fornecerá o resultado com erro inferior a 10^{-7}. Por outro lado, se o resultado da aplicação da regra do trapézio tiver erro inferior a 10^{-1}, com um determinado h, então o erro será inferior a 10^{-3} com $\bar{h} = \frac{h}{10}$. Portanto, quando $h \to 0$, as regras de Simpson convergem mais rapidamente para o resultado exato da integral.

2) Apesar da fórmula $\frac{1}{3}$ de Simpson ter sido obtida aproximando-se a função por polinômio de grau 2, ela é exata também para polinômios de grau 3, visto que na fórmula do erro aparece a derivada quarta da função f. Pode

ser demonstrado que, se n é **par**, então as fórmulas de Newton-Cotes do tipo fechado têm **grau de precisão** $n + 1$ (ver Teorema 9.3).

3) Para obter o resultado de uma integral com uma determinada precisão, podemos utilizar a fórmula do erro, impondo que a mesma, em módulo, seja inferior a 0.5×10^{-k}, onde k é o número de casas decimais corretas que desejamos no resultado, e assim obter o número de intervalos necessários (ver Exemplo 9.6), **ou** ir aumentando o número de pontos e comparando dois resultados consecutivos até obter a precisão desejada, como é mostrado no exemplo a seguir. Na prática, é mais comum usarmos esta segunda possibilidade.

Exemplo 9.7

Usando a regra $\frac{1}{3}$ de Simpson, obter a integral do Exemplo 9.2, com duas casas decimais corretas.

Solução: Inicialmente, calculamos a integral usando apenas três pontos. Assim:

$$\int_0^{1.2} e^x \cos x \, dx \cong \frac{1}{3}h[f(0) + 4f(0.6) + f(1.2)]$$
$$= \frac{1}{3}(0.6)[1 + 4(1.503) + 1.202]$$
$$= 1.6428 = I_3.$$

Agora calculamos a integral com cinco pontos. Assim:

$$\int_0^{1.2} e^x \cos x \, dx \cong \frac{1}{3}h[f(0) + 4f(0.3) + 2f(0.6) + 4f(0.9) + f(1.2)]$$
$$= \frac{1}{3}(0.3)[1 + 4(1.289) + 2(1.503) + 4(1.530) + 1.202]$$
$$= 1.6464 = I_5,$$

desde que $f(0.3) = 1.289$ e $f(0.9) = 1.530$. Calculando o erro relativo, obtemos:

$$\frac{|I_5 - I_3|}{|I_5|} \simeq 0.0022 < 10^{-2}.$$

Portanto, o valor da integral com duas casas decimais corretas é 1.6464.

O exemplo 9.7 ilustra o procedimento a ser adotado no computador. Assim, devemos tomar $h \to 0$, ou seja, devemos fazer $h = 0.1, 0.01, \ldots$ e ir comparando os resultados obtidos através do cálculo do erro relativo, isto é, se

$$\frac{|I_r - I_s|}{|I_r|} < \epsilon,$$

onde I_r e I_s são dois resultados consecutivos, e ϵ é uma precisão pré-fixada, então paramos o processo.

Exercícios

9.12 Determine h de modo que a regra do trapézio forneça o valor de:

$$I = \int_0^1 e^{-x^2} dx,$$

com erro inferior a 0.5×10^{-6}.

9.13 Achar o número mínimo de intervalos que se pode usar para, utilizando a regra $\frac{1}{3}$ de Simpson, obter:

$$\int_0^{\pi/2} e^{-x} \cos x \, dx,$$

com quatro casas decimais corretas.

9.14 Determine h de modo que a regra $\frac{3}{8}$ de Simpson forneça o valor de:

$$\int_{0.2}^{0.8} \sin x \, dx,$$

com erro inferior a 0.5×10^{-3}.

9.3 Polinômios Ortogonais

Ao lado das fórmulas de Newton-Cotes para integração numérica, as fórmulas de quadratura de Gauss, a serem definidas mais adiante, se destacam por fornecerem resultados altamente precisos. Tais fórmulas baseiam-se em propriedades de polinômios ortogonais, os quais passamos a estudar agora. (Para melhor entendimento das propriedades, reveja os conceitos de base ortogonal, mudança de base e produto escalar, dados no Capítulo 1.)

Sejam $\phi_0(x), \phi_1(x), \phi_2(x), \ldots$ uma família de polinômios de graus $0, 1, 2, \ldots$ Se:

$$\begin{cases} (\phi_i(x), \phi_j(x)) = 0 \quad \text{para} \quad i \neq j, \\ \text{e} \\ (\phi_i(x), \phi_i(x)) \neq 0 \quad \text{para} \quad \phi_i(x) \neq \theta, \end{cases} \quad (9.18)$$

então os polinômios $\phi_0(x), \phi_1(x), \phi_2(x), \ldots$ se dizem ortogonais.

Neste estudo, estamos considerando o produto escalar, definido por:

$$(f, g) = \int_a^b \omega(x) f(x) g(x) dx, \quad (9.19)$$

com $\omega(x) \geq 0$ e contínua em $[a, b]$, onde $\omega(x)$ é a função peso.

Os polinômios $\phi_i(x)$, $i = 0, 1, 2, \ldots$ podem ser obtidos pela ortogonalização da seqüência $\{1, x, x^2, \ldots\}$ usando o processo de ortogonalização de Gram-Schmidt (ver Capítulo 1), ou através do seguinte teorema.

Teorema 9.4

Sejam os polinômios $\phi_0(x), \phi_1(x), \phi_2(x), \ldots$, de graus $0, 1, 2, \ldots$, definidos por:

$$\begin{cases} \phi_0(x) = 1, \\ \phi_1(x) = x - \dfrac{(x\phi_0(x), \phi_0(x))}{(\phi_0(x), \phi_0(x))} \phi_0(x) = x - \dfrac{(x, 1)}{(1, 1)} 1, \\ \text{e, para } k = 1, 2, 3, \ldots, \\ \phi_{k+1}(x) = x\phi_k(x) - \alpha_k \phi_k(x) - \beta_k \phi_{k-1}(x), \end{cases} \quad (9.20)$$

onde:

$$\alpha_k = \frac{(x\phi_k(x), \phi_k(x))}{(\phi_k(x), \phi_k(x))}, \quad \beta_k = \frac{(\phi_k(x), \phi_k(x))}{(\phi_{k-1}(x), \phi_{k-1}(x))}.$$

Os polinômios $\phi_0(x), \phi_1(x), \phi_2(x), \ldots$, assim definidos, são dois a dois ortogonais, isto é, satisfazem (9.18).

Prova: Faremos a prova por indução.

a) Inicialmente, temos que: $\phi_1(x)$ e $\phi_0(x)$ são ortogonais. De fato:

$$\begin{aligned}(\phi_1(x), \phi_0(x)) &= \left(x - \frac{(x, 1)}{(1, 1)} 1, 1\right) = \\ &= (x, 1) - \frac{(x, 1)}{(1, 1)} (1, 1) = 0.\end{aligned}$$

b) Supondo $(\phi_i(x), \phi_j(x)) = 0$, para $i \neq j$, $i, j = 0, 1, \ldots, k$.

c) Provemos que $(\phi_{k+1}(x), \phi_j(x)) = 0$, $j = 0, 1, \ldots, k$.

Dividiremos a prova em três partes.

c.1) Consideremos inicialmente $j = k$. Temos, então:

$$\begin{aligned}(\phi_{k+1}(x), \phi_k(x)) &= (x\phi_k(x) - \alpha_k \phi_k(x) - \beta_k \phi_{k-1}(x), \phi_k(x)) \\ &= (x\phi_k(x), \phi_k(x)) - \alpha_k (\phi_k(x), \phi_k(x)) - \beta_k (\phi_{k-1}(x), \phi_k(x)) \\ &= (x\phi_k(x), \phi_k(x)) - \frac{(x\phi_k(x), \phi_k(x))}{(\phi_k(x), \phi_k(x))} (\phi_k(x), \phi_k(x)) = 0,\end{aligned}$$

desde que, pela hipótese de indução, $\phi_{k-1}(x)$ e $\phi_k(x)$ são ortogonais, e onde substituímos α_k pelo valor dado no teorema.

c.2) Para $j = k - 1$, temos:

$$\begin{aligned}(\phi_{k+1}(x), \phi_{k-1}(x)) &= (x\phi_k(x) - \alpha_k \phi_k(x) - \beta_k \phi_{k-1}(x), \phi_{k-1}(x)) \\ &= (x\phi_k(x), \phi_{k-1}(x)) - \alpha_k (\phi_k(x), \phi_{k-1}(x)) \\ &\quad - \beta_k (\phi_{k-1}(x), \phi_{k-1}(x)) \\ &= (\phi_k(x), x\phi_{k-1}(x)) - \beta_k (\phi_{k-1}(x), \phi_{k-1}(x)),\end{aligned}$$

desde que estamos utilizando o produto escalar definido por (9.19), e novamente aplicamos a hipótese de indução. Mas,

$$(\phi_k(x), x\phi_{k-1}(x)) = (\phi_k(x), \phi_k(x)).$$

De fato, usando (9.20), temos para $k = 1$:

$$\begin{aligned}(\phi_1(x), x\phi_0(x)) &= (\phi_1(x), x) \\ &= \left(\phi_1(x), \phi_1(x) + \frac{(x\phi_0(x), \phi_0(x))}{(\phi_0(x), \phi_0(x))} \phi_0(x)\right) \\ &= (\phi_1(x), \phi_1(x)) + \frac{(x\phi_0(x), \phi_0(x))}{(\phi_0(x), \phi_0(x))} (\phi_1(x), \phi_0(x)) \\ &= (\phi_1(x), \phi_1(x)),\end{aligned}$$

desde que $\phi_1(x)$ e $\phi_0(x)$ são ortogonais; e, para $k > 1$,

$$\begin{aligned}(\phi_k(x), x\phi_{k-1}(x)) &= (\phi_k(x), \phi_k(x) + \alpha_{k-1}\phi_{k-1}(x) + \beta_{k-1}\phi_{k-2}(x)) \\ &= (\phi_k(x), \phi_k(x)),\end{aligned}$$

desde que, pela hipótese de indução, $\phi_{k-1}(x)$ e $\phi_{k-2}(x)$ são ortogonais. Então, finalmente, temos:

$$(\phi_{k+1}(x), \phi_{k-1}(x)) = (\phi_k(x), \phi_k(x)) - \beta_k(\phi_{k-1}(x), \phi_{k-1}(x)) = 0,$$

desde que:

$$\beta_k = \frac{(\phi_k(x) - \phi_k(x))}{\phi_{k-1}(x), \phi_{k-1}(x))}.$$

c.3) Vamos considerar agora $j = k-2, k-3, \ldots, 1, 0$. Assim:

$$\begin{aligned}(\phi_{k+1}(x), \phi_j(x)) &= (x\phi_k(x) - \alpha_k\phi_k(x) - \beta_k\phi_{k-1}(x), \phi_j(x)) \\ &= (\phi_k(x), x\phi_j(x)) - \alpha_k(\phi_k(x), \phi_j(x)) \\ &\quad - \beta_k(\phi_{k-1}(x), \phi_j(x)) \\ &= (\phi_k(x), \phi_{j+1}(x)) - \alpha_k(\phi_k(x), \phi_j(x)) \\ &\quad - \beta_k(\phi_{k-1}(x), \phi_j(x)) \\ &= 0, \quad \text{pois} \quad j < k-1.\end{aligned}$$

Portanto, os polinômios definidos em (9.20) são dois a dois ortogonais.

Observe que obter uma seqüência de polinômios ortogonais pelo Teorema 9.4 é muito mais fácil do que obtê-los através do processo de ortogonalização de Gram-Schmidt. Muito mais fácil, pois o Teorema 9.4 fornece uma fórmula de recorrência que envolve apenas três termos para obter qualquer polinômio da seqüência de grau $k \geq 2$, enquanto que o processo de Gram-Schmidt requer o cálculo de $k-1$ termos para obter qualquer polinômio de grau k, $k \geq 2$.

9.3.1 Principais Polinômios Ortogonais

A seqüência de polinômios $\phi_0(x), \phi_1(x), \phi_2(x), \ldots$, evidentemente, depende do produto escalar adotado (forma geral (9.19)). Os mais conhecidos (inclusive já tabelados) e com os quais trabalharemos são os seguintes:

Polinômios de Legendre

Os polinômios de Legendre $P_0(x), P_1(x), \ldots$ são obtidos usando-se o produto escalar:

$$(f, g) = \int_{-1}^{1} f(x)g(x)d(x). \tag{9.21}$$

Comparando (9.21) com (9.19), vemos que: $\omega(x) = 1$, $a = -1$ e $b = 1$.

Polinômios de Tchebyshev

O produto escalar usado para obter os polinômios de Tchebyshev $T_0(x), T_1(x), \ldots$, é:

$$(f, g) = \int_{-1}^{1} \frac{1}{\sqrt{1-x^2}} f(x)g(x)dx. \tag{9.22}$$

Comparando (9.22) com (9.19), vemos que: $\omega(x) = \frac{1}{\sqrt{1-x^2}}$, $a = -1$ e $b = 1$.

Polinômios de Laguerre

Os polinômios de Laguerre $L_0(x), L_1(x), \ldots$ são obtidos usando-se o produto escalar:

$$(f, g) = \int_0^\infty e^{-x} f(x) g(x) dx. \qquad (9.23)$$

Comparando (9.23) com (9.19), vemos que: $\omega(x) = e^{-x}$, $a = 0$ e $b = \infty$.

Polinômios de Hermite

Obtemos os polinômios de Hermite, $H_0(x), H_1(x), \ldots$, usando o produto escalar:

$$(f, g) = \int_{-\infty}^\infty e^{-x^2} f(x) g(x) dx. \qquad (9.24)$$

Comparando (9.24) com (9.19), vemos que: $\omega(x) = e^{-x^2}$, $a = -\infty$ e $b = \infty$.

Exemplo 9.8

Obter os primeiros polinômios de Legendre.

Solução: Para obter os polinômios de Legendre, devemos utilizar o Teorema 9.4 e o produto escalar definido por (9.21). Assim:

$$P_0(x) = 1$$

$$P_1(x) = x - \frac{(x,1)}{(1,1)} \cdot 1 = x - \frac{\int_{-1}^1 x\, dx}{\int_{-1}^1 dx} = x - \frac{x^2/2}{x}\Big]_{-1}^1$$

$$\Rightarrow P_1(x) = x.$$

$$P_2(x) = xP_1(x) - \alpha_1 P_1(x) - \beta_1 P_0(x), \text{ onde:}$$

$$\alpha_1 = \frac{(xP_1(x), P_1(x))}{(P_1(x), P_1(x))} = \frac{\int_{-1}^1 x^3 dx}{\int_{-1}^1 x^2 dx} = \frac{x^4/4}{x^3/3}\Big]_{-1}^1 = 0,$$

$$\beta_1 = \frac{(P_1(x), P_1(x))}{(P_0(x), P_0(x))} = \frac{\int_{-1}^1 x^2 dx}{\int_{-1}^1 dx} = \frac{x^3/3}{x}\Big]_{-1}^1 = \frac{2/3}{2} = \frac{1}{3},$$

$$\Rightarrow P_2(x) = x^2 + 0 \times x - \frac{1}{3} \times 1 = x^2 - \frac{1}{3}.$$

$$\vdots$$

Propriedades dos Polinômios Ortogonais

Vejamos algumas das propriedades dos polinômios ortogonais que serão importantes para a obtenção das fórmulas de Quadratura de Gauss.

Propriedade 9.1

Sejam $\phi_0(x), \phi_1(x), \phi_2(x), \ldots$ polinômios ortogonais, não nulos, segundo um produto escalar qualquer. Então, qualquer polinômio de grau menor ou igual a n pode ser escrito como combinação linear de $\phi_0(x), \phi_1(x), \ldots, \phi_n(x)$.

Prova: Os polinômios $\phi_0(x), \phi_1(x), \ldots, \phi_n(x)$ constituem uma base para o espaço dos polinômios de grau menor ou igual a n. Assim, se $Q(x)$ é um polinômio da forma:

$$Q(x) = a_0 + a_1 x + \ldots + a_n x^n,$$

então $Q(x)$ pode ser escrito, através de mudança de base, como:

$$Q(x) = b_0 \phi_0(x) + b_1 \phi_1(x) + \ldots + b_n \phi_n(x).$$

Propriedade 9.2
Sejam $\phi_0(x), \phi_1(x), \ldots, \phi_n(x)$ nas condições da Propriedade 9.1. Então $\phi_n(x)$ é ortogonal a qualquer polinômio $Q(x)$ de grau menor que n.

Prova: Seja $Q(x)$ um polinômio de grau $n-1$. Pela Propriedade 9.1, temos:

$$Q(x) = b_0 \phi_0(x) + b_1 \phi_1(x) + \ldots + b_{n-1} \phi_{n-1}(x)$$

e, assim, usando as propriedades de produto escalar (ver Capítulo 1), segue que:

$$\begin{aligned}(Q(x), \phi_n(x)) &= (b_0 \phi_0(x) + b_1 \phi_1(x) + \ldots + b_{n-1} \phi_{n-1}(x), \phi_n(x)) \\ &= b_0 (\phi_0(x), \phi_n(x)) + b_1 (\phi_1(x), \phi_n(x)) + \ldots + b_{n-1}(\phi_{n-1}(x), \phi_n(x)) \\ &= 0,\end{aligned}$$

desde que os polinômios $\phi_0(x), \phi_1(x), \ldots, \phi_n(x)$ são dois a dois ortogonais.

Propriedade 9.3
Sejam $\phi_0(x), \phi_1(x), \phi_2(x), \ldots$ polinômios ortogonais, não nulos, segundo o produto escalar:

$$(f, g) = \int_a^b \omega(x) f(x) g(x) dx,$$

com $\omega(x) \geq 0$ e contínua em $[a, b]$. Então $\phi_n(x)$ possui n raízes reais distintas em $[a, b]$.

Prova: Para verificar a veracidade desta propriedade, dividiremos a prova em três partes, isto é, provaremos que:

- **a)** $\phi_n(x)$ possui algum zero em $[a, b]$,
- **b)** os zeros de $\phi_n(x)$ em $[a, b]$ são simples,
- **c)** os n zeros de $\phi_n(x)$ estão em $[a, b]$.

Os três itens serão provados por absurdo. Assim, para provar **a)**, vamos supor, por absurdo, que $\phi_n(x)$ não possui zeros em $[a, b]$. Portanto, em $[a, b]$, $\phi_n(x) \neq 0$. Assim:

$$(\phi_n(x), \phi_0(x)) = \int_a^b \omega(x) \phi_n(x) \phi_0(x) dx = \int_a^b \omega(x) \phi_n(x) dx \neq 0,$$

desde que $\phi_0(x) = 1$, $\omega(x) \geq 0$, mas não pode ser identicamente nula, e $\phi_n(x) \neq 0$ em $[a, b]$. Agora, por hipótese, $\phi_n(x)$ e $\phi_0(x)$ são ortogonais, portanto $(\phi_n(x), \phi_0(x)) = 0$. Logo, é um absurdo supor que $\phi_n(x)$ não possui zeros em $[a, b]$.

Para provar **b)** vamos supor, por absurdo, que exista uma raiz de $\phi_n(x)$ que seja de multiplicidade 2. Seja x_1 essa raiz. Portanto:

$$\frac{\phi_n(x)}{(x - x_1)^2}$$

é um polinômio de grau $n - 2$. Assim, pela Propriedade 9.2:

$$(\phi_n(x), \frac{\phi_n(x)}{(x - x_1)^2}) = 0.$$

Mas, usando as propriedades de produto escalar, obtemos:

$$\begin{aligned}(\phi_n(x), \frac{\phi_n(x)}{(x-x_1)^2}) &= \int_a^b \omega(x)\phi_n(x)\frac{\phi_n(x)}{(x-x_1)^2}dx \\ &= \int_a^b \omega(x)\frac{\phi_n(x)}{(x-x_1)}\frac{\phi_n(x)}{(x-x_1)}dx \\ &= (\frac{\phi_n(x)}{(x-x_1)}, \frac{\phi_n(x)}{(x-x_1)}) \geq 0,\end{aligned}$$

onde a igualdade é válida se e somente se $\frac{\phi_n(x)}{(x-x_1)}$ for o polinômio nulo. Portanto, é um absurdo supor que os zeros de $\phi_n(x)$ em $[a,b]$ não são simples.

Finalmente, para provar **c)** vamos supor, por absurdo, que existam apenas j zeros de $\phi_n(x)$ em $[a,b]$, com $j < n$. Sejam $x_1, x_2, \ldots, x_j$ os zeros de $\phi_n(x)$ em $[a,b]$. Então, podemos escrever:

$$\phi_n(x) = (x-x_1)(x-x_2)\ldots(x-x_j)q_{n-j}(x)$$

onde $q_{n-j}(x) \neq 0$ em $[a,b]$. Assim, pela Propriedade 9.2, segue que:

$$(\phi_n(x), (x-x_1)(x-x_2)\ldots(x-x_j)) = 0.$$

Mas, usando as propriedades de produto escalar, temos:

$$\begin{aligned}(\phi_n(x), (x-x_1)(x-x_2)&\ldots(x-x_j)) = \\ = \int_a^b \omega(x)(x-x_1)&\ldots(x-x_j)q_{n-j}(x)(x-x_1)\ldots(x-x_j)dx \\ = \int_a^b \omega(x)(x-x_1)^2&\ldots(x-x_j)^2 q_{n-j}(x)dx \neq 0,\end{aligned}$$

desde que, em $[a,b]$, $\omega(x) \geq 0$, $(x-x_1)^2 \ldots (x-x_j)^2 \geq 0$ e $q_{n-j}(x) \neq 0$.

Portanto, é um absurdo supor que os n zeros de $\phi_n(x)$ não estão em $[a,b]$. Assim, acabamos de provar que $\phi_n(x)$ possui n zeros reais distintos em $[a,b]$.

Propriedade 9.4

Sejam $\phi_0(n), \phi_1(x), \phi_2(x), \ldots$, nas condições da Propriedade 9.3. Sejam $x_0, x_1, \ldots, x_n$ as raízes de $\phi_{n+1}(x)$. Se $f(x)$ é um polinômio de grau menor ou igual a $2n+1$, então:

$$\int_a^b \omega(x)f(x)dx = \sum_{k=0}^n A_k f(x_k), \qquad (9.25)$$

onde

$$A_k = \int_a^b \omega(x)\ell_k(x)dx.$$

Prova: Como $x_0, x_1, \ldots, x_n$ são raízes de $\phi_{n+1}(x)$, podemos escrever:

$$\phi_{n+1}(x) = a_0(x-x_0)(x-x_1)\ldots(x-x_n). \qquad (9.26)$$

Seja $P_n(x)$ o polinômio de interpolação de $f(x)$ sobre $x_0, x_1, \ldots, x_n$ em $[a,b]$. Sabemos que:

$$f(x) = P_n(x) + R_n(x),$$

onde $R_n(x)$ é o erro na interpolação. Assim, pelo Teorema 8.4, temos:

$$f(x) - P_n(x) = R_n(x) = (x-x_0)(x-x_1)\ldots(x-x_n)\frac{f^{(n+1)}(\xi)}{(n+1)!},$$

com $a \leq \xi \leq b$ e ξ dependente de x.
Então, em vista de (9.26) e de que ξ é função de x, podemos escrever:

$$f(x) - P_n(x) = b_0 \phi_{n+1}(x) \frac{f^{(n+1)}(x)}{(n+1)!}.$$

No caso em que $f(x)$ é um polinômio de grau menor ou igual a $2n+1$,

$$q(x) = \frac{f^{(n+1)}(x)}{(n+1)!},$$

é um polinômio de grau menor ou igual a n. Assim, podemos escrever:

$$f(x) - P_n(x) = b_0 \phi_{n+1}(x) q(x). \tag{9.27}$$

Integrando (9.27) de a até b, com função peso $\omega(x)$, obtemos que:

$$\int_a^b \omega(x)[f(x) - P_n(x)]dx = \int_a^b \omega(x) b_0 \phi_{n+1}(x) q(x) dx.$$

Pela Propriedade 9.2, o lado direito da igualdade acima é igual a zero. Assim:

$$\int_a^b \omega(x)[f(x) - P_n(x)]dx = 0$$

ou

$$\begin{aligned}
\int_a^b \omega(x) f(x) dx &= \int_a^b \omega(x) P_n(x) dx \\
&= \int_a^b \omega(x) \left[\sum_{k=0}^n \ell_k(x) f(x_k) \right] dx \\
&= \sum_{k=0}^n f(x_k) \int_a^b \omega(x) \ell_k(x) dx \\
&= \sum_{k=0}^n A_k f(x_k),
\end{aligned}$$

onde usamos a fórmula (8.10) para expressar o polinômio de interpolação da função $f(x)$ sobre as raízes de $\phi_{n+1}(x)$.

Portanto, fica provada a relação (9.25).

Esta propriedade garante então que, para integrar um polinômio de grau k, basta trabalharmos com um polinômio ortogonal de grau aproximadamente $k/2$. E mais, descartados os erros de arredondamento, o resultado deve ser exato.

9.4 Fórmulas de Quadratura de Gauss

São fórmulas usadas para se calcular:

$$\int_a^b \omega(x) f(x) dx$$

valendo-se do resultado da Propriedade 9.4. Calculamos o valor aproximado da integral usando:

$$\int_a^b \omega(x) f(x) dx \simeq \sum_{k=0}^n A_k f(x_k), \quad \text{onde:}$$

$$A_k = \int_a^b \omega(x)\ell_k(x)dx$$

e $\ell_k(x)$ são os polinômios dados por (8.8).

Assim, o **procedimento** para se calcular uma integral usando **Quadratura de Gauss** é o seguinte:

a) Determinar o polinômio ortogonal $\phi_{n+1}(x)$, segundo o produto escalar conveniente, isto é, com a função peso $\omega(x)$ e no intervalo $[a,b]$.
b) Calcular as raízes $x_0, x_1, \ldots, x_n$ de $\phi_{n+1}(x)$.
c) Determinar os polinômios de Lagrange $\ell_k(x)$, $k = 0, 1, \ldots, n$, usando os pontos $x_0, x_1, \ldots, x_n$ obtidos em **b)**.
d) Calcular $A_k = \int_a^b \omega(x)\ell_k(x)dx$, $k = 0, 1, \ldots, n$.
e) Calcular o valor de $f(x)$ em $x_0, x_1, \ldots, x_n$.
f) Calcular, finalmente,

$$\int_a^b \omega(x)f(x)dx \simeq \sum_{k=0}^n A_k f(x_k).$$

Exemplo 9.9

Usando quadratura de Gauss, calcular:

$$\int_{-1}^1 (x^3 - 5x)dx.$$

Solução: É claro que, para resolver esta integral, não precisamos de método numérico. Entretanto, este exemplo servirá para ilustrar como resolver uma integral usando o procedimento descrito anteriormente.

Da integral, vemos que $a = -1$, $b = 1$, $\omega(x) = 1$ e $f(x) = x^3 - 5x$. Assim, $f(x)$ é um polinômio de grau 3, e pela Propriedade 9.4 temos que: se $f(x)$ é um polinômio de grau menor ou igual a $2n + 1$, o resultado da integral é exato (a menos de erros de arredondamento).

Portanto, fazendo $2n + 1 = 3$, obtemos que $n = 1$. Assim, devemos utilizar os zeros de $\phi_{n+1}(x) = \phi_2(x)$ para resolver a integral. Usando o produto escalar dado por (9.21), segue que o polinômio procurado é $x^2 - \frac{1}{3}$ (ver Exemplo 9.8).

Fazendo $x^2 - \frac{1}{3} = 0$, obtemos $x_0 = -0.57735$ e $x_1 = 0.55735$ (que são os zeros do polinômio de Legendre de grau 2). Temos:

$$\ell_0(x) = \frac{(x - x_1)}{(x_0 - x_1)}, \quad \ell_1(x) = \frac{(x - x_0)}{(x_1 - x_0)}$$

e, portanto:

$$A_0 = \int_{-1}^{1} \ell_0(x)dx = \int_{-1}^{1} \frac{(x-x_1)}{(x_0-x_1)}dx = \frac{1}{(x_0-x_1)} \int_{-1}^{1} (x-x_1)dx$$
$$= \frac{1}{(x_0-x_1)} \left(\frac{x^2}{2} - (x\, x_1) \right) \Big]_{-1}^{1} = \frac{-2x_1}{-2x_1} = 1,$$

desde que $x_0 = -x_1$ e $\frac{x^2}{2} \Big]_{-1}^{1} = 0$. Do mesmo modo:

$$A_1 = \int_{-1}^{1} \ell_1(x)dx = \int_{-1}^{1} \frac{(x-x_0)}{(x_1-x_0)}dx = \frac{1}{(x_1-x_0)} \int_{-1}^{1} (x-x_0)dx$$
$$= \frac{1}{(x_1-x_0)} \left(\frac{x^2}{2} - (x\, x_0) \right) \Big]_{-1}^{1} = \frac{-2x_0}{-2x_0} = 1.$$

desde que $x_1 = -x_0$ e $\frac{x^2}{2} \Big]_{-1}^{1} = 0$.

Agora, calculamos a função f nos zeros do polinômio de Legendre de grau 2. Assim:

$$f(x_0) = f(-0.57735) = (-0.57735)^3 - 5(-0.57735),$$
$$f(x_1) = f(0.57735) = (0.57735)^3 - 5(0.57735).$$

Finalmente, podemos calcular a integral, isto é:

$$\int_{-1}^{1} (x^3 - 5x)dx = A_0 f(x_0) + A_1 f(x_1)$$
$$= 1 \times [(-0.57735)^3 - 5(-0.57735)]$$
$$+ 1 \times [(0.57735)^3 - 5(0.57735)] = 0.$$

Observação: O procedimento dado é válido para qualquer produto escalar. Quando particularizamos o produto escalar aos já mencionados anteriormente, isto é, quando usamos os produtos escalares para obter os polinômios de Legendre, Tchebyshev, Laguerre e Hermite, necessitamos apenas efetuar os passos **e)** e **f)** do procedimento descrito anteriormente, pois os valores de x_k e A_k já estão tabelados (as tabelas encontram-se no final deste capítulo). Essas tabelas foram obtidas de [Stroud,1966]. Neste caso, temos as **Fórmulas de Quadratura de Gauss-Legendre**, **Gauss-Tchebyshev**, **Gauss-Laguerre** e **Gauss-Hermite**.

Antes de descrevermos cada uma destas fórmulas daremos as instruções de como utilizar as tabelas.

Instruções para o Uso das Tabelas

1 – Tabelas 1, 2 e 4

    a) Os valores de x_i e A_i são apresentados na forma normalizada, isto é, na forma $0. \ldots \times 10^j$, onde j aparece, entre parênteses, antes do número. Quando não aparecer a potência, significa $j = 0$.

b) Cada valor é dado com dez dígitos significativos. No livro de [Stroud, 1966], estes valores são apresentados com trinta dígitos significativos, agrupados de dez em dez para facilitar a leitura.

c) Nas tabelas, N significa o número de pontos que devemos tomar para resolver a integral. Observe que, quando $f(x)$ é um polinômio, da teoria, tiramos o valor de n que fornece o índice do último ponto e, neste caso, devemos tomar $N = n + 1$ pontos.

d) Como o intervalo de integração é simétrico em relação à origem, as raízes x_i também o são. Nas tabelas aparece apenas x_i sem sinal; então, devemos considerar $\pm x_i$. Por exemplo: Tabela 1: $N = 3$; temos $n = 2$, isto é, x_0, x_1 e x_2. Neste caso, $x_0 = -0.77459\ldots$, $x_1 = 0$ e $x_2 = +0.77459\ldots$

e) Os A_i são sempre positivos! Observe que devemos tomar para A_i os valores que estão na mesma linha dos x_i, isto é, considerando os pontos x_i do item **d)**, teremos: $A_0 = 0.55555\ldots$, $A_1 = 0.88888\ldots$ e $A_2 = 0.55555\ldots$

2 – Tabela 3

Uso análogo ao das tabelas 1, 2 e 4, com uma única exceção:
Os x_i são sempre positivos e estão todos tabelados. Por exemplo, para $N = 3$ aparecem três valores para x_i e três valores para A_i.

Observe que, em todas as tabelas, podemos considerar em qualquer ordem os valores de x_i, isto é, ao invés de considerarmos os pontos como os tomados no item **d)**, podemos tomar: $x_0 = 0$, $x_1 = -0.77459\ldots$ e $x_2 = +0.77459\ldots$, mas para cada x_i devemos tomar o valor A_i correspondente.

Daremos a seguir as fórmulas de quadratura de Gauss-Legendre, Gauss-Tchebyshev, Gauss-Laguerre e Gauss-Hermite.

9.4.1 Fórmula de Gauss-Legendre

Para utilizar a fórmula de Gauss-Legendre, a integral a ser calculada deve ter a função peso $\omega(x) = 1$, $a = -1$ e $b = 1$. Caso o intervalo de integração não coincida com o intervalo $[-1, 1]$, devemos fazer uma mudança de variável. Daremos a seguir alguns exemplos.

Exemplo 9.10

Resolver a integral do Exemplo 9.9, isto é, calcular:

$$\int_{-1}^{1} (x^3 - 5x) dx$$

usando quadratura de Gauss.

Solução: Como $\omega(x) = 1$, $a = -1$ e $b = 1$, estamos nas condições de utilizar a fórmula de Gauss-Legendre. Pelo Exemplo 9.9, vemos que devemos utilizar os zeros de $\phi_2(x)$, desde que $f(x)$ é um polinômio de grau 3. Assim, pela Tabela 1 (no final deste capítulo), com $N = n + 1 = 2$, temos:

$$x_0 = -0.55735, \quad A_0 = (1)0.10000 = 1 = A_1,$$
$$x_1 = 0.55735.$$

Portanto:
$$f(x_0) = f(-0.57735) = (-0.57735)^3 - 5(-0.57735),$$
$$f(x_1) = f(0.57735) = (0.57735)^3 - 5(0.57735).$$

Finalmente, podemos calcular a integral. Assim:

$$\int_{-1}^{1} x^3 - 5x\, dx = A_0 f(x_0) + A_1 f(x_1)$$
$$= 1 \times [(-0.57735)^3 - 5(-0.57735)]$$
$$+ 1 \times [(0.57735)^3 - 5(0.57735)] = 0.$$

Exemplo 9.11

Calcular:
$$\int_{1}^{2} \frac{dx}{x}$$

usando quadratura de Gauss-Legendre.

Solução: Como o intervalo de integração não coincide com o intervalo $[-1,1]$ de definição do produto escalar de Legendre, devemos fazer uma mudança de variável. Assim:

quando $x = 1$ devemos ter $t = -1,$

e

quando $x = 2$ devemos ter $t = 1.$

A equação da reta que passa por $(1,2)$ e $(-1,1)$ pode ser obtida calculando-se o seguinte determinante e igualando-o a zero, isto é:

$$\begin{vmatrix} x & t & 1 \\ 1 & -1 & 1 \\ 2 & 1 & 1 \end{vmatrix} = -2x + t + 3 = 0.$$

Resolvendo esta equação, obtemos:

$$x = \frac{t+3}{2} \quad \text{e} \quad dx = \frac{1}{2}dt.$$

Portanto:

$$\int_{1}^{2} \frac{dx}{x} = \int_{-1}^{1} \frac{1}{\left(\dfrac{t+3}{2}\right)} \frac{1}{2} dt = \int_{-1}^{1} \frac{dt}{t+3}.$$

Estão agora satisfeitas as condições da fórmula de quadratura de Gauss-Legendre com $\omega(x) = 1$, $a = -1$, $b = 1$ e $f(t) = \dfrac{1}{t+3}$.

Como $f(t)$ não é um polinômio, não temos maiores informações sobre o grau do polinômio a ser usado. Assim, resolveremos esta integral fixando $n = 2$. Mais adiante, nos preocuparemos com a precisão do resultado.

Da Tabela 1, com $N = n+1 = 3$, obtemos:

$$t_0 = -0.7746, \qquad A_0 = 0.5556 = A_2,$$
$$t_1 = 0, \qquad A_1 = 0.8889,$$
$$t_2 = 0.7746.$$

Assim:

$$f(t_0) = \frac{1}{-0.7746+3} = 0.4494,$$
$$f(t_1) = \frac{1}{0+3} = 0.3333,$$
$$f(t_2) = \frac{1}{0.7746+3} = 0.2649.$$

Logo:

$$\int_1^2 \frac{dx}{x} = \int_{-1}^1 \frac{1}{t+3} dt \simeq \sum_{k=0}^2 A_k f(t_k)$$
$$= (0.5556)(0.4494 + 0.2649) + (0.8889)(0.3333)$$
$$= 0.6931.$$

Observe que:

a) Calculando diretamente a integral, obtemos:

$$\int_1^2 \frac{dx}{x} = \ln x]_1^2$$

segue que o resultado da integral é $0.693147180\ldots$

b) Usando quadratura de Gauss, com $n = 4$ e nove casas decimais, obtemos:

$$\int_1^2 \frac{dx}{x} \simeq 0.693147156,$$

que pode ser considerado um bom resultado.

9.4.2 Fórmula de Gauss-Tchebyshev

Para utilizar as fórmulas de Gauss-Tchebyshev, a integral a ser calculada deve ter a função peso $\omega(x) = \frac{1}{\sqrt{1-x^2}}$, $a = -1$ e $b = 1$. Novamente, caso o intervalo de integração não coincida com o intervalo $[-1, 1]$, devemos fazer uma mudança de variável. Daremos a seguir alguns exemplos.

Exemplo 9.12

Usando quadratura de Gauss, calcular:

$$\int_{-1}^{1} \frac{\operatorname{sen} x}{\sqrt{1-x^2}}\, dx.$$

Solução: Temos que: $\omega(x) = \dfrac{1}{\sqrt{1-x^2}}$, $a = -1$, $b = 1$ e $f(x) = \operatorname{sen} x$. Portanto, estamos nas condições de utilizar a fórmula de Gauss-Tchebyshev. Como $f(x)$ não é um polinômio, não temos como obter o número exato de pontos para calcular a integral. Assim, fixemos $n = 2$. Da Tabela 2, com $N = n + 1 = 3$, obtemos:

$$\begin{array}{ll} x_0 = -0.8860, & \\ x_1 = 0, & A_0 = A_1 = A_2 = (1)0.10472 = 1.0472, \\ x_2 = 0.8860. & \end{array}$$

Coloque sua máquina de calcular em radianos para calcular o valor de f nos pontos x_i, $i = 0, 1, 2$. Assim:

$$\begin{array}{l} f(x_0) = f(-0.8860) = \operatorname{sen}(-0.8860) = -0.7617 = -f(x_2), \\ f(x_1) = f(0) = \operatorname{sen} 0 = 0. \end{array}$$

Portanto:

$$\int_{-1}^{1} \frac{\operatorname{sen} x}{\sqrt{1-x^2}}\, dx = 1.0472(-0.7617 + 0 + 0.7617) = 0.$$

Exemplo 9.13

Calcular:

$$\int_{-2}^{2} \frac{t^3 + 2t^2}{4\sqrt{4-t^2}}\, dt$$

exatamente, a menos de erros de arredondamento, usando quadratura de Gauss.

Solução: Como o intervalo de integração não coincide com o intervalo $[-1, 1]$, devemos fazer uma mudança de variável. Assim:

$$\text{quando } t = -2 \quad \text{devemos ter} \quad x = -1,$$
e
$$\text{quando } t = 2 \quad \text{devemos ter} \quad x = 1.$$

Novamente, a equação da reta que passa por $(-2, 2)$ e $(-1, 1)$ pode ser obtida calculando-se o seguinte determinante e igualando-o a zero, isto é:

$$\begin{vmatrix} t & x & 1 \\ -2 & -1 & 1 \\ 2 & 1 & 1 \end{vmatrix} = t - 2x = 0.$$

Resolvendo esta equação, obtemos:

$$t = 2x \quad \text{e} \quad dt = 2dx.$$

Portanto:

$$\int_{-2}^{2} \frac{t^3 + 2t^2}{4\sqrt{4-t^2}} \, dt = \int_{-1}^{1} \frac{(2x)^3 + 2(2x)^2}{4\sqrt{4-(2x)^2}} \, 2\,dx$$

$$= 2\int_{-1}^{1} \frac{8x^3 + 8x^2}{8\sqrt{1-x^2}} \, dx$$

$$= 2\int_{-1}^{1} \frac{x^3 + x^2}{\sqrt{1-x^2}} \, dx.$$

Assim, temos: $\omega(x) = \dfrac{1}{\sqrt{1-x^2}}$, $a = -1$, $b = 1$ e $f(x) = x^3 + x^2$ e, portanto, estamos nas condições da fórmula de Gauss-Tchebyshev.

Vemos que f é um polinômio, o que era de se esperar, pois queremos calcular a integral exatamente (a menos de erros de arredondamento). Fazendo $2n + 1 = 3$, obtemos que $n = 1$, ou seja, devemos tomar dois pontos. Da Tabela 2, com $N = 2$, obtemos:

$$\begin{aligned} x_0 &= -0.7071, & A_0 = A_1 &= (1)0.15708 = 1.5708, \\ x_1 &= 0.7071. \end{aligned}$$

Agora:

$$\begin{aligned} f(x_0) &= (-0.7071)^3 + (-0.7071)^2 = 0.1464, \\ f(x_1) &= (0.7071)^3 + (0.7071)^2 = 0.8535. \end{aligned}$$

Portanto:

$$\int_{-2}^{2} \frac{t^3 + 2t^2}{4\sqrt{4-t^2}} \, dt = 2\int_{-1}^{1} \frac{x^3 + x^2}{\sqrt{1-x^2}} \, dx$$

$$= 2(1.5708)(0.1464 + 0.8535) = 3.1413.$$

Observe que sempre falamos em obter o resultado exato (a menos de erros de arredondamento), pois não trabalhamos com todas as casas decimais disponíveis nos x_i e nos A_i. Assim, teoricamente, o resultado deveria ser exato, mas na prática ele depende da quantidade de dígitos significativos com que trabalhamos.

9.4.3 Fórmula de Gauss-Laguerre

Para utilizar a fórmula de Gauss-Laguerre, a integral a ser calculada deve ter a função peso $\omega(x) = e^{-x}$, $a = 0$ e $b = \infty$. Novamente, caso o intervalo de integração não coincida com o intervalo $[0, \infty]$, devemos fazer uma mudança de variável, mas neste caso precisamos tomar mais cuidado, pois ao fazer uma mudança de variável mudamos também a função peso, que pode não ficar mais na forma requerida. Daremos a seguir alguns exemplos.

Exemplo 9.14

Usando quadratura de Gauss, calcular:

$$\int_0^\infty e^{-x} \cos x \, dx.$$

Solução: Como $\omega(x) = e^{-x}$, $a = 0$ e $b = \infty$, estamos nas condições da fórmula de quadratura de Gauss-Laguerre. Desde que $f(x) = \cos x$, não temos condições de determinar o número exato de pontos que devemos tomar para resolver a integral. Assim, fixemos $n = 2$. Portanto, pela Tabela 3, com $N = 3$, obtemos:

$$\begin{aligned} x_0 &= 0.4158, & A_0 &= 0.7111, \\ x_1 &= (1)0.22943 = 2.2943, & A_1 &= 0.2785, \\ x_2 &= (1)0.62900 = 6.2900, & A_2 &= (-1)0.1039 = 0.01039. \end{aligned}$$

Agora:

$$\begin{aligned} f(x_0) &= f(0.4158) = \cos(0.4158) = 0.9148, \\ f(x_1) &= f(2.2943) = \cos(2.2943) = -0.6620, \\ f(x_2) &= f(6.2900) = \cos(6.2900) = 1.0. \end{aligned}$$

Portanto:

$$\begin{aligned} \int_0^\infty e^{-x} \cos x \, dx &= (0.7111)(0.9148) + (0.2785)(-0.6620) + (0.01039)(1.0) \\ &= 0.4765. \end{aligned}$$

Exemplo 9.15

Calcular, usando quadratura de Gauss:

$$\int_1^\infty e^{-x} x^2 \, dx.$$

Solução: Aqui, o intervalo de integração e do produto escalar não coincidem. Então, devemos fazer uma mudança de variável. Como um dos limites de integração é infinito, não podemos utilizar a equação da reta para obter a mudança de variável. Mas, se tomarmos $x = z + 1$, teremos:

quando $x = 1 \to z = 0$; e quando $x = \infty \to z = \infty$, $dx = dz$.

Logo:

$$\int_1^\infty e^{-x} x^2 \, dx = \int_0^\infty e^{-(z+1)} (z+1)^2 \, dz = e^{-1} \int_0^\infty e^{-z} (z+1)^2 \, dz,$$

portanto, nas condições da fórmula de quadratura de Gauss-Laguerre.

Como $f(z)$ é um polinômio de grau 2, fazendo $2n+1 = 2$, obtemos que $n = \frac{1}{2} \to n = 1$, pois, como já dissemos, n indica o índice do último ponto a ser considerado e, portanto, deve ser um inteiro. Assim, da Tabela 3, com $N = 2$, temos que:

$$\begin{aligned} z_0 &= 0.5857864, & A_0 &= 0.8535534, \\ z_1 &= 3.4142136, & A_1 &= 0.1464466. \end{aligned}$$

Agora:

$$\begin{aligned} f(z_0) &= (0.5857864 + 1)^2 = 2.5147185, \\ f(z_1) &= (3.4142136 + 1)^2 = 19.485282. \end{aligned}$$

Logo:
$$\sum_{k=0}^{1} A_k f(x_k) = A_0 f(z_0) + A_1 f(z_1) = 4.9999998.$$

Portanto:
$$\int_1^\infty e^{-x} x^2 dx = e^{-1} \int_0^\infty e^{-z}(z+1)^2 dz = e^{-1}(4.9999998).$$

Observe que o resultado exato da integral é $\frac{5}{e}$. A pequena diferença que existe entre o resultado exato e o valor obtido é devida aos erros de arredondamento.

9.4.4 Fórmula de Gauss-Hermite

Para utilizar a fórmula de Gauss-Hermite, a integral a ser calculada deve ter a função peso $\omega(x) = e^{-x^2}$, $a = -\infty$ e $b = \infty$. Neste caso, se o intervalo de integração não coincidir com o intervalo $[-\infty, \infty]$, não podemos utilizar a fórmula de Gauss-Hermite. Daremos a seguir exemplo.

Exemplo 9.16

Calcular, usando quadratura de Gauss:
$$\int_{-\infty}^{\infty} \frac{e^{-x^2}}{2} x^2 dx.$$

Solução: Estamos nas condições da fórmula de Gauss-Hermite com $f(x) = \frac{x^2}{2}$. Assim, pela Propriedade 9.4, devemos tomar dois pontos. Pela Tabela 4, com $N = 2$, temos que:
$$x_0 = -0.7071, \qquad A_0 = A_1 = 0.8862,$$
$$x_1 = 0.7071.$$

Assim:
$$f(x_0) = \frac{(-0.7071)^2}{2} = 0.25 = f(x_1).$$

Portanto:
$$\int_{-\infty}^{\infty} \frac{e^{-x^2}}{2} x^2 dx = 0.8662(2)(0.25) = 0.4431.$$

Observe que, neste exemplo, consideramos $f(x) = \frac{x^2}{2}$, mas poderíamos ter colocado $\frac{1}{2}$ fora da integral e considerado $f(x) = x^2$.

9.4.5 Erro nas Fórmulas de Gauss

Quando $f(x)$ é um polinômio, sabemos que as fórmulas de quadratura fornecem um resultado exato a menos, é claro, dos erros de arredondamento.

Na maioria das situações reais, $f(x)$ não é um polinômio e, portanto, sua integral é aproximada quando calculada através das fórmulas de quadratura.

Exibiremos algumas expressões do termo do resto (ou erro de truncamento) para as várias fórmulas apresentadas. Não nos preocuparemos com a dedução de tais expressões por ser extremamente trabalhosa e sem nenhum interesse prático.

Erro na Fórmula de Gauss-Legendre

A expressão do erro, para a fórmula de Gauss-Legendre, é dada por:

$$E_n = \frac{2^{2n+3}[(n+1)!]^4}{(2n+3)[(2n+2)!]^3} f^{(2n+2)}(\xi), \quad \xi \in (a,b).$$

Erro na Fórmula de Gauss-Tchebyshev

A expressão do erro, para a fórmula de Gauss-Tchebyshev, é dada por:

$$E_n = \frac{2\pi}{e^{2n+2}(2n+2)!} f^{(2n+2)}(\xi), \quad \xi \in (a,b).$$

Erro na Fórmula de Gauss-Laguerre

A expressão do erro, para a fórmula de Gauss-Laguerre, é dada por:

$$E_n = \frac{[(n+1)!]^2}{(2n+2)!} f^{(2n+2)}(\xi), \quad \xi \in (a,b).$$

Erro na Fórmula de Gauss-Hermite

A expressão do erro, para a fórmula de Gauss-Hermite, é dada por:

$$E_n = \frac{(n+1)!\sqrt{\pi}}{2^{n+1}(2n+2)!} f^{(2n+2)}(\xi), \quad \xi \in (a,b).$$

Como pode ser observado, todas as fórmulas do erro contêm a derivada de f de ordem $2n+2$, onde n é o índice do último ponto considerado no cálculo da integral. Assim, usar a fórmula do erro para obter o número de pontos necessários para calcular a integral com uma determinada precisão torna-se inviável. Portanto, na prática, se quisermos o resultado da integral com uma determinada precisão, começamos calculando a integral com dois pontos, vamos aumentando o número de pontos e comparando os resultados obtidos. Quando o erro relativo entre dois resultados consecutivos for menor do que uma precisão ϵ, pré-fixada, paramos o processo. O próximo exemplo ilustra este fato.

Exemplo 9.17

Calcular:
$$\int_0^{1.2} e^x \cos x \, dx$$

com três casas decimais corretas, usando fórmula de quadratura de Gauss.

Solução: Como o intervalo de integração é finito, mas não coincide com o intervalo $[-1,1]$, devemos fazer uma mudança de variável. Assim,

$$\begin{vmatrix} x & t & 1 \\ 0 & -1 & 1 \\ 1.2 & 1 & 1 \end{vmatrix} = -2x + 1.2t + 1.2 = 0.$$

Logo:
$$x = 0.6(t+1) \quad \text{e} \quad dx = 0.6 dt.$$

Assim:
$$\int_0^{1.2} e^x \cos x \, dx = 0.6 \int_{-1}^{1} e^{0.6(t+1)} \cos(0.6(t+1)) dt = I,$$

e, portanto, estamos nas condições da fórmula de Gauss-Legendre com:
$$f(t) = e^{0.6(t+1)} \cos(0.6(t+1)).$$

Tomando $N = 2$, na Tabela 1, temos:
$$t_0 = -0.5774, \qquad A_0 = A_1 = 1.0,$$
$$t_1 = 0.5774.$$

Agora:
$$f(t_0) = f(-0.5774) = e^{0.2536} \cos(0.2536) = 1.2474,$$
$$f(t_1) = f(0.5774) = e^{0.9464} \cos(0.9464) = 1.5062.$$

Portanto:
$$I_2 = 0.6(1.2474 + 1.5052) = 1.6522.$$

Tomemos agora três pontos. Assim, pela Tabela 1, com $N = 3$, temos:
$$t_0 = -0.7746, \qquad A_0 = A_2 = 0.5556,$$
$$t_1 = 0, \qquad A_1 = 0.8889,$$
$$t_2 = 0.7746.$$

Agora:
$$f(t_0) = f(-0.7746) = e^{0.1352} \cos(0.1352) = 1.1343,$$
$$f(t_1) = f(0) = e^{0.6} \cos(0.6) = 1.5038,$$
$$f(t_2) = f(0.7746) = e^{1.0648} \cos(1.0648) = 1.4058.$$

Portanto:
$$I_3 = 0.6((1.1343 + 1.4058)(0.5556) + (1.5038)(0.8889)) = 1.6488.$$

Calculando o erro relativo, obtemos:
$$\frac{|I_3 - I_2|}{I_3} \simeq 0.002 > 10^{-3}.$$

Tomemos então $N = 4$. Assim, pela Tabela 1, temos:
$$t_0 = -0.8611, \quad A_0 = A_3 = 0.3479,$$
$$t_1 = -0.3400, \quad A_1 = A_2 = 0.6521,$$
$$t_2 = 0.3400,$$
$$t_3 = 0.8611.$$

Agora:

$$\begin{array}{rclcl}
f(t_0) & = & f(-0.8611) & = & e^{0.08334}\cos(0.08334) = 1.0831, \\
f(t_1) & = & f(-0.3400) & = & e^{0.396}\cos(0.396) = 1.3709, \\
f(t_2) & = & f(0.3400) & = & e^{0.8040}\cos(0.8040) = 1.5503, \\
f(t_3) & = & f(0.8611) & = & e^{1.1167}\cos(1.1167) = 1.3400.
\end{array}$$

Portanto:

$$\begin{aligned} I_4 & = 0.6((1.0831 + 1.3400)(0.3479) + (1.3709 + 1.5503)(0.6521)) \\ & = 1.6487. \end{aligned}$$

Calculando novamente o erro relativo, obtemos:

$$\frac{|I_4 - I_3|}{I_4} \simeq 0.00006 < 10^{-3}.$$

Assim, temos obtido o resultado da integral com três casas decimais corretas.

Observe que, com este exemplo, fica clara a superioridade das fórmulas de quadratura de Gauss, pois, analisando os resultados obtidos, vemos que com **três** pontos já tínhamos o resultado com a precisão desejada. Nos exemplos 9.2, 9.3 e 9.4 resolvemos esta integral, e para obter **três** casas decimais corretas usando as fórmulas de Simpson foram necessários **sete** pontos; para a regra do trapézio seriam necessários **49** pontos (ver Exemplo 9.6).

Exercícios

9.15 Calcular:

a) $\displaystyle\int_{-1}^{1} (z^3 + z^2 + z + 1)dz,$

b) $\displaystyle\int_{-2}^{0} (x^2 - 1)dx,$

por quadratura de Gauss e diretamente e comparar os resultados.

9.16 Usando quadratura de Gauss, calcular:

$$\int_{-1}^{1} (1 - x^2)^{-1/2} x^2 dx.$$

9.17 Calcular exatamente, a menos de erros de arredondamento,

$$\int_{-1}^{1} \left(\frac{1}{2 + 2x} + \frac{1}{2 - 2x} \right)^{1/2} dx.$$

9.18 Usando quadratura de Gauss, calcular:

$$\int_{1}^{2} \frac{dx}{2(x+1)\sqrt{-x^2 + 3x - 2}}$$

com duas casas decimais corretas.

9.19 Calcular:
$$\int_0^1 \left(\frac{1}{4x} + \frac{1}{4-4x} \right)^{1/2} dx$$
com duas casas decimais corretas, usando quadratura de Gauss.

9.20 Calcular:
$$\int_{-\pi}^{\pi} \cos^4 \theta \, d\theta$$
usando a fórmula de Gauss-Tchebyshev.

9.21 Usando quadratura de Gauss, calcular:
$$\int_0^\infty \left(\frac{x^3 + 4x + 2}{e^{2x}} \right) e^x dx$$
exatamente, a menos de erros de arredondamento.

9.22 Calcular:
$$\Gamma(\alpha) = \int_0^\infty e^{-x} x^{\alpha-1} dx, \quad \text{para} \quad \alpha = 5,$$
usando quadratura de Gauss.

Observação: $\Gamma(\alpha)$ é conhecida como função gama e $\Gamma(\alpha + 1) = \alpha!$ para α inteiro.

9.23 Calcular:
$$\int_1^\infty \frac{e^{-t}}{t} dt$$
usando quadratura de Gauss sobre quatro pontos.

9.24 Calcular:
$$\int_{-\infty}^\infty e^{-x^2} \sen x \, dx$$
usando quadratura de Gauss sobre três pontos.

9.5 Exercícios Complementares

9.25 Obtenha a fórmula de integração de Newton-Cotes do tipo fechado, para integrar $f(x)$ com $n = 4$, ou seja, sobre cinco pontos. Usando a fórmula obtida, aproxime:
$$\int_2^3 x e^{\frac{x}{2}} dx$$
sabendo que:

x	2	2.25	2.5	2.75	3.0
$e^{\frac{x}{2}}$	2.77	3.08	3.49	3.96	4.48

9.26 Calcule as integrais a seguir pela regra do trapézio e pelas regras $\frac{1}{3}$ e $\frac{3}{8}$ de Simpson usando seis divisões do intervalo de integração. Compare os resultados.

$$I) \int_1^{2.5} x \ln x \, dx, \qquad II) \int_{-1.5}^0 x e^x dx.$$

9.27 Nas integrais do exercício 9.26, com quantas divisões do intervalo podemos esperar obter erros menores que 10^{-5}?

9.28 Considere os seguintes dados experimentais:

x	1.0	1.2	1.4	1.6	1.8	2.0	2.2	2.4	2.6	2.8	3.0
$y(x)$	1.00	1.82	2.08	3.18	3.52	4.7	5.12	6.38	6.98	8.22	9.00

encontre a área sob a curva $y = y(x)$ usando: a regra $\frac{3}{8}$ de Simpson de 1.0 a 2.2 e a regra $\frac{1}{3}$ de Simpson de 2.2 a 3.0.

9.29 Considere a integral:
$$I = \int_0^1 \frac{\operatorname{sen} t}{t}\, dt = 0.9460830704.$$

Mostre que o resultado obtido pela regra $\frac{1}{3}$ de Simpson, com $h = 0.5$, é surpreendentemente próximo do resultado exato. Explique por que isso acontece.
Sugestão: Analise o erro.

9.30 Em contraste com o exercício 9.29, considere:
$$I = \int_{0.1}^1 \frac{dx}{x} = 2.30259.$$

Usando a regra de Simpson sobre N intervalos, obteve-se a Tabela 9.2.

Tabela 9.2

N	h	I	$Erro$
2	0.45	3.3500	-1.0474
4	0.225	2.2079	-0.1053
8	0.1125	2.3206	-0.0180

Explique a diferença entre estes resultados e o do exercício anterior.

9.31 Considere a função $f(x)$ dada pela tabela:

x	-2	-1	0	1	2
$f(x)$	-1	5	1	5	35

a) Avalie:
$$I = \int_{-2}^2 f(x)\,dx$$
usando a fórmula $\frac{1}{3}$ de Simpson.

b) Se os valores tabelados são de um polinômio de grau 3, o que pode ser afirmado sobre o erro cometido na aproximação de I pela fórmula $\frac{1}{3}$ de Simpson?

9.32 Considere a integral:
$$\int_0^1 (2x^3 - 3x^2 + 1)\,dx.$$

Justifique o porquê da regra do trapézio com $h = 1$ ser exata para calcular tal integral.

Sugestão: Verifique que: para $0 < t < 0.5$ vale:
$$f(0.5+t) - P_1(0.5+t) = -(f(0.5-t) - P_1(0.5-t)),$$
onde $f(x) = 2x^3 - 3x^2 + 1$ e $P_1(x)$ é a reta que interpola $f(x)$ em $x_0 = 0$ e $x_1 = 1$.

9.33 Aproxime pela regra de Simpson o comprimento de arco da curva:
$$y = 4x^2 - 3x$$
de $(0,0)$ a $(1,1)$. Lembre-se que o comprimento de arco de uma curva $(a, f(a))$ a $(b, f(b))$ é dado por:
$$\int_a^b \sqrt{1 + (y'(x))^2}\, dx.$$

9.34 Uma maneira de se obter numericamente valores da função $f(x) = lnx$ é calcular numericamente valores da integral:
$$\int_1^x \frac{dt}{t}.$$
Usando a integral acima, avalie $ln 1.7$ com erro relativo inferior a 10^{-4}.

9.35 Escolha uma regra de quadratura sobre pontos igualmente espaçados de h e avalie:
$$\int_{-1}^0 xe^x dx$$
com duas casas decimais corretas.

9.36 Considere a integral:
$$I = \int_0^{0.8} (x^2 - cos\, x) dx.$$

   a) Quantos intervalos seriam necessários para aproximar I usando a regra do trapézio, com erro inferior a 10^{-2}?

   b) Calcule I com o h obtido no item **a)**.

9.37 Suponha que se conhece o valor de uma função $f(x)$ através da seguinte tabela:

x	1.0	1.2	1.4	1.7	2.0	2.3	2.65	3.0
$f(x)$	0.23	0.59	1.1	1.4	0.92	0.63	0.42	0.38

Como você procederia para calcular
$$\int_{1.0}^{3.0} f(x) dx$$
com a maior precisão possível?

9.38 Considere a integral:
$$I = \int_\alpha^1 x^{-\frac{1}{2}} dx.$$

   a) Determinar o número de intervalos suficientes para garantir o cálculo de I, com quatro casas decimais corretas, usando a regra de Simpson, nos seguintes casos:

   i) $\alpha = 0.1$,

   ii) $\alpha = 0.01$,

   iii) $\alpha = 0$.

   b) Obter I com $\alpha = 0$ usando fórmula de quadratura de Gauss sobre três pontos.

9.39 Do deslocamento de um móvel no espaço foram obtidos os dados da tabela a seguir:

t	1	1.5	2.5	3.0	4.5	5
$v(t)$	0	1.75	3.75	4	1.75	3

a) Com o objetivo de resolver o item **b)**, ajuste os dados por um polinômio de interpolação de grau adequado.

b) Seja $v(t) = P_2(t)$ (o polinômio obtido no item **a)**). Escolha os intervalos adequados e use os conceitos de integração das regras do trapézio e de Simpson para calcular a área hachurada da Figura 9.4.

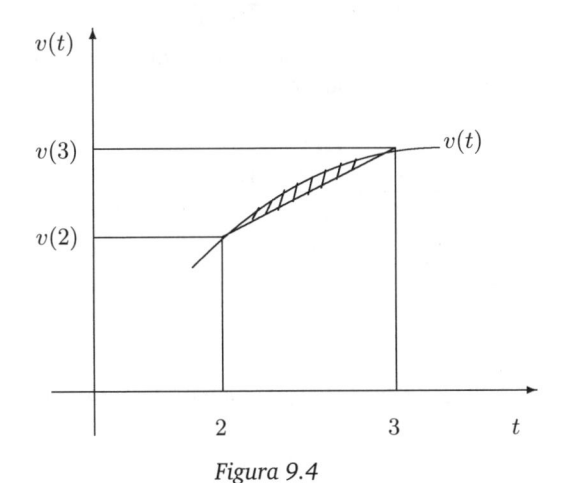

Figura 9.4

9.40 Uma maneira de avaliar integrais da forma:

$$I = \int_0^\infty f(x)dx$$

é aproximar I, fazendo:

$$I \simeq I^* = \int_0^k f(x)dx,$$

onde k é um inteiro escolhido de modo que, dado um valor $\delta > 0$, vale $|f(x)| < \delta$ para todo $x > k$.
Considere a integral:

$$I = \Gamma(m) = \int_0^\infty e^{-x} x^{m-1} dx.$$

a) Verificar que, para $\delta = 10^{-4}$ e $m = 3$, para utilizarmos o procedimento acima, devemos tomar $k = 15$.

b) Em quantos subintervalos devemos dividir o intervalo $[0, 15]$ para obter $I^* \simeq \Gamma(3)$ com quatro casas decimais corretas, usando a regra do trapézio?

c) Obter o valor exato de $I = \Gamma(3)$ usando a fórmula de quadratura de Gauss adequada.

9.41 Considere a integral:

$$I(a) = \int_0^a x^2 e^{-x} dx.$$

a) Obtenha $I(1)$ com duas casas decimais corretas usando a regra de Simpson.

b) Calcule exatamente, a menos de erros de arredondamento $I(a), a \to \infty$, usando a fórmula de quadratura de Gauss.

9.42 Uma pessoa calculou:

$$I = \int_{-1}^1 (3x^3 + 2x^2 + 2) dx$$

usando a regra $\frac{1}{3}$ de Simpson sobre os pontos: -1, 0, 1, e outra pessoa calculou I usando a fórmula de Gauss-Legendre sobre os pontos: -0.57735, 0.57735. Qual das duas obteve melhor resultado? (Suponha que em ambos os casos não houve erros de arredondamento.)

9.43 Deseja-se calcular:

$$\int_{-2}^{2} \frac{e^t}{\sqrt{2-t}\sqrt{2+t}}\,dt.$$

Se você só pode obter o valor do integrando em dois pontos, quais deverão ser estes pontos, de modo que a resposta seja a mais exata possível?

9.44 Considere a tabela:

x	0	0.5	1.0	1.5	2.0	2.5	3.0
$f(x)$	-2	-1.5	-0.5	1.5	4.5	9.0	17.0

Sabendo que a fórmula de quadratura:

$$\int_a^b f(x)\,dx = Af(w), \quad a \leq w \leq b,$$

é exata para polinômios de grau ≤ 1, calcule A e w e use-os para aproximar:

$$\int_0^3 f(x)\,dx.$$

9.45 Seja:

$$\int_{-1}^{2} f(x)\,dx = A_0 f(x_0) + A_1 f(x_1),$$

onde $x_0 = \dfrac{1+\sqrt{3}}{2}$ e $x_1 = \dfrac{1-\sqrt{3}}{2}$ são os zeros do polinômio de grau 2 ortogonal em $[-1, 2]$ segundo a função peso $\omega(x) = 1$.

    a) Calcule os coeficientes A_0 e A_1 tal que a fórmula seja exata para polinômios de grau ≤ 3.

    b) Usando a fórmula de quadratura obtida em **a)**, calcule:

$$\int_{-2}^{0} \frac{dx}{x+3}.$$

9.46 Determine uma fórmula de quadratura para aproximar:

$$\int_0^1 xf(x)\,dx,$$

que seja exata quando $f(x)$ é um polinômio de grau ≤ 3. Usando a fórmula obtida, calcule:

$$\int_0^1 (x^4 + x\,\text{sen}\,x)\,dx.$$

9.47 Considere a integral:

$$I = \int_0^{1.6} x^{-x}\,dx.$$

Obtenha o valor aproximado de I com dois dígitos significativos corretos:

    a) usando fórmula de Simpson.

    b) usando fórmula de quadratura de Gauss.

Lembre-se que: $\lim_{x \to 0} x^x = 1$.

9.48 Considere o problema: Calcular

$$I = \int_a^b \int_c^d f(x,y) dy\, dx.$$

a) Verifique que a aplicação da regra do trapézio primeiramente na direção Oy e depois na direção Ox fornece:

$$I \approx \frac{(b-a)}{2} \frac{(d-c)}{2} [f(a,c) + f(b,c) + f(a,d) + f(b,d)].$$

b) Verifique que discretizando $[a,b]$ e $[c,d]$, respectivamente, pelos pontos:

$$x_i = a + ih, \quad 0 \leq i \leq m, \quad h = \frac{b-a}{m},$$

$$y_j = a + jk, \quad 0 \leq j \leq n, \quad k = \frac{d-c}{n},$$

e então aplicando a regra do trapézio generalizada nas direções Oy e Ox, obtemos:

$$I \approx \frac{hk}{4} \sum_{i=0}^{m} \sum_{j=0}^{n} a_{ij} f(x_i, y_j),$$

onde:
$$\begin{aligned}
a_{00} &= a_{m0} = a_{0n} = a_{nn} = 1, \\
a_{i0} &= a_{in} = 2, \quad 1 \leq i \leq m-1, \\
a_{0j} &= a_{mj} = 2, \quad 1 \leq j \leq n-1, \\
a_{ij} &= 4, \quad 1 \leq i \leq m-1, \quad 1 \leq j \leq n-1.
\end{aligned}$$

c) Usando a fórmula obtida em **b)**, com $h = 0.5$ e $k = 0.25$, avalie:

$$\int_0^1 \int_0^{0.5} \sqrt{x^2 + y^3}\, dy\, dx.$$

9.6 Problemas Aplicados e Projetos

9.1 Para a duplicação de uma avenida, um estudo de engenharia de transportes necessita do cálculo do número total de veículos que passam por ela em um período de 24 horas. Um engenheiro vai ao local várias vezes durante um período de 24 horas e conta o número de carros, por minuto, que passam pela avenida. Os dados obtidos pelo engenheiro encontram-se na Tabela 9.3.

Tabela 9.3

Hora	Carros/min	Hora	Carros/min
0:00	2	12:30	15
2:00	2	14:00	7
4:00	0	16:00	9
5:00	2	17:00	20
6:00	5	18:00	22
7:00	8	19:00	10
8:00	20	20:00	11
9:00	12	21:00	8
10:30	5	22:00	5
11:30	10	23:00	5
		0:00	3

a) Usando interpolação linear, estime quantos carros, por minuto, passaram pela avenida às 10 horas e 15 minutos.

b) Usando os dados anteriores e uma fórmula de quadratura adequada, estime o número de carros que passam pela avenida por dia. (Cuidado com as unidades!)

9.2 Um corpo negro (radiador perfeito) emite energia em uma taxa proporcional à quarta potência de sua temperatura absoluta, de acordo com a equação de Stefan-Boltzmann:

$$E = 36.9 \ 10^{-12} \ T^{-4},$$

onde E = potência de emissão, W/cm^2 e T = temperatura, K.

O que se deseja é determinar uma fração dessa energia contida no espectro visível, que é tomado aqui como sendo 4.10^{-5} a 7.10^{-5} cm. Podemos obter a parte visível integrando a equação de Planck entre esses limites:

$$E_{visível} = \int_{4.10^{-5}}^{7.10^{-5}} \frac{2.39 \ 10^{-11}}{x^5(e^{1.432/Tx} - 1)} dx,$$

onde x = comprimento de onda, cm; E e T como definidos anteriormente.

A eficiência luminosa é definida como a relação da energia no espectro visível para a energia total. Se multiplicarmos por 100 para obter a eficiência percentual e combinarmos as constantes, o problema será calcular:

$$EFF = \left(64.77 \int_{4.10^{-5}}^{7.10^{-5}} \frac{dx}{x^5(e^{1.432/Tx} - 1)} \right) / T^4.$$

Obter a eficiência luminosa, com erro relativo $< 10^{-5}$, nas seguintes condições:

i) $T_i = 2.000 \ K$,
$T_f = 3.000 \ K$,
com incremento da temperatura igual a 250.

ii) $T_i = 2.000 \ K$,
$T_f = 3.000 \ K$,
com incremento da temperatura igual a 200.

onde T_i e T_f são as temperaturas iniciais e finais, respectivamente.

9.3 De um velocímetro de um automóvel foram obtidas as seguintes leituras de velocidade instantânea:

$t \ (min.)$	0	5	10	15	20	25	30	35	40
$v \ (km/h)$	23	25	30	35	40	45	47	52	60

Calcule a distância, em quilômetros, percorrida pelo automóvel usando a regra de Simpson.

9.4 A determinação da área da seção reta de rios e lagos é importante em projetos de prevenção de enchentes (para o cálculo de vazão da água) e nos projetos de reservatórios (para o cálculo do volume total de água). A menos que dispositivos tipo sonar sejam usados na obtenção do perfil do fundo de rios/lagos, o engenheiro civil deve trabalhar com valores da profundidade, obtidos em pontos discretos da superfície. Um exemplo típico de seção reta de um rio é mostrado na Figura 9.5.

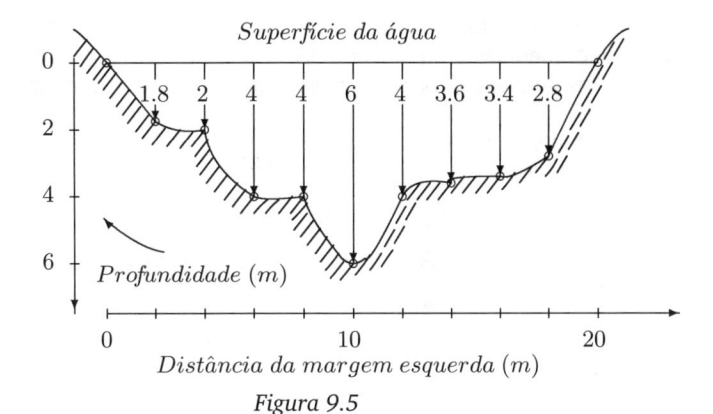

```
                    Superfície da água
0 ─┬──────────────────────────────────────────
   │     1.8  2    4    4    6    4   3.6 3.4 2.8
2 ─┤
   │
4 ─┤
   │
6 ─┤ Profundidade (m)
   │
   ├────┼────┼────┼────┼────┼────┼────┼────┼──▶
   0              10                20
        Distância da margem esquerda (m)
              Figura 9.5
```

Use uma fórmula de quadratura sobre pontos igualmente espaçados de h para calcular a área da seção reta da Figura 9.5.

9.5 A equação de Clapeyron encontrada no estudo das relações de propriedade termodinâmica pode ser expressa como:

$$\frac{d\ln P}{dT} = \frac{\Delta H_r}{RT^2}, \qquad (9.28)$$

onde P: pressão do vapor, T: temperatura absoluta, ΔH_r: entalpia da vaporização, R: constante do gás.

Esta temperatura, que é válida para um intervalo limitado de pressão e temperatura, pode ser usada para determinar a pressão de vapor em qualquer temperatura, reescrevendo-se (9.28) e integrando a partir de alguma pressão e temperatura conhecidas P_0, T_0. Mostre que fazendo isso obtemos:

$$\ln\frac{P}{P_0} = \int_{T_0}^{T} \frac{\Delta H_r}{RT^2}\, dT. \qquad (9.29)$$

A solução de (9.29) requer o cálculo da integral indicada. Entretanto, em muitos casos ΔH_r não pode ser dada por uma expressão analítica conveniente, e a integral deve então ser calculada por um método numérico.

Considere uma substância para a qual os seguintes dados são conhecidos:

T	185	190	195	200	205	210
ΔH_r	81.307	80.472	79.568	78.714	77.859	77.002
	215	220	225	230	235	
	76.141	75.272	74.395	73.508	72.610	

$R = 0.01614\ kcal/kg$, $P_0 = 0.028\ atm$ em $T_0 = 185\ K$.

Determine a pressão do vapor a uma temperatura de $235\ K$, usando três, cinco, sete, nove e onze pontos. Com onze pontos é possível dizer quantas casas decimais estão corretas? Se a resposta for afirmativa, diga qual é a precisão obtida.

Observe que, neste problema, você não deve entrar com o valor de ϵ, mas sim comparar os resultados obtidos.

9.6 Na determinação da radiação luminosa emitida por um radiador perfeito, é necessário calcular o valor da integral:

$$Q = \int_{\lambda_1}^{\lambda_2} \frac{2\pi hc^2}{\lambda^5 \left(e^{\frac{hc}{k\lambda T}} - 1\right)}\, d\lambda,$$

onde:

Q = radiação emitida por unidade de tempo por unidade de área entre os comprimentos de onda λ_1 e λ_2, em $erg/cm^2 \cdot s$,

λ_1 e λ_2 = limites inferior e superior, respectivamente, do comprimento de onda, em cm,

h = constante de Planck = $6.6256 \times 10^{-27} erg \cdot s$,

c = velocidade da luz = $2.99793 \times 10^{10} cm/s$,

k = constante de Boltzmann = $1.38054 \times 10^{-16} erg/k$,

T = temperatura absoluta da superfície, K,

λ = variável de integração = comprimento de onda, cm.

Obter Q, com erro relativo $< 10^{-5}$, nas seguintes condições:

i) $\lambda_1 = 3.933666 \times 10^{-5}\ cm$,
$\lambda_2 = 5.895923 \times 10^{-5}\ cm$,
$T = 2000\ K$.

ii) $\lambda_1 = 3.933666 \times 10^{-5}\ cm$,
$\lambda_2 = 5.895923 \times 10^{-5}\ cm$,
$T = 6000\ K$.

9.7 Seja a viga em balanço e o carregamento dado na Figura 9.6.

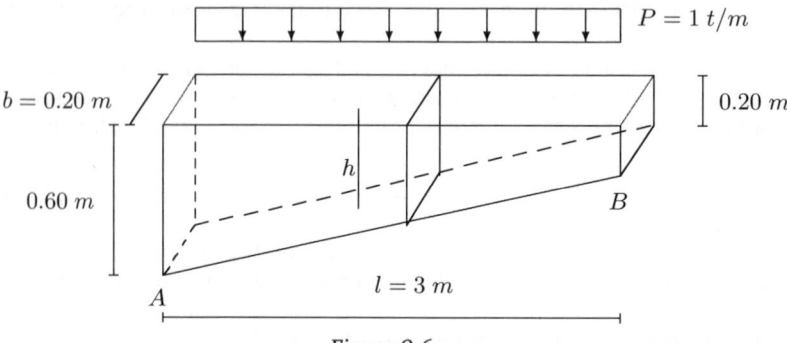

Figura 9.6

onde $E = 200\ t/cm^2$ (módulo de elasticidade do concreto).

O deslocamento vertical no ponto B pode ser obtido através da expressão:

$$\delta_{VB} = \int_A^B \frac{M_0 M_1}{EJ} dx$$

com

$$M_0 = \frac{1}{2}(\ell - x)^2, \quad M_1 = \ell - x, \quad J = \frac{bh^3}{12},$$

onde M_0 é o momento da viga; M_1 é o momento da viga correspondente a uma carga unitária na direção e sentido do deslocamento; e J é o momento de inércia de uma secção retangular de altura h.

Determine o deslocamento vertical δ_{VB} com erro relativo inferior a 10^{-4}.

9.8 A função de Debye é encontrada em termodinâmica estatística no cálculo do calor específico da água a volume constante de certas substâncias. A função é expressa por:

$$D(x) = \frac{3}{x^3} \int_0^x \frac{y^3}{e^y - 1} dy.$$

Obter $D(x)$, com erro relativo $< 10^{-5}$, nos seguintes casos:

i) $x = 0.5$,
ii) $x = 10$,
iii) $x = 50$.

9.9 Uma aproximação para a velocidade em função do tempo de um pára-quedista em queda livre na atmosfera é dada pela equação:

$$v(t) = \frac{gm}{c}\left(1 - e^{-\frac{c}{m}t}\right),$$

onde g é a aceleração da gravidade $(9.8 \ m/s^2)$, m é a massa do pára-quedista $(68 \ kg)$, c é o coeficiente de arrasto $(12.5 \ kg/s)$ e t é o tempo (em s) a partir do início da queda.

Suponha que o pára-quedista salte de uma altura de $3.000 \ m$. Sabendo que o espaço percorrido por ele entre os instantes de tempo a e b é dado por:

$$\Delta s = \int_a^b v(t)dt,$$

calcule a altura em que se encontra o pára-quedista nos instantes $t = 2 \ s$ e $t = 10 \ s$.

Em ambos os casos, utilize a regra $\frac{1}{3}$ de Simpson, com um número adequado de subintervalos para que o erro seja menor que $1 \ m$.

9.10 O etileno ocupa a quinta posição entre os produtos químicos mais fabricados nos Estados Unidos e o primeiro lugar entre os produtos químicos orgânicos, ao longo de um ano. Mais de 28 milhões de libras foram produzidas em 1985 e vendidas a US\$ 22/libra. De todo etileno produzido, 65% é usado na fabricação de plásticos, 20% para óxido de etileno e etileno glicol, 5% para fibras e 5% para solventes. Deseja-se determinar o tamanho (volume) de um reator necessário para produzir 300 milhões de libras de etileno por ano do craqueamento de etano puro. A reação é irreversível e elementar. Além disso, deseja-se alcançar 80% de conversão para o etano operando o reator isotermicamente a $1.100 \ K$ e à pressão de $6 \ atm$. A equação para o reator é dada por:

$$V = F_{A_0} \int_0^x \frac{dx}{-\Gamma_A},$$

onde: V é o volume do reator (ft^3); F_{A_0} é a taxa de alimentação do reagente $(lb \ moles/s)$; $-\gamma_A$ é a taxa de reação $(ft^3/lb \ mol)$; e x é a conversão. A taxa de desaparecimento do etano $(-\Gamma_A)$ é dada por: $-\Gamma_A = kC$, onde k é a constante de reação e C, a reconcentração do reagente (etano), é dada por: $C = C_0(1-x)/(1+\epsilon)$, com C_0 sendo a concentração inicial do reagente e ϵ, o fator de mudança de volume.

Usando uma regra de quadratura sobre pontos igualmente espaçados de h, determine o volume de um reator, dado que:

$F_{A_0} = 0.425 \ lb \ moles/s$, $\quad k = 3.07 \ s^{-1}$, $\quad x = 0.8$, $\quad C_0 = 0.00415 \ lb \ moles/ft^3$ e $\epsilon = 1$.

9.11 A Figura 9.7 mostra um circuito típico contendo um amplificador.

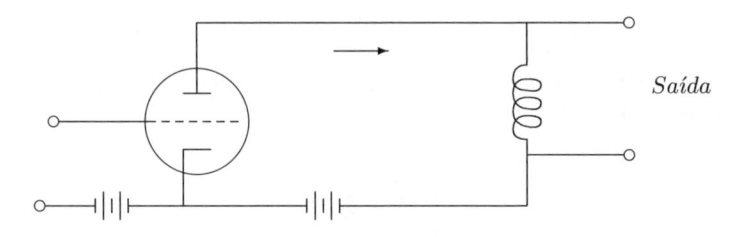

Figura 9.7

Muitos tipos de amplificadores são usados em instrumentos como transmissores de rádio e televisão, dispositivos de medidas etc. Alguns tipos de amplificadores produzem correntes em pequeno pulso. Estas correntes são periódicas no tempo, com T representando o período.

Para analisar o circuito, é usualmente necessário expressar a corrente em termos de uma função analítica. Usando a série de Fourrier truncada em m termos para I_p, temos:

$$I_p(t) = I_0 + I_1 cos\left(\frac{2\pi t}{T}\right) + I_2 cos\left(\frac{4\pi t}{T}\right)$$
$$+ \ldots + I_m cos\left(\frac{2m\pi t}{T}\right) = \sum_{k=0}^{m} I_k cos\left(\frac{2k\pi t}{T}\right),$$

onde cada I_k é dado por:

$$I_k = \frac{2}{T}\int_0^T I_p(t)cos\left(\frac{2k\pi t}{T}\right) dt, \quad k = 0, 1, \ldots, m.$$

Suponha que em certo experimento você mediu a corrente I_p em vários instantes de tempo e obteve a tabela a seguir:

$t\ (s)$	0	1	2	3	4	5	6	7	8	9	10
$I_p\ (t)$	100	94	80	60	31	0	-30	-58	-81	-95	-101
	11	12	13	14	15	16	17	18	19	20	
	-96	-82	-60	-30	0	32	59	80	95	99	

a) Considerando $T = 20$, calcule: $I_0, I_1, \ldots, I_{20}$.

b) Desprezando os erros de arredondamento, o que você pode concluir sobre a verdadeira expressão da função para $I_p(t)$?

9.12 O serviço de proteção ao consumidor (SPC) tem recebido muitas reclamações quanto ao peso real do pacote de $5\ kg$ do açúcar vendido nos supermercados. Para verificar a validade das reclamações, o SPC contratou uma firma especializada em estatística para fazer uma estimativa da quantidade de pacotes que realmente continham menos de $5\ kg$. Como é inviável a repesagem de todos os pacotes, a firma responsável pesou apenas uma amostra de 100 pacotes. A partir destes dados e utilizando métodos estatísticos, eles puderam ter uma boa idéia do peso de todos os pacotes existentes no mercado.

Chamando de x_i o peso do pacote i, tem-se que a média da amostra $\bar{x}$ é dada por:

$$\bar{x} = \frac{1}{n}\sum_{i=1}^{n} x_i,$$

onde n é o número de pacotes da amostra. Serão omitidos os pesos, por causa do elevado número de pacotes examinados. Calculando-se a média, obtém-se:

$$\bar{x} = \frac{1}{100} \times 499.1 = 4.991\ kg.$$

O desvio padrão, que é uma medida estatística que dá uma noção da dispersão dos pesos em relação à média, é dado por:

$$S = +\sqrt{\frac{1}{n-1}\sum_{i=1}^{n}(\bar{x} - x_i)^2}.$$

Para os dados deste problema, tem-se que $S = 0.005\ kg$.

Supondo-se verdadeira a hipótese de que a variação do peso dos pacotes não é tendenciosa, isto é, que o peso de um pacote é função de uma composição de efeitos de outras variáveis independentes, entre a quais podemos citar: regulagem da máquina de ensacar, variação da densidade do açúcar, leitura do peso etc., pode-se afirmar que a variável do peso tem uma distribuição normal. O gráfico da distribuição normal é apresentado na Figura 9.8.

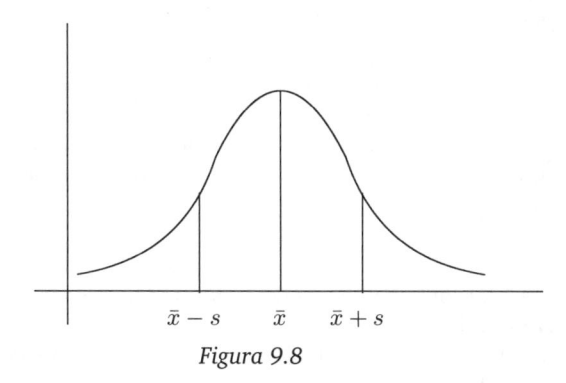

Figura 9.8

A forma analítica desta função é:

$$f(x) = \frac{1}{S\sqrt{2\pi}}\, e^{\frac{1}{2}\left(\frac{x-\bar{x}}{S}\right)^2}.$$

O valor de $f(x)$ é a freqüência de ocorrência do valor x. A integral de $f(x)$ fornece a freqüência acumulada, isto é:

$$F(x_0) = \int_{-\infty}^{x_0} f(x)dx,$$

é a probabilidade de que x assuma um valor menor ou igual a x_0. Graficamente, $F(x_0)$ é a área hachurada na Figura 9.9.

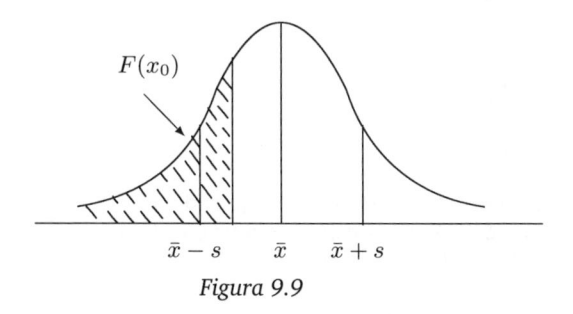

Figura 9.9

No problema em questão, o que se deseja é determinar:

$$F(5) = \int_{-\infty}^{5} \frac{1}{0.005\sqrt{2\pi}}\, e^{\frac{1}{2}\left(\frac{x-4.991}{0.005}\right)^2} dx.$$

Usando um método numérico à sua escolha, determine $F(5)$.

Observações:

1) $\int_{-\infty}^{\infty} f(x)dx = 1$.

2) A curva é simétrica em relação à média ($\bar{x}$), logo:

$$\int_{-\infty}^{\bar{x}} f(x)dx = \int_{\bar{x}}^{\infty} f(x)dx = 0.5.$$

9.13 A definição da integral imprópria é:

$$I = \int_{a}^{\infty} f(x)dx = \lim_{b \to \infty} \int_{a}^{b} f(x)dx.$$

Se esta integral for convergente, podemos avaliá-la aproximadamente por método numérico. Por exemplo, a integral exponencial $Ei(x)$ pode ser avaliada tomando o limite superior U suficientemente grande em:

$$Ei(x) = \int_{x}^{\infty} \frac{e^{-v}}{v} dv \simeq \int_{x}^{U} \frac{e^{-v}}{v} dv.$$

Sabemos que U é "suficientemente grande" quando as contribuições adicionais ao se fazer U maior são desprezíveis. Estimar $EI(0.5)$.

Note que pode-se usar sub-intervalos maiores à medida que v cresce. Compare o valor obtido com o valor tabular: 0.5598.

9.14 A seção reta de um veleiro está mostrada na Figura 9.10.

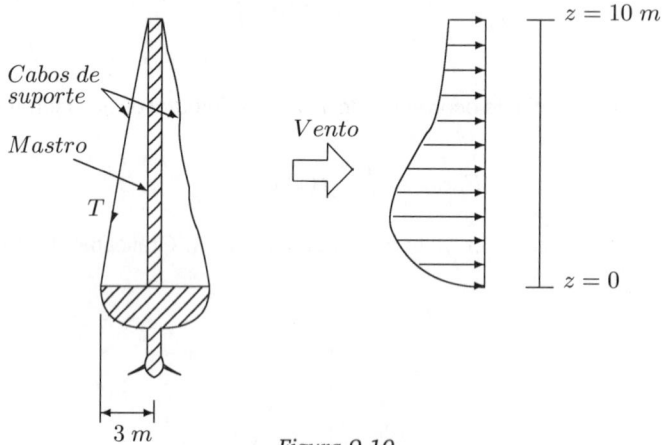

Figura 9.10

A força que o vento exerce sobre o mastro (devido às velas) varia conforme a altura z (em metros) a partir do convés. Medidas experimentais constataram que a força resultante exercida sobre o mastro (em N) é dada pela equação:

$$F = \int_{0}^{10} f(z)dz, \quad f(z) = \frac{z}{4+z} e^{\frac{-2z}{10}}.$$

Deseja-se saber a linha de ação de F, isto é, o ponto onde pode-se aplicar uma força de mesmo módulo, direção e sentido de F, tal que o efeito sobre o mastro seja o mesmo de F. Esse ponto, localizado a uma altura d do convés do barco, pode ser determinado a partir da seguinte equação:

$$d = \frac{\int_{0}^{10} z f(z) dz}{\int_{0}^{10} f(z) dz}.$$

Pede-se então calcular o valor de d usando fórmula de quadratura sobre pontos igualmente espaçados de h.

9.15 Suponha que a água em uma represa exerça uma pressão sobre a face esquerda da mesma, como mostrada na Figura 9.11.

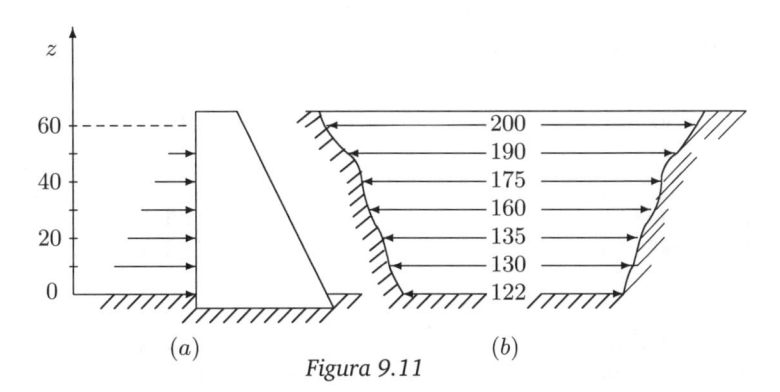

Figura 9.11

Essa pressão pode ser caracterizada pela expressão:

$$p(z) = \rho g(D-z),$$

onde $p(z)$ é a pressão (em N/m^2) na altura z (em m) a partir do fundo da represa. A densidade da água ρ é suposta constante e vale $10^3 \ kg/m^3$; a aceleração da gravidade vale $9.8 \ m/s^2$; e D é a altura (em m) da superfície da água a partir do fundo do represa. Sabe-se que a pressão aumenta linearmente com a profundidade, como mostrado em (a). A força total f_t sobre a face esquerda da represa pode ser calculada multiplicando-se a pressão pela área da face da represa. A largura da represa para diferentes profundidades está mostrada em (b). Assuma que a largura da represa varia linearmente desde $200 \ m$ (na superfície) até $122 \ m$ (a $60 \ m$ de profundidade). Assim, a força resultante sobre a face da represa pode ser obtida através de:

$$f_t = \int_0^D \rho \, g \, \omega(z)(D-z)dz,$$

onde $\omega(z)$ é a largura da represa na altura z a partir do fundo.

Determine a altura d da linha de ação da força resultante, que pode ser obtida através do cálculo de:

$$d = \frac{\int_0^D z \, \rho \, g \, \omega(z)(D-z)}{f_t}dz,$$

por método numérico à sua escolha.

TABELA 1

$$\int_{-1}^{1} f(x)dx$$

x_i		A_i
	$N = 2$	
0.5773502691		(1)0.1000000000
	$N = 3$	
0.7745966692		0.5555555555
0.0000000000		0.8888888888
	$N = 4$	
0.8611363115		0.3478548451
0.3399810435		0.6521451548
	$N = 5$	
0.9061798459		0.2369268850
0.5384693101		0.4786286704
0.0000000000		0.5688888888
	$N = 6$	
0.9324695142		0.1713244923
0.6612093864		0.3607615730
0.2386191860		0.4679139345
	$N = 7$	
0.9491079123		0.1294849661
0.7415311855		0.2797053914
0.4058451513		0.3818300505
0.0000000000		0.4179591836
	$N = 8$	
0.9602898564		0.1012285362
0.7966664774		0.2223810344
0.5255324099		0.3137066458
0.1834346424		0.3626837833
	$N = 9$	
0.9681602395		(−1)0.8127438836
0.8360311073		0.1806481606
0.6133714327		0.2606106964
0.3242534234		0.3123470770
0.0000000000		0.3302393550

TABELA 2

$$\int_{-1}^{1} \frac{1}{\sqrt{1-x^2}} f(x)dx$$

x_i		A_i
	$N = 2$	
0.7071067811		(1)0.1570796326
	$N = 3$	
0.8660254037		(1)0.1047197551
0.0000000000		(1)0.1047197551
	$N = 4$	
0.9238795325		0.7853981633
0.3826834323		0.7853981633
	$N = 5$	
0.9510565162		0.6283185307
0.5877852522		0.6283185307
0.0000000000		0.6283185307
	$N = 6$	
0.9659258262		0.5235987755
0.7071067811		0.5235987755
0.2588190451		0.5235987755
	$N = 7$	
0.9749279121		0.4487989505
0.7818314824		0.4487989505
0.4338837391		0.4487989505
0.0000000000		0.4487989505
	$N = 8$	
0.9807852804		0.3926990816
0.8314696123		0.3926990816
0.5555702330		0.3926990816
0.1950903220		0.3926990812
	$N = 9$	
0.9448077530		0.3490658503
0.8660254037		0.3490658503
0.6427876096		0.3490658503
0.3420201433		0.3490658503
0.0000000000		0.3490658503

TABELA 3

$$\int_0^\infty e^{-x} f(x) dx$$

x_i		A_i
	$N = 2$	
0.5857864376		0.8535533905
(1)0.3414213562		0.1464466094
	$N = 3$	
0.4157745567		0.7110930099
(1)0.2294280360		0.2785177335
(1)0.6289945082		(−1)0.1038925650
	$N = 4$	
0.3225476896		0.6031541043
(1)0.1745761101		0.3574186924
(1)0.4536620296		(−1)0.3888790851
(1)0.9395070912		(−3)0.5392947055
	$N = 5$	
0.2635603197		0.5217556105
(1)0.1413403059		0.3986668110
(1)0.3596425771		(−1)0.7594244968
(1)0.7085810005		(−2)0.3611758679
(2)0.1264080084		(−4)0.2336997238
	$N = 6$	
0.2228466041		0.4589646739
(1)0.1188932101		0.4170008307
(1)0.2992736326		0.1133733820
(1)0.5775143569		(−1)0.1039919745
(1)0.9837467418		(−3)0.2610172028
(2)0.1598297398		(−6)0.8985479064
	$N = 7$	
0.1930436765		0.4093189517
(1)0.1026664895		0.4218312779
(1)0.2567876745		0.1471263487
(1)0.4900353085		(−1)0.2063351447
(1)0.8182153445		(−2)0.1074010143
(2)0.1273418029		(−4)0.1586546435
(2)0.1939572786		(−7)0.3170315479

TABELA 4

$$\int_{-\infty}^{\infty} e^{-x^2} f(x) dx$$

x_i		A_i
	$N = 2$	
0.7071067811		0.8862269254
	$N = 3$	
(1)0.1224744871		0.2954089751
0.0000000000		(1)0.1181635900
	$N = 4$	
(1)0.1650680123		(−1)0.8131283544
0.5246476323		0.8049140900
	$N = 5$	
(1)0.2020182870		(−1)0.1995324205
0.9585724646		0.3936193231
0.0000000000		0.6453087204
	$N = 6$	
(1)0.2350604973		(−2)0.4530009905
(1)0.1335849074		0.1570673203
0.4360774119		0.7246295952
	$N = 7$	
(1)0.2651961356		(−3)0.9717812450
(1)0.1673551628		(−1)0.5451558281
0.8162878828		0.4256072526
0.0000000000		0.8102646175
	$N = 8$	
(1)0.2930637420		(−3)0.1996040722
(1)0.1981656756		(−1)0.1707798300
(1)0.1157193712		0.2078023258
0.3811869902		0.6611470125
	$N = 9$	
(1)0.3190993202		(−4)0.3960697726
(1)0.2266580585		(−2)0.4943624276
(1)0.1468553289		(−1)0.8847452739
0.7235510187		0.4326515590
0.0000000000		0.7202352156

Capítulo 10

Solução Numérica de Equações Diferenciais Ordinárias

10.1 Introdução

Muitos problemas encontrados em engenharia e outras ciências podem ser formulados em termos de equações diferenciais. Por exemplo, trajetórias balísticas, trajetória dos satélites artificiais, estudo de redes elétricas, curvaturas de vigas, estabilidade de aviões, teoria das vibrações, reações químicas e outras aplicações estão relacionadas com equações diferenciais. O objetivo deste capítulo é apresentar uma introdução à resolução de equações diferenciais ordinárias através de métodos numéricos.

A equação:

$$y' = f(x, y) \tag{10.1}$$

é chamada **Equação Diferencial de Primeira Ordem**. Nesta equação, f é uma função real dada, de duas variáveis reais x e y, sendo y uma função incógnita da variável independente x. Além disso, y e f podem ser vetores, caso em que teremos um sistema de equações diferenciais de primeira ordem. Trataremos inicialmente apenas o caso escalar e exploraremos vários métodos numéricos para sua resolução. Mostraremos a seguir que esses mesmos métodos podem ser aplicados a sistemas de equações de primeira ordem e a equações diferencias de ordem elevada.

Resolver (10.1) corresponde a se determinar uma função $y = y(x)$, diferenciável, com $x \in [a, b]$ tal que $y'(x) = f(x, y(x))$. Qualquer função que satisfaça esta propriedade é uma solução da equação diferencial (10.1). Por exemplo, a função $y(x) = Ce^x$ é, para qualquer valor da constante C, uma solução da equação diferencial $y' = y$. Assim, cada equação diferencial de primeira ordem possui um número infinito de soluções. Contudo, podemos selecionar uma solução particular, se além da equação diferencial for dado o valor da solução $y(x)$ em um ponto, por exemplo, $y(x_0) = y_0$ (chamada condição inicial). Assim, se para a equação diferencial: $y' = y$ for dado que $y(0) = 1$, então obtemos $C = 1$, e agora a solução é $y(x) = e^x$.

A equação diferencial, juntamente com a condição inicial, constituem um **problema de valor inicial (p.v.i.)**, isto é:

$$\begin{cases} y' = f(x, y) \\ y(x_0) = y_0 \end{cases} \tag{10.2}$$

O seguinte teorema estabelece condições sobre $f(x,y)$ que garantem a existência de uma única solução do **(p.v.i.)** (10.2).

Teorema 10.1 (Existência e Unicidade)
Seja $f(x,y)$ definida e contínua em:

$$D = \{(x,y) \;/\; a \leq x \leq b;\; -\infty < y < \infty;\; a \text{ e } b \text{ finitos}\}.$$

Suponhamos que exista constante $L > 0$ tal que:

$$|f(x,y) - f(x,y^*)| \leq L|y - y^*|,\; \forall (x,y),\; (x,y^*) \in D.$$

Então, se y_0 é um número dado, existe uma única solução $y(x)$ do **(p.v.i.)** (10.2), onde $y(x)$ é contínua e diferenciável para todo $(x,y) \in D$.

Prova: A prova deste teorema pode ser encontrada em [Henrice, 1968].

A grande maioria das equações encontradas na prática não podem ser solucionadas analiticamente; o recurso de que dispomos é o emprego de métodos numéricos. Para todos os métodos descritos neste capítulo, consideraremos o **(p.v.i.)** (10.2) com a hipótese de que f satisfaz as condições do Teorema (10.1), o qual garante que o problema tem uma única solução continuamente diferenciável, a qual indicaremos por $y(x)$.

Uma propriedade importante dos métodos computacionais para a solução de (10.2) é a **discretização**, que consiste em obter a solução aproximada do **(p.v.i.)** não num intervalo contínuo $a \leq x \leq b$, mas sim num conjunto discreto de pontos $\{x_n \;/\; n = 0, 1, \ldots, N\}$.

A seqüência de pontos $\{x_n\}$ é definida por:

$$x_n = x_0 + nh;\; n = 0, 1, \ldots, N,$$

onde $x_0 = a$, $x_N = b$ e $N = \dfrac{b-a}{h}$.

Dizemos que o comprimento do intervalo, h, é o **tamanho do passo**, os pontos x_n são os **pontos da malha** e N é o **número de passos**.

Denotaremos por y_n uma aproximação para a solução teórica em x_n, isto é: $y_n \simeq y(x_n)$ e por $f_n = f(x_n, y_n)$.

Nosso objetivo é então determinar aproximações y_n da solução verdadeira $y(x_n)$ nos pontos da malha. Portanto, a solução numérica será uma tabela de valores dos pares (x_n, y_n), $y_n \simeq y(x_n)$.

Existem vários métodos numéricos para determinação (aproximada) da solução de (10.2). Descreveremos a seguir alguns desses métodos, discutindo suas vantagens e desvantagens.

10.2 Método de Taylor de Ordem q

O primeiro método que discutiremos é o método de Taylor, que é de aplicabilidade quase que geral, pode ser usado em combinação com outros métodos numéricos e servirá como introdução para outras técnicas que estudaremos.

Consideremos o **(p.v.i.)** (10.2). A função f pode ser linear ou não, mas vamos admitir que f seja contínua e suficientemente derivável em relação a x e y. Seja $y(x)$ a solução exata de (10.2). A expansão em série de Taylor para $y(x_n + h)$ em torno do ponto x_n é dada por:

$$y(x_n + h) = y(x_n) + hy'(x_n) + \frac{h^2}{2!}y''(x_n) + \ldots$$
$$+ \frac{h^q}{q!}y^{(q)}(x_n) + \frac{h^{q+1}}{(q+1)!}y^{(q+1)}(\xi_n), \quad x_n < \xi_n < x_n + h, \tag{10.3}$$

onde o último termo é o **erro de truncamento local**.

As derivadas na expansão (10.3) não são conhecidas explicitamente, uma vez que a solução exata não é conhecida. Contudo, se f é suficientemente derivável, elas podem ser obtidas considerando-se a derivada total de $y' = f(x, y)$ com respeito a x, tendo em mente que y é função x. Assim, obtemos para as primeiras derivadas:

$$\begin{aligned} y' &= f(x, y), \\ y'' &= f' = \frac{\partial f}{\partial x} + \frac{\partial f}{\partial y}\frac{dy}{dx} = f_x + f_y f, \\ y''' &= f'' = \frac{\partial f_x}{\partial x} + \frac{\partial f_x}{\partial y}\frac{dy}{dx} + \left[\frac{\partial f_y}{\partial x} + \frac{\partial f_y}{\partial y}\frac{dy}{dx}\right]f \\ &\quad + f_y\left[\frac{\partial f}{\partial x} + \frac{\partial f}{\partial y}\frac{dy}{dx}\right] \\ &= f_{xx} + f_{xy}f + f_{yx}f + f_{yy}f^2 + f_y f_x + f_y^2 f \\ &= f_{xx} + 2f_{xy}f + f_{yy}f^2 + f_x f_y + f_y^2 f \end{aligned} \tag{10.4}$$

$\vdots$

Continuando desta maneira, podemos expressar qualquer derivada de y em termos de $f(x, y)$ e de suas derivadas parciais. Contudo, é claro que, a menos que $f(x, y)$ seja uma função muito simples, as derivadas totais de ordem mais elevada tornam-se cada vez mais complexas. Por razões práticas, deve-se, então, limitar o número de termos na expansão (10.3). Truncando a expansão (10.3), após $(q + 1)$ termos, obtemos:

$$y(x_n + h) = y(x_n) + hf(x_n, y(x_n)) + \ldots + \frac{h^q}{q!}f^{(q-1)}(x_n, y(x_n)).$$

Esta equação pode ser interpretada como uma relação aproximada entre valores exatos da solução de (10.2). Uma relação exata entre valores aproximados da solução de (10.2) pode ser obtida substituindo-se $y(x_n)$ por y_n e $f^{(j)}(x_n, y(x_n))$ por: $f_n^{(j)}, j = 0, 1, \ldots, q - 1$. Fazendo isso, obtemos:

$$y_{n+1} = y_n + hf_n + \frac{h^2}{2!}f'_n + \ldots + \frac{h^q}{q!}f_n^{(q-1)}, \tag{10.5}$$

que é chamado **Método de Taylor de ordem** q.

Observe que, para calcular uma aproximação para a solução no ponto x_{n+1}, o método de Taylor requer informação apenas sobre o último ponto calculado, isto é, sobre x_n. Métodos com esta característica são chamados de **Métodos de 1-passo**. Além disso, (10.5) é uma equação explícita para y_{n+1}, uma vez que os termos do lado direito dependem apenas de y_n, e por este motivo são chamados de **Métodos Explícitos**.

Exemplo 10.1

Resolver o **(p.v.i)**:
$$\begin{cases} y' = -y + x + 2 \\ y(0) = 2, \quad x \in [0, 0.3], \quad h = 0.1, \end{cases}$$
usando o método de Taylor de ordem 3.

Solução: O método de Taylor de ordem 3 é dado por (10.5), com $q = 3$, isto é:

$$y_{n+1} = y_n + h f_n + \frac{h^2}{2} f'_n + \frac{h^3}{3!} f''_n. \tag{10.6}$$

Desde que $f = -y + x + 2$, obtemos:

$$\begin{aligned} f' &= 1 + (-1)(-y + x + 2) = y - x - 1, \\ f'' &= -1 + (1)(-y + x + 2) = -y + x + 1. \end{aligned}$$

Fazendo $n = 0$ em (10.6), obtemos:

$$y_1 = y_0 + h f_0 + \frac{h^2}{2} f'_0 + \frac{h^3}{3!} f''_0.$$

Observe que, para calcular y_1, devemos avaliar f e suas derivadas em (x_0, y_0). Temos que o intervalo onde desejamos obter a solução do **(p.v.i.)** é $[0, 0.3]$ e $y_0 = 2$. Assim: $(x_0, y_0) = (0, 2)$. Logo:

$$\begin{aligned} f_0 &= f(x_0, y_0) = f(0, 2) = -2 + 0 + 2 = 0, \\ f'_0 &= f'(x_0, y_0) = f'(0, 2) = 2 - 0 - 1 = 1, \\ f''_0 &= f''(x_0, y_0) = f''(0, 2) = -2 + 0 + 1 = -1. \end{aligned}$$

Portanto:

$$\begin{aligned} y_1 &= 2 + 0.1(0) + \frac{(0.1)^2}{2}(1) + \frac{(0.1)^3}{3!}(-1) \\ &= 2.0048 \simeq y(x_1) = y(0.1). \end{aligned}$$

Fazendo agora $n = 1$ em (10.6), obtemos:

$$y_2 = y_1 + h f_1 + \frac{h^2}{2} f'_1 + \frac{h^3}{3!} f''_1.$$

Assim, para calcular y_2, devemos avaliar f e suas derivadas em (x_1, y_1). Temos que: $h = 0.1 \to (x_1, y_1) = (0.1, 2.0048)$. Portanto:

$$\begin{aligned} f_1 &= f(x_1, y_1) = f(0.1, 2.0048) = -2.0048 + 0.1 + 2 = 0.0952, \\ f'_1 &= f'(x_1, y_1) = f'(0.1, 2.0048) = 2.0048 - (0.1) - 1 = 0.9048, \\ f''_1 &= f''(x_1, y_1) = f''(0.1, 2.0048) = -2.0048 + 0.1 + 1 = -0.9048. \end{aligned}$$

Logo:

$$y_2 = 2.0048 + 0.1(0.0952) + \frac{(0.1)^2}{2}(0.9048) + \frac{(0.1)^3}{3!}(-0.9048)$$
$$= 2.0186 \simeq y(x_2) = y(0.2).$$

Finalmente, fazendo $n = 2$ em (10.6), obtemos:

$$y_3 = y_2 + hf_2 + \frac{h^2}{2}f'_2 + \frac{h^3}{3!}f''_2.$$

Temos que $(x_2, y_2) = (0.2, 2.0186)$. Assim:

$$f_2 = f(x_2, y_2) = f(0.2, 1.9603) = -2.0186 + 0.2 + 2 = 0.1814,$$
$$f'_2 = f'(x_2, y_2) = f'(0.2, 1.9603) = 2.0186 - 0.2 - 1 = 0.8186,$$
$$f''_2 = f''(x_2, y_2) = f''(0.2, 1.9603) = -2.0186 + 0.2 + 1 = -0.8186.$$

Portanto:

$$y_3 = 2.0186 + 0.1(0.1814) + \frac{(0.1)^2}{2}(0.8186) + \frac{(0.1)^3}{3!}(-0.8186)$$
$$= 2.0406 \simeq y(x_3) = y(0.3).$$

Logo, a solução do **(p.v.i.)** é:

x_n	y_n	$y(x_n)$
0	2	2
0.1	2.0048	2.00484
0.2	2.0186	2.01873
0.3	2.0406	2.04082

onde a última coluna foi obtida através da solução exata do **(p.v.i.)**, que é dada por: $y(x) = e^{-x} + x + 1$.

Note que nem sempre podemos aplicar o método de Taylor de ordem q, com q qualquer, como pode ser observado no próximo exemplo.

Exemplo 10.2

Resolver o **(p.v.i)**:

$$\begin{cases} y' = y^{\frac{1}{3}} \\ y(0) = 0, \end{cases} \quad x \in [0, 0.3], \quad h = 0.1,$$

usando o método de Taylor de ordem 3.

Solução: O método de Taylor de ordem 3 é dado por (10.6). Inicialmente, calculamos as derivadas de f. Temos:

$$y' = f$$
$$y'' = f' = \frac{1}{3}y^{-\frac{2}{3}}y^{\frac{1}{3}} = \frac{1}{3}y^{-\frac{1}{3}}.$$

Observe que a derivada segunda de y não existe, desde que $y_0 = 0$. Assim, só podemos utilizar o método de Taylor com $q = 1$.

Podemos dizer que a importância do método de Taylor de ordem q está mais nos conceitos que são introduzidos em seu estudo que em sua eficiência computacional. Além disso, tem a desvantagem de que é preciso calcular as derivadas parciais de f e a cada passo avaliá-las nos pontos (x_n, y_n); e o fato de nem sempre podermos utilizar o método com q qualquer.

Seria interessante se houvesse possibilidade de obtermos métodos numéricos que não necessitassem do cálculo das derivadas parciais de f e mais, que pudessem ser aplicados a qualquer **(p.v.i.)**. Vamos ver, agora, que tal objetivo é alcançado através dos métodos lineares de passo múltiplo.

10.3 Métodos Lineares de Passo Múltiplo

Descreveremos, inicialmente, os **Métodos Lineares de Passo Múltiplo** ou **Métodos de k-passos** para resolver o **(p.v.i.)** (10.2).

Definição 10.1
Um **Método Linear de Passo Múltiplo** é definido pela seguinte relação:

$$\sum_{j=0}^{k} \alpha_j y_{n+j} = h \sum_{j=0}^{k} \beta_j f_{n+j}, \qquad (10.7)$$

onde α_j e β_j são constantes arbitrárias independentes de n, com $\alpha_k \neq 0$ e α_0 e β_0 não ambos nulos. Vamos supor $\alpha_k = 1$.

Dizemos que o método (10.7) é **explícito** se $\beta_k = 0$, e **implícito** se $\beta_k \neq 0$.

Os métodos de passo múltiplo podem ser obtidos de várias maneiras. Veremos a seguir algumas técnicas de como obter tais métodos.

10.3.1 Obtidos do Desenvolvimento de Taylor

Descreveremos aqui como obter métodos lineares de passo múltiplo para resolver (10.2), baseados no desenvolvimento da solução exata do **(p.v.i.)** em série de Taylor.

Novamente, vamos admitir que f seja contínua e suficientemente derivável em relação a x e y.

I) O método mais simples de passo múltiplo é obtido fazendo $q = 1$, no método de Taylor de ordem q, equação (10.5). Obtemos então o **método explícito de 1-passo**:

$$y_{n+1} = y_n + h f_n, \qquad (10.8)$$

chamado **Método de Euler**.

Exemplo 10.3

Usando o método de Euler, resolver o **(p.v.i.)** do Exemplo 10.1.

Solução: Fazendo $n = 0$ em (10.8), obtemos:

$$y_1 = y_0 + h f_0 = 2 + 0.1(0) = 2 \simeq y(x_1) = y(0.1),$$

onde f_0 foi calculada no Exemplo 10.1. Fazendo agora, $n = 1$ em (10.8), segue que:

$$y_2 = y_1 + hf_1 = 2 + 0.1(0.1) = 2.01 \simeq y(x_2) = y(0.2),$$

desde que $f_1 = f(x_1, y_1) = f(0.1, 2) = -2 + 0.1 + 2 = 0.1$. Finalmente, fazendo $n = 2$ em (10.8), obtemos:

$$y_3 = y_2 + hf_2 = 2.01 + 0.1(0.19) = 2.019 \simeq y(x_3) = y(0.3),$$

desde que $f_2 = f(x_2, y_2) = f(0.2, 2.01) = -2.01 + 0.2 + 2 = 0.19$.
Assim, a solução do **(p.v.i.)** é:

x_n	y_n
0	2
0.1	2
0.2	2.01
0.3	2.019

Compare os resultados obtidos com os do Exemplo 10.1. Como pode ser observado, os resultados obtidos pelo método de Euler não são de boa qualidade. Em geral, o método de Euler tem, na verdade, mais importância teórica do que prática. É necessário então estabelecermos métodos mais precisos.

II) Considere agora o desenvolvimento de $y(x_n + h)$ e $y(x_n - h)$ em série de Taylor em torno do ponto x_n, isto é:

$$y(x_n + h) = y(x_n) + hy'(x_n) + \frac{h^2}{2!}y''(x_n) + \frac{h^3}{3!}y'''(x_n) + \ldots ,$$
$$y(x_n - h) = y(x_n) - hy'(x_n) + \frac{h^2}{2!}y''(x_n) - \frac{h^3}{3!}y'''(x_n) + \ldots .$$
(10.9)

Calculando $y(x_n + h) - y(x_n - h)$, obtemos:

$$y(x_n + h) - y(x_n - h) = 2hy'(x_n) + \frac{h^3}{3}y'''(x_n) + \ldots$$

Considerando apenas o primeiro termo do lado direito desta expansão, substituindo $y(x_n + h)$ por y_{n+1}, $y(x_n - h)$ por y_{n-1} e $y'(x_n)$ por f_n, obtemos:

$$y_{n+1} - y_{n-1} = 2hf_n.$$

Esta fórmula pode ser colocada na forma (10.7) trocando n por $n + 1$. Fazendo isso, obtemos:

$$y_{n+2} = y_n + 2hf_{n+1}, \tag{10.10}$$

que é um **método explícito de 2-passos** chamado **Regra do Ponto Médio**.

Observe que, para resolver um **(p.v.i.)** usando um método explícito de 2-passos, como é o caso da regra do ponto médio, devemos ter disponível, além do valor de y_0, o valor de y_1. Assim, o valor de y_1 deve ser obtido de alguma outra forma, por exemplo, usando método numérico de 1-passo.

Exemplo 10.4

Resolver o **(p.v.i.)** do Exemplo 10.1 através da regra do ponto médio. Use o método de Taylor de ordem 2 para obter os valores iniciais necessários.

Solução: O valor de y_0 é dado no **(p.v.i.)** e, para calcular y_1, usaremos o método de Taylor de ordem 2 o qual é dado por (10.5), com $q = 2$, isto é:

$$y_{n+1} = y_n + hf_n + \frac{h^2}{2}f'_n.$$

Os valores de f_0 e de f'_0 já foram calculados no Exemplo 10.1. Assim:

$$y_1 = 2 + (0.1)(0) + \frac{(0.1)^2}{2}(1) = 2.0050 \simeq y(x_1) = y(0.1).$$

Agora $f_1 = f(x_1, y_1) = f(0.1, 2.0050) = -2.0050 + 0.1 + 2 = 0.0950$.
Fazendo $n = 0$ em (10.10), obtemos:

$$y_2 = y_0 + 2hf_1 = 2 + 2(0.1)(0.0950) = 2.0190 \simeq y(x_2) = y(0.2).$$

Finalmente, desde que $f_2 = f(x_2, y_2) = f(0.2, 2.0190) = -2.0190 + 0.2 + 2 = 0.1810$, obtemos, fazendo $n = 1$ em (10.10), que:

$$y_3 = y_1 + 2hf_2 = 2.0050 + 2(0.1)(0.1810) = 2.0412 \simeq y(x_3) = y(0.3).$$

Assim, a solução do **(p.v.i.)** é:

x_n	y_n
0	2
0.1	2.0050
0.2	2.0190
0.3	2.0412

Observe que o resultado aqui é mais preciso do que aquele obtido pelo método de Euler (ver Exemplo 10.1).

10.3.2 Obtidos de Integração Numérica

Descreveremos aqui como obter métodos lineares de passo múltiplo para resolver o **(p.v.i.)** (10.2) obtidos a partir de fórmulas de integração numérica.

Integrando a equação diferencial de primeira ordem do **(p.v.i.)** (10.2), de x_n até x_{n+k}, obtemos:

$$\int_{x_n}^{x_{n+k}} y'(x)dx = \int_{x_n}^{x_{n+k}} f(x, y(x))dx. \qquad (10.11)$$

Agora, desde que o lado esquerdo de (10.11) pode ser integrado exatamente, obtemos que a solução exata de (10.2) satisfaz a identidade:

$$y(x_{n+k}) - y(x_n) = \int_{x_n}^{x_{n+k}} f(x, y(x))dx \qquad (10.12)$$

para quaisquer dois pontos x_n e x_{n+k} em $[a, b]$. Assim, para diferentes valores de k, após aproximar a integral do lado direito de (10.12) usando fórmulas de integração numérica adequadas, obtemos diferentes métodos lineares de passo múltiplo. De fato:

I) Fazendo $k = 1$ em (10.12), obtemos:

$$y(x_{n+1}) - y(x_n) = \int_{x_n}^{x_{n+1}} f(x, y(x))dx$$

e assim podemos aplicar a regra do trapézio, fórmula (9.7), para calcular a integral, na expressão anterior, desde que a mesma está sendo avaliada entre dois pontos consecutivos. Fazendo isso, segue que:

$$y(x_{n+1}) = y(x_n) + \frac{h}{2}[f(x_n, y(x_n)) + f(x_{n+1}, y(x_{n+1}))].$$

Substituindo $y(x_n)$ e $y(x_{n+1})$ por y_n e y_{n+1}, respectivamente, obtemos:

$$y_{n+1} = y_n + \frac{h}{2}[f_n + f_{n+1}], \qquad (10.13)$$

que é um **método implícito de 1-passo** chamado **Método do Trapézio**.

Observe que (10.13) é uma equação implícita para y_{n+1}, uma vez que y_{n+1} aparece como argumento no segundo membro. Se $f(x, y)$ for uma função não linear, não teremos, em geral, condições de resolver (10.13) em relação a y_{n+1} de forma exata. Assim, métodos implícitos serão usados nos métodos do tipo Previsor-Corretor, descritos mais adiante.

II) Fazendo $k = 2$ em (10.12), obtemos:

$$y(x_{n+2}) - y(x_n) = \int_{x_n}^{x_{n+2}} f(x, y(x))dx,$$

e assim podemos aplicar a regra $\frac{1}{3}$ de Simpson, fórmula (9.10), para calcular a integral na expressão anterior, desde que a mesma está sendo avaliada entre três pontos consecutivos. Fazendo isso, segue que:

$$y(x_{n+2}) = y(x_n) + \frac{h}{3}[f(x_n, y(x_n)) + 4f(x_{n+1}, y(x_{n+1})) + f(x_{n+2}, y(x_{n+2}))],$$

e, como no caso anterior, obtemos:

$$y_{n+2} = y_n + \frac{h}{3}[f_n + 4f_{n+1} + f_{n+2}], \qquad (10.14)$$

que é um **método implícito de 2-passos** chamado **Método de Simpson**.

Observe que, para poder aplicar o método (10.14), além de utilizar métodos do tipo Previsor-Corretor, precisamos também obter valores iniciais por métodos de 1-passo, pois fazendo $n = 0$ em (10.14) vemos que necessitamos saber os valores de y_0, o qual é dado no (p.v.i.), e também o valor de y_1.

Além de aproximar a integral do lado direito de (10.12) usando as fórmulas de Newton-Cotes do tipo fechado, dadas no Capítulo 9, podemos também obter métodos de k-passos, baseados em fórmulas de integração numérica, usando as fórmulas de Newton-Cotes do tipo aberto, como veremos a seguir.

III) Fórmulas de Newton-Cotes do tipo aberto são construídas de maneira análoga às fechadas, com a diferença que um dos pontos a e b não é o ponto extremo da fórmula de quadratura.

Seja $P(x)$ o polinômio de interpolação da função $f(x,y)$ sobre os pontos:

$$(x_n, f_n), \ (x_{n+1}, f_{n+1}), \ (x_{n+2}, f_{n+2}).$$

Usando a forma de Newton-Gregory para o polinômio de interpolação, fórmula (8.33), obtemos:

$$P(x) = f_n + (x - x_n)\Delta f_n + (x - x_n)(x - x_{n+1}) \frac{\Delta^2 f_n}{2!}.$$

Agora, desde que os pontos x_i, $i = n, n+1, n+2$ são igualmente espaçados de h, podemos fazer a seguinte mudança de variável: $u = \dfrac{x - x_n}{h}$, e assim:

$$P(x) = P(x_n + uh) = f_n + u\Delta f_n + \frac{u(u-1)}{2} \Delta^2 f_n.$$

Integrando a equação diferencial de primeira ordem do **(p.v.i.)** (10.2), de x_{n+1} até x_{n+2}, substituindo $y(x_{n+2})$ e $y(x_{n+1})$ por y_{n+2} e y_{n+1}, respectivamente, e usando o fato:

$$\int_{x_{n+1}}^{x_{n+2}} f(x, y(x))dx \cong \int_{x_{n+1}}^{x_{n+2}} P(x)dx = \int_{1}^{2} P(x_n + uh)h\,du,$$

obtemos:

$$\begin{aligned}
y_{n+2} - y_{n+1} &= h \int_{1}^{2} \left[f_n + u\Delta f_n + \frac{u(u-1)}{2} \Delta^2 f_n \right] du \\
&= h \left[uf_n + \frac{u^2}{2}\Delta f_n + \frac{1}{2}\left(\frac{u^3}{3} - \frac{u^2}{2}\right)\Delta^2 f_n \right]_{1}^{2}.
\end{aligned}$$

Agora, pela fórmula (8.32), temos que as diferenças ordinárias de ordens 1 e 2 são dadas, respectivamente, por:

$$\begin{aligned}
\Delta f_n &= f_{n+1} - f_n, \\
\Delta^2 f_n &= f_{n+2} - 2f_{n+1} + f_n.
\end{aligned}$$

Assim, substituindo as diferenças ordinárias na expressão anterior e agrupando os termos semelhantes, segue que:

$$y_{n+2} = y_{n+1} + \frac{h}{12}[-f_n + 8f_{n+1} + 5f_{n+2}], \tag{10.15}$$

que é um **método implícito de 2-passos** chamado **Método de Adams-Moulton**. Vale aqui a mesma observação dada no método de Simpson.

IV) De maneira semelhante ao método anterior, se aproximarmos $f(x, y(x))$ por um polinômio de interpolação sobre os pontos (x_n, f_n), (x_{n+1}, f_{n+1}), isto é, por um polinômio do primeiro grau, e integrarmos a equação diferencial de primeira ordem do **(p.v.i.)** (10.2), de x_{n+1} até x_{n+2}, obtemos:

$$y_{n+2} = y_{n+1} + \frac{h}{2}[-f_n + 3f_{n+1}], \tag{10.16}$$

que é um **método explícito de 2-passos** chamado **Método de Adams-Bashforth**. Como na regra do ponto médio, para aplicar este método devemos obter, inicialmente, o valor de y_1 por método de 1-passo.

Exemplo 10.5

Resolver o **(p.v.i.)** do Exemplo 10.1, usando o método de Adams-Bashforth. Use o método de Taylor de ordem 2 para obter os valores iniciais necessários.

Solução: Temos: $y_0 = 2$ (condição inicial), $f_0 = 0$. No Exemplo 10.4, calculamos y_1 usando o método de Taylor de ordem 2 e obtivemos: $y_1 = 2.005$ e $f_1 = 0.095$. Assim, fazendo $n = 0$ em (10.16), segue que:

$$\begin{aligned} y_2 &= y_1 + \frac{h}{2}[-f_0 + 3f_1] = 2.005 + \frac{1}{2}[-0 + 3(0.095)] \\ &= 2.0193 \simeq y(x_2) = y(0.2). \end{aligned}$$

Agora $f(x_2, y_2) = f(0.2, 2.0193) = -2.0193 + 0.2 + 2 = 0.1807$. Assim, fazendo $n = 1$ em (10.16), obtemos:

$$\begin{aligned} y_3 &= y_2 + \frac{h}{2}[-f_1 + 3f_2] = 2.0193 + \frac{1}{2}[-0.095 + 3(0.1807)] \\ &= 2.0417 \simeq y(x_3) = y(0.3). \end{aligned}$$

Assim a solução do **(p.v.i.)** dado é:

x_n	y_n
0	2
0.1	2.005
0.2	2.0193
0.3	2.0417

Observe que todos os métodos de passo múltiplo obtidos via integração numérica satisfazem:

$$\alpha_k = 1, \quad \alpha_j = -1 \quad \text{e} \quad \alpha_i = 0, \quad i = 0, 1, \ldots, j-1, j+1, \ldots, k-1.$$

Existem outras maneiras de se obter métodos lineares de passo múltiplo. Entretanto, julgamos que os métodos aqui apresentados dão uma boa idéia ao leitor do que são tais métodos e como podem ser aplicados.

Exercícios

10.1 Mostre que, fazendo $k = 3$ em (10.12), e usando a fórmula (9.13), obtém-se:

$$y_{n+3} = y_n + \frac{3h}{8}[f_n + 3(f_{n+1} + f_{n+2}) + f_{n+3}],$$

que é um **método implícito de 3-passos** chamado **Método $\frac{3}{8}$ de Simpson**.

10.2 Considere os seguintes problemas de valor inicial:

I) $\begin{cases} y' = y^2 + 1 \\ y(0) = 0, \quad 0 \leq x \leq 1, \ h = 0.2. \end{cases}$

II) $\begin{cases} y' = -2xy \\ y(0) = 1, \quad 0 \leq x \leq 0.6, \ h = 0.3. \end{cases}$

III) $\begin{cases} y' = -xy \\ y(0) = 2, \quad 0 \leq x \leq 0.3, \ h = 0.1. \end{cases}$

Resolva-os:

a) pelo método de Euler,
b) pelo método de Taylor de ordem 2,
c) pela regra do ponto médio,
d) pelo método de Adams-Bashforth,

usando o item **b)** para obter os valores iniciais necessários para aplicação dos métodos dos itens **c)** e **d)**.

Ordem e Constante do Erro

Analisaremos aqui a **Ordem** e a **Constante do Erro** para os métodos lineares de passo múltiplo definidos por (10.7).

Definição 10.2
Definimos o **operador diferença linear** $\mathcal{L}$, associado ao método linear de passo múltiplo (10.7), por:

$$\mathcal{L}[y(x); h] = \sum_{j=0}^{k} [\alpha_j y(x+jh) - h\beta_j y'(x+jh)], \qquad (10.17)$$

onde $y(x)$ é uma função arbitrária continuamente diferenciável em $[a, b]$.

Expandindo $y(x+jh)$ e $y'(x+jh)$ em série de Taylor em torno do ponto x, desenvolvendo o somatório e agrupando os termos semelhantes, obtemos:

$$\mathcal{L}[y(x); h] = C_0 y(x) + C_1 h y'(x) + \ldots + C_q h^q y^{(q)}(x) + \ldots, \qquad (10.18)$$

onde:

$$\begin{aligned} C_0 &= \alpha_0 + \alpha_1 + \ldots + \alpha_k, \\ C_1 &= \alpha_1 + 2\alpha_2 + \ldots + k\alpha_k - (\beta_0 + \beta_1 + \ldots + \beta_k), \\ &\vdots \\ C_q &= \frac{1}{q!}(\alpha_1 + 2^q \alpha_2 + \ldots + k^q \alpha_k) - \frac{1}{(q-1)!}(\beta_1 + 2^{q-1}\beta_2 + \ldots + k^{q-1}\beta_k). \end{aligned} \qquad (10.19)$$

Definição 10.3
O operador diferença (10.17) e o método linear de passo múltiplo associado (10.7) têm **ordem** q se, em (10.18), $C_0 = C_1 = \ldots = C_q = 0$ e $C_{q+1} \neq 0$. C_{q+1} é chamada de **constante do erro**.

Exemplo 10.6

Obter a ordem e a constante do erro para:

    a) o método de Euler,

    b) a regra do trapézio.

Solução:

    a) Comparando o método de Euler, dado por (10.8), com (10.7), segue que:

$$\alpha_0 = -1, \quad \beta_0 = 1,$$
$$\alpha_1 = 1, \quad \beta_1 = 0.$$

Usando (10.18), obtemos:

$$C_0 = \alpha_0 + \alpha_1 \Rightarrow C_0 = -1 + 1 = 0,$$
$$C_1 = \alpha_1 - (\beta_0 + \beta_1) \Rightarrow C_1 = 1 - (1+0) = 0,$$
$$C_2 = \frac{1}{2!}(\alpha_1) - (\beta_1) \Rightarrow C_2 = \frac{1}{2}(1) - (0) = \frac{1}{2}.$$

Logo, $C_0 = C_1 = 0$ e $C_2 \neq 0$. Portanto, a ordem do método de Euler é $q = 1$ e a constante do erro é $C_2 = \frac{1}{2}$.

    b) Comparando o método do trapézio, dado por (10.13), com (10.7), segue que:

$$\alpha_0 = -1, \quad \beta_0 = \frac{1}{2},$$
$$\alpha_1 = 1, \quad \beta_1 = \frac{1}{2}.$$

Usando (10.18), obtemos:

$$C_0 = \alpha_0 + \alpha_1 \Rightarrow C_0 = -1 + 1 = 0,$$
$$C_1 = \alpha_1 - (\beta_0 + \beta_1) \Rightarrow C_1 = 1 - \left(\frac{1}{2} + \frac{1}{2}\right) = 0,$$
$$C_2 = \frac{\alpha_1}{2!} - \beta_1 \Rightarrow C_2 = \frac{1}{2} - \frac{1}{2} = 0,$$
$$C_3 = \frac{\alpha_1}{3!} - \frac{\beta_1}{(2)!} \Rightarrow C_3 = \frac{1}{6} - \frac{1}{4} = -\frac{1}{12}.$$

Logo, $C_0 = C_1 = C_2 = 0$ e $C_3 \neq 0$. Portanto, a ordem do método do trapézio é $q = 2$, e a constante do erro é $C_3 = -\frac{1}{12}$.

Exercício

10.3 Determinar a ordem e a constante do erro para:

    a) a regra do ponto médio,

    b) o método de Simpson,

c) o método de Adams-Moulton,

d) o método de Adams-Bashforth,

e) o método $\frac{3}{8}$ de Simpson.

Erro de Truncamento Local

Agora, podemos definir formalmente o erro de truncamento local de um método linear de passo múltiplo.

Definição 10.4
Definimos **Erro de Truncamento Local** em x_{n+k} do método linear de passo múltiplo, dado por (10.7), por:

$$T_{n+k} = \mathcal{L}[y(x_n); h] = \sum_{j=0}^{k}[\alpha_j y(x_{n+j}) - h\beta_j y'(x_{n+j})],$$

onde $y(x)$ é a solução exata do **(p.v.i)** (10.2).

Observe que o erro de truncamento é chamado *local*, pois supomos que nenhum erro foi cometido anteriormente, isto é, impomos:

$$y_{n+j} = y(x_{n+j}), \quad j = 0, 1, \ldots, k-1$$

e então só consideramos o erro em y_{n+k}.

Pode-se mostrar que:

$$T_{n+k} = \left[1 - \beta_k \frac{\partial f}{\partial y}(x_{n+k}, \xi_{n+k})\right](y(x_{n+k}) - y_{n+k}), \tag{10.20}$$

onde $\xi_{n+k} \in (y_{n+k}, y(x_{n+k}))$.

Supondo que a solução teórica $y(x)$ tem derivadas contínuas de ordem suficientemente elevada, então para ambos métodos implícitos e explícitos, de (10.20) pode ser deduzido que:

$$y(x_{n+k}) - y_{n+k} = C_{q+1} h^{q+1} y^{(q+1)}(x_n) + O(h^{q+2}),$$

onde q é a ordem do método. O termo $C_{q+1} h^{q+1} y^{(q+1)}(x_n)$ é freqüentemente chamado de **Erro de Truncamento Local Principal**.

Assim, o erro de truncamento local, para:

a) o método de Euler é dado por:

$$\frac{h^2}{2!} y''(\xi), \quad \text{onde} \quad x_n < \xi < x_{n+1},$$

isto é, o erro de truncamento local é da ordem de h^2 — em símbolo, $O(h^2)$ — e este é identicamente nulo se a solução de (10.2) é um polinômio de grau não excedendo 1.

b) o método do trapézio é dado por:

$$-\frac{h^3}{12} y'''(\xi), \quad \text{onde} \quad x_n < \xi < x_{n+1},$$

isto é, o erro de truncamento local é da $O(h^3)$, o que representa um aperfeiçoamento sobre o método de Euler. Observe que o erro de truncamento local é exatamente o erro da regra do trapézio, fórmula (9.15), visto que o lado esquerdo da Expressão (10.11) é calculado exatamente.

Exercício

10.4 Determine o erro de truncamento local para:

    a) a regra do ponto médio,

    b) o método de Simpson,

    c) o método de Adams-Moulton,

    d) o método de Adams-Bashforth,

    e) o método $\frac{3}{8}$ de Simpson.

As propriedades mais importantes dos métodos numéricos para resolver problemas de valor inicial são consistência e estabilidade.

Consistência e Estabilidade

Descreveremos aqui as propriedades de consistência e estabilidade dos métodos de k-passos. Dado o método linear de passo múltiplo (10.7), definimos, inicialmente:

$$\rho(\xi) = \sum_{j=0}^{k} \alpha_j \xi^j \quad \text{e} \quad \tau(\xi) = \sum_{j=0}^{k} \beta_j \xi^j$$

como sendo o primeiro e o segundo polinômio característico, respectivamente.

Definição 10.5
Um método linear de passo múltiplo é **estável** se nenhuma raiz de $\rho(\xi)$ tem módulo maior do que 1 e toda raiz com módulo 1 é simples.

Exemplo 10.7

Verificar se o método de Simpson é estável.

Solução: Comparando o método de Simpson, dado por (10.14), com (10.7), segue que:
$$\alpha_0 = -1, \quad \alpha_1 = 0, \quad \alpha_2 = 1.$$
Portanto:
$$\rho(\xi) = \xi^2 - 1 = 0 \quad \rightarrow \quad \xi = \pm 1.$$
Logo, as raízes têm módulo 1 e são simples. Portanto, o método de Simpson é estável.

Definição 10.6
Um método linear de passo múltiplo é **consistente** se tem ordem $q \geq 1$.

Assim, por (10.19), vemos que um método linear de passo múltiplo é consistente se e somente se

$$\sum_{j=0}^{k}\alpha_j = 0 \quad \text{e} \quad \sum_{j=0}^{k}\beta_j = \sum_{j=0}^{k}j\alpha_j. \tag{10.21}$$

Exemplo 10.8
Verificar se o método de Adams-Basforth é consistente.

Solução: Comparando o método de Adams-Basforth, dado por (10.16), com (10.7), segue que:

$$\alpha_0 = 0, \qquad \beta_0 = -\frac{1}{2},$$
$$\alpha_1 = -1, \qquad \beta_1 = \frac{3}{2},$$
$$\alpha_2 = 1, \qquad \beta_2 = 0.$$

Usando (10.19), obtemos:

$$C_0 = \alpha_0 + \alpha_1 + \alpha_2 \Rightarrow C_0 = 0 - 1 + 1 = 0,$$
$$C_1 = \alpha_1 + 2\alpha_2 - (\beta_0 + \beta_1 + \beta_2) \Rightarrow C_1 = -1 + 2 - \left(-\frac{1}{2} + \frac{3}{2}\right) = 0.$$

Assim, o método de Adams-Basforth é consistente.

Definição 10.7
Se o erro de truncamento local de um método de k-passos é:

$$C_{q+1}h^{q+1}y^{(q+1)}(x_n),$$

então dizemos que o método é **consistente de ordem** q.

Pelo Exemplo 10.6, vemos que o método de Euler é consistente de ordem 1 e que o método do trapézio é consistente de ordem 2.

Exercício

10.5 Determine a ordem de consistência dos seguintes métodos:

    a) regra do ponto médio,
    b) método de Simpson,
    c) método de Adams-Moulton,
    d) método $\frac{3}{8}$ de Simpson.

Convergência

O resultado mais importante sobre métodos de passo múltiplo é saber se a aplicação de um determinado método de passo múltiplo será convergente para a solução exata do problema de valor inicial.

Seja o **(p.v.i.)** (10.2), cuja solução exata é $y(x)$, e considere o método linear de passo múltiplo (10.7).

Por convergência entendemos que os valores encontrados convergem para a solução exata do **(p.v.i.)**, isto é, que $y_n \to y(x_n)$ quando $h \to 0$.

Definição 10.8
Um método linear de passo múltiplo é **convergente** se a seguinte afirmação é verdadeira: Seja $f(x, y)$ satisfazendo as condições do Teorema 10.1. Se $y(x)$ é solução exata do (p.v.i.) (10.2), então:

$$\lim_{\substack{h \to 0 \\ hn=x-a(\text{fixo})}} y_n = y(x_n)$$

vale para todo $x \in [a, b]$ e todas as soluções y_n do método de passo múltiplo tendo valores iniciais y_μ satisfazendo $\lim_{h \to 0} y_\mu = y_0$, $\mu = 0, 1, \ldots, k-1$.

Assim, para dar uma idéia de convergência, consideremos que estamos resolvendo um **(p.v.i.)** com os seguintes comprimentos de passo: $h = h_0$, $\frac{1}{2}h_0$, $\frac{1}{4}h_0$ e $\bar{x} - a$ fixo, como mostrado na Figura 10.1.

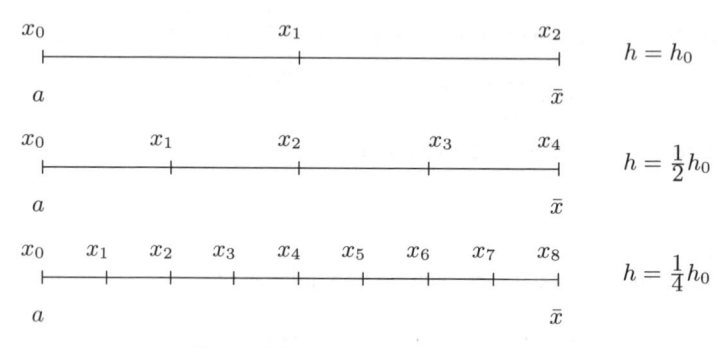

Figura 10.1

Seja $y_n(h)$ a notação para o valor de y_n obtido por um método numérico quando o tamanho do passo é h. Se estamos interessados, por exemplo, no valor de $y(x)$ quando $x = \bar{x}$ (Figura 10.1), teremos convergência se a seqüência $y_2(h_0)$, $y_4(\frac{1}{2}h_0)$, $y_8(\frac{1}{4}h_0)$ convergir para o valor de $y(\bar{x})$, ou seja, a verificação da convergência deve ser feita nos pontos da malha. Em geral, consideramos o caso em que h tende continuamente a zero, isto é, consideramos $h = 0.1, 0.01, \ldots$

Antes de definirmos as condições que garantem a convergência dos métodos de k-passos, analisemos o seguinte: quando calculamos o erro de truncamento local de um método de k-passos, intuitivamente esperamos que tal erro ocorra pela aplicação do método linear de passo múltiplo num passo simples, ou seja, que o erro ocorra apenas no cálculo de y_n, pois consideramos na análise do erro que as soluções nos pontos anteriores são calculadas exatamente. Entretanto, no cálculo de y_n, n passos, aproximadamente, são usados. Portanto, se o erro de truncamento local for da $O(h^{q+1})$, o erro em y_n será:

$$nO(h^{q+1}) = nhO(h^q) = (x_n - x_0)O(h^q).$$

Assim, se $h \to 0$ com x_n fixo, o **erro global** $y(x_n) - y_n$ é da $O(h^q)$.

Definição 10.9
Um método linear de passo múltiplo é convergente de ordem q se o erro:

$$y(x_n) - y_n = O(h^q)$$

tende a zero quando $h \to 0$, com x_n fixo.

Apresentamos assim uma idéia intuitiva de que, se um método é consistente de ordem q, então ele é convergente de ordem q. Entretanto, podemos enunciar o seguinte teorema, o qual pode ser rigorosamente provado.

Teorema 10.2
Um método linear de passo múltiplo é **convergente** de ordem q se e somente se é estável e consistente de ordem q.

Prova: A prova deste teorema pode ser encontrada em [Henrici, 1962].

Assim, tanto a consistência como a estabilidade de um método de k-passos são importantes para garantir a convergência. Cabe salientar que, enquanto a consistência controla o erro local em cada passo, a estabilidade controla a forma pela qual o erro se propaga quando o número de passos aumenta. Além disso, quanto maior for a ordem de consistência do método, mais rapidamente obteremos a solução desejada.

Exemplo 10.9
Verifique se o seguinte método linear de 2-passos:

$$y_{n+2} = y_{n+1} + \frac{h}{3}(3f_{n+1} - 2f_n) \tag{10.22}$$

pode ser utilizado para resolver um **(p.v.i.)** com garantia de convergência.

Solução: Analisemos então a consistência e a estabilidade do método. De (10.22) segue que:

$$y_{n+2} - y_{n+1} = \frac{h}{3}(3f_{n+1} - 2f_n)$$

e, comparando com (10.7), obtemos:

$$\alpha_0 = 0, \qquad \beta_0 = -\frac{2}{3},$$
$$\alpha_1 = -1, \qquad \beta_1 = 1,$$
$$\alpha_2 = 1, \qquad \beta_2 = 0.$$

Substituindo esses valores em (10.19), temos:

$$C_0 = \alpha_0 + \alpha_1 + \alpha_2 \Rightarrow C_0 = -1 + 1 = 0,$$
$$C_1 = \alpha_1 + 2\alpha_2 - (\beta_0 + \beta_1) \Rightarrow C_1 = -1 + 2 - (-\frac{2}{3} + 1) = 1 - \frac{1}{3} = \frac{2}{3} \neq 0.$$

Logo, o método não é consistente. Assim, a aplicação de (10.22) a um **(p.v.i.)** não será convergente, embora o método seja estável. De fato:

$$\rho(\xi) = \xi^2 - \xi = (\xi)(\xi - 1)$$

e, assim, as raízes de $\rho(\xi)$ são $\xi = 0$ e $\xi = 1$. Portanto, o método é estável.

Exemplo 10.10

Verifique se o seguinte método linear de 2-passos:

$$y_{n+2} = -3y_n + 4y_{n+1} - 2hf_n \qquad (10.23)$$

pode ser utilizado para resolver um **(p.v.i.)** com garantia de convergência.

Solução: Analisemos então a consistência e a estabilidade do método. De (10.23) segue que:

$$y_{n+2} - 4y_{n+1} + 3y_n = -2hf_n$$

e, comparando com (10.7), obtemos:

$$\begin{aligned} \alpha_0 &= 3, & \beta_0 &= -2, \\ \alpha_1 &= -4, & \beta_1 &= 0, \\ \alpha_2 &= 1, & \beta_2 &= 0. \end{aligned}$$

Substituindo estes valores em (10.19), temos:

$$\begin{aligned} C_0 &= \alpha_0 + \alpha_1 + \alpha_2 \Rightarrow C_0 = 3 - 4 + 1 = 0, \\ C_1 &= \alpha_1 + 2\alpha_2 - \beta_0 \Rightarrow C_1 = -4 + 2 + 2 = 0. \end{aligned}$$

Logo, o método é consistente. Mas,

$$\rho(\xi) = \xi^2 - 4\xi + 3 = (\xi - 1)(\xi - 3)$$

e, assim, as raízes de $\rho(\xi)$ são $\xi = 1$ e $\xi = 3$. Portanto, o método não é estável. Assim, a aplicação de (10.23) a um **(p.v.i.)** não será convergente.

Exercícios

10.6 Verifique se o método explícito de 2-passos:

$$y_{n+2} - y_{n+1} = \frac{h}{3}[-2f_n + 3f_{n+1}]$$

pode ser utilizado para resolver um **(p.v.i.)** com garantia de convergência.

10.7 Mostre que o método implícito de dois passos:

$$y_{n+2} - y_{n+1} = \frac{h}{12}[-f_n + 8f_{n+1} + 4f_{n+2}]$$

não é consistente.

10.4 Métodos do Tipo Previsor-Corretor

Descreveremos aqui como utilizar um método linear de passo múltiplo implícito para determinar a solução do (p.v.i.) (10.2).

Para os métodos de k-passos implícitos, em cada passo devemos resolver para y_{n+k} a equação:

$$y_{n+k} = -\sum_{j=0}^{k-1} \alpha_j y_{n+j} + h\sum_{j=0}^{k-1} \beta_j f_{n+j} + h\beta_k f(x_{n+k}, y_{n+k}), \qquad (10.24)$$

onde y_{n+j} e f_{n+j}, $j = 0, 1, \ldots, k-1$ são conhecidos.

Como já dissemos anteriormente, se f for uma função não linear em y, não teremos, em geral, condições de resolver (10.24) em relação a y_{n+k} de forma exata. Entretanto, pode ser provado que para h suficientemente pequeno, uma única solução para y_{n+k} existe e pode ser aproximada pelo método iterativo:

$$y_{n+k}^{[s+1]} = -\sum_{j=0}^{k-1} \alpha_j y_{n+j} + h\sum_{j=0}^{k-1} \beta_j f_{n+j} + h\beta_k f\left(x_{n+k}, y_{n+k}^{[s]}\right), \qquad (10.25)$$

onde $s = 1, 2, \ldots$, e mantendo x_{n+k} fixo. O valor de $y_{n+k}^{[0]}$ pode ser obtido usando um método linear de passo múltiplo explícito. Assim,

$$y_{n+k}^{[0]} = -\sum_{j=0}^{k-1} \alpha_j^* y_{n+j} + h\sum_{j=0}^{k-1} \beta_j^* f_{n+j}.$$

Ao método explícito chamaremos **Previsor**.

Com esse valor e o método implícito, (10.25), o qual chamaremos **Corretor**, calculamos $y_{n+k}^{[1]}$, $y_{n+k}^{[2]}$, $\ldots$

Indicaremos por:

P: aplicação do Previsor,

E: cálculo de $f\left(x_{n+k}, y_{n+k}^{[s]}\right)$,

C: aplicação do Corretor.

O par PC será então aplicado no modo $P(EC)^m E$, onde m é o número de vezes que calculamos f e aplicamos C. A iteração finaliza quando dois valores sucessivos de y, obtidos com a aplicação de C, satisfazem a precisão desejada.

Duas questões que surgem naturalmente relacionadas às fórmulas corretoras são:

1) Sob que condições convergirá a fórmula corretora?

2) Quantas iterações serão necessárias para se atingir a precisão desejada?

A resposta à última pergunta dependerá de muitos fatores. Contudo, a experiência mostra que somente uma ou duas aplicações da corretora são suficientes, desde que a amplitude do intervalo h tenha sido selecionada adequadamente. Caso verifiquemos que uma ou duas correções não são suficientes, será melhor reduzirmos a amplitude do intervalo h, em vez de prosseguirmos a iteração. Assim, na prática, não usamos $m > 2$. A resposta à primeira questão está contida no seguinte teorema:

Teorema 10.3

Se $f(x,y)$ e $\dfrac{\partial f}{\partial y}$ forem contínuas em x e y no intervalo fechado $[a,b]$, e se $\dfrac{\partial f}{\partial y}$ não se anular neste intervalo, (10.25) convergirá, desde que h seja escolhido de modo a satisfazer:

$$h < \frac{2}{\left|\dfrac{\partial f}{\partial y}\right|}.$$

Prova: A prova deste teorema pode ser encontrada em [Conte,1965].

Podemos agora definir formalmente a aplicação do par PC no modo $P(EC)^m E$: Calcular a cada passo:

$$y_{n+k}^{[0]} + \sum_{j=0}^{k-1} \alpha_j^* y_{n+j}^{[m]} = h \sum_{j=0}^{k-1} \beta_j^* f_{n+j}^{[m]},$$

para $s = 0, 1, \ldots, m-1$:

$$\begin{cases} f_{n+k}^{[s]} = f\left(x_{n+k}, y_{n+k}^{[s]}\right) \\ y_{n+k}^{[s+1]} = -\sum_{j=0}^{k-1} \alpha_j y_{n+j}^{[m]} + h \sum_{j=0}^{k-1} \beta_j f_{n+j}^{[m]} + h\beta_k f_{n+k}^{[s]} \end{cases}$$

e finalmente:

$$f_{n+k}^{[m]} = f\left(x_{n+k}, y_{n+k}^{[m]}\right).$$

Exemplo 10.11

Resolver o **(p.v.i.)** do Exemplo 10.1, usando o par PC, onde:

$$\begin{aligned} P: y_{n+2} &= y_{n+1} + \frac{h}{2}[-f_n + 3f_{n+1}], \\ C: y_{n+2} &= y_n + \frac{h}{3}[f_n + 4f_{n+1} + f_{n+2}], \end{aligned} \quad (10.26)$$

no modo $P(EC)E$. Obter os valores iniciais necessários pelo método de Taylor de ordem 3.

Solução: Temos que: $y_0 = 2$ e, pelo Exemplo 10.1, o valor de y_1, obtido pelo método de Taylor de ordem 3, é $y_1 = 2.0048$. Assim, fazendo $n = 0$ em (10.26), obtemos:

$$P: y_2^{(0)} = y_1 + \frac{h}{2}[3f_1 - f_0] = 2.0048 + \frac{(0.1)}{2}[-0 + 3(0.0952)] = 2.0191,$$

desde que, pelo Exemplo 10.1, $f_0 = 0$ e $f_1 = 0.0952$. Agora,

$$E: f_2^{(0)} = f(x_2, y_2^{(0)}) = f(0.2, 2.0191) = -2.0191 + 0.2 + 2 = 0.1809.$$

Portanto:

$$\begin{aligned} C: y_2^{(1)} &= y_0 + \frac{h}{3}\left[f_0 + 4f_1 + f_2^{(0)}\right] = 2 + \frac{(0.1)}{3}[0 + 4(0.0952) + 0.1809] \\ &= 2.0187 \simeq y(x_2) = y(0.2). \end{aligned}$$

Agora:

$$E: f_2^{(1)} = f(x_2, y_2^{(1)}) = f(0.2, 2.0187) = -2.0187 + 0.2 + 2 = 0.1813.$$

Finalmente, fazendo $n = 1$ em (10.26), obtemos:

$$P: y_3^{(0)} = y_2 + \frac{h}{2}[-f_1 + 3f_2] = 2.0187 + \frac{(0.1)}{2}[-0.0952 + 3(0.1813)] = 2.0411,$$

desde que $f_1 = 0.0952$ e $f_2^{(1)} = 0.1813$. Agora,

$$E: f_3^{(0)} = f(x_3, y_3^{(0)}) = f(0.3, 2.0411) = -2.0411 + 0.3 + 2 = 0.2589.$$

Portanto:

$$\begin{aligned} C: y_3^{(1)} &= y_1 + \frac{h}{3}\left[f_1 + 4f_2 + f_3^{(0)}\right] \\ &= 2.0048 + \frac{(0.1)}{3}[0.0952 + 4(0.1809) + 0.2589] \\ &= 2.0407 \simeq y(x_3) = y(0.3). \end{aligned}$$

Assim, a solução do (p.v.i.) dado é:

x_n	y_n
0.0	2
0.1	2.0048
0.2	2.0187
0.3	2.0407

Compare esses resultados com os obtidos nos exemplos anteriores. Lembre-se que a solução exata do (p.v.i.) é: $y(x) = e^{-x} + x + 1$.

Erro de Truncamento Local

Supomos a aplicação do par PC no modo $P(EC)^m E$, onde o previsor tem ordem $q^* \geq 0$, o corretor tem ordem $q \geq 1$ e $m \geq 1$. Pode-se mostrar que: (ver [Lambert, 1973])

1) se $q^* \geq q$ então o erro de truncamento local principal do par PC é o mesmo do C.

2) se $q^* = q - j$, $0 < j \leq q$ então o erro de truncamento local principal do par PC é:

    2.1) o mesmo do C se $m \geq j + 1$,

    2.2) da mesma ordem do C, mas diferente dele se $m = j$,

    2.3) da forma $kh^{q-j+m+1} + O(h^{q-j+m+2})$ se $m \leq j - 1$.

Exercícios

10.8 Resolver o seguinte **(p.v.i.)**:

$$\begin{cases} y' = x^2 + y \\ y(0) = 1, \quad x \in [0, 0.4], \ h = 0.2, \end{cases}$$

usando o par PC, onde:

P: $y_{n+1} = y_n + h f_n$,

C: $y_{n+1} = y_n + \dfrac{h}{2}[f_n + f_{n+1}]$,

no modo $P(EC)^2 E$.

10.9 Considere o **(p.v.i.)**:

$$\begin{cases} y' = y(x - y) + 1 \\ y(0) = 1, \quad x \in [0, 0.3], \ h = 0.15. \end{cases}$$

Resolva-o usando o par PC, onde:

P: $y_{n+2} = y_{n+1} + \dfrac{h}{2}[-f_n + 3f_{n+1}]$,

C: $y_{n+2} = y_{n+1} + \dfrac{h}{12}[-f_n + 8f_{n+1} + 5f_{n+2}]$,

no modo $P(EC)E$, e o método de Taylor de ordem 3 para obter os valores iniciais necessários.

10.10 Resolver o **(p.v.i.)**:

$$\begin{cases} y' = -2xy \\ y(0) = 1, \quad x \in [0, 0.5], \ h = 0.1 \end{cases}$$

usando o par PC, onde:

P: $y_{n+3} = y_{n+2} + \dfrac{h}{12}[5f_n - 16f_{n+1} + 23f_{n+2}]$,

C: $y_{n+3} = y_n + \dfrac{3h}{8}[f_n + 4(f_{n+1} + f_{n+2}) + f_{n+3}]$

no modo $P(EC)^2 E$, e o método de Taylor de ordem 3 para obter os valores iniciais necessários.

10.5 Método Geral Explícito de 1-passo

Muitas vezes, desejamos resolver o **(p.v.i.)** (10.2) usando um método de k-passos, $k > 1$. Precisamos, então, obter os valores iniciais necessários, para se utilizar tal método, que sejam o mais preciso possível. Isto pode ser feito através do método de Taylor de ordem q, se possível, pois nem sempre existem as derivadas de ordem superior de f, ou então pelos métodos de Runge-Kutta, desde que ambos são métodos explícitos de 1-passo. Além de servirem para determinar os valores iniciais necessários, os métodos de Runge-Kutta, assim como o método de Taylor de ordem q, podem ser utilizados para determinar a solução do **(p.v.i.)** para $x \in [a, b]$.

Definição 10.10
Um **método geral explícito de 1-passo** é definido pela relação:

$$y_{n+1} - y_n = h\phi(x_n, y_n, h), \qquad (10.27)$$

onde ϕ é uma função que depende de x_n, y_n e h.

Ordem e Consistência

Definição 10.11
O método (10.27) é de **ordem** q, se q é o maior inteiro tal que:

$$y(x+h) - y(x) - h\phi(x, y(x), h) = O(h^{q+1}), \qquad (10.28)$$

onde $y(x)$ é a solução exata do **(p.v.i.)** (10.2).

Definição 10.12
O método (10.27) é **consistente** com o **(p.v.i.)** (10.2) se:

$$\phi(x, y, 0) = f(x, y). \qquad (10.29)$$

Observe que, se o método (10.27) é consistente, então:

$$y(x+h) - y(x) - h\phi(x, y, h) = hy'(x) - h\phi(x, y, 0) + O(h^2) = O(h^2),$$

desde que $y'(x) = f(x, y) = \phi(x, y, h)$, usando (10.29). Assim, um método consistente tem ordem pelo menos 1.

O único método de passo múltiplo que está incluído na classe de métodos dada por (10.27) é o de Euler, o qual pode ser obtido colocando:

$$\phi(x, y, h) = \phi_E(x, y, h) = f(x, y),$$

onde ϕ_E denota *Euler*. Assim, a condição de consistência dada por (10.29) é satisfeita e o cálculo da ordem, usando (10.28), é 1. Portanto, a definição de ordem e de consistência dadas aqui não contradizem aquelas dadas em métodos de passo múltiplo.

Como pode ser observado no próximo exemplo, o método de Taylor de ordem q também está incluído na classe de métodos dada por (10.27).

Exemplo 10.12

Considere o método de Taylor de ordem q, dado por (10.5).

    a) Verificar que (10.5) é um método geral explícito de um passo.

    b) Determinar sua ordem, usando (10.28).

    c) Verificar se é consistente, usando (10.29).

Solução: Temos por (10.5), que:

$$\begin{aligned}
y_{n+1} &= y_n + hf_n + \frac{h^2}{2!}f'_n + \ldots + \frac{h^q}{q!}f_n^{(q-1)} \\
&= y_n + h\left[f_n + \frac{h}{2!}f'_n + \ldots + \frac{h^{q-1}}{q!}f_n^{(q-1)}\right] \\
&= y_n + h\phi_T(x_n, y_n, h),
\end{aligned}$$

onde denotamos por $\phi_T(x,y,h)$ a função ϕ do método de Taylor calculada no ponto (x,y), isto é:

$$\phi_T(x,y,h) = f(x,y) + \frac{h}{2!}f'(x,y) + \ldots + \frac{h^{q-1}}{q!}f^{(q-1)}(x,y). \tag{10.30}$$

Assim (10.5) é um método geral explícito de um passo. Agora,

$$\begin{aligned} & y(x+h) - y(x) - h\phi(x,y,h) \\ = \ & y(x) + hy'(x) + \frac{h^2}{2!}y''(x) + \ldots + \frac{h^q}{q!}y^{(q)}(x) + O(h^{q+1}) \\ - \ & y(x) - h\left[f(x,y) + \frac{h}{2!}f'(x,y) + \ldots + \frac{h^{q-1}}{q!}f^{(q-1)}(x,y) + O(h^q)\right], \end{aligned}$$

onde desenvolvemos $y(x+h)$ em série de Taylor em torno do ponto x e substituímos $\phi(x,y,h)$ pela $\phi_T(x,y,h)$. Como $y^{(k)}(x) = f^{(k-1)}(x,y)$, $k = 1, 2, \ldots, q$, segue que:

$$y(x+h) - y(x) - h\phi(x,y,h) = O(h^{q+1}).$$

Portanto, a ordem do método de Taylor é q e ele é consistente com o **(p.v.i)** (10.2), pois $\phi(x,y,0) = f(x,y)$.

Convergência
Teorema 10.4
Seja $\phi(x,y,h)$ satisfazendo as condições:

i) $\phi(x,y,h)$ é contínua em:

$$S = \{(x,y,h),\ a \leq x \leq b;\ -\infty < y < \infty;\ 0 < h \leq h_0,\ h_0 > 0\}.$$

ii) $\phi(x,y,h)$ satisfaz a condição de Lipschitz em relação a y, isto é:

$$|\phi(x,y,h) - \phi(x,y^*,h)| \leq L|y - y^*|,$$

para todos os pontos (x,y,h) e (x,y^*,h) em S.

Então, o método (10.27) é **convergente** se e somente se é consistente.

Prova: A prova deste teorema pode ser encontrada em [Henrice,1968].

Para todos os métodos que estudaremos aqui, as condições **i)** e **ii)** do Teorema 10.4 são satisfeitas se $f(x,y)$ satisfaz as hipóteses do Teorema 10.1. Para tais métodos, consistência é condição necessária e suficiente para garantir convergência.

Estamos agora em condições de definir os métodos de Runge-Kutta.

10.5.1 Métodos de Runge-Kutta
Definição 10.13
O **Método Geral de Runge-Kutta de R estágios** é definido por:

$$y_{n+1} - y_n = h\phi(x_n, y_n, h),$$

onde

$$\phi(x,y,h) = \sum_{r=1}^{R} c_r k_r, \qquad (10.31)$$

$$k_1 = f(x,y),$$

$$k_r = f\left(x + a_r h,\ y + h\sum_{s=1}^{r-1} b_{rs} k_s\right);\ r = 2, 3, \ldots, R,$$

$$a_r = \sum_{s=1}^{r-1} b_{rs};\ r = 2, 3, \ldots, R.$$

Para obter métodos de Runge-Kutta, devemos determinar as constantes c_r, a_r e b_{rs} da Definição 10.13. Determinamos essas constantes comparando a expansão da função $\phi(x, y, h)$, definida por (10.31), em potências de h, com a função $\phi_T(x, y, h)$ do método de Taylor, (10.30), no sentido de se obter métodos de determinada ordem. Veremos a seguir como fazer isto.

I) Métodos de Runge-Kutta de ordem 2

Consideremos, inicialmente, que desejamos obter métodos de Runge-Kutta de dois estágios. Devemos tomar, na Definição 10.13, $R = 2$. Fazendo isto, obtemos:

$$\phi(x,y,h) = c_1 k_1 + c_2 k_2,$$
$$k_1 = f(x,y),$$
$$k_2 = f(x + a_2 h,\ y + h b_{21} k_1),$$
$$a_2 = b_{21}.$$

Substituindo os valores de b_{21} e k_1 em k_2, segue que:

$$k_2 = f(x + a_2 h,\ y + h a_2 f).$$

Desenvolvendo k_2 em série de Taylor em torno do ponto (x, y), obtemos:

$$k_2 = f(x,y) + (a_2 h) f_x(x,y) + (h a_2 f) f_y(x,y) + \frac{(a_2 h)^2}{2!} f_{xx}(x,y)$$
$$+ (a_2 h)(h a_2 f) f_{xy}(x,y) + \frac{(h a_2 f)^2}{2!} f_{yy}(x,y) + O(h^3).$$

Substituindo o valor de k_1 por f e k_2 pela expressão anterior, em $\phi(x, y, h)$, segue que:

$$\phi(x,y,h) = c_1 f + c_2 \left[f + (a_2 h) f_x + (a_2 h f) f_y + \frac{(a_2 h)^2}{2!} f_{xx} \right.$$
$$\left. + (a_2 h)^2 f f_{xy} + \frac{(a_2 h f)^2}{2!} f_{yy} + O(h^3) \right]$$
$$= (c_1 + c_2) f + c_2 a_2 h (f_x + f_y f)$$
$$+ \frac{(a_2 h)^2}{2!} c_2 \left[f_{xx} + 2 f f_{xy} + f_{yy} f^2 \right] + O(h^3),$$

onde agrupamos os termos de mesma potência de h. Observe que, na expressão anterior, f e suas derivadas estão calculadas em (x, y). Denotando por:

$$F = f_x + f_y f \quad \text{e} \quad G = f_{xx} + 2f f_{xy} + f_{yy} f^2, \tag{10.32}$$

obtemos:

$$\phi(x, y, h) = (c_1 + c_2)f + c_2 a_2 h F + \frac{(a_2 h)^2}{2!} c_2 G + 0(h^3). \tag{10.33}$$

Note que, podemos escrever a função $\phi_T(x, y, h)$, (10.30), com $q = 3$, como:

$$\begin{aligned}
\phi_T(x, y, h) &= f(x,y) + \frac{h}{2!} f'(x,y) + \frac{h^2}{3!} f''(x,y) + O(h^3) \\
&= f + \frac{h}{2!}(f_x + f_y f) + \frac{h^2}{3!}(f_{xx} + 2f_{xy}f + f_{yy}f^2 + f_x f_y + f_y^2 f) + O(h^3) \\
&= f + \frac{h}{2!}(f_x + f_y f) + \frac{h^2}{3!}[f_{xx} + 2f_{xy}f + f_{yy}f^2 + f_y(f_x + f_y f)] + O(h^3).
\end{aligned}$$

Usando (10.32), obtemos:

$$\phi_T(x, y, h) = f + \frac{h}{2} F + \frac{h^2}{3!}[G + f_y F] + O(h^3). \tag{10.34}$$

Para determinarmos métodos de Runge-Kutta de 2 estágios e ordem máxima, comparamos (10.33) com (10.34), obtendo:

$$\begin{cases} c_1 + c_2 = 1 \\ c_2 a_2 = \dfrac{1}{2} \end{cases} \tag{10.35}$$

Resolvendo este sistema, iremos obter métodos de Runge-Kutta de ordem 2, pois na Definição 10.13 temos $h\phi(x, y, h)$ e, portanto, estamos impondo igualdade até termos da $O(h^2)$. Além disso, como o sistema (10.35) possui duas equações e três incógnitas, ele possui infinitas soluções e, portanto, podemos afirmar que existem infinitos métodos de Runge-Kutta de 2 estágios e ordem 2.

Assim, atribuindo um valor para uma das constantes em (10.35), obtemos as outras duas em função desta. Os **Métodos de Runge-Kutta de 2 estágios e ordem 2** mais usados são obtidos a seguir.

a) Tomando em (10.35), $c_1 = 0$ obtemos $c_2 = 1$ e $a_2 = \dfrac{1}{2}$. Portanto:

$$\begin{aligned}
y_{n+1} &= y_n + h k_2, \quad \text{onde:} \\
k_1 &= f(x_n, y_n), \\
k_2 &= f\left(x_n + \frac{1}{2}h, \; y_n + \frac{1}{2}h k_1\right),
\end{aligned} \tag{10.36}$$

que é conhecido como **Método de Euler Modificado**. Observe que, apesar de k_1 não aparecer explicitamente, ele deve ser calculado a cada passo.

b) Tomando em (10.35), $c_1 = \dfrac{1}{2}$ obtemos $c_2 = \dfrac{1}{2}$ e $a_2 = 1$. Portanto:

$$\begin{aligned}
y_{n+1} &= y_n + \frac{h}{2}(k_1 + k_2), \quad \text{onde:} \\
k_1 &= f(x_n, y_n), \\
k_2 &= f(x_n + h, y_n + h k_1),
\end{aligned} \tag{10.37}$$

que é conhecido como **Método de Euler Melhorado**.

Observe que, para obtermos métodos de Runge-Kutta de 2 estágios e ordem 3, é necessário que, além de (10.35), tenhamos:

$$\frac{a_2^2 c_2}{2} G = \frac{1}{6}(G + f_y F)$$

$$\Rightarrow \left(\frac{a_2^2 c_2}{2} - \frac{1}{6}\right) G = \frac{1}{6} f_y F.$$

A igualdade anterior só pode ser satisfeita impondo-se severas condições sobre a função f e, portanto, não existem métodos de Runge-Kutta de 2 estágios e ordem 3.

Exemplo 10.13

Usando o método de Euler Modificado, resolva o **(p.v.i.)** do Exemplo 10.1.

Solução: Temos que $y_0 = 2$ (condição inicial). Fazendo $n = 0$ em (10.36), obtemos:

$$y_1 = y_0 + h k_2,$$

onde:

$$k_1 = f(x_0, y_0) = f(0, 2) = -2 + 0 + 2 = 0,$$
$$k_2 = f\left(x_0 + \frac{1}{2}h, y_0 + \frac{1}{2}h k_1\right) = f\left(0 + \frac{0.1}{2}, 2 + \frac{0.1}{2}(0)\right)$$
$$= f(0.05, 2) = -2 + 0.05 + 2 = 0.05.$$

Portanto:

$$y_1 = 2 + 0.1(0.05) = 2.005 \simeq y(x_1) = y(0.1).$$

Fazendo agora, $n = 1$ em (10.36), obtemos:

$$y_2 = y_1 + h k_2,$$

onde:

$$k_1 = f(x_1, y_1) = f(0.1, 2.005) = -2.005 + 0.1 + 2 = 0.095,$$
$$k_2 = f\left(x_1 + \frac{1}{2}h, y_1 + \frac{1}{2}h k_1\right) = f\left(0.1 + \frac{0.1}{2}, 2.005 + \frac{0.1}{2}(0.095)\right)$$
$$= f(0.15, 2.0098) = -2.0098 + 0.15 + 2 = 0.1403.$$

Portanto:

$$y_2 = 2.005 + 0.1(0.1403) = 2.0190 \simeq y(x_2) = y(0.2).$$

Finalmente, fazendo $n = 2$ em (10.36), obtemos:

$$y_3 = y_2 + h k_2,$$

onde:

$$\begin{aligned}
k_1 &= f(x_2, y_2) = f(0.2, 2.0190) = -2.0190 + 0.2 + 2 = 0.1810, \\
k_2 &= f\left(x_2 + \frac{1}{2}h, y_2 + \frac{1}{2}hk_1\right) = f\left(0.2 + \frac{0.1}{2}, 2.0190 + \frac{0.1}{2}(0.1810)\right) \\
&= f(0.25, 2.0281) = -2.0281 + 0.25 + 2 = 0.2220.
\end{aligned}$$

Portanto:

$$y_3 = 2.0190 + 0.1(0.2220) = 2.0412 \simeq y(x_3) = y(0.3).$$

Assim, a solução do (p.v.i.) é:

x_n	y_n
0.0	2
0.1	2.005
0.2	2.0190
0.3	2.0412

II) Métodos de Runge-Kutta de ordem 3

Se desejamos obter métodos de Runge-Kutta de três estágios, além do que já foi feito na seção anterior, devemos desenvolver também k_3 em série de Taylor, pois os métodos de Runge-Kutta de 3 estágios são obtidos a partir de:

$$y_{n+1} = y_n + h(c_1 k_1 + c_2 k_2 + c_3 k_3),$$

onde k_1 e k_2 possuem as mesmas expressões do método de dois estágios e

$$\begin{aligned}
k_3 &= f(x + ha_3, y + hb_{31}k_1 + b_{32}k_2) \\
&= f(x + ha_3, y + h(a_3 - b_{32})k_1 + b_{32}k_2),
\end{aligned}$$

desde que $a_3 = b_{31} + b_{32}$. Devemos então agrupar os termos semelhantes e compará-los com a $\phi_T(x, y, h)$. Como pode ser observado na seção anterior, a obtenção de métodos de Runge-Kutta envolve manipulações tediosas, e, portanto, serão omitidas. Daremos apenas o sistema obtido quando se compara ϕ com ϕ_T para se obter métodos de Runge-Kutta de 3 estágios e ordem máxima. Assim:

$$\begin{cases} c_1 + c_2 + c_3 = 1 \\ c_2 a_2 + c_3 a_3 = \dfrac{1}{2} \\ c_3 b_{32} a_2 = \dfrac{1}{6} \\ c_2 a_2^2 + c_3 a_3^2 = \dfrac{1}{3} \end{cases} \quad (10.38)$$

que é um sistema de quatro equações e seis incógnitas, onde comparamos os termos de ϕ e ϕ_T até $O(h^3)$. Atribuindo valores a duas das variáveis, obtemos as outras quatro em função destas. Novamente, temos infinitos métodos de Runge-Kutta de 3 estágios e ordem 3. Também neste caso não conseguimos métodos de 3 estágios e ordem 4, a menos que sejam impostas condições sobre a f.

Os **Métodos de Runge-Kutta de 3 estágios e ordem 3** mais populares, são obtidos a seguir.

a) Tomando, em (10.38), $c_1 = \frac{1}{4}$ e $c_2 = 0$, segue, da primeira equação, que: $c_3 = \frac{3}{4}$.

Substituindo na segunda equação, segue que $\frac{3}{4}a_3 = \frac{1}{2}$ e, assim: $\rightarrow a_3 = \frac{2}{3}$.
Finalmente, da última equação, resulta que:

$$(0)\left(a_2^2\right) + \frac{3}{4}\left(\frac{2}{3}\right)^2 = \frac{1}{3},$$

que é satisfeita para qualquer valor de a_2. Escolhendo então $a_2 = \frac{1}{3}$, obtemos da terceira equação que $b_{32} = \frac{2}{3}$. Portanto:

$$\begin{aligned} y_{n+1} &= y_n + \frac{h}{4}(k_1 + 3k_3), \quad \text{onde:} \\ k_1 &= f(x_n, y_n), \\ k_2 &= f(x_n + \frac{1}{3}h, y_n + \frac{1}{3}hk_1), \\ k_3 &= f(x_n + \frac{2}{3}h, y_n + \frac{2}{3}hk_2), \end{aligned} \quad (10.39)$$

que é conhecido como **Método de Heun**. Novamente, o termo k_2 não aparece explicitamente, mas deve ser calculado a cada passo.

b) Tomando, em (10.38), $c_2 = c_3$ e $a_2 = a_3$ e substituindo os valores na segunda e na quarta equações, segue que:

$$\begin{cases} 2c_3 a_3 = \frac{1}{2} \Rightarrow c_3 a_3 = \frac{1}{4} \\ 2c_3 a_3^2 = \frac{1}{3} \Rightarrow c_3 a_3^2 = \frac{1}{6} \end{cases} \quad (10.40)$$

Substituindo em (10.40) a primeira equação na segunda, obtemos: $a_3 = \frac{2}{3} = a_2$. Assim, $c_3 = \frac{3}{8} = c_2$.

Da primeira equação, obtemos: $c_1 = 1 - 2c_3 = 1 - \frac{3}{4}$ e, portanto, $c_1 = \frac{1}{4}$.

Finalmente, de $c_3 b_{32} a_2 = \frac{1}{6}$ segue que: $b_{32} = \frac{2}{3}$. Logo:

$$\begin{aligned} y_{n+1} &= y_n + \frac{h}{4}\left[k_1 + \frac{3}{2}(k_2 + k_3)\right], \quad \text{onde:} \\ k_1 &= f(x_n, y_n), \\ k_2 &= f\left(x_n + \frac{2}{3}h, y_n + \frac{2}{3}hk_1\right), \\ k_3 &= f\left(x_n + \frac{2}{3}h, y_n + \frac{2}{3}hk_2\right), \end{aligned} \quad (10.41)$$

que é conhecido como **Método de Nystrom**.

Exemplo 10.14

Resolver o **(p.v.i.)** do Exemplo 10.1 usando o par PC dado por 10.26, no modo $P(EC)E$. Obtenha os valores iniciais necessários pelo método de Heun, dado por (10.39).

Solução: Temos: $y_0 = 2$ (condição inicial). Fazendo $n = 0$ em (10.39), obtemos:

$$y_1 = y_0 + \frac{h}{4}(k_1 + 3k_3), \quad \text{onde:}$$

$$k_1 = f(x_0, y_0) = f(0, 2) = -2 + 0 + 2 = 0,$$

$$k_2 = f\left(x_0 + \frac{1}{3}h, y_0 + \frac{1}{3}hk_1\right) = f\left(0 + \frac{0.1}{3}, 2 + \frac{0.1}{3}(0)\right),$$

$$= f(0.0333, 2) = -2 + 0.0333 + 2 = 0.0333$$

$$k_3 = f\left(x_0 + \frac{2}{3}h, y_0 + \frac{2}{3}hk_2\right) = f\left(0 + \frac{0.2}{3}, 2 + \frac{0.2}{3}(0.0333)\right)$$

$$= f(0.0667, 2.0022) = -2.0022 + 0.0667 + 2 = 0.0645$$

Assim:

$$y_1 = 2 + \frac{0.1}{4}(0 + 3(0.0645)) = 2.0048 \simeq y(x_1) = y(0.1).$$

Desde que $y_1 = 2.0048$, a determinação de y_2 e y_3, usando o par PC dado por (10.26), no modo $P(EC)E$, fornece exatamente o mesmo resultado do Exemplo 10.11.

III) Métodos de Runge-Kutta de ordem 4

Neste caso, a comparação de ϕ com ϕ_T, para se obter métodos de Runge-Kutta de 4 estágios e ordem máxima, fornece um sistema de 11 equações e 13 incógnitas. Cada solução deste sistema define um método de Runge-Kutta com ordem 4. Portanto, existem infinitos métodos de Runge-Kutta de 4 estágios e ordem 4.

Os dois métodos mais utilizados de **Runge-Kutta de 4 estágios e ordem 4** são dados por:

$$y_{n+1} - y_n = \frac{h}{6}[k_1 + 2(k_2 + k_3) + k_4], \quad \text{onde:}$$

$$k_1 = f(x_n, y_n),$$

$$k_2 = f\left(x_n + \frac{1}{2}h, y_n + \frac{1}{2}hk_1\right), \qquad (10.42)$$

$$k_3 = f\left(x_n + \frac{1}{2}h, y_n + \frac{1}{2}hk_2\right),$$

$$k_4 = f(x_n + h, y_n + hk_3).$$

$$y_{n+1} - y_n = \frac{h}{8}[k_1 + 3(k_2 + k_3) + k_4], \quad \text{onde:}$$
$$k_1 = f(x_n, y_n),$$
$$k_2 = f\left(x_n + \frac{1}{3}h, y_n + \frac{1}{3}hk_1\right),$$
(10.43)
$$k_3 = f\left(x_n + \frac{2}{3}h, y_n - \frac{1}{3}hk_1 + hk_2\right),$$
$$k_4 = f(x_n + h, y_n + hk_1 - hk_2 + hk_3).$$

Exemplo 10.15

Resolver o **(p.v.i.)** do Exemplo 10.1 usando o método dado por (10.42).

Solução: Temos: $y_0 = 2$. Fazendo $n = 0$ em (10.42), obtemos:

$$y_1 = y_0 + \frac{h}{6}[k_1 + 2(k_2 + k_3) + k_4],$$

onde:

$$\begin{aligned}
k_1 &= f(x_0, y_0) = 0, \\
k_2 &= f\left(x_0 + \frac{1}{2}h, y_0 + \frac{1}{2}hk_1\right) \\
&= f\left(0 + \frac{0.1}{2}, 2 + \frac{0.1}{2}(0)\right) = f(0.05, 2) = 0.05, \\
k_3 &= f\left(x_0 + \frac{1}{2}h, y_0 + \frac{1}{2}hk_2\right) \\
&= f\left(0 + \frac{0.1}{2}, 2 + \frac{0.1}{2}(0.05)\right) = f(0.05, 2.0025) = 0.0475, \\
k_4 &= f(x_0 + h, y_0 + hk_3) \\
&= f(0 + 0.1, 2 + 0.1(0.0475)) = f(0.1, 2.0048) = 0.0952.
\end{aligned}$$

Portanto:

$$\begin{aligned}
y_1 &= 2 + \frac{0.1}{6}[0 + 2(0.05 + 0.0475) + 0.0952] \\
&= 2.00484 \simeq y(x_1) = y(0.1).
\end{aligned}$$

Fazendo $n = 1$ em (10.42), obtemos:

$$y_2 = y_1 + \frac{h}{6}[k_1 + 2(k_2 + k_3) + k_4],$$

onde:

$$\begin{aligned}
k_1 &= f(x_1, y_1) = f(0.1, 2.00484) = 0.0952, \\
k_2 &= f\left(x_1 + \frac{1}{2}h, y_1 + \frac{1}{2}hk_1\right) \\
&= f\left(0.1 + \frac{0.1}{2}, 2.00484 + \frac{0.1}{2}(0.0952)\right) = f(0.15, 2.0096) = 0.1404, \\
k_3 &= f\left(x_1 + \frac{1}{2}h, y_1 + \frac{1}{2}hk_2\right) \\
&= f\left(0.1 + \frac{0.1}{2}, 2.00484 + \frac{0.1}{2}(0.1404)\right) = f(0.15, 2.0119) = 0.1381, \\
k_4 &= f(x_1 + h, y_1 + hk_3) \\
&= f(0.1 + 0.1, 2.00484 + 0.1(0.1381)) = f(0.2, 2.0187) = 0.1813.
\end{aligned}$$

Portanto:

$$\begin{aligned}
y_2 &= 2.00484 + \frac{0.1}{6}[0.0952 + 2(0.1404 + 0.1381) + 0.1813] \\
&= 2.01873 \simeq y(x_2) = y(0.2).
\end{aligned}$$

Finalmente, fazendo $n = 2$ em (10.42), obtemos:

$$y_3 = y_2 + \frac{h}{6}[k_1 + 2(k_2 + k_3) + k_4],$$

onde:

$$\begin{aligned}
k_1 &= f(x_2, y_2) = f(0.2, 2.01873) = 0.1813, \\
k_2 &= f\left(x_2 + \frac{1}{2}h, y_2 + \frac{1}{2}hk_1\right) \\
&= f\left(0.2 + \frac{0.1}{2}, 2.01873 + \frac{0.1}{2}(0.1813)\right) = f(0.25, 2.0278) = 0.2222, \\
k_3 &= f\left(x_2 + \frac{1}{2}h, y_2 + \frac{1}{2}hk_2\right) \\
&= f\left(0.2 + \frac{0.1}{2}, 2.01873 + \frac{0.1}{2}(0.2222)\right) = f(0.25, 2.0298) = 0.2202, \\
k_4 &= f(x_2 + h, y_2 + hk_3) \\
&= f(0.2 + 0.1, 2.01873 + 0.1(0.2202)) = f(0.3, 2.0408) = 0.2592.
\end{aligned}$$

Portanto:

$$\begin{aligned}
y_3 &= 2.01873 + \frac{0.1}{6}[0.1813 + 2(0.2222 + 0.2202) + 0.2592] \\
&= 2.04082 \simeq y(x_3) = y(0.3).
\end{aligned}$$

Assim, a solução do (**p.v.i.**) é:

x_n	y_n
0	2
0.1	2.00484
0.2	2.01873
0.3	2.04082

Pelo que foi visto nesta seção, nos dá a impressão de que podemos obter sempre métodos de Runge-Kutta de R estágios e ordem R. Entretanto, [Butcher, 1964] provou a não existência de métodos de Runge-Kutta de 5 estágios e ordem 5. Além disso, provou o seguinte resultado:

Seja $q(R)$ a maior ordem que pode ser obtida por um método de Runge-Kutta de R estágios. Então:

$$\begin{aligned} q(R) &= R, \; R=1,2,3,4, \\ q(5) &= 4 \\ q(6) &= 5 \\ q(7) &= 6 \\ q(8) &= 6 \\ q(9) &= 7 \\ q(R) &\leq R-2, \; R=10,11,\ldots \end{aligned}$$

Na prática, os métodos de Runge-Kutta mais utilizados são os de ordem 4.

Exercícios

10.11 Mostre que o método de Euler melhorado é equivalente à aplicação do método previsor-corretor, onde o previsor é o método de Euler e o corretor é o método do trapézio, aplicados no modo $P(EC)E$.

10.12 Resolva o (**p.v.i.**) do Exemplo 10.1 usando o método da Adams-Basforth. Escolha um método de Runge-Kutta de ordem 2 para obter os valores iniciais necessários.

10.13 Verifique que, usando o método de Euler modificado para resolver o (**p.v.i.**):

$$\begin{cases} y' = y - x \\ y(0) = 2, \quad x \in [0, 1.0], \end{cases}$$

obtém-se a Tabela 10.1.

Tabela 10.1

x_n	y_n		$y(x) = e^x + x + 1$
	$h=0.1$	$h=0.01$	
0.0	2.00000	2.00000	2.00000
0.5	3.14745	3.14870	3.14872
1.0	4.71408	4.71824	4.71828

10.14 Resolva o (**p.v.i.**) do Exemplo 10.1 usando o método de Nystrom.

10.15 Obter um método de Runge-Kutta de 3 estágios e ordem 3, tomando, em (10.38), $c_1 = \dfrac{1}{6}$ e $c_2 = \dfrac{2}{3}$.

10.6 Sistemas de Equações e Equações de Ordem Elevada

Até agora nos preocupamos em resolver equações diferenciais de primeira ordem, mais especificamente, problemas de valor inicial de primeira ordem. Entretanto, a maioria das equações diferenciais com importância prática são de ordem maior que 1 ou então são sistemas de equações diferenciais.

Veremos, inicialmente, como resolver um sistema de equações diferenciais de primeira ordem e, para finalizar este capítulo, como resolver numericamente uma equação diferencial de ordem elevada.

10.6.1 Sistemas de Equações Diferenciais

Consideremos um sistema de n equações diferenciais de primeira ordem:

$$\begin{cases} y'_1 &= f_1(x, y_1, y_2, \ldots, y_n) \\ y'_2 &= f_2(x, y_1, y_2, \ldots, y_n) \\ \vdots \\ y'_n &= f_n(x, y_1, y_2, \ldots, y_n) \end{cases}$$

o qual pode ser escrito como:

$$\boldsymbol{y}' = \boldsymbol{f}(x, \boldsymbol{y}),$$

onde $\boldsymbol{y}$, $\boldsymbol{y}'$ e $\boldsymbol{f}$ são vetores com componentes y_i, y'_i e f_i, $(i = 1, 2, \ldots, n)$, respectivamente.

Como nas equações diferenciais de primeira ordem, para que este sistema possua uma única solução é necessário impormos uma condição adicional sobre $\boldsymbol{y}$. Esta condição é usualmente da forma:

$$\boldsymbol{y}(x_0) = \boldsymbol{y}_0$$

para um dado número x_0 e um vetor $\boldsymbol{y}_0$, e é chamada de **condição inicial**.

Agora, descreveremos como os métodos apresentados nas seções anteriores para a solução de equações diferenciais de primeira ordem podem ser aplicados para resolver sistemas de equações diferenciais de primeira ordem.

Para efeito de simplicidade, e sem perda de generalidade, consideramos apenas o caso em que $n = 2$, isto é, o sistema possui apenas duas equações, e, para maior clareza, usaremos a notação:

$$\begin{cases} y' &= f(x, y, z) \\ z' &= g(x, y, z) \\ y(x_0) &= y_0 \\ z(x_0) &= z_0, \quad x \in [x_0, b]. \end{cases} \tag{10.44}$$

Assim, se desejarmos resolver o sistema (10.44) pelo método de Euler, teremos:

$$\begin{pmatrix} y_{n+1} \\ z_{n+1} \end{pmatrix} = \begin{pmatrix} y_n \\ z_n \end{pmatrix} + h \begin{pmatrix} f(x_n, y_n, z_n) \\ g(x_n, y_n, z_n) \end{pmatrix}, \qquad (10.45)$$

que será aplicado passo a passo, como mostra o exemplo a seguir.

Exemplo 10.16

Usando o método de Euler, resolver o seguinte sistema diferencial:

$$\begin{cases} y' = z \\ z' = y + e^x \\ y(0) = 1 \\ z(0) = 0, \quad x \in [0, 0.2], \quad h = 0.1. \end{cases} \qquad (10.46)$$

Solução: Temos: $\begin{pmatrix} y_0 \\ z_0 \end{pmatrix} = \begin{pmatrix} 1 \\ 0 \end{pmatrix}.$

Usando a fórmula (10.45), obtemos:

$$\begin{pmatrix} y_{n+1} \\ z_{n+1} \end{pmatrix} = \begin{pmatrix} y_n \\ z_n \end{pmatrix} + h \begin{pmatrix} z_n \\ y_n + e^{x_n} \end{pmatrix}.$$

Assim, fazendo $n = 0$, obtemos:

$$\begin{pmatrix} y_1 \\ z_1 \end{pmatrix} = \begin{pmatrix} y_0 \\ z_0 \end{pmatrix} + h \begin{pmatrix} z_0 \\ y_0 + e^{x_0} \end{pmatrix} = \begin{pmatrix} 1 \\ 0 \end{pmatrix} + (0.1) \begin{pmatrix} 0 \\ 1 + e^0 \end{pmatrix} = \begin{pmatrix} 1 \\ 0.2 \end{pmatrix}.$$

Logo:

$$\begin{pmatrix} y_1 \\ z_1 \end{pmatrix} = \begin{pmatrix} 1 \\ 0.2 \end{pmatrix} \simeq \begin{pmatrix} y(x_1) \\ z(x_1) \end{pmatrix} = \begin{pmatrix} y(0.1) \\ z(0.1) \end{pmatrix}.$$

Para $n = 1$, segue que:

$$\begin{pmatrix} y_2 \\ z_2 \end{pmatrix} = \begin{pmatrix} y_1 \\ z_1 \end{pmatrix} + h \begin{pmatrix} z_1 \\ y_1 + e^{x_1} \end{pmatrix} = \begin{pmatrix} 1 \\ 0.2 \end{pmatrix} + (0.1) \begin{pmatrix} 0.2 \\ 1 + e^{0.1} \end{pmatrix} = \begin{pmatrix} 1.02 \\ 0.4105 \end{pmatrix}.$$

Logo:

$$\begin{pmatrix} y_2 \\ z_2 \end{pmatrix} = \begin{pmatrix} 1.02 \\ 0.4105 \end{pmatrix} \simeq \begin{pmatrix} y(x_2) \\ z(x_2) \end{pmatrix} = \begin{pmatrix} y(0.2) \\ z(0.2) \end{pmatrix}.$$

Assim, a solução de (10.46) é:

x_n	y_n	z_n
0.0	1	0
0.1	1	0.2
0.2	1.02	0.4105

Agora, se desejarmos resolver o sistema (10.44) usando um par PC, onde, por exemplo, o previsor é o método de Euler e o Corretor é a regra do trapézio, no modo $P(EC)E$, então teremos que calcular a cada passo os seguintes vetores:

$$P: \begin{pmatrix} y_{n+1}^{(0)} \\ z_{n+1}^{(0)} \end{pmatrix} = \begin{pmatrix} y_n \\ z_n \end{pmatrix} + h \begin{pmatrix} f_n \\ g_n \end{pmatrix},$$

$$E: \begin{pmatrix} f_{n+1}^{(0)} \\ g_{n+1}^{(0)} \end{pmatrix} = \begin{pmatrix} f(x_{n+1}, y_{n+1}^{(0)}, z_{n+1}^{(0)}) \\ g(x_{n+1}, y_{n+1}^{(0)}, z_{n+1}^{(0)}) \end{pmatrix},$$

$$C: \begin{pmatrix} y_{n+1}^{(1)} \\ z_{n+1}^{(1)} \end{pmatrix} = \begin{pmatrix} y_n \\ z_n \end{pmatrix} + \frac{h}{2} \begin{pmatrix} f_n + f_{n+1}^{(0)} \\ g_n + g_{n+1}^{(0)} \end{pmatrix},$$

$$E: \begin{pmatrix} f_{n+1}^{(1)} \\ g_{n+1}^{(1)} \end{pmatrix} = \begin{pmatrix} f(x_{n+1}, y_{n+1}^{(1)}, z_{n+1}^{(1)}) \\ g(x_{n+1}, y_{n+1}^{(1)}, z_{n+1}^{(1)}) \end{pmatrix}.$$

Exemplo 10.17

Resolver o sistema (10.46), dado no Exemplo 10.16, usando o par PC no modo $P(EC)E$, onde o previsor é o método de Euler e o corretor é a regra do trapézio.

Solução: Temos: $\begin{pmatrix} y_0 \\ z_0 \end{pmatrix} = \begin{pmatrix} 1 \\ 0 \end{pmatrix}$.

Lembre-se que no nosso problema:

$$\begin{aligned} f_n &= f(x_n, y_n, z_n) = z_n, & g_n &= g(x_n, y_n, z_n) = y_n + e^{x_n}, \\ f_{n+1}^{(k)} &= z_{n+1}^{(k)}, \quad k=0,1; & g_{n+1}^{(k)} &= y_{n+1}^{(k)} + e^{x_{n+1}}, \quad k=0,1. \end{aligned}$$

Assim, fazendo $n = 0$, obtemos:

$$P: \begin{pmatrix} y_1^{(0)} \\ z_1^{(0)} \end{pmatrix} = \begin{pmatrix} y_0 \\ z_0 \end{pmatrix} + h \begin{pmatrix} f_0 \\ g_0 \end{pmatrix} = \begin{pmatrix} 1 \\ 0 \end{pmatrix} + 0.1 \begin{pmatrix} 0 \\ 1 + e^0 \end{pmatrix} = \begin{pmatrix} 1 \\ 0.2 \end{pmatrix},$$

$$E: \begin{pmatrix} f_1^{(0)} \\ g_1^{(0)} \end{pmatrix} = \begin{pmatrix} z_1^{(0)} \\ y_1^{(0)} + e^{(x_1)} \end{pmatrix} = \begin{pmatrix} 0.2 \\ 1 + e^{(0.1)} \end{pmatrix} = \begin{pmatrix} 0.2 \\ 2.1051 \end{pmatrix},$$

$$C: \begin{pmatrix} y_1^{(1)} \\ z_1^{(1)} \end{pmatrix} = \begin{pmatrix} y_0 \\ z_0 \end{pmatrix} + \frac{h}{2} \begin{pmatrix} f_0 + f_1^{(0)} \\ g_0 + g_1^{(0)} \end{pmatrix} = \begin{pmatrix} 1 \\ 0 \end{pmatrix} + \frac{0.1}{2} \begin{pmatrix} 0 + 0.2 \\ 2 + 2.1051 \end{pmatrix}$$

$$= \begin{pmatrix} 1.01 \\ 0.2053 \end{pmatrix},$$

$$E: \begin{pmatrix} f_1^{(1)} \\ g_1^{(1)} \end{pmatrix} = \begin{pmatrix} z_1^{(1)} \\ y_1^{(1)} + e^{(x_1)} \end{pmatrix} = \begin{pmatrix} 0.2053 \\ 1.01 + e^{(0.1)} \end{pmatrix} = \begin{pmatrix} 0.2053 \\ 2.1152 \end{pmatrix}.$$

Logo:
$$\begin{pmatrix} y_1^{(1)} \\ z_1^{(1)} \end{pmatrix} = \begin{pmatrix} 1.01 \\ 0.2053 \end{pmatrix} \simeq \begin{pmatrix} y(x_1) \\ z(x_1) \end{pmatrix} = \begin{pmatrix} y(0.1) \\ z(0.1) \end{pmatrix}.$$

Agora, fazendo $n = 1$, obtemos:

$$P: \begin{pmatrix} y_2^{(0)} \\ z_2^{(0)} \end{pmatrix} = \begin{pmatrix} y_1 \\ z_1 \end{pmatrix} + h \begin{pmatrix} f_1 \\ g_1 \end{pmatrix} = \begin{pmatrix} 1.01 \\ 0.2053 \end{pmatrix} + 0.1 \begin{pmatrix} 0.2053 \\ 2.1152 \end{pmatrix} =$$
$$= \begin{pmatrix} 1.0305 \\ 0.4168 \end{pmatrix},$$

$$E: \begin{pmatrix} f_2^{(0)} \\ g_2^{(0)} \end{pmatrix} = \begin{pmatrix} z_2^{(0)} \\ y_2^{(0)} + e^{(x_2)} \end{pmatrix} = \begin{pmatrix} 0.4168 \\ 1.0305 + e^{(0.2)} \end{pmatrix} = \begin{pmatrix} 0.4168 \\ 2.2519 \end{pmatrix},$$

$$C: \begin{pmatrix} y_2^{(1)} \\ z_2^{(1)} \end{pmatrix} = \begin{pmatrix} y_1 \\ z_1 \end{pmatrix} + \frac{h}{2} \begin{pmatrix} f_1 + f_2^{(0)} \\ g_1 + g_2^{(0)} \end{pmatrix} =$$
$$= \begin{pmatrix} 1.01 \\ 0.2053 \end{pmatrix} + \frac{0.1}{2} \begin{pmatrix} 0.2053 + 0.4168 \\ 2.1152 + 2.2519 \end{pmatrix} = \begin{pmatrix} 1.0411 \\ 0.4237 \end{pmatrix}.$$

Logo:
$$\begin{pmatrix} y_2^{(1)} \\ z_2^{(1)} \end{pmatrix} = \begin{pmatrix} 1.0411 \\ 0.4237 \end{pmatrix} \simeq \begin{pmatrix} y(x_2) \\ z(x_2) \end{pmatrix} = \begin{pmatrix} y(0.2) \\ z(0.2) \end{pmatrix}.$$

Portanto, a solução de (10.46) é:

x_n	y_n	z_n
0.0	1	0
0.1	1.01	0.2053
0.2	1.0408	0.4231

Finalmente, se desejarmos resolver o sistema (10.44) usando um método de Runge-Kutta, por exemplo, o método de Euler melhorado, (10.37), então teremos que calcular a cada passo os seguintes vetores:

$$\begin{pmatrix} y_{n+1} \\ z_{n+1} \end{pmatrix} = \begin{pmatrix} y_n \\ z_n \end{pmatrix} + \frac{h}{2} \begin{pmatrix} k_1 + k_2 \\ \ell_1 + \ell_2 \end{pmatrix}, \quad \text{onde:}$$
$$\begin{pmatrix} k_1 \\ \ell_1 \end{pmatrix} = \begin{pmatrix} f(x_n, y_n, z_n) \\ g(x_n, y_n, z_n) \end{pmatrix}, \qquad (10.47)$$
$$\begin{pmatrix} k_2 \\ \ell_2 \end{pmatrix} = \begin{pmatrix} f(x_n + h, y_n + hk_1, z_n + hk_1) \\ g(x_n + h, y_n + h\ell_1, z_n + h\ell_1) \end{pmatrix}.$$

Exemplo 10.18

Resolver o sistema (10.46), dado no Exemplo 10.16, usando o método de Euler Melhorado, fórmula (10.47).

Solução: Temos: $\begin{pmatrix} y_0 \\ z_0 \end{pmatrix} = \begin{pmatrix} 1 \\ 0 \end{pmatrix}$.

Fazendo então, $n = 0$ em (10.47) e lembrando que: $f(x, y, z) = z$, $g(x, y, z) = y + e^x$, $x_0 = 0$, $y_0 = 1$, $z_0 = 0$ e $h = 0.1$, obtemos:

$$\begin{pmatrix} y_1 \\ z_1 \end{pmatrix} = \begin{pmatrix} y_0 \\ z_0 \end{pmatrix} + \frac{h}{2}\begin{pmatrix} k_1 + k_2 \\ \ell_1 + \ell_2 \end{pmatrix}, \quad \text{onde:}$$

$$\begin{pmatrix} k_1 \\ \ell_1 \end{pmatrix} = \begin{pmatrix} f(x_0, y_0, z_0) \\ g(x_0, y_0, z_0) \end{pmatrix} = \begin{pmatrix} f(0, 1, 0) \\ g(0, 1, 0) \end{pmatrix} = \begin{pmatrix} 0 \\ 2 \end{pmatrix},$$

$$\begin{pmatrix} k_2 \\ \ell_2 \end{pmatrix} = \begin{pmatrix} f(x_0 + h, y_0 + hk_1, z_0 + h\ell_1) \\ g(x_0 + h, y_0 + hk_1, z_0 + h\ell_1) \end{pmatrix} = \begin{pmatrix} f(0.1, 1, 0.2) \\ g(0.1, 1, 0.2) \end{pmatrix} =$$

$$= \begin{pmatrix} 0.2 \\ 2.1052 \end{pmatrix}.$$

Assim:

$$\begin{pmatrix} y_1 \\ z_1 \end{pmatrix} = \begin{pmatrix} 1 \\ 0 \end{pmatrix} + \frac{0.1}{2}\begin{pmatrix} 0 + 0.2 \\ 2 + 2.1052 \end{pmatrix} = \begin{pmatrix} 1.01 \\ \dfrac{0.1}{2}(4.1052) \end{pmatrix}$$

Logo:

$$\begin{pmatrix} y_1 \\ z_1 \end{pmatrix} = \begin{pmatrix} 1.01 \\ 0.2053 \end{pmatrix} \simeq \begin{pmatrix} y(x_1) \\ z(x_1) \end{pmatrix} = \begin{pmatrix} y(0.1) \\ z(0.1) \end{pmatrix}.$$

Fazendo agora, $n = 1$ em (10.47), obtemos:

$$\begin{pmatrix} y_2 \\ z_2 \end{pmatrix} = \begin{pmatrix} y_1 \\ z_1 \end{pmatrix} + \frac{h}{2}\begin{pmatrix} k_1 + k_2 \\ \ell_1 + \ell_2 \end{pmatrix}, \quad \text{onde:}$$

$$\begin{pmatrix} k_1 \\ \ell_1 \end{pmatrix} = \begin{pmatrix} f(x_1, y_1, z_1) \\ g(x_1, y_1, z_1) \end{pmatrix} = \begin{pmatrix} f(0.1, 1.01, 0.2053) \\ g(0.1, 1.01, 0.2053) \end{pmatrix} = \begin{pmatrix} 0.2053 \\ 2.1152 \end{pmatrix}$$

$$\begin{pmatrix} k_2 \\ \ell_2 \end{pmatrix} = \begin{pmatrix} f(x_1 + h, y_1 + hk_1, z_1 + h\ell_1) \\ g(x_1 + h, y_1 + hk_1, z_1 + h\ell_1) \end{pmatrix} = \begin{pmatrix} f(0.2, 1.0305, 0.4168) \\ g(0.2, 1.0305, 0.4168) \end{pmatrix}$$

$$= \begin{pmatrix} 0.4168 \\ 2.2519 \end{pmatrix}.$$

Assim:

$$\begin{pmatrix} y_2 \\ z_2 \end{pmatrix} = \begin{pmatrix} 1.01 \\ 0.2053 \end{pmatrix} + \frac{0.1}{2}\begin{pmatrix} 0.2053 + 0.4168 \\ 2.1152 + 2.2519 \end{pmatrix} = \begin{pmatrix} 1.0411 \\ 0.4237 \end{pmatrix}.$$

Logo:

$$\begin{pmatrix} y_2 \\ z_2 \end{pmatrix} = \begin{pmatrix} 1.0411 \\ 0.4237 \end{pmatrix} \simeq \begin{pmatrix} y(x_2) \\ z(x_2) \end{pmatrix} = \begin{pmatrix} y(0.2) \\ z(0.2) \end{pmatrix}.$$

Portanto, a solução de (10.46) é:

x_n	y_n	z_n
0.0	1	0
0.1	1.01	0.2053
0.2	1.0411	0.4237

Pelos exemplos desta seção, vemos que a aplicação de um método numérico a um sistema de equações ordinárias de primeira ordem se processa como no caso de uma única equação, só que aqui devemos aplicar o método numérico a cada uma das componentes do vetor.

Exercício

10.16 Considere o sistema de equações diferenciais de primeira ordem:

$$\begin{cases} y' = y^2 - 2yz \\ z' = xy + y^2 \operatorname{sen} z \\ y(0) = 1 \\ z(0) = -1, \quad x \in [0, 0.1], \; h = 0.05 \end{cases}$$

Resolva-o usando:

a) o método de Euler,

b) o método de Adams-Bashforth, obtendo os valores iniciais necessários pelo método de Taylor de ordem 2,

c) o método de Nystrom,

d) o par PC, dado no Exemplo 10.11, obtendo os valores iniciais necessários pelo método de Taylor de ordem 3.

10.6.2 Equações Diferenciais de Ordem Elevada

Finalmente, mostraremos como equações de ordem elevada podem ser escritas e portanto resolvidas como um sistema de equações de primeira ordem. Consideremos a equação diferencial de ordem n:

$$y^{(n)} = f\left(x, y, y', \ldots, y^{(n-1)}\right)$$

com as condições iniciais:

$$y(x_0) = y_0, \; y'(x_0) = y'_0, \; \ldots, \; y^{(n-1)}(x_0) = y_0^{(n-1)}.$$

Novamente, para simplicidade, mas sem perda de generalidade, consideremos a equação diferencial de segunda ordem:

$$\begin{cases} y'' = g(x, y, y') \\ y(x_0) = y_0 \\ y'(x_0) = y'_0 \end{cases} \quad (10.48)$$

Podemos resolver qualquer equação diferencial de ordem elevada reduzindo-a a um sistema de equações diferenciais de primeira ordem, através de uma mudança adequada de variável.

Fazendo em (10.48) a seguinte mudança de variável:

$$y' = z,$$

obtemos:

$$z' = g(x, y, z).$$

Assim o (**p.v.i.**) (10.48) se reduz a:

$$\begin{cases} y' = z \\ z' = g(x, y, z) \\ y(x_0) = y_0 \\ z(x_0) = z_0 \end{cases} \quad (10.49)$$

Observe que podemos reescrever o sistema (10.49) na forma:

$$\begin{cases} y' = f(x, y, z) \\ z' = g(x, y, z) \\ y(x_0) = y_0 \\ z(x_0) = z_0 \end{cases}$$

Assim, para determinar a solução de (10.48), devemos resolver o sistema de equações diferencias de primeira ordem dado por (10.49).

Cabe salientar que a solução aproximada da equação diferencial de segunda ordem encontra-se na primeira componente do vetor solução do sistema (10.49), isto é, apenas nos interessa o valor de y_n, apesar de termos de calcular, a cada passo, todas as componentes do vetor solução. Além disso, na segunda componente deste vetor encontra-se o valor aproximado da derivada da solução da Equação (10.48).

Daremos agora alguns exemplos.

Exemplo 10.19

Resolver a equação diferencial de segunda ordem:

$$\begin{cases} y'' - y = e^x \\ y(0) = 1 \\ y'(0) = 0 \quad x \in [0, 0.3], \quad h = 0.1, \end{cases}$$

usando o método de Euler.

Solução: Fazendo $y' = z$, obtemos: $z' = y + e^x$. Assim, a equação de segunda ordem fica reduzida ao sistema:

$$\begin{cases} y' = z \\ z' = y + e^x \\ y(0) = 1 \\ z(0) = 0 \quad x \in [0, 0.3], \quad h = 0.1. \end{cases}$$

Observe que o sistema obtido é exatamente aquele dado no Exemplo 10.16, e, portanto, já determinamos sua solução pelo método de Euler. Para a equação dada, a solução exata é: $y(x) = \frac{1}{4}[e^x(1+2x) + 3e^{-x}]$.

Exemplo 10.20

Escrever a equação diferencial de terceira ordem:

$$\begin{cases} y''' - 2xy'' + 4y' - x^2 y = 1 \\ y(0) = 1 \\ y'(0) = 2 \\ y''(0) = 3 \end{cases}$$

na forma de um sistema de equações diferenciais de primeira ordem.

Solução: Fazendo: $y' = z$ e $z' = w$, obtemos:

$$\begin{cases} y' = z \\ z' = w \\ w' = 2xw - 4z + x^2 y + 1 \\ y(0) = 1 \\ z(0) = 2 \\ w(0) = 3 \end{cases}$$

Exercício

10.17 Usando o par PC, onde:

$$P: \quad y_{n+2} = y_{n+1} + \frac{h}{2}[-f_n + 3f_{n+1}],$$

$$C: \quad y_{n+2} = y_{n+1} + \frac{h}{12}[-f_n + 8f_{n+1} + 5f_{n+2}],$$

no modo $P(EC)E$, resolva a equação diferencial de segunda ordem:

$$\begin{cases} y'' + 3y' + 2y = e^x \\ y(0) = 1 \\ y(0) = 2, \quad x \in [0, 0.4], \quad h = 0.05, \end{cases}$$

obtendo os valores iniciais necessários pelo método de Taylor de ordem 3.

10.7 Exercícios Complementares

10.18 Considere o seguinte problema de valor inicial:

$$\begin{cases} y' = 2x^3 - 2xy \\ y(0) = 1, \quad x \in [0, 0.3], \quad h = 0.15. \end{cases}$$

Resolva-o:

a) pelo método de Euler,

b) pelo método de Taylor de ordem 2.

10.19 Resolva aproximadamente o problema de valor inicial:

$$\begin{cases} y' = y + x^{\frac{3}{2}} \\ y(0) = 1, \end{cases} \quad x \in [0, 0.2], \quad h = 0.1,$$

escolhendo q adequadamente tal que seja possível a aplicação do método de Taylor de ordem q.

10.20 O (p.v.i.):

$$\begin{cases} y' = 3 \\ y(1) = 6, \end{cases} \quad \text{com} \quad h = 2,$$

tem como solução exata $y(x) = 3x + 3$. Usando o método de Euler, determine $y(7)$. Era de se esperar tal concordância mesmo com h bastante grande? Por quê?

10.21 Considere o método de Quade:

$$y_{n+4} - \frac{8}{19}(y_{n+3} - y_{n+1}) - y_n = \frac{6}{19}h[f_{n+4} + 4(f_{n+3} + f_{n+1}) + f_n].$$

a) Determine sua ordem e a constante do erro.

b) Verifique se este método pode ser aplicado para resolver um **(p.v.i.)** com garantia de convergência.

10.22 Mostre que a ordem do método de passo múltiplo:

$$y_{n+2} + (b-1)y_{n+1} - by_n = \frac{1}{4}h[(b+3)f_{n+1} + (3b+1)f_n]$$

é 2 se $b \neq -1$, e 3 se $b = -1$. Mostre que o método não é estável se $b = -1$.

10.23 Considere o método explícito de 2-passos:

$$y_{n+2} + 4y_{n+1} - 5y_n = h[b_1 f_{n+1} + b_0 f_n].$$

a) Mostre que b_1 e b_0 podem ser determinados se a ordem do método for $q = 3$.

b) Calcule a constante do erro.

c) Este método de ordem 3 foi aplicado ao **(p.v.i.)**:

$$\begin{cases} y' = y \\ y(0) = 1, \end{cases} \quad x \in [0, 1.0], \quad h = 0.1$$

e os cálculos foram realizados com seis casas decimais. O valor de y_{10} tornou-se negativo. Explique por que o erro foi tão grande.

10.24 Resolva o seguinte problema de valor inicial:

$$\begin{cases} y' = xy - y^2 + 1 \\ y(0) = 1, \end{cases} \quad x \in [0, 0.2], \quad h = 0.05,$$

usando:

a) o método de Euler,

b) o método previsor-corretor, onde:

$$\begin{cases} P: y_{n+1} = y_n + hf_n, \\ C: y_{n+1} = y_n + \frac{h}{2}[f_n + f_{n+1}], \end{cases}$$

usando o par PC no modo $P(EC)^2 E$,

c) o método previsor-corretor, onde:

$$\begin{cases} P: y_{n+2} = y_{n+1} + \dfrac{h}{2}[-f_n + 3f_{n+1}] \\ C: y_{n+2} = y_{n+1} + \dfrac{h}{12}[-f_n + 8f_{n+1} + 5f_{n+2}] \end{cases}$$

usando o par PC no modo $P(EC)E$. Obtenha y_1 pelo método de Taylor de ordem 3 ou pelo método de Heun.

10.25 Mostre que um método do tipo (10.27) consistente tem ordem pelo menos 1.

10.26 Prove que se o método de Runge-Kutta é consistente, então, $\sum\limits_{r=1}^{R} c_r = 1$.

10.27 Resolva o seguinte sistema de equações diferenciais ordinárias:

$$\begin{cases} y' = y + z \\ z' = 2y + 3z \\ y(0) = 2 \\ z(0) = 0, \quad x \in [0, 0.3], \quad h = 0.1 \end{cases}$$

usando os métodos do exercício 10.24.

10.28 Dado o **(p.v.i.)**:

$$\begin{cases} 2yy'' - 4xy^2 + 2(sen\ x)y^4 = 6 \\ y(1) = 1 \\ y'(1) = 15, \quad x \in [1, 1.2], \quad h = 0.1, \end{cases}$$

  a) reduza-o a um sistema de equações de primeira ordem,

  b) resolva o **(p.v.i.)** dado usando um método de Runge-Kutta de ordem 2, à sua escolha.

10.29 Resolva o problema de valor inicial de terceira ordem:

$$\begin{cases} y''' - x^2 y'' + (y')^2 y = 0 \\ y(0) = 1 \\ y'(0) = 2 \\ y'''(0) = 3, \quad x \in [0, 0.3], \quad h = 0.1 \end{cases}$$

usando o método previsor dado por (10.26), no modo $P(EC)E$.

10.30 Resolva o problema de valor inicial de segunda ordem:

$$\begin{cases} y'' - 3y' + 2y = 0 \\ y(0) = -1 \\ y'(0) = 0, \quad x \in [0, 0.3], \quad h = 0.1 \end{cases}$$

usando os métodos do exercício 10.24.

10.8 Problemas Aplicados e Projetos

10.1 Um projétil é lançado para o alto contra a resistência do ar. Suponha que a equação do movimento é dada por:

$$\frac{dv}{dt} = -32 - \frac{cv^2}{m}.$$

Se $\frac{c}{m} = 2$ e $v(0) = 1$, determine o tempo necessário para que o projétil alcance sua altura máxima, resolvendo o problema de valor inicial pelo método previsor-corretor:

$$\begin{cases} P: y_{n+2} = y_{n+1} + \frac{h}{2}[-f_n + 3f_{n+1}] \\ C: y_{n+2} = y_n + \frac{h}{3}[f_n + 4f_{n+1} + f_{n+2}] \end{cases}$$

no modo $P(EC)E$. Obtenha os valores iniciais necessários pelo método de Taylor de ordem 2 ou pelo método de Heun. Considere $h = 0.01$.

10.2 Um corpo com uma massa inicial de $200\ kg$ é acelerado por uma força constante de $200\ N$. A massa decresce a uma taxa de $1\ kg/s$. Se o corpo está em repouso em $t = 0$, encontre sua velocidade ao final de $50\ s$. Sabe-se que a equação diferencial é dada por:

$$\frac{dv}{dt} = \frac{2.000}{200 - t}.$$

Resolva o problema usando:

    a) o método de Euler,

    b) o método de Euler melhorado,

    c) o método de Nystrom.

Observação: A solução exata desse **(p.v.i.)** é:

$$v = 2.000\ log\left[\frac{200}{200 - t}\right],$$

de modo que $v(50) = 575.36$.

10.3 Suponha que o corpo descrito no problema 10.2 está sujeito a uma resistência do ar igual a duas vezes a velocidade. A equação diferencial agora é:

$$\frac{dv}{dt} = \frac{2.000 - 2v}{200 - t}.$$

Se o corpo está em repouso em $t = 0$, a solução exata é $v = 10t - 40t^2$, de modo que $v(50) = 437.50$. Resolva o problema numericamente usando um método de Runge-Kutta de ordem 4.

10.4 Considere o conjunto massa-mola dado na Figura 10.2.

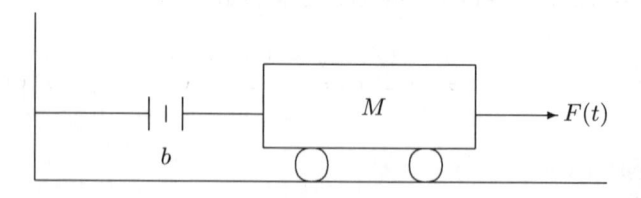

Figura 10.2

A equação diferencial que descreve o sistema é:

$$M\frac{dv(t)}{dt} + bv(t) = F(t),$$

onde $v(t)$ é a velocidade no instante $t > 0$. Assuma que:

$$t_i = ih, \quad i = 0, 1, \ldots, 5; \quad h = 0.4,$$

$$v(0) = 0 \, m/s, \quad b = 3 \, kg/s, \quad M = 1 \, kg, \quad F(t) = 1 \, N.$$

a) Calcule $v(2)$ pelo método de Euler.
b) Calcule $v(2)$ pelo método de Taylor de ordem 2.
c) Calcule $v(2)$ pelo método previsor-corretor dado no item **b)** do Exercício 10.24.
d) Sabendo que a solução exata é:

$$v(t) = \frac{e^{-3t}}{9} + \frac{t}{3} - \frac{1}{9},$$

faça uma tabela comparando os resultados obtidos nos itens **a)**, **b)** e **c)** com a solução exata.

10.5 A taxa de fluxo de calor entre dois pontos de um cilindro aquecido em uma das extremidades é dada por:

$$\frac{dQ}{dt} = \lambda A \frac{dT}{dt},$$

onde λ é uma constante, A é a área da seção reta do cilindro, Q é o fluxo de calor, T é a temperatura, t é o tempo e x é a distância até a extremidade aquecida. Como a equação envolve duas funções, podemos simplificar a equação dada assumindo que:

$$\frac{dT}{dt} = \frac{100(L-x)(20-t)}{100-xt},$$

onde L é o comprimento do cilindro.
Combinando as duas equações, obtemos:

$$\frac{dQ}{dt} = \lambda A \frac{100(L-x)(20-t)}{100-xt}.$$

Utilizando o método de Runge-Kutta de quarta ordem, calcule o fluxo de calor de $t = 0 \, s$ até $t = 2 \, s$ em passos de $0.01 \, s$. Adote $\lambda = 0.3 \, cal.cm/sC°$, $A = 10 \, cm^2$, $L = 20 \, cm$, $x = 2.5 \, cm$, e como condição inicial: $Q = 0$ em $t = 0$.

10.6 Um pára-quedista em queda livre está sujeito à seguinte equação:

$$\frac{dv}{dt} = g - c\frac{c}{m}v,$$

onde m é a massa do pára-quedista, g é a aceleração da gravidade, c é uma constante de proporcionalidade da força de resistência do ar e v é a velocidade em direção ao chão, assumida positiva. Adote $g = 9.8 \, m/s^2$, $c = 12.5 \, kg/s$ e $m = 68.0 \, kg$.

Supondo que no instante $t_0 = 0$ o pára-quedista salte de um avião com velocidade vertical $v_0 = 0$, determine, usando o método de Euler com passo de $0.01 \, s$, a velocidade do pára-quedista nos instantes de tempo: 2, 4, 6 e 8 s em m/s.

10.7 Numa reação química, uma molécula de um reagente A combina-se com uma molécula de um outro reagente B para formar uma molécula de um produto C. Sabe-se que a concentração $y(t)$ de C, no tempo, é solução do seguinte **(p.v.i.)**:

$$\begin{cases} y' = k(a-y)(b-y) \\ y(0) = 0 \end{cases}$$

onde k é a constante de reação, a e b são, respectivamente, a concentração inicial do reagente A e B. Considerando os seguintes dados: $k = 0.01$, $a = 70 \, milimoles/litro$ e

$b = 50\ milimoles/litro$, determine a concentração do produto C sobre o intervalo $[0, 20]$, usando o método de Heun, com $h = 0.5$, e compare os resultados obtidos com a solução exata:

$$y(t) = \frac{350(1 - e^{-0.2t})}{7 - 5e^{-0.2t}}.$$

10.8 Para um circuito simples RL, a lei de voltagem de Kirchoff exige (se a lei de Ohm vale) que:

$$L\frac{di}{dt} + Ri = 0,$$

onde i é a corrente, L é a indutância e R é a resistência. Sabendo que $i(0) = 10^{-3}$ e considerando que $L = R = 1$, resolva o problema usando um método numérico à sua escolha, obtendo a solução com precisão de 10^{-4}.

10.9 Em contraste com o problema anterior, resistores reais podem não obedecer à lei de Ohm. Por exemplo, a queda de voltagem pode ser não linear e a dinâmica do circuito é descrita por:

$$L\frac{di}{dt} + \left(\frac{-i}{I} + \left(\frac{i}{I}\right)^3\right) R = 0,$$

onde todos os parâmetros são definidos como no problema anterior, e I é a conhecida corrente de referência. Considere $I = 1$. Resolva então o problema para i como função do tempo usando as mesmas condições especificadas no problema anterior.

10.10 O estudo sobre o crescimento da população é importante para uma variedade de problemas de engenharia. Um modelo simples, onde o crescimento está sujeito à hipótese de que a taxa de variação da população p é proporcional à população num instante t, é dado por:

$$\frac{dp}{dt} = Gp,$$

onde G é a taxa de variação (por ano). Suponha que, no instante $t = 0$, uma ilha tem uma população de 10.000 habitantes. Se $G = 0.075$ por ano, utilize o método de Euler para prever a população em $t = 20$ anos, usando comprimento de passo de 0.5 ano.

10.11 A resposta $y\ (> 0)$ de uma certa válvula hidráulica sujeita a uma entrada de variação senoidal é dada por:

$$\frac{dy}{dt} = \sqrt{2\left(1 - \frac{y^2}{sen^2 t}\right)}, \quad \text{com} \quad y_0 = 0,\ t_0 = 0.$$

Deseja-se obter a solução numérica desse **(p.v.i.)** usando um método numérico de ordem 3. Pergunta-se: o algoritmo de Taylor pode ser usado para obter a solução deste **(p.v.i.)**? Se possível, resolva-o pelo algoritmo de Taylor de ordem 3. Caso contrário, use o método de Runge-Kutta de ordem 3.

10.12 A corrente i num circuito LR num instante t qualquer, depois que uma chave é ligada em $t = 0$, pode ser expressa pela equação:

$$\frac{di}{dt} = \frac{(E sen\ \omega t - R)}{L},$$

onde $E = 50\ Volts$, $L = 1\ Henry$, $\omega = 300$, $R = 50\ Ohms$ e a condição inicial é que $i(0) = 0$. Resolva numericamente o **(p.v.i.)** por um método de Runge-Kutta de ordem 3 e compare sua solução com a solução analítica:

$$i = \frac{E}{Z^2}\left(R sen\ \omega t - \omega L cos\ \omega t + \omega L e^{-Rt/L}\right),$$

onde $Z = \sqrt{R^2 + \omega^2 L^2}$.

10.13 Uma quantidade de $10\ kg$ de um certo material é lançada em um recipiente contendo $60\ kg$ de água. A concentração da solução c, em percentagem, a qualquer instante t, é expressa como:

$$(60 - 1.212c)\frac{dc}{dt} = \frac{k}{3}(200 - 14c)(100 - 4c),$$

onde k, o coeficiente de transferência de massa, é igual a 0.0589. A condição inicial é que, em $t = 0, c = 0$. Determine a relação entre c e t usando um método de Runge-Kutta de ordem 2.

10.14 A equação de Van der Pol, da eletrônica, é:

$$y'' + (1 - y^2)y' + y = 0,$$

com as condições iniciais: $y(0) = 0.5$ e $y'(0) = 0$. Obtenha o valor de y e y' em $t = 0.4$ usando um método de Runge-Kutta de ordem 2.

10.15 Um sistema simples em vibração tem uma massa sujeita ao *atrito de Coulomb*, de modo que a equação de seu movimento é:

$$my'' + n^2 y = \begin{cases} -A, & y' > 0 \\ +A, & y' < 0 \end{cases}$$

onde A é uma constante, e $y(0) = 3$, $y'(0) = 0$. Considerando $m = 1$, $n = 0.8$ e $A = 2$ e usando um método de Runge-Kutta de ordem 3, obtenha o valor de y em $t = 5\ s$, com precisão de 10^{-2}.

10.16 Engenheiros ambientais e biomédicos precisam freqüentemente prever o resultado de uma relação predador-presa ou hospedeiro-parasita. Um modelo simples para esse tipo de relação é dado pelas equações de Lotka-Volterra:

$$\frac{dH}{dt} = g_1 H - d_1 PH,$$
$$\frac{dP}{dt} = -d_2 P + g_2 PH.$$

onde H e P são, respectivamente, por exemplo, o número de hospedeiros e parasitas presentes. As constantes d e g representam as taxas de mortalidade e crescimento, respectivamente. O índice 1 refere-se ao hospedeiro e o índice 2, ao parasita. Observe que essas equações formam um sistema de equações acopladas. Sabendo que, no instante $t_0 = 0$, os valores de P e H são, respectivamente, 5 e 20, e que $g_1 = 1$, $d_1 = 0.1$, $g_2 = 0.02$ e $d_2 = 0.5$, utilize um método numérico para calcular os valores de H e P de 0 até $2\ s$, usando passo de $0.01\ s$.

10.17 As equações:

$$\begin{cases} y'(t) = -\dfrac{2y}{\sqrt{y^2 + z^2}} \\ z'(t) = 1 - \dfrac{2z}{\sqrt{y^2 + z^2}} \end{cases}$$

descrevem a trajetória de um pato nadando em um rio e tentando firmemente chegar à posição t. Veja a Figura 10.3.

```
       z ↑
         |‾‾‾‾‾|
         |     |
         |     |
         |     | s
         |_____|_____→
    t        (1,0)    y
```
Figura 10.3

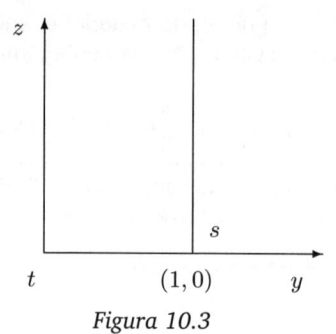

O pato parte de s, de modo que $y(0) = 1$ e $z(0) = 0$.

Calcule a trajetória do pato até $t = 0.2$ usando o par PC no modo $P(EC)^2E$, onde o previsor é o método de Euler e o corretor a regra do trapézio. Considere $h = 0.1, 0.01, 0.001$. Quantas casas decimais você pode garantir que estão corretas?

Capítulo 11

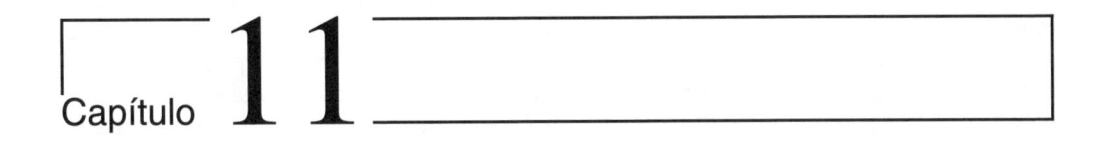

Equações Diferenciais Parciais

11.1 Introdução

Como no caso de equações diferenciais ordinárias, vários problemas de engenharia e outras ciências podem ser formulados em termos de equações diferenciais parciais. Por exemplo, velocidade e pressão de um fluido, temperatura na previsão do tempo, trajetória de um satélite artificial e outras aplicações estão relacionadas com equações diferenciais parciais. Se o problema depende de muitas variáveis, o que é comum na prática, então o modelo envolve as derivadas com respeito a cada umas destas variáveis. Assim, um modelo com estas características será denominado de **equação diferencial parcial** ou **sistema de equações diferenciais parciais**.

As equações diferenciais parciais são, em geral, mais complexas do que as equações diferenciais ordinárias, por envolverem um número maior de variáveis e, como naquele caso, raramente soluções exatas podem ser obtidas. Desta forma, para a obtenção de soluções, são utilizadas discretizações, dando origem aos métodos numéricos. Assim, a essência dos métodos numéricos está na representação discreta (finita) do problema que, em geral, é originalmente modelado como um contínuo. Esta discretização é que viabiliza o uso dos computadores no tratamento numérico das equações diferenciais.

11.1.1 Classificação das Equações

Por razões práticas e, talvez, também didáticas, é costume na literatura classificar as equações diferenciais parciais em três grupos distintos: Equações Parabólicas, Equações Elípticas e Equações Hiperbólicas. No caso de equações de segunda ordem em duas dimensões da forma:

$$a(x,y)u_{xx} + b(x,y)u_{xy} + c(x,y)y_{yy} + d(x,y,u_x,u_y,u) = 0, \qquad (11.1)$$

onde u_x denota a derivada de u em relação à variável x e a, b, c e d são funções conhecidas, a classificação é feita em função do sinal do discriminante: $\Delta = b^2 - 4ac$. Assim, se em (11.1):

1) $\Delta = 0$ — Equação Parabólica,
2) $\Delta < 0$ — Equação Elíptica,
3) $\Delta > 0$ — Equação Hiperbólica.

É claro que, como, a, b e c dependem de x, y, Δ também depende e, portanto, o sinal de Δ pode variar para diferentes valores de x e y, e neste caso a equação muda de tipo no domínio de definição. Logo, é perfeitamente possível que uma mesma equação seja de um, dois ou mais tipos, dependendo da região do domínio considerada.

A classificação anterior pode em princípio parecer irrelevante, mas ela é de extrema importância, tanto do ponto de vista prático das aplicações quanto do ponto de vista da solução numérica. Na área de aplicações temos, por exemplo, que as equações elípticas são adequadas para modelar problemas de equilíbrio; as equações parabólicas, problemas de difusão; e as equações hiperbólicas, problemas de convecção. Portanto, a classificação constitui-se em um teste da adequação do modelo ao problema. Já no contexto de solução numérica, sabemos da teoria matemática das equações diferenciais parciais que as equações parabólicas e elípticas apresentam soluções altamente regulares, enquanto as equações hiperbólicas podem apresentar soluções singulares. Esta informação pode ser crucial no desenvolvimento de um método numérico.

O objetivo deste capítulo é apresentar uma introdução à solução numérica de equações diferenciais parciais, por meio da discretização por diferenças finitas, enfatizando os principais conceitos com vistas às aplicações práticas. Nos restringiremos aos casos das equações parabólicas e elípticas, por serem mais adequados para a solução por diferenças finitas. No entanto, equações hiperbólicas também podem ser resolvidas por diferenças finitas, mas neste caso temos que ser mais cuidadosos, devido ao aparecimento de singularidades nas soluções.

11.2 Equações Parabólicas

Nesta seção, apresentamos os métodos mais conhecidos para a solução de equações parabólicas bem como discutiremos as técnicas numéricas que permitem a obtenção de uma solução. Com este objetivo, introduzimos brevemente a aproximação das derivadas de uma função de uma variável por diferenças finitas.

I) Diferenças Finitas

A idéia geral do método de diferenças finitas é a discretização do domínio e a substituição das derivadas presentes na equação diferencial por aproximações envolvendo somente valores numéricos da função. Na prática, substituímos as derivadas pela razão incremental que converge para o valor da derivada quando o incremento tende a zero. Dizemos então que o problema foi **discretizado**. Quando o domínio tem mais de uma variável, esta ideia é aplicada para cada uma delas separadamente.

Seja x_0 um número real pertencente ao domínio em questão e h, um número positivo. Definimos **malha** de passo h associada a x_0 como o conjunto de pontos:

$$x_i = x_0 \pm ih, \qquad i = 1, 2, \ldots, N.$$

Nos pontos desta malha serão calculadas aproximações de uma função $y(x)$ e suas derivadas.

A ferramenta matemática básica no cálculo de aproximações para as derivadas é a fórmula de Taylor. Se $y(x)$ tem derivadas até a ordem $q+1$ em x, obtemos a expressão (10.3), com $x_n = x$ (ver Capítulo 10).

Se $q = 1$ em (10.3), teremos a **fórmula progressiva** que utiliza a **diferença progressiva** ($\Delta y(x)$) e seu erro, ou seja:

$$y'(x) = \frac{y(x+h) - y(x)}{h} - \frac{h}{2} y''(\xi) \Rightarrow y'(x) = \frac{1}{h}\Delta y(x) - \frac{h}{2} y''(\xi), \quad \xi \in (x, x+h).$$

De modo semelhante, tomando $-h$ em (10.3), ainda com $q = 1$, obtemos a **fórmula regressiva** que utiliza a **diferença regressiva** ($\nabla y(x)$) e seu erro, ou seja:

$$y'(x) = \frac{y(x) - y(x-h)}{h} + \frac{h}{2}y''(\xi) \Rightarrow y'(x) = \frac{1}{h}\nabla y(x) + \frac{h}{2}y''(\xi), \quad \xi \in (x-h, x).$$

Fazendo agora, $q = 2$ em (10.3), com h e $-h$, respectivamente, obtemos (10.9). Calculando $y(x+h) - y(x-h)$ obtemos a **fórmula centrada** que utiliza a **diferença central** ($\delta y(x)$) e seu erro, ou seja:

$$\begin{aligned} y'(x) &= \frac{y(x+h) - y(x-h)}{2h} + \frac{h^2}{3!}y'''(\xi) \\ &= \frac{1}{2h}\delta y(x) + \frac{h^2}{3!}y'''(\xi), \quad \xi \in (x-h, x+h). \end{aligned}$$

Erro e Ordem de Aproximação de uma Fórmula de Diferenças

Seja $\mathcal{F}(x)$ uma fórmula de diferenças para aproximação da derivada de ordem q de uma função $y(x)$ com erro $\mathcal{E}(x)$. Então:

$$y^{(q)}(x) = \mathcal{F}(x) + \mathcal{E}(x).$$

Dizemos que a fórmula $\mathcal{F}(x)$ é de ordem p se $\mathcal{E}(x) = h^p \mathcal{R}(x)$, onde $\mathcal{R}(x)$ não depende de h. Neste caso, usamos a notação $\mathcal{E}(x) = O(h^p)$. Esta notação significa que $\lim_{h \to 0} \frac{\mathcal{E}(x)}{h^p}$ é uma constante finita, não nula.

Por exemplo, no caso da fórmula centrada, temos que:

$$\mathcal{F}(x) = \frac{y(x+h) - y(x-h)}{2h} \quad \text{e} \quad \mathcal{E}(x) = \frac{h^2}{3!}y'''(\xi), \quad \xi \in (x-h, x+h)$$

e, assim, esta fórmula é de segunda ordem.

Seguindo as mesmas idéias, podemos derivar uma expressão para o cálculo aproximado da segunda derivada. Tomando $q = 3$ em (10.9), somando as duas expressões e isolando $y''(x)$, obtemos:

$$\begin{aligned} y''(x) &= \frac{y(x+h) - 2y(x) + y(x-h)}{h^2} + \frac{h^2}{12}y^{(4)}(\xi), \\ &= \frac{1}{h^2}\delta^2 y(x) + \frac{h^2}{12}y^{(4)}(\xi), \quad \xi \in (x-h, x+h), \end{aligned}$$

onde na última expressão o operador δ^2 é utilizado com passo $\frac{h}{2}$.

As fórmulas de diferenças finitas em uma dimensão obtidas anteriormente, podem agora ser utilizadas em cada variável para gerar aproximações para as derivadas parciais de uma função de várias variáveis. Assim, temos as seguintes fórmulas:

Progressiva

$$\begin{aligned} u_t(x,t) &= \frac{u(x, t+k) - u(x,t)}{k} - \frac{k}{2}u_{tt}(x, \zeta) \\ &= \frac{1}{k}\Delta_t u(x,t) - \frac{k}{2}u_{tt}(x, \zeta), \quad (t < \zeta < t+k). \end{aligned} \quad (11.2)$$

Regressiva

$$u_t(x,t) = \frac{u(x,t) - u(x,t-k)}{k} + \frac{k}{2}u_{tt}(x,\zeta)$$
$$= \frac{1}{k}\nabla_t u(x,t) + \frac{k}{2}u_{tt}(x,\zeta), \quad (t-k < \zeta < t). \tag{11.3}$$

Central

$$u_x(x,t) = \frac{u(x+h,t) - u(x-h,t)}{2h} - \frac{h^2}{6}u_{xxx}(\xi,t)$$
$$= \frac{1}{2h}\delta_x u(x,t) - \frac{h^2}{6}u_{xxx}(\xi,t), \quad (x-h < \xi < x+h)$$

$$u_{xx}(x,t) = \frac{u(x+h,t) - 2u(x,t) + u(x-h,t)}{h^2} - \frac{h^2}{12}u_{xxxx}(\xi,t)$$
$$= \frac{1}{h^2}\delta_x^2 u(x,t) - \frac{h^2}{12}u_{xxxx}(\xi,t), \quad (x-h < \xi < x+h)$$

$$u_{tt}(x,t) = \frac{u(x,t+k) - 2u(x,t) + u(x,t-k)}{k^2} - \frac{k^2}{12}u_{tttt}(x,\zeta)$$
$$= \frac{1}{k^2}\delta_t^2 u(x,t) - \frac{k^2}{12}u_{tttt}(x,\zeta), \quad (t-h < \zeta < t+h) \tag{11.4}$$

$$u_{xt}(x,t) = \frac{u(x+h,t+k) - u(x+h,t-k) - u(x-h,t+k) + u(x-h,t-k)}{4hk}$$
$$- \frac{h^2}{6}u_{xxxt}(\xi_1,\zeta_1) - \frac{k^2}{6}u_{xttt}(\xi_2,\zeta_2)$$
$$= \frac{1}{4hk}\delta_x\delta_t u(x,t) - \frac{h^2}{6}u_{xxxt}(\xi_1,\zeta_1) - \frac{k^2}{6}u_{xttt}(\xi_2,\zeta_2),$$

$$x - h < \xi_1, \xi_2 < x+h \quad \text{e} \quad t-k < \zeta_1, \zeta_2 < t+k,$$

onde Δ_s, ∇_s e δ_s denotam, respectivamente, as diferenças progressiva, regressiva e central na variável s.

O Problema de Dirichlet

Em aplicações, uma forma comum de ocorrência de equações parabólicas é dada por:

$$\begin{aligned}
u_t - \alpha(x,t)u_{xx} &= r(x,t,u,u_x), & a < x < b \text{ e } 0 < t < T, \\
u(x,0) &= \psi(x), & a \leq x \leq b, \\
u(a,t) &= f(t), & 0 < t < T, \\
u(b,t) &= g(t), & 0 < t < T.
\end{aligned} \tag{11.5}$$

que é chamado de **Problema de Dirichlet**.

Teorema 11.1
Se $\alpha(x,t)$ é contínua e limitada e $r(x,t,u,u_x)$ é monotonicamente decrescente em u, então existe uma única solução para (11.5).

Prova: A prova deste teorema pode ser encontrada em [Ames,1992].

Para mais detalhes sobre a teoria geral de equações parabólicas, ver, por exemplo, [Friedman,1964] e [Bernstein,1950].

O modelo fundamental das equações parabólicas é a versão linear da equação (11.5), conhecida como equação do calor, a qual é dada por:

$$u_t - \alpha(x,t)u_{xx} = r(x,t), \quad \alpha(x,t) > 0, \quad 0 \leq x \leq L, \quad 0 < t < T \qquad (11.6)$$

e as condições inicial e de fronteira:

$$u(x,0) = \psi(x), \quad 0 \leq x \leq L \quad \text{condição inicial,}$$

$$\left.\begin{array}{l} u(0,t) = f(t), \quad 0 < t < T, \\ u(L,t) = g(t), \quad 0 < t < T. \end{array}\right\} \text{condições de fronteira.}$$

É importante lembrar que, no caso das equações parabólicas, a solução em cada ponto interior depende da condição inicial em todos os pontos. Além disso, a solução de uma equação parabólica é sempre regular, mesmo quando a condição inicial não é. Assim, por exemplo, se $f(0) \neq \psi(0)$ haverá uma descontinuidade em $x = 0$, $t = 0$, mas a solução será regular para todo $t > 0$ em $x = 0$. A mesma observação é válida próximo de $x = L$.

Discretização

As técnicas de solução de equações parabólicas serão apresentadas para o problema modelo da equação do calor, dado por (11.6), com $\alpha(x,t)$ constante e $r(x,t) \equiv 0$, isto é, para equações da forma:

$$u_t = \alpha\, u_{xx}, \qquad (11.7)$$

com as condições iniciais e de fronteira dadas por (11.6). Dividindo o intervalo $[0,L]$, da variável espacial x, em N partes iguais de comprimento h, obtemos os $N+1$ pontos $x_i = ih, i = 0, 1, \ldots, N$, onde $h = \dfrac{L}{N}$, e dividindo o intervalo $[0,T]$, da variável tempo t, em M partes iguais de comprimento k, obtemos os $M+1$ pontos $t_j = jk, j = 0, 1, \ldots, M$, onde $k = \dfrac{T}{M}$. Assim, obteremos uma aproximação da solução nos pontos (x_i, t_j) da malha, no domínio da equação, como mostra a Figura 11.1.

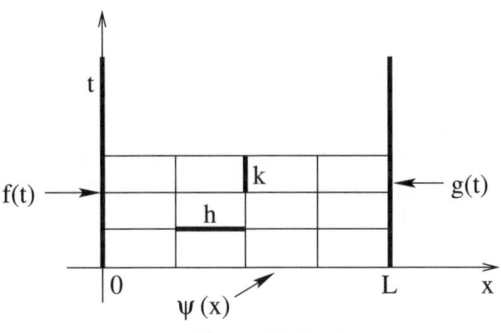

Figura 11.1

Denotaremos por $u_{i,j}$ a solução exata no ponto (x_i, t_j) e por $U_{i,j}$, um valor aproximado de $u_{i,j}$.

Exercício

11.1 Considere a seguinte equação diferencial:

$$\begin{aligned} u_t &= u_{xx}, & 0 \leq x \leq 1, & \quad 0 < t < T, \\ u(x,0) &= x(1-x), & 0 \leq x \leq 1, & \\ u(0,t) &= 0, & 0 < t < T, & \\ u(1,t) &= 0, & 0 < t < T. & \end{aligned}$$

Verifique que:

$$u(x,t) = \frac{8}{\pi^3} \sum_n^\infty \frac{sen(2n+1)\pi x}{(2n+1)^3} e^{(-((2n+1)\pi)^2 t)}$$

é a solução exata do problema acima.

11.2.1 Métodos de Diferenças Finitas

Descreveremos a seguir como obter métodos explícitos para solução de equações parabólicas, baseados em diferenças finitas, apresentadas anteriormente.

Método Explícito

Usando diferenças centradas de segunda ordem na variável espacial para aproximar a derivada de segunda ordem obtemos:

$$u_{xx}(x_i, t_j) \simeq \frac{U_{i-1,j} - 2U_{i,j} + U_{i+1,j}}{h^2} = \delta_x^2 U_{i,j}, \tag{11.8}$$

e usando diferenças progressivas no tempo para aproximar a derivada de primeira ordem produzimos a aproximação:

$$u_t(x_i, t_j) \simeq \frac{U_{i,j+1} - U_{i,j}}{k} = \Delta_t U_{i,j}.$$

Substituindo estas aproximações em (11.7), obtemos a equação aproximada:

$$\frac{U_{i,j+1} - U_{i,j}}{k} = \alpha \left(\frac{U_{i-1,j} - 2U_{i,j} + U_{i+1,j}}{h^2} \right), \tag{11.9}$$

ou seja,

$$U_{i,j+1} = U_{i,j} + \sigma(U_{i-1,j} - 2U_{i,j} + U_{i+1,j}), \tag{11.10}$$

onde $\sigma = k\alpha/h^2$. A equação (11.10) representa um método explícito, pois, conhecidos os valores $U_{i-1,j}, U_{i,j}$ e $U_{i+1,j}$, calculamos $U_{i,j+1}$ explicitamente, sem qualquer complicação suplementar. Na Figura 11.2, apresentamos a discretização e a correspondente molécula computacional do método explícito.

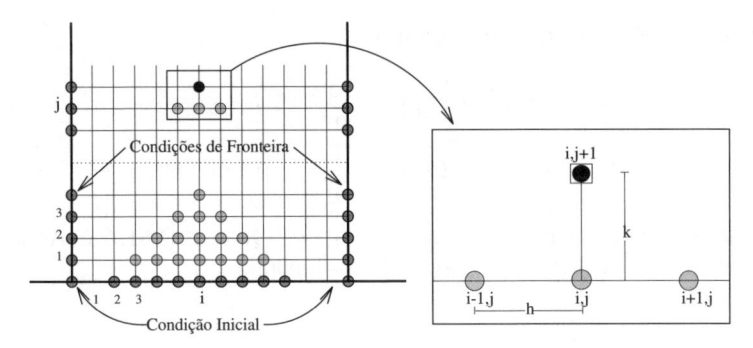

Figura 11.2

A molécula computacional é uma tradução gráfica da fórmula (11.10), pois ela estabelece a relação de dependência existente entre o valor no ponto $(i, j + 1)$ e seus vizinhos. Note que, no caso do método explícito, o ponto $(i, j + 1)$ depende apenas dos pontos $(i-1, j)$, (i, j) e $(i+1, j)$, todos do nível anterior, daí a palavra explícito. Observe também, na Figura 11.2, que, como os valores sobre a linha $j = 0$ são conhecidos (dados iniciais), é possível calcular os valores da linha $j = 1$ a menos do primeiro e do último, mas estes dois valores são dados exatamente pelas condições de fronteira, completando assim o cálculo da linha $j = 1$. Tendo a linha $j = 1$, procedemos de maneira análoga para calcular a linha $j = 2, \ldots$ Ilustraremos estas idéias através de um exemplo.

Exemplo 11.1

Usando o método explícito, com $\sigma = \dfrac{1}{6}$ e $k = \dfrac{1}{54}$, calcule a primeira linha de soluções da equação dada no exercício 11.1.

Solução: Como $\sigma = \dfrac{1}{6}$, $\alpha = 1$ e $k = \dfrac{1}{54}$, temos que $h = \dfrac{1}{3}$ e, portanto:

$$x_0 = 0, \; x_1 = \frac{1}{3}, \; x_2 = \frac{2}{3}, \; x_3 = 1 \text{ e } t_0 = 0, \; t_1 = \frac{1}{54}, \; t_2 = \frac{2}{54}, \ldots$$

Da condição inicial vem que:

$$\begin{aligned}
u_{00} &= u(x_0, t_0) = u(0, 0) = 0(1 - 0) = 0 = U_{00}, \\
u_{10} &= u(x_1, t_0) = u(1/3, 0) = \frac{1}{3}\left(1 - \frac{1}{3}\right) = \frac{2}{9} = U_{10}, \\
u_{20} &= u(x_2, t_0) = u(2/3, 0) = \frac{2}{3}\left(1 - \frac{2}{3}\right) = \frac{2}{9} = U_{20}, \\
u_{30} &= u(x_3, t_0) = u(1, 0) = 1(1 - 1) = 0 = U_{30}.
\end{aligned}$$

Das condições de fronteira deduzimos que:

$$\begin{aligned}
u_{01} &= u(x_0, t_1) = u(0, 1/54) = 0 = U_{01}, \\
u_{31} &= u(x_3, t_1) = u(1, 1/54) = 0 = U_{31}.
\end{aligned}$$

Assim, usando o método explícito, obtemos:

$$U_{11} = U_{10} + \sigma(U_{00} - 2U_{10} + U_{20}) = \frac{5}{27} = 0.1851852 \simeq u_{11} = u(x_1, t_1),$$

$$U_{21} = U_{20} + \sigma(U_{10} - 2U_{20} + U_{30}) = \frac{5}{27} = 0.1851852 \simeq u_{21} = u(x_2, t_1).$$

Observe que a solução exata da equação é $u_{11} = u_{21} = 0.1861023$. Assim, o erro no método explícito é: $0.1851852 - 0.1861023 \simeq -0.00092$.

Erro de Truncamento Local

O erro introduzido no cálculo da solução do Exemplo 11.1 advém única e exclusivamente da substituição das derivadas por diferenças finitas ou, em última instância, da substituição da equação diferencial pela equação de diferenças. A este erro chamamos de **Erro de Truncamento Local**.

Denotando por $u_{i,j} = u(x_i, t_j)$ e por $\tau_{i,j}$ o erro ocorrido no cálculo de $U_{i,j+1}$, assumindo que todos os valores anteriores utilizados nesse cálculo são exatos e ponderado pelo passo temporal k, podemos definir:

$$\tau_{i,j} = \frac{u(x_i, t_{j+1}) - U_{i,j+1}}{k} = \frac{u(x_i, t_{j+1}) - (U_{i,j} + \sigma(U_{i-1,j} - 2U_{i,j} + U_{i+1,j}))}{k},$$

onde utilizamos a equação de diferenças (11.10) para substituir o valor de $U_{i,j+1}$. Usando agora a hipótese de que $U_{i,j} = u(x_i, t_j)$, $\forall i$, temos:

$$\tau_{i,j} = \frac{u(x_i, t_{j+1}) - (u(x_i, t_j) + \sigma(u(x_{i-1}, t_j) - 2u(x_i, t_j) + u(x_{i+1}, t_j)))}{k} \tag{11.11}$$

e, substituindo o valor de σ, obtemos:

$$\frac{u_{i,j+1} - u_{i,j}}{k} = \frac{\alpha}{h^2}(u_{i-1,j} - 2u_{i,j} + u_{i+1,j}) + \tau_{i,j}. \tag{11.12}$$

Observe que (11.12) tem exatamente a mesma forma de (11.9) a menos do termo do erro de truncamento local, o que nos permite dizer que o **Erro de Truncamento Local** é uma medida de quanto a solução da equação diferencial, discretizada na malha, deixa de satisfazer a equação de diferenças. Note que a situação inversa, isto é, quando a solução da equação de diferenças deixa de satisfazer a diferencial, não é possível de ser definida, uma vez que a primeira, sendo uma solução discreta, não pode ser diferenciada para substituição na equação diferencial. Portanto, o inverso do erro de truncamento local não pode ser definido.

Utilizando a equação (11.7), pode-se mostrar que o erro de truncamento (ver exercício 11.2) é dado por:

$$\tau_{i,j} = \frac{k}{2}u_{tt} - \frac{\alpha h^2}{12}u_{xxxx} + O(k^2) + O(h^3) = O(k + h^2). \tag{11.13}$$

Estabilidade, Consistência e Convergência

Descreveremos aqui as propriedades de consistência, estabilidade e convergência dos métodos de diferenças finitas. Chamaremos a diferença entre a solução aproximada e a exata no ponto (x_i, t_j) da malha de **erro global**, isto é:

$$e_{i,j} = U_{i,j} - u_{i,j}.$$

Note que, diferentemente do caso do erro de truncamento local, a definição de erro global não assume que os valores anteriores utilizados no cálculo de $U_{i,j}$ são exatos e, portanto, o erro global, como o nome sugere, pode conter toda espécie de erro que contamine a solução, incluindo o erro de arredondamento do computador.

Então, das equações (11.10) e (11.12), substituindo $U_{i,j+1}$ e $u_{i,j+1}$, temos:

$$\begin{aligned}
e_{i,j+1} &= U_{i,j+1} - u_{i,j+1} \\
&= U_{i,j} + \sigma(U_{i-1,j} - 2U_{i,j} + U_{i+1,j}) - \\
&\quad - [u_{i,j} + \sigma(u_{i-1,j} - 2u_{i,j} + u_{i+1,j}) + k\tau_{i,j}] \\
&= e_{i,j} + \sigma(e_{i-1,j} - 2e_{i,j} + e_{i+1,j}) - k\tau_{i,j} \\
&= \sigma(e_{i-1,j} + e_{i+1,j}) + (1 - 2\sigma)e_{i,j} - k\tau_{i,j},
\end{aligned} \tag{11.14}$$

levando a

$$|e_{i,j+1}| \leq |\sigma|(|e_{i-1,j}| + |e_{i+1,j}|) + |1 - 2\sigma||e_{i,j}| + |k||\tau_{i,j}|. \tag{11.15}$$

Fazendo $E_j = \max\{|e_{p,j}|, 0 \leq p \leq N\}$, $\tau_j = \max\{|\tau_{p,j}|, 0 \leq p \leq N\}$, supondo $1 - 2\sigma \geq 0$ (condição de estabilidade) e como $\sigma > 0$, podemos reescrever a equação (11.15) como:

$$|e_{i,j+1}| \leq |\sigma|2E_j + |1 - 2\sigma|E_j + |k||\tau_{i,j}| \leq E_j + k \mid \tau_{i,j} \mid \leq E_j + \tau_j.$$

Portanto:

$$E_{j+1} \leq E_j + k\tau_j. \tag{11.16}$$

Aplicando (11.16), recursivamente, para $j, j-1, j-2, \ldots, 1$, obtemos a seguinte expressão:

$$E_{j+1} \leq k(\tau_0 + \tau_1 + \ldots + \tau_j) \leq (j+1)k\tau \leq T\tau,$$

onde $\tau = \max\{\tau_i, i = 0, 1, \ldots, M\}$ e $T = Mk$ é um limitante para o domínio na direção do eixo tempo, em concordância com o que estamos assumindo.

Então, se a condição $1 - 2\sigma \geq 0$ é satisfeita e se τ é de ordem pelo menos 1, $E_{j+1} \to 0$ quando $k \to 0$.

Observe que, para provarmos que $E_j \to 0$, foi necessário assumir duas condições: $\tau = O(h)$ e $1 - 2\sigma \geq 0$. Estas duas hipóteses são cruciais para a conclusão do resultado, sem elas, ele não pode ser provado. Estas hipóteses correspondem, na verdade, aos conceitos de **Consistência** e **Estabilidade**, que passamos a definir mais precisamente.

Definição 11.1
Um método numérico é **consistente** com relação a uma dada equação se o erro de truncamento local deste método para essa equação é pelo menos de $O(h)$.

Definição 11.2
Um método numérico é **estável** se a equação de diferenças associada não amplifica erros dos passos anteriores.

Por exemplo, a equação de diferenças $y_{j+1} = \sigma y_j$ é estável se $|\sigma| \leq 1$ e instável se $|\sigma| > 1$. De fato, sejam y_j e z_j as soluções desta equação, com os dados iniciais y_0 e $z_0 = y_0 + \epsilon$, onde ϵ é um número pequeno. O leitor não terá dificuldade em mostrar que:

$$y_j = (\sigma)^j y_0, \quad z_j = (\sigma)^j z_0 = (\sigma)^j (y_0 + \epsilon) = (\sigma)^j y_0 + (\sigma)^j \epsilon.$$

Portanto, $|z_j - y_j| = (\sigma)^j \epsilon$, ou seja, o erro ϵ cometido no primeiro passo é amortecido ou amplificado, dependendo de $|\sigma|$ ser maior ou menor que 1.

Definição 11.3
Um método numérico é **convergente** num ponto (x,t) do domínio se $e_{ij} = U_{i,j} - u_{ij}$ associado com este ponto tende a zero quando os índices i, j tendem para infinito, de maneira que o ponto $x = ih$ e $t = jk$ permaneça fixo.

O teorema de equivalência de Lax estabelece que: para equações lineares, as propriedades de estabilidade e consistência são equivalentes àquela de convergência (ver [Richtmyer, 1967]).

Voltando ao exemplo do método explícito, observamos que a desigualdade $1 - 2\sigma \geq 0$ pode ser reescrita como $\sigma \leq \frac{1}{2}$, que é a condição de estabilidade para este método, que será então chamado de **condicionalmente estável**.

Observe que a estabilidade é uma propriedade intrínseca da equação de diferenças finitas e exige que esta não tenha o defeito de amplificar erros dos passos anteriores. Já com relação aos critérios para determinação da estabilidade, estudaremos a seguir os dois mais conhecidos: de von Neumann e da matriz.

Exercícios

11.2 Mostre, expandindo os termos da equação (11.12) em série de Taylor em torno do ponto (x_i, t_j), que (11.13) é satisfeito.

11.3 Considere a equação diferencial:
$$u_t = u_{xx} \quad 0 < x < 1$$
com condições de fronteira $u(0,t) = u(1,t) = 0$, para $t > 0$, e com a condição inicial:
$$u(x,0) = \begin{cases} 2x, & \text{para } 0 \leq x \leq \frac{1}{2} \\ 2 - 2x, & \text{para } \frac{1}{2} \leq x \leq 1 \end{cases}$$
cuja solução exata é:
$$u(x,t) = \frac{8}{\pi^2} \sum_{n=1}^{\infty} sen\left(\frac{1}{2}n\pi\right) sen(n\pi x) e^{-n^2\pi^2 t}.$$

Resolva este problema usando o método explícito, com $h = 0.05$ e

a) $k = \frac{5}{11}h^2$,

b) $k = \frac{5}{9}h^2$.

11.4 Considere a equação diferencial:
$$\begin{aligned} u_t &= au_{xx} + bu_x, \quad a > 0, \quad 0 \leq x \leq L, \quad 0 < t < T, \\ u(x,0) &= \psi(x), \quad 0 < x < L, \\ u(0,t) &= f(t), \quad 0 < t < T, \\ u(L,t) &= g(t), \quad 0 < t < T. \end{aligned}$$

Mostre que, discretizando esta equação pelo método explícito e diferenças centrais para aproximar u_x, obtém-se:
$$U_{i,j+1} = \left(\sigma + \frac{bk}{2h}\right)U_{i+1,j} + (1 - 2\sigma)U_{i,j} + \left(\sigma - \frac{bk}{2h}\right)U_{i-1,j}.$$

Estabilidade – Critério de von Neumann

Este é um critério simples e muito utilizado para determinar a estabilidade de um método numérico.

Ilustramos a aplicação prática do critério de von Neumann utilizando-o para determinar a estabilidade do método explícito. Com este objetivo, vamos admitir então que exista uma solução da equação de diferenças (11.10) da forma:

$$U_{i,j} = e^{\lambda j} e^{I\beta i} = (e^{\lambda})^j e^{I\beta i}, \quad \text{com} \quad I = \sqrt{-1}, \tag{11.17}$$

e tentamos encontrar λ e β, tais que (11.17) seja de fato uma solução de (11.10). Substituímos (11.17) em (11.10) para obter:

$$e^{\lambda(j+1)} e^{I\beta i} = (1-2\sigma) e^{\lambda j} e^{I\beta i} + \sigma \left(e^{\lambda j} e^{I\beta(i-1)} + e^{\lambda j} e^{I\beta(i+1)} \right).$$

Assim, eliminando os termos comuns, obtemos:

$$\begin{aligned} e^{\lambda} &= (1-2\sigma) + \sigma(e^{-I\beta} + e^{I\beta}) = (1-2\sigma) + 2\sigma \cos\beta \\ &= 1 + 2\sigma(\cos\beta - 1) = 1 - 4\sigma \, sen^2 \frac{\beta}{2}. \end{aligned}$$

Como $\sigma \geq 0$, então $|e^{\lambda}| = \left| 1 - 4\sigma \, sen^2 \frac{\beta}{2} \right| \leq 1$.

Assim, se $e^{\lambda} \geq 0$, de (11.17), a solução da equação (11.10) decairá uniformemente quando $j \to \infty$. Observe que e^{λ} pode ser negativo, uma vez que λ é complexo, e portanto teremos mais duas situações a considerar: se $-1 \leq e^{\lambda} < 0$ a solução terá amplitude decrescente e sinal oscilante quando $j \to \infty$, e, se $e^{\lambda} < -1$ a solução oscila com amplitude crescente quando $j \to \infty$. Neste último caso (11.10) é instável, enquanto que no caso anterior ela será estável. Assim, resumindo, para estabilidade será exigido que:

$$|e^{\lambda}| \leq 1.$$

Como $e^{\lambda} < 1$ sempre, precisamos ainda impor $-1 \leq e^{\lambda}$, ou seja, $-1 \leq 1 - 4\sigma sen^2 \frac{\beta}{2}$.
Portanto:

$$\sigma \leq \frac{1}{1-\cos\beta}, \quad \forall \beta, \quad \text{ou seja:} \quad \sigma \leq \frac{1}{2}. \tag{11.18}$$

Com a imposição do limitante sobre σ para estabilidade, o método explícito geralmente produz aproximações satisfatórias. Porém, $\sigma < \frac{1}{2}$ é uma condição muito restritiva para o tamanho do passo na direção t, pois esta condição significa que $k < \frac{h^2}{2\alpha}$, e o esforço computacional poderá ser grande se desejarmos calcular a solução para um tempo T razoavelmente longo.

Exercício

11.5 Utilizando o critério de von Neumann, estude a estabilidade do método obtido no exercício 11.4. O método "up-wind" aproxima o termo u_x por diferenças progressivas se $b > 0$ e por diferenças regressivas se $b < 0$. Obtenha a fórmula de diferenças para este método. Estude a estabilidade deste método e compare com a estabilidade do método explícito.

Estabilidade – Critério da Matriz

Vamos iniciar esta seção observando que a discretização explícita da equação (11.6) e respectivas condições iniciais e de fronteira fornecem a seguinte equação de diferenças:

$$U_{i,j+1} = \sigma U_{i-1,j} + (1-2\sigma)U_{i,j} + \sigma U_{i-1,j}, \quad i=1,2,\ldots N-1, \; j=0,1,\ldots,$$
$$U_{i,0} = \psi(ih), \quad i=0,1,\ldots N,$$
$$U_{0,j} = f(jk), \quad j=1,2,\ldots,$$
$$U_{N,j} = g(jk), \quad j=1,2,\ldots$$
(11.19)

Introduzindo a notação vetorial:

$$\boldsymbol{U}_j = (U_{1,j}, U_{2,j}, \cdots U_{N-1,j})^T, \tag{11.20}$$

então, para cada j, a equação (11.19), pode ser escrita na forma matricial:

$$\boldsymbol{U}_{j+1} = A\boldsymbol{U}_j + \boldsymbol{c}_j, \quad j=0,1,\ldots, \tag{11.21}$$

onde A é a seguinte matriz $(N-1) \times (N-1)$:

$$A = \begin{pmatrix} 1-2\sigma & \sigma & 0 & \cdots & 0 \\ \sigma & 1-2\sigma & \sigma & \cdots & 0 \\ \vdots & & & & \vdots \\ 0 & \cdots & \sigma & 1-2\sigma & \sigma \\ 0 & \cdots & 0 & \sigma & 1-2\sigma \end{pmatrix} \tag{11.22}$$

e $\boldsymbol{c}_j$ é um vetor de $(N-1)$ componentes contendo informações das condições de fronteira, dado por:

$$\boldsymbol{c}_j = (f(jk), 0, \ldots, 0, g(jk))^T.$$

De maneira análoga, introduzindo os vetores $\boldsymbol{u}_j = (u(x_1,t_j),\ldots,u(x_{N-1},t_j))^T$, $\boldsymbol{\tau}_j = (\tau_{1,j},\ldots,\tau_{N-1,j})^T$ e $\boldsymbol{e}_j = (e_{1,j},\ldots,e_{N-1,j})^T$ para representarem, respectivamente, a solução exata, o erro de truncamento local e o erro global, e considerando (11.12), podemos escrever a equação matricial para o erro de truncamento local:

$$\boldsymbol{u}_{j+1} = A\boldsymbol{u}_j + \boldsymbol{c}_j + \boldsymbol{\tau}_j. \tag{11.23}$$

Subtraindo (11.21) de (11.23), obtemos a equação vetorial para o erro global:

$$\boldsymbol{e}_{j+1} = A\boldsymbol{e}_j + \boldsymbol{\tau}_j. \tag{11.24}$$

Aplicando a equação (11.24), recursivamente, para $j, j-1, \ldots 0$, obtemos:

$$\begin{aligned} \boldsymbol{e}_{j+1} &= A^{j+1}\boldsymbol{e}_0 + A^j \boldsymbol{\tau}_0 + A^{j-1}\boldsymbol{\tau}_1 + \cdots + A\boldsymbol{\tau}_{j-1} + \boldsymbol{\tau}_j \\ &= A^j \boldsymbol{\tau}_0 + A^{j-1}\boldsymbol{\tau}_1 + \cdots + A\boldsymbol{\tau}_{j-1} + \boldsymbol{\tau}_j, \end{aligned} \tag{11.25}$$

se lembrarmos que $\boldsymbol{e}_0 = 0$ por construção. De (11.25) vemos que o erro global é formado pelo acúmulo dos erros de truncamento local de cada passo propagado pelas potências da matriz A. Portanto, a matriz A tem um papel crucial na propagação destes erros e é chamada **matriz de amplificação**. O erro cresce se algum autovalor de A tem módulo maior do que 1. Se todos têm módulo menor do que 1, temos o erro decrescendo e, portanto, estabilidade.

Definição 11.4
Uma equação vetorial de diferenças da forma:

$$U_{j+1} = AU_j + c_j$$

é **estável** com relação a alguma norma $\|\cdot\|$ se e somente se existem constantes $h_0 > 0$, $k_0 > 0$, $K \geq 0$ e $\beta \geq 0$, com:

$$\| A^n \| \leq K e^{(\beta t)}$$

sempre que $0 \leq t = nk$, $0 < h \leq h_0$ e $0 < k \leq k_0$. Em particular, se os autovetores de A são linearmente independentes e se seus autovalores λ_i satisfazem $|\lambda_i| \leq 1 + O(k)$, $\forall i$, então o método será estável (ver exercício 11.45).

No caso particular da matriz A do método explícito (11.22), seus autovalores são dados no exercício (11.47) e, portanto, para estabilidade, precisamos que:

$$|\lambda_i| = \left|1 - 4\sigma \, sen^2\left(\frac{i\pi}{2N}\right)\right| \leq 1 + O(k)$$

e, assim, pode ser facilmente mostrado que $\sigma \leq \dfrac{1}{2}$, ou seja, a mesma condição já obtida pelos critérios anteriores.

Note que a matriz A de um método numérico geral terá sempre seus elementos dependentes do parâmetro σ e, portanto, determinar a estabilidade deste método numérico requer a determinação dos autovalores de uma matriz de ordem arbitrária N cujos elementos dependem de σ. Esta pode ser uma tarefa bastante difícil. Para tanto, contamos com alguns resultados de álgebra linear que nos auxiliam na tarefa de encontrar limitantes para estes autovalores, que são os Teoremas de Gerschgorin (ver Teorema 1.10).

Como mostrado em (11.13), o erro de truncamento local do método explícito é da $O(k + h^2)$. Uma pergunta que surge naturalmente é: podemos obter métodos numéricos com ordem melhor? A resposta a esta pergunta encontra-se na próxima seção.

Exercício

11.6 Considere a seguinte aproximação para a equação do calor no intervalo $[0, 1]$:

$$\frac{3}{2k}\Delta_t U_{i,j} - \frac{1}{2k}\nabla_t U_{i,j} = \frac{1}{h^2}\delta_x^2 U_{i,j+1}.$$

Utilizando o critério da matriz, analise a estabilidade deste método.

Melhorando a ordem

Uma tentativa para melhorar a ordem, ainda mantendo a condição de método explícito, pode ser feita adicionando-se mais um ponto à fórmula (11.10), ou seja, usando-se diferença centrada na variável t. Obtemos então a seguinte equação de diferenças, chamada **Método de Richardson**,

$$\frac{U_{i,j+1} - U_{i,j-1}}{2k} = \alpha \frac{U_{i+1,j} - 2U_{i,j} + U_{i-1,j}}{h^2}, \qquad (11.26)$$

cuja respectiva molécula computacional pode ser observada na Figura 11.3.

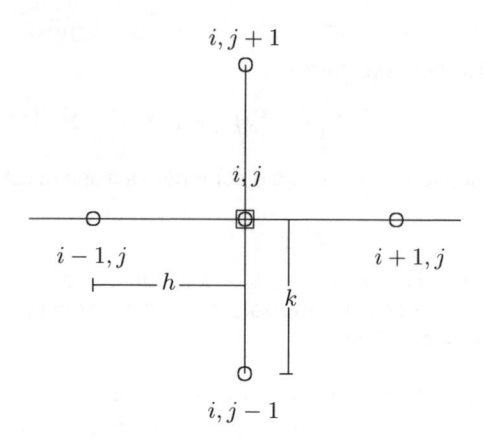

Figura 11.3

O erro de truncamento local será:

$$\tau_{i,j} = \frac{k^2}{6}u_{ttt}(x_i,\eta) - \frac{h^2}{12}u_{xxxx}(\xi,t_j) = O(h^2 + k^2), \tag{11.27}$$

o qual tem ordem 2.

A análise da estabilidade pode ser feita utilizando o critério de von Neumann. Escrevemos então:

$$U_{i,j} = e^{\lambda j}e^{I\beta i},$$

que, após substituição em (11.26) e várias simplificações, resulta em:

$$\lambda = -4\sigma\,\text{sen}^2\frac{\beta}{2} \pm \sqrt{\left(1 + 16\sigma^2\,\text{sen}^4\frac{\beta}{2}\right)}. \tag{11.28}$$

Teremos sempre uma raiz de módulo maior do que 1; portanto, este método é incondicionalmente instável.

Uma opção para solucionar o problema da instabilidade é substituir o termo $U_{i,j}$ pela média dos termos $U_{i,j+1}$ e $U_{i,j-1}$, na aproximação de u_{xx}. Vamos obter desta forma o **Método de Du Fort Frankel**:

$$\frac{U_{i,j+1} - U_{i,j-1}}{2k} = \alpha\frac{U_{i+1,j} - (U_{i,j+1} + U_{i,j-1}) + U_{i-1,j}}{h^2},$$

cujo erro de truncamento local é dado por:

$$\tau_{i,j} = \frac{k^2}{6}u_{ttt} - \frac{h^2}{12}u_{xxxx} - \frac{k^2}{h^2}\alpha u_{tt} + O\left(h^4 + k^4 + \frac{k^4}{h^2}\right). \tag{11.29}$$

Agora, se $k = rh$, temos que o método **não** será consistente, melhor dizendo, o método será consistente com a equação: $u_t = \alpha u_{xx} - \alpha r^2 u_{tt}$, que é uma equação hiperbólica.

Portanto, para obtermos um método consistente, é preciso restringir k em função de h, por exemplo, $k = rh^2$, e aí teremos um método consistente de ordem 2. Portanto, o método de Du Fort-Frankel é condicionalmente consistente, e a condição imposta é bastante restritiva.

Analisando a estabilidade, vemos que, a partir de:

$$U_{i,j+1} - U_{i,j-1} = 2\sigma(U_{i+1,j} - (U_{i,j+1} + U_{i,j-1}) + U_{i-1,j}),$$

obtemos:

$$(1 + 2\sigma)U_{i,j+1} - 2\sigma(U_{i+1,j} + U_{i-1,j}) - (1 - 2\sigma)U_{i,j-1} = 0$$

e, pelo critério de von Neumann, escrevendo:

$$U_{i,j} = e^{\lambda j} e^{I\beta i},$$

teremos:

$$(1 + 2\sigma)e^{2\lambda} - 2e^{\lambda}\sigma \cos\beta - (1 - 2\sigma) = 0,$$

cujas raízes são:

$$\gamma = \frac{2\sigma\cos\beta \pm (1 - 4\sigma \, sen^2\beta)^{\frac{1}{2}}}{1 + 2\sigma} = \frac{a \pm Ib}{1 + 2\sigma}.$$

Temos que $1 - 4\sigma \, sen^2\beta < 1$, podendo ser positivo ou negativo.

i) Se negativo; teremos raízes complexas conjugadas e

$$|\gamma| = \frac{(a + Ib)(a - Ib)}{(1 + 2\sigma)^2} = \frac{4\sigma^2 - 1}{4\sigma^2 + 4\sigma + 1} < 1.$$

ii) Se positivo; então,

$$0 < (1 - 4\sigma \, sen^2\beta)^{\frac{1}{2}} < 1 \quad e \quad |2\sigma\cos\beta| < 2\sigma, \Rightarrow |\gamma| < \frac{1 + 2\sigma}{2\sigma + 1} = 1.$$

Portanto, o método é incondicionalmente estável.

O método de Du Fort Frankel é um método explícito de 2-passos, pois exige conhecimento da solução em dois níveis anteriores de tempo para a construção da solução no próximo nível. Diferentemente dos métodos de um nível, ele só pode ser aplicado para o cálculo da solução a partir do nível 2, exigindo que o primeiro passo seja calculado através de outro método.

Assim, este método constitui um exemplo claro do cuidado que se deve ter em relação ao teorema da equivalência de Lax, ilustrando o importante fato de que nem sempre a escolha da malha (relação entre h e k) é ditada pela condição de estabilidade. No caso do método de Du Fort Frankel, quem impõe a escolha da malha é a consistência, e não a estabilidade. Está implícito no teorema de Lax que é preciso verificar não só a condição de estabilidade, mas também a escolha adequada da malha.

Como vimos, com o exemplo do método de Du Fort Frankel, resolvemos o problema da instabilidade e criamos um outro com a consistência, este será sempre um dilema, pois estas duas propriedades estão na maioria das vezes em conflito. Uma maneira de aliviar este problema é considerar métodos implícitos, pois estes têm melhores propriedades de estabilidade, mas, como veremos na próxima seção, o custo computacional aumenta consideravelmente.

Exercícios

11.7 Mostre que as fórmulas (11.27), (11.28) e (11.29) são verdadeiras.

11.8 Considere a equação diferencial:

$$u_t = u_{xx} + bu, \quad t > 0, \ x \in \mathbb{R},$$

com $b > 0$. Derive e analise a convergência do método de diferenças finitas:

$$U_{i,j+1} = \sigma U_{i-1,j} + (1 - 2\sigma + bk)U_{i,j} + \sigma U_{i+1,j}, \ j = 0, \pm 1, \ldots$$

11.9 Considere o seguinte problema de valor de fronteira de Neumann:

$$\begin{aligned}
u_t &= a u_{xx}, \quad a > 0, \quad 0 \le x \le L, \quad 0 < t < T, \\
u(x,0) &= \psi(x), \quad 0 < x < L, \\
u_x(0,t) &= \alpha_1(u - u_1), \quad 0 < t < T, \\
u_x(L,t) &= -\alpha_2(u - u_2), \quad 0 < t < T,
\end{aligned}$$

onde α_1, α_2 são constantes positivas.

a) Obtenha o método resultante da aproximação das condições de fronteira por diferenças centrais e da equação pelo método explícito.

b) Obtenha o método resultante da aproximação da fronteira esquerda por diferenças progressivas, da fronteira direita por diferenças regressivas e da equação pelo método explícito.

11.10 Escreva os métodos obtidos no exercício 11.9 em notação matricial. Qual o efeito das condições de fronteira na matriz dos coeficientes? Usando o segundo teorema de Gershgorin, estude a estabilidade do método resultante do item a), mostrando que a restrição de estabilidade é dada por:

$$\sigma \le \min\left\{\frac{1}{2 + \alpha_1 h}, \frac{1}{2 + \alpha_2 h}\right\}.$$

Método Implícito

Uma **fórmula implícita** é aquela em que dois ou mais valores desconhecidos na linha j são especificados em termos de valores conhecidos das linhas $j-1, j-2, \ldots$ Claramente, neste caso, não será possível o cálculo direto de $U_{i,j}$ e, assim, será necessária a solução de um sistema linear.

Aplicando diferenças regressivas no lado esquerdo e diferenças centradas no lado direito na equação (11.7), obtemos:

$$\frac{U_{i,j} - U_{i,j-1}}{k} = \alpha\left(\frac{U_{i-1,j} - 2U_{i,j} + U_{i+1,j}}{h^2}\right), \tag{11.30}$$

que, depois de alguma manipulação algébrica, pode ser reescrita na forma:

$$-\sigma U_{i-1,j} + (1 + 2\sigma)U_{i,j} - \sigma U_{i+1,j} = U_{i,j-1}, \quad i = 1, 2, \ldots, N-1, \ j = 1, 2, \ldots \tag{11.31}$$

A molécula computacional do método implícito, apresentada na Figura 11.4, fornece uma idéia precisa da relação de dependência entre os diversos elementos da fórmula (11.31).

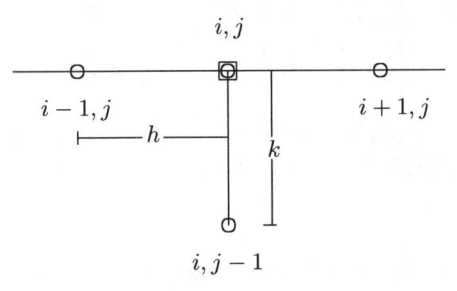

Figura 11.4

Observe que (11.31) forma um sistema linear tridiagonal de equações, e ao resolvê-lo encontramos todas as aproximações do estágio j. Escrevendo mais detalhadamente, o sistema linear a ser resolvido em cada estágio é:

$$\begin{pmatrix} 1+2\sigma & -\sigma & 0 & \cdots & 0 \\ -\sigma & 1+2\sigma & -\sigma & \cdots & 0 \\ \vdots & & & & \vdots \\ 0 & \cdots & -\sigma & 1+2\sigma & -\sigma \\ 0 & \cdots & 0 & -\sigma & 1+2\sigma \end{pmatrix} \begin{pmatrix} U_{1j} \\ U_{2j} \\ \vdots \\ U_{N-2,j} \\ U_{N-1,j} \end{pmatrix} = \begin{pmatrix} U_{1,j-1} \\ U_{2,j-1} \\ \vdots \\ U_{N-2,j-1} \\ U_{N-1,j-1} \end{pmatrix} + \begin{pmatrix} \sigma U_{0,j} \\ 0 \\ \vdots \\ 0 \\ \sigma U_{N,j} \end{pmatrix},$$

ou, usando notação vetorial:

$$A\mathbf{U}_j = \mathbf{U}_{j-1} + \mathbf{c}_j, \qquad (11.32)$$

onde $\mathbf{c}_j = (\sigma U_{0,j}, 0, \ldots, 0, \sigma U_{N,j}) = (\sigma f(jh), 0, \ldots, 0, \sigma g(jh))^T$ para o caso de condições de fronteira como as de (11.5).

Podemos observar que A é uma matriz $(N-1) \times (N-1)$ simétrica e estritamente diagonalmente dominante (ver Definição 5.2) e, portanto, o sistema linear (11.32) tem solução única e, assim, pode ser resolvido por qualquer um dos métodos apresentados nos capítulos 4 e 5.

Exemplo 11.2

Usando o método implícito, com $\sigma = \frac{1}{6}$ e $k = \frac{1}{54}$, calcule a primeira linha de soluções da equação dada no exercício 11.1.

Solução: Dos valores de σ e k dados, obtemos $h = \frac{1}{3}$ e, assim:

$$x_0 = 0,\ x_1 = \frac{1}{3},\ x_2 = \frac{2}{3},\ x_3 = 1 \text{ e } t_0 = 0,\ t_1 = \frac{1}{54},\ t_2 = \frac{2}{54}, \ldots$$

Usando as aproximações $U_{00}, U_{10}, U_{20}, U_{30}, U_{01}$ e U_{31}, calculadas no Exemplo (11.1), podemos obter U_{11} e U_{21} do seguinte modo. De (11.31), segue que:

$$\begin{aligned} U_{10} &= -\sigma U_{01} + (1+2\sigma)U_{11} - \sigma U_{21}, \\ U_{20} &= -\sigma U_{11} + (1+2\sigma)U_{21} - \sigma U_{31} \end{aligned}$$

e colocando na forma matricial, obtemos:

$$\begin{pmatrix} (1+2\sigma) & -\sigma \\ -\sigma & (1+2\sigma) \end{pmatrix} \begin{pmatrix} U_{11} \\ U_{21} \end{pmatrix} = \begin{pmatrix} U_{10} + \sigma U_{01} \\ U_{20} + \sigma U_{31} \end{pmatrix}, \text{ ou seja:}$$

$$\begin{pmatrix} 4/3 & -1/6 \\ -1/6 & 4/3 \end{pmatrix} \begin{pmatrix} U_{11} \\ U_{21} \end{pmatrix} = \begin{pmatrix} 2/9 \\ 2/9 \end{pmatrix}.$$

Resolvendo este sistema linear, obtemos: $U_{11} = U_{21} = 0.1904762$ e, assim, o erro no método implícito é: $0.1904762 - 0.1861023 \simeq 0.00473$, desde que a solução exata é: $u_{11} = u_{21} = 0.1861023$.

Note que a utilização de um método implícito como o anterior é de difícil justificativa prática, uma vez que a precisão dos resultados não melhorou na mesma proporção do aumento do esforço computacional. Apresentaremos ainda neste capítulo um método implícito que apresenta erro de truncamento com ordem mais alta. Antes, vamos calcular o erro de truncamento do método implícito para justificar os resultados numéricos obtidos no Exemplo 11.2.

Erro de Truncamento Local

O desenvolvimento aqui segue exatamente as mesmas idéias do caso do método explícito.

Seja $\tau_{i,j}$ o erro de truncamento ocorrido no cálculo de $U_{i,j}$. Então, podemos escrever:

$$\frac{u_{i,j} - u_{i,j-1}}{k} = \frac{\alpha}{h^2}(u_{i-1,j} - 2u_{i,j} + u_{i+1,j}) + \tau_{i,j}.$$

Aplicando expansão em série de Taylor em torno de (x_i, y_j), obtemos,

$$u_t - \frac{k}{2}u_{tt} + O(k^2) = \alpha u_{xx} + \alpha \frac{h^2}{12}u_{xxxx} + O(h^3) + \tau_{i,j}.$$

Assim:

$$\tau_{i,j} = -\frac{k}{2}u_{tt} - \frac{\alpha h^2}{12}u_{xxxx} + O(k^2) + O(h^3) = O(k + h^2). \tag{11.33}$$

Concluímos que o método é **incondicionalmente consistente** e de ordem 1.

Comparando as expressões (11.13) e (11.33), observamos que elas diferem apenas no sinal do termo $\frac{k}{2}u_{tt}$, sendo um positivo e outro negativo. Assim, o erro de truncamento do método explícito é por falta e do implícito por excesso, dependendo obviamente do sinal de u_{tt}. Este fato nos motiva a considerar uma nova aproximação, que é a média entre as aproximações explícita e implícita, na esperança de que este termo desapareça do erro de truncamento local, como de fato ocorre. Esta estratégia dá origem ao método de Crank-Nicolson, que será estudado mais adiante.

O erro global segue o mesmo desenvolvimento do método explícito (ver o exercício 11.11).

Estabilidade

Analogamente ao caso do método explícito, pelo critério de von Neumann, escrevemos:

$$U_{i,j} = e^{\lambda j} e^{I\beta i}.$$

Substituindo na equação (11.31), temos o seguinte desenvolvimento:

$$\begin{aligned}
e^{\lambda(j-1)}e^{I\beta i} &= -\sigma e^{\lambda j}e^{I\beta(i-1)} + (1+2\sigma)e^{\lambda(j)}e^{I\beta i} - \sigma e^{\lambda j}e^{I\beta(i+1)} \\
e^{-\lambda} &= -\sigma(e^{-I\beta} + e^{I\beta}) + (1+2\sigma) = -2\sigma\cos\beta + 1 + 2\sigma \\
&= 1 + 2\sigma(1 - \cos\beta) = 1 + 4\sigma\,\text{sen}^2\frac{\beta}{2}.
\end{aligned}$$

Portanto:

$$e^{\lambda} = \frac{1}{1 + 4\sigma\,\text{sen}^2\frac{\beta}{2}}.$$

Para a estabilidade, devemos ter $|e^{\lambda}| \le 1$. Mas, neste caso, $|e^{\lambda}| < 1$ para todo σ, ou seja, o método é **incondicionalmente estável**. Algumas vezes, este fato é usado para justificar a utilização de um método implícito, pois, sendo este método incondicionalmente estável, não devemos nos preocupar com a amplificação de erros e, portanto, podemos utilizar uma malha menos fina para obter a solução.

Como nos casos anteriores, a análise da estabilidade pode ser feita também pelo critério da matriz aplicado à equação de diferenças,

$$\mathbf{e}_j = A^{-1}\mathbf{e}_{j-1} + A^{-1}\boldsymbol{\tau}_j,$$

de maneira que teremos estabilidade se os autovalores de A^{-1} estiverem no disco unitário (ver exercício 11.13).

Exercícios

11.11 Prove que o método implícito (11.31) é convergente de $O(K + h^2)$.

11.12 Considere o problema dado no exercício 11.9. Refaça os itens **a)** e **b)**, considerando o método implícito para aproximar a equação.

11.13 Mostre que os autovalores da matriz do método implícito, isto é, de (11.32), são dados por:

$$\lambda_i = 1 + 4\sigma\,\text{sen}^2\left(\frac{i\pi}{2N}\right)$$

e, portanto, os autovalores de A^{-1} são $\frac{1}{\lambda_i}$, que são menores que 1 para todo valor de σ, implicando que este método é incondicionalmente estável, como já havíamos concluído.

11.14 Prove a igualdade:

$$u_{xx}\left(\delta_x^2 - \frac{1}{12}\delta_x^4 + \frac{1}{90}\delta_x^6 + \ldots\right)u.$$

Utilize-a para obter a seguinte discretização da equação do calor:

$$\begin{aligned}
\frac{U_{i,j+1} - U_{i,j}}{k} &= \frac{1}{2}\left\{(u_{xx})_{i,j+1} + (u_{yy})_{i,j}\right\} \\
&= \frac{1}{2h^2}\left(\delta_x^2 - \frac{1}{12}\delta_x^4 + \frac{1}{90}\delta_x^6 + \ldots\right)(U_{i,j+1} + U_{i,j}). \quad (11.34)
\end{aligned}$$

Aplicando o operador $\left(1 + \frac{1}{12}\delta_x^2\right)$ a ambos os membros de (11.34), obtemos o método numérico:

$$(1 - 6\sigma)U_{i-1,j+1} + (10 + 12\sigma)U_{i,j+1} + (1 - 6\sigma)U_{i+1,j+1}$$
$$= (1 + 6\sigma)U_{i-1,j} + (10 - 12\sigma)U_{i,j} + (1 + 6\sigma)U_{i+1,j}.$$

Escreva este método na forma matricial e utilize o critério da matriz para estudar sua estabilidade. Qual a molécula de cálculo deste método? Mostre que ele é de ordem 4.

Método de Crank-Nicolson

Este é um dos métodos mais utilizados na solução de equações parabólicas. O **Método de Crank-Nicolson** é obtido fazendo-se a "média aritmética" entre as expressões (11.10) e (11.31), isto é:

$$U_{i,j+1} = U_{i,j} + \frac{\sigma(U_{i-1,j} + U_{i-1,j+1} - 2(U_{i,j} + U_{i,j+1}) + U_{i+1,j} + U_{i+1,j+1})}{2}, \quad (11.35)$$

ou ainda,

$$\frac{U_{i,j+1} - U_{i,j}}{k} = \frac{\alpha}{2h^2}(U_{i-1,j} - 2U_{i,j} + U_{i+1,j} + U_{i-1,j+1} - 2U_{i,j+1} + U_{i+1,j+1}),$$

cuja molécula computacional é dada na Figura 11.5.

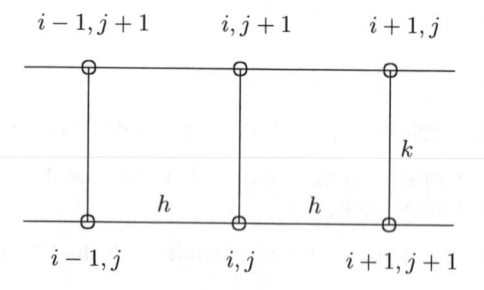

Figura 11.5

Observe que (11.35) forma o seguinte sistema linear tridiagonal:

$$\begin{pmatrix} 2+2\sigma & -\sigma & 0 & \cdots & 0 \\ -\sigma & 2+2\sigma & -\sigma & \cdots & 0 \\ \vdots & & & & \vdots \\ 0 & \cdots & -\sigma & 2+2\sigma & -\sigma \\ 0 & \cdots & 0 & -\sigma & 2+2\sigma \end{pmatrix} \begin{pmatrix} U_{1,j+1} \\ U_{2,j+1} \\ \vdots \\ U_{N-2,j+1} \\ U_{N-1,j+1} \end{pmatrix} =$$

$$\begin{pmatrix} 2-2\sigma & \sigma & 0 & \cdots & 0 \\ \sigma & 2-2\sigma & \sigma & \cdots & 0 \\ \vdots & & & & \vdots \\ 0 & \cdots & \sigma & 2-2\sigma & \sigma \\ 0 & \cdots & 0 & \sigma & 2-2\sigma \end{pmatrix} \begin{pmatrix} U_{1,j} \\ U_{2,j} \\ \vdots \\ U_{N-2,j} \\ U_{N-1,j} \end{pmatrix} + \begin{pmatrix} \sigma(U_{0,j+1} + U_{0,j}) \\ 0 \\ \vdots \\ 0 \\ \sigma(U_{N,j+1} + U_{N,j}) \end{pmatrix},$$

cuja matriz dos coeficientes é estritamente diagonalmente dominante. Utilizando notação vetorial, podemos escrever:

$$A\mathbf{U}_{j+1} = B\mathbf{U}_j + \mathbf{c}_j. \tag{11.36}$$

Assim, para obter a solução em cada estágio, é preciso resolver um sistema tridiagonal. Note que, sendo A diagonalmente dominante, o problema discreto tem solução única.

Exemplo 11.3

Usando o método de Crank-Nicolson, com $\sigma = \dfrac{1}{6}$ e $k = \dfrac{1}{54}$, calcule a primeira linha de soluções da equação dada no exercício 11.1.

Solução: Temos, como anteriormente, que $h = \dfrac{1}{3}$. Usando a equação (11.36), com $j = 0$, obtemos:

$$A\mathbf{U}_1 = B\mathbf{U}_0 + \mathbf{c}_0,$$

onde:

$$A = \begin{pmatrix} 2+2/6 & -1/6 \\ -1/6 & 2+2/6 \end{pmatrix}, \quad B = \begin{pmatrix} 2-2/6 & 1/6 \\ 1/6 & 2-2/6 \end{pmatrix} \quad \text{e} \quad \mathbf{c}_0 = \begin{pmatrix} 0 \\ 0 \end{pmatrix},$$

desde que $U_{00} = U_{01} = U_{30} = U_{31} = 0$ (ver Exemplo 11.1). Assim, obtemos o sistema linear:

$$\begin{pmatrix} 14/6 & -1/6 \\ -1/6 & 14/6 \end{pmatrix} \begin{pmatrix} U_{11} \\ U_{21} \end{pmatrix} = \begin{pmatrix} 10/6 & 1/6 \\ 1/6 & 10/6 \end{pmatrix} \begin{pmatrix} U_{10} \\ U_{20} \end{pmatrix},$$

ou seja, como $U_{10} = U_{20} = \dfrac{2}{9}$ (ver Exemplo 11.1), segue que:

$$\begin{pmatrix} 14/6 & -1/6 \\ -1/6 & 14/6 \end{pmatrix} \begin{pmatrix} U_{11} \\ U_{21} \end{pmatrix} = \begin{pmatrix} 11/27 \\ 11/27 \end{pmatrix},$$

cuja solução é: $U_{11} = U_{21} = 0.1880342$.
Observe que o erro agora é: $0.1880342 - 0.1861023 \simeq 0.00193$.

Erro de Truncamento Local

Analogamente às definições de erro de truncamento local dos demais métodos, definimos $\tau_{i,j}$ por:

$$\frac{u_{i,j+1} - u_{i,j}}{k} = \frac{\alpha}{2h^2}(u_{i-1,j} - 2u_{i,j} + u_{i+1,j} + u_{i-1,j+1} - 2u_{i,j+1} + u_{i+1,j+1}) + \tau_{i,j}. \tag{11.37}$$

Pode-se mostrar que:

$$\tau_{i,j} = \frac{k^2}{24} u_{ttt} - \frac{\alpha h^2}{12} u_{xxxx} - \frac{\alpha k^2}{8} u_{xxtt} - \alpha \frac{h^2 k^2}{96} u_{xxxxtt} + O(h^4) + O(k^4) = O(h^2 + k^2). \tag{11.38}$$

Estabilidade

A análise da estabilidade segue o mesmo raciocínio desenvolvido para o método explícito. Substituindo (11.17) em (11.35), obtemos:

$$e^\lambda = \frac{1 - 2\sigma \, sen^2 \frac{\beta}{2}}{1 + 2\sigma \, sen^2 \frac{\beta}{2}} \qquad (11.39)$$

e concluímos que o método é **incondicionalmente estável**, pois $|e^\lambda|$ é sempre menor do que 1.

É possível provar que o erro global satisfaz a equação vetorial $Ae_j = Be_{j-1} + \tau_j$, e como A é inversível, tem-se estabilidade se todos os autovalores da matriz de amplificação $C = A^{-1}B$ estão no disco unitário (ver exercício 11.17).

Exercícios

11.15 Usando a expansão em série de Taylor na equação (11.37), mostre que o erro de truncamento local do método de Crank-Nicolson é dado por (11.38).

11.16 Derive a expressão (11.39) substituindo (11.17) em (11.35) e prove que, para qualquer valor de σ, $|e^\lambda| < 1$.

11.17 Sejam $p_1(x) = a_m x^m + a_{m-1} x^{m-1} + \cdots + a_1 x + a_0$ e $p_2(x) = b_l x^l + b_{l-1} x^{l-1} + \cdots + b_1 x + b_0$ dois polinômios de graus m e l e A uma matriz $N \times N$. Se λ é um autovalor de A com autovetor v e se $p_1(A)$ for uma matriz inversível então $\dfrac{p_2(\lambda)}{p_1(\lambda)}$ é autovalor de $(p_1(A))^{-1} p_2(A)$ com autovetor v. Utilize esse resultado para mostrar que os autovalores da matriz de amplificação do método de Crank-Nicolson são:

$$\lambda_i = \frac{1 - 2\sigma \, sen^2 \left(\frac{i\pi}{2N}\right)}{1 + 2\sigma \, sen^2 \left(\frac{i\pi}{2N}\right)}, \quad i = 1, 2, \ldots, N-1.$$

Condição de Fronteira de Neumann ou com Derivadas

Quando as condições de fronteira envolvem a derivada da função $u(x,t)$, dizemos tratar-se de **Condições de Fronteira de Neumann**. Podemos ter uma das condições de fronteira ou ambas, com derivadas. Teremos então um problema como a seguir:

$$\begin{aligned} u_t &= \alpha u_{xx}, \quad a > 0, \quad 0 \leq x \leq L, \quad 0 < t < T, \\ u(x,0) &= \psi(x), \quad 0 \leq x \leq L, \\ \partial u(0,t) &= f(t), \quad 0 < t < T, \\ \partial u(L,t) &= g(t), \quad 0 < t < T. \end{aligned} \qquad (11.40)$$

Ao discretizarmos este problema por qualquer das técnicas anteriores, teremos agora que resolver a questão de que os valores $U_{0,j}$ e $U_{N,j}$ deixaram de ser conhecidos (ver Figura 11.6).

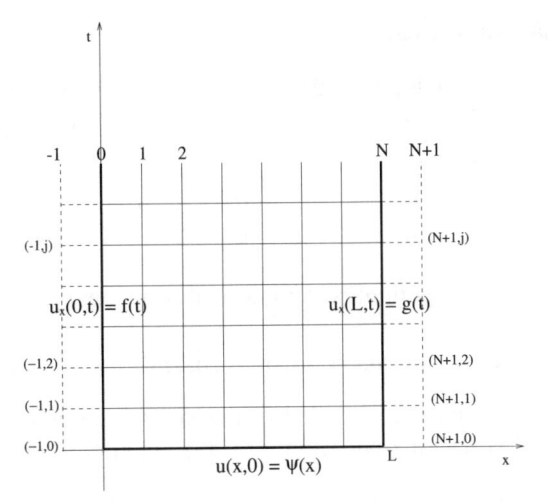

Figura 11.6

Note que conhecemos os valores das derivadas direcionais sobre as fronteiras $x = 0$ e $x = L$, e não mais o valor da função, como no caso da condição de fronteira de Dirichlet, de forma que devemos tratar estes valores ($U_{0,j}, U_{N,j}$) como incógnitas, ou seja, nossa discretização deve incluir os valores da função nos pontos $x_0 = 0$ e $x_N = L$ como incógnitas. O problema é que, ao escrevermos uma equação para o ponto $x_0 = 0$, por exemplo, no caso do método explícito, obtemos:

$$U_{0,j+1} = \sigma U_{-1,j} + (1 - 2\sigma)U_{0,j} + \sigma U_{1,j},$$

que contém o ponto (x_{-1}, t_j) que não faz parte da malha. Devemos, portanto, utilizar a condição de fronteira para calcular uma aproximação neste ponto. Fazendo:

$$f(t_j) = \partial u(0, t_j) \simeq \frac{U_{1,j} - U_{-1,j}}{2h}, \qquad (11.41)$$

onde foi utilizada a discretização da derivada por diferenças centrais. A equação (11.41) pode ser reescrita na forma:

$$U_{-1,j} = U_{1,j} - 2hf(t_j) \qquad (11.42)$$

e, assim, o valor de $U_{-1,j}$, dado por (11.42), pode ser substituído na expressão do método numérico sem maiores problemas. Observe que a notação vetorial introduzida em (11.20) deve ser modificada para refletir o fato de que $U_{0,j}$ e $U_{N,j}$ são agora incógnitas. Assim:

$$\boldsymbol{U}_j = (U_{0,j}, U_{1,j}, \ldots, U_{N,j})^T$$

e, portanto, um vetor de $N+1$ componentes. Conseqüentemente, a matriz A da equação (11.21) deve ser de ordem $(N+1) \times (N+1)$ e ter sua primeira e última linhas modificadas. Portanto, a equação equivalente a (11.21) para o caso de condições de fronteira com derivadas é:

$$\boldsymbol{U}_{j+1} = A\boldsymbol{U}_j + \boldsymbol{c}_j, \qquad (11.43)$$

onde A é a matriz **não simétrica**:

$$A = \begin{pmatrix} 1-2\sigma & 2\sigma & 0 & \cdots & 0 \\ \sigma & 1-2\sigma & \sigma & \cdots & 0 \\ \vdots & & & & \vdots \\ 0 & \cdots & \sigma & 1-2\sigma & \sigma \\ 0 & \cdots & 0 & 2\sigma & 1-2\sigma \end{pmatrix} \quad (11.44)$$

e $\mathbf{c}_j$ é um vetor de $(N+1)$ componentes contendo informações das condições de fronteira, dado por:

$$\mathbf{c}_j = (-2h\sigma f(jk), 0, \ldots, 0, 2h\sigma g(jk))^T.$$

Já para o caso de um método implícito, teremos um pouco mais de dificuldades. Consideremos o método de Crank-Nicolson, (11.35), que pode ser reescrito na forma:

$$-\sigma U_{i+1,j+1} + (2+2\sigma)U_{i,j+1} - \sigma U_{i-1,j+1} = \sigma U_{i+1,j} + (2-2\sigma)U_{i,j} + \sigma U_{i-1,j}. \quad (11.45)$$

Novamente, quando $i=0$ ou $i=N$, teremos o aparecimento dos termos $U_{-1,j+1}$, $U_{-1,j}$, $U_{N+1,j+1}$ e $U_{N+1,j}$, que não fazem parte da malha e, portanto, são chamados pontos fantasmas. Da mesma maneira que fizemos para o caso explícito em (11.42), usando as condições de fronteira, eliminamos estes valores da equação (11.45) para obter a equação matricial:

$$A\mathbf{U}_{j+1} = B\mathbf{U}_j + \mathbf{c}_j, \quad (11.46)$$

onde as matrizes A e B são de ordem $N+1$ e dadas por:

$$A = \begin{pmatrix} 2+2\sigma & -2\sigma & 0 & \cdots & 0 \\ -\sigma & 2+2\sigma & -\sigma & \cdots & 0 \\ \vdots & & & & \vdots \\ 0 & \cdots & -\sigma & 2+2\sigma & -\sigma \\ 0 & \cdots & 0 & -2\sigma & 2+2\sigma \end{pmatrix},$$

$$B = \begin{pmatrix} 2-2\sigma & 2\sigma & 0 & \cdots & 0 \\ \sigma & 2-2\sigma & \sigma & \cdots & 0 \\ \vdots & & & & \vdots \\ 0 & \cdots & \sigma & 2-2\sigma & \sigma \\ 0 & \cdots & 0 & 2\sigma & 2-2\sigma \end{pmatrix}$$

e o vetor independente $\mathbf{c}_j = (-2h\sigma(f(t_{j+1})+f(t_j)), 0, \ldots, 0, 2h\sigma(g(t_{j+1})+g(t_j)))^T$.

Observações:

a) A matriz A do método de Crank-Nicolson para problemas com condição de fronteira de Neumann não é simétrica, mas continua estritamente diagonalmente dominante. A perda da simetria é um fator de considerável complicação para a solução do sistema linear.

b) No caso do domínio possuir uma fronteira irregular, os pontos próximos da fronteira precisam de tratamento específico, por meio de interpolação. Este aspecto será tratado com mais detalhes nas equações elípticas.

c) É também possível encontrar na prática problemas com condições de fronteira do tipo misto, ou seja, $u_x(0,t) - \alpha_1 u(0,t) = g(t)$. O tratamento numérico deste tipo de condição de fronteira é uma combinação daquele dos casos de fronteira de Dirichlet e de Neumann estudados anteriormente (ver exercícios 11.19 e 11.20).

Exemplo 11.4

Considere o problema:

$$\begin{aligned} u_t &= u_{xx}, \quad x \in [0,1], \quad t \in [0,\infty], \\ u(x,0) &= sen\pi x, \\ u_x(0,t) &= \pi e^{\pi^2 t}, \\ u_x(1,t) &= -\pi e^{-\pi^2 t}, \end{aligned}$$

cuja solução exata é $u(x,t) = sen\ \pi x e^{-\pi^2 t}$. Obtenha a primeira linha de soluções, usando:

a) o método explícito, isto é, o método dado por (11.43),
b) o método de Crank-Nicolson, isto é, o método dado por (11.46).

Solução:

a) Tomando novamente $\sigma = \frac{1}{6}$, $\alpha = 1$ e $k = \frac{1}{54}$, obtemos $h = \frac{1}{3}$ e, usando a equação (11.43), o método explícito resulta na seguinte equação matricial 4×4 (lembre-se que agora U_{01} e U_{31} são incógnitas):

$$\begin{pmatrix} U_{01} \\ U_{11} \\ U_{21} \\ U_{31} \end{pmatrix} = \begin{pmatrix} 2/3 & 1/3 & 0 & 0 \\ 1/6 & 2/3 & 1/6 & 0 \\ 0 & 1/6 & 2/3 & 1/6 \\ 0 & 0 & 1/3 & 2/3 \end{pmatrix} \begin{pmatrix} U_{00} \\ U_{10} \\ U_{20} \\ U_{30} \end{pmatrix} + \begin{pmatrix} -0.3490659 \\ 0 \\ 0 \\ -0.3490659 \end{pmatrix},$$

onde $U_{00} = 0$, $U_{10} = sen\ \frac{\pi}{3}$, $U_{20} = sen\ \frac{2\pi}{3}$, $U_{30} = sen\ \pi = 0$, ou seja:

$$U_{01} = \frac{1}{3}sen\ \frac{\pi}{3} - 0.3490659 = -0.0603908$$

$$U_{11} = \frac{2}{3}sen\ \frac{\pi}{3} + \frac{1}{6}sen\ \frac{2\pi}{3} = 0.7216878$$

$$U_{21} = \frac{1}{6}sen\ \frac{\pi}{3} + \frac{2}{3}sen\ \frac{2\pi}{3} = 0.7216878$$

$$U_{31} = \frac{1}{3}sen\ \frac{2\pi}{3} - 0.3490659 = -0.0603908.$$

Os valores exatos são: $u_{01} = u_{31} = 0$ e $u_{11} = u_{21} = 0.7213639$.

b) Utilizando o método de Crank-Nicolson, equação (11.46), obtemos o seguinte sistema linear 4×4:

$$\begin{pmatrix} 7/3 & -1/3 & 0 & 0 \\ -1/6 & 7/3 & -1/6 & 0 \\ 0 & -1/6 & 7/3 & -1/6 \\ 0 & 0 & -1/3 & 7/3 \end{pmatrix} \begin{pmatrix} U_{01} \\ U_{11} \\ U_{21} \\ U_{31} \end{pmatrix}$$

$$= \begin{pmatrix} 5/3 & 1/3 & 0 & 0 \\ 1/6 & 5/3 & 1/6 & 0 \\ 0 & 1/6 & 5/3 & 1/6 \\ 0 & 0 & 1/3 & 5/3 \end{pmatrix} \begin{pmatrix} U_{00} \\ U_{10} \\ U_{20} \\ U_{30} \end{pmatrix} + \begin{pmatrix} -0.6398235 \\ 0 \\ 0 \\ -0.6398235 \end{pmatrix},$$

ou seja:

$$\begin{pmatrix} 7/3 & -1/3 & 0 & 0 \\ -1/6 & 7/3 & -1/6 & 0 \\ 0 & -1/6 & 7/3 & -1/6 \\ 0 & 0 & -1/3 & 7/3 \end{pmatrix} \begin{pmatrix} U_{01} \\ U_{11} \\ U_{21} \\ U_{31} \end{pmatrix} = \begin{pmatrix} -0.3511483 \\ 1.5877132 \\ 1.5877132 \\ -0.3511483 \end{pmatrix},$$

cuja solução é:

$$U_{01} = U_{31} = -0.0463167, \quad U_{11} = U_{21} = 0.7292278.$$

Assim, para o problema dado, obtemos a tabela de valores:

x	1	1/3	2/3	1
Solução Exata	0	0.7213639	0.7213639	0
Método Explícito	−0.0603908	0.7216878	0.7216878	−0.0603908
Crank-Nicolson	−0.0463167	0.7292278	0.7292278	−0.0463167

Exercícios

11.18 Mostre que a equação de diferenças:

$$U_{i,j+1} = U_{i,j} + \sigma(U_{i-1,j} - 2U_{i,j} + U_{i+1,j})$$

admite uma solução separável $U_{i,j} = X_i T_j$ (ver [Figueiredo, 1997]). Determine as equações para X_i e T_j. Obtenha soluções para estas equações substituindo $X_i = e^{(i\lambda)}$ e determinando dois valores para λ, que chamaremos λ_1 e λ_2. A solução X_i pode ser então determinada por superposição como:

$$X_i = C_1 e^{i\lambda_1} + C_2 e^{i\lambda_2},$$

com C_1 e C_2 constantes arbitrárias.

11.19 Derive o método explícito para a equação do calor com condição de fronteira do tipo misto $u_x(0,t) - \alpha_1 u(0,t) = g(t)$ em $x = 0$ e condição de Dirichlet em $x = L$.

11.20 Resolva o exercício 11.19 usando o método de Crank-Nicolson.

11.21 Mostre que escolhendo $\sigma = \dfrac{1}{6}$ em (11.10) e levando em consideração a expressão (11.13) obtemos um método que é condicionalmente consistente de ordem 2 com a equação do calor $u_t = a u_{xx}$.

11.22 Mostre que o método explícito:

$$U_{i,j+1} = \frac{2\sigma}{3} U_{i+1,j} + (1 - 2\sigma) U_{i,j} + \frac{4\sigma}{3} U_{i-1,j}$$

não é consistente com a equação $u_t = au_{xx}$. Encontre a equação para a qual este método é consistente.

11.23 Mostre que a matriz A, com elementos $a_{pq} = e^{(I\alpha_q ph)}$, $p = 0, 1, \ldots N$ e $q = 0, 1, \ldots N$, onde $\alpha_q = \dfrac{q\pi}{l}$, é não singular.

Sugestão: Observe que A é uma matriz de Vandermonde.

11.2.2 Problemas Não Lineares

A maioria dos métodos discutidos anteriormente pode ser generalizada para equações lineares com coeficiente variável, ou seja, $\alpha = \alpha(x,t)$ na equação (11.6). Mas encontramos algumas dificuldades, como:

- embora as matrizes continuem diagonalmente dominantes, σ não é mais constante;
- temos que calcular $\alpha_{i,j}$ a cada passo, e no método de Crank-Nicolson, por exemplo, precisamos de $\alpha_{i,j}$ no ponto intermediário. Para isso, calculamos:

$$\alpha(x_i, t_{j+\frac{k}{2}}) \quad \text{ou} \quad \frac{\alpha(x_i, t_j) + \alpha(x_i, t_{j+1})}{2};$$

- não poderemos usar análise de Fourier (método de von Newmann) para fazer a análise da estabilidade de maneira global, apenas localmente.

Quando $\alpha = \alpha(x,t,u)$ ou $\alpha = \alpha(u)$, temos o chamado problema quase-linear. Neste caso, o método explícito pode ser usado sem dificuldades, pois sua utilização não requer a solução de equações não lineares. Já para os métodos implícito e de Crank-Nicolson obtemos um sistema de equações não lineares, que podemos resolver por aproximações sucessivas ou pelo método de Newton, com a aproximação inicial calculada pelo método explícito. Na prática, no entanto, recomenda-se a utilização de métodos implícitos para evitar problemas de estabilidade, uma vez que estes são incondicionalmente estáveis.

O caso mais geral de uma equação não linear parabólica é representado pela expressão:

$$f(x, t, u, u_t, u_x, u_{xx}) = 0. \tag{11.47}$$

Casos particulares importantes são representados pela **equação de Burgers**, onde $f(x,t,u,u_t,u_x,u_{xx}) = u_t + uu_x - \alpha u_{xx} = 0$ e pela **equação de Ritchmyer**, onde $f(x,t,u,u_t,u_x,u_{xx}) = u_t - (u^m)_{xx} = 0$, $m \geq 2$ (ver, por exemplo, [Morton,1967]).

Um método explícito para resolver (11.47) simplesmente avalia esta expressão no ponto (x_i, t_j) e substitui a derivada em t por diferença progressiva, e as derivadas em x por diferenças centrais. No caso em que a derivada temporal pode ser escrita de forma explícita em função das outras variáveis, ou seja, quando a equação é da forma:

$$u_t = f(x, t, u, u_x, u_{xx}),$$

podemos discretizá-la facilmente, pelo método explícito, para obter:

$$U_{i,j+1} = U_{i,j} + kf\left(x_i, t_j, U_{i,j}, \frac{U_{i+1,j} - U_{i-1,j}}{2h}, \frac{U_{i+1,j} - 2U_{i,j} + U_{i-1,j}}{h^2}\right). \tag{11.48}$$

Uma análise da estabilidade linear deste método é possível e pode ser encontrada em detalhes na prova do seguinte teorema.

Teorema 11.2
Seja f uma função satisfazendo as seguintes hipóteses:

1) $f_{u_{xx}} \geq \gamma > 0$,
2) $|f_u| + |f_{u_x}| + f_{u_{xx}} \leq \beta$,

onde f_ϕ representa a derivada parcial da função f com relação ao argumento ϕ e supomos que u seja uma função quatro vezes diferenciável em x e duas vezes em t. Então o método (11.48) é convergente se:

$$h \leq \frac{2\gamma}{\beta} \quad \text{e} \quad 0 < \frac{k}{h^2} \leq \frac{1 - \beta k}{2\beta}.$$

Prova: A prova deste teorema pode ser encontrada em [Ames, 1992].

No caso em que:

$$f(x, t, u, u_x, u_{xx}) = (u^m)_{xx} = m(m-1)u^{m-2}(u_x)^2 + mu^{m-1}u_{xx}, \quad m \geq 2, \quad (11.49)$$

teremos:

$$\beta = mu^{m-1} + 2m(m-1)|u^{m-2}u_x| + m(m-1)(m-2)|u^{m-3}(u_x)^2| \quad \text{e} \quad 0 < \gamma = mu^{m-1}.$$

Assumimos que $\gamma > 0$ e portanto $\beta > \gamma$, de forma que o Teorema 11.2 impõe as condições de estabilidade:

a) $h < 2\gamma/\beta < 2$,

b) $\dfrac{k}{h^2} < (1 - \beta k)/(2\beta)$, ou seja, $\beta \dfrac{k}{h^2} < (1 - \beta k)/2 < 1/2$.

Considerando $\beta > \gamma$ na última desigualdade, obtemos:

$$mu^{m-1}\frac{k}{h^2} = \gamma\frac{k}{h^2} < \frac{1}{2}.$$

Este mesmo resultado poderia ter sido obtido por comparação com a equação linear com coeficientes constantes, reescrevendo a equação (11.49) na forma:

$$u_t = (mu^{m-1}u_x)_x$$

e compararando com a equação com coeficiente constante, $u_t = (\alpha u_x)_x$, para concluir que a condição de estabilidade do método explícito será dada por:

$$\sigma = \frac{\alpha k}{h^2} = \frac{mu^{m-1}k}{h^2} \leq \frac{1}{2}.$$

Isto quer dizer que, para problemas não lineares, a estabilidade depende, além da equação de diferenças finitas, da solução do problema que está sendo resolvido e, portanto, a condição de estabilidade pode variar ao longo do domínio. A obtenção do método implícito é feita substituindo-se as derivadas na variável espacial por fórmulas envolvendo o mesmo nível de tempo. Um exemplo de método implícito para resolver (11.47) é o **Método de Crank-Nicolson**, dado por:

$$f\left(x_i, t_{j+\frac{1}{2}}, \frac{U_{i,j+1} + U_{i,j}}{2}, \frac{U_{i,j+1} - U_{i,j}}{k}, \frac{\mu\delta_x U_{i,j+1} + \mu\delta_x U_{i,j}}{2h}, \frac{\delta_x^2 U_{i,j+1} + \delta_x^2 U_{i,j}}{2h^2}\right) = 0,$$

onde os operadores μ e δ_x são definidos por:

$$\mu f(x) = \frac{1}{2}\left(f\left(x+\frac{1}{2}h\right) + f\left(x-\frac{1}{2}h\right)\right) \quad \text{e} \quad \delta_x f(x) = f\left(x+\frac{1}{2}h\right) - f\left(x-\frac{1}{2}h\right).$$

A equação anterior deve ser aplicada em todos os pontos do domínio para os quais se deseja calcular uma aproximação, produzindo um sistema de equações não lineares nas variáveis $U_{i,j}$. Este sistema pode ser resolvido por aproximações sucessivas ou pelo método de Newton, dado no Capítulo 3.

Exemplo 11.5

Considere o problema não linear:

$$u_t = (uu_x)_x, \quad x \in [0,1], \quad t \in [0,\infty],$$
$$u(x,0) = -\left(\frac{1}{6}x^2 + x - \frac{3}{2}\right),$$
$$u(0,t) = \frac{3}{2(1+t)},$$
$$u(1,t) = \frac{1}{3(1+t)},$$

cuja solução exata é $u(x,t) = \left(\frac{1}{6}x^2 + x - \frac{3}{2}\right)\frac{1}{1+t}$. Obtenha a primeira linha de soluções usando o método explícito.

Solução: Observe que a equação dada pode ser escrita como: $u_t = u_x^2 + uu_{xx}$ e, portanto, pelo método explícito, obtemos:

$$U_{i,j+1} = U_{i,j} + \frac{k}{h^2}\left[\left(\frac{U_{i,j+1} - U_{i,j}}{2}\right)^2 + U_{ij}(U_{i+1,j} - 2U_{i,j} + U_{i-1,j})\right]. \tag{11.50}$$

Tomando novamente $\sigma = \frac{1}{6}$, $\alpha = 1$ e $k = \frac{1}{54}$, obtemos $h = \frac{1}{3}$. Assim:

$$U_{00} = \frac{3}{2}, \quad U_{10} = -\left(\left(\frac{1}{6}\right)\left(\frac{1}{3}\right)^2 + \frac{1}{3} - \frac{3}{2}\right) = \frac{31}{27},$$
$$U_{20} = -\left(\left(\frac{1}{6}\right)\left(\frac{2}{3}\right)^2 + \frac{2}{3} - \frac{3}{2}\right) = \frac{41}{54}, \quad U_{30} = \frac{1}{3}.$$

Agora,

$$U_{01} = \frac{3}{2(1+k)} = \frac{3}{2(1+(1/54))} = \frac{81}{55},$$

$$U_{31} = \frac{1}{3(1+k)} = \frac{3}{2(1+(1/54))} = \frac{18}{57}$$

e usando (11.50), com $j = 0$, segue que:

$$U_{1,1} = \frac{31}{27} + \frac{1}{6}\left[\left(\frac{(41/54)-(3/2)}{2}\right)^2 + \frac{31}{27}\left(\frac{41}{54} - 2\left(\frac{31}{27}\right) + \frac{3}{2}\right)\right] = 1.1639232,$$

$$U_{2,1} = \frac{41}{54} + \frac{1}{6}\left[\left(\frac{(1/3)-(31/27)}{2}\right)^2 + \frac{41}{54}\left(\frac{1}{3} - 2\left(\frac{41}{54}\right) + \frac{31}{27}\right)\right] = 0.7822359.$$

Compare os resultados obtidos com a solução exata: $u_{11} = 1.127272$ e $u_{21} = 0.7454545$. Vemos que os resultados obtidos são $O(k + h^2)$, como previsto.

Exercícios

11.24 Considere a equação parabólica não linear:

$$u_t = u_{xx}^m, \quad m \text{ inteiro} \geq 2,$$

que pode ser aproximada pelo método implícito:

$$\frac{U_{i,j+1} - U_{i,j}}{k} = \frac{\theta \delta_x^2 (U_{i,j+1})^m + (1-\theta)\delta_x^2 (U_{i,j})^m}{h^2}.$$

A expansão em série de Taylor de $(u(x_i, t_{j+1}))^m$, em torno do ponto (x_i, t_j), produz:

$$(u_{i,j+1})^m = (u_{i,j})^m + k\frac{\partial (u_{i,j})^m}{\partial t} + \cdots$$

$$= (u_{i,j})^m + km(u_{i,j})^{m-1}\frac{\partial u_{i,j}}{\partial t} + \cdots$$

Desta forma, a menos de termos de ordem maior que $O(k)$, temos a seguinte aproximação:

$$(U_{i,j+1})^m = (U_{i,j})^m + m(U_{i,j})^{m-1}(U_{i,j+1} - U_{i,j})$$

que, se substituída na equação do método, torna-o linear. Escrevendo $\omega_i = U_{i+1,j} - U_{i,j}$, deduza um sistema linear em termos desta nova variável.

11.25 Considere a equação parabólica não linear:

$$\begin{aligned} u_t &= \phi(x,t,u,u_x,u_{xx}), \quad 0 < x < 1, \quad 0 < t \leq T, \\ u(x,0) &= \psi(x), \\ u(0,t) &= f(t), \\ u(1,t) &= g(t). \end{aligned} \quad (11.51)$$

Este problema constitui um problema **bem posto** (ver Capítulo 2) se a condição $\frac{\partial \phi}{\partial u_{xx}} \geq a > 0$ estiver satisfeita no domínio. Expandindo $u(x_i, t_{j+1})$ em série de Taylor no ponto (x_i, t_j) e utilizando a equação (11.51) para substituir u_t, deduza um método explícito para resolvê-la.

Uma outra classe importante de equações parabólicas não lineares é:

$$\begin{aligned} u_{xx} &= \phi(x,t,u,u_x,u_t), \quad 0<x<1, \quad 0<t\leq T, \\ u(x,0) &= \psi(x), \\ u(0,t) &= f(t), \\ u(1,t) &= g(t). \end{aligned} \quad (11.52)$$

Este problema constitui um problema **bem posto** se a condição $\dfrac{\partial \phi}{\partial u_t} \geq a > 0$ estiver satisfeita no domínio. Discretizando as derivadas espaciais por diferenças centrais e a derivada temporal por diferença regressiva no ponto (x_i, t_{j+1}), obtenha um método implícito para resolver (11.52). Qual a ordem deste método?

Considere a equação parabólica quase-linear com:

$$\phi(x,t,u_x,u_t) = a(x,t,u)u_x + b(x,t,u)u_t + c(x,t,u).$$

Baseando-se no exercício 11.24, obtenha um método implícito para resolver este problema que seja linear, isto é, cuja solução requeira a solução de sistemas lineares, apenas. Derive o método de Crank-Nicolson para a equação (11.52).

11.2.3 Equações Parabólicas em Duas Dimensões

Nesta seção, consideraremos a discretização de equações parabólicas lineares em duas dimensões, da forma:

$$u_t = \alpha_1 u_{xx} + \alpha_2 u_{yy}, \quad (11.53)$$

onde u, α_1 e α_2 são funções de x, y e t; x e y são variáveis espaciais e t é variável temporal. Em notação de operadores,

$$u_t = Lu, \quad (11.54)$$

com $L \equiv \alpha_1 u_{xx} + \alpha_2 u_{yy}$.

Todos os métodos discutidos anteriormente podem ser adaptados para este caso, mas o esforço computacional aumenta quadraticamente. Assim, a simples adaptação não é uma solução satisfatória.

Apresentamos a seguir alguns métodos criados para contornar este problema, exigindo um número menor de operações aritméticas.

Inicialmente, supomos que a região de definição do problema seja formada pelo retângulo $[0,a] \times [0,b]$ do plano xy e pelo intervalo de tempo $[0,\infty)$. Esta região do plano é coberta por uma malha retangular com lados paralelos aos eixos, com espaçamento h_1 na direção x, h_2 na direção y, e por uma discretização temporal com passo k. Os pontos da malha (x,y,t) serão dados por $x = lh_1, y = mh_2$ e $t = nk$, onde l, m, n são inteiros. Uma função discreta, definida nesta malha, será denotada por $U_{l,m}^n$.

Expandindo $u(x,y,t_{n+1}) = u(x,y,t_n + k)$ em série de Taylor em torno do ponto (x,y,t_n), obtemos:

$$u(x,y,t_{n+1}) = u(x,y,t_n) + k u_t(x,y,t_n) + \frac{k^2}{2} u_{tt}(x,y,t_n) + \cdots \quad (11.55)$$

Observando agora que $u_t = Lu$ e que L independe de t, deduzimos por diferenciação com relação a t que $u_{tt} = (Lu)_t = Lu_t = L \times Lu = L^2 u$. Assim, podemos mostrar por indução que:

$$\frac{\partial^p u}{\partial t^p} = L^p u.$$

Levando este resultado em (11.55), segue que:

$$\begin{aligned} u(x,y,t_{n+1}) &= u(x,y,t_n) + kLu(x,y,t_n) + \frac{k^2}{2}L^2 u(x,y,t_n) + \cdots \\ &= \left(I + kL + \frac{k^2}{2}L^2 + \frac{k^3}{3!}L^3 + \cdots\right) u(x,y,t_n) \\ &= e^{kL} u(x,y,t_n). \end{aligned} \qquad (11.56)$$

Avaliando a expressão (11.56) no ponto (x_l, y_m, t_n), obtemos a fórmula (11.57), que será utilizada na dedução dos diversos métodos a seguir, isto é:

$$u_{l,m}^{n+1} = exp(kL) u_{l,m}^n. \qquad (11.57)$$

Método Explícito

Vamos exemplificar esta técnica usando:

$$L \equiv u_{xx} + u_{yy} = D_1^2 + D_2^2, \qquad (11.58)$$

ou seja, $\alpha_1 \equiv \alpha_2 \equiv 1$ e $D_1 = u_x$, $D_2 = u_y$.

A equação (11.57) torna-se:

$$u^{n+1} = e^{kD_1^2} e^{kD_2^2} u^n, \quad \text{onde} \quad u^n = u_{l,m}^n.$$

Como

$$D_1^2 = \frac{1}{h^2}\left(\delta_x^2 - \frac{1}{12}\delta_x^4 + \frac{1}{90}\delta_x^6 \cdots\right) \quad \text{e} \quad D_2^2 = \frac{1}{h^2}\left(\delta_y^2 - \frac{1}{12}\delta_y^4 + \frac{1}{90}\delta_y^6 \cdots\right)$$

(ver exercício 11.14), então:

$$u^{n+1} = \left[1 + \sigma\delta_x^2 + \frac{1}{2}\sigma\left(\sigma - \frac{1}{6}\right)\delta_x^4 \cdots\right]\left[1 + \sigma\delta_y^2 + \frac{1}{2}\sigma\left(\sigma - \frac{1}{6}\right)\delta_y^4 \cdots\right] u^n, \qquad (11.59)$$

onde $\sigma = k/h^2$. Aqui estamos utilizando $h_1 = h_2 = h$ como espaçamento nas variáveis x e y. A conclusão final não será muito distinta se considerarmos espaçamentos diferentes para cada uma das variáveis espaciais. No entanto, alertamos que esta talvez seja uma situação mais realista para aplicações práticas.

Vários métodos explícitos podem ser obtidos da equação (11.59). Por exemplo, multiplicando as duas séries e em seguida considerando somente os termos de primeira ordem, obtemos:

$$U_{l,m}^{n+1} = \left[1 + \sigma\left(\delta_x^2 + \delta_y^2\right)\right] U_{l,m}^n + O(k^2 + kh^2), \qquad (11.60)$$

que é o método explícito padrão envolvendo cinco pontos no nível de tempo $t = nk$, que tem erro de truncamento local da $O(k + h^2)$.

Outro método simples pode ser obtido da equação (11.59), considerando os termos de primeira ordem em cada uma das expansões, separadamente:

$$U_{l,m}^{n+1} = \left(1 + \sigma\delta_x^2\right)\left(1 + \sigma\delta_y^2\right) U_{l,m}^n + O(k^2 + kh^2). \qquad (11.61)$$

Esta fórmula explícita envolve nove pontos do nível de tempo $t = nk$.

Exemplo 11.6
Considere o problema:

$$u_t = u_{xx} + u_{yy}, \quad (x,y) \in [0,1] \times [0,1],$$
$$u(x,y,0) = \cos x + \sin y,$$
$$u(0,y,t) = e^{-t}(1 + \sin y),$$
$$u(1,y,t) = e^{-t}(\cos 1 + \sin y),$$
$$u(x,0,t) = e^{-t}(\cos x),$$
$$u(x,1,t) = e^{-t}(\cos x + \sin 1),$$

cuja solução exata é $u(x,y,t) = e^{-t}(\cos x + \sin y)$. Obtenha a primeira linha de soluções usando o método explícito.

Solução: Tomando $\Delta_x = \Delta_y = \frac{1}{3}$ e $\sigma = \frac{1}{6}$, obtemos $k = \frac{1}{54}$.
Agora as incógnitas em $t = k$ serão os quatro valores: $U_{11}^1, U_{21}^1, U_{12}^1, U_{22}^1$.
Pelo método explícito, temos:

$$U_{i,j}^{n+1} = U_{i,j}^n + \frac{k}{\Delta_x^2}\left[(U_{i,j+1}^n - 2U_{i,j}^n + U_{i-1,j}^n) + (U_{i,j+1}^n - 2U_{i,j}^n + U_{i,j-1})^n\right].$$

Portanto:

$$U_{11}^1 = U_{11}^0 + \frac{1}{6}\left[(U_{21}^0 - 2U_{11}^0 + U_{01}^0) + (U_{12}^0 - 2U_{11}^0 + U_{10}^0)\right] = 1.2488106,$$

$$U_{21}^1 = U_{21}^0 + \frac{1}{6}\left[(U_{31}^0 - 2U_{21}^0 + U_{11}^0) + (U_{22}^0 - 2U_{21}^0 + U_{20}^0)\right] = 1.09265948,$$

$$U_{12}^1 = U_{12}^0 + \frac{1}{6}\left[(U_{22}^0 - 2U_{12}^0 + U_{02}^0) + (U_{13}^0 - 2U_{12}^0 + U_{11}^0)\right] = 1.5346433,$$

$$U_{11}^1 = U_{11}^0 + \frac{1}{6}\left[(U_{21}^0 - 2U_{11}^0 + U_{01}^0) + (U_{12}^0 - 2U_{11}^0 + U_{10}^0)\right] = 1.37849219.$$

Compare os resultados obtidos com a solução exata: $u_{11} = 1.2488101$, $u_{21} = 1.092659013$, $u_{12} = 1.53464266$, $u_{22} = 1.378441608$. Note que os resultados são extremamente precisos neste caso, mas isso pode não acontecer sempre. O que podemos garantir é que o erro é da $O(k + h^2)$.

Estabilidade

Analogamente ao caso unidimensional, temos o critério de von Neumann e o critério da matriz para análise da estabilidade. Entretanto, pela sua simplicidade e facilidade de exposição, concentraremos nossa apresentação no critério de von Neumann, que assume uma decomposição harmônica dos erros em um dado nível de tempo, por exemplo, $t = 0$. Um modo individual representando a decomposição é então dado por:

$$e^{\alpha t}e^{I\beta x}e^{I\gamma y}, \tag{11.62}$$

onde β e γ são números reais arbitrários e $\alpha \equiv \alpha(\beta,\gamma)$ é, em geral, complexo. Tomando esta solução nos pontos da malha, obtemos:

$$e^{\alpha t_n}e^{I\beta x_i}e^{I\gamma y_j} = (e^{\alpha k})^n e^{I\beta x_i}e^{I\gamma y_j}$$

e, portanto, esta componente do erro será uniformemente limitada se:

$$|e^{\alpha k}| \leq 1 \quad \text{para todo } \alpha.$$

Para estudar a estabilidade do método explícito (11.60), substituímos (11.62) em (11.60) e o resultado, eliminando-se os fatores comuns, é:

$$e^{\alpha k} = 1 - 4\sigma\left(sen^2\frac{\beta h}{2} + sen^2\frac{\gamma h}{2}\right).$$

Para estabilidade, $|e^{\alpha k}| \leq 1$ e, assim:

$$-1 \leq 1 - 4\sigma\left(sen^2\frac{\beta h}{2} + sen^2\frac{\gamma h}{2}\right) \leq 1.$$

O lado direito da desigualdade é satisfeito, e o lado esquerdo resulta em:

$$\sigma \leq \frac{1}{2\left(sen^2\frac{\beta h}{2} + sen^2\frac{\gamma h}{2}\right)} \leq \frac{1}{4}$$

e assim, temos a condição de estabilidade do método explícito (11.60).

Muitas vezes, a restrição imposta pela estabilidade sobre o passo temporal torna-se muito restritiva e pode levar o usuário a preferir a utilização de um método implícito para escapar dela. Na próxima seção, apresentamos brevemente os métodos mais utilizados na prática.

Métodos de Direções Alternadas Implícitos

A discretização de uma equação parabólica em duas dimensões por um método implícito leva à necessidade de solução de um conjunto de sistemas de equações lineares cuja matriz tem a dimensão do número de pontos da malha nas variáveis espaciais, isto é, se tivermos N pontos na direção x e M na direção y, a cada passo de tempo, teremos que resolver um sistema linear com NM equações. Este processo pode ser extremamente caro do ponto de vista computacional se não levarmos em consideração a estrutura muito especial da matriz dos coeficientes. Por exemplo, a discretização implícita equivalente a (11.60) é:

$$U_{i,j}^{n+1} = U_{i,j}^n + \sigma\left(\delta_x^2 + \delta_y^2\right)U_{i,j}^{n+1}, \qquad (11.63)$$

ou seja,

$$\left(1 + \sigma\left(\delta_x^2 + \delta_y^2\right)\right)U_{i,j}^{n+1} = U_{i,j}^n,$$

que resulta num sistema linear cuja matriz A tem no máximo cinco elementos não nulos por linha. Na maioria das vezes, é possível arranjar as incógnitas deste sistema de tal forma que os cinco elementos não nulos de cada linha estejam posicionados de maneira a formar uma matriz com cinco diagonais: a principal, uma imediatamente acima e outra imediatamente abaixo desta, e duas outras localizadas a certa distância da diagonal principal. Obviamente, esta é uma matriz muito especial e não devemos tentar resolver o sistema linear resultante sem ter esta característica em mente. A grande dificuldade é que não existem métodos especiais eficientes para tratar o problema com cinco diagonais, e o método de Eliminação de Gauss não é muito adequado, pois, ao aplicarmos o processo de triangularização, elementos que eram nulos originalmente deixam de ser ao longo do processo, provocando o processo conhecido como **preenchimento**. Já esta mesma dificuldade não ocorre se a matriz tiver apenas três diagonais: a principal e as duas adjacentes. Neste caso, o método de Eliminação de Gauss pode ser aplicado sem nenhuma dificuldade. A tentativa de solucionar o problema bidimensional resolvendo-se apenas sistemas tridiagonais é materializada pela concepção dos **Métodos de Direções Alternadas (ADI)**.

Métodos ADI são métodos de 2-passos onde, em cada passo, apenas uma das variáveis é tratada implicitamente. No primeiro passo, u_{xx} é discretizado implicitamente e u_{yy} é tratado explicitamente; no segundo passo, os papéis se invertem e assim sucessivamente. O esforço computacional do método ADI é cerca de três vezes o do método explícito, preço que pagamos ao utilizar um método incondicionalmente estável, como será mostrado adiante.

Ilustraremos estes métodos quando aplicados à equação (11.54) com L como em (11.58). A região a ser considerada consiste em $R \times [t \geq 0]$, onde R é uma região arbitrária fechada em $I\!R^2$.

Inicialmente, tomamos R como o quadrado $0 \leq x \leq 1, 0 \leq y \leq 1$.

Da equação (11.57), temos:

$$\begin{aligned} u^{n+1} &= e^{\left(k\left(D_1^2+D_2^2\right)\right)} u^n, \\ u^{n+1} &= e^{\left(\frac{k}{2}\left(D_1^2+D_2^2\right)+\frac{k}{2}\left(D_1^2+D_2^2\right)\right)} u^n. \end{aligned}$$

Logo,

$$\begin{aligned} e^{\left(-\frac{k}{2}\left(D_1^2+D_2^2\right)\right)} u^{n+1} &= e^{\left(\frac{k}{2}\left(D_1^2+D_2^2\right)\right)} u^n \\ e^{\left(-\frac{k}{2}D_1^2\right)} e^{\left(-\frac{k}{2}D_2^2\right)} u^{n+1} &= e^{\left(\frac{k}{2}D_1^2\right)} e^{\left(\frac{k}{2}D_2^2\right)} u^n, \end{aligned} \tag{11.64}$$

cuja expansão e truncamento da série fornece a equação:

$$\left(1-\frac{1}{2}\sigma\delta_x^2\right)\left(1-\frac{1}{2}\sigma\delta_y^2\right) U^{n+1} = \left(1+\frac{1}{2}\sigma\delta_x^2\right)\left(1+\frac{1}{2}\sigma\delta_y^2\right) U^n + O(k^3+kh^2). \tag{11.65}$$

Este método é uma modificação do método de Crank-Nicolson em duas dimensões, o qual é dado por:

$$\left(1-\frac{1}{2}\sigma\delta_x^2-\frac{1}{2}\sigma\delta_y^2\right) U^{n+1} = \left(1+\frac{1}{2}\sigma\delta_x^2+\frac{1}{2}\sigma\delta_y^2\right) U^n + O(k^3+kh^2). \tag{11.66}$$

Note que (11.65) pode ser obtido de (11.66) adicionando-se o termo $\frac{\sigma}{4}\delta_x^2\delta_y^2$ em ambos os lados de (11.66).

A equação (11.65) pode ser interpretada de uma forma mais conveniente para a implementação computacional introduzindo-se um passo intermediário para "decompor" (11.65) em duas equações:

$$\begin{cases} \left(1-\frac{1}{2}\sigma\delta_x^2\right) U^{n+1*} = \left(1+\frac{1}{2}\sigma\delta_y^2\right) U^n, \\ \left(1-\frac{1}{2}\sigma\delta_y^2\right) U^{n+1} = \left(1+\frac{1}{2}\sigma\delta_x^2\right) U^{n+1*}, \end{cases} \tag{11.67}$$

ou seja, o passo intermediário representa uma solução na direção x e o passo final, uma solução na direção y.

O método decomposto (11.67), com $U^{n+1*} = U^{n+1/2}$, isto é, o passo intermediário, é interpretado como um "meio" passo e é conhecido como **Método de Peaceman e Rachford** (veja [Peaceman,1955]).

Um método decomposto com precisão mais alta pode ser obtido da equação (11.64), substituindo D_1^2 e D_2^2 por:

$$D_1^2 = \frac{\delta_x^2}{h^2\left(1+\frac{1}{12}\delta_x^2\right)} \quad \text{e} \quad D_2^2 = \frac{\delta_y^2}{h^2\left(1+\frac{1}{12}\delta_y^2\right)}$$

e expandindo para obter:

$$\left[1-\frac{1}{2}\left(\sigma-\frac{1}{6}\right)\delta_x^2\right]\left[1-\frac{1}{2}\left(\sigma-\frac{1}{6}\right)\delta_y^2\right]U^{n+1}$$
$$=\left[1+\frac{1}{2}\left(\sigma+\frac{1}{6}\right)\delta_x^2\right]\left[1+\frac{1}{2}\left(\sigma+\frac{1}{6}\right)\delta_y^2\right]U^n + O(k^3+kh^4),\quad (11.68)$$

que pode ser decomposto em duas equações:

$$\begin{cases} \left(1-\frac{1}{2}\left(\sigma-\frac{1}{6}\right)\delta_x^2\right)U^{n+1*} = \left(1+\frac{1}{2}\left(\sigma+\frac{1}{6}\right)\delta_y^2\right)U^n \\ \left(1-\frac{1}{2}\left(\sigma-\frac{1}{6}\right)\delta_y^2\right)U^{n+1} = \left(1+\frac{1}{2}\left(\sigma+\frac{1}{6}\right)\delta_x^2\right)U^{n+1*} \end{cases} \quad (11.69)$$

Este método foi obtido em [Mitchell,1964].

As equações (11.67) e (11.69) são exemplos de métodos envolvendo a solução de sistemas tridiagonais ao longo das linhas paralelas aos eixos x e y, respectivamente. Esses são os métodos ADI.

As fórmulas (11.65) e (11.68) podem ser decompostas de outra maneira, sugerida em [D'Yakonov,1963], ou seja:

$$\begin{cases} \left(1-\frac{1}{2}\sigma\delta_x^2\right)U^{n+1*} = \left(1+\frac{1}{2}\sigma\delta_x^2\right)\left(1+\frac{1}{2}\sigma\delta_y^2\right)U^n, \\ \left(1-\frac{1}{2}\sigma\delta_y^2\right)U^{n+1} = U^{n+1*}, \end{cases}$$

e

$$\begin{cases} \left(1-\frac{1}{2}\left(\sigma-\frac{1}{6}\right)\delta_x^2\right)U^{n+1*} = \left(1+\frac{1}{2}\left(\sigma+\frac{1}{6}\right)\delta_x^2\right)\left(1+\frac{1}{2}\left(\sigma+\frac{1}{6}\right)\delta_y^2\right)U^n, \\ \left(1-\frac{1}{2}\left(\sigma-\frac{1}{6}\right)\delta_y^2\right)U^n = U^{n+1*}, \end{cases}$$

respectivamente.

Finalmente, em [Douglas,1956] foi formulado um método ADI que é dado, na forma decomposta, por:

$$\begin{cases} \left(1-\sigma\delta_x^2\right)U^{n+1*} = \left(1+\sigma\delta_y^2\right)U^n, \\ \left(1-\sigma\delta_y^2\right)U^{n+1} = U^{n+1*} - \sigma\delta_y^2 U^n \end{cases}$$

e é conhecido como **Método Douglas-Rachford**. Eliminando-se U^{n+1*}, temos a fórmula:

$$\left(1 - \sigma\delta_x^2\right)\left(1 - \sigma\delta_y^2\right) U^{n+1} = \left(1 + \sigma^2\delta_x^2\delta_y^2\right) U^n,$$

que pode ser decomposta, de acordo com o **Método de D'Yakonov**, em:

$$\begin{cases} \left(1 - \sigma\delta_x^2\right) U^{n+1*} = \left(1 + \sigma^2\delta_x^2\delta_y^2\right) U^n, \\ \left(1 - \sigma\delta_y^2\right) U^{n+1} = U^{n+1*}. \end{cases}$$

Usando o método de von Neumann, mostra-se a estabilidade dos métodos ADI apresentados nesta seção para todo valor de $\sigma > 0$ (ver exercício 11.31).

Método Localmente Unidimensional

Vamos ilustrar os métodos localmente unidimensionais (LOD) resolvendo a equação:

$$u_t = u_{xx} + u_{yy},$$

que pode ser reescrita como o par de equações:

$$\frac{1}{2}u_t = u_{xx} \quad \text{e} \quad \frac{1}{2}u_t = u_{yy}. \tag{11.70}$$

A idéia é aproximar a solução de um problema em duas dimensões resolvendo dois problemas unidimensionais que localmente representam o problema original. As discretizações explícitas mais simples destas fórmulas são:

$$\frac{1}{2}\left(\frac{U^{n+\frac{1}{2}} - U^n}{k/2}\right) = \frac{\delta_x^2}{h^2}U^n,$$

$$\frac{1}{2}\left(\frac{U^{n+1} - U^{n+\frac{1}{2}}}{k/2}\right) = \frac{\delta_y^2}{h^2}U^{n+\frac{1}{2}},$$

que podem ser reescritas na forma compacta, como:

$$U^{n+\frac{1}{2}} = \left(1 + \sigma\delta_y^2\right) U^n \quad \text{e} \quad U^{n+1} = \left(1 + \sigma\delta_x^2\right) U^{n+\frac{1}{2}} \tag{11.71}$$

e, eliminando $U^{n+\frac{1}{2}}$, temos:

$$U^{n+1} = \left(1 + \sigma\delta_x^2\right)\left(1 + \sigma\delta_y^2\right) U^n.$$

Obtemos, assim, a equação (11.61), que aproxima a solução com erro de truncamento da $O(k+h^2)$. Para um problema de valor inicial com condições dadas sobre o plano $t = 0$, $-\infty < x < \infty, -\infty < y < \infty$, se usarmos o método LOD, (11.71), teremos a mesma precisão e estabilidade, mas mais economia de cálculos do que usando (11.61). Já o método de Crank-Nicolson para o par de equações (11.70) toma a forma:

$$\frac{1}{2}\left(\frac{U^{n+\frac{1}{2}} - U^n}{k/2}\right) = \frac{\delta_x^2 U^{n+\frac{1}{2}} + \delta_x^2 U^n}{2h^2},$$

$$\frac{1}{2}\left(\frac{U^{n+1} - U^{n+\frac{1}{2}}}{k/2}\right) = \frac{\delta_y^2 U^{n+1} + \delta_y^2 U^{n+\frac{1}{2}}}{2h^2},$$

que pode ser reescrita como:

$$\begin{aligned}\left(1-\frac{\sigma}{2}\delta_x^2\right)U^{n+\frac{1}{2}} &= \left(1+\frac{\sigma}{2}\delta_x^2\right)U^n,\\ \left(1-\frac{\sigma}{2}\delta_y^2\right)U^{n+1} &= \left(1+\frac{\sigma}{2}\delta_y^2\right)U^{n+\frac{1}{2}}.\end{aligned} \qquad (11.72)$$

Se os operadores δ_x^2 e δ_y^2 comutam, e este é o caso quando o domínio é um retângulo de lados paralelos aos eixos x e y, então o método (11.72) é equivalente ao método Peaceman e Rachford. O método LOD construído anteriormente é de segunda ordem, é incondicionalmente estável e envolve apenas a solução de sistemas tridiagonais.

Tentamos apresentar uma coleção representativa dos diferentes tipos de métodos e problemas em equações parabólicas. No entanto, o leitor com aplicações mais específicas pode encontrar um grande número delas em [Ames,1972], [Thomas,1995] [Lapidus,1982] e [Sod,1989].

Exercícios

11.26 Prove que:

$$D_1^2 = \frac{\partial^2}{\partial x^2} = \frac{\delta_x^2}{h^2\left(1+\frac{1}{12}\delta_x^2\right)}.$$

11.27 Estude a estabilidade do método dado em (11.61).

11.28 Derivar (11.65) a partir de (11.66).

11.29 Mostre que cada uma das fórmulas de Saul'yev:

$$\begin{aligned}(1+\sigma)U_{i,j+1} &= Ui,j + \sigma(U_{i-1,j+1} - U_{i,j} + U_{i+1,j}),\\ (1+\sigma)U_{i,j+1} &= Ui,j + \sigma(U_{i+1,j+1} - U_{i,j} + U_{i-1,j})\end{aligned}$$

é condicionalmente consistente da $O\left(\frac{k}{h}+h^2\right)$ e incondicionalmente estável.

11.30 Considere o método obtido pela média ponderada dos métodos implícito e explícito:

$$U_{i,j+1} - U_{i,j} = \sigma\left(\theta\delta_x^2 U_{i,j+1} + (1-\theta)\delta_x^2 U_{i,j}\right), \quad \sigma = \frac{k}{h^2}, \quad 0 \leq \theta \leq 1.$$

Observe que, para $\theta = 0$, obtemos o método explícito; para $\theta = 1$, obtemos o método implícito, e para $\theta = 1/2$, obtemos o método de Crank-Nicolson.

    a) Deduza a expressão do erro de truncamento local.

    b) Usando a técnica de von Neumann, mostre que para $0 \leq \theta < 1/2$ o método é estável se $\sigma \leq \dfrac{1}{2(1-2\theta)}$ e incondicionalmente estável para $1/2 \leq \theta \leq 1$.

11.31 Mostre que os métodos implícito e ADI em 2D são incondicionalmente estáveis.

11.32 Mostre que o método de Crank-Nicolson em duas dimensões, com espaçamento k na direção t, h_x e h_y nas direções x e y, pode ser escrito como:

$$\left(1-\frac{\sigma_x}{2}\delta_x^2 - \frac{\sigma_y}{2}\delta_y^2\right)U^{n+1} = \left(1+\frac{\sigma_x}{2}\delta_x^2 + \frac{\sigma_y}{2}\delta_y^2\right)U^n, \qquad (11.73)$$

onde $\sigma_x = \dfrac{k}{h_x^2}$ e $\sigma_y = \dfrac{k}{h_y^2}$.

a) Mostre que o termo:
$$\frac{\sigma_x \sigma_y}{4}\delta_x^2 \delta_y^2 (U^{n+1} - U^n)$$
é da $O(k^3)$.

b) Mostre que adicionando o termo:
$$\frac{\sigma_x \sigma_y}{4}\delta_x^2 \delta_y^2 U^{n+1}$$
no lado esquerdo de (11.73) e o termo
$$\frac{\sigma_x \sigma_y}{4}\delta_x^2 \delta_y^2 U^n$$
no lado direito, obtemos um método com a mesma ordem do método de Crank-Nicolson, que pode ser fatorado na forma:
$$\left(1 - \frac{\sigma_x}{2}\delta_x^2\right)\left(1 - \frac{\sigma_y}{2}\delta_y^2\right)U^{n+1} = \left(1 + \frac{\sigma_x}{2}\delta_x^2\right)\left(1 + \frac{\sigma_y}{2}\delta_y^2\right)U^n.$$

11.33 Mostre que o método de Peaceman-Rachford para solução da equação do calor não homogênea,
$$u_t = u_{xx} + u_{yy} + F(x,y,t)$$
toma a forma:
$$\left(1 - \frac{\sigma_x}{2}\delta_x^2\right)U^{n+\frac{1}{2}} = \left(1 + \frac{\sigma_y}{2}\delta_y^2\right)U^n + \frac{k}{2}F^n,$$
$$\left(1 - \frac{\sigma_y}{2}\delta_y^2\right)U^{n+1} = \left(1 + \frac{\sigma_x}{2}\delta_x^2\right)U^{n+\frac{1}{2}} + \frac{k}{2}F^{n+1}.$$

11.3 Equações Elípticas

Problemas de equilíbrio em duas ou três dimensões geralmente dão origem às equações elípticas. Exemplos típicos desta classe são problemas de difusão e de pressão, problemas em elasticidade, problemas de camada limite, problemas de vibração de membranas etc. Mais simplificadamente, os problemas elípticos caracterizam-se pela propagação de suas propriedades físicas em todas as direções coordenadas indistintamente, ao contrário das equações parabólicas e hiperbólicas, onde estas propriedades propagam-se em direções preferenciais. Daí porque as condições de fronteira de um problema elíptico são normalmente especificadas ao longo de toda a fronteira.

Seja R uma região limitada do plano com fronteira ∂R. A equação:
$$a(x,y)u_{xx} + 2b(x,y)u_{xy} + c(x,y)u_{yy} = d(x,y,u,u_x,u_y), \quad (11.74)$$
de acordo com a definição apresentada anteriormente, é elíptica em R se $b^2 - 4ac < 0$ para todo ponto (x,y) de R.

Três tipos de problemas distintos envolvendo a equação (11.74) podem ser destacados, dependendo das condições de fronteira:

i) O problema de Dirichlet requer que a solução u de (11.74) seja conhecida sobre a fronteira ∂R, isto é,
$$u(x,y) = f(x,y), \quad (x,y) \in \partial R.$$

ii) Quando $\frac{\partial u}{\partial n}$ é conhecida sobre ∂R, ou seja,

$$\frac{\partial u}{\partial n} = g(x,y), \quad (x,y) \in \partial R,$$

onde n é a normal externa à fronteira ∂R, o problema de valor de fronteira é conhecido como problema de Neumann.

iii) O problema de Robbin ou misto surge quando conhecemos:

$$\alpha(x,y)u + \beta(x,y)\frac{\partial u}{\partial n} = \gamma(x,y) \quad \text{sobre } \partial R,$$

onde $\alpha(x,y) > 0, \beta(x,y) > 0, (x,y) \in \partial R$.

Quando em (11.74) tomamos $a = c \equiv -1$ e $b = d \equiv 0$, obtemos o protótipo de equação elíptica mais conhecido, que é a famosa equação de Laplace:

$$-(u_{xx} + u_{yy}) = 0. \tag{11.75}$$

Passamos agora a discutir métodos de aproximação para a classe de equações elípticas.

11.3.1 Métodos de Diferenças Finitas

Os métodos de diferenças finitas, a exemplo do que fizemos para as equações parabólicas, consistem em substituir as derivadas parciais presentes na equação diferencial por aproximações usando diferenças finitas. Para isso, é necessário que os pontos onde estas diferenças serão calculadas sejam pré estabelecidos, ou seja, é necessária a definição de uma malha de pontos no domínio. Para ilustrar como esta discretização é realizada na prática, consideremos a equação de Poisson:

$$-\Delta u = -(u_{xx} + u_{yy}) = f, \tag{11.76}$$

definida no retângulo $R = \{(x,y), 0 \leq x \leq a, 0 \leq y \leq b\}$ com condição de Dirichlet:

$$u = g(x,y) \tag{11.77}$$

sobre a fronteira, ∂R deste retângulo.

Primeiramente, para que possamos aproximar u_{xx} e u_{yy} por diferenças finitas, cobrimos a região R com uma malha. Escolhemos a opção mais óbvia para a malha de discretização, que consiste em traçar linhas paralelas aos eixos coordenados, conforme ilustrado na Figura 11.7. Os pontos desta malha serão denotados por (x_i, y_j), onde $x_i = ih, y_j = jk, i = 0, 1, \cdots M, j = 0, 1, \cdots N$, onde h representa o espaçamento na direção x, e k, na direção y. Denotamos por R_δ os pontos da malha interiores a R, isto é,

$$R_\delta = \{(x_i, y_j), 0 < i < M, 0 < j < N\},$$

e por ∂R_δ os pontos da malha que estão sobre a fronteira, ou seja,

$$\partial R_\delta = \{(x_i, y_j), (i = 0, M, 0 \leq j \leq N) \quad \text{e} \quad (0 \leq i \leq M, j = 0, N).\}$$

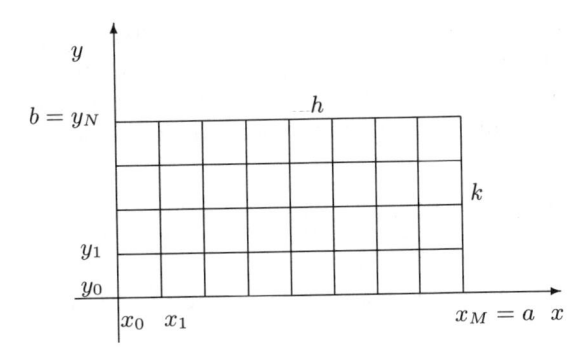

Figura 11.7

Podemos agora aproximar as derivadas da equação (11.76) da seguinte forma: A equação (11.76) é válida para todos os pontos de R, então, em particular, para um ponto genérico de R_δ, podemos escrever:

$$-(u_{xx}(x_i, y_j) + u_{yy}(x_i, y_j)) = f(x_i, y_j). \tag{11.78}$$

Assim, as derivadas podem ser aproximadas por:

$$u_{xx}(x_i, y_j) \simeq \frac{u(x_i + h, y_j) - 2u(x_i, y_j) + u(x_i - h, y_j)}{h^2},$$

$$u_{yy}(x_i, y_j) \simeq \frac{u(x_i, y_j + k) - 2u(x_i, y_j) + u(x_i, y_j - k)}{k^2}.$$

Substituindo estas aproximações em (11.78), obtemos:

$$-\left(\frac{u(x_i + h, y_j) - 2u(x_i, y_j) + u(x_i - h, y_j)}{h^2} + \right.$$
$$\left. + \frac{u(x_i, y_j + k) - 2u(x_i, y_j) + u(x_i, y_j - k)}{k^2}\right) \tag{11.79}$$
$$\simeq f(x_i, y_j).$$

Note que a expressão (11.79) não representa uma equação porque o segundo membro é somente uma aproximação para o primeiro e, portanto, não temos uma igualdade. Isto decorreu de termos substituído $u_{xx}(x_i, y_j)$ e $u_{yy}(x_i, y_j)$ por suas respectivas aproximações. Podemos transformar (11.79) numa equação simplesmente trocando o sinal $\simeq$ pelo de igualdade. Se assim procedermos, no entanto, não poderemos mais garantir que os valores numéricos presentes no lado esquerdo de (11.79) coincidam com os valores da solução de (11.76) nos mesmos pontos.

Seguindo a mesma notação já utilizada, denotaremos por $u_{i,j}$ o valor da solução no ponto (x_i, y_j) e por $U_{i,j}$, a solução da equação de diferenças:

$$-\left(\frac{U_{i+1,j} - 2U_{i,j} + U_{i-1,j}}{h^2} + \frac{U_{i,j+1} - 2U_{i,j} + U_{i,j-1}}{k^2}\right) = f_{i,j}. \tag{11.80}$$

A equação (11.80) deverá ser aplicada para todos os pontos em R_δ. Para os pontos em ∂R_δ, calculamos $U_{i,j}$ da condição de fronteira de Dirichlet, isto é, de:

$$U_{i,j} = g(x_i, y_j). \tag{11.81}$$

Nossa esperança quando escrevemos a equação (11.80), é que $U_{i,j}$ seja uma aproximação para $u(x_i, y_j)$, isto é, $U_{i,j} \simeq u(x_i, y_j)$. Demonstraremos mais adiante que, de fato, isto é verdadeiro. Provaremos mais ainda, que $U_{i,j}$ converge para $u(x_i, y_j)$ quando a malha é refinada. Para simplificar a notação para a equação de diferenças, definimos o operador:

$$-\Delta_\delta U_{i,j} = -\left(\frac{U_{i+1,j} - 2U_{i,j} + U_{i-1,j}}{h^2} + \frac{U_{i,j+1} - 2U_{i,j} + U_{i,j-1}}{k^2}\right). \tag{11.82}$$

Com esta notação, as equações discretas (11.80) e (11.81) podem ser reescritas na forma:

$$-\Delta_\delta U_{i,j} = f(x_i, y_j), (x_i, y_j) \in R_\delta, \tag{11.83}$$

$$U_{i,j} = g(x_i, y_j), (x_i, y_j) \in \partial R_\delta. \tag{11.84}$$

Substituindo na equação (11.83) cada um dos $(N-1) \times (M-1)$ pontos interiores da malha em R_δ, vemos que a função discreta U satisfaz um sistema de equações lineares com $(N-1) \times (M-1)$ equações no mesmo número de incógnitas, incógnitas estas que são as aproximações para a solução da equação diferencial nos pontos da malha. Em notação matricial, podemos escrever este sistema linear como:

$$A\mathbf{U} = \mathbf{c},$$

onde o vetor $\mathbf{U}$, a matriz A e o vetor $\mathbf{c}$ são dados, respectivamente, por:

$$\mathbf{U} = (U_{1,1}, \cdots, U_{N-1,1}, U_{1,2}, \cdots, U_{N-1,2}, \cdots, U_{1,M-1}, \cdots, U_{N-1,M-1})^T,$$

$$A = \begin{pmatrix}
a & b & & & c & & & & \\
b & a & b & & & \ddots & & 0 & \\
\ddots & \ddots & \ddots & & & 0 & & \ddots & \\
& & \ddots & \ddots & \ddots & & & & c \\
& & & \ddots & \ddots & \ddots & & & \\
c & & & & \ddots & \ddots & \ddots & & \\
\ddots & & & 0 & & \ddots & \ddots & \ddots & \\
& 0 & \ddots & & & & b & a & b \\
& & & c & & & & b & a
\end{pmatrix}, \tag{11.85}$$

$$\mathbf{c} = \begin{pmatrix} f(x_1, y_1) + \dfrac{g(x_0, y_1)}{h^2} + \dfrac{g(x_1, y_0)}{k^2} \\ f(x_2, y_1) + \dfrac{g(x_2, y_0)}{k^2} \\ \vdots \\ f(x_{N-1}, y_1) + \dfrac{g(x_N, y_1)}{h^2} + \dfrac{g(x_{N-1}, y_0)}{k^2} \end{pmatrix}.$$

Na matriz A, os números a, b e c são os coeficientes da discretização de cinco pontos e são dados por:

$$a = \frac{2}{h^2} + \frac{2}{k^2}, \quad c = -\frac{1}{k^2}.$$

Já o valor de b não é constante na matriz toda. Em algumas posições, este valor é nulo. Estas posições correspondem àqueles pontos situados sobre a fronteira que são dados pelas posições $(p*(M-1), p*(M-1)+1)$ e $(p*(M-1)+1, p*(M-1))$, com $p = 1, 2, \ldots, N-1$ da matriz A. Nas demais posições, o valor de b é $-\frac{1}{h^2}$. Talvez estas idéias fiquem mais claras se considerarmos um exemplo.

Exemplo 11.7

Consideremos a malha mostrada na Figura 11.8 para o domínio $0 < x < 1$, $0 < y < 1$. Seja $h = k = \frac{1}{3}$.

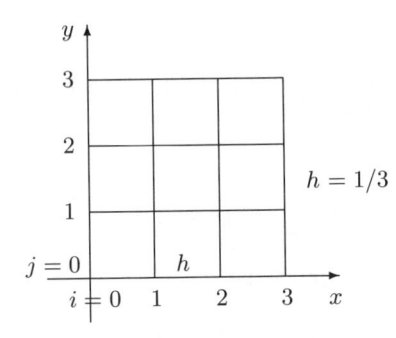

Figura 11.8

Encontre a solução nos pontos interiores da malha.

Solução: Existem quatro pontos internos: $P_{1,1}$, $P_{1,2}$, $P_{2,1}$, $P_{2,2}$, ($P_{i,j} = (x_i, y_j)$). Neste caso, $N = M = 3$. As condições de fronteira, para o problema de Dirichlet, são dadas como:
$$u(0, y) = 0, \quad u(1, y) = 1, \quad u(x, 0) = 0, \quad u(x, 1) = 0.$$
Observe que estamos utilizando $h = k$ e, portanto, a equação (11.80) pode ser reescrita como:
$$4U_{i,j} - U_{i+1,j} - U_{i-1,j} - U_{i,j+1} - U_{i,j-1} = h^2 f_{i,j}. \tag{11.86}$$
Variando os índices i e j, isto é, fazendo $i = 1$, $j = 1, 2$ e $i = 2$, $j = 1, 2$, obtemos:

$$\begin{aligned}
4U_{1,1} - U_{2,1} - U_{0,1} - U_{1,2} - U_{1,0} &= \frac{1}{9} f_{1,1}. \\
4U_{1,2} - U_{2,2} - U_{0,2} - U_{1,3} - U_{1,1} &= \frac{1}{9} f_{1,2}. \\
4U_{2,1} - U_{3,1} - U_{1,1} - U_{2,2} - U_{2,0} &= \frac{1}{9} f_{2,1}. \\
4U_{2,2} - U_{3,2} - U_{1,2} - U_{2,3} - U_{2,1} &= \frac{1}{9} f_{2,2}.
\end{aligned} \tag{11.87}$$

Todos os valores de $U_{i,j}$ para $i = 0$ ou $i = 3$ e qualquer j, e para $j = 0$ ou $j = 3$ e qualquer i são conhecidos. Substituindo estes valores nas equações (11.87), podemos reescrevê-las na forma matricial, como:

$$\begin{pmatrix} 4 & -1 & -1 & 0 \\ -1 & 4 & 0 & -1 \\ -1 & 0 & 4 & -1 \\ 0 & -1 & -1 & 4 \end{pmatrix} \begin{pmatrix} U_{1,1} \\ U_{1,2} \\ U_{2,1} \\ U_{2,2} \end{pmatrix} = \begin{pmatrix} f_{1,1}/9 \\ f_{1,2}/9 \\ 1 + f_{2,1}/9 \\ 1 + f_{2,2}/9 \end{pmatrix}.$$

Assim, dado o valor de f_{ij}, obtemos a solução aproximada nos pontos interiores da malha, resolvendo este sistema linear por qualquer método numérico discutido nos capítulos 4 e 5. Observe que alguns valores de b são nulos, como previsto anteriormente.

Exercícios

11.34 Faça um programa para resolver o problema:

$$u_{xx} + u_{yy} = -2,$$

definido no quadrado $[-1, 1] \times [-1, 1]$, com condição de Dirichlet nula na fronteira. Utilize $h = 0.2$. Compare seu resultado com a solução exata:

$$u(x, y) = 1 - y^2 - \frac{32}{\pi^3} \sum_{n=0}^{\infty} \frac{(-1)^n}{(2n+1)^3} \operatorname{sech}\left(\frac{(2n+1)\pi}{2}\right) \cosh\left(\frac{(2n+1)\pi x}{2}\right) \cos\left(\frac{(2n+1)\pi y}{2}\right).$$

11.35 Faça um programa para resolver o problema:

$$u_{xx} + u_{yy} - 10u = 0,$$

definido no quadrado $[-1, 1] \times [-1, 1]$, com condições de fronteira dadas por:

a) $u = 0$ para $y = 1$ e $-1 \leq x \leq 1$;

b) $u = 1$ para $y = -1$ e $-1 \leq x \leq 1$;

c) $u_x = -0.5u$ para $x = 1$ e $-1 < y < 1$;

d) $u_x = 0.5u$ para $x = -1$ e $-1 < y < 1$.

Utilize uma malha uniforme, com $h = 0.1$.

11.36 A fórmula de cinco pontos é da $O(h^2)$. Se necessitarmos de uma fórmula mais precisa para discretizar a equação de Laplace, deveremos utilizar mais pontos. Mostre que uma fórmula da $O(h^4)$ pode ser obtida utilizando-se os pontos da molécula dada na Figura 11.9:

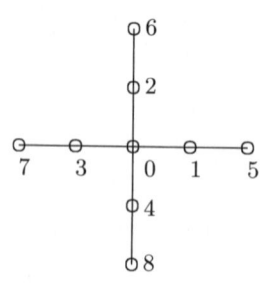

Figura 11.9

e que ela é dada por:

$$U_0 = \frac{1}{60}(-U_7 + 16U_3 + 16U_1 - U_5 - U_6 + 16U_2 + 16U_4 - U_8).$$

No entanto, esta fórmula não pode ser aplicada para pontos próximos à fronteira, pois ela utiliza dois pontos em cada direção. Poderíamos utilizar a molécula de cálculo dada na Figura 11.10,

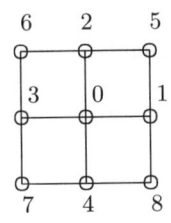

Figura 11.10

para deduzir o esquema numérico, que também é da $O(h^4)$:

$$U_0 = \frac{1}{20}(4(U_1 + U_2 + U_3 + U_4) + U_5 + U_6 + U_7 + U_8). \tag{11.88}$$

Mostre que, no caso da equação de Poisson, o esquema (11.88) transforma-se em:

$$4(U_1 + U_2 + U_3 + U_4) + U_5 + U_6 + U_7 + U_8 - 20U_0 = -\frac{h^2}{2}(8f_0 + f_1 + f_2 + f_3 + f_4).$$

11.37 Considere o problema elíptico:

$$\frac{\partial}{\partial x}\left(a(x,y)\frac{\partial u}{\partial x}\right) + \frac{\partial}{\partial y}\left(b(x,y)\frac{\partial u}{\partial y}\right) = f(x,y)$$

com condição de Dirichlet sobre a fronteira de um retângulo.

    a) Obtenha a matriz resultante da discretização de cinco pontos.

    b) Mostre que ela é simétrica.

11.38 Considere a numeração "red-black" como na Figura 11.11:

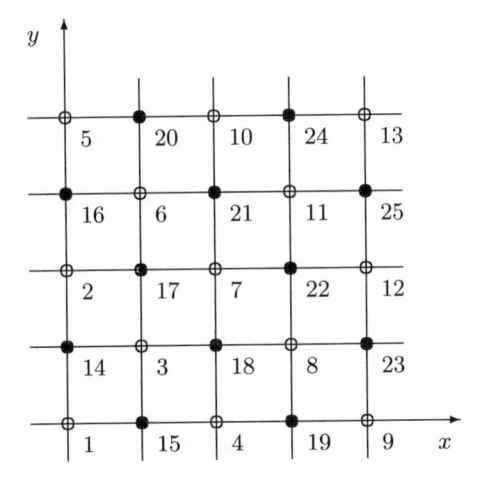

Figura 11.11

Obtenha a matriz do sistema linear resultante da discretização de cinco pontos da equação de Laplace usando a numeração dada na Figura 11.11. Generalize este resultado para uma malha com N pontos na direção x e M pontos na direção y.

Erro de Truncamento Local

Comentamos anteriormente que a aproximação gerada pela discretização de cinco pontos converge para a solução do problema (11.76-11.77). Vamos agora demonstrar este fato para o caso de um domínio retangular. Para este fim, precisamos introduzir alguns conceitos e resultados.

Note que a expressão (11.79) não é uma igualdade, de forma que podemos definir a quantidade:

$$T_{i,j} = -\Delta_\delta u_{i,j} - f(x_i, y_j). \tag{11.89}$$

Lema 11.1
Se a solução $u(x,y)$ é diferenciável até ordem 4 com derivada limitada, então o erro de truncamento local, definido por (11.89), satisfaz:

$$|T_{i,j}| \leq c_1 h^2 + c_2 k^2,$$

onde c_1 e c_2 são constantes independentes de h e k.

Prova: Da definição do operador Δ_δ, temos:

$$llT_{i,j} = -\left(\frac{u(x_i+h, y_j) - 2u(x_i, y_j) + u(x_i-h, y_j)}{h^2} \right. \\ \left. + \frac{u(x_i, y_j+k) - 2u(x_i, y_j) + u(x_i, y_j-k)}{k^2} \right) - f(x_i, y_j). \tag{11.90}$$

Expandindo os termos $u(x_i+h, y_j), u(x_i-h, y_j), u(x_i, y_j+k)$ e $u(x_i, y_j-k)$ em série de Taylor em torno do ponto (x_i, y_j), obtemos:

$$\begin{aligned} u(x_i+h, y_j) &= u(x_i, y_j) + h u_x(x_i, y_j) + \frac{h^2}{2!} u_{xx}(x_i, y_j) \\ &+ \frac{h^3}{3!} u_{xxx}(x_i, y_j) + \frac{h^4}{4!} u_{xxxx}(\xi_1, y_j), \\ u(x_i-h, y_j) &= u(x_i, y_j) - h u_x(x_i, y_j) + \frac{h^2}{2!} u_{xx}(x_i, y_j) \\ &- \frac{h^3}{3!} u_{xxx}(x_i, y_j) + \frac{h^4}{4!} u_{xxxx}(\xi_2, y_j), \\ u(x_i, y_j+k) &= u(x_i, y_j) + k u_y(x_i, y_j) + \frac{k^2}{2!} u_{yy}(x_i, y_j) \\ &+ \frac{k^3}{3!} u_{yyy}(x_i, y_j) + \frac{k^4}{4!} u_{yyyy}(x_i, \eta_1), \\ u(x_i, y_j-k) &= u(x_i, y_j) - k u_y(x_i, y_j) + \frac{k^2}{2!} u_{yy}(x_i, y_j) \\ &- \frac{k^3}{3!} u_{yyy}(x_i, y_j) + \frac{k^4}{4!} u_{yyyy}(x_i, \eta_2), \end{aligned}$$

onde ξ_1, ξ_2, η_1 e η_2 são pontos arbitrários nos intervalos $\xi_1 \in (x_i, x_i+h)$, $\xi_2 \in (x_i-h, x_i)$, $\eta_1 \in (y_j, y_j+k)$, $\eta_2 \in (y_j-k, y_j)$.

Substituindo estas expansões em (11.90) e simplificando os termos semelhantes, obtemos:

$$T_{i,j} = -\bigg[u_{xx}(x_i, y_j) + \frac{h^2}{4!}u_{xxxx}(\xi_1, y_j) + \frac{h^2}{4!}u_{xxxx}(\xi_2, y_j)$$
$$+ u_{yy}(x_i, y_j) + \frac{k^2}{4!}u_{yyyy}(x_i, \eta_1) + \frac{k^2}{4!}u_{yyyy}(x_i, \eta_2) - f(x_i, y_j)\bigg]. \quad (11.91)$$

Da hipótese que as derivadas u_{xxxx} e u_{yyyy} existem e são limitadas, segue que os números $P = max|u_{xxxx}(x, y)|$ e $Q = max|u_{yyyy}(x, y)|$ estão bem definidos.

Assim, tomando módulo, em seguida o máximo da expressão (11.91), e considerando que $u_{xx} + u_{yy} = f$, obtemos:

$$|T_{i,j}| \leq \frac{P}{12}h^2 + \frac{Q}{12}k^2. \quad (11.92)$$

Observe que, neste caso, o erro de truncamento local decresce ao refinarmos a malha, isto é, ao fazermos h e k menores. Na verdade, o Lema 11.1 nos diz mais do que simplesmente que o erro diminui, ele nos dá a velocidade de decaimento deste erro, que neste caso é quadrática. No entanto, isto não implica necessariamente que o erro global definido por:

$$e_{i,j} = u_{i,j} - U_{i,j} \quad (11.93)$$

também está decrescendo. Provaremos este fato a seguir. Mas, para este fim, necessitamos de alguns resultados preliminares, que passamos a apresentar e demonstrar.

Teorema 11.3

a) Se $V(x, y)$ é uma função discreta (de malha) definida sobre $R_\delta \bigcup \partial R_\delta$ e satisfaz

$$\Delta_\delta V(x, y) \geq 0, \quad \forall (x, y) \in R_\delta,$$

então,

$$\max_{(x,y) \in R_\delta} V(x, y) \leq \max_{(x,y) \in \partial R_\delta} V(x, y).$$

b) Alternativamente, se $V(x, y)$ satisfaz

$$\Delta_\delta V(x, y) \leq 0, \quad \forall (x, y) \in R_\delta,$$

então,

$$\min_{(x,y) \in R_\delta} V(x, y) \geq \min_{(x,y) \in \partial R_\delta} V(x, y).$$

Prova: Provaremos a parte a) por contradição.

Suponhamos que em algum ponto $P_0 \equiv (x_r, y_s)$ de R_δ temos $V(P_0) = M_0$, onde $M_0 \geq V(P), \forall P \in R_\delta$ e $M_0 > V(P), \forall P \in \partial R_\delta$. Sejam:

$$P_1 = (x_r + h, y_s), \quad P_2 = (x_r - h, y_s), \quad P_3 = (x_r, y_s + k), \quad P_4 = (x_r, y_s - k).$$

Então, usando (11.82), podemos escrever:

$$\Delta_\delta V(P_0) \equiv \frac{V(P_1) + V(P_2)}{h^2} + \frac{V(P_3) + V(P_4)}{k^2} - 2\left(\frac{1}{h^2} + \frac{1}{k^2}\right)V(P_0).$$

Mas, por hipótese, temos $\Delta_\delta V(P_0) \geq 0$, de modo que:

$$M_0 = V(P_0) \leq \frac{1}{1/h^2 + 1/k^2}\left(\frac{1}{h^2}\frac{V(P_1) + V(P_2)}{2} + \frac{1}{k^2}\frac{V(P_3) + V(P_4)}{2}\right). \quad (11.94)$$

Como $M_0 \geq V(Q)$, $\forall Q \in R_\delta \cup \partial R_\delta$, então $V(P_\nu) = M_0$ para $\nu = 1, 2, 3, 4$, pois se $V(P_\nu) < M_0$ para algum $\nu = 1, 2, 3, 4$, então, de (11.94), temos que:

$$M_0 = V(P_0) < \frac{1}{1/h^2 + 1/k^2}\left(\frac{1}{h^2}\frac{M_0 + M_0}{2} + \frac{1}{k^2}\frac{M_0 + M_0}{2}\right) = M_0,$$

o que leva a uma contradição, pois M_0 não pode ser estritamente menor do que ele mesmo. Lembre-se que estamos supondo que M_0 é o máximo de V em todo o domínio e, portanto, $V(Q) \leq M_0$, $\forall Q$.

Agora, repetimos este argumento para cada um dos pontos interiores P_ν no lugar de P_0. Por repetição, cada ponto de R_δ e ∂R_δ aparece como um dos pontos P_ν para algum correspondente P_0. Assim, concluímos que:

$$V(P) = M_0 \quad \text{para todo} \quad P \in R_\delta \cup \partial R_\delta,$$

o que contradiz a hipótese que $V < M_0$ em ∂R_δ. Daí, a parte **a)** do teorema segue. Na verdade, provamos mais que isto. Provamos que se o máximo, no caso **a)**, ou o mínimo, no caso **b)**, de $V(x, y)$ ocorre em R_δ, então $V(x, y)$ é constante em R_δ e ∂R_δ.

Para provar a parte **b)**, podemos repetir o argumento anterior. Entretanto, é mais simples recordar que:

$$\max[-V(x,y)] = -\min V(x,y),$$
$$\Delta_\delta(-V) = -\Delta_\delta(V).$$

Portanto, se V satisfaz a hipótese da parte **b)**, então $-V$ satisfaz a hipótese da parte **a)**. Mas a conclusão da parte **a)** para $-V$ é a mesma da parte **b)** para V.

Aplicando adequadamente o princípio do máximo, podemos obter um limitante para a solução da equação de diferenças (11.80). O resultado, chamado *estimativa a priori*, é dado no próximo teorema.

Teorema 11.4
Seja $V(x, y)$ qualquer função discreta definida sobre os conjuntos R_δ e ∂R_δ. Então,

$$\max_{(x,y)\in R_\delta} |V(x,y)| \leq \max_{(x,y)\in \partial R_\delta} |V(x,y)| + \frac{a^2}{2} \max_{(x,y)\in R_\delta} |\Delta_\delta V(x,y)|. \qquad (11.95)$$

Prova: Vamos introduzir a função:

$$\phi(x,y) \equiv \frac{1}{2}x^2$$

e observar que para todo $(x,y) \in R_\delta \bigcup \partial R_\delta$,

$$0 \leq \phi(x,y) \leq \frac{a^2}{2} \quad \text{e} \quad \Delta_\delta \phi(x,y) = 1.$$

Sejam agora $V_+(x,y)$ e $V_-(x,y)$ dadas por:

$$V_\pm(x,y) \equiv \pm V(x,y) + N_0 \phi(x,y),$$

onde:

$$N_0 \equiv \max_{(x,y)\in R_\delta} |\Delta_\delta V(x,y)|.$$

Para todo $(x, y) \in R_\delta$ é fácil mostrar que (ver exercício 11.41):

$$\Delta_\delta V_\pm(x,y) = \pm \Delta_\delta V(x,y) + N_0 \geq 0.$$

Assim, podemos aplicar o princípio do máximo, parte **a)** do Teorema 11.3, a cada $V_\pm(x,y)$ e obtemos, para todo $(x,y) \in R_\delta$,

$$V_\pm(x,y) \leq \max_{(x,y)\in \partial R_\delta} V_\pm(x,y)$$
$$= \max_{(x,y)\in \partial R_\delta} [\pm V(x,y) + N_0\phi] \leq \max_{(x,y)\in \partial R_\delta} [\pm V(x,y)] + N_0 \frac{a^2}{2}.$$

Mas, da definição de $V_\pm$ e do fato que $\phi \geq 0$, obtemos:

$$\pm V(x,y) \leq V_\pm(x,y).$$

Portanto,

$$\pm V(x,y) \leq \max_{(x,y)\in \partial R_\delta} [\pm V(x,y)] + N_0 \frac{a^2}{2} \leq \max_{(x,y)\in \partial R_\delta} |V(x,y)| + \frac{a^2}{2} N_0.$$

Como o lado direito da desigualdade anterior é independente de $(x,y) \in R_\delta$, o teorema segue.

Note que podemos substituir $\frac{a^2}{2}$ em (11.95) por $\frac{b^2}{2}$, desde que usemos $\psi(x,y) = \frac{y^2}{2}$ no lugar de $\phi(x,y)$ na prova do teorema.

Para encontrar uma estimativa para o erro global, tomaremos, no Teorema 11.4, $V(x,y) = e(x,y)$. Então, segue que:

$$\pm e_{i,j} \leq \max_{\partial R_\delta} |e_{i,j}| + \frac{a^2}{2} N_0.$$

Mas como $U_{i,j} = u_{i,j} = g_{i,j}$, na fronteira ∂R_δ, temos que $e_{i,j} = 0$ em ∂R_δ. Assim,

$$\pm e_{i,j} \leq \frac{a^2}{2} N_0,$$

ou seja,

$$|e_{i,j}| \leq \frac{a^2}{2} N_0 = \frac{a^2}{2} \max_{R_\delta} |\Delta_\delta e_{i,j}|.$$

Agora,

$$\Delta_\delta e_{i,j} = \Delta_\delta(u(x_i,y_j) - U_{i,j}) = \Delta_\delta u(x_i,y_j) - \Delta_\delta U_{i,j} = \Delta_\delta u_{i,j} - f_{i,j} = T_{i,j}$$

usando (11.89). Logo,

$$|e_{i,j}| \leq \frac{a^2}{2} \max_{R_\delta} |T_{i,j}| \leq \frac{a^2}{24}(Ph^2 + Qk^2). \quad (11.96)$$

Portanto, o método numérico definido em (11.80) produz uma solução $U_{i,j}$ que converge pontualmente para a solução $u(x_i,y_j)$ quando $h \to 0$ e $k \to 0$, com $x_i = ih, y_j = jk$ valores fixos.

Exemplo 11.8

Considere o problema:

$$u_{xx} + u_{yy} = -(\cos(x+y) + \cos(x-y)), \quad 0 < x < \pi, \quad 0 < y < \frac{\pi}{2},$$
$$u(x,0) = \cos x, \quad u\left(x, \frac{\pi}{2}\right) = 0, \quad 0 \leq x \leq \pi,$$
$$u(0,y) = \cos y, \quad u(\pi,y) = -\cos y, \quad 0 \leq y \leq \frac{\pi}{2},$$

cuja solução exata é $u(x,y) = \cos x \cos y$. Comprove numericamente que a estimativa (11.96) para o erro global é satisfeita.

Solução: Montamos a tabela:

	Erro Global	Estimativa
$h = 0.1$ e $k = 0.1$	0.0081324	0.0082247
$h = 0.01$ e $k = 0.01$	0.0000813	0.0000822
$h = 0.001$ e $k = 0.001$	0.00000079	0.0000008

Observe que as entradas da tabela do erro global satisfazem (11.96).

Corolário 11.1
Uma conseqüência do Teorema 11.4 é que o sistema de equações lineares $AU = c$, definido pela matriz (11.85), tem uma única solução.

Prova: Provaremos que o sistema linear homogêneo correspondente a (11.80) tem somente a solução trivial. Para isso, consideremos o problema homogêneo:

$$-(u_{xx} + u_{yy}) = 0 \text{ em } R,$$

com condição de fronteira homogênea $u = 0$ sobre a fronteira ∂R, cuja única solução é obviamente a solução $u \equiv 0$. Discretizando este problema como fizemos para obter (11.80), obtemos um sistema linear homogêneo para as incógnitas $U_{i,j}$. Utilizando agora o Teorema 11.4, com $V(x, y) = u(x, y)$, teremos:

$$\max_{R_\delta} U_{i,j} \leq \max_{\partial R_\delta} U_{i,j} = 0.$$

Por outro lado, como $\Delta_\delta U_{i,j} = 0$, pois estamos assumindo que $U_{i,j}$ é solução da equação de diferenças, temos também, usando a parte **b)** do Teorema 11.3, que:

$$\min_{R_\delta} U_{i,j} \geq \min_{\partial R_\delta} U_{i,j} = 0.$$

Assim, $U_{i,j} = 0$ é a única solução do sistema em questão.

Exercícios

11.39 Calcule o erro de truncamento local dos métodos do exercício 11.36.

11.40 A equação biarmônica é dada por:

$$\Delta\Delta u = u_{xxxx} + 2u_{xxyy} + u_{yyyy} = f(x, y).$$

Aproximando o operador $\Delta\Delta u$ por:

$$\Delta\Delta u \approx \alpha_0 U_0 + \alpha_1 \sum_{i=1}^{4} U_i + \alpha_2 \sum_{i=5}^{8} U_i + \alpha_3 \sum_{i=9}^{12} U_i$$

numa malha uniformemente espaçada de h, obtenha valores para os parâmetros α_0, α_1, α_2 e α_3 tal que a fórmula tenha $O(h^2)$. Deduza a fórmula do erro de truncamento local. A molécula computacional é dada na Figura 11.12.

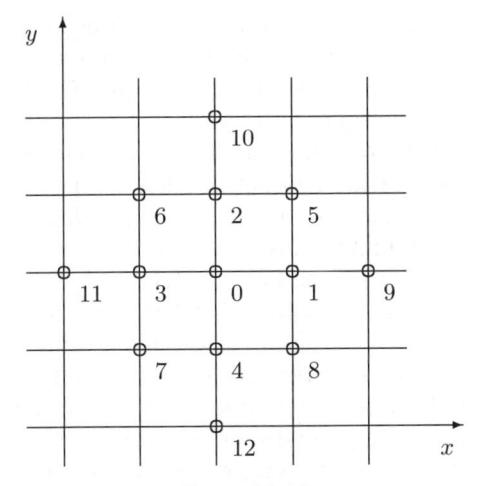

Figura 11.12

11.41 Mostre que
$$\Delta_\delta V_\pm(x,y) = \pm\Delta_\delta V(x,y) + N_0 \geq 0.$$

11.3.2 Condições de Fronteira em Domínios Gerais

Na prática, raramente os problemas apresentam-se em domínios retangulares, de forma que os métodos apresentados na seção anterior teriam pouco valor na solução de problemas reais se eles não fossem estendíveis para domínios mais gerais. Nesta seção, apresentaremos duas técnicas para aproximação numérica da equação de Poisson com condição de fronteira de Dirichlet em domínios gerais. O caso da condição de Neumann é bem mais complexo e será tratado em outra seção. Consideremos então o problema de Dirichlet num domínio R, como o da Figura 11.13.

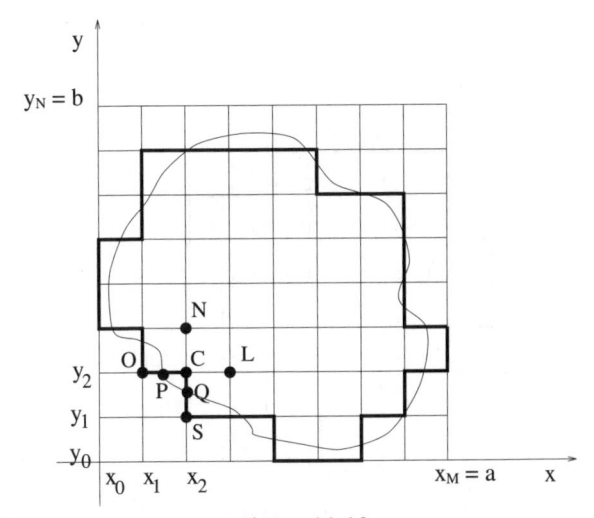

Figura 11.13

Na Figura 11.13 e nas seguintes utilizaremos a localização geográfica para rotular os pontos da discretização de cinco pontos, isto é: chamaremos de C o ponto central da discretização, de N o ponto acima (Norte), de S o ponto abaixo (Sul), de L o ponto à direita (Leste) e de O o ponto à esquerda (Oeste).

Note que, ao contrário do caso de um domínio retangular, neste caso os pontos onde a condição de fronteira é conhecida não fazem parte da malha e, portanto, não podemos utilizar diretamente a condição de fronteira para eliminá-los da equação (11.80). A primeira técnica que apresentamos consiste em aproximar a fronteira do domínio por segmentos da malha, como ilustrado na Figura 11.13, pela linha mais grossa. Completada esta aproximação, passamos a resolver o problema no novo domínio, supondo que a condição de fronteira $u(x,y) = g(x,y)$ aplica-se agora sobre a nova fronteira. Como pode ser facilmente e diretamente observado da Figura 11.13, ao refinarmos a malha, melhores aproximações da fronteira são obtidas. Entretanto, este não é o método mais preciso que podemos deduzir. Sua grande vantagem está na simplicidade e facilidade de aplicação. Na prática, quando aproximamos o domínio pelos lados das células e transportamos a condição de fronteira para esta nova curva (observe o ponto P na Figura 11.13), estamos aproximando o valor de U_O por aquele de U_P, ou seja, estamos interpolando u na célula por um polinômio constante de grau zero. Como é sabido da teoria da aproximação (veja [Rivlin,1969]), o erro em tal aproximação é de ordem h. Já o erro de aproximação da equação diferencial por diferenças finitas, como foi mostrado em (11.92), é de ordem h^2. Por esta razão foi comentado anteriormente que este é um método que não possui boa precisão.

O sistema linear resultante da aplicação desta técnica é similar àquele obtido para o caso de um domínio retangular tendo a forma $\boldsymbol{AU} = \boldsymbol{c}$, onde $\boldsymbol{U}$ representa o vetor das incógnitas, a matriz A tem as mesmas características daquela em (11.85) a menos do fato de que a subdiagonal onde aparece a constante c deixa de ser uma diagonal e os valores aparecem em ziguezague.

Exemplo 11.9

Considere como um exemplo a equação de Poisson com condição de fronteira de Dirichlet para o domínio da Figura 11.14. A discretização a ser considerada é a dada na mesma figura.

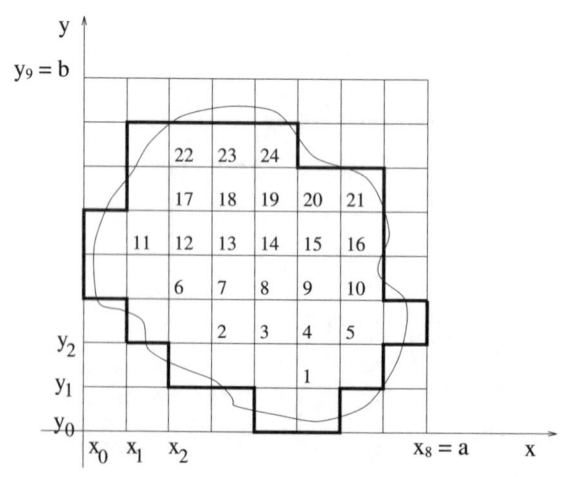

Figura 11.14

Escreva o sistema linear que deve ser resolvido neste caso.

Solução: A discretização desta equação por diferenças finitas de cinco pontos, tomando como aproximação da fronteira irregular os lados da malha, conforme ilustrado pela linha cheia na Figura 11.14, fornece um sistema linear 24×24, $A\boldsymbol{U} = \boldsymbol{c}$, onde:

$$\boldsymbol{U} = (U_1, U_2, \ldots, U_{24})^T$$

e U_i denota uma aproximação para $u(x,y)$ no ponto i da Figura 11.14. A matriz dos coeficientes neste caso é:

$$A = \begin{pmatrix}
a & & c & & & & & & & & & & & & & & & & & & & & & \\
& a & b & & & c & & & & & & & & & & & & & & & & & & \\
& b & a & b & & & c & & & & & & & & & & & & & & & & & \\
c & & b & a & b & & & c & & & & & & & & & & & & & & & & \\
& & & b & a & & & & c & & & & & & & & & & & & & & & \\
& & & & & a & b & & & c & & & & & & & & & & & & & & \\
& c & & & & b & a & b & & & c & & & & & & & & & & & & & \\
& & c & & & & b & a & b & & & c & & & & & & & & & & & & \\
& & & c & & & & b & a & b & & & c & & & & & & & & & & & \\
& & & & c & & & & b & a & & & & c & & & & & & & & & & \\
& & & & & & & & & a & b & & & & c & & & & & & & & \\
& & & & & c & & & & b & a & b & & & & c & & & & & & & & \\
& & & & & & c & & & & b & a & b & & & & c & & & & & & & \\
& & & & & & & c & & & & b & a & b & & & & c & & & & & & \\
& & & & & & & & c & & & & b & a & & & & & c & & & & & \\
& & & & & & & & & c & & & & & a & b & & & & c & & & & \\
& & & & & & & & & & & c & & & & b & a & b & & & & c & & \\
& & & & & & & & & & & & c & & & & b & a & b & & & & c & \\
& & & & & & & & & & & & & c & & & & b & a & b & & & & c \\
& & & & & & & & & & & & & & & & & & b & a & & & & c \\
& & & & & & & & & & & & & & & c & & & & & a & b & & \\
& & & & & & & & & & & & & & & & & & & c & b & a & b & \\
& & & & & & & & & & & & & & & & & c & & & & b & a & b \\
& & & & & & & & & & & & & & & & & & c & & & & b & a
\end{pmatrix},$$

com:

$$a = \frac{2}{h^2} + \frac{2}{k^2}, \quad b = -\frac{1}{h^2} \quad \text{e} \quad c = -\frac{1}{k^2}.$$

O vetor $\boldsymbol{c}$ contém o valor da função $f(x,y)$ avaliada nos pontos correspondentes à enumeração da Figura 11.14 e também os valores da fronteira. Por exemplo, a primeira coordenada de $\boldsymbol{c}$ é:

$$c_1 = f(x_5, y_1) + \frac{g(x_4, y_1) + g(x_6, y_1)}{h^2} + \frac{g(x_5, y_0)}{k^2},$$

que corresponde ao valor de f no ponto 1 adicionado aos valores da fronteira correspondentes aos pontos à esquerda e à direita de 1 e também do ponto abaixo. As demais coordenadas de $\boldsymbol{c}$ são calculadas de maneira similar e deixamos como exercício (ver exercício 11.52).

484 CAPÍTULO 11   EQUAÇÕES DIFERENCIAIS PARCIAIS

A outra técnica consiste na utilização de um polinômio de primeiro grau na interpolação. No caso da Figura 11.14, utilizamos os pontos P e C para interpolação e avaliamos este polinômio no ponto O. Na verdade, fizemos uma extrapolação. Assim, o valor de U_O será expresso como função dos valores de U_P, que é conhecido, e de U_C, que não é. Isto produz uma equação que permite a eliminação de U_O da equação de diferenças para U_C.

Deduzimos a seguir as fórmulas para o caso especial do ponto C da Figura 11.14. Na notação da Figura 11.14, temos:

$$\frac{U_O - 2U_C + U_L}{h^2} + \frac{U_N - 2U_C + U_S}{k^2} = f_C. \tag{11.97}$$

A grande dificuldade de (11.97), comparada com (11.80), é que em (11.97) o valor de U_O é desconhecido, pois este não está sobre a fronteira, como é o caso quando o domínio é retangular. Observe, na Figura 11.15, a ampliação de uma parte da Figura 11.13, onde mostramos uma célula cuja fronteira do domínio corta seus lados.

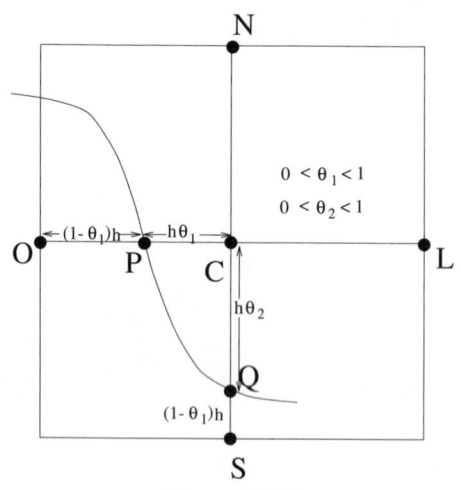

Figura 11.15

O polinômio linear que interpola U_P e U_C é

$$(x - x_C)U_P - (x - x_P)U_C]\frac{1}{x_P - x_C}.$$

A aproximação para U_O pode então ser facilmente deduzida substituindo x por x_O na expressão anterior. Fazendo isto, obtemos:

$$U_O \simeq [(x_O - x_C)U_P - (x_O - x_P)U_C]\frac{1}{x_P - x_C} = [-hU_P + (1 - \theta_1)hU_C]\frac{-1}{h\theta_1}$$

$$= \frac{1}{\theta_1}[U_P - (1 - \theta_1)U_C].$$

Da mesma forma:

$$U_S \simeq \frac{1}{\theta_2}[U_Q - (1 - \theta_2)U_C].$$

Substituindo estas aproximações em (11.97), obtemos:

$$\frac{1}{h^2}\left[\frac{U_P-(1-\theta_1)U_B}{\theta_1}-2U_B+U_C\right]+\frac{1}{k^2}\left[\frac{U_Q-(1-\theta_2)U_B}{\theta_2}-2U_B+U_E\right]=f_B.$$

Eliminando agora os termos semelhantes e passando para o segundo membro os termos conhecidos, obtemos a equação final:

$$\frac{1}{h^2}\left[U_L-\frac{(1+\theta_1)U_C}{\theta_1}\right]+\frac{1}{k^2}\left[U_N-\frac{(1+\theta_2)U_C}{\theta_2}\right]=f_C-\frac{U_P}{h^2\theta_1}-\frac{U_Q}{k^2\theta_2}. \qquad (11.98)$$

Uma variação da técnica de interpolação anteriormente descrita, e que é muitas vezes preferida na prática, por tratar-se de interpolação propriamente dita e não extrapolação, é a seguinte:

Aplica-se a equação de diferenças de cinco pontos somente para aqueles pontos da malha interiores ao domínio e para os quais todos os quatro vizinhos estão no domínio. Para pontos interiores ao domínio com algum vizinho fora dele, calculamos uma aproximação por interpolação. Assim, para o ponto C da Figura 11.15, calculamos uma primeira aproximação para U_C interpolando na direção x os pontos U_P e U_L; em seguida calculamos uma segunda aproximação para U_C interpolando na direção y os pontos U_Q e U_N; e, finalmente, adotamos como aproximação definitiva para U_C a média ponderada pelas distâncias dos dois valores obtidos, ou seja, primeiramente calculamos o polinômio que interpola U_P e U_L, o qual é dado por:

$$[(x-x_P)U_L-(x-x_L)U_P]\frac{1}{x_L-x_P}.$$

Avaliamos este polinômio no ponto x_C para obter a primeira aproximação U_C^1 de U_C, isto é, calculamos:

$$U_C^1=\frac{h\theta_1 U_L+hU_P}{h+h\theta_1}=\frac{\theta_1 U_L+U_P}{1+\theta_1}.$$

Da mesma forma, calculamos uma segunda aproximação U_C^2 de U_C interpolando na outra direção, isto é, fazendo:

$$U_C^2=\frac{h\theta_2 U_N+hU_Q}{h+h\theta_2}=\frac{\theta_2 U_N+U_Q}{1+\theta_2}.$$

Finalmente, uma aproximação para U_C pode então ser obtida tomando a média ponderada, isto é, fazendo:

$$U_C=\frac{h\theta_1 U_C^1+h\theta_2 U_C^2}{h\theta_1+h\theta_2}=\frac{\theta_1 U_C^1+\theta_2 U_C^2}{\theta_1+\theta_2}.$$

Detalhes sobre as técnicas aqui descritas podem ser encontrados em [Smith,1978], [Lapidus,1982].

Exercícios

11.42 Resolver numericamente a equação:

$$u_{xx}+u_{yy}=4, \quad \text{em } \Omega,$$
$$u=g, \quad \text{na fronteira de } \Omega,$$

onde Ω é a região do primeiro quadrante delimitada pelo círculo de raio 1, dada na Figura 11.16,

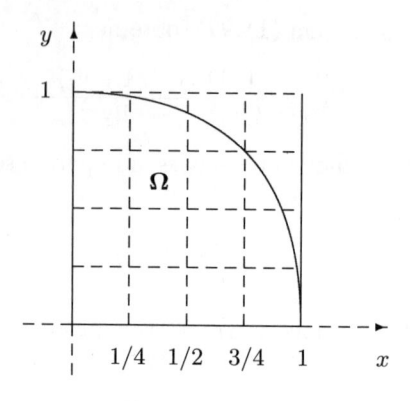

Figura 11.16

e

$$g(x) = \begin{cases} 1 & \text{se} \quad x^2 + y^2 = 1 \\ x^2 & \text{se} \quad y = 0 \\ y^2 & \text{se} \quad x = 0 \end{cases}$$

cuja solução exata é $u(x,y) = x^2 + y^2$. Utilizando $h = \dfrac{1}{4}$ em ambas as direções x e y para discretizar o domínio, obtenha o sistema linear no caso de cada uma das três técnicas explicadas anteriormente, para aproximação da fronteira. Refaça com $h = \dfrac{1}{8}$.

11.43 Repetir o que foi feito no exercício 11.42, com $h = \dfrac{1}{4}$ para o caso em que Ω é o domínio dado na Figura 11.17.

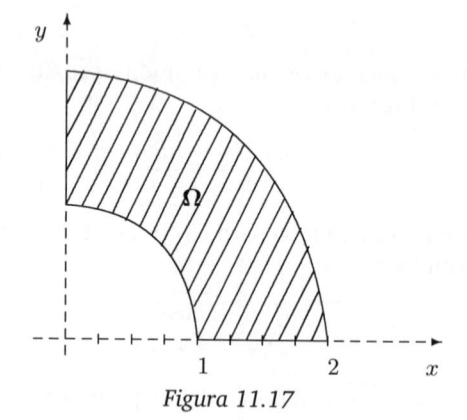

Figura 11.17

e

$$g(x) = \begin{cases} 2 & \text{se} \quad x^2 + y^2 = 2 \\ 1 & \text{se} \quad x^2 + y^2 = 1 \\ x^2 & \text{se} \quad x \in [1,2] \text{ e } y = 0 \\ y^2 & \text{se} \quad y \in [1,2] \text{ e } x = 0 \end{cases}$$

11.3.3 Condição de Fronteira de Neumann

Consideramos nesta seção o problema de Poisson com condição de fronteira com derivadas, ou seja, condições de fronteira de Neumann. No caso do domínio retangular, o problema de Neumann é ilustrado na Figura 11.18.

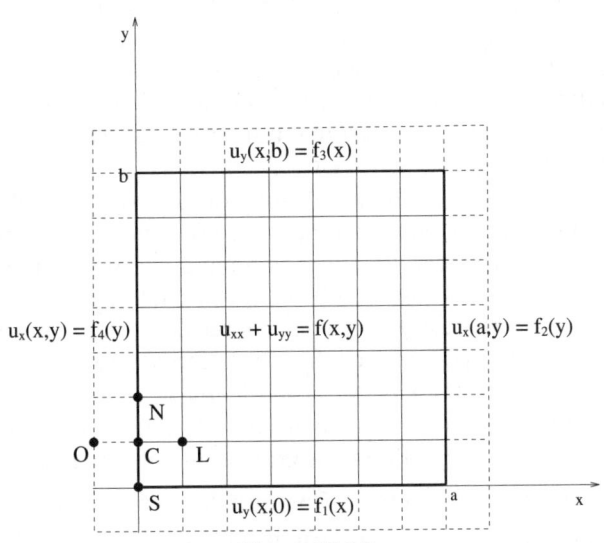

Figura 11.18

Diferentemente do caso da condição de Dirichlet onde o valor de u é conhecido na fronteira, no presente caso devemos determinar u também nos pontos da fronteira. Assim, precisamos considerar a equação de diferenças finitas para pontos como o ponto C da Figura 11.18. Como a equação de diferenças utiliza pontos para trás e para a frente (também para cima e para baixo), temos que introduzir pontos fantasmas que estão fora do domínio de cálculo, como aqueles formados pelas linhas tracejadas da Figura 11.18. Utilizamos então as condições de fronteira para eliminá-los. Assim, a equação de Poisson discretizada no ponto C é:

$$\frac{U_O - 2U_C + U_L}{h^2} + \frac{U_N - 2U_C + U_S}{k^2} = f_C. \qquad (11.99)$$

O ponto O é fantasma e deve ser eliminado. Descrevemos a seguir como eliminar este ponto. Procede-se de maneira similar na eliminação de pontos sobre as outras linhas tracejadas.

Com este objetivo, aproximamos a condição de fronteira $u_x(0,y) = f_4(y)$ por diferenças centrais no ponto C, isto é, fazemos:

$$f_4(y_C) = \frac{U_L - U_O}{2h},$$

ou seja,

$$U_O = U_L - 2h f_4(y_C). \qquad (11.100)$$

Portanto, a equação (11.99) transforma-se em:

$$\frac{U_L - 2h f_4(y_C) - 2U_C + U_L}{h^2} + \frac{U_N - 2U_C + U_S}{k^2} = f_C.$$

Eliminado os termos comuns e passando aqueles conhecidos para o segundo membro, obtemos:

$$\frac{2U_L - 2U_C}{h^2} + \frac{U_N - 2U_C - U_S}{k^2} = f_C + \frac{2f_4(y_C)}{h^2}. \qquad (11.101)$$

Note que a equação de Poisson com condições de fronteira como as da Figura 11.18 não possui uma única solução, pois se $u(x,y)$ é solução, então $v(x,y) = u(x,y)+$ constante também é, devido ao fato de que a equação e suas condições de fronteira envolvem somente as derivadas da função u e, portanto, a adição de uma constante não faz diferença. Para tornar a solução única, costumeiramente é especificado o valor da solução em um ponto, isto é, $u(x_0, y_0) =$ valor dado.

Observando as equações (11.101) e (11.98), concluímos que o efeito das condições de fronteira no primeiro caso e da irregularidade da fronteira no segundo sobre as equações discretizadas é a modificação do termo independente no lado direito destas equações e também a modificação de alguns elementos da matriz de coeficientes. As modificações na matriz são as mais relevantes, pois, apesar de somente uns poucos elementos sofrerem modificações, estas podem ser suficientes para destruir propriedades importantes da matriz, tais como simetria e diagonal dominância.

O caso de domínios irregulares com condição de Neumann é muito mais complicado para o tratamento com diferenças finitas. A grande dificuldade reside no fato de conhecermos a derivada direcional $\frac{\partial u}{\partial \eta}$ sobre a fronteira do domínio. Assim, se, por exemplo, aproximarmos o domínio pelos lados das células da discretização, como descrito para o caso da condição de Dirichlet, não podemos simplesmente transportar estas condições para os pontos da malha, pois precisamos levar em consideração os cossenos diretores das derivadas direcionais. Isto torna este expediente extremamente tedioso e complexo, o que levou alguns autores, (ver [Tome, 1993]) a sugerir que estes termos devam ser ignorados e considerarmos as condições de fronteira sobre a malha como se aí fosse realmente sua localização. Este processo obviamente introduz erros que são de difícil análise.

Exercício

11.44 Considere o problema:

$$u_{xx} + u_{yy} = e^{-y}(2sen^2\, x - cos^2\, x), \quad \text{em} \quad [0, \pi] \times [0, 1]$$

com condições de fronteira de Neumann, como na Figura 11.18, onde:

$$f_1(x) = -cos^2\, x, \quad f_2(x) = e^{-y}, \quad f_3(x) = e^{-1}cos^2\, x, \quad f_4(x) = -e^{-y},$$

cuja solução exata é: $u(x,y) = e^{-y}cos^2\, x$.

Utilizando $h = \frac{\pi}{6}$ e $k = \frac{1}{4}$, monte o sistema linear resultante. Observe que o determinante da matriz é igual a zero, confirmando o fato que o problema tem infinitas soluções, como mencionado anteriormente. Para fixar uma única solução, considere $u(0,0) = 1$ e elimine a incógnita U_{00}, obtendo assim um sistema linear com uma linha e uma coluna a menos. Confirme que o determinante da nova matriz é não nulo.

11.4 Exercícios Complementares

11.45 Mostre que se para a equação de diferenças $U_{j+1} = AU_j + c_j$ os autovetores de A são linearmente independentes e se seus autovalores λ_i satisfazem $|\lambda_i| \leq 1 + O(k)$, $\forall i$, então essa equação será estável.

11.46 Seja A a matriz tridiagonal de ordem N:

$$A = \begin{pmatrix} a & b & & & & \\ c & a & b & & & \\ & c & a & b & & \\ & & & \ddots & & \\ & & & c & a & b \\ & & & & c & a \end{pmatrix}.$$

Mostre que os autovalores λ_i e os correspondentes autovetores v_i, $(i = 1, 2, \ldots, N)$, dessa matriz são dados por:

$$\lambda_i = a + 2b \left(\frac{c}{b}\right)^{\frac{1}{2}} \cos\left(\frac{i\pi}{N+1}\right),$$

$$v_i = \left(\left(\frac{c}{b}\right)^{\frac{1}{2}} sen\left(\frac{i\pi}{N+1}\right), \left(\frac{c}{b}\right)^{\frac{2}{2}} sen\left(\frac{2i\pi}{N+1}\right), \left(\frac{c}{b}\right)^{\frac{3}{2}} sen\left(\frac{3i\pi}{N+1}\right), \cdots, \right.$$
$$\left. \cdots, \left(\frac{c}{b}\right)^{\frac{N}{2}} sen\left(\frac{Ni\pi}{N+1}\right)\right)^T.$$

Sugestão: (ver [Smith,1978]).

11.47 Mostre que os autovalores e autovetores da matriz (11.22) são dados por:

$$\lambda_i = 1 - 4\sigma sen^2\left(\frac{i\pi}{2N}\right),$$

$$v_i = \left(sen\left(\frac{i\pi}{2N}\right), sen\left(\frac{2i\pi}{2N}\right), \cdots, sen\left(\frac{(N-1)i\pi}{2N}\right)\right)^T.$$

Impondo a condição de estabilidade, conclua que o método explícito é estável se $\sigma < \frac{1}{2}$.

11.48 Seja ψ a solução da equação do calor $\psi_t = \psi_{xx}$. Mostre que, se $\psi = e^{-\frac{v}{2}}$ e $u = v_x$, então u é solução da equação não linear:

$$u_t = u_{xx} - uu_x.$$

Utilizando a transformação anterior encontre a solução exata do problema:

$$u_t = u_{xx} - uu_x \quad 0 < x < 1, \quad t > 0,$$
$$u(x, 0) = sen\,\pi x,$$
$$u(0, t) = u(1, t) = 0.$$

Resolva este problema numericamente utilizando um método numérico à sua escolha e compare os resultados com a solução exata.

11.49 Utilizando o método da matriz, mostre que a condição de estabilidade da equação de diferenças:

$$U_{i,j+1} = U_{i,j} + \sigma(U_{i-1,j} - 2U_{i,j} + U_{i+1,j}), \quad i = 0, 1, \ldots N-1$$
$$U_{-1,j} = U_{1,j} + 20hU_{0,j}$$
$$U_{N,j} = 0$$

é $\sigma \le \dfrac{1}{2+10h}$. Por outro lado, usando o critério de von Neumann, obtemos a condição $\sigma \le \dfrac{1}{2}$. Conclua então que o critério de von Neumann é uma condição suficiente mas não necessária para estabilidade da equação de diferenças.

11.50 Mostre que a complexidade algorítmica (número de operações aritméticas) do método explícito para resolver a equação do calor em $2D$ é: 4 adições + 3 multiplicações por ponto da malha. Mostre também que, no caso de um método ADI, este número é: 10 adições + 8 multiplicações + 6 divisões.

11.51 Mostre que os operadores δ_x^2 e δ_y^2 comutam quando o domínio onde eles se aplicam é um retângulo. Dê um contra-exemplo para ilustrar o caso em que o domínio não é um retângulo.

11.52 Obtenha os demais elementos do vetor c do Exemplo (11.9).

11.53 Mostre que a discretização de cinco pontos da equação de Poisson para a molécula da Figura 11.19 é dada por:

$$\alpha_0 U_0 + \alpha_1 U_1 + \alpha_2 U_2 + \alpha_3 U_3 + \alpha_4 U_4 = f_0,$$

onde os coeficientes α são dados por:

$$\alpha_0 = -2\left(\frac{1}{h_1 h_3} + \frac{1}{h_2 h_4}\right); \quad \alpha_1 = \frac{2}{h_1(h_1 + h_3)}; \quad \alpha_2 = \frac{2}{h_2(h_2 + h_4)};$$

$$\alpha_3 = \frac{2}{h_3(h_1 + h_3)}; \quad \alpha_4 = \frac{2}{h_4(h_2 + h_4)}.$$

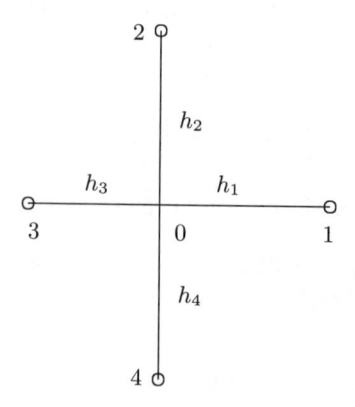

Figura 11.19

Calcule o erro de truncamento local e determine a ordem de consistência dessa discretização. Mostre que, quando $h_1 = h_3 = h$ e $h_2 = h_4 = k$, esta discretização é da $O(h^2 + k^2)$. Explique como essa molécula pode ser utilizada para discretizar a equação de Poisson num domínio irregular.

11.5 Problemas Aplicados e Projetos

11.1 Uma placa de prata no formato de um trapézio, como mostrado na Figura 11.20, tem calor sendo gerado uniformemente em cada ponto, a uma taxa $q = 1.5\ cal/cm^3.s$.

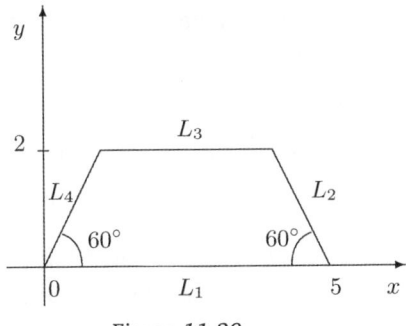

Figura 11.20

A temperatura de estado estacionário $u(x,y)$ da placa satisfaz a equação de Poisson:

$$u_{xx} + u_{yy} = -\frac{-q}{c},$$

onde c, a condutividade térmica, é $1.04\ cal/cm.deg.s$.

Suponha que a temperatura seja mantida em $25°C$ em L_3, que o calor se perca nas extremidades L_2 e L_4 de acordo com a condição de fronteira $\frac{\partial u}{\partial n} = 4$ e que não se perca calor em L_1, ou seja, $\frac{\partial u}{\partial n} = 0$. Aproxime a temperatura na placa em $(2,0), (3,0)$ e $(2.5,1)$, utilizando o método de diferenças finitas para domínios gerais ilustrado na Figura 11.14.

11.2 A temperatura $u(x,t)$ de uma barra comprida e delgada, de seção transversal constante ℓ, feita de um material condutor homogêneo, é regida pela equação unidimensional de calor. Se calor é gerado no material, por exemplo, pela resistência à corrente ou por reação nuclear, a equação obtida é:

$$u_{xx} - Ku_t = -\frac{Kr}{\rho C},\quad 0 < x < L,\ 0 < t,$$

onde L é o comprimento, ρ é a densidade, C é o calor específico e K é a difusidade térmica da barra. A função $r(x,t,u)$ representa o calor gerado por unidade de volume. Considere: $L = 1.5\ cm$, $K = 1.04\ cal/cm.deg.s$, $\rho = 10.6\ g/cm^3$, $C = 0.056\ cal/g.deg$, e que $r(t,x,u) = 5.0\ cal/cm^3.s$.

Se as extremidades da barra se mantêm em $0°C$, então:

$$u(0,t) = u(L,t) = 0, \quad t > 0.$$

Suponha que a distribuição inicial de temperatura seja dada por:

$$u(x,0) = sen\frac{\pi x}{L}, \quad 0 \leq x \leq L.$$

Use os métodos implícito e de Crank-Nicolson para aproximar a distribuição da temperatura com $h = 0.15$ e $k = 0.0225$.

11.3 As relações de esforço-deformação e as propriedades materiais de um cilindro submetido alternadamente a aquecimento e resfriamento levam à equação:

$$T_{rr} + \frac{1}{r}T_t = \frac{1}{4K}T_t, \quad \frac{1}{2} < r < 1,\ 0 < t,$$

onde $T = T(r,t)$ é a temperatura, r é a distância radial em relação ao centro do cilindro, t é o tempo e K é o coeficiente de difusidade.

a) Obtenha as aproximações para $T(r, 10)$ para um cilindro com raio externo 1, dadas as condições inicias e de fronteira:

$$T(1,t) = 100 + 40t, \quad 0 \leq t \leq 10,$$
$$T\left(\frac{1}{2}, t\right) = 100 + 40t, \quad 0 \leq t \leq 10,$$
$$T(r, 0) = 200(r - 0.5), \quad 0.5 \leq t \leq 1.$$

Use o método de diferenças regressivas com $K = 0.1$, $k = 0.5$ e $h = \Delta_r = 0.1$.

b) Usando a distribuição da temperatura da parte **a)**, calcule a deformação I, aproximando a integral:

$$\int_{0.5}^{1} \alpha T(r,t) r \, dr,$$

onde $\alpha = 10.7$ e $t = 10$. Use a regra do trapézio generalizada (ver Capítulo 9), com $n = 5$.

11.4 Um cabo co-axial é feito de um condutor interno quadrado de 0.1 polegada e de um condutor externo quadrado de 0.5 polegada. A equação de Laplace descreve o potencial no ponto da seção transversal do cabo. Suponha que conservemos o condutor interno com 0 volt e o externo com 110 volts. Calcule o potencial entre os dois condutores, colocando uma malha com espaçamento horizontal $h = 0.1$ polegada e com espaçamento vertical de rede $k = 0.1$ polegada na região: $D = \{(x, y) | 0 \leq x, y \leq 0.5\}$. Aproxime a solução da equação de Laplace em cada ponto da malha e utilize dois conjuntos de condições de fronteira para derivar um sistema linear a ser resolvido pelo método de Gauss-Seidel (ver Capítulo 5).

11.5 Uma placa retangular de prata de 6×5 cm tem calor sendo gerado uniformemente em todos os pontos, com uma taxa $q = 1.5$ $cal/cm^3.s$. Representamos por x a distância ao longo da borda da placa, de largura igual a 6 cm, e por y a distância ao longo da borda da placa, de largura igual a 5 cm. Suponha que a temperatura ao longo das bordas se mantenha nas seguintes temperaturas:

$$u(x, 0) = x(6 - x), \quad u(x, 5) = 0, \quad 0 \leq x \leq 6,$$
$$u(0, y) = y(5 - y), \quad u(6, y) = 0, \quad 0 \leq y \leq 5,$$

onde a origem se encontra em um dos cantos da placa com as coordenadas $(0, 0)$ e as bordas se posicionam ao longo dos eixos positivos x e y. A temperatura de estado estável $u(x, y)$ satisfaz a equação de Poisson:

$$u_{xx}(x, y) + u_{yy}(x, y) = \frac{q}{K}, \quad 0 < x < 6, \quad 0 < y < 5,$$

onde K, a condutividade térmica, é 1.04 $cal/cm.deg.s$. Aproxime a temperatura $u(x, y)$ usando o método de discretização de cinco pontos, com $h = 0.4$.

11.6 As equações:

$$u_t = u_{xx}, \quad x \in (0, 1), \quad t > 0,$$
$$u(0, t) = = 0, \quad t > 0,$$
$$u(1, t) = = 1, \quad t > 0,$$
$$u(x, 0) = = 0, \quad x \in [0, 1]$$

modelam o escoamento em um canal com paredes em $x = 0$ e $x = 1$, onde o fluido está inicialmente em repouso. Instantaneamente, a parede em $x = 1$ é posta em movimento. A função $u(x,t)$ representa a velocidade do fluido na direção das placas paralelas. Para tempos pequenos, apenas a parte do fluido próxima à parede é posta em movimento, resultando numa camada limite próxima a $x = 1$. À medida que o tempo avança, a velocidade tende a aproximar-se de uma variação linear com x.

Resolva este problema pelos métodos explícito, implícito e de Crank-Nicolson. Utilize $h = 0.1$ e $h = 0.01$ e calcule $u(x,t)$ para $x \simeq 1$ e três valores distintos de t. Comprove que de fato u tende a ser linear no estado estacionário.

11.7 Considere o problema 11.6, mas admita agora que a parede em $x = 1$ está imóvel e o escoamento é provocado pela força da gravidade. As equações que modelam este problema são dadas por:

$$u_t = u_{xx} + \beta(t), \quad x \in (0,1), \quad t > 0,$$
$$u(0,t) = = 0, \quad t > 0,$$
$$u(1,t) = = 1, \quad t > 0,$$
$$u(x,0) = = 0, \quad x \in [0,1].$$

Os mesmos métodos numéricos do problema 11.6 podem ser novamente aplicados.

Assim, utilizando tais métodos, produza um conjunto de figuras de U e β, com $\beta(t) = C_1 sen^{2n} wt$ e $\beta(t) = C_2 sen\, wt$, onde os parâmetros n, C_1, C_2 e w devem ser variados até você obter uma solução periódica.

11.8 O modelo matemático para um escoamento onde a viscosidade varia com a temperatura e com o gradiente de velocidade é dado por:

$$\frac{\partial u}{\partial t} = \alpha \frac{\partial}{\partial x}\left(m(t)\left|\frac{\partial u}{\partial x}\right|^{n-1}\frac{\partial u}{\partial x}\right) + \beta(t), \quad x \in (0,1), \quad t > 0,$$

$$T_t = \gamma\, T_{xx} + m(t)\,|u_x|^{n+1}, \quad x \in (0,1), \quad t > 0,$$

$$u(0,t) = 0, \quad t > 0,$$
$$u(1,t) = 0, \quad t > 0,$$
$$u(x,0) = 0, \quad x \in (0,1),$$
$$T(0,t) = 0, \quad t > 0,$$
$$T(1,t) = 0, \quad t > 0,$$
$$T(x,0) = 0, \quad x \in (0,1).$$

Estas equações formam um sistema de equações parabólicas não lineares e acopladas. Os parâmetros α, γ e n são números dados, enquanto $m(t) = e^{-\tau T}$, onde τ é uma constante.

Discretize as equações pelo método implícito, aproximando os termos não lineares pelo seu correspondente no tempo anterior. Fazendo isto, obtemos para a primeira equação:

$$\frac{U^j - U^{j-1}}{\Delta t} = \alpha \frac{\partial}{\partial x}\left(m\left(T^{j-1}\right)\left|\frac{\partial U^{j-1}}{\partial x}\right|^{n-1}\frac{\partial U^j}{\partial x}\right) + \beta(t^j).$$

Faça experimentos numéricos idênticos aos do problema 11.6, tomando $m(t) = 1$, $n = 1$ e β constante. Calcule a solução analítica para $t \to \infty$ e comprove que o método numérico reproduz esta solução.

Referências Bibliográficas

ACTON, F. S. *Numerical methods that work*. Nova York: Harper & Row, 1970.

AMES, W. F. *Nonlinear partial differential equations in engineering*. Nova York: Academic Press, 1972.

AMES, W. F. *Numerical methods for partial differential equations*. Nova York: Academic Press, 1992.

ANTON, H.; RORRES, C. *Álgebra linear com aplicações*. Porto Alegre: Bookman, 2001.

ALBRECHT, P. *Análise numérica: um curso moderno*. Rio de Janeiro: Livros Técnicos e Científicos, 1973.

BAJPAI, A. C.; MUSTOE, L. R.; WALKER, D. *Matemática para engenharia*. São Paulo: Hemus, 1980.

BARNETT, S. *Matrices-methods and applications*. Nova York: Clarendon Press, 1990.

BARROS, I. Q. *Introdução ao cálculo numérico*. São Paulo: Blücher, 1972.

BARROS, I. Q. *Métodos numéricos I – Álgebra linear*. Campinas: Imecc, 1970.

BERNSTEIN, D. L. *Existence theorems in partial differential equations*. Nova Jersey: Princeton University Press, 1950.

BOLDRINI, J. L.; COSTA, S. I. R.; FIGUEIREDO, V. L.; WETZLER, H. G. *Álgebra linear*. São Paulo: Harper & Row, 1980.

BRONSON, R. *Moderna introdução às equações diferenciais*. São Paulo: McGraw-Hill, 1976. (Coleção Schaum).

BURDEN, R. L.; FAIRE, J. D. *Análise numérica*. São Paulo: Pioneira Thompson Learning, 2003.

BUTCHER, J. C. On Runge-Kutta process of high order. *J. Austral. Math. Soc.*, v. 4, p. 179-194, 1964.

CALLIOLI, C. A.; DOMINGUES, H. H.; COSTA, R. C. F. *Álgebra linear e aplicações*. São Paulo: Atual, 1978.

CARNAHAN, B.; LUTHER, H. A.; WILKES, J. O. *Applied numerical methods*. Nova York: John Wiley, 1969.

CHAPRA, S. C.; CANALE, R. P. *Numerical methods for engineers*. Nova York: McGraw-Hill, 1990.

CLÁUDIO, D. M.; SANTOS, J. A. R. *Microcomputadores e minicalculadoras, seu uso em ciências e engenharia*. São Paulo: Blücher, 1983.

COHEN, A. M. et al. *Numerical analysis*. Nova York: McGraw-Hill, 1973.

CONTE, S. D. *Elementary numerical analysis*. Nova York: McGraw-Hill, 1965.

CONTE, S. D.; DE BOOR, C. *Elementary numerical analysis – an algoritmic approach*. Nova York: McGraw-Hill, 1981.

DEMIDOVICH, B. P.; MARON, I. A. *Computational mathematics*. Moscow: Mir, 1973.

DIXON, C. *Numerical analysis*. Glasgow: Blackie, 1974.

DORN, W. S.; McCRAKEN, D. D. *Numerical methods with Fortran case studies*. Nova York: John Wiley, 1972.

DOUGLAS, J.; RACHFORD, H. H. On the numerical solution of heat conductions problems in two and three space variables. *Trans. Amer. Math. Soc.*, 82, 421-439, 1956.

D'YAKONOV, Ye G. On the application of disintegrating difference operators. *Z. Vycisl. Mat. i Mat. Fiz.*, 3, 385-388, 1963.

FADDEV, D. K.; FADDEEVA, V. N. *Computational methods of linear algebra*. São Francisco: W. H. Freeman, 1963.

FIGUEIREDO, D. G. *Análise de Fourier e equações diferenciais parciais*. Projeto Euclides, Impa, 1977.

FORSYTHE, G. E.; MOLER, C. B. *Computer solution of linear algebraic systems*. Englewood Cliffs: Prentice-Hall, 1967.

FOX, L. M. A. *An introduction to numerical linear algebra*. Oxford: Clarendon Press, 1964.

FRIEDMAN, A. *Partial differential equations of parabolic tipe*. Englewood Cliffs: Prentice-Hall, 1964.

FROBERG, C. E. *Introduction to numerical analysis*. Reading: Addison-Wesley, 1965.

GELFAND, I. M. *Lectures on linear algebra*. Nova York: Interscience, 1961.

GERALD, C. F. *Applied numerical analysis*. Reading: Addison-Wesley, 1978.

GERALD, C. F.; WHEATLEY, P. O. *Applied numerical analysis*. Reading: Addison-Wesley, 1984.

GOURLAY, A. R.; WATSON, G. A. *Computational methods for matrix eigenproblems*. Londres: John Wiley, 1973.

GUIDORIZZI, H. L. *Um curso de cálculo*. Rio de Janeiro: LTC, 2001.

HILDEBRAND, F. B. *Introduction to numerical analysis*. Nova York: McGraw-Hill, 1956.

HENRICE, P. *Discrete variable methods in ordinary differential equations*. Nova York, John Wiley and Sons, 1962.

HENRICE, P. *Elements of numerical analysis*. Nova York: John Wiley, 1964.

HENRICE, P. *Essentials of numerical analysis with pocket calculator demonstrations*. Nova York: John Wiley, 1982.

HENRICE, P. *Applied methods in computational complex analysis*. Nova York: John Wiley, 1974. 2v.

ISAACSON, E.; KELLER, H. B. *Analysis of numerical methods*. Nova York: John Wiley, 1966.

JACQUES, I.; JUDD, C. *Numerical analysis*. Londres: Chapman and Hall, 1987.

JENNINGS, W. *First course in numerical methods*. Nova York: Macmillan, 1964.

KELLY, L. J. *Handbook of numerical methods and applications*. Reading: Addison-Wesley, 1967.

KNOPP, P. J. *Linear algebra: an introduction*. Santa Barbara: Hamilton, 1974.

LAMBERT, J. D. *Computational methods in ordinary differential equations*. Londres: John Wiley, 1973.

LANGTANGEN, H. P. *Computational partial differential equations*. Nova York: Springer, 1991.

LAPIDUS, L.; PINDER, G. F. *Numerical solution of partial differential equations in science and engineering*. Nova York: John Wiley, 1982.

LAZARINI, C.; FRANCO, N. B. *Tópicos de cálculo numérico*. São Carlos: ICMSC-USP, 1978. 2v.

LINHARES, O. L. *Cálculo numérico B*. São Carlos: ICMSC-USP, 1969.

LIPSCHUTZ, S. *Álgebra linear: teoria e problemas*. São Paulo: Makron Books, 1994. (Coleção Schaum).

ORTEGA, J. M.; RHEINBOLDT, W. C. *Iterative solution of non linear equations in several variables*. Nova York: Academic Press, 1970.

OSTROWSKI, A. M. *Solution of equations and systems of equations*. Nova York: Academic Press, 1966.

PEACEMAN, D. W.; RACHFORD, H. H. The numerical solution of parabolic and eliptic equations. *J. Soc. Indust. App. Math.* 3, 28-41. 1955.

RALSTON, A. *A first course in numerical analysis*. Nova York: McGraw-Hill, 1965.

RICHTMYER, R. D.; MORTON, K. W. *Difference methods for initial value problems*. Nova York: John Wiley & Sons, 1967.

RIVLIN, T. J. *An introduction to the approximation of functions*. Nova York: Dover, 1969.

SCHEID, F. *Schaum's outline of theory and problems of numerical analysis*. Nova York: McGraw-Hill, 1968.

SCHWARZ, H. R.; RUTISHAUSER, H.; STIEFEL, E. *Numerical analysis of symmetric matrices*. Englewood Cliffs: Prentice-Hall, 1973.

SMITH, G. D. *Numerical solution of partial differential equations: finite difference methods*. Oxford: OUP, 1978.

SOD, G. A. *Numerical methods in fluid dynamics: initial and initial boundary-values problems*. Cambridge: CUP, 1989.

STROUD, A. H.; SECREST, D. *Gaussian quadrature formulas*. Englewood Cliffs: Prentice-Hall, 1966.

SWOKOWSKI, E. W. *Cálculo com geometria analítica*. São Paulo: McGraw-Hill, 1983.

THOMAS, J. W. Numerical partial differential equations – finite difference methods. *Texts in applied mathematics*, Berlim: Springer, 1995. v. 22.

WATSON, W. A.; PHILIPSON, T.; OATES, P. J. *Numerical analysis: the mathematics of computing*. Londres: E. Arnold, 1981.

WILKINSON, J. H. *The algebraic eigenvalue problem*. Oxford: Clarendon Press, 1965.

YOUNG, D. M.; GREGORY, R. T. *A survey of numerical mathematics*. Reading: Addison-Wesley, 1972. v. 1.

YOUNG, D. M.; GREGORY, R. T. *A survey of numerical mathematics*. Reading: Addison-Wesley, 1973. v. 2.

Índice Remissivo

A
Adams-Bashforth (método de), 392, 397
Adams-Moulton (método de), 391
Algoritmo
    de Briot-Ruffini, 93, 206, 291, 312
    de Briot-Ruffini-Horner, 93
    Q-D, 101
    Q-D (versão Newton), 103
Análise da perturbação, 152
Análise harmônica, 260
Aproximação
    polinomial
        caso contínuo, 248
        caso discreto, 254
    por função do tipo
        exponencial, 264
        geométrica, 264
        hiperbólica, 265
        racional, 266
    trigonométrica
        caso contínuo, 258
        caso discreto, 261
Aproximações sucessivas, 66
Arredondamento (em ponto flutuante), 36
Autovalor, 26, 489
    de matriz simétrica, 224
        Jacobi (método cíclico), 232
        Jacobi (método clássico), 226
    métodos numéricos, 203
        Francis, 236
        Leverrier, 205
        Leverrier-Faddeev, 207
        potência (com deslocamento), 220
        potência (inversa), 218
        potências, 213
        Rutishauser, 234
Autovetor, 26, 489
    de matriz simétrica, 224
        Jacobi (método clássico), 228
    métodos numéricos, 203
        Leverrier-Faddeev, 208
        potências, 213

B
Base, 3
    canônica, 6, 248
    ortogonal, 9, 251
    ortonormal, 15, 251
Bissecção (método da), 66

C
Cancelamento, 48
Centrada (fórmula), 433
Cholesky (método de), 141
Combinação linear, 2
Condição
    de Dirichlet, 470
    de fronteira
        com derivadas, 452
        de Neumann, 452, 487
        em domínios gerais, 481
Condição (número de)
    de uma matriz, 153
    relativa, 57
Convergência
    critério geral, 169
    equações
        diferenciais ordinárias, 398, 406
        não lineares, 70
    seqüência de vetores, 169
    velocidade de, 221

Crank-Nicolson (método de), 450
Critério
    da matriz, 442
    das colunas, 172
    das linhas, 172, 178
    de Sassenfeld, 177
    de von Neumann, 441, 444
Crout (método de), 129

D

D'Yakonov (método de), 466
Decomposição
    GG^t, 141
    LR, 234
    LU, 123, 218, 234
    QR, 236
Deflação, 94
Dependência e independência linear, 3
Desigualdade
    de Schwarz, 10, 15
    triangular, 12, 15
Deslocamentos
    simultâneos (método dos), 172
    sucessivos (método dos), 176
Determinante, 124, 133, 139, 143
    de Vandermonde, 288
Diferença
    central, 245, 433
    dividida, 304
    ordinária, 314, 391
    progressiva, 432
    regressiva, 433
Diferenças finitas (método de), 432, 436, 470
Dimensão, 3
Direções
    alternadas implícitos (métodos de), 464
    conjugadas, 188
Dirichlet (problema de), 434, 469
Discretização, 383, 435
Doolittle (método de), 124
Douglas-Rachford (método de), 466
Du Fort Frankel (método de), 444

E

Efeitos numéricos, 47
Eliminação de Gauss (método de), 129
    com pivotamento parcial, 146
Equação
    de Burgers, 457
    de Laplace, 202, 470
    de Poisson, 470, 475, 488
    de Ritchmyer, 457
    do calor, 435
Equações
    diferenciais ordinárias, 382
        condição inicial, 383
        consistência, 396, 405
        constante do erro, 393
        de ordem elevada, 421
        de primeira ordem, 382
        erro de truncamento local, 384, 395, 403
        estabilidade, 396
        ordem de convergência, 393, 405
    diferenciais parciais, 431
        classificação, 432
        condição de fronteira, 435
        condição inicial, 435
        consistência, 438
        convergência, 438
        erro de truncamento local, 438, 448, 451, 476
        erro global, 438
        estabilidade, 438
    lineares, 118
    não lineares, 62
        ordem de convergência, 74, 79, 82, 85, 100
    não lineares (método)
        da bissecção, 66
        das secantes, 80
        de Newton, 77
        iterativo linear, 69
        regula falsi, 83
    normais, 22
    parabólicas, 432
        em duas dimensões, 461
    polinomiais, 92
        algoritmo $Q - D$, 101
        raízes complexas, 96, 101
        raízes reais, 92, 101
Erro absoluto, 68
Erro de truncamento
    integração numérica, 340, 360, 361
    interpolação polinomial, 295, 301, 309, 328, 351

mínimos quadrados, 258
Erro de truncamento local
    equações diferenciais
        ordinárias, 384, 395, 403
        parciais, 438, 448, 451, 476
Erro relativo
    autovalor, 215, 219
    equações não lineares, 68
    integração, 344, 362
    sistemas lineares, 170
    sistemas não lineares, 89
Espaço vetorial, 2
    euclidiano real, 7
    normado, 12
Estabilidade, 448, 463
    critério da matriz, 442
    critério de von Neumann, 441
Estabilidade numérica, 52
Euler (método de), 387, 416
    melhorado, 409
    modificado, 408
Explícito (método), 387, 436, 462
    de 1-passo, 387
    de 2-passos, 388, 392, 445
    estabilidade, 441, 442
    geral de 1-passo, 404

F
Fourrier (série de), 374
Francis (QR) (método de), 236
Função
    gama, 364
    impar, 260
    par, 260
    quadrática, 182
    racional, 266
    transcendente, 62

G
Gauss-Compacto (método de), 138
Gauss-Seidel (método de), 175
Gerschgorin (círculos de), 32, 233
Gradiente de uma função, 181
Gradientes (método dos), 185
    conjugados, 188
Gram-Schmidt (processo de), 17, 251
Grau de precisão, 328

H
Harmônicos de ordem k, 260
Heun (método de), 411

I
Implícito (método), 387, 446
    de 1-passo, 390
    de 2-passos, 390, 391
    de 3-passos, 392
    estabilidade, 452
Incondicionalmente
    consistente, 448
    estável, 445
    instável, 444
Instabilidade, 444
Instabilidade numérica, 52
Integração numérica, 327
    erro de truncamento, 340, 360
    fórmulas
        de Gauss, 351
        de Newton-Cotes, 331
        interpolatórias, 328
Integral
    dupla, 369
    elíptica completa, 294
    imprópria, 376
Interpolação polinomial, 287
    dupla, 321
    erro de truncamento, 295, 301, 309, 328, 351
    existência e unicidade, 288
    fórmula
        de Lagrange, 290, 300
        de Newton, 307
        de Newton-Gregory, 314
    inversa, 319
    linear, 298
Interpretação geométrica
    método
        da Bissecção, 66
        das Secantes, 81
        de Newton, 77
        iterativo linear, 73
        regula falsi, 83
Iteração, 66
Iterativo linear (método), 69
    equações não lineares, 69
        ordem de convergência, 74

sistemas não lineares, 86
  ordem de convergência, 86

J
Jacobi (método de)
  cíclico, 232
    com dados de entrada, 232
  clássico, 226
Jacobi-Richardson (método de), 171
Jacobiano, 88

K
Kaczmarz (método de), 155

L
Lagrange (fórmula de), 290, 328
  para pontos igualmente espaçados, 300
Leverrier (método de), 205
Leverrier-Faddeev (método de), 207
Lipschitz
  condição de, 406
  constante de, 383
Localmente unidimensional (método), 467

M
Mal condicionamento, 54, 151
Matriz
  característica, 29
  circulante, 242
  de amplificação, 442, 452
  de Hilbert, 147
  de iteração, 170, 171, 175
  de permutação, 136
  de rotação, 27, 31, 224
  diagonal, 171, 226
  diagonalmente dominante, 173, 178, 447
  esparsa, 160, 168
  identidade, 31
  indefinida, 181
  inversa, 155, 208
  menores principais, 123
  não singular, 4, 121, 255
  negativa definida, 181
  ortogonal, 31, 237
  positiva definida, 123, 141
  quadrada, 5
  simétrica, 22, 123, 141, 224
  similar, 30, 234, 236
  transposta, 35, 129, 141
  triangular inferior, 123, 136, 141, 234
  triangular superior, 123, 234, 236
  tridiagonal, 489
Molécula computacional, 436, 443, 446, 450, 480
Mudança de base, 3
  números reais, 39

N
Neumann (problema de), 470
Newton (fórmula de)
  interpolação polinomial, 309
Newton (método de)
  equações não lineares, 77
    ordem de convergência, 79
  equações polinomiais, 94
  sistemas não lineares, 89, 97
    ordem de convergência, 89
Newton-Bairstow (método de), 99
  ordem de convergência, 100
Newton-Cotes (fórmulas de)
  do tipo aberto, 391
  do tipo fechado, 331
Newton-Gregory (fórmula de), 316, 391
Norma
  consistente, 17, 153, 170, 176
  de matriz, 15, 169, 172, 176
  de vetor, 12, 149
  equivalente, 14, 16
  subordinada, 17
Nystrom (método de), 411

O
Operações aritméticas
  em ponto flutuante, 45
Operador
  diferença linear, 393
  diferencial, 26
  identidade, 26
  linear, 26, 57
Ortogonalidade, 8, 189

P
Passo múltiplo (método linear de), 387
  Adams-Bashforth, 392
  Adams-Moulton, 391
  constante do erro, 393
  Euler, 387

ordem de convergência, 393
ponto médio, 388
Simpson, 390, 392
trapézio, 390
Peaceman e Rachford (método de), 466
Pivô, 133
Polinômio
característico, 29, 205, 208
de Hermite, 348
de interpolação, 289, 290, 300, 308, 316
de Laguerre, 348
de Legendre, 115, 275, 347, 348
de matriz, 29
de Tchebyshev, 347
ortogonal, 20, 275, 345
ortonormal, 251
Ponto
de cela, 181
de inflexão, 181
de máximo, 181
de mínimo, 181
estacionário, 181
fixo, 69
flutuante, 149
arredondamento em, 43
operações aritméticas em, 45
overflow em, 38
underflow em, 38
Potências (método das), 213
com deslocamento, 220
inversa, 218
Precisão dupla, 149
Previsor-Corretor (métodos do tipo), 401, 402
Problema
bem posto, 54, 460
crítico, 55
de valor inicial, 383
mal condicionado, 55
Problemas não lineares, 457
Processo
de parada
autovalor, 215, 230, 235, 237
equações não lineares, 68
integração, 344, 361
refinamento da solução, 149
sistemas de equações lineares, 170

sistemas de equações não lineares, 89
de relaxação, 181
princípios básicos, 184
estacionário, 168
iterativo estacionário, 169
Produto escalar, 7, 249, 254, 345
Progressiva (fórmula), 432
Projeção ortogonal
de um vetor sobre outro, 21
de um vetor sobre um sub-espaço, 23, 249
Propagação do erro, 49
Propriedades de
matriz ortogonal, 31
polinômios ortogonais, 348

Q

Quade (método de), 424
Quadrados (método do Mínimos)
aproximação
outros tipos, 264
polinomial, 248, 254
trigonométrica, 258, 261
erro de truncamento, 257
sistemas lineares incompatíveis, 272
teste de alinhamento, 268
Quadrados (método dos Mínimos), 248
Quadratura (fórmulas de), 328
Gauss, 352
Gauss-Hermite, 360
Gauss-Laguerre, 358
Gauss-Legendre, 354
Gauss-Tchebyshev, 357
interpolatória, 329
tabelas, 378–381
instruções de uso, 353

R

Raízes
complexas, 96
de funções, 62
múltiplas, 64
reais, 92
Refinamento da solução, 147
Regra
$\frac{1}{3}$ de Simpson, 335, 390
$\frac{3}{8}$ de Simpson, 337

generalizada, 338
de Cramer, 88
de Simpson
    generalizada, 336
    do ponto médio, 388
    do trapézio, 332, 390
        generalizada, 333
Regressiva (fórmula), 433
Regula falsi (método), 83
    ordem de convergência, 85
Representação de um número
    em $F(\beta, t, m, M)$, 42
    em ponto fixo, 37
    em ponto flutuante, 37
        normalizado, 38
    inteiro, 36
    real, 37
Richardson (método de), 443
Robbins (problema de), 470
Rotação de Jacobi, 224
Runge-Kutta (métodos de)
    de ordem 2, 408
    de ordem 3, 410
    de ordem 4, 412
    de R-estágios, 406
Rutishauser (LR) (método de), 234

S

Secantes (método das), 80
    ordem de convergência, 82
Seqüência
    decrescente, 53
    divergente, 70
    monotônica, 72
    monotonicamente decrescente, 51
    ortogonal, 259, 262
    oscilante, 72
Significativos (dígitos), 39
Simpson
    (método de), 390, 392, 396
    (regra de), 335, 337
        generalizada, 336, 338
Sistemas
    de equações diferenciais, 416
    de equações lineares, 118, 168
        classificação de, 119
        convergência, 169
        equivalentes, 121, 132, 169

exatos (métodos), 118, 126, 129, 138, 141
forma matricial, 5, 119
homogêneo, 28, 480
incompatíveis, 272
iterativos (métodos), 168, 171, 175, 185, 188
matriciais, 139, 156
normal, 22, 249
processos estacionários, 168
refinamento da solução, 147
triangular inferior, 122, 126, 143
triangular superior, 122, 126, 132, 138, 143
tridiagonal, 160, 447, 450
de equações não lineares, 85
de números no computador, 36

T

Tangentes (método das), 77
Taylor (método de)
    ordem 2, 389
    ordem 3, 402
    ordem q, 384
Taylor (série de), 79, 88, 103, 384, 432
Teorema
    binomial, 51
    da aproximação, 287
    da decomposição LU, 123
    da melhor aproximação, 24
    da permanência do sinal, 70
    de Cayley-Hamilton, 30, 208
    de Gerschgorin, 32, 233, 443
    de Newton, 204
    de Pitágoras, 34
    de Rolle, 295
    de Weierstrass, 287
    do anulamento, 62
    do valor médio, 70
Termo do resto, 295
Termos iterados, 66
Teste de alinhamento, 268
Traço (de uma matriz), 205, 222
Transformação
    de semelhança, 30, 223
    de similaridade, 30, 223
    linear, 26
Trapézio
    (método do), 390

(regra do), 332
    generalizada, 333
Trinômio do 2° grau, 10

U

Up-Wind (método), 441

V

Valor
    característico, 26
Vetor
    comprimento, 14
    coordenadas, 3, 22
    distância, 15, 249
    erro, 169
    linearmente independente, 9, 255
    módulo, 14
    nulo, 8
    ortogonal, 8, 185, 189
    ortonormal, 15
    próprio, 26
    resíduo, 148, 182, 189
    unitário, 15

Z

Zeros de funções, 62